十九世紀駛入中國的英國商人，如何參與商業零和遊戲？

太古集團

與

近代中國

CHINA BOUND

John Swire & Sons and Its World,

1816—1980

畢可思 Robert Bickers——著　葉品岑——譯

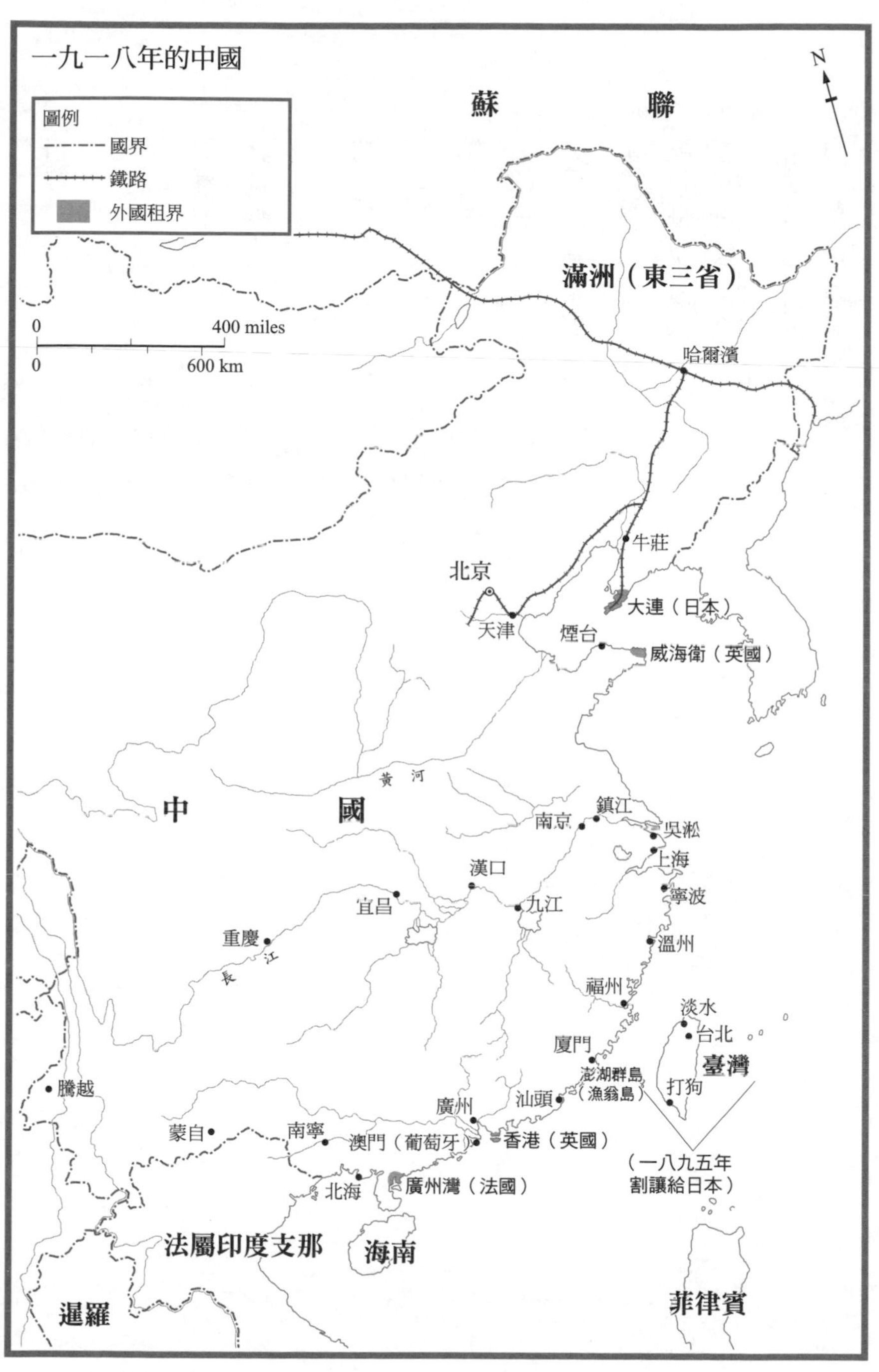
一九一八年的中國
圖例
國界
鐵路
外國租界
N
0
400 miles
0
600 km
蘇聯
滿洲（東三省）
哈爾濱
牛莊
北京
天津
大連（日本）
煙台
威海衛（英國）
黃河
中國
鎮江
南京
吳淞
上海
漢口
宜昌
九江
寧波
重慶
長江
溫州
福州
淡水
台北
廈門
臺灣
澎湖群島
（漁翁島）
打狗
騰越
汕頭
廣州
蒙自
南寧
澳門（葡萄牙）
香港（英國）
（一八九五年
割讓給日本）
北海
廣州灣（法國）
法屬印度支那
海南
暹羅
菲律賓

目錄

縮寫列表

公司和機構

BAL 巴哈馬航空有限公司（Bahamas Airways Limited）

BAT 英美煙草公司（British American Tobacco）

BOAC 英國海外航空公司（British Overseas Airways Corporation）

B&S 太古洋行（Butterfield & Swire）

BASIL 巴特菲爾德與施懷雅工業有限公司（Butterfield & Swire Industries Ltd）

CAT 民航空運公司（Civil Air Transport）

CMSNCo 輪船招商局（China Merchants Steam Navigation Company）

CNCo 太古輪船公司（China Navigation Company）

CIM 中國內地會（Chinese Inland Mission）

COSA 中國船務代理（China Ocean Shipping Agency）

CPA國泰航空（Cathay Pacific Airways）

DOCA中國事務部（Department of Chinese Affairs）

EIC東印度公司（East India Company）

FESA遠東船務代理（Far Eastern Shipping Agencies）

HSB香港上海匯豐銀行（Hongkong & Shanghai Bank）

HUD香港聯合船塢（Hongkong United Dockyards）

JS&S英國太古集團有限公司（John Swire & Sons Ltd）

OCL海外貨櫃有限公司（Overseas Containers Limited）

OPCo永光油漆公司（Orient Paint & Varnish Company）

OSSC海洋輪船公司（Ocean Steam Ship Company，又稱藍煙囪）

P&O半島東方輪船公司（Peninsular & Oriental）

SMC上海公共租界工部局（Shanghai Municipal Council）

SMP上海公共租界工部局警務處（Shanghai Municipal Police）

SSNCo旗昌輪船公司（Shanghai Steam Navigation Company）

TKDY太古船塢（Taikoo Dockyard）

TSR太古糖廠（Taikoo Sugar Refinery）

讀音說明

一般來說，我在拼寫中文單字和姓名時，使用國際公認的拼音音譯系統翻譯，除非有標準粵語音譯可用來拼寫香港人的名字，或是個別人士在公共生活中使用的當代姓名更廣為人知（例如蔣介石）。直接引用或參考文獻時，我沒有改變原作的拼寫用法，還有在某些情況下，目前尚無法找出的十九世紀音譯背後的原始名稱。每當初次提及某個地名或人名時，我會提供當代的用法。誠如我在其他地方指出的，儘管我使用這些慣例，但重要的是，讀者要了解在中國通商口岸的外國居民住在Amoy（廈門）、Tientsin（天津）或Swatow（汕頭），而不是（以中文發音的這些城市）Xiamen（廈門），Tianjin（天津）或Shantou（汕頭），而且他們在和中國人交談時，使用粗糙現成的洋涇浜英語，或是依賴口譯。這不僅僅是一個歷史註解，而是一個提示，讓讀者看到他們如何理解自己生活和工作的世界。

Butterfield & Swire大多直接稱作「太古」（名字裡既沒有Butterfield，也沒有Swire），中文的英文拼法是Taigu，過去採用並被集團內許多公司沿用至今的音譯為Taikoo（這是源於粵語的漢字讀法）。名稱的由來至今仍不能完全確定。（參見第三章，注34）。

第一章　太古

所有歷史皆始於現在。紛爭、寶物、某種預感、邀請、旅程或是調查，都可能促成新的研究。這個歷史研究也是這麼開始的。想像你從倫敦出發，飛到香港。旅行途中，你為自己做簡短的說明，之後你還要再飛往上海，也許這是你第一次造訪亞洲。你可能是為了觀光而來，也可能是為了工作而來，對很多人來說，無論觀光或出差都日漸成為一種常態。曾經，從倫敦到香港的旅程得花上數個星期，現在只要短短十二個小時。在飛機上，你讀了一段十九、二十世紀的中國歷史，然後和鄰座的乘客聊天，這才得知她是出生在香港的學生，這趟是要回家，回去她父母在香港島一處大型住宅社區裡的公寓。當飛機飛越外圍島嶼準備降落赤鱲角機場，也就是香港的國際機場時，你俯視在中國南方刺眼陽光照耀下，被波光粼粼藍海襯托的船隻。飛機降落、提領行李後，你搭乘汽車或機場快線進城，前往市區的路線穿越了青衣島，先是經過一個船塢，而在九龍半島上，可見滿滿的海運貨櫃正等著上架。抵達市區後，你轉車前往下榻飯店，也許是位於中環東區的金鐘某豪華購物中心上的四間飯店之一。抵達飯店後，也許你喝了一杯碳酸飲料；也許你喝茶，並在茶裡加了點糖。

有一家總部在倫敦的公司，正是你這趟旅程的出發地，儘管坐落在那個歐洲首都的中心，和此地距離遙遠，此時卻近在咫尺。你在這趟旅程中看到的、搭乘的、消費的一切，都是這間公司現在或過去的財產，或是曾由它負責管理、銷售，又或者，在開發時多少有這間公司參與：航空公司、機場的某些部分、海上的其中一些船隻、鄰座學生的家、船塢、貨櫃中心、購物商場、飯店、飲料、糖（在其他地方，可能還有茶和汽車）。那名學生有家人朋友為這間公司工作——光是在香港，這間公司就有四萬一千名員工——或者她親朋好友的祖先曾在這間公司經營亞洲超過一個半世紀的歷史中受僱於它。即便只是被列在曾經在香港或其他亞洲城市經營的英國大企業集團的名單上，你讀的中國歷史書如果沒有提到這間公司，或使用這間公司的檔案，那就太不尋常了，而且即便書中沒有詳細介紹這間公司打開公共知名度的幾個事件，你大可放心，它仍然是那段歷史的參與者，就像它在今天的香港和其他地方都是一個重要勢力。為什麼？這一切是怎麼發生的？

本書就是那間公司的歷史：「太古」（John Swire & Sons, Taikoo）。從已知最早留下相關紀錄的一八一六年，直到約一九八〇年——也是在關閉與西方世界或蘇聯共產陣營經濟交流、自我封閉了二十年之後，再度開啟與外國貿易的現代中國歷史轉向時期。我想要了解的是，這間註冊在一眼就看得出是英國地址（白金漢門〔Buckingham Gate〕，讓我幫各位讀者免去查詢的麻煩）的英國公司，在十九世紀只是利物浦經營航運代理和商行維生的無數小公司之一，今天怎麼會變成在香港雄霸一方的大企業，而且不只是香港而已。太古在亞太地區的許多城市都有業務。太古的商標，如今素雅地呈現在航空器機身、船體、購物中心資訊檯上，而在入夜後，於中國各大城市矗立高樓大廈的街區，略顯輕浮地熠熠生輝，並在一八七三年首次沿長江航行的輪船所懸掛的「公司旗」上占據顯眼位置。這是關於英國在亞洲的故事（廣義的英國）。

還有關於亞洲在英國的故事（這裡同樣是指廣義的亞洲）。反過來說，這間公司在不列顛群島也留下了蹤跡，只是不那麼明顯。一旦開始尋找那些問題的答案，你會發現，這間公司其中一名退休經理，就住在離你家不遠的一幢樓房裡。同一座城裡，有個教會虔誠信徒曾在二十世紀負責營運位在武漢的分行。一名住在福州超過四十年的茶師，每當休假時都會到附近拜訪。若視線再投向更遠處，你會發現，哈沃斯（Haworth）某間受勃朗特家族譴責的工廠所生產的羊毛商品，由這間公司經銷到上海和橫濱。由利物浦一間裝瓶工廠加工、據說「有益健康」的黑啤酒，則販售到澳洲一解當地人的渴。這間公司在香港招聘的中國船員，在每趟航程之間，便住在默西河岸（the Mersey）利物浦的供膳宿舍。這間公司行駛在長江、中國沿海、往返亞洲與澳洲路線的船隻，大多是在克萊德河（the Clyde）、泰恩河（the Tyne）和貝爾法斯特（Belfast）的造船廠製造。數千名英國水手的跑船生涯，都曾在前述船隻或這間公司服務的其他船隻上度過。克萊德河濱區（Clydeside）的報紙報導著移居香港為太古糖廠工作的本地家庭「僑民社區」的活動及事務。退休後的職員和船長，大多住到他們重新命名為「國泰」或「太古」的房子裡，並在房裡裝飾著他們的中國風小擺設。公司經理們過去購買的中國古董，可以在許多博物館展間看到。有個老婦人小時候被父親帶到中國，是太古職員的遺孀，如今住在薩里（Surrey）一座小村子。她對一名小說家娓娓道出自己在中國生活六十年的故事，最終的出版品現今在二手書市流通。有位住在德文郡（Devon）的自然派作家把他多年在中國為太古踏糖的故事，穿插在介紹黃蜂、螞蟻、蜘蛛和蛇的生活的敘述之間（不過，他的名聲主要是來自他是姊姊著名文學創作的靈感）。

我以一小段憑空推測的習作為本書揭開序幕，假借這個奇想的形式，介紹太古公司在二〇二〇年香港的高能見度，倘若有心，你多加留意，便會看到（而我也大可挑選其他城市來做這個練習）；然而，我這麼做的重點，不是為了嗅出一間全英資跨國集團及其附屬公司在當代經營的種種亞洲面向，而是為了提出影響本書寫作最重要的那些問題。從任何嚴格意義來看，接下來的內容不算是商業史，儘管內容描繪了這間公司及其業務的發展，而且我也對該公司積極投入和抽手的商機，以及顯而易見的複雜續航力議題深感興趣。這本書實際上是把一間公司擺在最突出位置的歷史，透過公司的人和世界，還有他們的生活，探索這個企業及其發展和經驗如何帶領我們認識十九世紀和二十世紀的亞洲，以及相互關聯的現代世界。我認為，我們會因此更了解現代生活的地理根源，也會更了解，從白金漢門，經赤鱲角，到金鐘，該如何將英國和亞洲並列對照的前因後果。

太古的故事過去曾以不同的方式、出於不同的目的，局部地講述出來，例如作為直到約一八九八年以前，英國「遠東商業、航運和貿易關係分析」縝密研究的焦點；在另一本止步於一九二六年的書中，則用以講述公司外籍雇員「個人成功與悲劇」的奮鬥故事。太古已然成為中國經濟史家研究外國企業對中國行使「經濟侵略」的個案研究（外國侵略的意象，至今仍對中國現代民族主義非常重要），但與此同時，「客觀」來看，直到一九四五年中華人民共和國成立之前，太古對中國的發展有很多貢獻，尤其是在航運方面。[1]我們將看到，學者們也透過這間公司研究英國海外商行的歷史、十九世紀和二十世紀的航海史，多采多姿且經常有爭議的糖業政治經濟史，以及大英帝國興衰、全球金融和民族主義勝利的歷史。

本書呈現的是宏觀的太古歷史，把這間企業的核心事業，以及這些事業賴以發展、延續、乃至在某些地方開始衰退的多樣化背景，整合到自一八一六年起的發軔及發展整體敘事裡。這本書建立在我過去研究十九世紀到二十世紀中國的外國勢力及其遺產（太古在其中當然占有一席之地）的基礎上，還有關於通商口岸（開放外國人從事貿易和居住的中國城市）的英國人，以及踏入那個世界的個別英國人的生平與經歷之上。本書的研究範圍和焦點也脫離了我先前的研究，因為歷史悠久的太古集團讓我必須擴大歷史視野，思考這間在中國的英國企業遍及全球的腹地——紐奧良和墨爾本就是因此被拉進本書——並耗費更多力氣了解該公司在不列顛群島的起源和地位。我將介紹香港殖民地、通商口岸，以及亞太地區英國勢力之間關係的整體樣貌，其彼此之間的關係，比一般以為的更有整體性和變動性。太古的事業牢牢地嵌在各種更大的全球網絡之中——隨工作四處流動的海員網絡、涵蓋全球的航運網絡、商品貿易網絡、移動人員、技術和資本的網絡。詳細介紹這樣一間企業的發展，為我們口中所謂的全球化（今天，很多人習以為常地透過這個過程，從中國前往倫敦，或倫敦前往香港）歷史，提供一個深入的案例研究。

本書使用了大量的太古檔案，這些檔案雖然有些地方難以辨識，而且分散各處，但記錄的內容仍然相當豐富。流傳下來的公司檔案質量參差，部分是因為戰時倫敦遭轟炸、一九四一年日本占領香港，以及一九五五年太古集團在撤出中國時把檔案交給了中國。而檔案紀錄也抵擋不過相對微不足道的破壞行為，像是辦事處搬遷、關閉，乃至純粹出於檔案數量過於龐大的挑戰。因此，為了進一步充實這個故事，並帶來其他觀點，我同時參考了來自英國、中國和香港、澳洲及美國的太古合夥人與競爭對手的紀錄、個人書信文件和國家檔案。報紙經常是特定事件或人物的唯一真實紀錄。相關史料記載種類多元且分散在世界各國，而準備寫作本書意味著把仍留存在世上的線索，從諸多不同地點收集起來，在在透露這間公司在現代歷史留下的印記。

因此，或許把人事物地收攏在一起，藉以講述一個表面上純粹是太古故事，但其實內涵遠不止於此的故事，也許是個妥切的作法。

第二章　利物浦的世界

讓我用一艘船及其貨物，還有一座港口，開始述說這個有關人、貨物和不同城市與海洋之間的聯繫的故事。一八三四年十一月一日上午，一個和煦的秋日，有艘四百噸的三桅帆船「喬治亞娜號」（Georgiana）駛進默西河口，然後沿河道接著開往利物浦新落成且甫得其名的滑鐵盧碼頭（Waterloo Dock）。喬治亞娜號兩年多前離港時，載著超過一百八十名被判刑到范迪門斯地（Van Diemen's Land，按：今澳洲塔斯馬尼亞）做苦役的罪犯。船長約翰・斯凱爾頓・湯普遜（John Skelton Thompson）在霍巴特（Hobart）卸載這一百八十人後，整個一八三三年，多數時候都忙著在巴達維亞（Batavia，雅加達）、新加坡和廣州之間運送各式各樣的貨物。然後，在一八三四年的四月二十四日，喬治亞娜號起錨，離開廣州南方珠江河口的伶仃島水域，展開為期六個月繞經開普敦的返航。喬治亞娜號是破天荒從中國直航英國的首批英國船之一。當喬治亞娜號停泊在利物浦碼頭時，她的三根桅杆和其他船體圓木，加入了碼頭停泊船隻組成的一片桅杆松林，這些船有些來自巴貝多斯（Barbados）、哈利法克斯（Halifax）、魁北克（Quebec），有些是從紐芬蘭（Newfoundland）、紐約（New York）、貝里斯（Belize）、薩爾瓦多（Salvador）、布宜諾斯艾利斯（Buenos Aires）和瓦爾帕萊索（Valparaiso）來到利物浦的。「錫蘭號」（Ceylon）正在港口裝載貨物，準備開往查爾斯頓（Charleston），「薩魯斯號」（Salus）即將朝的里雅斯特（Trieste）啟航，「多蘿西婭號」（Dorothea）往但澤（Danzig），「莫尼號」（Mauney）往里斯本（Lisbon）。「哥倫比亞號」（Columbia）、「安號」（Ann）、「兩兄弟號」（Two Brothers）和「貢多拉船伕號」（Gondolier）正在備貨，將載運到孟買（Bombay）、加爾各答（Calcutta）、馬尼拉（Manila）和模里西斯（Mauritius）。[1]全世界的港口都以粗繩綑綁在利物浦碼頭：現在，中國也來了。

滑鐵盧碼頭取名的靈感，來自回顧一八一五年大敗拿破崙的勝利，但碼頭本身則是對英國帝國殖民及其經濟實力的第二把交椅寄予厚望，樂見城市穩定擴張的貿易，有些人甚至覺得，利物浦是英國殖民與經貿的首要城市；正當第一批船隻沿著城市三處盆地的堤防停靠時，「利物浦的商人、掮客和船主」已經在為另一座新的碼頭建設請願，他們想要一座新的「蒸汽輪船碼頭」，用以負荷不斷增加的商業活動量及其「載重量龐大的船舶」，「尤其是中國貿易活動」。[2]滑鐵盧碼頭也不單是象徵大敗拿破崙的勝利而已，因為這場勝仗標誌著英國往後百年在全球崛起的起點。英國打敗法國這個首要挑戰者之後，便把精力導向鞏固並擴張國家的貿易網絡，以及為國內製造商掠奪海外市場版圖。當時的人宣稱，這是經濟上的必要措施，不過解開對英國人創業精神的束縛，也是道德上的當務之急，因為自由貿易是「國王陛下所有子民與生俱來的權利」。[3]自從滑鐵盧之役揭開這個時代的序幕，英國的帝國實力不斷增強，稱霸全球貿易，而且人民篤信自由貿易的深刻美德。

喬治亞娜號本身即象徵著英國不斷壯大的商業及統治帝國。喬治亞娜號在一八二六年於魁北克的造船廠竣工，身兼船長的船主湯普遜為坎伯蘭地區（Cumberland）瑪麗波特（Maryport）在地人。一八三二年秋天再次啟航前，喬治亞娜號已經完成兩趟載運囚犯到澳洲的任務。接下來，湯普遜將從滑鐵盧碼頭駛往南卡羅來納州的查爾斯頓，並於隔年從紐卡斯爾（Newcastle）往加爾各答的途中，短暫現蹤於樸茨茅斯（Portsmouth）。他在加勒比地區客死異鄉。[4]一八三三年，湯普遜在東印度航行時，從中國帶著桂木到新加坡，載啤酒到巴達維亞，也運稻米到廣州。他曾動念載運茶葉回新南威爾斯。直到一八三八年以前，近四分之一離開雪梨的船隻會在駛往歐洲之前，先停靠廣州。喬治亞娜號在一八三四年四月自中國啟航時，船上裝有五千多箱各式茶葉、一千塊大理石板和五十捆墊子準備運給地方貿易商，還有記在湯普遜本人帳上的陶瓷花瓶，和玲瑯滿目的中國風小飾物及珍奇異品：多箱漆器、竹器、象牙製品、一些中國書畫、窗簾和兩箱昆蟲。[5]這就是英國貿易革命的相關物品，利物浦貿易也被捲入其中，因為喬治亞娜號的到來標誌著新時代的來臨。湯普遜的父親也曾在中國海域行船，不過喬治亞娜號是第一艘從中國航向利物浦的船，就在她駛離中國的前一天，東印度公司對華貿易獨占權才剛終止。

自一六〇〇年以降，英國在東印度——印度洋世界，乃至包括中國在內的亞洲其他地區——的貿易，一直都是保留給獲得政府特許狀的東印度公司（East India Company）。這家股份公司已經成為印度次大陸的主要政治和軍事力量，並統治著英國在亞洲不斷壯大的帝國。[6]俗稱「約翰公司」（John Company）的東印度公司變得高高在上，公司結構龐大複雜，擁有陸軍、海軍和行政部門，愈發不可救藥的腐敗，而且不見好轉。東印度公司的特權自一七八四年起不斷受到攻擊，緩慢且持續地瓦解，而利物浦商人也積極地參與了一八一三年成功的反壟斷運動。儘管東印度公司在印度已結束商業營運，仍控制著始於十七世紀晚期的對華茶葉貿易，因為茶葉貿易被視為公司財務的命脈。利物浦緊抓著東印度公司獨占特權終結的機會，從一八一四年僅有一艘船一馬當先地前往印度，到了一八一八年，已成長到三十三艘。同時，利物浦許多商行也紛紛在印度設立分行，或是在印度成立新的商行。直到一八三〇年代中期，每年已有超過八十艘船從印度前來，以及約一百艘船從默西河駛向印度。

他們這麼做也是理所當然，因為當時利物浦商人極力遊說摧毀東印度公司最後殘留的一絲獨占權。隨著一八三三年的特許狀更新在一八二九年成為討論話題，利物浦具重要地位的商人隨即振興他們的東印度協會（East India Association），這是眾多首都以外的地方遊說團中，實力最強大、在全國最具影響力的。[7]「所有階級，所有人，」他們宣稱，「都會因為對印度與對中國的貿易開放而從中受益。」[8]茶的價格將會減半，對印度和對中國的出口貿易將巨幅提高。在實際面的種種考量之外，他們向來捍衛自身權益，不僅是作為「利物浦的商人，而是為了整個王國的利益」。[9]

東印度公司失去獨占地位，船隻於是在英國伺機而動，待新的立法通過就要立刻東航，並為此建造了很多新船。[10]在中國的英國人同樣蓄勢待發。喬治亞娜號是一八三四年四月二十三日從廣州載著茶葉——「精神抖擻地」——駛往英格蘭的三艘船之一。「坎登法蘭西斯號」（Camden Francis）揚帆朝格拉斯哥（Glasgow）前進，「夏洛特號」（Charlotte）的目的地為赫爾（Hull）。由於倫敦對進口的壟斷隨著東印度公司的結束也被打破了，利物浦、格拉斯哥和赫爾成為允許進口茶葉的七座地方港口中的其中三座。在這三艘船、乃至其他在那年春天啟航的船隻的背後，可見一間成功發跡、持續茁壯的商行——由在廣州的兩名蘇格蘭人威廉·渣甸（William Jardine）、詹姆士·麥贊臣（James Matheson）所營運，而該商行最近剛以兩人的名字命名，並且在英國各地擁有諸多往來者和合作伙伴。如今，茶葉不光是直送更靠近英國首都以外的市場，而且速度更快，誠如渣甸所言，「老太太們將能喝到好茶」，而且是價格便宜的好茶，因為渣甸洋行（Jardine Matheson & Co.，按：香港割讓後，更名為怡和洋行）不像東印度公司總是把貨物保留到暮秋的年度航行時期才開始運送。「過去從不曾進口品質這麼可靠的茶，也不曾進口這麼精心挑選、取悅消費者味蕾的茶，」麥贊臣興辦的報紙《廣州紀錄報》（*Canton Register*）沾沾自喜地說道。這是中國的第一份英文報紙，經營性質半是商業投資，半是作為宣傳之用。喬治亞娜號的茶葉在利物浦交易所的公開拍賣中心拍賣，利物浦、曼徹斯特和鄰近城市最有影響力的「眾多」經銷商都為了這場歷史性拍賣蜂擁而至。倫敦茶商試圖貶低自由貿易商運來的茶葉品質，當地報紙報導說，但「我們希望我們的利物浦茶商會向那些人證明，他們和倫敦人一樣是懂茶的行家」。結果「倫敦人」認輸北上，因為他們的掌握權如今被打破，首都的貿易商覺得有必要參加默西河畔的拍賣。[11]

利物浦對茶貿易的渴望還沒有很長的歷史。這座城市的財富來自一八〇七年奴隸貿易廢除以前，在跨大西洋奴隸貿易中扮演的要角，還有一八〇七年以後，在跨大西洋的奴隸農產品貿易中扮演的角色。有個外來訪客曾提到，奴隸制始終是利物浦的「特殊汙點」；汙染了利物浦港口及港口吞吐的產品。[12]奴隸制為這座城市帶來資本，而其影響力也重塑了利物浦的樣貌（在一些市政建築的三角楣飾依舊看得到痕跡）。美國奴隸種植園的原棉進口，有八成進到了利物浦，然後這些原棉再於港口腹地製造成利物浦船隻運往海外的出口布料。棉花是王牌貨物，但自由貿易遊說者認為，茶葉也可能在利物浦闖出一片天。自從塞繆爾．佩皮斯（Samuel Pepys）在一六六〇年記錄他初嚐茶湯的感受，英國人對茶的渴望便持續大幅成長。倫敦東印度中國協會（London East India and China Association）的委員會日後宣稱，茶葉是「英國全國上下的必需品」。英國國庫本身逐漸仰賴對茶葉課徵進口關稅，茶稅在一七八〇年代成為英國歲收的重要來源。中國作為唯一的茶葉之鄉，吸引英國、歐陸乃至北美的商人前來，他們在大清帝國的足跡自一七五七年起便限縮在區區一個廣州港，而且只能在一年當中的貿易季活動。其他時候，他們（就政治上而言）局促不安地暫待在葡萄牙控制的小小澳門屬地上。[13]他們對這個有失尊嚴的限制惱怒不已，也對必須按照別人訂定的條件生活感到不滿，再怎麼說，他們可是來自權傾天下的各個泱泱大國。

茶稅有助於填補英國的財政金庫，而事實證明，繳交茶稅嚴重拖累了東印度公司的資源，因為印度經銷到中國的商品，沒有一項為公司帶來足夠報酬，用以支付必須上繳國庫的茶稅。東印度公司解決收支平衡問題的不義方法——鴉片——也在印度帶來龐大收入。一七五七年，征服孟加拉為東印度公司帶來肥沃多產的罌粟種植區域，儘管東印度一絲不苟地遵守大清帝國在一七二九年頒布的鴉片進口禁令，該公司仍利用自身的獨占地位賣鴉片給當時所謂的「港腳」商人（"Country" traders）——如渣甸和麥贊臣這些商人——由他們把鴉片運送到中國。到中國後，再把鴉片脫手給他們眼中的走私販（因為渣甸先生和麥贊臣先生本人從不做走私的勾當，他們爭辯說，他們可是獲得可敬的東印度公司正式許可參與對清貿易的商人）。他們靠鴉片賺了錢，把收入轉讓到東印度公司的帳上，東印度公司再用這筆錢購買茶葉。[14] 一八二三年，鴉片取代棉花成為英國引進中國的主要商品。鴉片解決了東印度公司的收入困難，卻為清朝帶來巨大的社會、經濟和政治問題，日積月累，成為中外貿易問題。

清帝國是由一六四四年征服大明王朝的滿人所建立，他們從歷代世居的故土——亦即今日所謂的滿洲——入侵中原，也對中國的蒙古與西藏鄰邦具支配力量。他們在十八世紀征服中亞的土地，隨後將這片新疆界劃定為新疆省。戰無不勝、雷霆萬鈞的滿人沒理由認為世上有其他王國能與自己平起平坐。船主湯普遜在廣州占地十五英畝的商行街區找到他的中國風飾品，也在這裡接到渣甸的指示。十五英畝只是大清疆土微不足道的彈丸之地，不過卻造成非常深遠的影響。對清朝而言，對外貿易並非如廣州地處國境南隅的位置顯得的那麼不重要。從港口獲取的關稅收入可是直接進到京城的皇室內務府庫房，而廣州又是清朝和西方海洋國家往來的正式地點。這說法需要稍微修飾，因為清朝不可能把這些異邦視為國家。雖然大清偶爾接見使團——一七九三年的英國馬戛爾尼勳爵（Lord Macartney），和一八一七年的阿默斯特勳爵（Lord Amherst）——可惜他們都空手而歸（阿默斯特出訪那次，甚至因為外交禮節方面的爭執而冒犯似地匆匆離去）。嘗試和大清建立符合歐洲國與國關係的正式外交，被證明是一場徒勞。因此，東印度公司在廣州的官員，必須和公行的行商對口——唯有公行能和清朝掌管廣東省和廣西省的兩廣總督直接溝通。這種拒絕承認他們國家——這可是一八一五年英法百年戰爭的戰勝國——任何代表的態度，進一步激怒了英國人。

儘管如此，廣州仍是熱鬧繁忙、非常有效率的貿易中心。外國商人嘴上雖抱怨面對種種限制，但他們都可以作證，清朝官員和公行在處理他們的交易和麻煩時，態度顯得寬鬆，也都達到預期的效果。珠江三角洲逐漸發展出一個支撐國際商業的複雜基礎措施，有官方認證的通事與引水人、稅關和明確規定的程序及費用。此外，對船舶的需求，對各階層人力的需求，身體的需求、心靈的需求、商業的需求，乃至死後的需求（澳門有一座新教墓園）在這裡都能輕而易舉地被滿足。廣州更是個可觀的文化交流現場。藝術家和工匠為湯普遜這些人提供服務，他購買的中國藝品（*objets d'ar*），可能被用來裝飾瑪麗波特的宅邸（就像他兒時的家）；中國商品流向國外，植物和種子也不例外。麥贊臣的報紙提供商業資訊，幫助建立對中國的認識，同時不忘持續不懈地大力遊說開放自由貿易。[15]

廣州商埠在由多國貿易商結合且不斷擴大的全球商業網絡中，具有關鍵的核心地位。商業的跨國性質促使孟買的帕西商人和蘇格蘭人合作，也促使廣州的中國商人和美國公司——從鄂圖曼帝國運來鴉片，也從太平洋西北部運來海獺皮——雙方關係更為密切。荷蘭、丹麥和瑞典的東印度公司都在廣州交易。渣甸對一八三四年喬治亞娜號貨物的利益做了政治分配，象徵性地分配一定比例給洋行在廣州的「歐洲和中國」生意合夥人。廣州故事的黑暗面——潛在暴力——也體現在詹姆斯．英尼斯（James Innes）對湯普遜貨物的介入上。英尼斯也是蘇格蘭人，長期定居廣州，有好勇鬥狠的壞名聲。[16]自由貿易無疑得到英國武裝力量的促進、支持和捍衛，即便如此，我們將看到，隨後兩個世紀的貿易同時具備以下特點：利益和國籍、語言和文化的國際糾纏。

渣甸已經迫不及待想要運送貨物了。英國議會在一八三三年七月正式廢除東印度公司壟斷的消息，直到次年一月下旬才傳到廣州，又過了一個月，才收到關於合法程序和步驟的明確規定。即便如此，廣州仍沒有英國官員可以正式批准這些準備中的貨物，於是他們帶著未簽署的貨單啟航。《廣州紀錄報》指出：「我們更希望看到英國國旗在廣州飄揚，自由貿易在國旗的庇蔭下展開。」不過，抱著務實的精神，洋行仍不顧一切地派遣船隻出航。[17]英國與中國的貿易「自由」，實際上意味著由英國政府代理人正式管理和監督，而非東印度公司的官員。喬治亞娜號西航時，那些新上任的官員正向東航行——他們可能在途中看見彼此的船，而且肯定已經聽聞了彼此的消息。

正當湯普遜從好望角北轉，往利物浦前進，廣州發生了一起重大事件。英國首任駐華商務總監、第九代律勞卑勳爵威廉．約翰（William John, 9th Lord Napier）已於七月抵達澳門。律勞卑自信滿滿，可惜完全不懂得圓融處世，而且毫無常識判斷力可言。他不願只是簽貨單的橡皮圖章——也許他覺得這完全不是紳士該做的事——甫抵澳門，便立刻準備逼使中國承認他的官方地位。這是律勞卑輕率不顧上級指示的個人作為，尤其違背了應該「溫和」處事的指示。他未經同意就去了廣州，試圖在未取得會見許可的情況下，將手中的國書呈交給清朝官員，並在各商行前的公共廣場牆壁上，貼滿內容誇大的啟事和聲明。受到這個狂妄的不速之客刺激，中國方面將他軟禁，最終逼他撤回澳門。返抵澳門後，悲劇在羞辱之後接踵而來，這個壯志未酬的男子，很快就因為在廣州染上的熱病而身故。[18]此後，自由貿易將逐步成長，卻是在律勞卑的失敗和死亡陰影底下成長，而且許多參與中國貿易的英國人越來越相信，唯有逞凶鬥狠，才能真正為英國創造穩固的基礎，不只是英尼斯那種逞凶鬥狠——這個蘇格蘭人有時會對人拳腳相向——而是展現英國國力的武裝力量。

廣州越來越錯綜複雜的區域與全球聯繫，及其影響範圍，就連從喬治亞娜號一八三三年的航行路線也能看出來。這趟旅程把這艘建造於魁北克的船，直接和英國重要性日增的新加坡轉口港連在一起，還和巴達維亞和霍巴特、樸茨茅斯和利物浦連在一起。因此，一八三四年，喬治亞娜號從一個全球中心啟航，半年後，駛進另一個全球中心。同年九月，默西河淹沒滑鐵盧碼頭則是利物浦正經歷的實際重建過程中的另一個必要階段，因為航運總量在過去三十年幾乎成長了四倍。除了處理航運的碼頭和倉庫之外，利物浦同時出現了地標性的市政建築、優雅的住宅廣場，而且正在開發新的郊區。詩人羅伯特．沙塞（Robert Southey）在一八〇七年寫道，他訪問時所看到的一切都是新的。利物浦似乎沒有任何「古蹟」：他眼前所見都是「近幾年蓋的」。正規上來說，這甚至不是一座城市，而是一處迅速發展的城鎮，因為在一七一五年啟用英國第一座商業水塢而崛起。沙塞注意到利物浦商人群體間的公民意識，他們的努力、財富和雄心，為利物浦催生出一座植物園、雅典娜樓（the Athenaeum）、萊西姆樓（the Lyceum）和其他新古典主義建築。鞏固這份繁榮的基礎設施，同樣令人印象深刻。據他報導，他對「一些倉庫的高度」驚歎不已。後來的美國訪客拉爾夫·沃爾多·愛默生（Ralph Waldo Emerson）也注意到「碼頭和所有公共建築的巨大磚石」。愛默生接著說道，他們在「城市大小和財富的規模上，和我們完全不成比例」。[19]他還對英國人的自立和自尊印象深刻，他們在生活小事上為自己的權利挺身而出，也為更重大的事情捍衛自身權利，其中包括——他可能已經注意到——直接和中國進行貿易的權利。

利物浦的人口在十八世紀迅速增長，接著在一八〇一至三一年間又成長了不止一倍。其中多數是移入的勞動窮人（沙塞表示，他們住在一個截然不同的城市，因為他們大多住在「地下的地窖裡」），但這個興旺的小鎮也吸引了商人和托運人，渴望在蓬勃發展的貿易中分一杯羹，在這群大量湧入的人口中，包括來自西約克郡哈利法克斯的一個商人家族：施懷雅家族（the Swires）——理查·施懷雅（Richard Swire）、他的堂弟約翰·施懷雅（John Swire, 1793-1847），後來再加上約翰的父親森姆爾（Samuel）。約翰·施懷雅最早在一八一六年於利物浦便留下明確足跡，當時有份貿易名錄登記他的地址為庫柏路九號（9 Cooper's Row），靠近城中心的海關大樓，職業是商人。同年的五月，則登記為一批來自費城的樹皮的收貨人。這是以他為名的公司存在的最早確切證據。[20]

一七九三年出生在哈利法克斯，約翰．施懷雅是十個孩子裡的長子，父親在經商方面算不上有穩定的成果，更遑論一八〇八年宣告破產（就像他自己的父親在一七九五年也曾破產一樣）。施懷雅家族源自約克郡北瑞丁（NorThriding）的康諾利（Cononley），自十八世紀中葉以來，一直是當地最顯赫的家族之一，嫡系家族仍持有家族府邸和莊園。[21]庶出的旁系就過得比較苦了。約翰．施懷雅似乎是在父親無力償債後，來到利物浦為他的堂哥理查工作。理查最晚自一八〇〇年起便活躍在利物浦鎮上，只是後來也在一八一〇年宣布破產。這樣的財務狀況在當時並不罕見，因為那段時間對英國商人實屬艱困時期。拿破崙戰爭，及之後在一八一二至一五年和美國的商業與軍事衝突，在在造成了不確定的大環境。但經商失敗的痛苦，不會因為大環境嚴峻而變得比較溫和，突然陷入窮困境地的「刺痛」，幾十年後仍是約翰．施懷雅心中酸楚的回憶，同時也指引著他。

一八一六年，約翰．施懷雅首次從美國進口商品的消息一見報，他的交易紀錄很快超過他的堂兄。從一八一六到三四年間，《利物浦水星報》（*Liverpool Mercury*）提及他的名字達三十四次，顯示他經銷非常多樣化的產品：約翰．施懷雅從美國進口棉花、桶裝蘋果、麵粉和松節油；從牙買加進口咖啡、木材和蘭姆酒；從加爾各答進口的靛藍；從加拿大進口的桴木；以及從圭亞那進口皮革和木材。自一八二〇年代初期以降，他的大部分進口商品來自北美，現有紀錄顯示，他是以自己的名義進口商品，還有其他史料顯示，他向美國出口羊毛。[22]從一八二二年起，約翰・施懷雅還和總部在蘭開斯特的「貝羅與納提吉」（Burrow and Nottage）航運公司建立長達十五年的合作關係，為他們定期前往英屬和丹麥維京群島的托爾托拉（Tortola）和聖托馬斯（St Thomas）擔任代理，貝羅與納提吉在這兩座島上還擁有使用奴工的種植園。舉例來說，在一八二八年，該公司的兩艘船各自進行了兩趟航程，載了包括石灰（一種煉糖原料）在內的各種貨物啟航，然後滿載糖返回蘭開斯特。這是一條在十九世紀初已遠遠揮別獲利巔峰的貿易路線，標誌著約翰・施懷雅安於經營穩定但不起眼的市場縫隙。在一八三〇年代和一八四〇年代，約翰・施懷雅擔任代理人負責的業務，大多是駛往海地太子港（Port-au-Prince）的船隻。這些早期紀錄呈現一種規模不大但穩定的商業模式，公司鮮少一次處理超過一艘船的業務。[23]

一八二二年八月，約翰・施懷雅和來自威爾斯安格爾西島（Anglesey）的船東暨商人強納森・盧斯（Jonathan Roose）的女兒瑪麗・路易莎・盧斯（Mary Louisa Roose）結婚。這樁婚事暗示著約翰・施懷雅在財務方面有一定的穩定性，而且至少在公開場合展現出不錯的前途。兩人生下的五個孩子中，有四個長大成人，其中兩個——約翰・森姆爾・施懷雅（John Samuel Swire，生於一八二五年）和威廉・赫德遜・施懷雅（William Hudson Swire，生於一八三〇年）——日後將接手經營父親建立的公司。當地報紙在一八三〇年代對約翰・施懷雅的記載，說明他是一名頗有成就的商人：他具投票資格，而且被列為利物浦醫院（Liverpool Infirmary）的「常客」，還加入了醫院的董事會，和未來首相之父約翰・格萊斯頓（John Gladstone）這般大人物並列而坐。約翰・施懷雅定期捐助公共救濟基金，而且是美國商會（American Chamber of Commerce）的會員（他的堂兄在一八〇一年曾是該商會的創始成員）。一八三四年，當喬治亞娜號在廣州準備就緒時，約翰·施懷雅的業務已高度聚焦在美國貿易。是年年初，他的名字被列在利物浦美國商人協會（American Merchants Association）的一份請願書上，呼籲對羊毛出口徵收關稅，文件中描述了許多他自己的交易實例。[24] 一八三四年十一月一日，在利物浦碼頭圍繞喬治亞娜號的船桅叢林中，很可能有一艘船部分參與了約翰·施懷雅在美國的業務。

約翰·施懷雅在一八三〇年代後期展開多角化經營，紀錄中可見從地中海和葡萄牙進口的葡萄酒、漿糊和斜紋織品。他自始至終都是個進出口商人，不像很多人把商業觸角伸進各個不同的領域（不過，他倒是投資了可觀的大西部鐵路公司〔Great Western Railway〕股份）。據了解，雖然他的岳父生前擁有至少十一艘船的股權，約翰·施懷雅似乎只投資了一艘。這不是一次愉快的投資經驗，可能從此讓他對這種高風險生意更加謹慎。一八四〇年七月，約翰·施懷雅以少數股權認購了一艘在格拉斯哥建造、兩百噸的雙桅船「克里斯蒂安娜號」（Christiana）。克里斯蒂安娜號在那年駛往加勒比海，卻在一八四一年的一月下旬登記為在海地失蹤。[25]

一八四七年八月十二日，約翰·施懷雅在健康長年惡化後去世，留下價值約一萬兩千英鎊（相當於二〇一九年的一百多萬美元）的遺產和進出口貿易。在他臨終前的最後幾個月裡，已將公司命名為太古集團（John Swire & Son）。現年二十一歲的約翰·森姆爾顯然成為經營公司業務的重要人物。約翰·施懷雅在（一八四三年三月草擬的）遺囑表示，希望「給我親愛的孩子們一些忠告」，成為我們唯一能直接窺視其性格的憑據：

> 要沉著、謹慎，心懷虔敬，勤儉持家；因為一旦失去我辛辛苦苦留給你們的，你們可能會像很多人一樣，感受到貧窮所帶來的刺痛。[26]

他進一步補充說：

> 迄今為止，我在愛子約翰．森姆爾的身上，見證到最令人讚賞的特質——沉著、正直和虔誠，願全能的上帝保佑他，讓他不辜負我和他親愛的母親對他的信任。

約翰．森姆爾後來進一步說道，「從我父親開始做生意的那一刻起……我們從來不曾有金錢債務」，而且「我父親是因為『他父親生意虧損』，不得不開始經商」。[27]施懷雅家族和妻子家族劣跡斑斑的破產紀錄（儘管身為富裕「紳士」——還以此身分登上一八四九年的名錄——強納森．盧斯也曾經歷破產），顯然留下了負面的影響。

除此之外，我們對施懷雅家族的私生活知之甚少。威廉到默西河對岸上學。一八四一年，他出現在愛德華．包曼神父（Revd Edward Bowman）專為「教育紳士之子」辦學的羅斯希爾學校（Rosehill School）的名單。我們沒理由懷疑他的兄弟若不是也在那裡上學，就是在同樣自命不凡的機構受教育：包曼神父建議，欲報名者可以向「多塞特公爵閣下」、著名地方神職人員，和他教導過的「最尊貴的紳士們的兒子」尋求推薦，選擇接受古典教育，或商業教育。這家人經常到班戈（Bangor）郊外度假，班戈是上流商人階層喜歡去的地方，從利物浦乘坐固定班次的輪船或鐵路，輕鬆便能到達。

謹慎和知所節制的態度是他們經營生意的基礎，而且幫助這一家來自哈利法克斯的外地人取得體面又適得其所的社會地位。約翰・施懷雅去世之際，他們一家人正住在利物浦希望街上的一幢舒適樓房裡。他們的鄰居當中有很多商人、船東，一名股票經紀人、一名律師、利物浦醫療中心（Liverpool Medical Institution）的圖書管理員，和一些「由女士為紳士打理的供膳宿舍」。[28] 我們知道他的長子約翰・森姆爾加入了民兵組織（在組織裡從事的社交練習，不亞於軍事練習），也會帶獵犬參加騎馬狩獵，即使他年輕時就放棄捐款給菁英階層的地方狩獵隊，例如柴郡（Cheshire）狩獵隊，從事這項活動所需的馬匹、馬廄和裝備方面的費用相當可觀（後來的弗里德里希・恩格斯〔Friedrich Engels〕意識到這點，於是寧可欣然繳交柴郡狩獵隊的會員費）。不過，我們沒有理由懷疑年輕時的約翰・施懷雅曾勉強自己退而求其次，後來的評論也指出他曾參加柴郡的狩獵。[29]

約翰・施懷雅在利物浦經商的三十年間，見證了這座城市的持續發展。他既是城市發展的受益者，也是促成發展的其中一人。利物浦人口在一八三一到五一年間，幾乎增加了一倍。截至一八四七年，利物浦自一八三四年滑鐵盧碼頭啟用以來，已經增建了七座新碼頭，另外五座正在興建。其中包括建立在碼頭倉庫系統上的革命性阿爾伯特碼頭（Albert Dock），船隻可以直接在該碼頭裝卸貨物到商店，並成為利物浦遠東貿易的主要中心。一名觀察者論道，其規模「超越古夫金字塔」，即使這不過是「一堆裸磚堆砌成的醜陋建築」。[30]像這樣的建設計畫有助於刺激利物浦整體的經濟，即使對利物浦的尊嚴和城市風貌沒有太大幫助。

船隻駛入這些新碼頭，當中也出現越來越多的蒸汽輪船，而且來自越來越遠的地方。到了一八五五年，利物浦近半數的貨物來自美國以外地區，而且有為數不多但持續成長的小部分比例（共約百分之六．五）來自亞洲。值得一提的是，其中半數是搭著在利物浦註冊的船隻進來的。[31]後來有名遊客提到這座城市的「船塢、碼頭和巨大倉庫，堆滿了皮革、棉花、動物油脂、玉米、做為飼料的油渣餅、木材和葡萄酒、橘子和其他水果」；身形龐大的馬匹（「更像大象」）拖拉著他們托載的貨，還有關於街道「被繁忙商業和堆積如山的商品擠得水洩不通」的故事。在證券交易所，桌上和隔板上

> 覆滿最新的電報、倫敦證券和股票清單、貨物、貨運、銷售、往返船隻、航行時間、風向和天氣狀況、氣壓計讀數等通知。

這座城市充斥著商品和資訊，還有「龐大的財富和骯髒的赤貧，疏於管理的辦事處和富麗堂皇的帳房和倉庫，熙熙攘攘的庸俗之人，彼此相互推擠」。[32]利物浦菁英用新古典主義氣勢恢宏的聖喬治大廳（St George's Hall）反駁這樣的指控。一八五四年落成的聖喬治大廳，除了所在位置，從各方面看都像極了雅典的建築地標。這是「一個時代的縮影——巨大、奢華、充滿建築

學的失誤和異常，卻是出眾、莊嚴又實用」，倫敦的《晨間紀事報》（*Morning Chronicle*）如此宣稱。在三角楣飾可以看到「代表商業的墨丘利（Mercury）」向不列顛尼亞女神（Britannia）展現「歐洲、亞洲和美洲」。[33]當海洋彼端的船隻使者抵達港口，一聲槍響，響徹全城，宣告貨物、乘客和郵件的到來，以及城市商業巨輪的轉動。

利物浦集團以倡導對中貿易的一名廣州洋商為一艘新船命名，標誌著他們進軍中國貿易市場。六百九十噸的「威廉渣甸號」（William Jardine）由奴隸販子和奴隸主約翰・托賓爵士（Sir John Tobin）——自一八一二年以來，不斷遊說終止東印度公司的壟斷——在利物浦建造。一八三六年六月，這艘靠奴隸資本打造的「華麗新船」在利物浦下水，展開首航。[34]她當然是以廣州為目的地（船上還載著一塊要給渣甸做禮物的柴郡乳酪）。然而，直接貿易仍不夠。一八三六年的二月，律勞卑離世後，城市商人為「具法律效力的抗議書」（effectual remonstrance）請願。[35]他們這麼做是受到麥贊臣訪問的啟發。麥贊臣於一八三五／三六年周遊英國，和各地商會談話，敦促他們訴請政府採取行動。廣州的緊張局勢終究在一八三九年給了英國政府採取行動的充分藉口，即使這次行動並沒有在公共生活面滿足很多人，因為隨後發生的事，很快被貼上帶有貶義的「鴉片戰爭」標籤。一八三九年，清廷受到鴉片貿易貪汙賄賂、吸毒成癮和人民頹靡等禍害的刺激，任命欽差大臣林則徐打擊鴉片貿易。林則徐最終要求外國商人交出所有毒品庫存，並將英國人扣押在廣州當人質，直到毒品全數充公。律勞卑駐華商務總監一職的繼任者，把自己（連同他代表的職務，以及英國政府本身）變成中國的囊中物，倫敦於是得到發動戰爭的藉口：其官方代表遭到中國人拘押。

為了確保發動戰爭的決定不致動搖，渣甸和其他人匆匆返回英國遊說，並提供軍事戰略建議。利物浦本身對這場衝突很感興趣。在接下來的三年裡，英國反覆斷續的戰爭行動，使清朝官員意識到他們需要和對手達成一些妥協。一八四二年八月二十九日，中英雙方在停泊於南京長江上的一艘英國軍艦簽署條約，開放五個港口供英國人通商並居住，並割讓香港島給英國王室——英國在前一年已經占領此地——清廷還得負擔鉅額賠償，以及和英國協定關稅。「該事件的重要性不是言語能夠形容，」《利物浦水星報》在收到消息後發表了評論。「很難說商業擴展還有什麼限制可言。」「我們手中握著利劍，征服了進軍三億人市場的通道。」[36]於是乎，自由貿易如今借助槍砲的力量來到中國，一如既往。這都是拜一項新技術的力量所賜，因為皇家海軍破天荒地部署了一艘輪船參戰。這艘輪船正是名字取得恰如其分的「復仇女神號」（Nemesis），不消說，她也是建造於默西河畔。智勇雙全的利物浦協助英國以這艘「非常出色的鐵皮輪船」的形式出擊，她在珠江三角洲的河道上恣意漫遊，拆去了維繫清帝國國力的權力結構。[37]

在很多方面，十九世紀中葉的世界正為新技術改造：武器、輪船、電報、鐵路；新的科學發展，以及新開發和新組織的知識的產生和流通，譬如有關氣候、疾病、地理、氣象和海洋的知識。陸軍和海軍、行政部門和企業經營的創新，重新塑造了世界。這一切種種讓歐洲人看似擁有不可動搖的優勢，也給了他們強烈的文化、文明和「種族」優越感。他們漸漸相信命運和使命，有些是比較庸俗的優越感，其他人則把這些信念塑造成新的意識形態，統治、支配和「管理」他們眼中的「原始」民族——因為他們有不同的信仰，而且在軍事上比他們弱——他們在世界各地漫遊，征服當地民族，大興建設。他們建造新的鄉鎮、城市和新的政府，用鐵路線和輪船線作軛，串連起這三者，也頗為具體地透過在帝國各地運作的法規，以及透過語言、文化和信仰，把這些地方連在一起。他們根據自己的野心切割大地，修建蘇伊士運河，自一八六九年起，打通地中海和阿拉伯海，建造出一條通往亞洲的高速公路。凡此種種都會對當地社會與政體、對景觀與環境，以及對野生動物，造成劇烈的擾亂和破壞。他們遭遇抵抗，但目前暫時勝利。

這是科學、技術和理性的時代——也是宗教懷疑的時代——但猜測、狂熱、妄想和興奮的情緒同時穿插在這些年間。一八四九年在加州和一八五一年在澳洲，礦藏的發現引發了「淘金熱」，成千上萬的人跨越海洋及大陸前來挖礦，藉以致富。這些發現有助於重新定位社會和經濟。大批喧鬧著要分一杯羹的人，以及他們抵達後的物資需求，賦予香港全新的生命和功能，徹底顛覆香港，從英國在中國經營事業的新興總部，變成了一個面向舊金山的城市，把太平洋從障礙變成了滿載中國勞工與物資的船隻航行其間的海上公路，特別是給加州人一解乾渴的新鮮啤酒。[38] 舊金山的人口在一八四七至五二年間，從四百六十人增加到三萬六千人。[39] 澳洲的發展也將吸引來自中國和來自英美的淘金客到維多利亞的金礦區，並促使英國商人和船東開闊視野，試圖在他們建立的路線之外，把這些充滿機會和活力的地點編織在一起。

施懷雅家的兄弟在利物浦這個躁動又關係緊密的貿易中心工作，他們對這些變化非常敏感。在父親去世後的二十年裡，我們看到他們都因為從事個人活動和商業活動而去了美國，約翰・森姆爾還去了澳洲。父親去世時，哥哥可能其實已經在美國，但也有記載顯示他在一八四八年抵達紐約，並於一八四九年航行至波士頓。後來他思忖要在「狂野西部」待上五個月，「在印第安人之間隻身（旅行），比任何不是狩獵者的人走得更遠」。[40]此時正值加州淘金熱的時代，大概並非巧合。他父親希望看到他展現出的「沉著、謹慎」，好像正漸漸折損。他可能在北美大陸度過了幾年，而弟弟威廉則負責監督利物浦的業務。一八四九年夏末，威廉正式加入以緬懷父親為名的合夥企業，公司更名為英國太古集團（John Swire & Sons），並繼續與加勒比地區進行各種商品和農產品的貿易，然後和美國及歐陸越來越頻繁地接觸。[41]

成功利物浦商人兼保險仲介塞繆爾．馬汀（Samuel Martin）之女瑪麗．馬汀（Mary Martin）的日記，是唯一能帶我們近距離認識施懷雅兄弟的史料。馬汀小姐和兩兄弟初次見面，是在知名老字號煉糖生意人亞當．費爾里（Adam Fairrie）的家中。馬汀小姐的父親似乎欣賞起約翰．森姆爾這個年輕人，提供他關於經商的建議，可是他對威廉就不太有信心。施懷雅家的弟弟處事不夠圓滑，一副弱不禁風的樣子，又愛慕虛榮。他集利物浦留時髦落腮鬍的漂亮年輕人的特徵於一身——他換掉自己的代步工具，搖身一變成為時髦新式白教堂馬車的驕傲車主（當時每個年輕人都「迷」上這輛馬車），流連在最流行的波爾德街打牌，欣賞午後會到這條街上吸引人目光的美女。他加入闊綽氣派的帕拉第尼俱樂部（Palatine Club），和哥哥一起出席聖喬治大廳的音樂會，就像馬汀一家人一樣，還和出生於巴貝多斯的約翰．穆爾（John Moore）一起到法國和義大利度假。穆爾的父親是商人，曾是奴隸主，他和約翰．森姆爾的友誼同樣經久不衰。他顯然刻苦工作，約翰·森姆爾看來是兩兄弟裡面更為幹練和有成就的人。馬汀小姐的日記對哥哥描述不多，他相對沉默寡言，大概屬於深思熟慮的那種人，肯定不像弟弟那麼浮誇，毫無疑問是兄弟檔當中的主理人。

他們的社交世界，也是他們的商場。我們知道，這對兄弟在紐奧良和利物浦出身的棉花商暨船東小湯瑪斯·羅傑斯（Thomas Rogers Jr）締結合夥關係。羅傑斯在紐奧良三角洲城市的英國商圈裡名聲顯赫，最晚在一八四六年已經來到紐奧良。在紐奧良的合夥企業以他的名字作登記的同時，羅傑斯亦成為利物浦太古集團的合夥人，雙方合夥的主要業務是從紐奧良運輸棉花。威廉·赫德遜在一八五四年初造訪紐奧良（他「很滿意」的城市）肯定多少滋長了這段合夥關係，時值紐奧良的棉花生意正蓬勃發展，但至少在一年前便逐漸活絡。我們僅明確知道，合夥關係在一八五七年的十月結束，那也是兩間公司同意在各自的港市擔任對方代理人的時間點。紐奧良是英國資本的投資重鎮，也是令人眼花繚亂的繁榮小鎮，人們說著多種語言，有複雜的法律（因為法國法規仍運作中），多元種族，以目無法紀聲名遠播。[42]自從一八一一年由美國收購以來，紐奧良人口急遽成長，促使美國西南部鄰州棉花生產地理的重大轉變，並且從中獲益。英國訪客、牙買加傳教士詹姆斯·菲利波（James Phillippo）稱紐奧良是「美國的利物浦」，他在心滿意足的同時，也在當地目睹了許多不公不義和道德不檢。[43]棉花仰賴奴隸制，而奴隸制在城裡的大街小巷和店家都再明顯不過了，特別是在一八五〇年代平均每年售出七千五百名奴隸的二十四個貿易站。

大約在同一時期，施懷雅兄弟和一名比他們更是信譽卓著的商人約書亞・狄克森（Joshua Dixon）建立起另一段長久的合作關係。身為銀行家和期貨經紀商，狄克森先後在紐約和紐奧良定居、工作，然後在一八五二年搬遷至利物浦。年紀較長的狄克森似乎是一八五〇年代指點這對年輕兄弟如何經商的重要人物之一，和他們同屬一個利物浦的社交圈（而且他和約翰・森姆爾一樣熱愛狩獵）。[44] 施懷雅兄弟檔還充當代理人，譬如代理「巴特菲爾德兄弟」（Butterfield Brothers）——一家總部位於布拉福（Bradford）的紡織公司，主要外銷紐奧良和紐約。[45] 有別於他們的父親，兄弟兩人先後投資了多艘商船，其中包括透過和羅傑斯的合夥企業投資的九百五十噸鐵製快速帆船（clipper）「伊萬傑林號」（Evangeline）——一八五三年初次航向紐奧良，據《皮卡尤恩時報》（*Times-Picayune*）報導，「從未有更華麗的船在我們的水域漂泊。」羅傑斯在伊萬傑林號抵達後的船上晚宴中，宣布要頒發獎金給在接下來的十二個月裡，以最快航速往返紐奧良與利物浦的船長。這筆獎金就在一八五四年的十月，於同一個舞臺上，頒發給伊萬傑林號的船長；這是伊萬傑林號那年四趟航程中的第三趟，船上載著來自利物浦的鹽巴，並運送成捆棉花到東北，總共花了二十六天又十個小時，比速度最接近的競爭者快了一天半。[46]

因此，我們很早就看到太古日後令人感到熟悉的模式：迅速勃興的城鎮，一湧而入的商人和資本，某個熱銷的單一商品，以快速船運為競爭招牌並以速度為榮。施懷雅兄弟檔試圖占有一席之地的世界可謂變幻莫測，新的商業競爭機會接二連三地出現。利物浦本身便是一處穩固的平臺，商人可以由此進軍這些新市場，只是成功仍然需要資金，也需要膽識。威廉・赫德遜最早在一八五四年訪美，想要進一步拓展公司業務，在那趟旅程中，他也去了肯塔基和紐約，不過一八五四年的紐奧良有將近六百間商行，其中三十六間在船運中心營運。城市人滿為患。約翰．森姆爾晚年對當時的合夥人吐露了他的部分經商哲學：「一定要向前看，占地盤遠比企圖取代已搶得先機的人更穩當。」[47]本著這個精神，約翰．森姆爾在經歷了一些延宕後——由於澳洲航線座位非常有限，而且淘金熱潮未減，就連獲得船票都是難事——於一八五四年九月、弟弟從美國返家的不久後，朝截然不同的方向啟程，航向澳洲。

這步棋將讓公司站穩腳步，因為施懷雅兄弟的前景在一八五〇年代中期看起來並不是太樂觀。他們繼承了穩定的企業，卻非出類拔萃的企業。美國並沒有讓他們大發利市。情況看起來是如此難以預料，以至於塞繆爾．馬汀在女兒和威廉．赫德遜走得越來越近（他們在一八五七年結婚）時，對瑪麗追求者的財務前景感到「非常不安」。[48]澳洲能帶來什麼希望呢？不少人這麼問，卻又有更多人朝澳洲出發，深信澳洲會讓他們變得富裕。在當時，澳洲對歐洲人而言是個新世界。當初喬治亞娜號從廣州啟航時，墨爾本甚至還不存在。一八三七年，才正式建立起墨爾本聚落，隨後穩定成長，在一八五一年成為維多利亞新殖民地的首都。以畜牧維生的菁英階層主導當地社會，他們的上千座牧場裡飼養著約六百萬隻羊和四百五十萬頭牛。金礦的發現又改變了一切。一八五二年四月初，關於大雪山山脈（Snowy Mountains）是「一整片廣袤黃金田」，還有「墨爾本四周有驚人礦藏」的消息，從新南威爾斯殖民地鉅細靡遺地傳到英國。帶來這個消息的船隻，同時載來了第一個證據：價值十五萬英鎊的黃金。[49]

利物浦和全國各地的報紙紛紛報導墨爾本已陷入失序，幾乎淪為棄城，因為水手、僕人、屠夫、烘培師傅和體力勞動者——任何有腿離開城市的人——無不一窩蜂地湧向金礦田，許多人「帶著滿滿的口袋」回來。在倫敦、利物浦和不列顛群島各地的城鎮村莊，有些人根本無心讀完整篇報導。船隻立刻打起廣告，主打從利物浦至「澳洲和黃金地區」的航程。一八五二年五月，「移民號」（Emigrant）從利物浦啟航，一二等艙載了五十名乘客，三等艙塞滿四百名乘客，成為率先出發的淘金先鋒船。查爾斯．狄更斯（Charles Dickens）在那個夏天寫道，「每個人似乎都準備『出發淘寶』」：

> 為數不少的銀行職員、年輕商人、初出茅廬的祕書和剛起步的出納員；所有人都被熱潮席捲，所有人對自己正在前往何處，或是到了之後要做什麼，都感到渺茫困惑。[50]

大批人潮衝向地球另一端的澳洲，並沒有因而減輕痛苦。先不論她青澀的為賦新詞強說愁，瑪麗在日記中描述約翰．森姆爾斷然離去、決定前往墨爾本時，隱約透露出一種無常、分離和離鄉背井的憂鬱氣息。這顯然也是施懷雅兄弟在得到某種支持、至少是某種建議的情況下，奮力押下的一把商業賭注；而且被視為必要的賭注。[51]

成千上萬、乃至數十萬的人前來碰運氣。自一八五〇至五五年間，維多利亞殖民地的人口數從七萬六千人，成長到三十六萬四千人；墨爾本的人口變成原來的四倍。淘金客從船上傾瀉而下，「來自倫敦和利物浦的辦公職員面色蒼白」，清朝廣東省農民從香港搭船出海；數不清的人從加州和四面八方前來，墨爾本的碼頭幾乎被這些人流和物流擠得水洩不通。當他們好不容易踏上陸地後，舉目望去，工廠堆滿木材和建築材料，城裡一房難求，只能在臨時小鎮找個地方搭帳篷。他們加入滿懷希望的一群人，有個評論家宣稱，「世上沒有哪個國家」「足以媲美此處的多相性」。挖到黃金的機會吸引力十足，然金礦田讓墨爾本失去勞動工人，船隻失去船員，商店失去助手，牧羊農場失去幫手。因此，維多利亞殖民地需要人力、物資和茶葉，也需要商行和經紀人負責採購，還需要船隻和新的運輸航線負責供應。畢竟，誠如倫敦的《潘趣》（*Punch*）雜誌所言，黃金有個獨特的缺點，也許就只有這麼一個缺點：「不能拿來吃」。[52]

中國人稱之為「新金山」的墨爾本正嗷嗷待哺。約翰・森姆爾搭乘阿爾比恩航運公司（Albion Line）的全新八百噸快速帆船「海洋之沫號」（Spray of the Ocean），船東聲稱她是「有史以來最完美、最漂亮的船隻之一」。這趟是海洋之沫號的處女航，不久後，她將創下前往澳紐航程的最快紀錄。她是一八五四年九月從利物浦駛往墨爾本的十艘船之一，船上載有五十名乘客，貨艙裡則有好幾噸「一級」馬鈴薯和洋蔥，以及「一名務實的殖民者特意製造的」車輪。約翰・森姆爾在澳洲的創業投資，完全受到時代熱情和看似無限的可能性影響，並在公司前途未知的驅使下展開，乍看之下，似乎更加偏離父親當初設定的道德方向。約翰・森姆爾曾自稱，「他若不是在兩年內空手而返，就是在十年後大富大貴地回來」。然而，他終究是個「務實」的殖民者，從以下事實便可看出：在最初短暫地嘗試挖金礦之後，他轉而做起自己更有經驗的事，以太古兄弟（Swire Brothers）的名義經營進出口生意，進口這座繁榮城市所需的物資，並將殖民地生產的物品向外出口。[53]

太古兄弟出口羊毛、小麥、動物油脂和皮革到英國，並進口各式各樣的商品，包括健力士啤酒，最特別的是，之後更在利物浦合法重新裝瓶成戴格斯黑啤（Dagger Stout）。一八五六年的一月有一則啟事，通知出售愛爾蘭燕麥片、豌豆、坎伯蘭和威斯特伐利亞火腿、老威士忌、白蘭地、麥酒和波特黑啤、炸藥和棉地毯：一些從事挖掘時所需物資，和挖掘後所需的點心飲料，或說一種慰藉。約翰·森姆爾把腳上淘金沾到的泥土徹底刮除後，在一八五五年入選墨爾本商會，並擔任陪審員，且據記載，成為墨爾本狩獵俱樂部（Melbourne Hunt Club）的「早期會員」之一。該俱樂部成立於一八五二年，從海外進口一批獵犬，而約翰·森姆爾至少都會參加一年一度的障礙賽馬。[54]澳洲的機會吸引了其他施懷雅家族社交圈的友人前來。早在一八四九年和一八五一年，和約翰·森姆爾在柴郡一起打獵的兩名友人，已先後前往昆士蘭。查爾斯·詹姆斯·羅伊茲（Charles James Royds）和愛德蒙·莫利紐茲·羅伊茲（Edmund Molyneux Royds）將在澳洲度過三十多年的牧場生活，兩人都在立法會（Legislative Assembly）任職，並於一八八〇年代晚期才返回英格蘭。[55]來自施懷雅家族利物浦網絡的人，以及英國家鄉前程似錦的政府職員，日後將受邀前來澳洲管理公司，而約翰·森姆爾的表親強納森·波特·奧布萊恩（Jonathan Porter O'Brien）則是在澳洲和他一起工作，直到後來回家鄉監督澳洲業務在英國端的運作。威廉·赫德遜不停敦促哥哥回國，提議由他接替哥哥在澳洲的工作，因為他覺得管理利物浦一事著實有難度。[56]

人事總是在一定程度塑造生意經營的特色和過程。弟弟威廉・赫德遜時而爆發的健康問題，促使約翰・森姆爾逐漸成為商行的決策合夥人，而且最終將買下弟弟的所有股權。一八四六年未婚妻過世，很可能影響了他的第一趟美國行。約翰・森姆爾的性格和謹慎的父親形成對比。這個男人勇闖美國邊疆，在澳洲搭帳篷加入挖金礦的行列。兩者都沒有創造出我們眼中足以永續經營的事業開發模型，卻在在展現了將再次出現在這個故事中的某種膽量和精神。儘管狩獵和障礙賽馬絕對是紳士的活動，約翰・森姆爾對這些活動畢生的熱愛，可能也有助於我們了解他的性格如何形塑這間公司。他在上了年紀後宣稱，他「一直以來追求的是榮耀，而不是錢」。我們在接下來的章節會看到，這番話不過華麗的花言巧語（具體的說是在商言商者的花言巧語），沒有太多真實性，因為他向來對「錢」能省則省，狩獵時專注衝刺，拚了命地追逐獵物，還有當淘金客時展現的頑強樂觀精神，凡此種種，都在這名被後人稱為「老董」（Senior）的男子的計算之中。[57]

一八五八年六月中旬，約翰・森姆爾離開墨爾本回到利物浦。弟弟一直以來都在懇求他回家管理業務。抵達後，約翰・森姆爾幾乎一刻也不浪費，旋即安排馬修・馬伍德（Matthew Marwood）——利物浦一名富地主的姪子，兒子則是利物浦著名的船運經紀人——前往墨爾本。馬伍德從利物浦出發，並在一八五八年十二月七日抵達墨爾本，一八五九年一月十日獲邀加入太古兄弟在墨爾本的合夥企業。[58]約翰・森姆爾當初是搭乘三千三百噸的皇家郵輪（Royal Mail Steamer）「澳大拉西亞號」（Australasian）一路回到蘇伊士，這艘鐵造船隻在「海況險惡時像桶子一樣滾動」，而且震動得厲害。這趟航程波濤洶湧，一副在航行途中不慎跌落船隻。正值發展中的英國網絡，其脆弱性由於這艘郵輪讓人議論紛紛的不足之處而暴露無遺。她不僅比預計時間晚抵達，回航時甚至漏起水來。有鑑於她在一八五七年試航時擱淺，堵塞了克萊德河的交通，她的運氣似乎打一開始就很背。甚至，其實在約翰・森姆爾從墨爾本啟航之前，澳大拉西亞號的船東就已經破產了。郵件的寄送不可預測，亂無秩序；商業資訊遭延誤；這個仰賴資訊和人員、貨物長途運送的帝國，也許擴張得太過了。[59]而更令人感到沮喪的是，殖民地在一八五八年依然讓人覺得充滿夢幻機會：澳大拉西亞號為蘇伊士捎來消息，在巴拉瑞特（Ballarat）發現史上第二大塊純金「歡迎金塊」（Welcome Nugget）。「六十天以內的輪船不夠看了！」四千噸快速帆船「艾倫史都華號」（Ellen Stuart）的代理如此吹噓。馬伍德便是搭乘這艘船從利物浦繞經開普敦往澳洲。該宣傳後來被證明是誇大不實，不過雖說蒸汽引擎開始在保護帝國方面發揮關鍵作用，這項技術仍無法有效地為帝國服務。[60]情況很快就會改變。事實上，利物浦將會改變這個情況，而且背後出錢出力的，正是施懷雅家族。

澳洲在許多方面也對這個故事至關重要。首先，澳洲確保了公司的健全，並在經歷多年不確定性之後，照亮了公司的前途。約翰・森姆爾沒有找到黃金，但在一八五五至六七年間，一向被視為專事經營澳洲的太古兄弟，著手靠著一些大宗貿易（例如波特黑啤）穩定獲利。這個新市場對公司非常重要，他甚至在一八六一年的人口普查中自稱是「美國和澳洲商人」。英格蘭銀行的利物浦代理在一八六二年表示，該公司「信譽優良」。到了一八六七年，光是約翰・森姆爾便擁有可觀的私人現金儲蓄，總額至少是父親一八四七年留給他的資本的二十倍。[61]在利物浦與詹姆斯・洛里默（James Lorimer）商討後，墨爾本的太古兄弟公司在一八六一年宣布解散，此後洛里默、馬伍德和第三位合夥人羅伯・洛姆（Robert Rome）一起在墨爾本港口及雪梨經營太古代理業務。洛里默於一八五三年從利物浦來到墨爾本，在利物浦的時候，他曾在當地著名的麥斯威爾公司（W. A. and G. Maxwell）擔任實習職員。他和約翰・森姆爾同時在墨爾本商會擔任會員，且成為摯友。約翰・森姆爾雖然常對他的經商手法不表認同，兩人的友誼依舊持續，直到一八八九年洛里默過世。[62]

其次，公司和船東與航運公司的合作，漸漸變得越來越緊密。洛里默毫不猶豫地把白星航運公司（White Star Line）帶進公司營運的範圍內，於是墨爾本的太古兄弟固定為日益壯大的通訊網絡扮演船務代理人。白星航運是迅速成長的利物浦快速帆船運輸隊，由坦率又魯莽的船運經紀人亨利・斯瑞佛・威爾遜（Henry Threlfall Wilson）主掌。船隊隨著淘金熱一起成長，迅速租用並委任製造新船——尤其偏好美國快速帆船——時而贏得皇家郵政的合約，時而爭取失利，總是竭力宣傳自家船隻。她們是

> 世上最大、最快、最美的船……名聲來自始終如一的準時、為官方任用和民間委派的優秀紀錄，以及迅捷的航行速度。締造出有史以來最快的幾次紀錄。[63]

威爾遜向來趾高氣揚，未久便顯得太過不自量力，所幸和維多利亞政府簽訂移民合約的白星航運算是豐厚、穩定的收入來源。在一八五九年之前，合作關係剛起步時，太古兄弟公司在墨爾本開展了一項常規業務，服務往返加爾各答、舊金山和中國的船隻，船隻從英國出發，帶著壓艙貨北往中國，然後載運茶葉迅速返航。[64]

墨爾本的發展對太古又有另一層重要的意義。淘金熱本身加速了澳洲殖民地與中國聯繫的深化。墨爾本將成為僅次於倫敦的第二大茶葉貿易中心。[65]澳洲殖民地曾把眼光投向北方，視中國為協助其發展計畫的物資和勞動力來源，如今，中國人把這塊南半球的土地看作他們可以打工或淘金發財的地方。這些發展深刻地改變了澳洲的發展方向。澳洲仍然堅定地展望歐洲、展望英國，但相比於過去，如今也把太平洋和亞洲納入視野，而且不只是像過去那樣，從雪梨出發的船隻，把太平洋和亞洲當作通往歐洲途中的停靠點，而是其本身便是很重要的連結點。

一八四二年後中國新通商口岸的開放，鞏固了喬治亞娜號劃時代航行所象徵的、日益繁忙的交通網絡。利物浦和墨爾本本身正在經歷的各種基礎建設開發，也緩慢卻勢不可擋地在中國發生。一旦占用境外土地的協議塵埃落定，碼頭和倉庫和港區就在新開放的中國商埠逐步興建。船用品商店和煤炭倉庫相繼設立。商人為自己蓋豪華宅邸，藉由展示自身的生活方式，提高社會地位。教堂興建，社交俱樂部成立，舉辦賽馬，小酒館開業。許多報紙開始發行（麥贊臣的《廣州紀錄報》搬到了香港）。英國政府簽發郵件合約，信件、人員和資訊的傳播量逐年增加，逐年加速，而且越來越頻繁。只是這些進展並非全面性地。在福州，英國人直到一八五三年以前都受到實際上的阻撓；在廣州，對英國暴力軍事行動的普遍不滿情緒，導致官員們盡可能地阻止新制度的實施。英國則是施以更進一步的激烈作為反制，以確保據點。到處可見英國人和其他國家的人——其代表緊接在英國之後和清廷簽署條約，並在「最惠國待遇」的條款下，其利益適用於各方面——爭相擠進這剛圈起的通商口岸新興郊區。

這種地域限制在很大程度上衍生出一種優勢，最終甚至成為在此處扎根的人「與生俱來的權利」。土地承租者的委員會成立，籌畫新道路和濱海岸堤的建設（在英印說法中稱之為「bunding」，於是人們稱沿著岸堤的道路為「外灘」）。接著，他們僱用起監工和警衛，這些人後來組織成警察大隊，委員會並以議會自居，承擔起議會應負的所有責任。香港以正規英國皇家殖民地的姿態發展，由一名總督治理，他兼任英國駐華商務總監，也是民事、軍事和宗教的權力中心。香港島北側冒出一座新城市「維多利亞城」——為全球各地以女王為名的一連串新殖民聚落增添一名生力軍——構成世上最美麗的天然港之一。起初維多利亞城聲名狼藉，這也難怪，因為這個地方無法無天，疾病肆虐，不過英國政府逐步著手建設這個殖民地，開始處理海盜和土匪的問題，落實基礎設施和公共衛生政策，成功降低所謂「香港熱」（Hong Kong fever）造成的死亡人數。殖民地甚至將中國囚犯運往范迪門斯地、檳城、新加坡、納閩（Labuan）和信德（Sind）。運囚船返航時，載來尋求機會的澳洲殖民地自由移民。這個華人的維多利亞城穩定發展，而且越來越緊密地嵌入英國現有的貿易及通訊網絡。[66]

我們不應該假定軍事勝利、條約權利保障和港口開放，就代表貿易商在遷入此地和承包業務時無往不利。他們並沒有無往不利。即使是有豐富廣州貿易經驗和專業知識優勢的人，都覺得難以在新開的通商口岸占有一席之地。對沒有相關經驗卻緊抓住對清貿易機會的英商來說，在這裡做生意可能令人不知所措、煩心甚至痛苦。畢竟，該從哪裡開始？手邊有什麼相關資訊？中國人會買什麼？那裡的人如何付款或收款？如何處理交易，由誰處理？能信任誰，信任到什麼程度？在仲裁爭議或爭取賠償時，可能有哪些程序？這些問題困擾著拉斯波恩家族（the Rathbones）此等利物浦商人。拉斯波恩家族和約翰·森姆爾一樣，在美國貿易中已經奠定名聲。塞繆爾·拉斯波恩（Samuel Rathbone）和詹姆斯·沃辛頓（James Worthington）帶著一批「棉製品、針、鈕扣、美國布料和價值三百英鎊的『珠寶』」在一八四四年抵達中國，他們發現，貿易同行對他們的態度完全不可捉摸，不會過度幫忙，也沒有多所妨礙，中國商人看似愚鈍，執著於不符合外國期望的交易形式，而且以拒碰鴉片的方式，自我約束從事輕鬆的兌換業務，鴉片貿易可是「獲得銀兩的最佳手段」。儘管如此，他們仍堅持不懈，最終創造出蓬勃生機，只是進展速度緩慢，因此他們常說，和他們所面對的市場相比，在昔日的廣州壟斷市場「做生意，肯定安全又簡單」，更遑論昔日的廣州能多特別了。[67]

儘管穩定發展，在新成立的駐華外交機構中，有些英國領導人漸漸感到挫敗。眾多英國商人不滿他們在經營生意時受到的限制。這些反對聲音都是耳熟能詳的抱怨，而且和昔日廣州一口通商時期令人反感的限制相比，經商條件已經大有改善，只是反對「束縛」自由貿易的人，對限制感到厭煩。一八五六年，英國駐廣州領事巴夏禮（Harry Parkes）因為英國籍船隻「亞羅號」

（Arrow）的地位問題，和地方當局發生衝突，而且刻意緊抓爭執不放。中國人以船隻證件過期和涉嫌走私為由，扣押亞羅號，儘管此舉完全在他們的權限之內，巴夏禮卻將把這起事件變成展現英國實力的藉口，導致事態迅速升級為暴力衝突。廣州領事引發的戰爭——第二次鴉片戰爭，又稱「亞羅號」戰爭——比一八三九至四二年的戰爭更具破壞性。情勢在一八六〇年臻於高峰，英法聯軍登陸華北，就在他們即將對京城發動攻擊之際，清廷低頭求和。新的戰爭帶來新的條約，清廷根據新條約的協議對外國人開放了更多港口，供他們從事貿易和居住，其中最重要的是長江沿岸的鎮江、九江和漢口，以及華北的天津和牛莊。長江的開放也代表外國貨運現在可以在這些港口和上海之間航行。一名英國公使被永久派駐京城，然後派頭十足地住進前奉恩鎮國公的府邸。

一八四二年後湧向中國的英國人，以及跟隨英國人腳步來到中國的人，還帶來了其他後果。中國外貿的地理中心先是從廣州向香港轉移，隨後緩慢但穩定地轉到北邊的上海，對華南地區的經濟和社會造成嚴重破壞。新教傳教士這下子可以更輕鬆地在通商口岸從事傳教活動，發送福音宣傳小冊。這些趨勢和廣西省在地人與外來者之間持續的緊張對立相互交錯，並在一八五〇年的大規模基督教起義中徹底引爆。外國觀察家困惑地看著這場由自稱耶穌基督之弟的洪秀全率領的起義。洪秀全的「太平天國」勢如破竹。他麾下誦念《聖經》的士兵在一八五三年占領南京，於是他們宣布奠都於此。太平天國的勢力讓清廷無法輕易平定，可是又沒有強盛到足以推翻滿清，其所引發的中國內戰將持續十四年，導致中原生靈塗炭。數千萬人死於戰亂或戰事導致的饑荒。

這個不斷變動和擴張的年代，也是充滿暴力衝擊的年代。搭船前往中國參加第二次鴉片戰爭的英國軍隊途中改道，轉往印度幫助鎮壓一八五七年的印度民族主義大起義，此即後來英國人所說的「印度嘩變」（Indian Mutiny）。空前的挑戰，引發程度相當的空前暴力，但在此之後，英屬印度政府終於完全由王室接管。反叛的規模也讓其他人打消征服中國的野心。此際，美國正一步步被拖進南部奴隸州發起的叛亂，他們在一八六一年自行宣布為獨立聯邦。隨後四年的美國內戰對全世界帶來衝擊。南方州種植園的出口棉花幾乎是立刻乾涸。英國的大量棉花庫存，和趕忙擴大埃及和印度生產的舉動，最終使蘭開夏郡（Lancashire）和柴郡的工廠恢復全面生產。

美國內戰劇烈改變了棉花世界，不過，對美國的棉製品出口在內戰接近尾聲時大幅增加，誠如一八六六年太古集團的一份傳單所示。[68]但英國公司已開始尋找新市場，以便渡過起起伏伏的衝突過程。舉例來說，長年聘請太古在利物浦代理其美國出口生意的布拉福紡織品製造商巴特菲爾德兄弟，在一八六四年的夏季逐步開拓中國市場，寄樣品給奧古斯坦・赫爾德（Augustine Heard）在香港、上海（之後還多了橫濱）的美國商行（按：瓊記洋行）。[69]和巴特菲爾德兄弟的長期合作，以及和創新積極的利物浦造船商阿爾弗雷德・霍特（Alfred Holt）的新合作關係，將為太古集團在一八六〇年代中期指引一個新的方向，也把他們的澳洲事業推向全新的業務領域。

我們對太古集團在約翰・森姆爾一八五八年回到利物浦後的確切活動所知不多。施懷雅兄弟檔出現在市長社交聚會的報導上，也出現在醫院和學校、利物浦海難與人道協會（Liverpool Shipwreck and Humane Society）和一八六二年的「蘭開夏郡和柴郡棉花區救濟基金」的慈善捐款名單上。一八五九年，約翰．森姆爾娶了製糖商人的女兒海倫．艾比蓋爾．費爾里（Helen Abigail Fairrie）。兩兄弟初識瑪麗．馬汀的地方，正是海倫父親的住所。費爾里家因為婚姻關係和他的友人穆爾的家族也密不可分。兩人的兒子約翰（人們總是稱他傑克）在一八六一年出生，但悲劇隨之而來。次年，海倫為恢復健康到海外旅行途中不幸過世。一八六〇年代絕大多數時間，傑克都是和威廉．赫德遜與瑪麗同住。

維多利亞時代中期的英國公司壽命普遍短暫。粗略數字顯示，一八七〇年在利物浦經商的公司當中，商業活動可追溯到一八五五年的不到五分之一。[70]即便把變更合夥協議且更名的公司納入計算，太古集團顯然已算得上是難得一見的倖存者。太古的業務此時越來越多樣化，不過如今的多樣化經營是受到澳洲拓點成功的支持。我們也看到更大規模的雄心壯志。最大膽的舉動莫過於在一八六四年試圖把白星航運，變成一間新的澳洲與東方輪船公司（Australian and Eastern Navigation Company）。這個「純澳洲企業」打算合併白星航運、黑球航運（Black Ball lines）和老鷹航運（Eagle lines）的新海上輪船活動。這「三家公司齊力」爭取市場，黑球航運的負責人廷戴爾．貝恩斯（Tyndall Baines）後來如此評論。太古將持有三家輪船的墨爾本代理權，其輪船上會掛太古的旗幟，包括那艘有現代輪船指標美譽的「大不列顛號」（Great Britain）。可惜這條航線已經過度飽和，唯有某程度的統籌或合併才能保護相關人士已經投入的可觀資金。約翰．森姆爾和理察．夏克頓．巴特菲爾德（Richard Shackleton Butterfield）被列為新設公司的董事。巴特菲爾德的加入大概是因為他和施懷雅家的交情。去年秋天，約翰．森姆爾曾被提名為國家輪船公司（National Steam Navigation Company）初創董事之一，這間公司之後將發展成獲利豐富的大西洋客輪公司。不過，他似乎為了專心經營新投資項目而婉拒了。[71]

然而，由於「震驚股票交易圈」的市場操縱爭議和指控，這項投資計畫迅速瓦解。不過，有些人覺得，也許人們之所以感到震驚，以及證券交易委員會決定宣告財產轉讓無效，是由個人損失所引起的，和商業倫理無關。[72]約翰．森姆爾倉促卻也果斷地做出決定，他和其他四名董事決定維持股價，以對抗他們口中和這項商業計畫「正面衝突」的「異常猛烈的反對」。儘管在那年五月重組為「利物浦、墨爾本與東方輪船公司」（Liverpool, Melbourne, and Oriental Navigation Company），新事業後來仍一敗塗地，從此長眠。[73]斯瑞佛．威爾遜的牛皮終於吹破，一八六六／六七年，白星航運瓦解，不過他的商譽和旗幟為一家新公司延用而保留了下來。儘管澳洲與東方輪船公司這段故事青史留名，一舉成為經典的市場操縱案例，但約翰．森姆爾的個性與抱負，似乎不太像是會做出這種行為的人，因此我們不妨暫且相信公司董事所提出的辯解。[74]

蒸汽輪船及其發展潛力也許模糊了我們的視野。不過，這幾十年是帆船占主導地位的航運時期，而且帆船在從事跨洋旅行的成本效益不斷提升。快速帆船速度較快，運費也比蒸汽輪船便宜，當時的蒸汽輪船依然仰賴使用大量燃煤，必須航行在補給站之間添補燃煤。不過，輪船的前景，促使有識之士投入解決這項技術挑戰。一八六四年晚期，當施懷雅兄弟、威爾遜、貝恩斯及其合作者，因為稱霸墨爾本航線的創投計畫失敗，在一旁舔拭傷口之際，霍特正忙著拆解他名下唯一的一艘船「克里特爾號」（Cleator），並為船隻加裝一個據說能解決輪船技術問題的新式引擎（按：複合蒸汽引擎）。經過一八六四年十二月的實驗測試，「萬事具足，」霍特後來回憶道。一八六五年年初，施懷雅兄弟投入第一筆資金，正式入股「海洋輪船公司」（OSSC，又名藍煙囪），並於日後大量持股這間公司。他們想要以霍特的成功及其決定為基礎，繼先前在西印度貨運的投資失利後，「嘗試進軍中國貿易」。[75]

第三章 定位

很不容易的嘗試。戰爭造成侵蝕與破壞，但也創造許多機會。自一八六二年初起，第二次鴉片戰爭和太平天國之亂促使上海漸趨繁榮。長江及新商埠的開通，外國軍隊和戰艦的獅子大開口，以及清軍因為逐步提高對太平天國討伐強度而產生的物資需求，不僅吸引資本和專業人才，同時招來許多冒險家和投機商人。自一八六〇年的春天以降，太平天國叛軍從首都南京向長江三角洲和上海發動了一系列攻擊，並於八月推進至上海郊區。他們的軍事行動造成長江流域各大城市的逃難潮，包括蘇州、揚州和杭州和外國貿易商有密切聯繫的商人。英法調派駐軍保護他們的租界，並且開始騷擾太平軍，因為他們覺得太平軍已經變成麻煩製造者。接下來幾個月，投機商人在各地防線的後方築起一排排的房子，為難民提供住宿，辦起專供華商閱讀的報紙，迅速建造新的船廠和倉庫，召集駁船隊，不遠千里地四處尋覓新船。上海過去經常被描繪成沉睡狹隘的外國租界，而今太平天國軍事行動把上海變成跨國合作交流、創新和實驗的熱鬧基地，一座為中國未來暖身的城市。

與此同時，洋商在新開放的通商口岸盡可能地收購土地，希望在鎮江或九江、天津或牛莊等地計畫興建的新外灘取得黃金地段，也就是從新貿易商機獲利的最佳位置。然後，在一八六二／六三年，蘭開夏郡對原棉的需求促使上海棉花價格大漲。這些變動可能帶來什麼財富呢。中國的興奮情緒從黃浦向外蔓延開來：上海現在就是機會的代名詞。《泰晤士報》一八六四年的一篇社論開玩笑說，上海是「經商人士目前的黃金國（El Dorado）」，有些前往上海尋求商機的人也用了同樣的說法——一名英國小伙子在即將抵達之際寫道，上海是「充滿希望和財富的黃金國」——前往上海的人潮踴躍堪比淘金熱。一八六五年初，光是一個星期就來了二十到三十個「抱著發財夢的年輕人」。[1]在美國內戰沒完沒了、北大西洋貿易仍舊難以預料的同時，東方出現令人神往的機會。

可惜，這個天時地利人和的機會潮過去了。清廷在一八六四年收復南京，這個太平天國走向毀滅的預兆引發巨大倒閉潮，隔年美國南方邦聯投降，情況更是雪上加霜。棉花出口戛然而止，和平毀了致富的美夢。很多外國公司的經營困境，又因為一八六六年五月英國最大的貼現銀行（discount bank）破產導致倫敦金融危機而加劇。湧入上海的難民多數都收起包袱回鄉，形成一波「大出走潮」，土地和不動產價格連帶暴跌，留下估計價值約五十萬英鎊的外資遭閒置基礎設施套牢。「景氣在一八六三年秋到六五年春之間徹底逆轉，」英國領事沉思道，「這幾乎是前所未見的。」在全盛期，上海熱的奢侈程度只有「澳洲淘金初期」稍來的消息能與之媲美。[2]許多商行嚴重過度擴張。商人也是。一種「放蕩」肆意揮霍的文化吞噬當地洋商，賽馬和賭博往往是這種文化的核心。儘管上海是個幾乎沒有機會騎馬的城市，拍賣時，一名破產者的馬廄裡竟豢養了九匹小馬和成馬，另外還擁有一輛馬車。此人花錢買的是地位；另一名破產人在三年內購買了價值三千英鎊（等於二〇一九年的二十八萬三千英鎊）的家具，他顯然是在裝飾自己的社會地位，而不是他的住所（而且他拿來買家具的根本不是自己的錢：隨後鋃鐺入獄）。某間公司的職員每年可以分配到一千五百英鎊的飲食津貼；另一間公司每年在每個員工身上花兩千英鎊，這還不包括租金、酒錢和薪水。這兩間公司紛紛倒閉。一八六七年一月，有一名商人仍為迅速致富退休的美夢落空難過，根據他的說法，怡和洋行是唯一不被外界懷疑資金是否充裕的公司。[3]

儘管如此，條約所預示的新時代基礎仍然穩固。第二次鴉片戰爭強化並擴大了這些基礎。在這個對外國商人、外國觀念、外國商品與外國船隻空前開放的中國，依舊有很多機會可以追求。上海的華人人口減少，但多數洋人還是沒有離開，因為他們看到了租界的機會和保障。此外，抱著希望的人持續從英國各個港口前往東方。於是，約翰．森姆爾在一八六六年十一月底的某個冷冽午後，踏上了上海的陸地。地面堅硬；這年秋天出奇的乾燥，城裡才剛結霜。[4]他搭乘半島東方輪船公司（P&O）的輪船「亞丁號」（Aden）抵達，船隻五天前從香港出發，不畏強勁北風和海濤洶湧，一路沿著海岸線駛抵上海。

約翰．森姆爾利用半島東方輪船公司最快的轉乘路線旅行，九月二十八日在馬賽搭上前往亞歷山大港的輪船，再從亞歷山大港搭火車轟隆隆地南下開羅——途經正在施工的運河工程——然後到蘇伊士，最終在從法國啟程的四星期後抵達孟買。他這趟旅行帶著一個使命——一份代表公司新方向的新簽合夥協議——以及年輕職員威廉．朗（William Lang）。朗是著名南美商人之子，他在父親一八六五年宣布破產後，不得不到其他地方打拚謀生。這兩個人從孟買搭船到新加坡，僅在香港的港口停留了九十分鐘，便動身北上。

亞丁號駛進長江河口，河口最寬之處有七十哩，沿著一條幾乎難以察覺的航道，行過移動的沙洲，航向位於南岸、距離海口四十哩的黃浦江口。亞丁號大概停在江口外過了一夜，然後趁白天的漲潮水勢航行而來，和一艘「簡陋的燈船」擦身而過，朝著被荒煙蔓草覆蓋的河岸圍成的水灣前進，四處只見毀壞的堡壘。河水本身是「看起來髒髒的黃色」，較晚來到上海的查爾斯．戴斯（Charles Dyce）回憶道。此地風景在戴斯的記憶中「骯髒淒涼」，河岸低矮，「有些陰鬱的樹木」看起來「憂鬱極了」。[5]在與長江匯流處再上游一點的吳淞，船隻會通過海關站（按：江海關吳淞分關），和接收艦（receiving ship）——即水上鴉片倉庫——使用的港口外部錨地。在這之後，人們即將看到越來越多的水上活動，遠方的房舍及其他建築逐漸映入眼簾，然後是碼頭、美國教堂的方塔，很快的，外灘及其建築群也變得一目瞭然。

約翰．森姆爾由水上到陸上的最後一段航程，很可能是乘坐舢板，並在城市新興的心臟地帶登陸。這裡本來是一八四二年鋪設的「英國土地」，面積只有五分之一平方哩，面向黃埔，從北部的吳淞江（外國人稱為蘇州河〔Soochow Creek〕）到標誌著法租界邊界的洋涇浜（Yangjingbang，按：黃浦江支流）。外灘有成排的外國公司營業場所、上海總會、江海關大樓——濱水區唯一的中式建築——新落成的共濟會大廳，以及英國領事館館舍。碼頭和倉儲躉船從堤岸延伸到河裡。在蘇州河北邊已開闢一處美國租界，但除了沿蘇州河和黃浦北岸綿延一哩的建築群之外，美國租界多半不受重視。英國區和美國區在一八六三年合併到上海公共租界工部局底下，工部局總共控制了將近三平方哩的新興城市。法租界環繞城牆大抵為橢圓形的上海，然後和英租界一樣，從外灘向西延伸一哩。朝東邊的河對岸望去，可見成排稀疏的造船廠和倉庫，其中有座墓園，面向浦東數哩平地，在大氣晴朗的日子，從教堂塔樓可以看到船隻沿海岸駛入長江口。

沿著主要的東西向大道南京路（會延伸到派克弄〔Park Lane〕）向內陸走，你將來到賽馬場及其大看臺。除此之外，在英租界外、距離外灘三哩處，是環境清幽的「湧泉井」（Bubbling Well），適合散步和騎馬。在外灘上和外灘後方的洋行院落裡，坐落著辦事處和倉庫，並住著外國員工和他們的中國僕人。花園和果樹的布置，再加上不少來自家鄉的植物，讓這裡成為繁忙港口的幽靜避風港。不過這些公司的行樓有時仍像個「小鎮」，因為洋行業務的主要代理人——人稱買辦——會僱用很多員工，而且這裡從不缺僕人。外灘上的旗昌洋行（Russell & Co.）行樓圍牆邊，圍繞著兩座茶棚，三個倉庫，公司辦事處，兩間外國員工樓房，一間買辦樓房，僕人和「苦力」的宿舍，以及一間英式撞球房和一條草地滾球道，一口井、一座花園和溫室。[6]

英文報紙《字林西報》（*North China Daily News*）為我們提供了約翰・森姆爾在上海醒來的第一個早晨的詳細情況。十一月二十八日——刊頭下方寫著農曆十月二十二日，透露中國貿易的雙文化基礎——港口水洩不通，共有五十四艘帆船，二十三艘輪船和十四艘英法海軍軍艦，停泊在黃浦江或吳淞江。商人來自日本、不列顛諸島、北美洲東西岸、新南威爾斯、中國通商口岸和俄羅斯太平洋沿海。輪船固定航行於沿海地區和長江，或是往返日本。他們的業務委託給英國、美國、德國、法國和印度的公司。事實上，這些記錄在載貨清單和公告上的繁忙貿易與交流，促使報紙發行的頻率從去年以前的週刊，變成日報形式，更促使專為華商興辦的新刊物發行。上海的生活節奏正在加速。

從報紙上的財產公告可明顯看到，一八六五年市場暴跌後的洋行重組：破產的陶氏洋行（Dow & Co.）立即拋售在四川路上的營業處所，一八四〇年代三大英國洋行中的廣隆洋行（Lindsay & Co.）則是不得不把教堂旁的廣隆行地產，分割成諸多較小的地塊。利昇銀行（Bank of India）和滙隆銀行（Commercial Banking Corporation）盡皆倒閉，而在港口營運的十一家銀行裡，也有四間倒閉。上海碼頭公司（Shanghai Wharf Company）剛興建完成的偌大基地正在出售。同一天上午十一點還有賈索洋行（Jarvie, Thorburn & Co.）的債權人會議。成立不久的英國在華及在日最高法院（British Supreme Court for China and Japan，按：亦稱大英按察使司衙門）發布了羅伯・麥肯齊（Robert Mackenzie）破產聽證會的提前通知。反觀記洋行（Augustine Heard & Co.），則是為他們在橫濱新開張的分行打廣告。最近抵港的委託業務經紀和茶葉檢查員公告他們的開業通知；福布斯洋行（Messrs Forbes）為代理奠基於雞籠的新公司J・B・菲爾德（J. B. Field & Co.）的業務打廣告，他們自家倉庫有「大量雞籠上等燃煤補給」。

這個商業世界正處於過渡階段，擺脫了一些最早進軍此地的投資者，並剔除掉想在一八六二至六四年間的經濟繁榮期乘機大撈一筆的人。三大英商中的另一個巨頭寶順洋行（Dent & Co.，按：又稱顛地洋行）將在幾個月內倒閉，而且一八六五年便已因為緊縮開支力道加強，動搖了當地貿易圈。上海租界給人一種原始又不穩定的感覺，而此際同時也是熱鬧又高雅的港市，是本世紀中葉在世界各地繁衍的另一座新英國城之一。

上海現在有了印刷廠、銀行、保險公司，甚至正準備發行一份（短命的）幽默新期刊《上海灘》（*The Bund*）。《字林西報》的版面充滿這些外國人好交際、享樂放縱和買房熱的證據。獵紙競賽（paper hunt）的參賽者當天下午要在賽場的大看臺集合，準備展開當季的第一場比賽——三十名參賽者現身，「選手實力堅強，過程歡樂。」萬國商團（Shanghai Volunteer Corps，按：亦稱上海義勇軍）步槍連則要在隔天下午的四點集合，練習行軍和射擊（在傍晚「照慣例以氣氛融洽的晚餐」劃下句點）。曾在利物浦或曼徹斯特一起列隊接受閱兵的人，現在來到上海做同樣的事。匯兌撞球間（Bank Exchange Billiard Room）提供當季的第一杯「湯姆和傑瑞溫熱雞尾酒」（Hot Tom and Jerry），還提供「「各種你想得到的熱飲」」。「美國佬」只花九個星期就蓋出一座豪華新劇院，業餘戲劇協會（Amateur Dramatic Society）成立，會員登記踴躍。長笛手尚・雷慕薩（Jean Rémusat）宣布星期二在上海總會舉行「盛大的演唱暨演奏音樂會」。

聖安德魯協會（St Andrew's Society）邀請蘇格蘭人和「其他與蘇格蘭有關的人」參加其第二次「紀念守護聖人的年度晚宴」，彰顯出海外英國生活的特徵。在來上海之前從未見過「正宗」蘇格蘭人或美國人的倫敦人戴斯回憶說，儘管他們定居在中國，人在上海，卻「可以說，他們就像置身故鄉」，他記得該協會的會員「每次一逮到機會就逼我們接受蘇格蘭王國」。這天晚上，有七十人共襄盛舉，眾人唱歌喝酒「通宵達旦」。帝國啤酒廠（Empire Brewery）以進口英國麥芽和啤酒花在當地釀造的「美味麥酒」，或許多少助長了氣氛，而發揮同樣功效的還有麥克林湯瑪斯公司（Maclean Thomas and Co.）或連恩與克勞福公司（Lane, Crawford and Co.）提供的淡紅葡萄酒、香檳（頭等）、雪利酒（高級）和白蘭地，以及麥克尤恩（McEwan's）的淡啤酒和柯化威（Overweg's）的舒味思通寧（Schweppes tonic）。更幽默的是，在即將到來的星期日，有三間新教教堂以及在法國領事館附近的羅馬天主教教堂，供人們選擇禮拜或彌撒。瑪麗亞・珍・考茨（Maria Jane Coutts）生下兒子愛德華的當天晚上，二十九歲的倫敦人羅伯・佩基・霍奇森（Robert Page Hodgson）去世。霍奇森是大清皇家海關的洋員鈐子手（Tidewaiter，即海關水上稽查人員），被安葬在租界核心區的山東路墓園。[7] 清醒與酣醉，學者與庸人，高雅與低俗，生婚病死，盡是這個繁忙租界的一部分。

約翰・森姆爾在這個求生不易的地方，能夠占得一席之地嗎？上海蘇格蘭人在聖安德魯日唱的最後幾首歌之一，以一段當時廣為流傳的副歌作為開頭，這首歌和經商的慘澹有所共鳴：

讓我們在生活的樂趣中停下腳步，細數它的潸潸淚水，
當我們都與窮人一起悲傷時；
有一首歌會在我們的耳邊永遠縈繞；
喔！難關別再來了。

身邊少了如今破產的同行，他們感到惋惜，並希望「襯衫料子的買賣源源不絕，茶葉和絲綢行情大好」。儘管介紹中國新開放通商口岸的第一本綜合指南提到，「上海不自然的成長，突然毀滅性地停止了」，其地理位置無疑仍「預告上海即將邁向一個美好未來」。[8] 全面崩潰後留下了完善的貿易基礎設施，而在紛亂無序的這幾年間發生的問題，不僅促成了工部局的設立，也促成了英國在華最高法院的出現。鋪柏油碎石的街道如今甚至有煤氣燈照明。日後的發展已奠定了更穩固的基礎。

即便如此，對於施懷雅兄弟為什麼決定在中國和日本開設辦事處，我們並沒有找到很明確的證據。英國領事最新一期的官方貿易報告在一八六六年二月發布，內容呈現一八六四年的貿易情形，其中幾乎看不出有什麼商機可言。讀過這份報告的人不可能對中國有所嚮往。貿易總額跟一八六三年相比呈現衰退，更重要的是，眼下的情況甚至比不上一八五七年。同年七月公布的報告顯示，一八六五年的景氣稍有起色，不過太古早在那之前就決定前進中國了。此外，對某些人而言，對華貿易本來就還籠罩著一絲「可疑和不名譽的陰影」，本來是因為鴉片貿易的關係，而今又多了經濟泡沫化的因素。[9] 有些人覺得陰影不只一絲絲而已。「『商人』一詞，」麥都思（Walter Henry Medhurst）領事寫道，「在英語中幾乎變成『冒險家』、甚至是『走私販』的同義詞，而且經常被形容成『貪婪』且具『侵略性』。」[10] 領事報告強調的違約與不誠實，更是為此增添了幾許色彩。但誠如某個香港貿易商所言，也許在這個「與中國搭上邊的人都背負臭名之際」，正是採取新動作的最佳時機。[11] 我們將看到，太古其實早已因為兩個合作伙伴——巴特菲爾德（將羊毛織品賣到橫濱）和霍特——而為中國所吸引。隨著其他人經營不力——《字林西報》上那些曾讓員工過吃香喝辣生活、如今卻宣告破產的失敗商號——和新的機會出現，此際正是還沒被榮景沾染的其他人重新來過的時候。

悲傷的歌於事無補。約翰・森姆爾有兩條進攻路線：委託抽佣和航運代理。接下來六個月，在一八六七年六月動身回倫敦之前，約翰・森姆爾為新的中國業務奠定了發展的基礎。他抵達上海不到一天便著手處理正事了，他寄信到橫濱，終止與瓊記現行的商業約定，並將新公司安頓在上海的營業場所。不到一星期，《字林西報》便刊載了一則簡短啟事，宣布新公司「巴特菲爾德與施懷雅，貿易商」（Butterfield & Swire, Merchants）成立，暫置於最近一波倒閉潮中關門的吠禮喳洋行（Fletcher & Co.）營業所。如今，因為施懷雅兄弟在九月二十四日和巴特菲爾德簽約締結正式合夥關係，另外在英國與美國分別成立R・S・巴特菲爾德公司（R. S. Butterfield & Co.），雙方長久的情誼變得更加穩固。[12]新合夥關係的代理人湯瑪斯・托帕罕・斯蒂爾（Thomas Topham Steele）在春天將擬定的中國開發消息帶到東方。斯蒂爾原是棉花商的職員，一八六六年四月上旬，他帶著計畫細節以及新雇主的命令抵達上海。斯蒂爾的哥哥既是霍特、也是和施懷雅兄弟往來密切的商業伙伴。陪同他來上海的是布拉福羊毛大盤商之子理查・諾曼・紐比（Richard Norman Newby）。紐比是巴特菲爾德家的代理人，斯蒂爾則是施懷雅家的代理人。[13]可是，夏天還沒結束，年僅二十六歲的斯蒂爾就在上海聖三一堂（Holy Trinity Church）附近的山東路墓園歸於塵土了，他僅僅是那年「因為暑熱和疲勞致死名單」上的其中一人而已，嚴肅的氣氛籠罩租界。銀行家大衛・麥克林（David McLean）在寫到另一起夏季死亡事件時指出，有個年輕的商人「十二點生病，隨後在下午五點」死於霍亂。在上海的事業可能於一天內驟然劃下句點。[14]

目前為止，施懷雅和巴特菲爾德一直將織品貨物託付給「普雷斯頓布魯爾」（Preston Breuell）。該公司在一八六四年的夏天由在孟買經營的利物浦合夥企業「史密斯、普雷斯頓與基利克」（Smith, Preston and Killick）成立。威廉・喬治・基利克（William George Killick）常駐印度孟買（他曾在孟買其兄弟的「基利克尼克森公司」〔Killick, Nixon & Co.〕任職），利物浦葡萄酒富商之子喬治・弗雷德里克・普雷斯頓（George Frederick Preston）和船運經紀人塞繆爾・布魯爾（Samuel Breuell）則是被任命為上海的合夥人。布魯爾於一八六四年三月抵達中國（隨即投入大量精力到萬國商團），普雷斯頓則是從一八五七年以來一直在上海工作。舉例來說，航運紀錄顯示，他們是載運巴特菲爾德商品從利物浦抵達上海的船隻的代理人。

誠如我們已經看到的，此時不是在中國經商的好時機，更何況普雷斯頓布魯爾的中國買辦鄭芬（Zheng Fen，音譯）危害公司的聲譽。鄭芬說服他們從事當地的鴉片買賣，然後在他們不知情、根本沒有任何鴉片供給的情況下，以他們的名義接受採購訂單。「我不了解這門生意，」當時的上海合夥人普雷斯頓的姊夫威廉・迪格比・史密斯（William Digby Smith）坦承道。他是在利物浦致富的澳洲商人，手足甚至在家鄉擔任澳洲維多利亞政府的事務官。史密斯認為這門生意「風險太大」，而且他們的其他業務「已經充分擴張」。事情在約翰・森姆爾抵達前一週，演變成一場荒唐鬧劇。鄭芬潛逃後，普雷斯頓布魯爾公司在《字林西報》登報澄清，否認他們阻撓警方逮捕他，工部局卻刊出警方的官方答覆，表示他們根本沒有在追捕他。如果他願意的話，約翰·森姆爾當時其實有機會在十二月中旬出席上海最高法院的聽證會。聽證會認定他們應對買辦的欺詐行為負法律責任，因為儘管史密斯認為這門生意風險太大，他們並沒有公開宣布撤離鴉片市場。一八六七年一月，登記在英國的母公司宣告破產，合夥公司隨之解散；可惜，大概還是晚了一步。[15]

如同前兩次，約翰·森姆爾這會兒也親自出馬部署新的投資。這次的投機性質不同以往。他前往中國時，中途停留孟買，可能是為了從基利克尼克森公司（太古的公司出納簿顯示，施懷雅家族與此有穩定的財務往來）的角度，評估普雷斯頓布魯爾。除了鴉片貿易之外，他對公司管理者在許多營運面的表現感到沮喪，這也是理所當然的，於是他迅速轉移他的新事業。布魯爾已經自行回利物浦。史密斯也在一八六七年跟隨布魯爾的腳步，而普雷斯頓將繼續留在上海當茶商。巴特菲爾德與施懷雅（Butterfield & Swire，按：以下稱太古洋行或太古）有一部分繼續專注於蘭開夏郡和約克郡紡織品的定期大宗商品出口。但這家新公司也有意分食澳洲茶葉貿易市場的大餅。翻閱瓊記洋行一八六七年的檔案，我們瞥見約翰·森姆爾和瓊記的福州辦事處通信，委託一批要運往倫敦的茶葉，還有更大的一批要給在澳洲的洛里默、馬伍德和洛姆，他同時在信中向瓊記介紹墨爾本商人小喬治·羅爾夫（George Rolfe Jr），目的是為瓊記和太古爭取他的業務：「幫太古一把，」他敦促瓊記。[16]這個亞洲布局，儘管看似野心不小，但其實是謹慎地延伸公司在利物浦、墨爾本和美國的現有人脈與經營網絡。

這個初來乍到的人令美商感到困惑。瓊記已經同意由太古洋行這間新的合夥公司，取代他們和巴特菲爾德兄弟現有的橫濱代理權協議。按照目前的情況，瓊記不可避免會失去大量來自約克郡的貨物，但瓊記認為長期前景樂觀，他們需要可靠的英國羊毛來源。然而，情勢很快變得明朗，約翰・森姆爾打算繞過他們，直接設立太古洋行的分行。瓊記的上海合夥人懷疑自己受騙了，認為他們會因此蒙受損失，而且相信他們正被動地因為對方不結清債務而變相為太古融資。約翰・森姆爾後來聲稱，對這家美國公司的財務狀況抱持謹慎態度。他搭船到香港，說服瓊記資深合夥人艾伯特・F・赫爾德（Albert F. Heard），提出一個讓太古洋行償清債務的協議，並且請瓊記安排福州到澳洲的茶葉運輸，以增加提議的吸引力。約翰・森姆爾令人難以招架。赫爾德認為他是「聰明人，像針一樣尖銳，而且冰冷」。[17]約翰・森姆爾如願以償。直到一八七六年宣布破產之前，瓊記洋行的人不時納悶他們當初答應了什麼條件，又怎麼會答應。這無疑是他們的「達摩克利斯之劍」（sword of Damocles，按：比喻即將發生的災難），瓊記的上海合夥人在一八七三年如此寫道。[18]

新事業也建立在航運代理業務之上，以及對霍特的海洋輪船公司的投資。當約翰・森姆爾搭船離開馬賽時，霍特的「阿基里斯號」（Achilles）已在利物浦下水，展開處女航。阿基里斯號在十二月二十四日抵達上海，她是霍特在克里特爾號實驗後所建造的三艘新式蒸汽輪船中的第三艘。在船上的眾多貨物中，包括六百捆要給太古洋行的曼徹斯特商品。今年稍早，普雷斯頓布魯爾負責處理前兩艘蒸汽輪船——「阿加曼儂號」（Agamemnon）和「阿賈克斯號」（Ajax）——

而這份差事目前由約翰・森姆爾接替。阿基里斯號在一八六七年一月的《字林西報》航運名單中顯得很突出；因為港口其他輪船一律只經營當地或沿海的航線，但這艘輪船竟是以利物浦為目的地，甚至發布啟事，昭告天下其「迅速抵達倫敦」的雄心壯志。[19]霍特的試驗證實了他的論點，也就是他設計的新型複合引擎足以驅動輪船遠渡重洋到中國。儘管從經濟考量的角度，帆船本來被認為在可預見的未來裡比較適合遠洋航行。對霍特而言，這想法是個挑戰，而不是理所當然的現況。於是他設計新式引擎，在克萊德河畔的格里諾克（Greenock）造船——他稱此舉為「我們生命中的偉大冒險」——然後將她們一艘艘派往中國。「事實證明，她們出奇地成功，」霍特認為。[20]接著，約翰・森姆爾在中國為「我們的輪船」——他一向這麼稱呼——尋找貨物。

她們無疑造成轟動。阿加曼儂號「讓所有人大吃一驚」，快速帆船船長羅伯・湯姆遜（Robert Thomson）在阿加曼儂號於一八六六年六月抵達香港時如此寫道。「沒有人相信他們真的會成功，」他繼續說，就連霍特在香港殖民地的代理人也不相信。對於兩個月後阿賈克斯號的到來，他又寫道，「她會比我更早回到國內，雖然我離開時，她根本還沒建造出來」。「她很可能比阿加曼儂號更受歡迎，」上海的人都這麼認為，因為她的速度比阿加曼儂號快。船隻的大小可以是機會，卻也是挑戰，因為要取得足夠的貨物實在困難。「她不會再來了，」新加坡的人這麼說。她在上海打敗了普雷斯頓布魯爾（斯蒂爾離世後接任代理一職）。阿賈克斯號離港時，「船上貨物非常少，前景黯淡」，於是在返國的途中，人們盡可能把任何能取得的貨物裝載上去，最終繞行南非的伊麗莎白港（Port Elizabeth），滿載羊毛而歸。[21]

儘管如此，上海托運人仍對這些海上奇蹟態度保留。一八六六年十二月，化名「白毫風味」（**Pekoe flavor**）的記者，語氣諷刺地在《字林西報》上指出，阿賈克斯號於十月從上海啟航，在新加坡又載了一批馬來膠、龜甲、咖啡、兒茶萃取物、龍血（一種樹脂）和雪茄。另一名作家則抱怨說，不到十包（半箱）這類物品，可能會汙染整批茶葉。約翰・森姆爾本人立刻在報紙上做出回應。他說，船上沒多少茶葉，而且就算有很多茶葉，堅固耐用的隔間也能避免這樣的問題。約翰・森姆爾表示，霍特的船有最新的設計、最快的速度和最高的效率，而且他對這些船隻有更高的期許。（反觀霍特就比較謹慎了，他指示船長，不要讓任何「氣味強烈」的貨物上船。）[22]約翰・森姆爾對捍衛聲譽也是毫不遲疑，或說是好鬥。這個大膽又自信的人在來到新環境後，迅速登上公共報刊。不過約翰・森姆爾出於另一個理由而捍衛輪船，因為停留上海期間，他也正在研究新公司在中國航運市場的潛力。長江和沿海各地都有機會，他甚至請可能成為航運工作人員的人一起加入討論。目前看來，時機尚未成熟；但霍特並不信服。[23]

進軍航運市場需要成立辦事處並任用相關人員。一八六七年四月，約翰・森姆爾前往橫濱。這座日本港口還沒完全從去年十一月的大火復原，火災影響了瓊記的辦事處，摧毀了放在那裡的大批巴特菲爾德商品存貨。[24]紐比如今被調到日本，為新公司成立第二間分行。[25]當約翰・森姆爾於六月返英後，上海辦公室便交由朗負責，由二十歲的詹姆斯・亨利・史考特（**James Henry Scott**）擔任助手。搭乘阿基里斯號前來的史考特，父親是克萊德河畔格里諾克造船廠的董事長，霍特的輪船便是由此出廠。這是一個帶有策略考量的人事任用，日後也證明大有收穫。太古與史考特家族將建立起長久的合作關係。約翰・森姆爾還任命了一名葡萄牙職員F・S・利美打士（F. S. [T.] Dos Remedios），可能是一八六七年一月三日在《字林西報》登報找到的，「寫得一手好字且精通作帳的葡萄牙人一名。」事實上，利美打士很可能是父母來自葡屬澳門殖民地的澳門土生葡人。來自香港和上海新社會的男性（之後也包括女性），將在中國通商口岸的世界裡仰賴這類文書工作闖出一片天。

最早的紀錄沒有提到的，是公司裡的中國員工，其中最重要的，正是公司的買辦。普雷斯頓布魯爾的買辦，即便知道是誰，也幾乎不太可能會被人記得，然新的辦事處（接收了普雷斯頓布魯爾的居家和辦公家具，搬到新的營業所）一定會需要借助於買辦的專長和人脈。除了利美打士，上海和橫濱辦事處的現職員工當中，沒有人對中國或對日本的商界有任何第一手經驗。他們不懂當地語言，對當地文化或商業習慣也幾乎一竅不通，而且沒有直接管道獲取並跟上最新的市場情報或其他情報。太古洋行在踏入這個新的貿易世界時，一直高度依賴瓊記洋行——約翰・森姆爾在一八六九年也說，瓊記的合夥人是太古的「教父」——然而，他們需要自己的中國人耳目與喉舌，幫忙調解他們的業務，同時讓自己融入當地。[26]

所有洋行都需要。對洋商世界至關重要的中間人在英語中被稱為「compradors」（中文為「買辦」，字面意義是「採購員」）。[27]這種本地合作者當然不是中國才有的角色，但在當時人的記憶中，他們是中外貿易結構裡非常突出的一大特色。過去的廣州貿易體系已經發展出由有執照的通事、食品供應商和引水人構成的複雜基礎組織。在廣州一口通商時期，貿易是由國家指定的華商壟斷集團負責，他們之中許多人的商業活動都和洋商緊密交織，以至於多數公司的業務都有明顯的跨國和合作性質。[28]自一八四二年《南京條約》開創新的貿易體制起，外國人越來越需要中國人的協助，因為在新開放通商口岸開業的洋商沒有任何當地人脈，而過去參與廣州體系的當地人也出現了角色上的進化——買辦便是出此而生。買辦這個詞有各式各樣的意義，英語會拿來稱呼被指派擔任商船事務長的人，或是負責食品供應代理的人，或是華人的人事經理。不過，其中最重要的一個涵義，莫過於用來稱呼洋行的華人代理人。

一間洋行的買辦要處理和華商的所有業務往來。習慣上，買辦要獲得誠信上的背書，形式上有賴其他華商或已闖出名號的買辦，以不動產契據或現金提供財務擔保。普雷斯頓布魯爾聘請的買辦，得到和他一樣來自廣東香山的兩名同鄉的背書。買辦有很多都是來自香山（他們也有可能是他的親戚）。[29]買辦還會涉足其他商業活動的領域。首先，他通常負責招聘和監督洋行裡的所有華人員工。事實上，華商在和洋行互動時，可能永遠不會接觸到買辦及其辦事處員工以外的人。從和買辦對話的人的角度來看，買辦就等於洋行。其次，買辦本身就是商人或投資者。關於商業活動的區分通常是協議好的（不過這些分界有可能被刻意模糊）。買辦從事貿易、投資房地產或船舶，或是投資外國商人新成立的企業。他們的資本和他們的知識一樣受歡迎，他們的人脈關係更是不可或缺。事實上，他們的融資對表面上擁有外國名稱，但其實是從四面八方募集混和資本的事業很重要，而且多數時候，這些公司都是受到他們的慫恿才創立的。

現代中國的妖魔化政治少不了買辦的身影。他被描繪成一個半洋化的傭工，是「走狗」，在外國帝國主義面前卑躬屈膝。這個詞的用法甚至被擴大，用來形容整個上海的華洋世界。在開放通商口岸的時代，上海被批評者視為一座「買辦城市」。同時代的人可能同樣充滿敵意，將買辦當作可笑的人物、貪婪的暴發戶、叛國賊，他們模仿外國習俗、與外國人往來，而且學習外語，從而讓自己和自己的國家失去尊嚴。儒家對商人根深柢固的鄙視（在社會地位和道德品行上，都位在四民之末），這會兒，又因為他們和外國勢力往來而更形加劇。然而，同樣的買辦，如今也在中國經濟文化現代化的萬神殿占有一席之地。買辦，還有來自買辦人際世界的人，是新商業計畫、都市發展，或各種社會、文化與慈善事業的核心。他們辦報紙，蓋醫院和學校，並主動將他們的知識和經驗用於改善社會，或幫助強化面對外侮的中國。二十世紀的著名中國商人裡，沒有幾個不是買辦出身。很多知名商人都曾短暫當過買辦，或受僱於一兩家外國公司，之後離開洋行，發展專屬於自己的生意，不過有為數不少的人持續和個別洋行往來，我們將在下文中將看到，太古也包含在這些洋行中。

仰賴買辦很早就被外國觀察家視為問題。這問題可以拆成兩方面來看：首先，相關人員的品行和行為，其次，依賴買辦對洋商實際工作產生的影響。一八六七年，上海英國領事抱怨說，他們是「缺德和缺錢的人，沉迷於最糟糕的商業賭博」。新的制度仍處於發展階段，相關法律經驗又遠遠落後，導致洋行拿到的保證金不足，而景氣繁榮又讓他們對中國協助需求孔急，從而聘僱了根本不該踏進這一行的人。普雷斯頓．布魯爾（Preston Breuell）在一八六六年遇到的問題，也是其他公司面對的問題，因此我們看到法庭審理了一些買辦詐欺案。鄭芬的違約與消失在洋行的回憶裡久久不褪。[30]但英商的詐欺和倒閉也讓法院忙得不可開交。第二個問題將在未來數十年被反覆提起。瓊記洋行的上海合夥人喬治・迪克斯威爾（George Dixwell）在一八六八年寫道：「我們應該持續努力擺脫對中國員工的依賴，」但他不認為，「將他們徹底趕出門是可取的事……唉」。瓊記洋行會賺得佣金，卻也會「永遠」失去體制帶來的「保證和安全」。然而，他們也失去自己學習中國語言，以及更進一步理解他們所在地的文化與環境的誘因。事實上，瓊記洋行聘請了兩名美國人，訓練他們學習中國語言，這大概是進出口貿易洋行的破天荒之舉，未想他們完成訓練後，公司竟找不到工作交付給他們。[31]反而是買辦和他們聘請的員工將續任數十年。因此外國企業犧牲效率和固定的收益百分比，換取擁有華人居間緩衝的輕鬆自在，如此作法又使他們在中國待上幾十年後，仍舊是徹頭徹尾的外人。[32]

一八六七年，此時的約翰・森姆爾無疑是個外人。他仰賴他在利物浦的人脈網，仰賴謹慎的奧古斯坦・赫爾德的斡旋，仰賴朗、史考特和紐比，也仰賴他公司的聲譽，不過，上海肯定從成立之初便有一名買辦在張羅。到了一八七七年，一名被上海外國人稱為Hop Kee或Chee Woo或Chewoh（中文為卓子和〔Zhuo Zihe〕）的商人，以太古洋行買辦的身分出現在報紙上。他將擔任太古買辦直到一八九二年，可惜相關事證很零碎。[33]不過，這家公司的確有個中文名稱，因此也有個中國身分。這便是太古，公司內部的英文用法為Taikoo，此後沿用未改。這個中文公司名的由來不明，中文原意為「重要且古老」。公司第一個廣告所提供的地址是位於吠禮嗒洋行舊址（老吠禮嗒）的Tai-Koo Yuen Hong（太古洋行的音譯）。[34]洋行的名稱顯得很有野心，儘管和公司初來乍到中國的現實不符。約翰・森姆爾在離開之前，成立了兩間分行，部署了公司人員，和香港、橫濱和上海的官員與商人會面、用餐和交談，而且或許因為參加獵紙競賽而騎馬逛遍了上海租界附近的鄉間。一八六七年六月二十三日，他啟航返英，只剩航運計畫未制定，隨後在八月十五日抵達公司的利物浦辦公室，並在現金帳簿簽名，提領了五英鎊。[35]

新的創業計畫似乎已有良好基礎，未想上海這步棋的布局，將在約翰・森姆爾回到英國後的一年內，導致他們和合作至少十五年的巴特菲爾德家族分道揚鑣。巴特菲爾德很可能在一八六四年與小奧古斯坦・赫爾德（Augustine Heard Jr）於倫敦會面後，從旁鼓吹約翰・森姆爾的前進中國之舉，但現在他自己卻要退出了。理察・夏克頓・巴特菲爾德是五兄弟裡的大哥，繼承了父親艾薩克（Isaac）的成功事業。理察・夏克頓跟隨公司的出口業務旅居海外，在一八四〇年代，有很長的時間都以美國為家，後來留下弟弟弗雷德里克（Frederick）在紐約打理業務。回國後，他住在布拉福北部的哈沃斯，一八四八年，他在當地購買並大舉擴建了一間工廠，成為勃朗特家族的鄰居。理察・夏克頓因為治安法官和「虔誠衛斯理循道會教徒」的身分而廣為人知，但他身為雇主和納稅人在地方上的聲譽就不太好了。哈沃斯工廠激進的管理作風在一八五二年被揭露後，「我忍不住對巴特菲爾德先生的失敗幸災樂禍，」夏洛特・勃朗特（Charlotte Brontë）表示；他也是反對她父親派翠克（Patrick）嘗試為村莊引進自來水和汙水系統的哈沃斯反對者的領袖。這個村子已經有太多人因為經由水傳播的疾病斷送性命。理察・夏克頓在約翰・森姆爾的記憶裡是「貪婪的」。「他讓我不安，」他在十年後寫的一封信裡如此提到。在另一封信裡，他說他的搭檔生性謹慎，他們五兄弟都一樣。[36]

一八六八年八月一日，雙方正式解除合夥關係，施懷雅兄弟退出英國和美國的公司，巴特菲爾德則退出亞洲公司。應後者的要求，雙方拆夥的消息從未發布公告，布拉福合夥人「如此悄然無聲地溜走」，讓近距離觀察者如奧古斯坦・赫爾德的資深上海合夥人迪克斯威爾感到震驚。理察・夏克頓在一年內去世，但關於履行他撤資退出條款的爭議將持續到一八八〇年代，不過約翰・森姆爾還會繼續和他的兄弟們合作。巴特菲爾德這個姓將留在公司的英文名稱裡長達一世紀，而他身穿都鐸王朝服裝的畫像，後來在哈沃斯北邊的基斯利的克利夫城堡（Cliffe Castle in Keighley），被嵌入家族豪宅的彩色玻璃窗裡。這些離奇的紀念方式，對商業合作伙伴而言，更是教人困惑：「我不知道誰是合夥人，」迪克斯威爾在一八六九年春天忍不住抱怨道。[37]

如今，合夥人只剩下約翰・森姆爾和威廉・赫德遜，不過實際上的主導者，即負責制定策略方向和奠定企業基調的，仍是兩兄弟裡的哥哥，而現存檔案資料中幾乎不見弟弟的身影。約翰・森姆爾不可能獨自經營這家正在成長的企業。[38]他們和巴特菲爾德的關係變質了，儘管巴特菲爾德的股份被他以前的職員承接，並以「雷德曼和霍特」（Redman and Holt）的名義，繼續為太古提供販賣到中國和日本的精紡毛料商品。[39]和巴特菲爾德拆夥是出於個性的問題，也是信任的問題。和對的人一起工作非常重要。太古向來是在密集又相互重疊的利物浦人際世界裡運作。上海有來自廣東、來自汕頭或福州的不同商人集團。上海也有一個利物浦樞紐——或是借用阿爾弗雷德・霍特的說法，「一票親朋好友」。公司挑選的合作者，像是洛里默、洛姆、基利克、馬伍德、普雷斯頓、布魯爾，以及公司內部的情況，在在支持這個說法。這些關係是基於專業的關係，也是出於親情的關係。如果深入挖掘這些人及其家族的背景，你會發現，在印度、澳洲、美洲，以及不列顛島嶼和歐洲大陸各地，有密密麻麻的利益糾葛，而且不同行業的公司之間都有關聯。他們是彼此的鄰居，或是透過鄰居、教會、商業伙伴認識彼此。他們在俱樂部（施懷雅兄弟去的是利物浦的帕拉第尼俱樂部，以及雅典娜）、共濟會聚會所、民兵組織或狩獵場和彼此交際。他們結婚的對象是彼此的姊妹和表親，僱用家族裡的男丁、兄弟和姻親。這麼一來，他們不僅建立起發源於默西河一帶的利物浦世界，還能藉此嫁接到孟買、墨爾本和上海，以及美洲和歐洲的土地上。他們當中有許多人也意識到這是個利物浦世界，而且為此感到自豪。[40]

這種模式存在些許投機成分，因為利用熟悉的社交和商業網絡，等於是在尋找可能更容易符合資格的人，而且透過僱用施懷雅家族人際圈及其合夥人的親屬，在一定程度上，鞏固了自己的商界關係。一八六九年，當約翰・森姆爾想試探霸菱兄弟（Baring Brothers）向香港政府正式引介太古的可能性時，他請朗和他在利物浦的姊夫接洽，後者自一八六七年起成為霸菱的合夥人，因為「我們比較希望你以親屬的身分，試探莫伊爾先生（Mr. Moir）」。[41]約翰・森姆爾不太可能擔心直接聯繫資深合夥人會吃閉門羹，但他一向偏好以強勢姿態登場。這種培養關係和以關係為基礎的作法，也表明了信任的重要性。這和外國公司（包括太古洋行）從買辦手中獲得財務擔保的作法並不相當。若要提供信貸或將商品託付給一個人，必須了解這個人和他公司的聲譽。[42]約翰・森姆爾若要把對公司未來營運的重大投資，託付給待在電報通訊範圍之外（直到一八七一年才連通到上海）且數星期航程才能見到的年輕人，那麼他需要能夠信任他們。

然而，公司的第一批代理人龍蛇雜處。紐比沒有待太久。一八六九年夏天，他遞出辭呈，也許是意識到自己的靠山已經和這間公司拆夥。一八六九年七月回家途中，紐比在上海向瓊記洋行的迪克斯威爾宣洩不滿。我建議他們「不要在橫濱開業」，他這麼對迪克斯威爾說。他說，約翰．森姆爾告訴他，這是個中肯的建議，未想約翰．森姆爾還是開了分行，無視他的建議，並且派紐比去橫濱管理，同時任命了「一個叫朗的年輕人，年紀比我小很多」。因此，紐比可能還要在橫濱繼續工作好幾年，他禁不住抱怨說，「但不會變得更有錢。」這種輕率的情緒爆發——「我盡量不動聲色，保持面無表情，」迪克斯威爾表示——除了證明他不適任這個職位，也讓我們深刻理解兩件事。首先，我們得知，紐比計算太古洋行在橫濱存放了價值四萬英鎊（等同於二〇一九年的三百四十萬英鎊）的商品，再加上還有更多已經投入的資金，他認為太古非常可能會虧損。理察．夏克頓當初確實有理由擔心。但更值得一提的是，紐比基本上自認為自僱者，而不是別人的僱員。在某種程度上，這在當時是常規。英國公司的文化內建了一個「腐敗又居心叵測」的制度。他們的職員和助手希望能自由地為個人利益行事的同時，一邊照料雇主的生意。這代表他們實際上是在與這些雇主競爭，炒高價格。紐比控訴的語氣顯示他更專注於此，而不是販售公司託付予他的商品。巴特菲爾德的書面保證助長了他的怨恨，巴特菲爾德曾經承諾，他「所在的港口都該由他主管」。約翰．森姆爾遵守了這個協議，以為將他調到橫濱能把傷害降到最低，儘管這盤算在他辭職後顯得異想天開。[43]紐比隨後到倫敦的一間公司任職，之後轉戰墨爾本，再到紐西蘭。他自己在紐西蘭開設的公司最終破產。他向來依所願而前進。

詹姆斯．基思．安格斯（James Keith Angus）是繼史考特之後聘請到的第一個新成員，他的父親是亞伯丁（Aberdeen）地方政府書記，兄弟也到中國發展，先是獨立茶師，後來在福州為怡和洋行工作，然後又搬到墨爾本。一八六八年一月，安格斯搭乘阿加曼儂號經香港前往橫濱。史考特記得他是「亞歷克斯．科利（Alex Collie）的子弟兵」。科利是曼徹斯特棉花商，他因為美國北方聯邦對南方邦聯實施貿易封鎖而大賺一筆，但隨著戰爭結束也失去了這筆財富，後來他因詐欺罪受審逃離英國。[44]所以事後看來，這是個好壞參半的建議，不過在當時，太古和科利聯手對上海出口棉製品。[45]安格斯的氣質與其說是賣棉花商品的人，不如說是個作家，而且後來公司認為（也直言不諱地對他說），他不夠勤奮，又欠缺的熱忱。安格斯會在一些發表的文章中談及他在橫濱的經歷，但更有興趣談論文學和戲劇。一八七一年轉調香港，他在一八七四年被公司釋出，開始從事新聞業。[46]安格斯的橫濱繼任者是在上海受延攬的加拿大人約翰．羅素．特納（John Russell Turner），沒料到，竟在一八七二年春天於橫濱的外國墓園入土為安了，停留日本前後還不到兩個月。接替特納的湯瑪斯．梅里（Thomas Merry）出身絲商家庭，曾在上海的泰和洋行（Reiss & Co.）擔任職員，一八六七年移居橫濱，擔任生絲檢查員。抵達日本後，梅里立即在函館港口外遭遇海難，雖幸運生還，卻在為太古洋行工作後，健康很快出了狀況，疾病纏身，而後在一八七三年七月回家的途中病逝。[47]死亡所費不貲。一八六八年，把安格斯送到日本的費用為九十五英鎊，相當於他抵達時年薪的三分之一，或是利物浦經驗豐富的初級職員的薪資。因此，若說招聘員工和留住人才是一項挑戰，發生在這些尚未成熟的殖民地的造化弄人、情勢變化和不良公共衛生則是另一項挑戰。這些將在一八六〇年代逐漸發展出英式市政管理的所有繁瑣手續，而驅動這些發展的，則是流行病反覆爆發，以及太平天國內戰後長江三角洲地區的目無法紀。只是，那些搭船到東方改善個人處境的人持續被埋進墓園裡，他們當初抱持的希望也隨著身軀化為塵土。[48]

太古檔案裡年代最早的一封信件中，評估了公司在一八六九年尾聲的實力，以及其眼前的機會，或借用約翰·森姆爾的說法，「我們的夢想⋯⋯關於太古的未來。」約翰·森姆爾絕不是空想家，這封信對亞洲公司的進展做了冷靜精闢的評估，收信者則是當時剛被晉升為合夥人的朗。[49]約翰·森姆爾寫這封信之際，已經決定公司應在香港開設辦事處，並在福州成立子公司，而且香港應該成為公司在東方的總部。他之所以做出這最後決定，是因為香港很快就會成為新電報纜線的一處設點，倫敦將直達中國，而且霍特要求太古接任他們在殖民地的代理人——那些對霍特的輪船有疑慮的代理人，正一個個被替換掉。約翰·森姆爾告訴朗，如果他能忍受香港的氣候，能否請他搬到南方。

霍特的航運公司「仍處於嬰兒期」，約翰·森姆爾寫道，離「天鵝的階段還很遠」。此外，他想把過去和白星在澳洲航線的關係變成發展的基礎。這家剛重組的公司——一八六七年破產後，由利物浦船東湯瑪斯·亨利·伊斯梅（Thomas Henry Ismay）收購——有六艘輪船正在建造，約翰·森姆爾從中嗅到商機。倘使他們從澳洲運煤到香港，再把中國移民送到舊金山或巴拿馬，最後在當地裝載要運到利物浦的小麥，那麼所有商品都可以透過太古的代理或合作伙伴交付。（事實上，紐約航線正是這麼運作的。）至於「給東方的貨」，出口貿易如今「一馬當先，而且還會再成長」。將茶葉賣到美國的商機仍有待探索，儘管把茶運往英國不是什麼令人興奮的前景，但洛里默、馬伍德和洛姆仍會下單，出口茶葉到南方。約翰・森姆爾提議保留橫濱的據點，至少保留到價值約四萬英鎊的存貨賣完。貿易「糟糕到」放棄這個港口似乎毫無意義，更何況，公司其實並不依賴這個港口，而且一旦藍煙囪（海洋輪船公司）加入沿海貿易的戰場，並如約翰・森姆爾所願往返橫濱的話，公司有可能更是大有可為。

接著，則是鴉片的問題。問問你的兄弟，約翰・森姆爾在一八六九年九月談及業務概況的信件中繼續說，霸菱兄弟有沒有從孟買「對中國做任何鴉片交易」。市場上的所有商機都需要好好研究。沒有證據顯示太古曾從事鴉片貿易，我們也不應該總是假定在中國經商的外國公司都曾參與其中。這不是事實。他們不參與鴉片貿易可能是出於道德原因；可能是出於務實考量；可能只是有著不同的經營重點和專業知識。信件揭露的態度可能顯得相互矛盾。鴉片是「致命毒藥」，有個商人寫道，但茶葉和鴉片是他的「生存良藥」：一八六二年，他每個月賣出約二十到三十箱的鴉片，每箱價格兩百英鎊。「在中國做生意的好處在於規模，」他指出。然而，即使是強烈反對鴉片貿易的人，比如拉斯波恩家族，也可能會迫於必需而少量參與鴉片貿易，因為鴉片在商業交易中被廣泛當作交易貨幣使用。[50] 特別是，中國農產品商人經常拒絕接受任何替代貨幣。普雷斯頓・布魯爾的災難無疑凸顯和鴉片牽扯太深的潛在危險。他們後來表示，公司合夥人被買辦說服投入這門生意，而買辦為他們處理這方面的業務時，基本上是完全獨立作業的。除了接華人鴉片商的訂單，他們也在香港收購鴉片，再運到北方，存放於瓊記洋行停泊在吳淞江、港口外的接收艦「艾蜜莉珍號」（Emily Jane）。他們賣鴉片給當地商人，也運往其他通商口岸。史密斯在一八六六年四月抵達上海後，普雷斯頓·布魯爾便不再以公司的名義交易鴉片，但他們本身的業務和旗下買辦業務之間的界線，已經變得模糊，而並未特別宣傳公司已停止這項業務。這無疑毀了他們。

他們會毀滅也是因為貪婪。一八六〇年代初期至中期，鴉片的投資報酬率非常高，不過這門生意正處於過渡期。面對諸如老沙遜洋行（David Sassoon & Sons）等印度公司對整個供應鏈攻城掠地，即使怡和洋行這般壯大的公司，也發現自己在市場上屈居劣勢。老沙遜在一八六〇年代晚期已經持有多數存貨，而且成本壓得非常低。怡和洋行在一八七二年晚期停止了所有鴉片交易。在某種意義上，這標誌著一個時代的結束，因為促成這項貿易成長的主要推手離開了，不過受英國保護的公司——以及英國殖民政府——在接下來的幾十年仍參與其中。怡和洋行的輪船公司繼續運送、存放毒品，並投保。[51]太古肯定也願意用不久後即將引進長江和沿海貿易的輪船運送鴉片，並在設計這些船隻時，考慮到運送鴉片的安全需求。鴉片是需要制定運費的諸多商品之一，而且作為錢幣的替代品，也被視為一種貨幣。雖說一八六〇年代在中國經商的商人，若不詳查一間新公司可能涉足的所有潛在活動，那就太魯莽躁進了，而真正踏進鴉片貿易的，更是愚蠢的公司，普雷斯頓·布魯爾在輕忽下參與了鴉片貿易，蠢到斷送公司前途（史密斯為自己辯護時則說，也許，「我確實簽了一些相關文件，但我又不會讀中文，我怎麼有辦法知道」）。他們不僅負有法律責任，以承擔那些向買辦下訂單的誠信買方提出的索賠，他們也沒能從擔保人手裡收回買辦詐欺產生的費用，因為擔保人只為自身以買辦身分為外國委託人所做的工作背書，而不是為他個人的獨立交易作保。這當中有太多值得記取的教訓，而「僱用最好的買辦」是重要的教訓。[52]

為了實行計畫中的擴張，太古洋行在香港需要一名貨運職員，在福州需要一名經驗豐富的茶師，在橫濱需要一名生絲檢查員。香港營業場所必須在（地理上和譬喻上的）直搗核心。太古洋行需要「坐擁一個不容挑戰的地位」，而且和官員打好關係。我們需要和總督來場「特別引薦」，約翰．森姆爾對朗說，你能請你的姊夫幫忙促成嗎？太古順利找到營業場所，一八七〇年尾聲，香港辦事處正式開張營業。他們聘請的買辦吳葉（Wu Ye）得到瓊記洋行買辦莫仕揚的背書。莫仕揚是「有錢人，也是（香港）最資深的買辦之一」，他的名聲就如同他為吳葉提供的財務擔保一樣牢固。吳葉在瓊記洋行擔任過四年的助理買辦，在此之前，則是在澳門的英國領事館。他和莫仕揚同是與澳門接壤的香山人，而且和其贊助者保持密切往來，用吸食鴉片潤滑他們的商業聯繫。鴉片早已成為中國菁英生活的重要特徵，若說洋商喜歡宴請彼此，在「自家」或更正式的活動場合會面，或在俱樂部裡交流，他們的華人伙伴便是偏好在自宅、餐館或茶館裡一起喝茶抽鴉片。[53]

香港殖民地在這個故事裡，將變得超乎想像的重要，而且我們有必要了解其地形和特色。在過去，香港既是、卻也算不上是中國的通商口岸。作為英國皇家殖民地，香港對在中國的外國勢力給予非常獨特的法律地位，正因如此，英國在當地建立起一個非常不一樣的行政機構，由英國政府的另一個部門「殖民地部」（Colonial Office）從倫敦監督。「監督」是相對的概念，因為殖民地政府在很大程度上自行管理運作，事實上，倫敦方面負責執行監督的官員寥寥無幾。香港現在已融入中國各通商口岸及國際的商業和通訊潮流，同時正式和英國殖民地的全球網絡交織在一起。沒錯，香港是某種地理上的異數，也經常被這麼描述，而香港總督來自其他殖民地，並在任期結束後前往不同的殖民地。他們從溫哥華前來，接著到昆士蘭，或者來自聖基茨島（St Kitts），繼而往錫蘭。一個在巴貝多斯學會當總督的人，可以到香港進一步歷練，然後再前往模里西斯，因為在某種程度上，所有的殖民地都一樣。因此，雖然英國的商業機構在中國和香港比其他外國勢力扎根更深，但英國殖民地的治理者卻對他們的責任，還有他們的地位，有很不一樣且往往更為高傲的看法。

香港島本身很小，東西最寬處綿延九哩，南北最長處有四哩，矗立著六座山峰，其中最高的，當然是域多利山（Victoria，按：即太平山）——從海平線拔升近兩千呎（按：約六〇九公尺）。風景絕美。「鮮少有第一次來香港的人……」一名導遊說，「對這裡的美景無動於衷。」[54] 緊貼香港島北部邊緣、最靠近中國本土九龍半島（有兩哩的面積最近落入英國控制範圍）的是維多利亞城，沿著毗鄰海旁（praya，此處的外灘稱為praya）的濱海區展開。Praya這個名稱反映了最早一批英國移民曾待過葡屬澳門的歷史。英國人在他們的新領地循序漸進地興建起殖民地的必要建築：總督府、政府辦公室、軍營和閱兵場、法院和監獄、聖公會大教堂和郵局。島上有一家俱樂部。面積最大的一塊平地曾經是村民種植水稻的地方，英國人卻宣稱，那是傳播瘧疾的溫床，於是另外填土改建成賽馬場，這就是今天的跑馬地，而殖民公墓的永久居民在某種意義上俯瞰著比賽。公墓的位置和賽道「近到不成體統」，但也提醒看比賽的觀眾「人固有一死」。

香港熙攘喧鬧。港口一團忙亂。這裡有快速帆船、中式帆船、舢板船和快速輕艇，每天兩次駛往廣州的美國河輪，而半島東方輪船公司遠洋輪船到的往返，則由許多小型港口船隻提供接駁。從利物浦搭乘藍煙囪輪船、從南安普頓（Southampton）搭乘半島東方輪船、從馬賽搭乘佛羅西火輪船公司（Messageries Maritimes），以及從美州搭乘大平洋郵輪公司（Pacific Mail）抵港的人，也促使沿岸水運的固定船班不乏乘客。上岸後，初來乍到者會發現這裡的街道充滿活力。根據最近的人口普查，住在岸上或水上的人約有十二萬五千（其中五分之一在船上），每天有一千五百人進出。十二萬五千人中，有兩千名「歐洲人和美國人」，一千六百多名「果阿人、澳門人、印度人和混血兒」，還有十二萬二千名中國人。後者主要居住在城市西端的太平山。他們複雜的社區在族裔和社會方面相當多元，因為英國殖民企業需要他們的買辦、商人和食品供應商，以及臨時工和船夫。大多數居民，無論是中國人或其他人，都是島上的移民，更準確的說是過客：他們並沒有計畫要留下來。但這一待可能就是數十年，跑馬地更是召喚許多人永遠留下來。早年的香港是非常不健康的地方，曾經爆發致命的「香港熱」，在那之後的許多年，其外緣地帶仍散發著某種邊疆感，因為海盜、土匪和街頭犯罪的問題很嚴重。殖民政府對此做出了嚴酷的應對措施。[55]

香港的太古洋行在一八七〇年五月，由破產的西印度商人之子愛德溫．麥金托什（Edwin Mackintosh）設置。[56]麥金托什最初擔任進出口貿易的職員，隨後在太古的利物浦辦事處學習航運業務（於此，他建立起港口關係，也讓他步入婚姻），並於一八六八年到倫敦設置辦事處。[57]他在香港先是借用瓊記洋行辦事處的辦公桌工作，然後在皇后大道租下兩棟附有倉庫的房子，背靠海旁。約翰．森姆爾後來的結論是：「『好』過頭了，」而且太方便長時間午餐，「以致不利辦公，而且傷肝」，不過確實是位在重要的核心地段：太古洋行插旗城市心臟，也打進城市商業的核心。[58]朗接受了約翰．森姆爾的請求，動身前往香港，準備在殖民地主持太古洋行的中國事業，但在悶熱潮濕的南方待了六個月後，他就返回上海，改派史考特南下坐鎮。一八七二年五月，從倫敦招募的茶師亨利．羅伯．史密斯（Henry Robert Smith，父親是諾丁漢郡的教區牧師）在沿海的茶葉貿易中心福州設置另一個辦事處。截至那年，太古洋行的上海員工有九名英國人和葡萄牙人，香港有七名員工，橫濱有三名。香港還有一「大群」的中國員工。這對一個在中國剛成立的公司來說，是相當驚人的拓點速度，但太古未來還要新設置更多辦事處，而且很快就會實現。太古洋行如今已牢牢扎根中國。和那些叱吒中國的大鯨魚相比，諸如旗昌洋行、怡和洋行和瓊記洋行等公司，太古依然只是小蝦米，那些大公司的多角化經營往往涵蓋代理業務、航運、保險、一些從事製造業的公司和其他投資計畫。不過即便如此，太古已落地生根，馬上就要展露野心。

第四章 奇特革命

河流在呼喚。約翰．森姆爾考慮涉足中國航運業已經很久了，我們也看到，他第一次訪問中國便研究過各種可能性。他在一八六九年的評估中顯示，他正慢慢建設經營航運所需的基礎設施，並暗示自己正試圖要霍特兄弟加入他的行列。太古集團無法獨自在中國發展航運事業。這樣的風險投資需要資金、經驗老道且人脈廣的中國經紀人，以及閱歷豐富又可靠的航運經理；需要房地產和土地，當然還要船隻。這項事業很快也需要在現有市場占有一席之地。這將是一項挑戰，但在一八七三年，約翰．森姆爾湊齊了所有條件，而其中更甚者，是他臉皮夠厚，太古輪船公司正是他行事明目張膽的證據。同年四月，太古輪船公司的第一批船隻駛離上海，前往「漢口和其他口岸」。

長江對外國公司開放一事在一八六〇年代引發了激烈競爭，最終歷史悠久的美商旗昌洋行脫穎而出，稱霸市場。[1]截至一八七二年，旗昌洋行的旗昌輪船公司（ＳＳＮＣｏ，按：也稱上海輪船公司）在河上擁有九艘輪船，兩艘服務上海寧波線，另外六艘從沿海航行至天津。然而，長江線是人人覬覦的大獎。一八五八年的《天津條約》允許三個長江城市開放對外貿易和居住：鎮江、九江和武漢（漢口），沿江西行六百哩（按：約九六五公里）。不過，直到一八六〇年《北京條約》正式簽定後，條約創造的商機才開始兌現，而且此時由於太平天國所帶來的災難越演越烈，外國輪船得到更多的直接優勢。除了為新港埠提供服務，一旦這些港埠真的正式開放，他們可以收取非常高的船運費用，因為他們的服務不會受叛軍支配，不像緩慢航行的中國船隻。「業務量大到無從估算，」一八六一年旗昌洋行的上海合夥人愛德華・康寧罕（Edward Cunningham）若有所思地說。[2]

旗昌洋行是自一八二四年起便在中國開業的委託行，和怡和洋行一樣，也正在改變公司商業活動的範圍。康寧罕主張旗昌應該投入河運，而且要盡快。一八六一年六月，長江正式開放航運。華人投資者和公司內所有的合夥人，連同其他以上海為總部的企業集團提供了大部分的資金，接著在一八六一年七月迎來旗昌輪船公司的第一艘船「驚奇號」（Surprise）。是年年底，又有兩艘船抵達，而且公司在上海取得了靠近古城區的黃金位置。一八六二年四月，旗昌輪船公司開始營運。而這種公司在萌芽期會遇到的典型困擾亦同時出現。船從北美啟航，歷經艱險地橫越太平洋；中國水域可用的外國船員沒有一流的技術。還有其他問題：中國人謠傳，旗昌營業所蓋在上海曾經相當重要的天后宮廢墟遺址上，因此可以想見，他們註定會遭遇一連串的事故和機械故障。儘管如此，旗昌輪船運勢反彈，定期提供每週兩班的長江河輪服務，在每個停靠的港口都搶得好位置，收取有競爭力的價格，而且使出渾身解數，以現金回饋、免費貨物倉儲，乃至旗昌洋行的融資，吸引中國客戶上門。受到一八六〇年代初期的高運費吸引，許多英國競爭對手也想從中分一杯羹，他們把任何找得到的船用來投入航運，但他們在一八六四年十二月的運費協議中，被迫和這間美國輪船公司合作。同時，一八六〇年代中期的市場大洗牌，淘汰了吠禮喳洋行、廣隆洋行和同孚洋行（Olyphant & Co.）旗下的競爭船隻。怡和稍晚也退出戰局，專心經營沿海貿易，而旗昌洋行「在競爭對手鬆手時，乘虛而入」，旗昌的前資深合夥人R・B・福布斯（R. B. Forbes）後來如此表示。[3]海上天后的怒氣顯然已經平息。

長江已被美國人征服，他們的豪華輪船讓習慣簡樸客房的歐洲人不知所措。「這艘船一點也不像船，」搭乘其中一艘輪船的英國乘客描述道，這是一座「華麗的享樂宮殿」，一座「玻璃山」，「布置重視個人舒適」，有「又大又漂亮的客艙」住房，有的房間甚至有四帷柱床。[4]旅行的舒適性是連英國人都不會有意見的一件事，但旗昌洋行的霸主地位就讓其他人感到很不安了。一八六七年一月，當約翰・森姆爾在上海忙著組建新公司時，寶順洋行、怡和洋行和旗昌洋行的代表在香港會面，會後簽下一份為期十年的協議。根據該協議，長江的生意屬於旗昌輪船公司，寶順和怡和則會留在沿岸地區。眼下，旗昌是長江的老大了；他們在形式上容忍其他公司來踩線，誠如福布斯在一八六八年五月的說法，因為「上海的輿論需要反對聲音」，但他們誰都不怕。[5]他們在刊登於一八六八年報紙上的股東通知裡，也語帶挑釁地公然這麼說，引發了激烈的反應。「他們倉促宣布勝利」，一名記者禁不住想起了「愚蠢母雞永遠留不住蛋的育兒故事，因為她每下一顆蛋，便唯恐天下不知地咯咯叫」。[6]這份傲慢將會讓旗昌付出慘痛代價。

一八七一年九月下旬，約翰．森姆爾寫信給他的東方經理人，含糊其辭地宣布他「可能會協助旗昌開發長江航運」。這可能帶來「和旗昌輪船公司的良性競爭」，但「我仍然認為，我們可以讓他們伸出合作的手」。約翰．森姆爾仔細詢問他們低調探聽到的格拉斯哥製造的旗昌輪船相關資訊後，在信末補充了一句「我們有可能會放棄這個想法」——但「目前，我喜歡這個想法」。他喜歡這個想法很久了。他認為，旗昌應該感到「慶幸」，慶幸我們對這行的信念和我們的「誠摯懇求」沒有說動那些曾被他找來討論的人——大概是指霍特——否則旗昌輪船公司可能會遇到勁敵。咯咯叫的母雞旗昌對太古想提供的「協助」並不買帳，未料在不到十八個月後，儘管起初對整個計畫置之不理，原因在於他們認為約翰．森姆爾「等太久了」，而且他絕對不是這個任務的合適人選——「一個廢話連篇的推銷員」，福布斯寫道——他們竟請求言歸於好，而且是親自出面。[7]

一八六九年，約翰．森姆爾敦促他的經理們要「保密」，但關於「霍特」下一步的謠言很快便流傳開來——俱樂部和商會裡的上海閒談，以及午茶後沿著外灘散步的男人都在談這件事。想要成為霍特代理人的人紛紛從漢口寫信至利物浦，試圖向霍特自我介紹。倫敦同樣是流言四起。如今電報直接連接起中國和倫敦，商業八卦以及真相和指示飛快地傳到中國，並在一八七二年一月登上《字林西報》的社論。[8]猜測甚囂塵上——「每天都有一個新謠言」，旗昌的船運經理法蘭克．福布斯（Frank Forbes）寫道：霍特的公司將和旗昌輪船一爭高下；他們正在克萊德河畔建造十五艘河輪；不對，只有一艘要用在中國日本航線的船；事實上，有六艘河輪正在興建中，還有一艘負責將這些船迅速拉過蘇伊士運河的拖船；不對，他的野心沒有那麼大，只是一艘新的輪船，不過霍特的公司也會收購一間現有的公司，之後市場將爆發一場價格戰。小道消息傳個不停，從四面八方而來。編輯認為，這情況不會有好的結局，只會讓中國托運人漁翁得利。這些謠言裡的最後一個其實是朗獻給約翰・森姆爾的計策的一部分，但在整個一八七二年，謠言肆無忌憚地瘋傳。

一八七三年十二月二十八日星期日，約翰・森姆爾再次回到上海。旅行到中國的世界發生了變化。在中國內部旅行的世界也發生了變化。十一月二日，他乘坐海洋輪船公司的「杜卡利翁號」（Deucalion）從利物浦的直航輪班出發，穿越一八六九年開通的蘇伊士運河。接下來的幾個星期，約翰・森姆爾將穿梭於太古洋行在中國和日本的公司財產之間，乘船至漢口，訪問香港，以及評估橫濱的情況。而後他乘坐一艘英國輪船（和六百二十六名中國勞工及其他乘客）從橫濱出發，橫渡太平洋，經美國返抵英國，耗時十七天，創下當時的新紀錄。[9]回想一八六七年，這家新公司的經營散發一種急就章的臨時感，寄宿在別人剛騰出的辦公室裡，使用別人不要的家具，現在，卻更堅定地融入中國通商口岸的風景。約翰・森姆爾不僅乘坐他擁有的船隻往返漢口並前往香港，而且他視察了很多因為新航運公司「太古輪船公司」（China Navigation Company, CNCo）的運作而逐漸出現外在變化的港口。[10]太古洋行仍是一家不起眼的企業，但經營規模遠比施懷雅兄弟過去在英國、美國或澳洲的任何嘗試都要大得多。

除了在香港、上海、福州和橫濱的辦事處外，太古洋行同時獲得了輪船作業所需的基礎設施。在漢口，太古輪船公司擁有營業場所和貨倉，取得在河邊停泊兩艘船的權利，而且正出資興建即將完成的堤岸工程，一大一小的倉儲躉船停泊於此，還有兩艘浮船。九江和鎮江有躉船、貨船和浮船。在上海，作業基地是法租界裡的大型設施，就在分隔公共租界和法國城的洋涇浜南邊。擴大工程正在進行中。[11]兩艘輪船已於一八七三年四月掛起公司旗航行，而當她們抵達中國後，約翰．森姆爾委託格拉斯哥造船廠「英格里斯兄弟」（A. and J. Inglis）製造的船也準備動工。一八七四年一月航行於長江時，約翰．森姆爾至少乘坐過其中的一艘，也就是「北京號」（Pekin）。這是一個持續成長的房地產、設備和人員的投資組合，而且公司也因此接觸到越來越多的監管當局和地方行政部門：英國工部局和法國公董局、公共租界工部局、大清皇家海關的人員，以及英國領事。

這一切來得很快。一八七二年中旬，朗想到電報局可能會洩露情資，於是將他一旦得到批准就要拍發到倫敦的電報內容，事先寄到新加坡。朗當時正與「公正輪船公司」（Union Steam Navigation Co.）的一名董事進行談判，據報導，這個人想要「親眼目睹河上有一間強大的英國公司的滿足感」。[12]此人很可能是有利物浦人脈的保險經紀人塞繆爾．布朗（Samuel Brown），而主導公司展露的自信是公正輪船公司願意談判的明顯誘因。上海商人之間早就察覺到針對美商旗昌的「英國反感」。朗的目標是完全收購公正輪船旗下的船隻和岸上資產。[13]約翰．森姆爾在十八個月後巡視的，基本上便是這些財產，太古以十九萬九千兩的價格（約六萬英鎊）購入，並於一八七三年四月一日正式移交。交易以現金支付，使用運到中國的銀元。這筆買賣買貴了，因為這些銀元是一八四〇年之前鑄造的西班牙銀元，而不是最近的墨西哥銀元，因此在上海具有可觀的匯兌溢價。[14]成立於一八六七年的公正輪船公司，「因為我們的寬容才能勉強生存」，旗昌的F·B·福布斯（F. B. Forbes）說。一八七二年，公正輪船在長江營運的船有兩艘，公司股東為英國人、中國人和美國人（其實就是旗昌），並由同孚洋行負責管理。事實證明，董事們樂於退出長江河運，把商業活動轉移到沿海貿易。[15]股價因為「反對」的謠言，應聲下跌，因為這間公司顯然已搖搖欲墜。

我們提議的收購條件「一舉馬到成功」，朗解釋說，「使我們處於非常穩固的位置，反對的人不久就會了解，反對我們是沒用的。」[16]年輕的朗在這次談判中證明了自己的價值（成為他日後投資日本煤礦和步槍失利時的免罪金牌）。然而，儘管取得了這個「強勢的位置」，旗昌的確出手抵制這家新輪船公司，利用長期累積的大量現金儲備，在太古輪船公司開張營運的當天，將旗昌輪船公司的運費直接減半。殊不知，太古竟開出比他們更低的價格，令他們措手不及。觀察家眼見價格降到「僅剩象徵意義的數字」。[17]旗昌本來打算趕走這個不速之客，然後買斷他們的股份，也許開出比正在格拉斯哥建造的三艘輪船的價格高百分之十五的溢價。又或者，可以讓他們擁有足以經營河運的輪船數量，但要布局全流域的定期船班又遠遠不足。約翰·森姆爾的心意已決，甚至比美國人當初想的更加堅定。「你似乎沒有一絲一毫的讓步，」他們的談判代表保羅·S·福布斯（Paul S. Forbes）抱怨道，而且太古洋行手上的現金也比他們原先估計的要多。一八七三年三月，約翰·森姆爾振奮地指示朗，「在太古輪船公司的船上升起公司旗，」於是旗子就掛上了。[18]

太古為布局長江航運投入了大量資金，這是公司迄今為止最龐大的一筆投資，也是迄今為止最公開的一步商業動向。兩家公司都認為，對方的「自尊」岌岌可危，也直言不諱；雙方也都知道價格戰嚴重擾亂了航運業，譬如通常被運到寧波準備分送的安徽茶，如今被轉運到九江，而且越來越多懸掛外國旗的老閘船（lorcha）陷入停頓狀態，老閘船的運費通常比輪船便宜得多。雙方也都知道，長期衝突只會削弱雙方的實力，讓未來的任何對手撿到便宜。公共媒體也提醒他們這點。《北華捷報》（*North China Herald*）宣稱，據說「中國商人」覺得這「只能用愚蠢來形容」。《申報》指出，這一切對商業都非常有利，除了對輪船公司。[19]對立甚至在太古輪船正式營運之際便已形成，也就是第一家中資航運企業的「輪船招商局」。低運費還具有加速中外貿易環境轉變的作用。一頭栽進新租界的洋商，以轉售從上海來的貨物為目標，有些想從事在租界深耕多年的洋行的分行，有些則想成立新企業，結果中國商人卻親自搭輪船到上海購買他們的貨物。九江和鎮江尤其受到打擊，漢口因此難以發展成外貿基地。[20]一八七三年的旗昌和太古廉價運費之戰，只不過是把他們的現金儲備放進托運人的口袋裡。

一八七三年五月達成了一項暫時協議，太古承諾，除了現有的五艘船，兩年內不再增加往漢口的噸位，但任何可能開通的支流航運，以及漢口至宜昌以外的河段若開通（外界普遍預期會發生），都屬於不受管制的例外。暫時協議禁止太古輪船進軍繁忙的上海寧波航線，但沿海各地航運都不在管制之列。成功需要縝密的計畫。公司不費吹灰之力就從利物浦合夥人網絡募得資本，包括霍特、伊斯梅、威廉・赫德遜的岳父塞繆爾・馬丁、狄克森、梅利家族（the Melly family）和船東威廉・克里夫（William Cliff）等。[21]太古向克萊德河的英格里斯兄弟造船廠（他們剛替旗昌完成一艘新船）訂購船隻，並確定了可能的辦公室和海事人員。他們從旗昌輪船挖角，也僱用公正輪船先前的員工，只是約翰・森姆爾堅決不願只是隨便找些人湊合著用，而是要找最優秀的人才，為此他和霍特密切合作。為了進軍航運業，新公司需要能夠拿出先聲奪人的氣勢，可惜新船至少要一年後才會進到中國。太古輪船公司能順利開張營運，不僅僅是仰賴約翰・森姆爾不形於色的談判風格。有兩項人事任命更是公司成長的關鍵，並凸顯新事業被夾在古老但進化中的中國貿易大環境，和逐步穩定發展的中國企業家新世界之間。

朗的確為新事業找到了一個非常好的買辦。此人是鄭觀應（1842-1923），號「陶齋」，在當代文獻常以鄭觀應或鄭陶齋的名字出現。鄭觀應和吳葉一樣來自廣東省香山縣，許多在上海工作的買辦都來自香山，包括他自己的父親、叔叔和哥哥。就像太古集團在家族親戚和利物浦人脈圈的世界裡運作，鄭觀應來自一個綿密的廣東人際網絡，在他的例子中，這些廣東人都是香山同鄉。[22]他在十七歲科舉失利後來到上海。他的叔叔當時在上海為英商柯化威洋行（Overweg & Co.）工作（而且還為普雷斯頓・布魯爾的問題買辦鄭芳做擔保人），而他的哥哥則先後在寶順和旗昌工作。鄭觀應本人則是在舉足輕重而且後來大富大貴的香山同鄉徐潤的背書下，為寶順洋行工作。在傳教士傅蘭雅（John Fryer）創辦的夜校完成英語學習的鄭觀應，曾在一家茶葉公司擔任通事六年，而後才到太古輪船。鄭也投資公正輪船公司。未考取科舉不代表他沒有觀察並評論時事的才能，或作為時事評論者的未來潛力——他來太古輪船時已經開始發表文章——而且鄭觀應從雇主身上學到的，遠不只是英語和洋商生意經而已。[23]他將成為疾呼中國需要對外國勢力發動「商戰」的重要倡導者，日後發表的著作《盛世危言》，是未來的共產黨領袖毛澤東最早閱讀的政論作品之一。

若說鄭觀應讓我們看到舊貿易世界向新貿易世界過渡的一面，晏爾吉（Henry Bridges Endicott, c. 1843-1895）的故事則讓我們目睹故事的另一面。[24]晏爾吉是太古的航運經理，他被朗從瓊記洋行挖角——他們把他的薪水調高了一倍——在瓊記，他對「他們的沿海輪船全權負責」。他和鄭觀應有類似的社會背景，出生在離香山不遠的澳門，只是兩人所熟悉的，是很不一樣的廣州貿易。整個家族在新英格蘭歷史和對華貿易歷史上都相當知名，因此在鴉片貿易的世界也是赫赫有名，長期和瓊記洋行亦是合作關係。他的叔公安葬在澳門的新教墓地；叔叔威廉・恩迪科（William Endicott）最近在吳淞擔任瓊記洋行一艘鴉片躉船的船長。父親詹姆斯・布里吉斯・恩迪科（James Bridges Endicott），現葬於香港，曾是澳門外海黃埔一艘接收艦的船長，後來在香港與人合資開船具店，並在上海設有分店，最後成為省港澳輪船有限公司（Hongkong, Canton & Macao Steamboat Company）的大股東。晏爾吉的母親是吳阿嬌（Ng Akew），她是一名蜑家船女，受詹姆斯・恩迪科「保護」約十年之久，直到他在一八五二年與一名英國女人結婚，於此同時，也給了她在香港的房產。吳阿嬌本人便是鴉片商，當海盜搶走她的貨物時，她天不怕地不怕地和海盜正面對峙衝突。[25]雖然晏爾吉在孩提時代就與母親分開，又被送到肯塔基州接受教育，即便如此，仍算得上出身名門世系。一八六三年，晏爾吉回到中國，先是為父親在上海的船具店工作，而後到瓊記擔任職員。他的經理很早就注意到他的才能。當「年輕的晏爾吉」成為船運職員時，瓊記將沿海航運代理行從香港搬到上海。儘管在美國生活了大概十五年，晏爾吉仍精通中文，顯然對中國的社會和文化規範有深刻的理解，而且和「本地的托運人變得很熟」。[26]離開瓊記後，他在太古輪船公司擔任此職務直到一八九五年去世。

鄭觀應後來解釋太古輪船公司的迅速成功——一八七三年，公司包辦了長江航運總噸位的一半——是因為善用了他的人際網絡，以及對托運人和推銷員的各種激勵措施。他也仿效了他歸功於晏爾吉的「輪船公司管理十項原則」，包括對細節一絲不苟、深入了解人員、船舶和市場細節，提前規畫和兜售貨物，以及保持船隊的高效率和現代化。鄭觀應認為，理性的管理原則和精明的人才招聘是他們成功的基礎。但晏爾吉也是實用主義者，會想辦法給托運人他們想要的，包括長期貸款和裁量權。[27]旗昌洋行的法蘭克．福布斯看到了「有失體統的行為」，因為這家英國公司「為所有貨運代理舉辦了一場盛大宴會，宴會上，外國職員負責協助。有身分地位的中國人笑了，他們想笑是完全合理的」，他總結道。[28]姑且不論惱怒與否，法蘭克．福布斯的評論明顯有種族主義偏見。在他眼中，歐洲人根本是公開貶低自己，迎合中國風俗。更客觀地看，這家新公司正在向世人昭告自己的存在，把員工當面介紹給他們要招攬生意的客戶。種族主義，以及在中國做中國人生意和尊嚴、地位之間的對立，將持續糾纏洋商的貿易世界。

這種殷勤是必要的，因為華洋商業關係的本質發生了一場「奇特革命」，誠如英國駐鎮江領事在一八六六年所言。他觀察道，洋商只不過是華人財產的「運輸工具」。另一名在煙臺（芝罘）的同僚對這個評論表示贊同。華商利用如今出現在中國的外國船隻，涉足過去他們不得其門而入的生意

> 安頓在因為歐洲人的干預而向他們開放的港埠，憑藉自身的勤奮和對國家的了解，成為洋商在商場上必須抗衡的最強競爭對手。

洋商漸漸成了一股助力。我們的船隻值得信賴，而且堅固無比，太古輪船公司在《申報》——本身正是這奇特革命的一部分，因為這家中文報紙的所有人是兩名英國人，即來自南安普敦的美查兄弟（Major brothers）——上的廣告如是說。我們的船長和船員經驗豐富，對長江無所不知。只要來到我們的辦事處，「你將受到高規格的禮遇。」[29]

鄭觀應從上海成立了幾間「攬載行」，在每個長江商埠設立代理，後來還延伸到沿海地區，他們被委託招攬中國貨物和銷售客輪船票，賺取佣金。其中有些是公司本身的代理行（名稱裡都有太古：太古徵，太古昌，太古匯），有些甚至是他自己的。為鼓勵參與並爭取訂單，鄭觀應也提供諸多誘因——譬如為個別船隻提名買辦的權利，或是提供回扣。[30]喬治・尤爾（George Yuill）於一八七六年加入香港辦事處，擔任船運職員，他曾描述辦事處取得中國貨物的方法：「我們的華人職員會到鎮上不同的商行拜訪，把商人帶來我們的辦公室。」他也透過代理商承攬業務，提

供待售船票給他們並支付佣金。這種關係在信貸和社交互動的潤滑下更加順暢。[31]吳葉「經常」拜訪托運人，增進自己對他們所經營的生意及其往來客戶的認識。當他「不信任他們會負起責任」時，他會向他信任的人尋求正式擔保。

新事業為太古帶來各種費解的問題，尤其是在為中國乘客設計船這方面。整個太古集團過去的經驗都幫不了他們。倫敦是否該發送「食品和飲料」給乘客？（不。）中國乘客需要客艙嗎？（答覆是，只有女性需要，而且不用太多間。）外國和中國乘客有各自獨立的廚房和住宿。事務長呢？（「我們假設你將僱用一名天朝的事務長。」）結果每艘輪船配的不是事務長，而是自己的買辦，他們的職責是

> 在船上理貨記帳，負責將貨物安全送達目的地。他還要照顧本地乘客，為他們提供食物，負責船隻的通行費。

管理中國乘客和貨物的工作實際上被轉包給買辦。買辦帶著自己僱用的工作人員，在船上的辦公室工作。[32]

太古從公正接手了「惇信號」（Tunsin），這艘船建造於倫敦，船齡十年，參與過美國北方聯邦對南方邦聯的經貿封鎖，卻在一八六四年的景氣高峰直接來到中國，太古也接手了最初登記在怡和洋行名下的「格倫蓋爾號」（Glengyle）。向格拉斯哥訂購的三艘輪船是吃水淺的明輪船。

每艘都配有一座中國城市的名稱。「北京號」和「上海號」分別於一八七三年七月和九月抵達，「宜昌號」則是在一八七四年四月。另一艘「漢口號」也緊接著在一八七四年來到中國。長江航線現在提供「人類文明最順暢的河流旅行方式」，一名海關官員描述道。他同時附和福布斯對太古舉辦宴會的評論：「中國旅客受到的照顧，遠勝家鄉那些丟人的小型海峽船的頭等艙乘客。」這些觀察者似乎覺得這當中有些不協調、甚至令人反感之處。在第二次鴉片戰爭後，必勝主義的回音仍在迴盪，在漢口領事麥都思高呼「外國人就是一切」的時候，有個外國人正竭力為中國商人提供舒適又便捷的船舶住宿。[33]不過，還有很多事等待學習。倫敦問，為什麼晚上輪船停靠中途港時，你們要叫醒中國的轉運旅客查票？他們對此「怨聲載道」。[34]

這個主題——外國公司商業活動適當的著眼點——之後還會出現。在此同時，長江的局勢依舊不穩定。一八七四年二月，由於去年夏天所進行的安排已經破裂，雙方重新協議。儘管兩家公司都懷疑對方在實際營運時，沒有遵守約翰．森姆爾和福布斯達成的共識，事實上，可能是鄭觀應和晏爾吉開發新業務所投注的努力，還有旗昌年邁買辦乏善可陳的工作表現，導致旗昌輪船公司的地位動搖。然而，太古提出了截然不同的協議：兩家公司分別營運相同數量的船班，收取相同的運費，再收集所有收據，各拿總金額的一半。事實上，太古和旗昌都無意開放競爭。[35]旗昌公開說的話，太古私下也說過。他們都有意盡可能阻止有威脅性的對手進入長江。新的對分協議——這可是一個嚴格保守的祕密——運作順暢（主要有利於旗昌輪船），卻也為太古輪船爭取了成長的空間，避免重返削價競爭的可能性，而且使他們不用撤銷太多一八七三年提供給客戶的慷慨獎勵。[36]

這種把太古輪船營運業務轉包的模式，之後來將證明其代價高昂，無奈這是外國公司在中國運作的既定慣例，而繼續維持慣例形成了莫大的壓力。在航運方面，貨物托運人也得到長期貸款的資格。有些托運人每年只在農曆新年結算一次。這點肯定有助於吸引客戶。把監督和收錢的責任交給買辦，在太古輪船公司已成為一種慣例，而「照慣例」，買辦也是公司的「本地銀行家」。這種情況將持續直到一八八四年。由於買辦為托運人做擔保，而且自己也受到其他擔保者的背書，以致圈子裡的監督文化鬆散，儘管從外國公司試圖收回債務而提出的法庭訴訟中，經常可見監管不嚴所造成的危害。[37]

這種慣例又因為無法阻止新的競爭者到來，而必須討好客戶，以致愈發根深柢固。實力最堅強的競爭者在一八七三年一月首航，而且對方是中國人。事實上，中國的抗衡有兩種截然不同的形式，一個是間接的，另一個背後有中國政府的全力支持。首先，怡和洋行在一八七二年末憑藉雄厚的中國資金，成立了華海輪船公司（China Coast Steam Navigation Company）。長江出現旗昌新對手的消息，激勵了公司努力鞏固現有的業務，並創造一間新的合股公司。新公司至少有兩成的股份為中國利益集團持有，而且所有資金都是在通商口岸募集的。此事的靈魂人物是另一名香山商人唐景星，也是怡和洋行的買辦。目前，怡和洋行仍專注於經營沿海。一八七三年，唐景星為了主持一項新事業，完全辭去怡和的工作，這項事業便是輪船招商局。輪船招商局為官辦民營的混合企業，由政府官員成立，以國家貸款為後盾，但也透過發行股票大舉融資，然後交由像唐景星這樣的商人管理。由於招商局和政府簽下合約，負責把長江三角洲的貢米從上海運到天津，以便貢米送往京城，每年都能拿到可觀補助。無論在長江和沿海，招商局都是強大的競爭對手。它僱用外國船員，使用外國人造的輪船。沒有人真正相信一間中國人經營的輪船公司會成功，但是「有時」，約翰·森姆爾在一八七四年寫道，「我覺得，我們已經進到馬蜂窩裡了」。[38]

不是一個，而是好幾個馬蜂窩：經營航運的生意帶來了經營倉庫、談判土地和通行權、管理越來越多員工的工作，這一切都有他們會帶來的風險和麻煩。倉庫可能被搶；托運人對收費有異議，對損壞或短少的貨物要求賠償，或者一定要被逼債才會付錢。公司越來越常出現在和解法庭，有時是控方，有時是辯方，有時還起訴自己的員工或代理人。通商口岸的報紙對意想不到的社會新聞做了詳細報導。一八七四年的新聞重點，包括九月，漢口監督太古輪船裝卸貨的工頭遭人謀殺，七月，鎮江廣東同鄉會發起杯葛抗議。工頭抓到一名工人順手牽羊，於是強迫工人站在陽光下作為懲罰——工人後來承認，他當初就是看上有機會偷東西才應徵這份工作。據稱，這個懲罰得到了太古輪船代理商德興洋行（Drysdale Ringer & Co）的同意。事後，這名男子告訴檢察官，不要仰賴西方人的資助，因為任何人都可能遭遇「人為刀俎，我為魚肉的一天」。他後來伏擊工頭，割斷了他的喉嚨，總算稱心如意地在第一時間投案。在鎮江，有一票太古輪船和旗昌輪船的海員去了一間粵劇戲院，卻拒絕買票，爭吵演變成全武行，導致其中兩人被關押在戲院。太古輪船的代理人J·M·康尼（J. M. Canny）派出由一名外國人（《申報》特別指出是個「黑人」）率領的人馬去營救他們。據稱，這些人個個全副武裝。情況後來平息，未想廣東同鄉會竟要求開除康尼的人，要求當局介入調查此事，還把對短少和損壞貨物的索賠要求和調查綁在一起。這些要求都未獲得滿意的答覆，於是他們下令發動抵制，就連上海的廣東人也拒絕為前往鎮江的太古輪船裝貨。[39]無論這樣的事件多麼不尋常，都可能損害公司的聲譽或引發政治爭議。事實證明，鎮江是個特別難相處、脾氣壞的地方。

這些中國航運公司如何滿足國際航線的問題持續存在。對太古而言，海洋輪船公司的代理業務仍然是必要的。它是「帶頭的母雞」，約翰．森姆爾這麼對史考特說。航線確立後，霍特旗下的招牌藍煙囪輪船，被證明是高獲利投資。霍特甚至在阿賈克斯號還沒從一八六七年一月的上海處女航返航前，便著手訂購新船了。到了一八七五年，他已擁有十四艘船，同年又為中國航線增訂三艘。每批新船都受益於最新的改良設計，使海洋輪船公司比競爭對手擁有更好的技術優勢直到一八七〇年代後期。誠如霍特在一八六六年九月所言，「問題的『機械』部分」已經解決，「商業部分仍有待解決」。[40]蘇伊士運河的開通使中國行縮短了三千哩，載棉花和羊毛商品出航，然後從亞洲載回茶葉、錫和菸草的行程也縮短了十至十二天。霍特派出一名他信賴的船長見證開幕式，並在一八七〇年三月派第一艘藍煙囪輪船通過運河，遠早於其主要競爭對手半島東方輪船公司。[41]儘管他勇往直前地展開「中國計畫」，約翰．森姆爾總認為，他的合夥人過於謹慎，因為他個人想要的是擴張。

約翰．森姆爾依舊積極地拓展代理業務。一八六七年二月一日，當「科羅拉多號」（Colorado）完成太平洋郵輪公司從舊金山經橫濱前往香港殖民地的首航時，他人剛好也在香港。有艘美國軍艦在港口以二十一響禮炮歡迎科羅拉多號入港，和岸上砲臺發射的禮炮彼此唱和，宣告進入亞洲北美海上公路歷史的新紀元。在回聲消散、煙霧飄過海港後，迎來片刻的沉思。他在一八七四年的四月橫渡太平洋，親自到紐約會見太平洋郵輪的總裁，回國後，正式投標該太平洋郵輪的中國和日本代理，可惜出師不利。約翰．森姆爾還會繼續思忖投入太平洋業務、甚至是太平洋航運的可能性，考慮發展一間「偉大的輪船公司」，只是太平洋郵輪公司被強大的鐵路利益集團收購，似乎為任何可能的投資劃下句點。沒有人能和他們對抗。[42]

我們對這時期的藍煙囪代理業務幾乎一無所知，因為實際活動都是發生在中國港口，雖然報紙報導了輪船的進出活動。然而，瓊記洋行的檔案裡，有一八七〇／七一年藍煙囪代理人在福州處理阿基里斯號業務的豐富文件證據。[43]從上海出發的阿基里斯號，在福州卸載中藥包裹、藤簍、蕈菇、人參、棉製品、鐵器和其他商品，全是透過太古洋行取得的貨物。福州托運人在這艘船停泊港口、忙到不可開交的兩天之中，競標貨運空間。「二百噸」，拜託，一噸兩英鎊十先令，再加另外一百噸的優先取捨權？十三噸，如果我們今天把貨送來的話，是嗎？你有兩百五十六箱的空間嗎？船長擔心托運人沒有按照競標送來他們的貨物。公裕洋行（Phipps, Hickling & Co.）寄送了七百六十八箱半滿的茶葉到倫敦。碼頭工人裝貨和卸貨都是有費用的。羅素船長（Captain Russell）在下午十二點四十五分寄出一封告別短信「和蚺蛇尖（Sharp Peak，按：香港的一座山）並行」：「我的返鄉之旅現在開始」。不要對我們這趟航程下任何賭注（這艘船在一八六九年創下五十二天的紀錄），他補充說，雖然他「很有信心這趟會一帆風順」。「我希望明年有幸能見到你，」他的短信就停在這句。事實上，他在一八七〇年結束之前就回來了。回倫敦的旅程花了五十五天——比當年任何快速帆船都快了一倍——儘管在賽德港（Port Said）的泥灘擱淺，白白浪費了二十四小時。

在一八六〇年代和七〇年代太古集團的商業活動紀錄上，中國業務顯得尤為突出，但它保留了獲利的澳洲業務，並在美國和曼徹斯特開設分行。紐約的太古兄弟成立於一八七三年，接下來十年負責從太古洋行橫濱分行進口的茶葉，只是多數時候都是虧本經營。關於該如何處理這兩個辦事處的問題，總是討論不出個所以然，但他們仍繼續開門做生意，把希望寄託在未來的發展。

約翰・森姆爾在一八七五年告訴他的橫濱經理、出生於愛丁堡的詹姆斯・多茲（James Dodds），要不是因為對太平洋輪船抱有期待，我們一定「好幾年前」就關門了。那個夢想如今已經消逝，約翰・森姆爾給多茲一個新的基礎，不斷叨念紐約代理人詹姆斯・吉布斯（James Gibbes），要求他走出去、做買賣。可是吉布斯「有個零售的腦袋」，約翰・森姆爾會這麼說，這絕非恭維之詞。他自己坦承橫濱和紐約硬撐下去的一大因素是自尊心。約翰・森姆爾在一八七六年宣布：「承認失敗，然後退出一門生意，和我的本性不符。」多茲是議會的法律顧問之子，他在橫濱報刊上主要是以能幹的板球選手、傑出的賽馬俱樂部成員、賽艇運動員和社交俱樂部成員的身分出現。他在橫濱的港口任職到一九〇四年，和田徑運動相比，這絕對是「美好的生活」。「如果為了維持生計他必須每週拉一天人力車，靠那筆收入過活，」約翰・森姆爾在一八七九年沉思道，「他也沒關係的。」[44]

澳洲的關係正緩慢生變。洛里默、馬伍德和洛姆的合夥企業（一八七六年，和馬伍德分道揚鑣）仍持有白星代理權，並且大力推銷福州太古洋行新茶師「精挑細選」和「快速發貨」的一批新到茶葉。「**工夫茶，真工夫紅茶，熟白毫，濃厚白毫小種，特選北嶺**」的批發拍賣啟事，有他們自己的美妙詩意，而且不斷有新的變化。福州茶師亨利．羅伯．史密斯曾兩次訪問墨爾本和雪梨，藉以獲取「殖民教育」——就是探查那裡的商人想要什麼樣的茶。儘管約翰．森姆爾在一八七六年宣稱，茶葉貿易「不是女帽生意」，「等到『德文郡的帽子』被淘汰時，工夫茶仍會繼續受大眾青睞」，事實證明他的預測大錯特錯。[45]一八七〇年代，中國綠茶在海外茶葉供應的地位逐漸被印度和錫蘭紅茶取代。人們的口味發生了變化，而且因為抨擊中國綠葉安全性的惡意行銷宣傳而加速改變，中國茶被影射用了有毒化學物質染色。

太古集團的商業網絡擴大了。一八七〇年，公司正式將總部搬遷至倫敦，並於一八七〇年七月在城裡的比利特街設置辦事處。[46]此舉和公司在香港開業的時間大致相同，而這大概並非巧合。利物浦辦事處是交由一名出納湯瑪斯．伍德沃爾德（Thomas Woodward）管理的分行。在利物浦分行底下，施懷雅家族的表親J．波特．歐布萊恩（J. Porter O' Brien）專注於出口澳洲市場的戴格斯黑啤裝瓶業務，而且獲利頗豐，約翰．森姆爾認為，這條業務線的持續成功純粹是「僥倖」。不過，就連藍煙囪的代理業務自一八七〇年十一月起，也交由比利特街的辦事處處理。[47]一八七〇年，去年冬天與柴郡狩獵隊一起騎乘的馬匹，約翰．森姆爾連同馬廄都賣掉了，等到一八七一年人口普查時，他已經住在倫敦維多利亞街一處非常現代的公寓街區過著樸素的生活。

業務擴張導致員工人數增加，同時稀釋了公司的利物浦氣息。約翰・森姆爾在遷居倫敦時，確實將前總部的一批核心資深職員也一起帶到了首都，顯示公司在這個時期仍有緊密的人際關係。不過，在一八七〇年代加入太古、預計將派往亞洲擔任商業助理的大約三十四名新職員中，即可看出招聘方向已明顯轉向倫敦當地。[48] 這些人大多是在一八七〇年代的前五年招募的。他們父親的職業有助於認識他們的出身：商人、保險代理、會計師、棉花商、律師、外科醫生、神職人員、股票經紀人。他們當中鮮少有人有海外人脈。麥金托什和一八七二年獲聘的職員A・E・特納（A. E. Turner）則是早期的例外，A・E・特納出生在錫蘭，父親是蔗園主。儘管公司「急於把握機會提拔我們自己的人」——也就是說，來自太古集團倫敦辦事處的人——起初，這似乎是例外，而不是常態。出生在利物浦的教師之子威廉・德勞特・哈里遜（William Drought Harrison）才是常見情況的代表，他在利物浦辦事處歷練了至少兩年後，於一八六八年被派到海外。有些人在和太古簽約前顯然有替其他公司工作的經驗：J・C・博伊斯（J. C. Bois）是銀行家的職員，約翰・阿莫斯・布洛格（John Amos Blogg）是棉花商的職員，亞瑟・波洛斯（Arthur Burrows）是船運經紀的職員。有兩名具有豐富中國經驗的人加入。生絲商弗雷德里克・甘威爾（Frederick Gamwell）曾於一八六〇至七四年間在上海工作，很快就會成為約翰・森姆爾在倫敦的主要合作者，然後迅速成為企業的合夥人之一。赫伯特・史密斯（Herbert Smith）加入太古之前已經在怡和洋行工作了至少五年。茶師要求加薪。上海和香港的合夥人在亞洲任命了一兩個經驗豐富的人。

整體來說，我們比較了解那些航行到東方的人，但我們應該停下來，稍微想想那些在利物浦和倫敦擔任文書和記帳工作的人。同為職員出身的第一個利物浦編年史家B．G．歐查德（B. G. Orchard）在一八七一年宣稱，「默默無聞的職員沒有引起太大關注，」但這些人可都是太古集團的員工。到處都是公司職員。歐查德撰文說，在「午後三點於布羅德街四處走動的花花公子當中」，還有「交易所附近喝苦啤酒打臺球的放蕩浪子當中」，都看得到公司職員的身影，但也有很大一部分的公司職員是「在沃平區（Wapping）四便士大廳用餐，衣著簡陋、神情焦慮、面有菜色的凡夫俗子」。根據歐查德的計算，一八七〇年的利物浦僱用了一萬七千名職員，平均每家公司僱用四名。太古集團於一八六五年搬到利物浦戴爾街的聖殿大樓（The Temple），這棟建築裡共有四十九家公司和兩百二十四名職員，太古的人占了六名，其中兩名是初階合夥人，名冊上還有另外七名職員。[49]他們的薪水從每月十二英鎊到僅三英鎊不等。他們構成英國持續變化的就業世界的一部分，我們可以看到，從事辦公室行政工作的都市勞動人口正逐漸增加。來自東方的消息以各種形式傳進太古辦公室，有信件，有《倫敦震旦電訊報》（*London & China Telegraph*），也可以是乘坐藍煙囪輪船抵達的人，或「老董」要求的茶葉禮盒。他們為要前往亞洲的人訂船班，為那裡的公司辦事處運送時鐘和文具，發送電報，也許還向藍煙囪船長這類從海外回國的人學了點中國行話：**cha-sees**（茶師），**pidgin**（洋涇浜），**chin-chin**（宴會）。海外貿易對利物浦商業世界的滲透，一點也不稀奇。但港口的大部分交通仍來自北美（約占三成）、南美和歐陸。一八七〇年抵達利物浦的一百艘船中只有六艘來自「遠東」。[50]公司高級職員，如約翰．波爾（John Ball）或湯瑪斯．索爾茲伯里（Thomas Salisbury），對他們委託人的業務方向有什麼想法，我們不得而知，但他們在聖殿辦公大樓裡瞥見了另一個世界。

直到一八八二年，倫敦辦事處已有十五名員工，起初由自一八五八年就在太古工作的波爾監督。我們從檔案中得知關於辦公室生活紋理的蛛絲馬跡。有個人收到有待他簽署的承諾書，用來遏制他的賭博習慣。索爾茲伯里因出勤率低而遭斥責，而且一進辦事處，就到一間「鄰近企業」公出，一去就是老半天，大概是去喝「苦啤酒」了。公司預支現金給一名在太古工作二十年的職員，幫他償還因妻子生病而積欠的債務，還提前拿到退休補貼做為他兒子的教育費。公司訓斥波爾對小額備用現金監管不力，導致某個初階職員盜用了一小筆公款。有一名員工外派中國的過程加速，好讓一對怨偶可以趕快分居。太古的抄寫員因為健康因素被送往塞德港，由公司出錢（但公司表明，不會幫他付酒費）。然而，這沒幫到「可憐的楊恩（Young）」：他似乎是在航程結束之前就死了。[51] 職員期望拿到退休補貼，還有一些職員有「中國想像」，疾呼想要有機會到東方。但「說真的」，約翰．森姆爾在一八七九年寫道，「我無法滿足公司所有員工的夢想」。[52] 多數被招募到倫敦辦事處的一般員工都會美夢落空。太古職員在倫敦的起薪約為每年七十英鎊，大致相當於那個時代的平均值，不過約翰．森姆爾認為他的員工薪酬「遠高於」這類工作的普遍水準。外派中國的人第一年會得到三百英鎊的報酬，五年後增加到四百五十英鎊，另外還提供食宿，以及去程相關費用。格格不入的人會離開太古，接下另一個能讓他更快離開中國的職務，或是到和太古有合作關係的公司工作，例如藍煙囪在新加坡的代理曼斯菲爾德公司（Mansfield &

Co.）。小的爭議或事件當然會留下紀錄，反觀例行公事幾乎沒有留下半點痕跡，以致我們所看到的整體畫面失真，因為總的來說，我們對戴爾街或比利特街發生的事不太清楚。但我們確知約翰．森姆爾本人實際參與了公司的許多安排，公司的規模不大，資深合夥人還是能參與公司員工的管理。他將員工紀錄寫在小筆記本裡，甚至緊盯一些細瑣的辦公室費用內容。

歐查德聲稱，「在利物浦有二十年歷史的合夥企業，半數都有一名曾是公司職員的合夥人。」有一段時間，這成了太古集團的模式。[53]「職員」這個詞太過籠統，約翰．森姆爾自己會把合夥人、經理、職員和一般職員做區別，有些早期被任命為太古洋行在中國的代理人的員工，後來獲邀成為公司的合夥人：朗在一八六九年，哈里遜和史考特於一八七四年，甘威爾於一八七五年，麥金托什於一八七六年，同一年，威廉．赫德遜．施懷雅從合夥人的位子退下。兩兄弟呵護著年輕合夥人的資本增長——他們起初沒有太多錢可以投入合夥企業——譬如在一八七六年把他們的損失一筆勾消。哈里遜的升遷將被證明是個錯誤，朗的價值始終不是太穩定。不過，其他合夥人都成了公司的得力助手。由於弟弟身體欠佳，約翰．森姆爾需要找人分擔經營這間正在崛起的公司的責任。但他始終是資深合夥人，他不只一次如此公開表明，而且他期待其他人服從自己的「命令」。表面上，他們是共同遵守約定好的合夥條款，而其實這從來不是一個平起平坐的合夥關係。[54]

比起公司的日常業務，我們對約翰．森姆爾一八七〇年代在首都的交際聯誼有更多認識，而他的確需要好好交際。太古洋行踩到不少紅線。一八六八年，巴特菲爾德的撤資導致「惡意」

謠言傳開，人們說太古遇到了大麻煩。「據說，巴特菲爾德是因為投資損失憂憤而死的」；有人說太古「死定了」。太古因為被科利及其「不正常財務」牽連而焦頭爛額。「我們從可靠消息得知，太古洋行不得不對外求助，」某橫濱公司的倫敦合夥人於一八七三年八月寫道。但也有人不同意：「他們是第一等的商人，」一八七〇年七月香港上海匯豐銀行上海分行的經理寫道。而這些流言一直都在。約翰・森姆爾不太理會這些言論，不過仍採取措施證明公司的穩健，同時也沒忘記或原諒那些聽了流言而採取行動的人。[55]當他覺得霍特需要挺身捍衛其航運公司的安全紀錄時，約翰・森姆爾幫霍特準備要給《泰晤士報》的投書內容，由他親自謄寫，並以他自己的名義寄給報社。[56]太古大舉進軍貨運的動作顯得倉促，有失紳士風度。太古在一八七五年試圖逼退省港澳輪船公司的一間代理商。「他們來討代理權，」公司的海事主管驚訝地寫道。「先生們……我們請求成為你們的總代理人，」哈里遜在一八七五年六月寫道。「如果沒有取得任命，我們將被迫積極投入競爭。」公司的董事長回應，這「幾乎像是在說『要錢，還是要命』」。（事實上，這要了哈里遜的命；他在幾天後去世了。）某份新加坡報紙認為，這當中有值得英國官員學習的「堅強意志力和某種個性」。但對一間「年輕有憧憬的公司」，這「絕不是謙虛」的記號。[57]

聲譽也和風格與自信的表現有關，而約翰・森姆爾逐漸認為，「我們應該成為中國最大的洋行」。儘管保持低成本是約翰・森姆爾經商策略的基礎（以及收到貨後立即銷售），香港的史考特在他看來則是過於揮霍。[58]他在一八七六年寫道，洋行的「經營要體面而開明」。它需要能和洋行實體存在相得益彰的適當社會知名度。洛里默也幫忙運送澳洲馬給上海的朗，以充實他的馬廄。當他得知在史考特之前的哈里遜是因為「酗酒和道德墮落」而提早進了棺材，約翰．森姆爾勃然大怒。他發現，「一個中庸的群體對哈里遜名聲的想法」，可能會令公司「蒙羞」。儘管如此，同一群體裡的人，還是在香港港口各處降半旗哀悼哈里遜的死，或許情況並未像約翰．森姆爾以為的那麼嫌惡又視而不見。[59]即便如此，名譽很重要。約翰．森姆爾可以在香港用一兩個小時的會談，贏得艾伯特．赫爾德的支持，但他終究還是以在倫敦工作為主。在中國，公司是由其他合夥人經營。

他們在變化的時刻經營。「奇特革命」其實沒有看起來的那麼怪。這是外國人和外國企業務實利用條約地位帶來的機會所產生合理結果。華人和洋人都順理成章地利用時勢帶來的扭曲。最誇張的例子是，開始有人試著把屬於中國人的商品或財產假冒為外國人所有。領事們熟知的「詐騙行」，就是聲稱具有外國地位的公司，因為它們表面上由外國公民（例如英國人）擁有，但其實只是用來規避法規或賦稅的權宜之際。這一切都有賴報酬：佣金、規費、賄賂、甚至一瓶酒：中國沿海地區最卑微的拾荒者，至少他擁有的國籍可以出租換酒喝。官員們盡最大努力根除他們所謂的「濫用」。但在中國的外商企業結構完全在條約的保護下運作，以根據條約開放和受條約保護的通商口岸（以及外國武裝力量）為基地，並透過同樣的特權為中國客戶和投資者提供服務，耕耘市場幾十年。若不是有那些合約協議，他們根本進不到這個市場。

太古集團正一步步邁向自身的局部改造，成為一個融入中國新貿易世界的企業。曾經是一間澳洲商行，和利物浦其他五十家左右的航運代理或城裡三百五十名商人幾乎沒有區別，但太古集團此時在長江擁有躉船，在上海和香港的黃金地段擁有房產，關心輪船上的中國乘客是否能安然入睡。這一切交織成一個網絡，包括橫濱和紐約的辦事處在內，還有把它們串在一起的藍煙囪和白星代理業務。太古繼續投資茶葉，但漸漸覺得生絲貿易太難了，同時持續從曼徹斯特運棉花、從約克郡運羊毛製品到東方，然後運黑啤酒、蘭姆酒、鐵門、鍋爐板、柵欄鐵絲、石板、蠟燭、黑醋栗等諸多商品到澳洲，從結果來看，最有利可圖的是葡萄乾、堅果、燒鹼、鯡魚和沙丁魚。而太古亦正逐漸融入亞洲，從一家代理公司轉變為另一種類型的公司，同時是一家即使在發生變化時仍受倫敦嚴格控制的公司。太古也開始籌畫在離利物浦很遠的香港蓋樓房，而這裡最終將蛻變為一座小鎮。這是因為總是躁動不安的約翰·森姆爾愛上了一個新的想法，他堅信公司如今需要的是一座糖廠。

第五章　香甜香港

「我當然知道他恨我入骨。」[1] 一個招牌事業的誕生源自這般積怨實屬奇特，但太古糖廠（Taikoo Sugar Refinery）發展的動力，很大程度上要歸功於和死對頭怡和洋行的競爭。這個投資讓太古集團在當時建造起亞洲最大、世界第二大的糖廠設施，在香港造起一個公司的小城鎮，促進蘇格蘭糖業之鄉格里諾克男性聚集在香港的「殖民地」。我的意思不是說，這項投資不夠冷靜堅定，誠如約翰．森姆爾對潛在股東所言，這項投資是以「為了讓我們安享富足的遲暮之年」為目標，但「沒有什麼比擊敗凱瑟克更讓我高興的了」，他曾在一八七九年兩家公司負責人間的競爭非常激烈時寫道。正是在這個時間點，他開始探索糖的可能性，其中有一部分的意圖正是為了打敗怡和洋行。

「洋行之王」怡和當時的香港合夥人威廉．凱瑟克（William Keswick），在愛丁堡公爵阿爾弗雷德王子（Prince Alfred）一八六九年訪問香港的第一個晚上，為他舉辦了私人晚宴。威廉．凱瑟克是殖民地和通商口岸的強人，一八七九年時，公司擁有近十二處的辦事處和代理機構的大多數股份。隨著他們在廣州貿易時期的老對手寶順洋行——約翰．森姆爾心目中的「英國大亨」（English nabob）——於一八七五年倒閉，怡和成為在中國最長壽的英商，並持續將業務種類多樣化，遠離核心的鴉片業務——凱瑟克的舅公威廉．渣甸和詹姆士．麥贊臣合夥期間，便是因鴉片成就了這間公司，同時破壞了廣州貿易體系。凱瑟克是香港總督主持的立法局（Legislative Council）的議員，曾任商會、市政廳委員會（City Hall Commitee）和香港會所（Hong Kong Club）的主席。位於東角（East Point）的怡和洋行總部有一棟規模適中卻氣勢宏偉的一號樓（另有獨棟的夏季山莊在太平山），是殖民地的權力中心。一八八二年的一篇香港社論指出，他們是「遠東的全能獨裁者」，一間間企業接連敗在他們的手裡。一八七九年十二月，約翰．森姆爾對阿爾弗雷德．霍特指出，我們已經「妨礙且打亂了『神聖權利』」（這不是他最後一次這麼說）。「如果我沒有進軍中國貿易，抑或進軍中國貿易後，當個安分的配角，希望死後會被注意，應該會受到在中國做生意的商人的歡迎。」[2]

但這不是他的風格。其實，約翰．森姆爾否認曾和任何人「交惡」，「除了怡和洋行」，但這個例外有時會擾亂中國業務經營的平順。其他合夥人也得了「怡和洋行恐懼症」，雖然有時他們對這間老洋行的盤算和影響的懷疑毫無根據可言，整體來說，怡和的確是個活躍的競爭對手，而且有時純粹扮演阻撓的角色，炒高土地價格只是為了騷擾太古，乃至利用自身在其他公司董事會或市議會的勢力來對抗太古。[3]但怡和也必須適應變化的市場、中國商業文化的進化和動盪的政治環境，兩家公司無時無刻不在準備開發新的商業機會。

姑且不談個性因素——儘管事實上這很難視而不見——問題的根源在河流，首先是一八七三年出現的新中國對手：輪船招商局。約翰．森姆爾低估了新對手的頑強韌性和實力。如果他和其他人對鄭觀應文章具體展現的民族主義辯論有所掌握，他們可能會對來自輪船招商局的抵抗力道比較有心理準備。說著一口流利英語的怡和洋行前買辦唐景星對輪船招商局管理得當，即使沒有積極響應鄭觀應發動商戰救中國的號召，其管理者也無意尊重英國人在河流上的神聖權利——不管是哪個英國人。

長江挑戰接著和一個廣州問題糾纏在一起。這對太古洋行是新的業務領域，太古從香港管理一間新的沿海航運公司，如今想從殖民地香港和中國省會廣州之間的生意分得一杯羹。一八七四年尾聲，約翰．森姆爾以低價購入三艘新船，用於沿海運輸。這項投資基本上是和詹姆斯．亨利．史考特的造船商兄弟約翰．史考特（John Scott），還有太古已故合夥人的其中一名兄弟亨利．艾薩克．巴特菲爾德（Henry Isaac Butterfield）的合夥企業，約翰．森姆爾利用他的個人網絡，把新盟友和他們的資金挹注到和霍特的合作。[4]這些船隻本來受委託和西班牙進行貿易，但該地的政治衝突導致無法航行。又一次，發生在世界其他地方的政治事件，創造了在中國的商機。新的運輸服務以獨立公司「中國海船組合」（Coast Boats Ownery）的名義運作，公司成功開闢為中國商人從北部牛莊運送黃豆到汕頭（然後經研磨加工製成肥料）的包船業務。[5]由於藍煙囪輪船在往返橫濱和上海時會停靠香港，多加一條廣州支線似乎也是合理的營運方向，於是霍特本人極力爭取。

但自一八六五年起便長期經營這條路線有成的省港澳輪船有限公司（通常簡稱為「船公司」〔Boat Company〕）卻成了障礙。首先，合理的作法似乎是嘗試取得現有輪船公司的代理權。機會之窗正在打開，因為目前的代理人，老牌瓊記洋行如今顯然正逐漸分崩離析。正當他們對此有所準備之際，太古洋行卻嘗試了一個錯誤的策略，一個在一八七三年四月曾讓旗昌出洋相的策略。當時，旗昌在公正輪船公司資產正式轉移到太古名下的前夕，對朗發出最後通牒，要求他變賣資產，否則就等著面對價格大戰。殊不知，太古早已準備和旗昌打價格戰。誠如我們所見，旗昌吞下失敗的苦果。一八七五年六月，太古洋行當時的香港經理哈里遜向船公司董事會提出一項行動方針，暗示他們照著做。這個多麼考慮不周的舉動——「極度失禮，」董事長在股東大會上表示，還把信函印出當證據——迫使約翰．森姆爾寄了一封道歉信到香港，再轉交給董事們。[6]這絕不是取得渴望的代理權的方式，結果由旗昌得手。後來問題又更加惡化，因為此後在這個航線上和船公司競爭的太古輪船宜昌號老舊又沒效率，導致贏得這場對戰變得太過昂貴，而且事實證明，這段曠日持久的四年衝突比太古原先以為的更令人不安，因為船公司的董事長，正是威廉．凱瑟克。[7]

在北方，重大變化也迅速展開。一八七六年十二月，旗昌開始討論變賣事宜，他們的十六艘輪船和地點極佳的陸上財產被輪船招商局收購。[8]光從船隻的數量便能看出，輪船招商局這下子很可能是更強勁的對手了。然而，絕大多數外國人充滿偏見，不相信一間由中國人管理的企業有競爭力可言，要不然就是認定其任何進展都是多虧了外國人的參與或建議，或是靠「官方的大力支持」。[9]這畢竟是一家國有企業，每年靠北方糧食運輸的合約獲得國家巨額補助。不過，輪船招商局是由一組相當精明幹練的團隊經營，他們從過去為外國貿易商工作，以及與外國貿易商合作競爭的經驗裡學習到很多，而且展現出堅定不移的決心。約翰．森姆爾本來以為，和旗昌達成的五五對分聯營協定，以及太古輪船公司大致穩定的良好獲利水準，由此，旗昌的船隊為輪船招商局效力一事便可以延續下去。但中國人在長江有十艘輪船，太古輪船公司只有三艘。唐景星認為，他的公司應該分得三分之二的收益，太古一口拒絕，於是整個一八七七年幾乎都在打價格戰，付出極大代價。

政治的大環境更是處處危機四伏。一八七四年八月，在上海無人不知的年輕英國領事奧古斯都．雷蒙．馬嘉理（Augustus Raymond Margary）被派遣乘坐旗昌的輪船前往長江上游，然後經陸路跋涉和一支英國探險隊會合，以測試一條自新占領的緬甸到中國西南部雲南省的路線。英國外交官在京城取得通行許可時，對此次任務的實際目標守口如瓶，而且他們沒注意到雲南最近才剛擺脫一場歷時已久的回亂，地方官員對外地人非常戒備。此外，日本對臺灣的軍事入侵也讓清朝政府相當擔憂。表面上，這是一次報復行動，「懲罰」攻擊船難倖存者的排灣族原住民，但這顯然是準備發動征服行動之前的探查。當馬嘉理乘坐旗昌的輪船（他稱之為「美國河宮」）沿江而上，前往雲南時，清軍正順流而下。[10]

在一次氣氛劍拔弩張的緊張時刻，馬嘉理似乎注定之後將遭遇不幸。次年二月，他在靠近邊境、伸手不見五指之處，遭當地士兵殺害。原因不明，唯有事後他的項上人頭被公開示眾是人盡皆知的事實，英國人大為光火。英國駐華全權公使威妥瑪（Sir Thomas Wade）藉此悲劇事件，製造了一場嚴重的外交危機。有些人認為，這一切可能引發一場新的戰爭，他也無意消除清朝官員的這種想法，並利用情勢讓清廷在一八七六年的《中英煙臺條約》做出一系列新的讓步。[11]此外，雖然完全是未經計畫的偶然殺人事件，在華的英國人卻堅信，這一定是清朝最高層下達的命令。深信清廷有能力與效率從北京下達殺人令到一千四百哩外的胡思亂想，助長了一種更普遍的看法，即第二次鴉片戰爭建立的現狀受到威脅，清朝正在反擊外國人。航運界於是深信清朝政府正大力支持輪船招商局對抗外敵。「很難……弄清楚，《天津條約》的條款還剩下什麼，」《北華捷報》在旗昌輪船公司賣出的消息公布，也就是長江航運市場最大的外國公司一夕消失時哀嘆道。[12]上海傳出風聲說，這筆買賣其實是把外國人趕出中國的宏圖大計的其中一環。

對約翰．森姆爾而言，這次攻擊的另一個面向顯得更尖銳而直接。事情的來龍去脈是，一八七六年，大清皇家海關要求太古輪船公司暫停使用停在鎮江的「加的斯號」（Cadiz）接收躉船，以利官方調查一八七四年二月它初次停泊鎮江後旋即出現的漩渦。[13]太古拒絕配合。這個撲朔迷離的水文謎團懸宕了四年多，為不同地方政府效力的英國人在這個距離大海剛好一百五十哩處，就中國河流的水流性質爭論不休，他們用瓶子和浮板做實驗，繪製圖表、平面圖和剖面圖，全權公使威妥瑪（心態依然好戰）對北京的海關總稅務司羅伯．赫德（Robert Hart）大吼，他說「他從來沒有這麼憤怒過」，說「他以上帝之名發誓，如果他忍氣吞聲，死後就會下地獄」，最終我們看到了好幾份冗長的報告、三本小冊子、很多報紙評論和抗議，這些抗議透過各省的華洋官僚向上傳達，而約翰・森姆爾簽署了一封給英國外交大臣的正式抗議信。[14]

這是我們在太古檔案中第一次看到太古明確且持續地尋求外交支持，幾乎也算是公司檔案第一次提到政治——無論是提及中國，或是其他地方。這封信的陳述看起來很笨拙，而且拘謹到有點尷尬，顯示寫信的人感到不安。這不是約翰・森姆爾喜歡的做事方式。但太古在中國的合夥人及其代理人就比較習慣求助於他們的領事（而且照例慣用特權）。他們和外交官在通商口岸的溫室世界裡一起生活。他們彼此通婚（威廉・凱瑟克的弟弟詹姆斯・約翰史東・凱瑟克〔James Johnstone Keswick〕與英國駐華公使巴夏禮的女兒瑪麗恩・帕克斯〔Marion Parkes〕結婚）。他們經常有機會與外交官交談，並要求將個人身分登記在外交官之下，或將個人財產登記在這些外交官名下，而且對要求他們提供支持不以為意，有時就連微不足道的索賠也找外交官幫忙。他們討論領事的個別優點（更常討論他們的缺點），以及這些領事官員（在他們眼中）作為一個整體的無能：因為對英國貿易圈而言，領事們永遠不夠有力、不夠自信或反應不夠快，服務不周，不值得他們繳稅（其實，由於人在中國，他們當中很少人繳稅）。儘管存在這些緊張，英國領事仍以一種在英國貿易世界看不到的方式融入商業環境。[15]

鎮江的問題在於躉船（用來轉運太古輪船公司的貨物，也是派駐船上的海關人員檢查貨物的地方）的放置造成了潮汐效應，自一八七四年十二月起，把外灘的基地沖刷掉長長一條。外灘崩塌，四十呎寬的道路曾一度只剩十二呎多一些，而且臨路建築物出現裂縫。海關和地方官員最初請太古幫忙解決問題的普通要求，迅速升級為外交爭議。太古拒絕為中方的測試需求移動這艘躉船，辯稱這是不必要的，因為他們自己的顧問工程師已經做過調查，確定不是這艘船的問題——他當然會這麼說——而且那會導致處於鞏固階段的生意橫遭中斷。在太古的船隻經過港口時，海軍測量員也被邀請去查看過了，他們證實了太古本身得到的調查結果。雙方陷入僵持。

一八七六年五月，在一連串警告之後，海關稅務司下令海關工作人員從這艘躉船撤離，這代表所有太古輪船的貨都必須帶到海關碼頭，不得再使用加的斯號。在這十一個月裡，太古為了不讓生意受到損害，寧可直接暫停港口的貨運業務，並在恢復業務時，要求一萬一千零七十五英鎊五先令七便士的業務損失賠償。對清朝官員而言，這純粹是中國主權問題，以及政府工作人員對河流的支配權力。根據他們的理解，他們的要求完全符合條約規範。但太古的代理人（先前已經在連結躉船與陸地的橋梁選址和規模上，輕率地忽略了和鎮江租界工部局達成的協議）不願合作，而且得到了英國官員的支持。任性的上海領事麥都思對這場紛爭推波助瀾，他宣稱，海關人員僭越了本分，他們真正的目的是驅逐英國的權利，而不是英國的躉船。「如果他們能剝奪一間公司的生意，」朗在上海寫信請求內閣大臣的支持時寫道，「還有什麼限制是他們不能施加的」，這不就等於是讓「中國政府有決定哪些外國人可以在她的國家經商的生殺大權」。約翰·森姆爾認為，這完全是和輪船招商局有關，不只是「中國官員突如其來的動作」。輪船招商局「成立的目的，正是為了粉碎外國輪船利益集團」，不擇手段，加的斯號就是一例。[16]

外交官和許多人眼中的加的斯號已經模糊失焦。這艘排水量一千噸的輪船，本來屬於半島東方輪船公司，太古輪船公司收購後，便結束在沿海的忙碌行程。[17] 威妥瑪和他的手下認為，中國有責任維護英租界的河濱，同時認為他們無權「任意地」對英國臣民的生意發號施令。太古在鎮江的代理人康尼正一步步邁向破產，因此很可能想靠表現得信心滿滿的樣子，向上海的委託人展示自己的能耐。他以「不列顛公民」（Civis Britannicu）的署名寄信給媒體，態度既是憤怒又是趾高氣昂的，他引用前英國外交大臣帕默斯頓勳爵（Lord Palmerston）在一八五〇年發表的惡名昭彰的言論，帕默斯頓主張英國的權力範圍延伸到任何有英國臣民的角落，就好像一個羅馬人可能會用 *civis romanus sum*（我是羅馬公民），在羅馬帝國的任何地方要求他身為公民的權利。英國權力將不分國界地捍衛她的臣民。起初，海關人員對他們為了照顧外國貿易，盡力保護某段河岸不致坍塌，卻得到這麼傲慢的回應感到困惑不已。長江絡繹不絕的輪船進出也引發了其他問題，這只是其中的冰山一角。當時光是來自鎮江的信件，就談到諸如輪船（包括一艘太古的輪船）在夜間撞上移動速度較慢的運鹽中式帆船，和其他小型船隻等事故；皇家海軍在江上探勘引發的爭議；還有鎮江的通商口岸地位正迅速衰退。鎮江的英國土地承租者正在遊說爭取將房產出租給中國人的許可——當時的土地法律明文禁止——還有些承租者，包括康尼在加的斯號上的管理人，都靠著為中國公司做掩護（把中國商品偽裝成英國商品）的副業而大賺外快。[18]

太古輪船在發生糾紛的多數時間裡，持續和招商局的白熱化競爭。儘管輪船招商局此時在船舶數量和政府補助方面，似乎具有壓倒性優勢，但中國公司在對抗英國人方面的表現卻不盡人意。首先，一份來自上海的領事報告指出，他們在收購美國公司的艦隊時，完成了「一筆非常失敗的交易」，買貴太多，當了冤大頭。報告說，整個一八七七年，太古輪船公司從漢口開往下游，滿載貨物，輪船招商局卻為招運貨物所苦，因此太古更「有經濟效益」。儘管旗下船隻較少，太古輪船公司透過「完美的苦力系統」，在二十四小時內快速卸載和裝載，還是能做到和輪船招商局「班次相當」，就連在繁忙的上海也不例外。太古輪船的中國乘客「明顯偏好」這間公司，而且中國托運人從太古代理人和員工身上，「得到更多的善意和關懷」——誠如它最初廣告宣傳的承諾。四處走動的中國稅官也比較不常「刺探」他們貨物（很可能需要繳過境稅）的性質、數量和目的地。輪船招商局的船隻可能在出發時意外被耽擱，等待出差的清朝官員登船。官督商辦的性質讓招商局從官方補助得到收穫，但也因為這種官方干擾蒙受損失。鄭觀應和晏爾吉對公司、乘客、托運人和員工的管理，似乎證明了它的價值。儘管效率不彰，而且部分船隊的鍋爐和船體「破舊」，輪船招商局營運的三十二艘船仍構成強大的抗衡，從上海托運的運費已直線下降，據說每家公司都使出渾身解術。[19]

鎮江躉船紛爭就是在這樣一觸即發的背景中展開。但在交換過數百封書信，許多人在過程中大發雷霆，相關人士的專業與誠信受到質疑後，英國政府在倫敦的法務官員認定，中國實際上完全有權利——誠如他們的認知——要求並下令移走加的斯號。據稱，威妥瑪於一八七七年夏天親自將他的案子帶回倫敦，「心情絕對稱不上好」。[20]郭嵩燾——史無前例、首位出使英國的欽差大臣——老練地為這個案子辯護，最後的法律認定是，根據國際法規定，中國的河流歸中國管，而不是「不列顛公民」。儘管如此，這個看似顯而易見的陳述又是一個信號，顯示拍桌子、欺負清官、發誓「搗毀」海關、派遣一支小艦隊進入長江，以暴力威脅中國接受英國觀點，這種比誰拳頭大的野蠻時代可能已經漸漸成為過去式了。羅伯・赫德也認為，這次紛爭終於讓清廷明白，海關不受英國控制，並展示海關應該服從發給他們薪水的中國老闆才對。[21]於是德比伯爵（Earl of Derby）在一八七八年二月致信太古集團，對英女王政府將不再追究此事表達遺憾，表示不會支持那筆數字精確的賠償要求。[22]加的斯號在紛爭期間其實一直留在原來的停泊處，但在這個決定之後，她終於暫時駛離了。外灘被支撐了起來，只是濱水區還會繼續逐步退化，無可逆轉，而後鎮江這個外國貿易基地也跟著倒下。

對約翰・森姆爾而言，輪船招商局幕後的黑手實際上是怡和。怡和鼓勵「船公司」和太古競逐，「嚇阻我們進軍天津線」，而且「明確告訴唐景星說，如果他在長江求和，他到天津就會遭遇抵抗」；他們正在打一場代理「戰役」——語氣充滿戰鬥氣息——「以犧牲他人為代價」，但怡和在他面前否認此事。約翰・森姆爾覺得，「由於對未來的恐懼」，怡和無法「以光明磊落的方式和我們」打交道。當時他捎給上海和香港的信裡，在在可見這類評論。[23]

儘管如此，事實是，在長江上競爭的是輪船招商局和太古輪船公司，而且太古全年持續削價競爭。這對兩間公司都沒幫助，可是上海的合夥人朗遲鈍又被動，未能在當地找到解決之道。因此，約翰・森姆爾在一八七七年十月再次啟程前往中國，與菲利普・霍特（Philip Holt）乘坐藍煙囪輪船從利物浦出發，留下一份兩頁的電報密碼清單，涵蓋對爭議路線可能達成的「友好協議」的所有可能組合，或將太古輪船或中國海船組合出售給競爭對手的選項。由英國律師調解（因為兩家公司都不願拜訪對方的辦事處）的結果，在傳回的電報上顯示為「割腱術」：這個奇怪的代號意味著，太古和招商局達成在長江展開合資聯營的「有利約定」，輪船招商局每週發三趟船，太古輪船每週兩趟，中國拿走百分之五十五的收益，英國拿百分之四十五。[24]約翰．森姆爾的策略是說服唐景星相信，他這是在幫怡和玩他們想搞的把戲，太古和招商局互打對臺「一點用處也沒有」，結盟反而能得到額外的好處，因為太古和藍煙囪在倫敦和利物浦可以聽候輪船招商局的吩咐。巧合的是，他提倡了羅伯．赫德和其他人奉行的那種政策，明確表達出以英中利益完美結合為基礎的立場——他們不只是嘴上說說，而是確實相信這是雙方利益的完美結合。「與英國友好合作，」約翰．森姆爾主張，實際上有助輪船招商局實現自己的目標、促進中國的貿易，並使輪船招商局和中國商人都「賺大錢」。唐景星不是傻瓜，也不是容易受騙的人，無疑有能力自己決定是否與太古輪船合作，而他也選擇了這麼做。新協議「非常令人滿意」，約翰．森姆爾表示。一段平穩的時光隨之而來。[25]約翰．森姆爾隨後視察了長江和沿海的分行和代理機構，往長江上游到處打聽，最遠至宜昌，然後他去了橫濱，再到澳洲和洛里默討論黑啤酒和茶葉的生意，一整年多數時候都不在倫敦（而且在旅行途中經歷了可怕的船隻失事）。

這次和唐景星的和談任務是成功的，但約翰．森姆爾也在訪問期間「惹毛了〔怡和〕」。他喜不自勝地寫道，他很高興自己做到了：「我們已經徹底對他們下馬威。」怡和當時的上海合夥人弗朗西斯．布克利．強森（Francis Bulkeley Johnson）「氣憤填膺」，覺得另外兩家公司正「試圖排擠」怡和。[26]受傷的自尊心，因為約翰．森姆爾「說話直白」而「疼痛不已」（根據他的信件，的確可說是相當的直白），導致兩間英商在競爭時產生的嫌隙難以迅速得到解決。[27]他們的資深合夥人很重視自身的尊嚴、公眾聲譽和品格。他們誰也不信任誰。我們可以將之視為成功人士之間永遠不變的自尊衝突，但這也是他們生長的特定社交世界的產物，出生於一八二〇年代和三〇年代的他們，就像生活在另一個國度，在那個國度裡，名聲和品格很重要：尊嚴是他們在人生和商場倚賴的通行貨幣。英國甚至在一八六〇年代出現關於榮譽的激烈公共辯論，還有訴諸決鬥的必要性與否。[28]約翰・森姆爾、凱瑟克和強森幾乎不可能訴諸肢體暴力，然他們是紳士，紳士把語言當武器用，而且他們的榮譽觀影響他們的一言一行和呈現出來的形象。「面子」和尊嚴的概念，也許決定了一八七七年十二月唐景星與約翰・森姆爾之間的談判，卻也永遠影響著英國人之間互動的方式。

怡和洋行的挑戰其實才剛開始。怡和正在擴大投資新業務，其中最吸睛的是向清廷提供貸款，以及祕密修建一條從黃浦江口吳淞到上海的客運鐵路。[29]他們希望透過這種方式，讓中國參與鐵路發展計畫。未想在引發一些爭論和紛爭後，清朝官員買下鐵路線，將其關閉，然後把設備移到臺灣，任憑它們在海灘上生鏽。外國觀察家譴責他們眼中的中國人多麼無知、落後，但事實上，對中國來說，這純粹是主權的問題，一如先前的加的斯案，因為他們完全了解鐵路的用途。然而，輪船對怡和是更可靠、更有利可圖的希望。太古輪船成立的消息，促使他們建立起自己的航運企業——華海輪船公司（China Coast Steam Navigation Company），主要資金來自在中國募得的資本。華海輪船公司經營上海福州的船班，以及船班更頻繁的上海天津線。輪船招商局在這條北方航線也有船班，在長江流域和太古達成聯營的妥協後，他們和怡和也達成了類似協議。然而，當在香港和旗昌簽訂的十年協議到期後，怡和在一八七七年開始密切關注航運的商機。一八七九年，他們向上海某造船廠訂購了兩艘用於長江運輸的輪船。約翰・森姆爾聽聞此事時，勃然色變。他深信，強森當初曾承諾會對任何這類商業舉措給予「適當通知」。[30]約翰・森姆爾在不對怡和的利益造成威脅這方面一直拿捏得很謹慎，還曾因為晏爾吉「稍稍」違反了太古輪船不載運乘客或貨物到北方的承諾，把他痛罵一頓，結果現在怡和不請自來，威脅太古輪船得來不易的長江航行「權利」。[31]於是他著手計畫一次大膽的反擊。

格倫航運（Glen Line）董事長詹姆斯・麥格雷戈（James McGregor）居間協調，暫時達成和解，之後約翰・森姆爾和強森在一八八〇年九月於倫敦會面。凱瑟克和強森堅稱，他們沒有意識到約翰・森姆爾以為他們曾在先前的交流中承諾會給予「適當通知」，他們也不認為自己曾經做出這樣的承諾。強森提到，「和平共處」對他們雙方都有利，還說輪船招商局是一間「死氣沉沉的公司」，英國公司可以一起「控制」「河流、沿海的業務」。不久後，他將再次前往中國，那是他最後一次的上海行，他「和任何人一樣渴望賺錢」，不想為了不必要的競爭損失金錢，因為「我不想一輩子做奴隸」。[32]經過漫長的討論，更多尊嚴和自尊的摩擦碰撞，以及可能有意在談判前削弱競爭對手的拖延之後，一項三方聯營協定最終於一八八二年達成。輪船招商局、怡和旗下的印度支那蒸汽航行有限公司（Indo-China Steam Navigation Company，成立於一八八一年，接手中國海船組合和長江船隊），以及（自一八八三年一月一日起和中國海船組合合併的）太古輪船公司，同意在長江和天津航線的聯營協定。每間輪船公司都同意留幾條路線給其他公司。「我們最大的收穫之一，」約翰．森姆爾沉思道，「就是打破了自尊的藩籬，還有在談判中和彼此平起平坐。」[33]然而，他個人的自負仍驅使他追求他的「甜蜜意圖」，追求那個用來擊垮凱瑟克的工具：太古糖廠。

少有商品對十九世紀歷史的影響能夠勝過糖。[34]糖的生產、加工、交易和消費，塑造了農業、商業、國際航運網絡、政治、飲食和健康。糖曾是密集的技術研發焦點。蒸汽動力和鋼鐵在十九世紀初對糖的發展至關重要；然而，鮮血、汗水和奴役束縛，也始終和糖糾纏在一起。糖的世界與奴役非洲人、非洲後代以及其他人等，密切相關，而且在後奴隸制經濟以及將勞動人口（尤其是從中國）送到種植園的新運輸形式中，仍占有核心地位。施懷雅兄弟在充滿加勒比煉糖財富和糖業經貿興盛的世界長大，那是他們父親的事業重心，而且曾是他們獨有的特色商品。甘蔗在熱帶地區是一種適應力良好且普遍種植的作物，而特別的是，歐洲的技術發展也能從成長在溫帶氣候的甜菜根中提取糖。糖有多種形式取決於提取過程以及消費者的口味、習慣和財富。消費者的口味可能會變，而且變化劇烈又迅速。綜觀十九世紀，糖的人均消費增加，生產增加，價格下跌。一個菁英的炫耀性消費產品脫胎換骨，成為人們飲食中的主要商品。而且，糖或許比任何其他食品都更重要，從來不僅只是一種食品而已。

個人、社會、經濟和國家都被一個甜蜜暴政迷住了。如同美國內戰期間，棉花的生產被分散到全球各地，糖的生產也對全球市場的變化極其敏感。歐洲在一八七〇年代出現甜菜根生產危機——一八七六年和一八七七年法國的甜菜根歉收——相應而生的歐洲需求，吞食了來自亞洲汕頭、爪哇和印度的進口糖。為了回應這個需求，怡和接手從一八六八年起在香港開業、擁有華資的糖廠「華熙史密斯公司」（Wahee, Smith & Co.，後來的中華火車糖局〔China Sugar Refinery〕）。到了一八八一年，中國商人又興建了第二家糖廠，即利源糖廠（Lee Yuen Sugar Refinery，音譯）。[35]這些廠房主要處理從東部沿海汕頭運來的原糖，那裡的甘蔗田用從華北（搭乘太古和其他公司的輪船）運來的豆餅施肥。對香港這樣的地方而言，兩家煉糖廠似乎就足夠了——事實上，香港一度有三家煉糖廠，但由於資金不足，第三家落入怡和的手中。但誠如某個澳洲觀察家在一八八五年所言，「太古公司如今最出名的，就是他們『一頭栽進去』的政策」，這也使他們成為「東角巨頭，在中國沿海地區幾乎各項事業的競爭對手」，香港某報紙的社論如此評論。於是太古也就這麼栽進去了。[36]

新糖廠的規畫、融資和經營是研究太古集團營運方式、不停改變在華英商性質，以及全球經濟持續進化的實用案例。自從一八七九年，約翰・森姆爾請在香港的合夥人麥金托什研究開設糖業或保險業的機會起，計畫就在隨後近兩年的時間裡斷斷續續地形成。「如果我們與怡和起爭端，而這可能性似乎很高，」他寫道，「我們就必須在各方面都與他們對抗。」[37]在煙硝味不那麼濃的時候，他承認，競爭對手的「老牌地位、社會和個人影響力」可能代表他們的實力只會越來越強，投資組合裡的代理項目只會越來越多。儘管如此，「我們應該要扮演受人尊敬的小老弟」——默默把重點放在「受人尊敬的」幾個字上——在探索和打消了在香港成立棉紡織廠或造船廠等選擇之後，他決定開發煉糖廠。投入這個行業需要土地、水、高效廠房設備、經驗豐富的員工、打點這一切的資本，以及生產開始後取得原物料的營運資本，一個管理機構和進入市場的管道。這將是一項複雜又昂貴的商業開發，而且過程中不時遭遇挫折。

一八八一年六月，約翰・森姆爾寫了一封親筆信給他的通訊圈——主要是太古輪船公司的股東——信中附上新事業的招股說明書，邀請他們投資。「我們可以為任何有亮眼成績的公司取得英國資本，」他在一八八一年早些時候曾這麼說，太古輪船公司的收益和股息也充分證明，那些手上有「閒錢」的人大可對他有「信心」，等著拿百分之十的回報，在他們的「遲暮之年」「安享富足」。[38]這封信的收件人包括霍特兄弟和巴特菲爾德兄弟、弟弟的岳父塞繆爾・馬汀，以及其他利物浦老友，如約書亞・狄克森、羅伯・托帕罕・斯蒂爾（Robert Topham Steele，他弟弟在一八六六年到上海擔任太古代理人的職涯因猝逝提早劃下句點）、史考特家族、保險經紀人羅伯・戴爾（Robert Dale）、湯瑪斯・伊斯梅和威廉・伊姆里（William Imrie）。收件人都是太古經常尋求投資的對象，像是投資茶葉運輸、個別船隻或太古輪船的擴張。研究商業史的學者總是強調施懷雅—霍特—史考特網絡，及其對太古集團各項業務的參與，但這個通訊網絡延伸的範圍遠遠超越施懷雅—霍特—史考特網絡，而且在與霍特、史考特建立合作關係之前的人脈，對太古同樣重要。[39]

「老董」寫信邀請朋友和合作伙伴投資各式事業的檔案多不勝數，有時他的邀請口氣非常不客氣，他會宣告結果，讚美或捍衛他在中國的茶師和經理的品味和判斷力，然後說，只有蠢蛋才會拒絕投資，並以其他方式勸誘或安撫他們。亨利・艾薩克・巴特菲爾德是這個人脈網中財力最雄厚的其中一人，他對這些投資邀請抱持的態度特別謹慎。謹慎是巴特菲爾德家族的特色，約翰・森姆爾心想——理察・夏克頓・巴特菲爾德的幽靈一直與他同在——不過，他還是在一封信裡向艾薩克・巴特菲爾德保證，沒錯，他的船可能會失事；沒錯，這是一個風險；沒錯，船很可能被船長偷走，但這種行為叫作劫持，在國際上都有相應的保護措施；又或者，你的輪船在事故中害死了主教或其他有頭有臉的人物，由於「有過失責任」，巴特菲爾德個人可能會被要求賠償，但一般來說，這種責任對船東不是問題。[40]經歷過科利一八七五年倒閉，連帶對生意造成衝擊，還有一八七八／七九年的景氣低迷之後，如果太古希望透過這個網絡取得資金的渠道能維持暢通，維護公司以及他個人的聲譽則是重中之重。

糖廠的資金即將到位，投資人全來自英國本土。[41]新公司於一八八一年六月正式成立。但太古和他的合夥人對糖仍一無所知。太古輪船公司成立之際，他已經投資航運或為其他航運公司做代理超過二十年了。自從他在一八四〇年代入行經商以來，棉花商品一直是公司的主力產品。他對澳洲的飲料市場也累積了足夠的知識，可以就新品牌的波特黑啤對洛里默提供建議，而糖雖然長期以來都是公司進口的主要產品之一，自己開糖廠卻是截然不同的事業。為此，約翰・森姆爾再次動用合作伙伴和親戚網絡的協助。他第一任妻子海倫的兄弟亞當・J・費爾里（Adam J. Fairrie）在利物浦經營歷史悠久的家族糖廠。太古的航運合夥人湯瑪斯・伊斯梅把他介紹給詹姆斯・巴羅（James Barrow）——在利物浦經營糖廠，也是英國製糖業的知名人物。[42]約翰・森姆爾請巴羅幫忙看平面圖和預計的建造規格，面試他有意任用的經理和他挑上的工廠營造公司。巴羅隨後也加入了新事業的經營。

他們聘請資歷豐富的蘇格蘭人約翰・麥金泰爾（John McIntyre）擔任經理，他曾在日本、香港工作，最重要的是，他曾任職華熙史密斯，然後再到馬尼拉，但自從工廠在一八八〇年一次大地震中毀損後，他就被公司解僱了。他們仔細研究近期興建和最現代化的糖廠平面圖，然後邀請布萊克巴克萊公司（Blake, Barclay & Co.）——負責李察遜公司（Richardson）在格里諾克的羅克斯堡糖廠（Roxburgh Refinery）的設備——設計一座「現役糖廠或正在興建的任何糖廠都比不上的」糖廠。公司在香港維多利亞城以東五哩處的鰂魚涌買到合適的土地，雖說地價因為怡和精心策畫的操弄，在最後一刻大幅飆漲。[43] 鰂魚涌當時是一處鄉下，和城市只有一條道路相連，這條路經過東角的中華火車糖局，通向在港口東邊的軍營。這一路感覺很遙遠，在過去流行乘坐馬車外出兜風時，這裡是維多利亞城居民足跡所至最遠的地方。[44]

這塊地需要填土整平，加固斜坡，並在靠港口側築堤。照片呈現了基地的開發情況，興建碼頭，鋪設地基，九層樓高的鍋爐房拔地而起——在某種程度上，可以算是當時殖民地最高的建築——從格里諾克運出的大量設備正在安裝。「一座宏偉的建築，」約翰・森姆爾寫道，「沒有在裝飾上浪費一毛錢——樸素又結實。」一八八四年三月十七日，糖廠開始營運之際，他人在福州，怡和的強森則是在香港殖民地，即將離開待了三十三年的中國。看到自己的告別演說、讚美評論的相關報導，和太古糖廠開始生產的消息出現在同一頁，肯定是他離開前的汙點。「每個人都很驚訝，」約翰・森姆爾沾沾自喜地說，「強森當初估計要六年才會蓋好。」。[45]

不到三個月，強森或許已經放聲大笑了。就在糖廠開始營運之際，世界糖價暴跌。約翰．森姆爾開始極度懊悔這個商業布局。國際間只有哈維邁耶公司（Havemeyers & Elder）碰巧在同一時間於布魯克林興建的工廠，在規模和產能方面超越太古糖廠，這份成就和莫大寬慰，都因生產頭兩年遭遇的一些重大問題而蒙上陰影。除了歐洲和亞洲生產過剩導致的價格空前暴跌，公司在尋找市場、維持生產品質、維護員工福利和取得資金方面也遇到了阻礙。[46]首先，麥金泰爾很快就被解僱了。他「資歷豐富」，但這位五十五歲經理的專業訓練和實際經驗，在技術發展迅速的這一行已經落後了好幾年。他第一個留有紀錄的職位，是香港一家百貨公司的助理。他「蒙昧且見識淺薄」，是一個仰賴「經驗法則」的人，可以大略估計一種糖的產量，但幾乎沒有其他實作經驗。他部門底下的兩個主管很快跟著被解僱，喝酒對他們的判斷力沒有太大幫助，而隨後前來拯救太古糖廠的，是年輕的德國化學家費迪南．海因里希．科恩博士（Dr Ferdinand Heinrich Korn）。這個人不僅有才華，更重要的是，他帶來一種有別以往的生產思維。「科學必須帶頭，」麥金托什寫道，海因里希．科恩將科學帶到了鰂魚涌。

科恩博士成為糖廠的總負責人，逐步改善並穩定品質。產品的品質也因為在一八八六年引發合約糾紛，而在法庭上遭檢驗、質疑。不久，對糖廠的規畫至關重要的中國消費者也開始「買帳」。「開始的時候，」麥金托什後來寫道，「事實上，我們並不清楚……要到哪裡找販售產品的現有市場。」其挑戰在於，中國消費者習慣食用主要來自汕頭中國生產者的各種糖。約翰．森姆爾本人在一八八四年寫道，「我們現在必須教育中國人愛上精煉的糖，而不是粗糙的糖，我擔心這工作得靠時間來完成。」[47]事實上，中國消費者已經準備好接受「現代的」糖，就像他們也很願意搭輪船旅行、乘坐吳淞鐵路、使用電報，和接受其他舶來品。他們的文化是開放的。糖和現代性有一種額外的共鳴點，將會成為二十世紀早期中國消費文化的一個獨特元素。[48]愛吃甜食是很時髦的事。

對生產者而言，一八八四年的價格暴跌對糖的消費產生了長期的、非常正面的影響，因為它將工業生產的糖帶給了更多如今買得起糖的大眾。[49]只是中國消費者也漸漸遠離非工業生產的有色糖，買起廉價的「工廠白」糖，這是經過漂白而非精煉的產品。這種白糖後來成為人們可以接受的精煉糖替代品。當工業生產的白糖價格走跌時，消費者也已經準備好換換口味：過去兩年的低廉價格，「使糖廠的產品打開了過去他們不曾進入的市場，」麥金托什表示，而這「讓以前食用的糖遭受汙名」。新糖廠的新產品和現代性與健康的關聯，也益發推動了消費面的變化。白糖是「純淨的」，透過自動化和可靠程度日增的衛生工業過程生產。若要延續這樣的生產，「我們務必接受化學家的領導，並與他配合，」麥金托什寫道。[50]

太古糖廠被徹底整合到太古的航運利益裡。唯有太古輪船公司的船隻有權載運糖廠提煉的精糖，而且大部分原物料是由太古的船運往鰂魚涌。用豆餅為供應香港精煉廠原物料的爪哇種植園施肥的需求，也意味著太古輪船營業額增加。糖搭乘剛載著豆餅南下的太古船隻，從香港運往北方。作為代理商，太古洋行透過在中國和日本的分行經銷太古糖廠的產品——這就是橫濱辦事處沒有關門的原因。香港的太古洋行是糖廠本身的總代理。太古集團是重要股東。儘管提供經營資金的問題教人望而生畏（這迫使公司尋求過去前所未見的資本規模），儘管市場變化無常和來自怡和所屬糖廠的競爭，太古糖廠還是在一八八四至一九〇〇年間，創造出可觀且穩定的利潤，和總計超過一百萬英鎊的股息。[51]

而這些也都是公司不曾遇過的新困境。在工廠興建期間及之後，中國勞動力帶來的那些困境也是如此。因為，太古集團赫然意識到，公司僱用的中國員工人數，比英國或任何其他國籍的員工都要多。利物浦網絡漸漸在太古的故事中失去能見度，此時的太古反而越來越融入倫敦。先前的航運，以及現在的糖業，為太古帶來了許多蘇格蘭員工。公司有葡萄牙和印度的警衛、葡萄牙職員和簿記員，當然還有科恩博士，而他只是太古糖業招募的眾多德國員工的第一人。然糖廠的建設為公司另開生面，工廠直接聘僱大量的中國人，因此這揭開了各種新互動的舞臺，可是並非所有互動都是令人愉快的。首先，原來的建築承包商低估了業務的規模，當麥金托什想僱用另一個人取代他時，公司卻遭到他的同行抵制。誠如約翰・森姆爾所說，「行會禁止我們做中國史上第一個大規模工程。」[52]他指的，是英國在中國的商業發展史。公司的反應是索性直接僱用工人，儘管一八八三年七月關於大批工人罷工的一起法庭案件顯示，這麼做並沒有讓問題好轉。但「建築只花一半的時間就蓋成了，」約翰・森姆爾寫道，而且這些工人拿到更多工錢，因為他們直接受僱於太古糖廠，不用被承包商抽佣。

勞工成為間歇性緊張局勢的根源。一八八六年，太古從汕頭招募了一百七十人到糖廠工作。考慮到糖業生產在汕頭地區經濟的角色，太古可能假設他們對糖廠工作有一定的了解，沒想到，新問題便由此而生。一八八〇年代，華洋互動出現了新的現象，尤其是工人和其他人因為一八八四／八五年中法戰爭而採取的的民族主義行動，以及先前因法國奪取東京（Tonkin，按：歷史地名，指越南北部）而引發的緊張局勢。一八八四年的九月和十月，香港的碼頭工人和船夫抵制駛進港口的法國軍艦。裁判法院應雇主要求，對違反合約的工人處以罰款，引發香港各界華人的示威和暴力事件。[53]一八八四年之前的華洋衝突向來伴隨著華人群眾動員的因素，不過為外國勢力工作或供應外國勢力的清朝人民，人數也不相上下。但當太古洋行這樣的公司隨著業務發展和擴張跨足製造業，製造業成為新的衝突場域，揭開抵制和罷工時代的序幕。

我們同時也進入了表面上非政治性的工業動盪時代。確保員工滿意將成為公司必須一再面對的事。糖廠建築工人杯葛的來龍去脈仍是一團迷霧——迄今為止發現的史料幾乎不見相關細節——但在一八八六年二月，糖廠爆發了「相當激烈的打鬥」，衝突雙方分別是一些從汕頭引進的工人，和原先就已在工廠的工人。印度武裝警衛不得不出面維護秩序，並叫來警察。所有新招募的工人隨後都被解僱了，只是當他們出發返回汕頭時，又爆發更多的衝突暴力。[54]對公司而言，管理他們經常戲稱為勞工派系主義的紛爭，處理勞動人口的安全和健康——一八八五年的九月，公司對「大量本地工人生病」深感焦慮——以及早期的民族主義，都是過去未經歷過的新任務。太古洋行從直接管理糖廠興建的經驗中獲益良多，這也大大提高了他們的聲望。而如今，他們必須學習的，是管理一群中國勞動人口。[55]

政治也重創了公司，一八八三年的九月，太古輪船「漢口號」上的一名警衛在廣州引發一場暴動。某天清晨，當乘客爭先恐後登船時，負責為顧客搶臥鋪好位子的年輕供膳旅宿傭人羅亞芬（Luo Fen）遭警衛浮士蒂諾．凱塔諾．迪亞茲（Faustino Caetano Diaz）攻擊，掉進河裡淹死了。怒火迅速在人群間蔓延開來，輪船趕緊和碼頭拉開距離。該碼頭雖然登記在旗昌的名下，但根據公司之間達成的協議，目前由船公司和太古輪船共享。由於碰不到船，憤怒的群眾於是放火燒碼頭，隨即離開現場，轉而攻擊位於沙面島——一處同屬於英國及法國的小租界地——上的旗昌辦事處。當天入夜前，清軍已恢復秩序，沙面島有十五棟建築物遭人為縱火和洗劫，三名示威者被槍殺，外國居民不是被疏散，就是受到樂於對示威者開槍的警衛隊保護。抗議群眾的怒火也來自八月十一日的一起事件，英國籍海關水上稽查人員J．H．羅根（J. H. Logan）喝醉酒殺害了一名華人孩童。[56]這些事件都不是因太古輪船公司的所作所為而起，但隨著太古洋行在中國扎根越來越深，公司員工無論是私人行為、代表官方的作為，或是被視為同屬洋人集團的其他行為，無疑都將太古拖進一個脆弱且極度緊繃的境地。這次暴動在廣州旗昌的碼頭，但無論公司在哪裡，都很容易受到攻擊。

法國與清朝在越南北部的衝突已經升級為全面戰爭，而和法國的緊張局勢升溫，直接點燃了廣州在一八八三年夏末對這些純屬地方洋人暴力事件的激烈反應。緊張局勢更是曲解了外交官和領事在事後解決問題的努力，而個性好戰的前廣州領事巴夏禮爵士於九月下旬上任英國駐華公使一事，對情況的改善沒有任何幫助。巴夏禮從未對在北京會面時拍桌子和對官員咆哮的行為道歉過。就像羅伯．赫德所言，「一個有港口經驗的人（即領事），在某些方面不一定適合北京：知道如何應付地方的道臺、乃至撫臺，不一定代表有能力和京城的府尹和府丞打交道。」[57]一八八四年二月二十四日星期日，約翰．森姆爾改變策略，登門拜訪中國總督。

約翰．森姆爾會見了兩廣總督張樹聲。兩廣總督是清朝握有大權的重要職位，不過張樹聲卻只是個平庸的行政官。約翰．森姆爾到廣州，試圖從燒毀的碼頭和迪亞茲引發的暴亂中，挽救一些還有用的物品，並利用這場災難實際上為公司創造的機會。這次會面最初是透過公司的香港買辦提供的聯絡人居間協調。[58]結果，約翰．森姆爾透過複雜且有些見不得人的安排下，和張樹聲直接談判，雙方同意由太古公司打點外國外交官要求的賠償費用。由太古安排，從香港的渣打銀行貸款給地方當局，以發行債券作為擔保，外加乘客稅，英國領事認為這是個「耐人尋味」且「意想不到的提議」。如此一來，廣州當局無償獲得了付清索賠所需的資金，太古表示，將盡力幫忙減少索賠金額，讓當局在賠償後還能有盈餘。當局對太古報以善意，促使公司在「多年」未能取得屬於自己的基地後，獲准擴建碼頭，有機會以「拒絕水權」對付競爭對手。羅亞芬的家屬將會得到賠償，對白姓華人孩童的家屬也會比照辦理。[59]約翰．森姆爾完全繞過了英國領事。而英國領事是在事後才透過美國領事得知這項提案。

這起事件仍有諸多晦澀不清之處。促成雙方會談的人士當中，包括名聲不太好的地方金融家約翰．皮特曼（John Pitman），他在第二次鴉片戰爭期間，隨英國皇家海軍首次來到中國。在日本停留幾年後，皮特曼如今以廣州為活動基地，英國領事得知他竟以顧問身分陪同當地官員出席會面時，簡直不可置信。皮特曼親自拜訪一些索賠人，提議以索賠金額的八成直接和解。[60]這些在廣州的協商深受中法戰爭的影響。一八八四年八月，更有權力和影響力的清朝官員張之洞接替張樹聲，成為兩廣總督。當清朝南洋水師的船艦在八月二十二日瞬間被擊沉後，張之洞的任務便是提供越南戰事的後援，同時保衛他轄下省份，以免遭法國海軍攻擊。為此，他需要金錢和軍火。太古洋行透過皮特曼這個管道，得以將一八八七年日本西南戰爭期間，朗因為預期能做一筆速成的買賣（卻因戰事迅速結束，成為囤貨）而在上海購入的大量步槍，轉賣給張之洞。皮特曼還以英國武器製造商威廉．阿姆斯壯（William Armstrong）代理人的姿態登場，並就由太古負責重建珠江黃埔軍火庫的可能工程和清朝進行談判。以糖廠證明太古有「能力扛起」大型工程。[61]

有位學者說，這是「貸款熱四起」的時期。[62]張之洞等清朝官員一心想增強國力，以面對來自日本和法國的新一波外國威脅。他們探索鐵路、軍火庫和造船廠的發展，他們需要現金打仗。一八七〇年代，約翰．森姆爾仍堅決反對跟隨怡和洋行投入政府貸款業務，因為他覺得其中隱藏的商譽風險太高，而且有些參與這項業務的人根本名聲有問題，皮特曼當然也不例外。[63]但此時，他似乎把貸款給政府視為一種策略，而不是目的本身，用錢買官方的善意，促進公司核心業務的順利發展。而我們並不清楚這個事件最終結果如何。張之洞在與外國人打交道方面，無論是外國官員或一般外國人，都比前任的張樹聲相對開放得多。香港上海滙豐銀行向地方政府提供一筆巨額貸款，而渣打銀行透過太古牽線，同樣也提供了貸款。羅根案的受害者家屬顯然收到了來自太古的賠償。[64]碼頭重建，漢口號在沒有遭遇反對的情況下重新靠港。然而，偶然事件（因人類的愚蠢或人為疏忽而造成的單純意外）動搖外國企業在中國經商的平靜，這不過是第一樁。

除了持續經營茶葉（不過隨著印度茶葉在國外市場的影響力與日俱增，生意開始顯著衰退），以及穩定的曼徹斯特棉花和約克郡羊毛運輸，另一項主要商業活動明顯可見於一八七〇年代和八〇年代的太古檔案中：藍煙囪和海運的業務。約翰・森姆爾仍然渴望代理太平洋的航運，但即使伊斯梅的白星航運公司被美國投資集團包船，往返香港舊金山航線時，他也沒能實現願望。儘管和許多人會面，可惜新人脈無法為他創造出更大的利益，約翰・森姆爾也極為自制地不成立新的航運公司，以免損害伊斯梅的生意。[65]更何況，海洋輪船公司就夠他忙了。菲利普・霍特在一八七七／七八年與約翰・森姆爾同行的亞洲之旅，加深了霍特兄弟對其亞洲商業冒險的投入程度。菲利普・霍特回國後公開表示，「真希望我們早二十年進入這行」，他的兄弟阿爾弗雷德・霍特這麼說。約翰・森姆爾認為，菲利普・霍特這次旅行「對太古洋行的未來非常有利，因為他個人已經完全認同公司了」。在從利物浦到上海的旅程中，在「奧瑞斯特號」（Orestes）和老是興致高昂而且大概是不停吹噓的約翰・森姆爾共度幾個星期，根本不太可能產生其他結果。[66]但這次旅行促使菲利普・霍特在東南亞開啟新的運輸服務，進一步確立它在該區域的地位。[67]此時的藍煙囪已經失去過往享有的早期技術優勢，新成立不久的公司——格倫航運和卡斯托（Castle）航運等——成了藍煙囪強勁的競爭對手。阿爾弗雷德・霍特整體來說是抗拒改變的人，儘管約翰・森姆爾以海洋輪船公司在倫敦和中國（透過太古洋行）的代理人的身分，以及霍特兄弟公司股東兼好友的身分，不停寄信和備忘錄給他。不過，阿爾弗雷德・霍特比較願意接受約翰・森姆爾最重要的一項事業開發提議：中國和日本航運協商會。畢竟，任何能夠為長江帶來一些商業健全和穩定性的事物，對遠洋航運公司可能也會有同樣的效果。

最早在一八七九年九月發起的這種操縱價格的企業聯合協議，在今天是不合法的，不過英國法庭在一八八七至九一年審查某集團的案件時，認可了其在當時的合法性，而且其合法性將維持到二十世紀晚期。[68] 刺激約翰・森姆爾提議這麼做的，是海洋輪船公司逐漸衰退的相對地位，新航運在一八七〇年代蘇伊士運河開通後的首波樂觀態勢下航運過剩，以及巨大的貿易季節性波動。運費便在一八七〇年代顯著下降。自一八七五年起，經營加爾各答航線的諸多公司成立協商會，而中國和日本的協商，將是最有影響力的。協商會針對以下幾個方向進行：成員齊聚一堂——最重要的有藍煙囪、卡斯托、格倫、夏爾航運（Shire）、法國的佛羅西火輪船公司，以及半島東方輪船公司——針對標準運費和每間公司的載重噸位分配、在哪座港口運作、由誰負責等問題達成共識，他們還同意對違規者進行制裁，並提供貨物托運人一些甜頭，好讓他們習慣使用所謂的「協商會船隻」（這些甜頭採取回扣的形式，藉由延遲獎勵確保更長期的忠誠度）。協商會的組成和具體協議是流動的，而協議內容則是複雜又細瑣。其內容不斷的演變，時而擴張，時而縮減，依協商會的條件而管理新的運輸路線或將新路線關閉。約翰・森姆爾在扶持和管理協商會的工作上，顯然耗費了極大的精力和耐心（他從一八七九到八二年擔任會議的創始主席），霍特的公司尤其令他勞神費心，海洋輪船公司自從參與後，便流露出陰鬱、不可測的真面貌，儘管他們從中獲益匪淺。

中國協商會（及其諸多後繼組織）為不穩定的行業挹注了某種穩定性，終結約翰・森姆爾眼中的「舊日混亂」，對托運人和船東來說都是如此。[69]協商會遭到很多人反對，引發諸多爭議，而且隨著組織的進化和強化，也衍生出支持重要英國戰略動脈的出人意料的附加作用，原物料沿著這條動脈流向「心臟」——後來出版的手冊《帝國軍事地理》（*Imperial Military Geograph*）如此形容。這樣一條重要動脈若「阻塞」，可能造成「死亡」。儘管得到倫敦高等法院的支持，以及一九〇九年皇家委員會（Royal Commission）報告的背書，但反對聲音依然強烈，新加坡當地利益集團在一九一〇／一一年說服了皇家殖民地政府禁止這種作法。但種種帝國防務考量，使倫敦殖民地部拒絕支持殖民地政府，並搬出否決權。[70]朝向蒸汽輪船的過渡和蘇伊士運河的開通，為通訊帶來了更高的可預測性和規律性，因此協商會為托運人帶來了更可預測的成本，並為會員們創造收益。船運價格明顯上漲。霍特和他們在協商會裡的競爭對手取得更高的利潤，而且多數航運公司利用這個機會逐步投資船隊的現代化——海洋輪船公司除外，儘管船隊的現代化過去曾是「該公司的金礦」。[71]托運人似乎也有所收穫，因為回扣、可預測和穩定的運費，以及更頻繁的航班降低了他們的成本，而且總體而言，貿易量增加了。[72]約翰・森姆爾成為眾所皆知的一號人物，正是因為航運協商會的制度系統。

現代英國史學家的一項長期辯論是評價所謂的「沒落論」（declinism）：英國約在一八七〇年之後，失去經濟的競爭優勢，這點從她在世界經濟持續萎縮的占比可大略看出。[73]討論這道題目時，學者大多專注於英國商業菁英的社會和文化世界。有一段時間，有個公認的解釋認為，答案藏在一個反覆出現的模式裡，也就是商人致富後迅速購入地產（沒有生產性的投資），然後模仿起貴族，甚至透過婚姻成為貴族，放棄了經商——強森稱經商為「奴役」——開始從事沒有商業效益的休閒活動。然而，「經商」從社會角度來看，仍是一個有問題的身分類別，雖然說太古人際網絡裡的家族地位變化，絕對是顯而易見的。這種解釋今天已大抵失去可信度，不過仍有助於提醒我們理解商人社交世界的重要性，像是施懷雅兄弟。而對約翰．森姆爾社交世界的實際認識，絕對無法支持上述論點。沒錯，他的確會參與打獵，但他一直都在打獵。沒錯，他搬到鄉間居住，不過那是直到一八八一年再婚之後，而且他並沒有離開公司經營的第一線。恰恰相反。隨著太古和怡和的衝突越演越烈，他弟弟覺得，他「早上、中午和晚上都在思考和談論生意」。[74]從通訊信件也可以看出，「老董」仍對倫敦辦事處的日常業務非常熟悉，從他對前來購買中國船票的潛在乘客的評論可見一斑。一八七七年在上海時，他「賣了……所有他能賣的商品」，親身實踐他給紐約、墨爾本、橫濱辦事處和中國合夥人信函中的格言：賣，能賣的就賣，貨一到就以市場價格賣出。[75]

這種專注確實稍微解釋了太古集團追求某些目標時展現出的堅韌不拔，儘管目標本身一點都不理性，公司仍勇往直前，出於一些和自尊比較有關係的因素，出於「老董」偏好「追求的是榮耀，而不是錢」（誠如他在一八八一年對未婚妻瑪麗．沃倫〔Mary Warren〕所言），偏好在一八七〇年代挑戰怡和的「神聖權利」，如同他在一八五〇年代和六〇年代挑戰澳洲的劫時報孺公司（Gibbs, Bright & Co.）一樣。[76]這當然多少反映了這個人的特質。但麥金托什顯然也同等關注公司的日常業務，相較之下，上海的朗就沒那麼勤奮地履行合夥人的職責，每天無不悠哉地離開辦公室，到他的惠斯特牌俱樂部打牌，不太在意業務的細節。[77]雖說霍特同樣對約翰・森姆爾「晚上看戲，白天出遊」與賽馬的嗜好深感不可思議，每當霍特從利物浦來訪，一旦他那生活在都市的朋友需要他的合作者的關注，約翰・森姆爾還是會要求虔誠但不拘泥教條的一神普救派信徒霍特在復活節上工。[78]

我們對太古公司性格的看法，可能因現存檔案而失真。因為公司在中國發展最初幾十年的紀錄，主要來自資深合夥人約翰・森姆爾的個人書信和記載。我們幾乎看不到威廉・赫德遜留下的任何紀錄。我們只能假設，他在一八七六年退休並離開合夥企業之前，完全同意兄長所採取的策略。[79]我們也沒有旁支檔案可以參考。保存下來的紀錄當然包括我們所謂的太古集團「官方」信件，但其中同時穿插一些給太古馬夫的短信、家用支出的帳面，還有給酒商的指示。和麥金托什與朗的通信會提到和他們在同一個地方的「官員們」，當約翰・森姆爾前去中國時，關於公司營運來龍去脈的文件紀錄多半就斷了，或不太完整。即使考慮到這一點，約翰・森姆爾始終是個奮發向上的人。他即將前來視察公司辦事處的消息，肯定讓每間辦事處深感烏雲罩頂。

加的斯號事件、廣州暴動和太古糖廠勞工問題，還有一點值得一提，就是太古集團此際已經扎扎實實地生根中國，實際在中國安頓了下來。土地、河岸、碼頭和躉船、公司輪船和廠房，現在都成為潛在的衝突地點，尤其這當中很多都位在英國及其他外國列強自認的權利範圍和脆弱敏感的清朝主權範圍的交會處。就像公司資產的所在地一樣，公司員工的工作生活，以及在中國的私人過失或經驗也是潛在衝突的爆發點。迪亞茲那般考慮欠周的暴力行為可能給公司帶來影響深遠且代價昂貴的後果。公司在面對這種新形勢時，以兩種方式來回應。一是向英國政府及其代理人尋求支持，儘管在加的斯號的案子中，這麼做並沒有收到好的成效。在一八七七年給德比伯爵的信中，約翰．森姆爾直言不諱地表示，「我們公司的生存，仰賴獲得條約承諾的免受不公對待和不會任人宰割的保護。」[80]一直以來，太古在中國的經營都依賴條約提供的行事框架，不過，約翰．森姆爾在這封信裡要求的是更積極的保護。而我們也可以從廣州動亂索賠的擬議解決方案，以及太古輪船與輪船招商局的糾紛，見識到第二種回應。約翰．森姆爾親自出馬會見唐景星和張樹聲總督。太古眼下需要試著和中國的掌權者建立並培養關係。這家英國公司的業務再次發生變化。因為公司不再只是在中國經商：公司是屬於中國的生意。

第六章　上工

一八八四年四月十一日星期五，大清皇家海關總稅務司羅伯．赫德在北京家中舉辦晚宴，形形色色的賓客雲集，其中有流行歌作曲家伊麗莎白．皮爾基斯（Elizabeth Pirkis），她的丈夫是英國公使館會計；克萊爾．希利爾（Clare Hillier），她的丈夫沃特（Walter，按：漢名禧在明）是英國公使館漢務參贊；公使館醫生卜士禮（Dr Stephen Bushell），他在行醫之餘，也開啟了中國陶瓷鑑賞家的生涯；以及海關專員賀璧理（Alfred Hippisley）。對中國和西方世界關係的長期觀察者而言，幾乎所有和這次晚宴有關的一切都非常超現實。但改變確實正逐步發生，這類聚會在大清帝國都城已是稀鬆平常的事。這場晚宴的安排倉促，是為了向剛抵達京城的約翰．森姆爾和妻子瑪麗表達敬意。[1]他們花了三天搭小船從天津走海河到東洲，然後乘坐馬車或租小馬從陸路騎行十三哩，途中下榻一間中式客棧。人們多建議旅客自備旅程所需的糧食補給，然後在天津僱用一名僕人，因為南方人在說中文的北方是會有溝通障礙的。在接下來幾十年的時間裡，不利用通商口岸的輪船網絡在中國旅行依然是一大挑戰，不過一旦抵達旅程的終點，還是能在餐具擺設齊全的桌上看到春季湯品、英式雞肉和奶油蛋白霜，即使是在北京。[2]

在北京，接待訪客是一種難得的享受，外國女訪客更是稀客。一般來說，赫德應該會邀請駐華公使巴夏禮出席，可惜巴夏禮剛離開京城，出使朝鮮。他應該會有話要對約翰・森姆爾說，不過也許使館的其他工作人員轉達了特使對太古為加速解決廣州爛攤子，透過非正式管道採取行動的不滿。至於赫德本人，則是對前一天和約翰・森姆爾會面的經驗，印象非常深刻：「太古現在有五十三艘輪船，至少即將有這麼多艘：每週有一艘從上海到歐洲的航班——這對一間私人公司是很不簡單的事！」他在自己的日記中提到。他們在本質上並沒有差太遠：兩人都對人與事的判斷非常有自信，也都保有耐心，慣於從長計議，但需要採取行動時又會展現出躁動又專注的緊迫感。然而，赫德了解中國，至少了解他應付自如的清朝官員世界。他通漢語，更重要的是，他知道如何溝通，知道清朝主事者最看重的價值。約翰・森姆爾就不一樣了，不過一個好的買辦所能提供的知識，對他的事業似乎就已足夠。在北京，兩人並沒有談到廣州，而是談到了太古和怡和可能在廈門和汕頭建造的碼頭。赫德認為，約翰・森姆爾一臉精明，他吩咐兩名工作人員陪賓客遊覽首都值得一看的景點，因為當時正是「風光明媚的春天」，這座城市惡名昭彰的沙塵暴還沒從蒙古高原吹來。

儘管京城的美令人讚歎，但當時其實處於混亂之中。當約翰・森姆爾來到北京時，赫德和其他人認為北京發生了「近乎政變」的事：自一八六一年以來，負責國家政策與對外關係的恭親王奕訢遭革職。奕訢連同其他人，被當作清軍上個月在越南北部北寧遭法軍擊敗的罪魁禍首。試圖為法國進犯中南半島的持續衝突協商停戰的談判正在天津進行，但其他人對雙方握手言和的機會不那麼樂觀：另一個首都居民、海關的語言學生濮蘭德（J. O. P. Bland）寫道，「現在主戰派當政」。雙方達成停戰協議，只是協議終究失效了，於是中國和法國在當年稍晚開戰。赫德猜想，恭親王的垮臺是否會帶來更全面的「排外政策」，而濮蘭德比較不以為意：「一切都處於變化和不確定的狀態——一種不安的感覺，但我想這就是中國生活的一個要素。」[3]

這起北京事件提供我們探索「中國生活」的機會，看它的發展，以及中國生活對公司僱用員工的影響，它的變化和不確定性，它的慣例和機會。北京這個小小的外國生活世界可能是個異數，不過有鑑於和清朝高官建立起的外交關係的重要性，這是很重要的異數，但到一八八〇年代中期，將就湊合的日子似乎已經過去了。廣州河畔舊貧民區之外的洋人如今在中國已邁入第五個十年。當地學者甚至已經開始出版早年的短史。一八九一年的香港和一八九三年的上海公共租界將以遊行、閱兵，還有更多的歷史與成就調查研究，慶祝五十週年紀念。[4] 通商口岸和英國殖民地的規模，以及他們所在社會的複雜性和多樣性，還會持續增長。從一八七〇年到約翰·森姆爾訪華期間，上海的外籍人口成長了不只兩倍，其中婦女和兒童人數的增幅最顯著，雙雙增加了四倍。商人助理和商人的臨時單身小型聚落，變得比較像是那種被遺忘城鎮裡的聚落。我們在一八八五年上海的人口普查登記看到一名演員，許多甜品商、古玩商、布商、馬夫、美髮師、記者和攝影師，五名「音樂教授」、五名律師、十一名外國裁縫和六名鐘表匠。居民人數仍會穩定地成長（不過有一兩個較小的通商口岸，居民數逐漸下降），而人員流動率始終很高，尤其是占職業分類比例四分之一的商人。[5]在下一次人口普查之前，有很大一部分香港或上海的外籍居民會離開。然而，在這些人口增加的同時，太古公司聘請的商業助理和職員、船舶的船副（officers，按：包含大副、二副和三副等職位，為船舶甲板上的高等海員）和輪機員（engineers，按：包含輪機長、大管輪、二管輪、三管輪）、躉船船長和倉庫工人、製糖人員和會計、化學家，他們的家人及家僕，包括外國家僕，直接或間接地促進了這波增長。

一八六六至一九〇〇年間，約有一百名男子搭船到亞洲至太古洋行的各個分行工作，其他員工則是招募自中國和日本當地。還有人是去太古糖廠工作，到了一八八八年，太古糖廠共計有二十二名外國雇員，一九〇〇年時，外國雇員人數翻了一倍，另外有七百多人曾在持續成長中的太古輪船船隊服役，單單一八八四年，太古輪船就僱用了一百多名外籍船副，一九〇〇年則有兩百六十名。截至十九世紀末，太古有十八家分行和四十一艘船，除了約翰·森姆爾訪問赫德那年正在服役中的十五艘船之外（在他們的討論中，太古的船隻數量和藍煙囪的混淆了），又增加了三十二艘。到一九〇〇年之前，有十一艘輪船在事故中報廢，有些輪船除役、出售、拆解或改造成躉船或浮船。這波成長也是地理勢力範圍的成長。一九〇〇年之前，長江沿線有八間分行，包括由太古員工接替經營的辦事處的現有代理。在上海之外，太古員工經營的辦事處在北部多了天津、煙臺、牛莊，而以香港為起點的中國沿岸，除了原有的汕頭和福州，又多了廣州、廈門和寧波。神戶辦事處在日本開業。光是一八八四年、約翰·森姆爾回國後的四年內，就開了六間辦事處。

擴張的步伐致使紀錄變得有些混亂，在一八九〇年代初期，倫敦辦事處試圖重建較有意義的亞洲員工聘用條款細節，甚至試圖準確記錄他們的名字。最初，約翰．森姆爾本人在一系列袖珍筆記本，保留了最粗略的細節：姓氏、姓名縮寫，有時會在之後補上全名、五年協議期間的年薪。每當有人離開公司，他就把相關的那一頁撕掉，然後把他從筆記本首頁的名單上劃掉。細節慢慢變得比較完整一點：「一八七九年離開」；「一八八三年過世」；「一八八一年五月到中國」。但很多事情似乎始終沒有留下紀錄。前雇員的目的地偶爾出現在紀錄中。這些紀錄幾乎沒有條理可言，而且這些人顯然是簽約制的工作人員：未具備任何類似日後所謂「公司內部員工」的身分。從書信集可以看出有些人肯定被寵壞了，他們被註記為特別能幹，有潛力成為未來的管理者。格里諾克造船廠的老闆約翰．史考特是否會用他的遊艇載休假回家的博伊斯出遊？博伊斯將成為上海的經理。洛里默代表約翰．森姆爾把兩匹小馬運到上海，送給合夥人朗（「牠們是中國最好的嗎？」他問道，「和一對上好的倫敦馬相比……牠們怎麼樣？」[6]

我們對招聘的實際過程所知不多，不過人們如何來到比利特街參加面試是值得探究的問題。然後，面試者一旦通過曾在福州與香港工作多年的「熱帶醫學之父」萬巴德博士（**Dr Patrick Manson**）的體檢，便可乘坐藍煙囪輪船前往中國。有些人純粹是看到報紙上的廣告。一八九一年，《經濟學人》（*The Economist*）有一則廣告啟事宣布：「徵人，到東方工作。一流簿記員」，需具備「豐富的商業經驗」，年齡「約三十歲」……「需要出色的工作能力和品格推薦」。提供七百英鎊的超高薪資，如果是「優良簿記員」也有四百五十英鎊。[7]這不是太古刊登的第一則廣告，一八八九和一八九〇年的徵人啟事都為公司延攬到新進員工。休．馬西森．布朗（Hugh Matheson Brown）是申請者之一，主要是因為他有個朋友剛剛加入太古。布朗擁有豐富的經驗，而且拿到很好的推薦函——不過，由於推薦人是怡和洋行的一名合夥人，這讓香港的麥金托什相當擔心，他不放心讓一個怡和人的門生在公司擔任要職。儘管兩家公司之間的關係有所改善，不過積慮難消。倫敦的吉姆．史考特（Jim Scott）對此不屑一顧：沒有什麼好擔心的，但他另外補充了一個自己介意的點。布朗與「檳城的集集家族（chi-chi family）」沒有任何關係。[8]種族很重要。個人介紹有一定的份量，家族人脈也是。詹姆斯．康明斯（James Cummings）的申請信提到，他的兄弟是太古的一員，他也希望加入太古集團「提高我的社會地位」。[9]這是常見的求職申請語言，就寫在康明斯這樣的人會研讀的求職指南裡。康明斯非常明確地不毛遂自薦「到東方」服務，因為倫敦辦公室可能還有其他優先考量的人選，這麼做只會讓他顯得有點太過急切。

但為什麼要申請呢？到太古洋行工作必須和家人、朋友長期分離，忍受許多人覺得難熬的天氣，而且很可能損及個人健康。查爾斯．戴斯回憶說，在一八六〇年代初期，親戚朋友都認為他被外派到中國，代表他的「運氣好得不得了」。他認為，當時「去中國（似乎還帶有）一種去冒險的想望」，和許多維多利亞時代中期的男孩一樣，他也「受到克萊芙男爵（Clive）和華倫．黑斯廷斯（Warren Hastings）生平故事的啟發」。[10]P．G．伍德豪斯（P. G. Wodehouse）回憶自己成為匯豐銀行新雇員的歲月時，以《史密斯進城》（*Psmith in the City*）故事中的人物那種相對愉快的口吻，描述沒有經過太多掩飾的銀行工作親身經驗：「你得到命令，去了東方，在那裡，你立刻和其他人變成一群混蛋，領高薪，還有一打當地的小伙子供你使喚。」在太古糖廠作帳很難出人頭地，戴斯漫長的絲商職涯便足以證明。對多數人而言，那份「高薪」只是還不錯的收入，就算沒有「一打」「小伙子」可以使喚，至少整體來說更有機會掌握傭人的圈子。「我們可以告訴你，」一八九一年，吉姆．史考特在附有協議草稿的信裡告知史蒂芬．福賽斯（Stephen Forsyth），「地位和你一樣的人在我們公司三年後，如果工作表現令人滿意，就有希望獲得顯著的加薪。」此時，他們想找打算在中國工作超過三年的人。有些人退縮了：「我們以為你知道香港在哪，」約翰．森姆爾在痛斥一個通過面試和體檢才退出的申請人時寫道。[11]但公司通常還是會找到需要的人。商業世界仍是一個流動的世界，年輕人往往渴望、也早已準備好接受海外的機會，因為英國人獲得例行就業機會的世界，從正規帝國的領土各地延伸至在商業上受英國支配的地區。

那太古招聘新員工時，又是抱持著什麼期待呢？福賽斯於一八八四年取得亞伯丁大學碩士學位，他可能是太古集團延攬的第一名研究生。[12]但這在往後幾年仍然很少見，儘管約翰．森姆爾的兒子約翰（「傑克」）已經被送到牛津的大學學院（University College, Oxford），為加入公司做準備。[13]對職員和助理而言，有點商業經驗絕對是一項資產，而在某些情況下，公司會需要特定的專業知識：福賽斯是有執照的會計師。只是僱用這些人的過程有許多障礙。具有豐富經驗的申請人可能已經結婚，而且可能不願調派外地，哪怕公司有意配合已婚員工的需求（事實並非如此）。此外，最先回應《經濟學人》廣告而且最符合要求的申請人，在原則上同意後，旋即獲得現任雇主提供同樣優渥的條件，因而婉拒錄用邀請。約翰・森姆爾寫道，「我們想要『天鵝』」，但我們不得不湊合著用「『天鵝蛋』」，投資潛力，培養人才。這麼做有其優勢，因為天鵝蛋明顯薪資較低：布朗——不是第一批獲選的人——拿到的薪水遠低於七百英鎊。[14]「中國生意，」約翰・森姆爾在一八七六年表示，「不再火熱」，需要壓低支出，因此除了部門負責人之外，「普通職員」便已足夠，而這樣的「普通職員」可以以低薪資在中國或香港找到。[15]因此，沒必要從倫敦招聘一個每年要花公司七百英鎊的人，而他的日常工作換成在倫敦，只能為他帶來六十英鎊的年收入。即便如此，「禮儀」還是很重要。公司需要「接受紳士養成教育的人」，而非「只是受過良好教育的低層階級」。[16]亞洲通商口岸的公共商業世界依然沉浸在社會地位差異的繁文縟節裡，就像英國本土一樣。在中國，尤其是在香港，地位和背景出身的重要性被大力強調。「擁有好人緣的紳士的必要性」，誠如約翰・森姆爾一八七六年所言，或許已經逐漸降低，但他們還是不可能沒有紳士，至少是某種程度上的紳士。

太古既不指望求職者對中國本身感興趣，也不指望他們會說在中國使用的任何一種語言，對此，我們不該感到驚訝。如有需要，中國員工會提供口譯的服務，在平時的互動中，人們多使用洋涇浜英語，直接省略口譯。洋涇浜英語對中國人和英國人而言，都很容易便能朗朗上口（但願傭人不會因為學會英語而聽得懂餐桌上的談話）。和多數外國公司一樣，太古人根本沒想過要學習中文或日語。指南上提供的精選實用洋涇浜英語，已足夠讓多數人湊合著用。威廉・羅賓遜（William Robinson）在一八九一年宣稱他正在學習日語，很可能是太古洋行員工學習亞洲語言的首例。他寫道，他對自己的想法「堅信不移」，亦即「在日本經商的未來潛力在於培養當地人」。[17]在某些工作場域——糖廠、倉庫、碼頭和船上——公司僱傭了大批的中國員工，因此曾經有和他們一起工作的經驗會受到公司重視。只是，中國員工通常由傳達指令的中國或日本承包商直接監督。在許多情況下，通曉如何和任何「本地人」一起工作便已足夠。當然，進入二十世紀後，監督本地工作人員的英國人會認為，自身的經驗顯然可隨時隨地轉移的：本地人不過是本地人，東方也只不過是東方。[18]

按照倫敦的指示，太古在中國僱用低薪資職員。香港辦事處在一八八〇年代和九〇年代，招募了一批在殖民地出生或大抵在殖民地長大的辦公室初級職員。葛林布爾兄弟（**Grimble brothers**）是一名軍用品商店老闆的其中兩個兒子。威廉·阿姆斯壯的父親早在一八四九年就來到香港，在此擔任拍賣師。另一名拍賣師喬治·萊因霍爾德·拉默特（**George Reinhold Lammert**）替他在香港出生的八個兒子中的兩個在太古找到了職位，這肯定讓他鬆了好大一口氣。休·亞瑟（**Hugh Arthur**）是拔萃男書院（**Diocesan Boys' school**）校長在當地出生的兒子。薛波德（**Shepherd**）家族的三兄弟在孩提時代被父親帶到殖民地。他們的父親曾在最高法院行政部門擔任一系列職務，並在一八九三年出版了香港的第一本指南。有些證據顯示，當地招聘的職員和從英國招募的助手在社交上沒有交集（而且他們的薪水要低得多）。這不單單是他們自小在香港這個小型英國世界裡一起長大使然。在太古洋行內部，他們不會自動被列入升遷名單。他們對香港的了解可能是資產，但也可能是他們的累贅。公司也在許多外港僱用人手，有時是接手過去為太古服務的代理商的員工。公司當然不指望他們搬到離那些外港很遠的地方。而且他們可能處於嚴重的劣勢。汕頭的路易斯·格魯瑙爾（Louis Grunauer）是「工作能力極為優秀的佼佼者」，但麥金托什「就是不放心讓他當主管，即使他一個人就能經營整間代理事務所，他是混血兒」。格魯瑙爾的混血身分反覆被提起，一八九六年去世之前，他在汕頭港口為太古服務了至少十四年。[19]

倫敦方面給招募者的任用條款仍然具有吸引力。入選者會得到一份為期五年的合約，薪資以英鎊計算，一張出發的船票（但不包含返家的船票，除非因傷病退休），以及免費食宿和洗衣。他們集體住進太古「食堂宿舍」。薪水在五年期間遞增，任用合約期滿後，可能會續約或終止聘僱。在本地招聘、從低薪職員晉升到助理職位的員工，絕對有理由對這些初出茅廬但薪水與福利都更好的年輕人來到中國辦公室感到不滿，有些人似乎也的確忿忿不平。[20]英國最初沒有安排員工休假，有段時間，關於休假的規矩是如果員工想要休假回家就該辭職，而且不保證他們有被重新任用的可能。[21]任用條款在一八七〇年代中期略有變化：新進員工不再享有免費洗衣的福利（令人匪夷所思的吝嗇之舉），而且明確規定，他們必須自行承擔貼身傭人的費用，自一八八〇年代中期起，薪水將以當地貨幣計算。到了一八九三年，有關休假的「慣例」，則是必須服務至少七年才享有休假資格：麥金托什工作了八年，博伊斯也是；沃特·波黑特（Walter Poate）在職九年。[22]總之，在太古洋行工作需要長年滯留在外。

食堂宿舍在各個領域的外國駐華機構都很普遍。儘管每個人都僱用一名中國貼身僕人——

在當地稱為「家丁」（boy），但家丁鮮少是年輕男孩——中國「最優秀也最重要的」「純天然產品」，有個訪客這麼形容，食堂宿舍會僱用一名廚子，也許還外加一名搬運工，然後由一名大管家監督，聽候負責管理食堂宿舍的外國住客吩咐。「家政知識」是年輕商業助理沒想過要學習的技能，卻是多數人後來學會的一項。[23]所有中國員工都會得到公司買辦的「擔保」。從一八八〇年代中期起，合約顯示員工可以選擇自己租賃住處。作為機構，食堂宿舍對公司其用處（譬如在成本方面，還有監督年輕人方面），但也有缺點。誠如某個記者指出的，「在同一間宿舍裡，本性天南地北且才智大相徑庭的人，被迫建立友誼……是毋庸置疑的不幸。」[24]

我們幾乎沒有關於食堂宿舍生活紋理的紀錄，無論是愉快或不愉快的。但從當地的新聞報導中，我們可以看到男子到戶外划船、打板球、加入賽馬會（Jockey Club）或香港會所，或在香港義勇軍的步槍比賽中射擊。在香港、在上海，或在其他城市組建的小分隊當義勇軍，需要定期參加閱兵和年度露營活動。義勇軍是地方防禦計畫重要的一環；對下班後有很多休閒時間的年輕人而言，參加義勇軍也被視為一種消遣和鍛煉，因此運動場也是繁忙的活動場所。男人們參加共濟會的聚會；他們唱歌；他們表演。公司員工有人是小奸小惡的受害者、法庭上的證人，有時也履行陪審團義務：香港太古辦事處的信件遭竊；債務引發民事訴訟；大班麥金托什有「非常重要的公事要處理」，沒有出庭擔任陪審員——因藐視法庭罪遭罰款五十美元。最後一個例子讓《香港電聞報》（*Hongkong Telegraph*）的編輯羅伯・費舍・史密斯（Robert Fraser Smith）喜不自勝，他和「太古的托什」（Tosh of Taikoo，這不是親暱的稱呼；叫他托什是因為覺得這個人滿口胡言，按：tosh有廢話的意思）以及太古這間公司持續不斷地交惡：「東方的食腐動物」（Scavengers of the East），這是費舍．史密斯給太古的標籤。[25]

年輕、金錢和以男性為主的社會環境，哪怕最正直又有教養的新成員都可能被這樣的組合糟蹋。「大公司在東方的毛病是，」約翰．森姆爾曾以他獨特的詼諧語氣抱怨，「所有住在行樓裡的職員都自認有權利尋歡作樂危害自己的健康，然後再請假休養。」他舉威廉．羅賓遜為例，他因為「追沙錐鳥而站在沼澤中」導致發燒，在日本休養復原，隨後「又參加上海的比賽。再度生病，不得不回英國老家」，回家後，他靠著「四處見朋友和熬夜」改善自己的健康狀況。[26]羅賓遜也從「老董」的刻薄評論中全身而退，倖免於難。

光是沼澤熱還不足以讓人們遠離射擊、騎馬，或在華東地區水道上搭乘船屋遊蕩。詹姆斯．基思．安格斯後來描述在上海西邊野餐和在橫濱射擊的文章裡，呈現某太古職員在一八七〇年代的船屋生活一瞥。上海夏季的星期天「太熱了——儘管穿著白衣，還有擾動空氣的印度大布扇（punkah）幫忙，教堂還是熱到令人坐立難安」，「開普敦以東沒有星期天」可言。員工可能有自己的船屋和船員，或者由公司提供。他回憶說，只要腳夫拿得動，他們就盡可能地把家鄉帶在身上，包括來自亞伯丁出產的莫伊爾咖哩肉湯罐頭（Moir's Mulligatawny）和巴斯啤酒（空瓶被鄉村居民視為寶物）。他們帶上麵包和奶油。他們射沙錐鳥、鴨了或鵝，或只是懶洋洋地躺著、抽菸或讀英國寄來的雜誌。吉姆．史考特請倫敦為他訂閱《帕爾默爾報》（*Pall Mall Gazette*）、《世界》（*The World*，「有趣的當代歷史編年史」）和《田野》（*The Field*）。[27]

有些人絕不會錯過教堂禮拜。在旗昌擔任茶師七年後加入太古的亞瑟・瓦瑞克（**Arthur Warrick**）離開太古後，成為布里斯托傳道會的領袖，支援公理會的倫敦傳道會工作。整體而言，外國商界口頭上表達對傳播基督教福音的正面態度，卻對中國的傳教世界敬而遠之。多數人其實認為，傳教士把他們和中國人的關係複雜化，實在沒有必要，駐外的外交官就是這麼想的。他們引發的爭議可能演變成暴力事件，進而影響更廣泛的外國人士，此外，他們在社會上的地位往往不如紳士商人。但對亞瑟・瓦瑞克而言，在中國旅行時，不可能「沒感覺到有一種力量在影響人們的思想，這完全是傳教的成果」，他在一八八九年布里斯托的會議上這麼表示。他「知道在遙遠的西部有許多村莊」——他在武漢工作了很多年——「那裡的人們一聽到鐘聲就湧向教堂，然後他們想像家鄉此時是星期天」。[28] 有些人覺得，淡啤酒和罐頭湯最能傳達家的味道，即使他們人在蘇州附近的運河上，抑或在香港閱讀「《鄉村紳士報》」；對其他人而言，家鄉的特色就是教堂鐘聲。

然而，「家」始終是個想法、談話內容的一部分——寄往歐洲的郵件是「返家的」，最能捕捉旅行者之名的報紙是《來自印度、中國和東方的返家郵件》（*Homeward Mail from India, China and the East*），而當員工寫說他們「跑回家」，意思是正在休假。多數獲得任用的人很快就回家了。先不論後來成為主管或合夥人的那些人，員工的平均服務年資不比一簽五年的僱用合約長多少。而凡事總有例外。詹姆斯・霍爾（James Hall）在上海工作了二十七年，一九〇〇年以總簿記的身分正式退休。弗雷德里克・奧伯特（Frederick Aubert）在此地工作了十八年，一八八七年離開太古洋行後，繼續留下來在會德豐有限公司（Wheelock & Co.）工作，並在上海狗展展出他的蘇格蘭梗犬，一八九五年在上海去世。沃特．波黑特待了二十五年，主要在香港；詹姆斯．丹尼森．丹比（James Denison Danby）在太古三十三年，一九二〇年到另一家公司試身手後，又回到原公司，並在退休後與一名太古洋行的前同事成立合夥企業。茶人亨利．貝克（Henry Baker）在太古工作四十二年，主要擔任福州的經理。羅賓遜在一九二三年退休時，已在太古服務了五十年，儘管他的生活方式很不健康，其中三十三年在神戶度過，他在那裡蒐集並出售了一批著名的日本藝術品，對佛教產生濃厚的興趣，並共同創立了日本第一家高爾夫俱樂部。[29]

偶爾會遇到老鼠屎：「結果很糟」，「運氣非常差」是伴隨解僱的兩句簡短結論。在前一個例子中，男子繼續留在中國，後一個例子裡的主角隨後出現在索爾福德（Salford）。另有一名男子被批評個性懶惰又酗酒，公司最終認定：「我不認為他喝酒喝到醉了，但他喝酒後變很愚蠢」。[30]在這個例子中，愚蠢是更嚴重的潛在問題。男子被解僱，隨後到日本工作。更多的時候，員工因為無法勝任而被釋出：「讓笨蛋照顧好自己。」紀錄中偶爾也會看到害群之馬。弗雷德里克．薛波德（Frederick Shepherd）在橫濱盜用了一千三百美元的公款，隨後在一八九三年五月被逮到並解僱。[31]有個年輕人在倫敦辦公室工作十個月後，在一九〇四年來到香港為太古糖廠記帳，他因為「交友不慎」，累積了相當於年薪的債務，於是開始盜用公款。事情曝光是因為有個「美國交際花」來到辦公室，一臉甜笑地詢問他的經理，她要怎麼收回欠款。看在情況顯然超越他能力所能改善的程度（而且不願讓這些醜事在公共媒體曝光），公司悄悄地開除他，但提供他到北美的船票，最終他在目的地用新名字展開了新生活。[32]更常見的是「無可救藥的糊塗蛋」，或「在自己的位子上足以勝任」，可惜「不是大班的料」，還有的「不知道還要多少年才會有足夠的斤兩」。[33]一八九九年的香港大班波黑特是「優秀的得力助手」，但那就是「他的極限」。[34]亞瑟・法蘭克斯（Arthur Franks）在公司做了十二年後達到他的極限——「他不是天才，而且……對我們的價值僅止於一般的文書工作」——公司因此認定他是多餘的，並於一八九三年的一月將他解僱，雖說他「為人正直」而且「做事謹慎」。法蘭克斯心煩意亂，因為「我害怕到不敢想像回家後連個暫時棲身的地方都沒有……那代表我毀了」，但他被安排到太古在墨爾本的代理公司擔任文書職員，從而減少了遭解僱的衝擊。詹姆斯・洛里默爵士於一八八九年去世。他的幾個兒子接手經營，結果因管理不善導致公司在一八九三年破產。太古為公司的澳洲業務成立了一間新的代理機構，交由前太古茶師喬治・馬丁（George Martin）監督，隨後法蘭克斯成為了他的助手。[35]

不管什麼時候，公司的多數英國員工都是相當年輕的男性，他們不得不在東方築巢。但是，有巢就需要住所，對許多人來說，巢仍代表家庭。休・朗（Hugh Lang）在一八七五年關於上海外國生活的演講中說：「妻子、姊妹和女性友人，無疑是充分享受社交生活的必需品。」但在最初五十年，上海租界大部分時候甚至沒有足夠的家庭住宅供外國居民使用，無論他們的財力如何（休・朗將當地家庭社會分為：「工匠、船舶官員和商業助理」）。[36]有些員工在亞洲有親人：波黑特有兩個兄弟分別在香港和上海工作，第三個兄弟在日本擔任傳教士，還有一個姊妹長期住在香港，直到一八七五年去世。瓦瑞克的兄弟在上海一家保險公司工作，康明斯的兄弟在香港。蒙塔古．波爾特（Montague Beart）抵達香港時，他的兄弟已經在香港會所擔任祕書十年。亨利．沙吉特（Henry Shadgett）出生在香港。當經營旅館的父親於一八八二年去世，沙吉特在上海頓時成為孤兒，他一貧如洗，共濟會基金把這個男孩送到芝罘的寄宿學校，資助他直到成年。加入太古前，沙吉特在上海郵政局工作，最終他成為太古在上海的首席航運經理。詹姆斯．丹尼森．丹比也出生在香港，他的父親在香港擔任土木工程師。在英格蘭完成教育後——他將成為殖民地約克郡同鄉會（Society of Yorkshiremen）的忠誠成員——他先短暫為父親工作一陣子，而後加入香港的太古。[37]博伊斯的兄弟也曾短暫為香港太古工作，但此後一直留在中國，他的姊妹遠渡重洋來到上海，和約瑟夫．韋爾奇（Joseph Welch）結婚，後者將成為公司的茶葉採購業務。賀伯．巴格利（Herbert Baggally）的表親在他加入公司三年後來到亞洲：人們追隨親人的腳步，而後又成為他人追隨的對象。然多數人搭乘藍煙囪輪船穿越蘇伊士運河來到亞洲上岸時，大多是舉目無親。

他們是一群單身漢，公司也不樂見員工有可能結婚，更準確地說是，不喜歡在亞洲僱用已婚的一般職級員工，因為這會給他們帶來額外的花費。有些人很幸運：在指出結婚對一個男人的經濟負擔時，朗慶幸「他的收入與薪水無關，確信能過上舒適的生活而不至負債」。[38]帶來債務的可能性正是公司反對成家的主因——儘管未婚顯然不保證不會負債——其他和負債相關的擔憂還有像是員工可能淪為法庭上被起訴的一方，或者他們會央求公司幫忙，或者自取所需（這似乎就是盜用公款的弗雷德里克・薛波德的作法）。[39]這些都不是誘人的前景，而對員工婚姻權利的家長式管理將持續到二十世紀。一九〇五年，詹姆斯・歐波特・諾克斯（James Allport Knox））因為「出發前私婚」，在抵達上海的六個月內就被解僱了。儘管他的妻子出身上流，但他在搭船出發前就娶了她，並對公司隱瞞這件事。香港大班寫道，「我們覺得……我們不能再相信這個人，他在簽署〔工作合約〕後做的第一件事，就是蓄意欺騙公司。」解僱諾克斯對其他員工「會產生正面的影響」，任何年收入低於五百英鎊的人都不被允許結婚。[40]在這方面，太古洋行的經營方式和多數名氣相當的其他英國公司一樣，各個傳道會和通商口岸的政府部門亦復如是。

但即使男人有財力、有資歷，找到婚姻伴侶的機會同樣充滿了挑戰。在一個性別比例嚴重失衡的社群裡，男人要到哪裡才能遇到女人，更別說是有合適的社會背景的女人了？有些人在前往東方時顯然已經定下來了，因為他們結婚的對象來自同鄉。一八八〇年，博伊斯返家結婚，帶著他的新娘瑪格麗特・菲利普斯（Margaret Philips）回來。沃特・波黑特的眼光投向公司，更確切地說是，投向他的第一任妻子莉蓮（Lilian）——太古輪船公司資深海員約翰・惠特爾（John Whittle）的四個女兒之一（惠特爾的兩個繼子也都在太古洋行工作。）比起在利物浦家鄉，惠特爾的幾個女兒在中國的外國社群裡更容易得到社會地位的晉升。相反的，我們發現至少有一名員工是為了和妻子分居而專程來到東方。[41]其他男人遺囑中的財務安排暗示他們和中國或日本「女管家」有穩定的交往關係，「女管家」是對未婚亞洲伴侶常見的委婉說法。[42]儘管不到非比尋常，威廉・羅賓遜和日本女性的兩段婚姻，在當時仍相對少見，尤其是考慮到他的身分——元配的名字已經佚失，這是很常見的事，並在她死後幾年，再娶了榊原咲代子（Sayoko Sakakibara）。

對嫁給公司員工的英國女性而言，中國生活自有其挑戰，尤其是在香港和上海以外的地區。約翰・森姆爾曾抱怨說，瑪麗・多茲（Mary Dodds）「對住在日本得承受的社會地位劣勢滿腹牢騷」（儘管多茲是她嫁的第二個橫濱商人：她顯然早已了然於心）。[43] 對其他人而言，恰恰是這些圈子的小規模——一八九一年的橫濱有兩千八百名外國居民——讓她們比在家鄉時更加耀眼。[44] 指名道姓有其難度，但我們可以合理假設，社交聚會以及香港或上海老套但絕對活躍的文化生活，為負責管理家務和撫養孩子的生活增色不少。「P夫人……非常謹慎，」香港經理談論代理人在他休假期間處理洋行開支的情況時寫道。[45] 如同許多英國海外居住地，人們普遍認為，衛生和管理家務需要一些警覺心，因此這個責任便落到「小姐」的頭上，也就是一個家的女管家。經濟更寬裕的人——例如史考特和博伊斯——則聘請外國家庭女教師，而不是中國保母，但阿嬤和阿姨（按：兩者都是稱呼在大戶人家照顧小孩及打理雜務的人）是外國家庭的固定成員。天氣炎熱時，婦女帶著孩子北上到煙臺，丈夫在工作許可的情況下，設法休息北上。儘管如此，這幅畫面常常是悲哀的。香港、上海或神戶的墓地安葬著太古員工的妻小，以及更多男性員工本身。一八八七年，產後不久就去世的莉蓮・波黑特安葬在跑馬地；一八八三年，吉姆・史考特的妻子艾蜜莉・尤爾（Emily Yuill）在他們結婚三年後安葬在煙臺，波爾特的妻子瑞秋將在二十年後，到同一個煙臺墓園與她作伴。博伊斯失去了他的姊妹，和她的一個孩子。一八九一年，三十二歲喪夫的范妮・馬奇特（Fanny Matchitt）搭乘「帕特羅克洛斯號」（Patroclus）返回英國，留下她安葬在汕頭外國墓園的丈夫。同一個墓地也安葬著厄內斯特・薛波德（Ernest Shepherd），他的離世使新婚六個月的愛麗絲・麥高恩（Alice Macgowan）成為寡婦。一八八二年四月，由於一直無法「擺脫糾纏他許久的熱病」，麥金托什和妻子搭船到日本待了一個月，將幼子留在香港，交給英國奶媽照顧。男孩在他們離開時突然病死，墓碑今天仍矗立在跑馬地。[46]

歐洲人在亞洲生活和工作的的健康風險比留在家鄉更高，雖然風險在十九世紀下半葉逐漸降低，不過似乎還是很高。太古在一八七〇至一九〇〇年間僱用的一百名員工，有十一人在任職期間過世。平均死亡年齡為三十六歲。在所有條件相同的情況下，再考慮到他們的社會背景，以及倫敦體檢會把一些新成員淘汰的事實，若不用離開英國到亞洲工作，這些人絕大多數應該會更長命。傷寒和霍亂對健康的損害最嚴重。書信裡充斥著關於某人「全身不適」或某人看起來「非常虛弱」的評論。奧伯特「並不強壯，我怕他再過不久就得放棄中國」，某一份報告中寫道，同時「喬治罕還沒從嚴重的霍亂中恢復」。賀伯・巴格利因為日本的氣候辭職，從檔案紀錄中可知，他不時抱怨氣候。[47]亞洲是一場豪賭，而有相當一部分的人全盤皆輸。

外國人在中國的地位是透過戰爭建立，並藉由條約和武力威脅而得以維持。這並非沒有受到質疑。整體來說，香港和上海是穩定的。但在這個變動的時代，在較小的中國港口經商總會遇到種種挑戰。一八八九年，鎮江躉船加的斯號因為在外灘引發的一場爭端失控，再度登上新聞版面。英國工部局招募六名錫克教警察是觸發緊張局勢的源頭。爭端迅速升級成暴動。警察局和英國領事館遭人縱火，其他洋人住宅也遭波及，約莫六十名外國居民奔向躉船以求自保。激動的憤怒暴民所到之處「沒有一盞燈……立著，道路多處被破壞，沿外灘設立的欄杆和樹木被推倒」。部分難民被一艘輪船招商局的船載走，其餘的登上太古輪船公司的「南京號」（SS Ngankin）：「武器和彈藥已經分發出去，和鍋爐相連的軟管裝設完畢，這樣一來，一旦暴徒試圖登船，他們就會受到非常熱情的接待。」群情激昂的情緒不久自行退燒。工部局終止僱用錫克教警察的實驗。就像其他外國企業，太古輪船公司也針對財產損失和船班延誤提出索賠（獲得承認，也拿到賠償）。領事館的旗幟在五月重新升起（英國旗幟取代了被人回收利用製成服裝的王室旗），儘管居民通報敵意持續存在，街頭還有人傳唱紀念縱火事件的俏皮歌謠，港口大抵恢復了平靜。這是一次「地方動亂」，赫德爵士寫道，而且「不具任何政治意義」：「這樣的事件可能在中國任何地方爆發，而且無論在哪都出人意料。」後來流傳的一段詩句反駁了這個看法：外國人「可能騙得過光緒〔皇帝〕和眾親王／但他們騙不過我們」。[48]

赫德的判斷是錯的。和法國的戰爭預告中國進入緊張局勢的新時代。軍事戰爭最終或許沒有帶來明確的結果——儘管法軍在福州港口迅速摧毀一整個水師——可是清廷在外交上敗得一塌糊塗。越來越多臣民不再為清朝的失敗找藉口。漢人益發認同自己的漢族身分，和統治他們的滿人形成對比。滿族統治者的祖先在一六四四年推翻了中國最後一個漢族王朝。一八八〇年代後期和一八九〇年代是反清勢力逐漸茁壯，並且對在華外國勢力有諸多不滿的時期，鎮江的那些錫克教警察就是一例。停在蕪湖的太古輪船公司躉船在一八九一年的五月也成為重要的堡壘。當時，由幫會在長江沿岸城市策動、針對傳教士及其他外國人的多起攻擊行動中，有一群人在聽聞傳教士為取其眼睛製藥而殺害兒童的謠言後，群情激憤地攻進外國人的建築院落放火。傳教士和其他人一窩蜂地登上躉船，同時海關的義勇軍——據說「以無與倫比的氣勢」——攻擊並壓制暴徒，直到增援部隊抵達，為事件劃下句點。[49]

一八九一年，湯瑪斯．魏瑟斯頓（Thomas Weatherston）成為蕪湖的太古躉船管理者，隔年，他從蕪湖移動到下游，在鎮江成立太古洋行的正式分行。魏瑟斯頓自一八七四年以來，已經先後在武漢和蕪湖兩地替太古工作。太古輪船的股份過去是由代理人法奎爾．卡尼（Farquhar Carnie）所經營。卡尼因為高超的獵豬「科學」能力而聞名，當地的豬似乎因此被徹底消滅。[50]最初幾年，身為前水手、殖民地牧師之子的魏瑟斯頓，和妻女們一起住在加的斯號上。[51]加的斯號很可能與她的鄰居「奧里薩號」（Orissa）一樣設備齊全。根據記載，奧里薩號擁有「布置精美、寬敞、安靜、燈火通明的餐廳……體面、豪華的客廳……沙發、休息室、小桌子……英式風格……起居室應有的一切……一個豪華的大臥室」。[52]躉船的生活很舒適：畢竟這是以前半島東方輪船公司的定期交通船。但魏瑟斯頓在成功申請房屋津貼時曾經解釋，「甲板上成天擠滿了裝卸貨的苦力，全身髒汙，半裸著身子，」吵鬧聲從不停歇，當船隻並排自油槽抽出機油時，會散發出一種「幾乎難以忍受」的氣味，而且躉船四周環繞著許多小船，魏瑟斯頓一家覺得船上居住者的習慣簡直不堪入目。這也可以解釋為什麼魏瑟斯頓常因「傷寒」大病數日，而他生病時，就必須由妻子代為與上海保持聯絡。海關稅務專員W．T．萊伊（W. T. Lay）濫用「自由裁量權」，到處製造摩擦：萊伊假借公務之名，為自己消除生活上的諸多不適，例如他家門外工人工作時的喋喋不休和歌唱聲，或太古輪船公司船隻的汽笛聲，而且還因為魏瑟斯頓拒絕給他的票價打折而大發雷霆。萊伊等人橫行霸道的鎮江小舞臺上，經常發生歇斯底里的戲劇化演出，而這恰恰是因為鎮江太小。同時，河岸的位置不斷挪動持續困擾著貿易。一八九五年十月，上海接獲報告，「桂林號」（Kweilin）裝載期間發生了一起意外事件：一名苦力偷米被逮，對他拳腳相向的「廣東人」在遭租界警察制止後，轉而攻擊警察，這起事件使太古輪船的船隻可能遭到抵制。時任工部局董事長的魏瑟斯頓開除了兩名警察，情勢恢復平靜，貨物裝卸繼續。然而，魏瑟斯頓實在太大意了，一九〇〇年六月，他「最坦率誠實的」買辦袁之鎮（Yuan Zhizhen）投長江自盡，被人打撈上岸，大難不死，而人們這下才知道，袁因為幾個兒子鋪張浪費，負債累累，就要破產。身體恢復後，袁之鎮為了幫自己解套，旋即不動聲色地賣掉一萬美元的太古糖業公司股票。

公司最終靠袁之鎮的擔保人彌補了損失，但過程中還是有遇到麻煩。魏瑟斯頓在隔年離開中國。鎮江早已辜負人們在一八六〇年代初期對它寄予的厚望。福州的衰退比鎮江緩慢，不過衰退仍是大勢所趨。在福州歷任經理見證茶葉熱潮的消退之前，苦惱的羅賓遜已經在一八八八年率先要求轉調他處：「一個人的鬥志是有限的」，他已經把自己的鬥志消耗殆盡，「徹底被打敗了」，「心灰意冷」，要求轉調日本。接替他的喬治．馬丁在一八九〇年離開了，「永不回頭，我希望……我的妻子無法忍受這氣候。」福州的業務比鎮江的複雜。福州有到澳洲的輪船業務（巴特菲爾德家族仍持有最多的股份）、藍煙囪的倫敦船運代理與港際交通，以及把沿閩江而下的木材運往天津。福州在寄給上海的信裡傳達關於對即將啟程的船班的可能空間需求，通報輪船面臨的競爭，以及對買辦的擔憂（「他的健康不如預期」）。一八九三年，福州的洋人圈子還不足以組一支板球隊和廈門的板球隊比賽。[53]亨利．貝克自一八九〇年經營福州分行，一八九九年起獨撐大局——分行曾經有三個員工——但他比較喜歡賽馬，而不是打板球。儘管約翰．森姆爾自己很享受騎馬，公司越來越不贊成員工參與賽馬，一八九九年有一份給香港助理的通知提出忠告，「公司不贊成員工對小馬感興趣」，這「肯定不利於他們晉升的機會」。[54]

像貝克這樣的茶師與眾不同，宛如商業貴族，他們和福州、上海以及橫濱分行的核心商業活動並行，但其實是個單獨的體系。很多事物都仰賴他們的判斷力——絕對會影響利潤，也影響公司聲譽。他們的薪水比其他員工多了將近一倍，而且擁有以個人名義進行交易的選擇權。他們還可能享有有薪假和「回家」的福利。聘請茶師要給甜頭。請到好茶師是很不容易的事。好茶師需要經驗——最好是曾在明星巷（Mincing Lane）的倫敦茶公司工作過七、八年——而且必須熟悉紐約或澳洲買家的需求。培訓人才勝任工作是很困難的事。「開除懷亞特，」約翰．森姆爾在一八七八年該員工任期即將屆滿時下令道。而懷亞特曾被讚譽為「鑑定紅茶和綠茶的行家」，結果卻表現「平庸」，「不是商人——沒有頭腦」。「我為這個可憐的傢伙感到難過，」約翰．森姆爾寫道，但他必須離開，而且如果他到中國其他地方自行開業，他不得使用太古的茶室。[55]約翰．森姆爾經常感嘆，好的茶師通常都是差勁的推銷員。

即使不需要強大的「鬥志」（誠如羅賓遜在一八八八年所說），這份工作不但有季節性，而且步伐緊湊。首先，公司的上海茶師會在茶季開始前，先行前往武漢。等茶葉到來之後，立即進入品茶和討價還價的忙亂時期。一名茶師一個早上可能得品嚐一百五十份樣品，評估樣品的氣味、外觀和口感。茶葉是否不帶灰塵，是否有開花的痕跡（確認茶葉是否及早採摘）？倫敦下達的指示包括列出對授權採購的開價。這些都是金額很大的買賣。約翰・森姆爾擔心，當輪船不耐地等待將貨物迅速運往倫敦時，漢口容易引發熱病的疫氣會導致遠離洋行的人員和他們的同事被迫做出錯誤的決定。他試圖說服其他公司抵制港口，把採購地點移至下游的上海，不過並不成功。[56]越來越多茶師的合約規定他們也要按照公司指示，參與太古分行的一般業務。在一八六八至八〇年間，太古的茶葉生意整體是賠錢的——在扣除了公司自身的業務費用之後——除了一八七九年創造了不可思議的利潤，抵銷所有過去的借款。除了佣金之外，藍煙囪還有貨物可載，因此整體來說，集團能夠負擔費用，並獲得微薄的利潤。無奈消費者對中國茶的需求持續衰退，以致太古在一八九三年之後完全退出這一行。[57]

對約翰・森姆爾而言，儘管他求知若渴地吸收數據和消息，並且注重微小細節，公司在很大程度上仰賴的，仍是他在亞洲的合夥人和經理。他們是公司的臉面，需要在商會和其他類似機構中發揮影響力，儘管太古在這方面仍採謹慎態度，和怡和的人馬不一樣。在這方面，威廉・朗往往淪為公司的負擔，而不是可靠的資產。這個上海合夥人永遠不會在社交圈「登場」。他始終未婚，公共生活方面，除了在上海法租界的公董局任職，幾乎未扮演什麼重要角色。但這是一年期的職務，麥金托什和史考特之後也都會擔任相同職務，其目的不是為了整個租界，而是為了保護公司的利益：法國外灘的太古碼頭。一八七七年，在朗被「地獄般的惡棍」亨利・史密斯・

比德威爾（Henry Smith Bidwell）糾纏上之後，憤怒的約翰・森姆爾寫道：「你就不能和商場的同僚往來嗎？」比德威爾當時透露，他正在為太古工作，這件事甚至傳回了倫敦，以至於約翰・森姆爾一些心存疑慮的合作伙伴，特地前往比利特街和他本人確認。比德威爾的身分是臨時抽佣代理商，當時正試著幫清政府尋找貸款。治外法權助長了這類投機者的工作舞臺，他們為一個個新專案奔波，遊說地方官員，或試圖打進京城高官的圈子。「你掉進了一個糟糕透頂的商業騙局，」約翰・森姆爾在給朗的信中寫道，因為朗真的在上海的洋行裡給了比德威爾辦公空間。約翰・森姆爾想不透，到底是不是喝酒毀了公司的第二把手，但他發現朗只是一時「犯蠢，僅此而已」。[58]他在一八七七年八月的一封信裡訓斥兩個中國合夥人：「你們可不要因為和任何一家中國公司的關係，危害了我們公司的名譽。」[59]這之間的區別值得我們留意。太古洋行不可以表現得好像也屬於比德威爾這種本地企業家的機會主義世界，這些人可是從中國定義不明確的治外法權特權世界，竭盡所能地榨取好處。而太古洋行是一家英國公司，不是上海或香港的公司。雖然兩者可能只是程度上的差異，而不是性質的絕對差異，但那對太古洋行的良好聲譽絕對相當重要。

先不論極少的私人生活片段——每天四點到上海總會打惠斯特牌，搭乘船屋前往太湖地區射擊，到日本觀光度假——我們幾乎找不到任何紀錄描繪這第一位上海合夥人的個性。朗在一八七六年騎一匹中國小馬參加比賽——那些「上好的」小馬被禁止參加上海跑馬賽——此外，他有可能是前一年出售的馬廄的擁有者，那些馬分別以藍煙囪前三艘輪船的名字命名。[60]一八八四年，約翰・森姆爾認為，朗根本活「在一八六〇年代，還沒有電報、蒸汽引擎和競爭的時候……和中國人一樣嫌惡進步，而且比中國人還要固執……彷彿一百歲的老頑固。」[61] 報紙隻字未提朗在一八八八年離去一事顯然很不尋常，這意味著他一直沒讓自己成為受矚目的公眾人物。一八七八年，吉姆·史考特離開香港回國時，《每日雜報》（*Hongkong Daily Press*）刊登的一篇讚揚短文特別指出：「最優秀的商人」，「在促進自身居住地的利益方面，最重要的公民，無論是以私人或公共的身分」。史考特在香港殖民地的繼任者麥金托什，也是比上海大班更知名的公眾人物。「太古的托什」發現，這無疑也有缺點。公司合夥人和經理在公開場合的形象會造成更多論斷的批評，可是公司又需要這張公共的臉。《中國郵報》（*China Mail*）的編輯在一八九一年表示，麥金托什擔任商會主席或許「能幹又直言不諱」，但他也是「好鬥的船東」，「他的激進限縮了他的視野」。[62]

到了一八八〇年代，在太古集團管理的公司員工中，太古洋行的商人和職員是少數。煉糖廠和太古輪船僱用更多的人，他們的世界也需要被探索。太古糖廠有非常獨特的文化，聚居在香港的格里諾克中下階層蘇格蘭僑民，基本上由一名德國人管理，生活在他們認為遠離城市的地方，因為「那裡沒有輕軌電車，人力車也很少，沒有電燈——只有煤油燈」。一名男子回憶二十五年前他剛抵達時的情景，那裡有「一百個苦力竹棚，一間竹棚平房裡住著一個小型歐洲社區，只有六個孤零零的人」，然後「地面上有兩個大洞，用來安裝地基」。但「有其他事物讓往昔時光變得歡樂」：主要是液態的玩意。[63] 離鄉背井的格里諾克人克服了他們的孤獨，每年都會與他們的同儕一起參加「煉糖業」宴會，把三間營業中煉糖廠之間的激烈競爭擱置在一旁，享用羊雜碎，暢飲威士忌，讚美製糖業、蘇格蘭和彼此。他們在謳歌、讚頌時可能口齒不清。格里諾克的人脈網日益深化，因為公司透過格里諾克刊登在地方報紙上的啟事招募員工，反觀科恩博士，他從不參加這個同行的聚會（他的缺席被提到）。糖廠社區也許覺得自己遺世獨立，但其實他們受到維多利亞城當局的嚴密管理。麥金托什向「老董」保證，德國人絕不會對鰂魚涌糖廠的運作採「獨裁統治」，若要比喻得更傳神則可說，科恩博士永遠不會成為「另一個晏爾吉」——另一個自主過了頭的員工，因為晏爾吉有時太過自作主張。糖廠依然由科學領軍，只是有控制權的是太古洋行。[64]

當健康危機在一八八六年重創仍處於草創期的糖廠時，科學也即時出面解圍。那年七月的一場暴雨奪走島上一些居民的性命，留下斷垣殘壁的建築，破壞了引導某條溪流穿越工廠到港口的涵洞工程。住在糖廠的兩名資深外國員工分別在兩週內死於「熱病」，其餘員工「驚慌失措」地搬到一艘船上，拒絕回到他們的住屋。而且「和『沮喪』的蘇格蘭工人，」麥金托什報告說，「爭論是沒有用的。」對（後來被確定為病因的）瘧疾的普遍理解認為，病源來自受干擾的土壤所釋放的一種「瘴氣」。即便如此，公司迅速尋求衛生建議，著手修復排水溝，並把接收了洪水的沼澤谷地填平。他們當中的一員後來回憶說，鰂魚涌的工作人員和他們的家人「被綁在一起，這是為他們好，因為根本不知道下一個得病的會是誰」。[65]

「鰂魚涌」的社會地位與眾不同，員工也因而凝聚在一起。「會有更好或更優雅的員工嗎？」麥金托什在一八九二年寫給倫敦的信中禁不住問道。新成員約翰・麥克法蘭（John Macfarlan）

「絕對會成為優秀的職員，但您也了解，為了全體員工的利益和員工個人的舒適，一點『教養』是必須的」。麥克法蘭的家世背景缺點——父親是格里諾克的職員——又因為他的兄弟是太古輪船的三管輪而相形放大。麥克法蘭的兄弟「在這裡和鰂魚涌的員工稱兄道弟」，他們「本身條件都很好，只是沒有達到我們辦公室的用人標準」。在皇后大道的辦公室遠遠目不所及鰂魚涌，卻也不是眼不見為淨。[66]

這個公司城鎮持續飛快發展。有些發展旨在為被困在東方的人提供更豐富的休閒機會，而不是持續給工作添麻煩的那種液態「玩意」。一八九一年，喬治・菲茨帕特里克（George Fitzpatrick）寫信給麥金托什說，在「關於喝酒」的討論之後，「我已經說服克龍比先生（Mr Crombie）簽署隨附的保證書。」如果你「這次讓他復職，也許是向鰂魚涌歐洲人展示寬宏大度的一種方式」。[67] 糖廠隨後擴建，產能因而倍增，員工人數也增加。廠區蓋了一座運動場和一處太古會所（Taikoo Club）。工廠的成功取決於能否留住員工，但疾病仍然令人擔憂，而香港在世紀之交深受公共衛生危機的困擾，包括首次在一八九四年爆發的鼠疫，這凸顯出殖民地政府在此之前處理城市衛生問題時的怠忽職守。一八八六年學到慘痛教訓的太古，在某種程度上領先於政府。一八九一年，公司在鰂魚涌沿山谷較涼爽的高處興建了一整排夏季公寓，也作為療養院使用。這個建設還需要安裝（給登山吊椅使用的）空中索道，串連起夏季公寓和下方的煉糖廠。這在公司帳本的設備與資產分類中是比較不尋常的項目。然而，讓鰂魚涌的人保持心情愉悅，才是最重要的。

員工的不滿導致科恩博士離開太古，結果證實，他說穿了就是個獨裁者，至少在管理人員時是個獨裁者。他對質量和一致性的執著，曾被理所當然地視為工廠表現好壞的關鍵，但在一九〇〇年時則被認為太過麻木不仁。他沒有把員工當作「會思考的人，被賦予了責任」。「個人的才能和努力不是被忽視，就是被否定」，「他在工廠連一個朋友都沒有」。科恩休假期間，他的蘇格蘭接替者體現了「實踐對抗理論」（practice v theory）的力量。香港發電報給倫敦，稱德國人不應回糖廠擔任總經理。電報使用的密碼是「像個義勇騎兵」（YEOMANLIKE），他顯然不被認為有那樣的特質。這其中很可能也和帝國政治的呼應。談到另一名化學家時，呼應之處就更加不帶掩飾。英德關係在一八九〇年代越來越脆弱。中日戰爭後在中國上演的「租界爭奪戰」，使英國明顯更加擔憂德、俄兩國在清帝國的圖謀，以及英國在他們盤算中的位置。俄羅斯占領大連附近的旅順港海軍基地，德國在山東青島建立了海軍殖民地，促使英國索討以威海衛為中心的一塊租借地。香港的英國陸軍參謀長在一九〇〇年突然現身太古洋行辦公室，他問公司的人說，有個叫奧布雷姆斯基的人在威海衛附近拍照，他有何意圖：「我們的情報部門過去幾個月一直在跟蹤他。」他說，他是在為你們工作。是的，波黑特回答說，馬里安・馮・奧布雷姆斯基博士（Dr Marian von Obrembski）是我們工廠的化學家之一，他是來自俄羅斯的波蘭難民：他不是間諜。[68] 即使在英國的皇家殖民地，太古還是捲入了大英帝國以及中國的政治。

對多數客戶而言，太古洋行及其諸多公司的門面是中國人：這是太古洋行，不是施懷雅公司。太古洋行最出名且留下最多紀錄的中國員工是這些買辦，不過來自一八九〇年代初期的一份調查，讓我們看到公司更詳細的中國員工組成。香港辦事處僱用一個買辦、兩個帳房（出納或會計）、一名文書、兩個船運和兩個倉庫的管理員、三個倉庫助理、一個警衛、三個辦公室打雜、三個「辦公室苦力」、一個辦公室的警衛和四個「轎夫苦力」（應該是為了服務香港的資深員工）。根據紀錄，汕頭辦事處有一個買辦，由三間「負責任的汕頭洋行」做擔保、兩名簿記、兩名帳房、四名貨運經紀人和一個辦公室打雜、一名「本地文書」，以及一位海洋保險職員。在汕頭的太古輪船公司和多數分行一樣，擁有自己的買辦以及全體三十名員工。上海僱用兩個買辦、十個本地文書、一批「黑人警衛」——很可能是錫克教徒——以及其他辦公室、倉庫和碼頭的工作人員，茶水小弟和茶室的苦力。買辦每個月有一筆零用金可於僱用倉庫員工，如有任何額外成本，必須拿自己的利潤支付。赫爾布林（Helbling）在一八八九年報告說，福州有三個茶水小弟、一個買辦、兩個辦公室打雜、夜班警衛、五個轎夫苦力、大型船艇工程師、舵手和監哨。一號帳房在一八九八年從任職十七年的職位被釋出時，他向公司尋求幫助，在上海找到了船舶買辦的職位。通報上級的安排通常反映出各個港埠商業環境強烈的狹隘性質，多數港埠彼此之間大相徑庭，各有自身的彈性原則和慣例，當然還有語言和社會關係模式，但這些也顯示，隨著公司的業務擴大，中國員工也在能力範圍內隨之移動。[69]

事實上，公司在鰂魚涌供住宿給華人員工。沿著糖廠，公司在路邊建造了約五十五棟大多是三層樓的房屋。糖廠和位於香港島西北部的主要華人市郊距離很遠，因此公司不僅安置來自格里諾克的蘇格蘭僑民，還需要為華人員工提供住宿。這個「本地村子」隨著糖廠擴建而成長，其他人搬了過來為不斷成長的工人社區提供服務。街邊房屋的一樓被改成商店，有助於服務業的發展。到了一八九三年，糖廠僱用近兩千名的華工。[70]公司住房採當時標準的住商混合形式，後來更成為華南地區和東南亞港市環境的特徵。下一個重大建築工程採用了非常不同的風格。一八九七年九月，香港太古洋行上方飄揚著一面新旗幟，因為在這群居民面前，全新又氣勢驚人的總部成立了。這是公司委託建造的第一間行樓。不怕「火災與颱風」，來自廈門的紅磚面朝「新海旁」——殖民地最接近海港填海工程的水線。截至目前為止，太古一直將就著租用場地，而如今，已有能力在殖民地黃金地段展現公司前景。寬敞、自信，而且比以前辦公室所在的位置更好，這個行樓將在接下來的六十多年為公司服務。而且這裡除了容納一些外國員工，也住著部分的中國員工，就像鰂魚涌的開發案。買辦被正式安置在行樓裡，不過也和中國員工一樣，住在一樓的夾層，「這麼做的好處，是得以避免人批中國員工出入整座地基的公共區域和營業區域，」公司在當地媒體一五一十呈現的宣傳單上這麼說。柏拱行（Beaconsfield Arcade）——前瓊記洋行的一部分，在瓊記搬離時已相當破舊——前辦事處的一八九二年平面圖，根本未說明在行樓裡的哪處能找到買辦。我們從新建築室內外及其景色的相片集，可以看到買辦使用的辦公室和他的住所。[71]行樓採用的風格，如裝潢以及華洋混搭的裝飾等，則更接近羅伯．赫德這些人的住所。

即使像這樣被公司關在門內，買辦仍是公司活動的核心。他們的身影在公司檔案裡也不見蹤跡，因此關於他們的資料，遠遠少於英國職員和助手。新行樓的買辦住所是為吳葉的繼任者提供。吳葉在一八八九十月去世——媒體認為他家財萬貫，因為「糖顯然是一門賺錢的生意」；麥金托什覺得他的財富一般，不多不少。但他的遺囑內容含括三個妻子、所有孩子、孩子的家庭和他的祖先：建造一座祠堂，在祖墳舉行喪禮。接任吳葉的是莫藻泉（莫冠鎏），正是吳葉前贊助人兼商業伙伴莫仕揚的兒子。吳葉生前由保證人以十萬英鎊作擔保，他的主要保證人是住在澳門的莫氏家族成員莫蔚（Mok Wai）。這個擔保契約隨後轉給自一八七〇年代起便在太古工作的莫藻泉。[72]莫氏家族透過瓊記的人脈，自太古在殖民地開拓業務之初雙方就有了合作，並持續合作直到一九三〇年代。莫藻泉和父親一樣，也會在香港最重要的華人組織的董事會任職——東華醫院（實際扮演社區的民意機關）和反誘拐婦孺的慈善機構「保良局」。儘管如此，也儘管吳葉為祖先蓋祠堂，而陳可良（Chun Koo Leong）和汪顯興（Wong Suen Hing）以及他們的幾個兒子獲頒榮譽或實質的頭銜和褒揚狀，這些人都屬於思想現代的人。他們學英語（還有一個莫氏成員不僅擔任太古輪船買辦，甚至出版了多本英文入門書和手冊），到海外工作、念書，認識關於電報和電力的新知，然後自行成立公司和外商合作，並與之競爭。他們是流動的，遠離香山，遠離他們生根的城市。他們的財富和影響力、生活方式和價值觀，進一步取代清朝固有的等級體系，令這個體系無所適從。至於他們在太古這類公司的同事是否理解這點，又是另外一回事了。但我們可以看到一個顯著的融合。當公司利物浦特色正在褪去，而且公司賴以取得員工和資金的友誼和家族紐帶正被淡化的時期，施懷雅、霍特與史考特家族的網絡，仍然清晰可見，而且對公司不可或缺，而同時又有一批新的中國家族融入太古在中國各地商埠的分行。

陳家就是其中之一。鄭觀應於一八八二年離開太古輪船公司，轉到輪船招商局任職，此舉與他政治著作提倡的理念相吻合。他的弟弟繼續為太古工作，一八八六年成為天津買辦，他和幾個兒子接替擔任這個職位直到一九三一年。[73] 楊桂軒（Yang Guixuan）在鄭觀應之後成為太古輪船的買辦，之後在一八八四年由已經很有名望的商人陳可良接替其職務。陳可良一八三〇年生於香山，一八五〇年代曾在舊金山待過五年，之後回到上海工作，最終擔任協隆洋行（Fearon Low & Co.）的買辦，協隆是從瓊記破產的廢墟中誕生的合夥企業，有個表親把他帶進這間公司。陳可良也把自己的家人和親戚帶進太古輪船。二子陳雪階（Chun Shut Kai）最後接替他的工作，二子則和太古輪船合作，姪子擔任助理買辦。另一個親戚則到太古輪船當帳房，他曾在瓊記工作，而後隨大家長陳可良一起到協隆。一八九二年，陳可良除了肩負太古輪船的職責，還扛起了太古洋行的買辦工作。另一個與太古公司交織在一起的香山家族是汪顯興家族。汪顯興從太古輪船成立之初便擔任貨運經紀人。他的四個兒子都在這家公司工作，或是上海的辦事處，或是在上海、武漢、宜昌做太古的代理商或經紀行。他們分別在不同的地方受教育，一個在香港的皇后學院，一個參加政府從中國派一百二十名學生到美國的留洋計畫，一個在上海，一個在天津。一八九七年他退休時，由四子接下父親的職位。[74]

親族關係網絡和情感紐帶很重要，但財務上的權威更是至關重要，買辦的擔保和抵押則是財務水準的基礎。然而，如何發揮作用又是另一回事。一八八四年四月，約翰・森姆爾從北京回到上海後不久，便著手修訂運費支付流程，他認為現有的流程對托運人提供過多的預支貸款。太古輪船買辦楊桂軒很快就被逮到了。結果擺在眼前，自從接替鄭觀應以來，楊桂軒持續有系統性地詐取公司高額款項。每當其他投資失利，他就利用太古寬鬆的信貸協議彌補個人損失。一八八四至八五年的冬天，楊桂軒在被告上法庭後不久病逝。他積欠公司超過十萬兩。[75] 他的擔保人之一是鄭觀應——因為楊桂軒和他都是香山人。損失本身由太古輪船而不是太古洋行承擔，但相關人士多認為，擔保人會補償大部分的損失。未想鄭觀應拒絕賠償。一八八五年二月，麥金托什在鄭觀應途經香港前往香山時，以債務為由請當局將他逮捕監禁。「我相信我們可以從他身上榨出點東西，」他報告說，「畢竟大家都說他很有錢，交遊廣闊。雖然他反駁說自己身無分文。」事實證明，鄭觀應相當固執。麥金托什盡可能打聽有關這個前買辦資產的訊息，拒絕鄭觀應在香港的同事提供的小額補償。鄭觀應在香港坐了十二個月的牢，隨後被釋放，債務一筆勾消。而或許他是這麼想的：獲釋六年後，博伊斯無論如何仍試圖逼他吐出這筆錢。倫敦卻建議，算了吧。[76]

長年為上海太古洋行工作的買辦卓子和犯下的大規模詐騙，在一八九二年浮上檯面。由於這種詐騙行徑當時已司空見慣，朗在分行的管理不當便成為眾矢之的——詐騙「好幾年前就開始了」——但即使情況如此，自從朗於一八八八年退休以來，公司一直自認為，定期檢查擔保抵押的作法便猶刃有餘。而大概在十五年前開始為卓子和背書的擔保人過世，他的抵押竟一文不值。「這是個昂貴的教訓，」麥金托什總結道。好吧，約翰．森姆爾聽到這個消息後回應說，「現在你要看清楚，多數中國人既沒有錢，又沒有原則，而且他們在金融方面比歐洲人更能幹。」所以「盡可能別信任你的買辦」。[77]

這裡出現了兩個不同的問題，只是通常被混為一談：個人的不老實和協議的不足之處——

抵押和擔保人。抵押和擔保人被認為能使跨文化商業合作建立在穩固的基礎上。對第一個問題的反應，受到對中國誠信道德的普遍觀點影響很深。真要說的話，這些觀點變得越來越極端：在卓子和詐騙公司期間，上海和香港的英文報紙連載美國傳教士亞瑟・史密斯（Arthur Smith）關於「中國特色」的文章。貫穿亞瑟・史密斯這篇〈中國特色〉的假設是，在中國「幾乎不可能有信心在任何地方找到〔誠信〕」。[78]粗略瀏覽上海最高法院的英商審判紀錄，就能揭露這看法背後的種族主義假設：不老實可不是華商的專利。外商在中國把監督權下放的特質，使洋行買辦實際上相當自主地主掌重要活動領域，再加上管制不完善的商業環境，兩者的結合為不老實的人和鋌而走險的人提供了機會。上海的卓子和，鎮江的袁之鎮，或在一九〇〇年被揭穿的橫濱的阿福（Ah Fook）——他盜賣了八千袋太古糖，以實際「掏空」倉庫庫存的方式避免穿幫，至少成功騙過公司好一陣子。在上述案例中，公司都沒有訴諸法律尋求賠償，而是偏好和相關人員的商業伙伴合作以取得賠償。這個作法有其極限——卓子和已經「讓所有朋友都嚴重失血」——因此，博伊斯轉而對上海的廣州同鄉會下手，目的是用羞愧感促使同鄉會主動防止一件訴訟案給「整個廣州同鄉的圈子」帶來公共「醜聞」。[79]太古洋行在處理擔保人和抵押的問題，以及對它們的實際監督方面，顯然比較使得上力。在中國，合夥人和經理的一系列失敗，不止一次使公司遭到傷害。

顯然，公司需要更好的買辦擔保措施，不能只靠監禁貴辦的擔保人，試圖強迫他們還債，就連博伊斯後來也如此坦承。[80]但這個事件也凸顯商業和政治之間持續糾纏不清。無論是躉船、碼頭還是買辦，外國企業在中國通商口岸的政治都很脆弱。太古和其他公司在中國建起的網絡和基礎設施，不只讓商品走私武器流通，無疑也讓叛亂分子及其支持者彼此流通。鄭觀應當時已是強烈且能言善辯的民族主義思想家的事實，在太古洋行要求當局把他關押在大牢一年後，並未澆熄，反而燃燒得更加炙烈。鄭觀應聲稱，此舉是出於對他加入競爭對手輪船招商局的不滿。「真是狠心，」他後來寫道，他們拒絕妥協，無視「我對公司的付出」。[81]他主張，拯救中國的方法，是用他們自己的商業遊戲愚弄洋人。其他人則持不同的看法。隨著十九世紀即將走到終點，中國的命運似乎懸而未決。關於「民族滅絕」的威脅，還有中國很容易被外國列強「瓜分」的想法，在民間廣為流傳。越來越多的臣民認為，滿清王室無法保護中國的主權，尊嚴就更別提了。鄭觀應希望透過發展和改革救中國，從商業上擊敗外國重拾中國的主權。其他人利用香港到中國的船隻走私步槍、手槍和刺刀，或者煽動長江流域的騷亂，他們將探索另一種拯救中國免於毀滅的方式。目前，公司旗幟高高掛在香港海旁的新行樓上，而英國和其他國家的國旗，也在中國各地數十個城市的建築物和設施上，以及定期航行於中國水道和中國沿海的外國船隻上，隨風飄揚。

第七章 船運人

在一九一〇年某個濕涼的香港冬日早晨，如果你從太古洋行行樓的位置西眺港口，將看到太古輪船公司登記在冊二十二艘船的其中十二艘。另外十艘在鰂魚涌。上海的報刊重點摘錄《南華早報》（*South China Morning Post*）的一篇報導，很可能是公司裡某個認為此事值得一提的人，把報導推給了上海的報社編輯。[1]我們也不妨稍微留意，因為在很大程度上，太古集團等同於它的船隻，停泊在香港殖民地港口或該地的造船廠，往返於中國沿岸和大河的航線，南向新加坡、巴達維亞、馬尼拉和澳洲。除了高掛太古輪船的公司旗——白底上兩個相對的紅色三角形，正中央以一道藍色直紋分隔兩個三角形——太古辦事處仍負責藍煙囪的航運代理，而且從一八八三年起新增蘇格蘭東方（Scottish & Oriental）從汕頭到曼谷的航線代理。一八九二年，這條航線擴展到香港。太古更像是一家漂浮在水上而不是扎根在岸上的公司。

這二十二艘船至少將搭載七百名海員。「福州號」（Foochow）和「汕頭號」（Swatow）由六、七名歐洲人負責管理，另有中國籍的七名消防員、兩名舵工、八名水手和一名木匠，以及幾個廚子、一名管事及其下屬。[2]「海口號」（Hoihow）載有三十三名中國船員。顯然太古集團規模最大的一群僱員是在太古輪船的船上工作。十九世紀的員工紀錄中，關於這些人的介紹少之又少，因此我們需要借用其他史料，拼湊他們生活的樣貌。多數太古輪船的船隻至少有六名外籍員工，幾乎清一色是英國人：船長、大副和二副，輪機長、大管輪和二管輪。除了從英國造船廠下水時的處女航，其他時候，船員一般都是中國人，透過經紀人而非公司直接招募。更複雜的是，有名大副報告說，他的船上有「廣東裝卸工和買辦、寧波消防員和水手、〔天津〕水手長和舵手、寧波管事、廚子、打雜工等」。[3]「我是廣州人，」「惇信號」買辦阿周（Ah Chow）在一八七六年坦承道，「船上管事來自寧波。我和他說話，他稍微聽得懂，我也聽得懂一些他對我說的話。」這個分裂的世界裡有很多不同的族群——說著不同的語言，吃不同的菜色和遵循不同的習俗——擔任著不同的角色，這在中國完全是家常便飯，但也可能滋長衝突，不只是造成小小的混亂而已。菲律賓舵手直到一八八〇年代都受到僱用，有些人是在馬尼拉的航海學校受訓。當時被稱為馬尼拉人（Manilamen）的他們，為船上生活又增添了另一層語言和文化的複雜性。[4]

新公司在哪裡找到這些人？有些直接來自英國。很多船上的船副和輪機員是乘坐新造好的船艦來到東方。例如約翰・惠特爾於一八八〇年十二月三十日領著「淡水號」（Tamsui）和船上三十一名船員，出發前往香港。淡水號的廚子最遠只去到了安特衛普的監牢（「因為和人爭吵，」他後來表示）。十幾個人在抵達香港後辭職，在當地找其他的工作，還有十幾個人收下了回家的免費船票。當時四十四歲的惠特爾，取得碩士學位已將近二十年。他在一八六〇年代中期常駐加爾各答，擔任往返香港船隻的船長，在接管淡水號之前曾指揮過半島東方輪船的「蘭開斯特公爵號」（Duke of Lancaster）。約翰・森姆爾或弗雷德里克・甘威爾其中一人會親自面談所有的船長候選人，惠特爾的面試表現肯定相當出色，雖說他的船才剛因為撞到沒標記在地圖上的岬角而在紅海失事。[5]不久前喪偶的惠特爾繼續留在太古輪船公司，一八八三年領著「常州號」（Changchow）抵達香港，趕上了春季賽馬會，並擔任沿海和往返澳洲航線的船長。他在一八八四年成為公司的海事主管，擔任該職務六年，一九一〇年退休前，二度職掌該職務，前後在太古服務了二十七個年頭。淡水號的大副羅伯・麥克（Robert Mack）也續留太古，輪機長和二管輪也是。[6]

就這樣，新船載來了新招募的員工，但新公司也需要已經了解長江的人，需要托運人和乘客熟悉的面孔，他們的加入可能會為公司招來顧客，當然也會帶來一定程度的地方經驗。太古輪船成立時，約翰・森姆爾特別注重船長的素質和名聲，首要目標是找到「最優秀——河上最受歡迎且最沉著穩重的人」。他們最後決定，這個人就是格拉斯哥人詹姆斯・哈迪（James Hardie），他自一八五六年以來就在長江行船，近來在旗昌，但被太古以七百英鎊的豐厚年薪挖角。其他聘任人員包括自一八五七年起就在中國工作的羅伯・麥昆（Robert McQueen），以及在加入太古輪船之前已在佛羅西火輪船公司擔任海岸引水人「多年」的威廉・德維爾（William Deville）。[7]來自設得蘭群島（Shetland Island）的約翰・哈欽森（John Hutchison）至少從一八六五年起就在沿岸工作，從水手做到大副，然後成為怡和輪船「格倫蓋爾號」和「羅納號」（Rona）的船長，購買並駕駛自己的船，然後才來到太古輪船。由此，這家公司成了既新奇又為人所知的企業。

這是一個高度靈活、高度流動率的僱用市場。光是一八八三至一九〇〇年間，就有至少七百五十名外國人（主要是英國人）在太古的船上擔任船副或輪機員。[8]人們不停跳槽，尋求晉升、更高的薪水或更好的前景，尋求比較固定或比較有趣的住宿環境，尋求更志同道合的上司或不那麼乏味的路線（武漢宜昌線被認為非常單調）。他們可能會從事引水服務、加入大清皇家海關海事處，它有一支海關巡邏船和航標船的船隊，在中國或更遠的地方加入另一間航運公司。這是太古公司管理的各種員工群體中，任期最短暫且流動性最高的，雖然有些人在太古輪船待了幾十年。而且他們可以輕易跳槽到任何和太古輪船競爭的公司，這點主要得益於即使是輪船招商局的船，遲至二十世紀，仍以聘用外國船副和輪機員為常態。

我們從挪威出生的弗里茨・劉易斯（Fritz Lewis）的日記，可以看到為太古輪船效力的日常世界。一九〇四年，他最一開始擔任西河輪船輪機員，然後轉往沿海地區，從汕頭經香港往返西貢。他的生活稍顯單調乏味。沒有執勤的時候，船員會一起打獵，觀看體育賽事、喝酒、講航海故事或在海事協會（Marine Institute）打臺球。劉易斯到中國是為了賺錢、討老婆。五年合約期滿後，他搭船回家，實現原定計畫。在那之後，中國離開了他的生活，但不是百分百：我們從他晚年的照片可看出，他仍穿著中國拖鞋，這是離開康瓦爾（Cornwall）遠行五年的小紀念品。三十二歲的法蘭克・戴維斯（Frank Davies）已經行遍世上大多數航線，並於一九〇四年與太古輪船簽下為期五年的二副合約。他的家書充斥著關於升職、薪水和福利的抱怨，但他認為，公司把這些船維持得「像遊艇一樣」。至少這點讓他留下好印象。戴維斯先是在沿海航行，之後轉往內河輪船，他為太古輪船工作了十年，然後順利跳槽到莫勒航運（Moller Line）、輪船招商局和印度支那輪船公司（Indo-China SNCo，按：怡和洋行的子公司）。他待在中國直到一九三七年，在上海養家。[9]一八八六年，經驗豐富的水手詹姆斯・威特薛爾（James Wiltshire）把英國陸軍部的一艘補給船帶到新加坡後，對「任何工作來者不拒」，包括澳洲、婆羅洲和新加坡的「各種冒險」，有些「很有賺頭」，有些則「相反」。抵達香港後，他染上瘧疾，暫居殖民地的水手館（Sailor's Home），找到一些潛水的工作，並在一八九一年取得太古輪船「松江號」（Sungkiang）的工作合約。詹姆斯・提平（James Tippin）在一八八八年以阿基里斯號舵手的身分來到中國，在太古輪船做了七年的引水人，接著跳槽到三菱航運（Mitsubishi line），擔任港口引水人直到一九三八年。劉易斯帶著明確目標前來；戴維斯想要找更穩定的職位。而諸如提平和威特薛爾這些人隨工作潮漂流到亞洲，他們有什麼做什麼，無論工作會把他們帶到何處。[10]

在某些方面，船長的地位有點尷尬：因為他們不是紳士階級，卻有身為船長的強烈尊嚴感。在上海時，吉姆・史考特覺得藍煙囪的船長不夠尊重人，因為他們通常不會在到港後來辦公室見他，而他認為禮貌上他們應該來打聲招呼；太古輪船的船長就會來見他。「雖然我希望你維持嚴格的紀律，」約翰・森姆爾在一八九二年寫信給太古輪船的上海海事主管說，「言行舉止要盡可能體貼……年紀較大的船長……很敏感。」[11]他們有關乎個人但也關乎專業的自尊。倨傲不恭是船長文化的一部分：「老大」（Old Man）在船上與人保持距離，從而維持自身的權威感。實際管理船務的是船副。我們也必須記住，船隻的指揮官（船長）是管理者，而不僅僅是一名海員。實際上，他們是公司的商業代理人，得以自主做決定——接受馬戲團的包租，或是接受一定人數的朝聖者——他們管理船上全體員工，儘管這個工作透過大副和買辦被向下分派；同時出面安撫那些需要安撫的乘客（用西洋棋或音樂）。從各方面來看，他們都等同於「一間船運分公司的」經理，他們被託付了可觀的資本：船舶和貨物。[12]而電報正逐漸改變他們的角色，因為他們越來越能迅速諮詢太古洋行的分行經理或船運職員，不過仍然保有相當大的自主權和職責。

那些純粹密集、繁忙的船運業務量紀錄反而常被忽視。舉例來說，一八九八年十一月，南京號掛上彩旗，紀念自十五年前服役以來完成了一千趟航行。她將繼續服役直到一九三三年。惠特爾的航海日誌記錄著幾乎不曾停歇的活動——畢竟，一艘停著不動的船，就是一艘賠錢船：上海到武漢，航次二六一，一八九五年九月十九日出發，九月二十一日到達武漢，九月二十三日出發，二十六日返回上海，二十八日出發，十月一日返回武漢，如此循環不止。航次五四一：貨物六千六百三十石（近四百噸），乘客九十名；航次五四三：貨物四千九百〇五石，乘客七十五名；航次五五三，貨物四千六百二十三石，乘客一百四十名。「通州號」（Tungchow），航次二七七：一八九〇年三月，前艙貨物一千七百石，煤倉燃煤四十噸，乘客四百人。[13]雖然乍看是粗略的航海日誌，卻提供非常精確嚴謹的紀錄，更能捕捉太古輪船發展出的海上網絡，隨著航程脈動。唯有在目睹這些紀錄後，才能抬起頭想像喧囂：霧笛（foghorn）、汽笛和報時鐘，碼頭工人在裝卸貨物時高聲吟誦，警衛和乘客大聲叫嚷，船長對船上買辦吼叫，要他們催促乘客上下船，還有引擎充滿節奏的震響聲；船隻在離港前短暫噴發的沖天煙霧也是船運這一行的正字標記。

他們的貨物和乘客可能比總貨物重量或總載客量透露出更有趣的訊息。萊頓船長（Captain Lighton）在一八七八年領著「牛莊號」（Newchwang）出航時，接了一群完成朝覲要回麻六甲海峽的朝聖客。（藍煙囪雖不是客運公司，每年卻也為數千名朝聖者提供服務。）楊恩船長（Captain Young）在一八八四年的九月接受常州號的包租服務，載送車利尼馬戲團（Chiarini's Circus and Menagerie，在中國沿海地區大受歡迎）從墨爾本到奧克蘭。奧克蘭成群的觀光客觀賞著「奇妙的浮士德家族和歌舞團」，「裝載著皇家非洲獅、皇家孟加拉虎、博學斑馬、有教養的大象的笨重獸欄」和其他外來動物下船。太平洋海上公路的形成，意味著這些創業者得以更輕鬆地以更便宜的花費從事他們的巡迴工作——車利尼馬戲團的總部位於舊金山，而對由來已久的朝聖、移民或季節性就業模式而言，歐洲航運網絡已然不可或缺。[14]

往生者也會移動。一八八五年的四月，英國公使巴夏禮猝逝後，太古洋行上海辦事處在藍煙囪的「安紀塞斯號」（Anchises）為爵士的棺材安排了一個甲板艙，將他的遺體運回倫敦。事實上，在亞洲過世的歐洲人一般都埋葬在當地。反而是中國人會被送回家。運送死者或他們的骨灰是很常見的事，不過多數死者不會有專屬客艙。一八八三年，完成處女航準備從殖民地返航的海口號，在南運當季新收茶葉後，載著客死紐西蘭的兩百八十六具中國旅居者遺體北航。他們或裝在棺材（有的長三公尺）裡，或是骨灰罈，從達尼丁（Dunedin）返鄉。這一大批貨物在雪梨被檢疫官刁難，但終究順利北返。「有點令人不舒服的貨物，」當船抵達香港時，《中國郵報》指出。但令人不舒服的只是她載來的數量。就像在國內一樣，華僑海外同鄉會很大一部分的活動，就是提供將遺體運回老家的服務。其中一個在雪梨的同鄉會，在「每艘中國郵船靠岸時都備好棺材」，是為了在海上身故的同鄉。在香港，東華醫院協調遺體的存放和運送。這已經成為例行公事，太古輪船甚至在運費清單直接列出價格：一八八三年從上海到煙臺，運送一具棺材是十五英鎊，如果是空棺，十英鎊。上海四明公所（寧波會館）在一九〇一年和太古輪船與輪船招商局簽訂合約，每年運送至多四百具的棺材。這些毫無疑問是很理想的乘客：他們占用的空間較少，不需要餵食，而且支付的費用遠高於一般人。[15]

這些棺木、往生者造成的麻煩也遠少於船員。根據劉易斯、戴維斯或惠特爾的船副或輪機員經驗和例行專業工作來看，船舶可說是海上的私人衝突爆發場地。船上的糾紛往往變成法庭訴訟和新聞事件。福州號船長約翰·托馬斯（John Thomas）和輪機長哈迪（Hardie）之間的不和，導致後者在一八七六年浦東的泥灘上，滿身爛泥地襲擊前者：「如果可以的話，我真想用鞭子抽托馬斯船長」，哈迪在眾人面前說道。一八九八年，輪機長約翰·沃德羅普（John Wardrop）控告公司，聲稱公司無故解雇他，而且欠他工資。沃德羅普於一八九五年從格里諾克的史考特造船公司（Scotts）加入太古時，已經有十五年的工作經驗。他隨新船「蕪湖號」（Wuhu）出海，然後繼續待在太古。他不停地換船，每個船長都抱怨他的脾氣和他「言語粗暴」，以及他不時想要干涉。沃德羅普反過來指控船長酗酒、使用暴力或懷恨在心。湯瑪斯·吉爾斯船長（Captain Thomas Gyles）承認，是的，我確實拿起我的手槍威脅說，如果他再不走就開槍打他。吉爾斯取得船長證書已有十四年，在太古輪船服務了十六年。一副小心翼翼地陳述說，他將發生衝突的兩人分開時，船長「在一定程度上，是清醒的」，「但在此四個小時前，他還沒清醒」。「完全沒有根據，」吉爾斯反駁指控。約翰．博伊斯（John Bois）禁不住惱火的作證道，太古輪船「如果必須幫每個輪機員和船長媒合，生意根本做不下去」。當然，這一切都只是聘用和管理人員的日常煩惱。但在通商口岸和香港相對與世隔絕的公共世界裡，壞脾氣的輪機長和據稱是酒鬼的船長，就成了很大的麻煩。此案隨後在庭外和解。吉爾斯和沃德羅普雙雙離開了公司，可是當《北華捷報》用八個欄位報導此事件時，損害就已經造成。[16]

海員沒有拿棍棒互毆的時候，就是一起上俱樂部消遣。他們不得不和自己人取暖，因為「上海的人在多數情況下是徹頭徹尾的勢利鬼」，戴維斯在一九〇五年無奈抱怨道，「還裝作不認識航運的人」。有鑑於鬧上法庭的諸多紛爭，我們對此並不是非常意外。「有些職員真的令我內心燃起熊熊怒火」，戴維斯早些時候在上海寫道：「在太古洋行的辦事處，最侮辱人的就是幹部和托運助理。」「香港那邊的人就親切多了。」[17] 沃德羅普和成為太古社內員工的年輕人，通常生活在判若天壤的兩個世界。在上海，生活在岸上的水手，絕大多數都定居在城市的另一區，主要是在蘇州河（吳淞江）以北的虹口。坐辦公室的人住在蘇州河南邊。各個船長在尋找屬於他們的俱樂部新據點時，會排除某個鄰近上海總會的場地，不想要「和所有該死的上海大班靠那麼近」。船長、船副和港口及沿岸的引水人，在一八八五年成立的上海商船船員協會（Mercantile Marine Officers' Association）及其俱樂部裡聚集在一起。當時，已經成立十一年的船長協會（Ship

Masters' Association）決定敞開大門，歡迎更多人加入。[18]他們在甲板下的伙伴則是在一八七六年成立海事輪機員協會（Marine Engineers' Institute）。這些是以社交為宗旨的組織，不過也為成員的利益發聲，至少試圖這麼做：吉姆．史考特在一八八五年公司引進較低的薪資新制而引發爭議時，便拒絕會見海事輪機員協會組成的代表團：「我們不知道我們和協會之間有什麼問題需要解決。」[19]

研究史料紀錄，很容易得到這樣的印象，多數水手要麼愛喝酒，要麼是正直的戒酒者，他們不是在虹口廉價小酒館買「方臉」（Square Face）、「現成閃電」（Ready-made Lightning）、「四十棍」（Fortyrod），或是在俱樂部裡喝啤酒、白蘭地，就是在禁酒樓（Temperance Hall，按：又稱規矩堂）喝咖啡，唱讚美詩，認真聆聽講道。兩者間似乎沒有緩衝地帶可言。[20]有位學者認為，船副們很可能是「滴酒不沾的書呆子」，但令人遺憾的出庭紀錄顯示，情況並非如此。[21]太古輪船在這些方面當然也不例外。福州號的第一名輪機長於一八七五年七月在上海住院後不久離世，他「患有初期的震顫性譫妄（Delirium Tremens，按：亦稱為酒毒性譫妄。）症狀」。一八九〇年，一名前船長、後來的商船船員協會舞會組織者，以「最不堪的狀態」現身上海的治安法庭，遭人指控在南京路乞討，因為「嗜酒」而淪落到這步田地。[22]上海的航海禁酒會（Marine Temperance Society）成立於一八七一年，等到第一個會所在一八七三年五月開始營運時，已經聚集了大批「保證戒酒者」，其中包括船長、船副和輪機員。在上海和香港的傳教士、船員和行政人員努力為海員興建各項設施，他們希望這些設施能讓海員遠離廉價小酒館的老闆。[23]太古洋行的航運辦公室也必須監督藍煙囪的員工。當海員在港口辭職成為公共負擔，或者誤入歧途時，他們會被找去說明緣由。一八七九年六月，兩名「史坦特號」（Stentor）的消防員在上海失蹤。一個因為在街上「醉到不省人事」被帶到租界的警察局。另一個在這個溫暖怡人的夜晚試圖游泳回船上，沿途還一邊唱歌。但根據調查死因的驗屍報告來看，這並不是個好主意。[24]

廉價小酒館賣的摻水烈酒非常便宜。不過，戴維斯覺得上海的生活費用太高。和他同為二副的同僚裡只有一兩個已婚，而他們幾乎就要入不敷出，必須另外收留寄宿客多賺點生活費。公司拒絕給付休假回家的費用一事受到多數人抱怨，另一個人們常抱怨的，則是晉升速度太慢（「這是公司裡有不喝酒的員工的缺點之一，」戴維斯開玩笑說道；沒有人被開除，就沒有工作機會）。儘管如此，戴維斯「每天享用八道式的晚餐」，他把「金陵號」（Kinling）提供的早餐菜單寄回家：「粥、炸魚、火腿蛋、培根蛋、荷包蛋、現點水煮蛋、牛排、羊排、水煮過後的冰涼火腿，冷鹹牛肉、冷野味派、冷烤牛肉、冷乳豬、冷腿羊肉、咖哩牛肉、果醬、茶和咖啡、水果。」也難怪他的體重直線上升，不過「要待上三年的念頭讓一切變得黯淡些」。[25]一九〇三年八月，擔任乘務員的他在「鄱陽號」（Poyang）的遭遇讓人開心不起來：霍亂在船從蕪湖往武漢的幾個小時內，奪走許多人的命：船長、大副、輪機長、大管輪、引水人和食堂雜工。[26]

由此可見，維持生計通常不是大問題。找伴侶才是挑戰。當「天津號」（Tientsin）船長愛德華・勒梅蘇里爾・羅賓遜（Captain Edward Le Messurier Robinson）在一八八四年於上海聖三一堂座迎娶汕頭港口引水人十八歲的女兒瑪麗・林克萊特（Mary Linklater）時，停在港口的太古輪船紛紛升旗慶賀。一八九二年，有個人寫信到《神戶先驅報》（*Kobe Herald*）辦公室，請他們協助他「取得」一個「願意結婚的日本女孩」。於是，他得到一次免費登報的機會，儘管這並不是太受歡迎的方式：「專跑太古糖廠貿易線」的「〇〇船，擔任三××的J·×-C×」。他不是唯一一個刊登這類徵婚啟事的人，但他是報紙上「太古男尋妻」的標題下，刊載（並在香港和新加坡重印）的一長串不具名名單中，唯一幾乎可以辨認出身分的人。多數男人則落腳在結婚、找伴侶這兩者之間。許多人客居他鄉，他們沒有在英國生根，一如水手在任何地方都是過客。在中國留得比較久的人，不會遇到太多和他們同階級的女性，而且那些女性可能想在社會地位上有所晉升，惠特爾的幾個女兒就是這樣。大衛·馬丁（David Martin）在太古工作超過三十載，卻直到一九〇七年過世前不久才結婚，好讓他和歐亞混血的康鳳雀（Kang Fung Que，也被稱為瑪麗·哈登〔Mary Haden〕）所生的女兒地位合法化。從一八六九年到他去世之前，在他的友人記憶中，他只回過英國一次。大衛·馬丁和康鳳雀之間的這種長期交往關係其實相當普遍，而且遠比「J·×-C×」的方式更不引人注意。[27]「我真希望我能結婚，然後在岸上有一舒適的停泊處，」戴維斯不住哀嘆道。[28]

大衛·馬丁的遺產頗豐，遺囑和財產目錄更讓我們見識到一個成功發跡的人可以賺多少，尤其是在通商口岸的房地產市場或透過證券交易。但並非所有人都能如此，而且多數人的遺產不多，財產目錄寥寥可數。海員不止一次遊說要求加薪。一八七八年，為了回應員工們的不安，約翰·森姆爾給予太古輪船全體員工——河運和海運——同樣的工資，而且和他們競爭對手的工資不相上下。一八八一年六月，船副集體遊說提高工資，但在不為所動的朗面前「屈服了」。朗認為船副的薪資等級已經夠高了。「我們最好的一個員工因此離開，」他說，只是當他發現其他公司的工資沒有更好時，就回來了。同一時間，輪機員也逼迫朗在類似的問題上讓步。[29]後來有個關於週日工作的爭議在香港越演越烈。麥金托什以商會主席的身分反對引入任何限制——香港沒有任何週日工作的限制是不尋常的——正是對這件事的立場，使他被稱為激進的船東。一八八八年，海員教會（Seamen's Church）的牧師首次提出週日停工的議題，遭到斷然拒絕，然後新成立的英國商船船員協會又再提起。協會認為，宗教良心對他們在安息日上工產生不利影響，而他們的合約也要求他們按照指示工作：因此，他們是奴工。可是，週日工作的頻率並不高，船東們如此反駁，藉以迴避關於原則的討論。當時的香港總督威廉·德輔（William Des Voeux）在卸任前夕，頒布了《禮拜日貨運工作條例》（*Sunday Cargo-Work Ordinance*），不過有個許可證制度在很大程度上削弱了頒布條例的初衷。「航海人員沒有宗教信仰，」戴維斯這麼寫道，「船東不在乎他們的心靈福祉，只要他們把工作做完。」[30]週日勞動爭議是日後集體談判的一個前兆。

關於十九世紀太古輪船的華人員工，我們又是所知不多，實情更是少之又少。根據法庭審理案件的片段，船員的多元組成可能是造成緊張關係的一個根源。一八七七年十二月，天津號船長德維爾曾兩度將數名船員帶到上海的警察法庭：據說，在他們的「頭人」的慫恿下，這些人拒絕在聖誕節當日上工，因為其他航運公司都給他們的員工放假。法官大概是透過翻譯告訴他們，他們有義務服從船長。兩天後，船員阿宋、阿美、阿池又回到法官面前。所有的華人員工都離開天津號了，而這艘船卻必須在隔天早上啟航。他們聲稱病了。法官卻不這麼認為。德維爾先前只要求法院鞏固他的合法權威，而不是懲罰這些人，只除了慫恿他們作亂的元凶。這會兒，他希望法院對他們處以罰款，以防日後他們得到報酬又出現問題。翌日，天津號如期離港。這批員工至少願意集體爭取他們認為公平的待遇，並參考其他公司，好找出一個評判公正性的標準。[31]

德維爾絕不是同時借助談判和法律來管理人員的唯一一名船長。反觀大副保羅．霍爾茨（Paul Holtz），他卻試圖用一把斧頭來管人。他認為，「武昌號」（Wuchang）上曾被他告誡該清理煙囪的廈門水手長，命令他的追隨者——其中有十二人出庭支持他——攻擊霍爾茨：他們大喊殺、殺。舵手反駁霍爾茨的說法。舵手是六年前水手長自己也剛加入武昌號時招募的人。瓦萊克船長（Captain Vallack）命令他的大副收起斧頭，然後在水手長衝向霍爾茨時，將他擊倒。法官告訴霍爾茨，他拿起斧頭的舉動「非常不智」——這麼說也許太過輕描淡寫了——隨後表示，他認為兩個人都有錯，但以「普通傷害罪」對水手長處以罰款。法官以命令的口吻對口譯員說，告訴他：「他應該知道自己在一艘英國船上，受到英國法律的約束，如果他認為自己受到了不當的對待，他可以到法庭爭取賠償。」[32]這是英國治外法權的一次意外延伸，因為在其他各方面，中國人無疑不受英國法庭的制約，即便他們必須利用英國法庭來起訴或控告英國人。英國海事法混淆了制度。但還是有一些方法可以避開。一八九一年的十月，清朝當局在汕頭要求太古交出松江號的全數華人員工。松江號剛從天津南返，海關在天津發現大批隱藏的武器，認定這些武器是走私給叛亂分子的。船長同時遣散華洋船員，然後歐洲員工又重新簽訂契約，並找來一批全新的華人海員上船。人們最後一次看到原來的船員，正是他們被運往岸上監獄時。[33]

船舶買辦在資料裡出現的頻率相對高一些。這也是理所當然的，畢竟太古輪船的事務大多是他們在打理的。[34]船上的中國乘客業務全被下放給買辦，而且他還負責接收貨物上船並安全運達。做這些工作，讓他獲得主要用於支付花費的薪水，外加一筆佣金。他僱用一個由助手和碼頭工人組成的團隊。這些船舶買辦日後會依次出售在船上提供其他乘客服務的特許權，如餐飲服務等。中國旅客登船時沒有船票，而且可接受的乘客數也沒有上限。一旦華人交誼廳擠滿了人，如果貨艙還有空間，乘客可能會被安置於此。接著，買辦在船上發船票。手頭沒有錢的乘客可能會典當衣服和財物。就像惠特爾四捨五入的乘客總數顯示的，中國乘客的數量總是因而存在一些不確定性（買辦售出的船票數量比他們後來承認的還要多，也不是前所未聞的事，因此二副可能會負責向乘客收取票證，檢查買辦提供的數字）。[35]船長仍對船隻負全責，而把監督乘客和貨物責任轉包給買辦的作法，衍生出許多問題。其中最嚴重的問題正是人滿為患，因為買辦會盡可能地讓乘客登船，走私問題也隨之而生。

船運買辦本身也會出現在報紙上，主要因為他們握有小偷眼中的油水。上海號不見了兩千兩，船上廚子指認兩名嫌疑人，結果兩人跳江逃跑，雙雙溺斃。一名貨物搬運工盜竊「貴陽號」（Kweiyang）的客艙；「杭州號」（Hangchow）的人被指控未發工資給船員，他的帳房這才承認自己盜用公款。太古的天津代理人報告說，「深圳號」（Shengking）的買辦是「好人」，但身為南方人，而且「注重尊嚴」，並不適合拉客：

在中國，北方人或寧波人對經營客運很有心得，山東人是個中翹楚。他們和客運行的人很熟，會到各個行樓拜訪，和行裡的人打成一片。

我們有一名船舶買辦的肖像，他是九江人，自一八八二年左右開始為太古工作。一九〇八年時當上北京號的買辦，在上海福州路經營船具店，成為藍煙囪輪船的簽約供應商，還把長子送到英國念書。當他的兒子在一九一八年回國時，已經是劍橋大學畢業的合格大律師。這顯然可以是一門賺錢的生意。[36]

這些不同的船舶責任範圍分工，本身已經和船長、大副和輪機長的標準責任範圍劃分重疊，如今又因為華洋乘客船上使用空間的另一層劃分，變得更加複雜。外國乘客的船票費用遠高於中國人的票價，他們的住宿也和華人交誼廳擁擠的大混戰形成鮮明對比。一名領事報告說，南京號的「配備最舒適、最豪華」，有「一塊上好的厚地毯……躺椅……一塵不染」，還有「一臺音域準確又大方的鋼琴」。船長是個「音樂天才」，輪機長會吹長笛為他伴奏。鋼琴家是曼克斯曼．查爾斯．萊西．柏克斯（Manxman Charles Lacy Perks），他在藍煙囪工作了七年後，於一八七三年加入太古輪船。也許如珀西瓦爾（Percival）所說，他們在船隻「險些撞翻一艘老閘船」（但還是對那艘船造成極大破壞）之際，他們正在鋼琴旁「和諧地談論」「孟德爾頌、貝多芬和莫札特」。[37]甲板上外國交誼廳不開放給歐美以外的乘客的限制，在遇到傳教士時比較寬鬆，特別是和中國內地會（China Inland Mission）有關的傳教士。就他們而言，這主要是出於經濟原因，但也出於信仰：他們穿著中國服裝——總的來說，這讓在中國的歐洲人和美國人感到恐懼——也讓遇到他們的中國人困惑，他們和中國人同住在鋪滿鋪位的甲板下交誼廳。有個英國人描述道，除了其他乘客沒有惡意但無止盡的好奇心之外，唯一的困擾是其中一些乘客吸食的鴉片氣味。但另一個旅者在更久以前遇到類似尷尬處境時說，鴉片的氣味可能有助他們入睡。[38]

船長聘請一名中國乘務長為外國乘客張羅餐飲，中國乘務長於是聘請了廚子、侍者等。這可能會引起爭議，例如乘務長向英國法院提出賠償訴訟，控告羅伯·摩根船長（Captain Robert Morgan）還欠他為摩根及其副手們提供服務的工資。根據其他報告顯示，船長也帶著他們的私僕上船——「家丁」對船上和陸地的生活而言，同樣不可或缺——船長也可能帶著他們的家人。一八八八年，有個從上海前往天津的英國乘客描述，她對於「重慶號」（Chung King）上有中國乘務長感到不安，因為她比較喜歡「女乘務長」，而且是歐洲的女乘務長。但愛麗絲·海耶斯（Alice Hayes）更介意的是船長約翰·哈欽森的妻子伊麗莎白·威廉遜（Elizabeth Williamson）在船上：「我不能說我贊成船長的妻子在海上指揮乘客該坐在哪裡，在其他女士們面前逞威風！」愛麗絲·海耶斯是四處巡迴的騎術教練，正要前往天津為「女士們」上課——她沒有把某位船長的妻子算在女士裡面，只因她是謝得蘭群島佃農的女兒——海耶斯以馴服斑馬聞名，而且她對任何感興趣的話題都不吝於發表意見。她的丈夫馬修·霍勒斯·海耶斯（Matthew Horace Hayes）則是專注在記錄北上旅程所供應的食物份量和品質（「整天喝白蘭地和蘇打水……這是我在船上度過最美好的四天」）。但他也熱情推薦從新加坡航行至香港的藍煙囪，因為儘管這些船又慢又小，至少沒有僱用華人船員。[39]

除此以外，海耶斯夫婦的旅程相當順利。但旅行從來不是沒有風險。船長是否駕輕就熟、船長的經驗都很重要，原因很簡單，因為船隻是重大投資，公司承受不起失去船隻的損失，或失去聲譽的代價。可惜，還是損失了幾艘船。上海的商船船員俱樂部的圖書館裡，收藏一系列當地航運事故的照片。太古輪船的船隻也在其中。格倫蓋爾號是公司損失的第一艘船。一八七五年十一月，她載著小麥和稻米，從廈門前往汕頭。阿默斯特・卡內爾船長（Captain Amherst Carnell）「粗心大意又魯莽的駕駛」導致船隻撞上南澳附近的礁石後，在十分鐘內沉沒。幾名乘客和兩名船員喪命，包括卡內爾。六年後，擁有「公司最年長、最資深的船長之一」的「北海號」（Pakhoi），在駛進廈門港時，撞上一塊岩石。海關浮標偏移了九十碼：船員免於受罰。這次事故沒有造成人員傷亡，但船員和岸上的群眾不顧船隻正在沉沒，大肆劫掠船上貴重物品。蕪湖號於一八八三年二月在長江口附近擱淺，調查法庭的證據，凸顯出艦橋（bridge，按：船的指揮站）的多語環境：四名舵工都是馬來人，而且其中至少有一人似乎完全不通英語。船長為此遭公司訓斥。六個月後，福州號在濃霧中擱淺：大副犯下「人為判斷失誤」。一八八七年八月某個「大雨滂沱」的「漆黑夜晚」，天津號在汕頭東北的里斯島（Rees island）擱淺，回天乏術。乘務長在船員擅自把一艘救生船倉促放入水中時，溺水身亡。船長沒有在船員稍早呼叫他時，及時來到甲板。一八八八年二月二十二日，汕頭號撞上南澳島附近的礁石之際，二副人在艦橋裡，但隨著他在這個顯然對太古航運不利的地點溺斃，任何關於事故的解釋皆不得而知了。其他人緊抓船帆索具，但有好幾人因為筋疲力盡而摔落，沒等救援抵達已上西天。[40]

在一八九〇至九一年的十二個月內，公司總共損失了三艘船。儘管船員保持警覺並且對乘客下令禁止，一名上海號的乘客在船隻從鎮江往上游航行時，仍使用暗自攜帶的炭爐，因此有可能點燃了某貨艙內的棉花捆。船上少說也有四百五十名乘客，其中兩百多人喪命——有一份報告認為船上載有七百人。附近的中式帆船船員乘亂大肆掠奪，更搶劫乘客，在財物搜刮一空後，把他們扔回河裡。許多成功逃生上岸的人也被搶個精光。買辦描述道，「我大聲求救，嗓子都喊啞了。」「我不知道為什麼船夫不幫忙。中國人一般不是這樣的。」死者照片張貼在鎮江供親屬指認；棺材堆放在岸邊等待裝運。船被打撈起來後，變成躉船，在廈門的外灘繼續為太古輪船服務了四十五個年頭，成為這場可怕災難的遺物，看了教人毛骨悚然。宜昌號「一直都很難操控」，所有曾指揮過這艘船的人都這麼認為。但一八九一年十一月，宜昌號從上海往寧波途中撞上一處岩塊，被認為是船長約翰．克魯伸科．佛斯特（**John Cruikshank Foster**）個人的疏失。太古輪船公司這個星期的運氣很背。「天哪，船怎麼會跑到這裡？」「雲南號」（**Yunnan**）靠近汕頭時，三天後才從船艙裡出現的皮考克船長（**Captain Peacock**）忍不住驚呼道。他人應該要待在甲板上的。皮考克聲稱，大副在描述船發生事故的經過時對法庭說謊，不過調查結果也顯示是他的疏失。報導認為，這是一次「非常莫名其妙」的事故。當另一艘華人的輪船「通山號」（**Tongshan**）前來協助疏散時，她的螺旋槳被繩索纏住，也跟著沉沒，為代價高昂的汕頭鬧劇第二幕劃下句點。[41]

其他未導致沉船的嚴重事故也是有的。一八八九年，開封號擱淺迫使公司全面檢視艦隊的管理。開封號的船長被叫醒時，沒有上來甲板——睡前酒喝太多了，約翰・森姆爾在倫敦如此推測——而且船員似乎缺乏有關航行和程序的常規指示。檢討得出的結論是，時任海事主管的約翰・惠特爾對他的船長們「太客氣」，沒有要求他們要紀律嚴明。公司把惠特爾下放回艦隊，並任用從東方航運（Orient Line）來的新人出任海事主管。此人已婚，想要「住在岸上」。[42]在上海擔任海事主管是很忙碌的工作：十九艘沿海和內河輪船，上海七艘浮船、寧波一艘，十艘港口貨運船、上游躉船及浮船，每座通往碼頭的橋，以及監督源源不斷的供應，維持低成本，還有管理船副與輪機員。[43]

對一間大型而且持續擴大的航運公司而言，在遲至一八六八年才開始系統性地在沿海與河道班次密集的船班上安裝照明——負責的工程師認為，全部安裝直到一九一二年才算完成——這幾乎不算是什麼太嚴重的虧損紀錄。不同於多數航運公司的老闆，約翰・森姆爾本人曾在一八七八年從香港往澳洲途中遭遇沉船事故。[44]儘管如此，他仍覺得宜昌號的沉沒是「太過大意」。皮考克船長「沒有權利在離岸邊這麼近的時候，還躺在床上睡覺」。而他當時在艙房裡睡覺，很可能是希望在靠港後能「精神奕奕地享受」，約翰・森姆爾猜測。雖說人們通常不會把汕頭和享樂聯想在一起。也許船長需要一個財務的誘因保持專注，像是負擔任何沉船損失的頭四千兩。[45]「說來奇怪，」在收到雲南號失事的消息後，他並非亂開玩笑地表示，「但醉到不醒人事的船長往往比清醒的船長更幸運」：他們更加小心，因為知道自己喝了酒。乾脆這樣好了，以後丟了船「但沒丟小命的船長，都應該被淹死」。[46]然公司實際執行的，則是另一個解決方案。一八九一年，太古輪船支付的工資低於業界平均，但公司卻沒有提高工資，而是在前一年針對其歐洲船員實行「安全航行獎金制」（Safety Navigation Bonus）。[47]公司當然也有可能拒付獎金。公司在一八九一年的松江號軍火走私事件之後，拒付獎金給船副們，理由是他們若不是有所疏忽導致武器被藏到船上——有些藏在舵手的艙房裡——就是被走私者收買了。二副詹姆斯．威特薛爾反對公司的作法，試圖在船即將離開香港時辭職以示抗議，結果他遭逮補，送到地方治安法院。威特薛爾被關在牢裡一個星期，導致當地報紙猛烈抨擊麥金托什和太古。威特薛爾被指控的法條沒有替代監禁的罰則，公司又拒絕撤告，堅持要讓威特薛爾在獄中服刑，「對船上僱員以儆效尤」。[48]這對威特薛爾而言很殘酷，但人們對長江的騷亂記憶猶新，更教人難忘的是年輕英國海關助理、空想家查爾斯．梅森（Charles Mason）的神祕案件。梅森策動了從香港走私武器給鎮江祕密會社叛亂分子的一場陰謀。真正厲害的武器，他聲稱。這個陰謀計畫遭人揭露，絕大多數武器在上海被查獲。而梅森在鎮江，正是從太古河輪下船，走到加的斯號甲板時被捕。[49]

整體來看，太古輪船正在穩定成長。一八八三至一九〇〇年間，公司購置了三十八艘新船。豆餅貿易是一門賺錢的生意：將已經碾碎並製成塊狀的黃豆從牛莊（營口）運送到汕頭加工，製作成肥料。光是一八九七年就訂購了六艘「豆餅船」。上海天津航線和天津廣州航線的重要性也增加了。太古輪船的擴張也是受到太古糖廠投資的帶動，然後又回過頭來推動太古糖廠的業務：豆餅、原糖和精糖都在沿海地區運輸，也往返東南亞各地。

中國移民的悠久歷史在一八七〇年代進入新階段，前往澳洲和美洲的人越來越多。慫恿、威逼利誘中國男性到海外工作的作法，存在著很多不為人知的黑暗面。他們收集鳥糞，到種植園或礦山工作。關於醜聞和幾乎無異於奴隸制的工作條件報導，促使清朝派使團出國調查。事實上，這同時導致了清朝第一個常設領事館的成立。等到一八七〇年代，清朝和殖民法規似乎已大幅抑制了非法脅迫——「豬仔」貿易——但市場對中國勞動力的需求也在這十年間顯著增加。例如，為太古糖廠提供原糖的種植園就很缺工。這是一門合法的生意，卻仍引起官方的懷疑，而且總是令人聯想到非法的勾當。

舉例來說，一八八三年八月，五十三名男子在汕頭搭「吳淞號」（Woosung）北行，準備到上海轉搭「臺灣號」（Taiwan）前往昆士蘭。他們簽約要到昆士蘭工作，且太古洋行業已支付預付款。航行時遇到的強烈颱風耽誤了行程，沖走他們的大部分行李——肯定是一趟波濤洶湧的旅程——導致他們錯過臺灣號的啟程。他們被安置在法租界的住所，等待下一班船，未想上海的中國當局得知這群人的下落，以官方立場反對他們離開。領事和警察介入，這些人被法國警察帶到會審公廨。太古洋行提出賠償要求，卻遭到清朝官員的拒絕，也沒有得到太多英國官員的支持。運送簽約到昆士蘭工作的人完全合法，這點無庸置疑，但從汕頭把人員先往北送到上海，而不是直接去香港，就說不太過去了，因為臺灣號也會停靠香港。這艘船最終於九月下旬抵達昆士蘭，八十六名華工和五十四名馬來人上岸，不過滯留在上海的這組人最終未能到達。此外，清朝官員只是表達關切之意，澳洲官員卻是非常困擾。有條法律在臺灣號離開香港後生效，導致當她再度停靠昆士蘭時，船長被罰了兩百二十英鎊：超額二十二名中國乘客，每人罰十英鎊，略高於罰款的下限。[50]澳洲殖民地也即將開始阻撓華工入境。

汕頭是中國勞動力輸出的重鎮，以此相對的，則是實際上的奴工償債制度。太古洋行透過代理藍煙囪，獲得關於這門生意的豐富專業知識，因為霍特的公司自一八七五年起，一直定期從港口運送勞工到新加坡，前往南方尋找工作的人有一半都是搭他們的船，而且藍煙囪將繼續運送勞工直到十九世紀末。太古洋行最初透過郭氏兄弟（其中一人是德商買辦）經營的一間「苦力行」以常見的抵押方式，為負擔不起藍煙囪航程的人提供旅費，一旦勞工透過苦力行的新加坡勞工招聘員關係取得工作，就要開始償還預付款。他可能需要工作三年才能償還當初的預付款。這項業務有可能而且也確實讓太古洋行捲入爭議，尤其是一八八三年，當地官員開始採取行動對付郭氏兄弟，其中一人乘坐藍煙囪逃往新加坡，苦力行被發現根本沒有資產，而且已經把抵押債權轉讓出去。[51]所幸太古這次把錢收回來了，畢竟這是門賺錢的生意，雖然勞工本身過得艱辛，但起碼對經營者來說是賺錢的。太古洋行將繼續從事新加坡和曼谷的乘客貿易代理，而且在遭遇一八八三年的問題之後，開始更直接地介入管理。太古透過其「太古南記」（Taikoo Nam Kee）客運行或「苦力」行，以及「苦力店」（住所）網絡，繼續為移民張羅船票（並在需要時提供信貸）。一九一四年尾聲，太古輪船著手投入這一行，建立在太古洋行透過代理累積的厚實基礎上，從汕頭發船，一戰後，改從廈門。在某個船長的記憶中，這條航線提供乘客「簡陋」、甚至「原始」的設施，而且飲食「簡樸」。他們大多只能待在甲板上，而且不停遭到船舶買辦僱用的員工糾纏。然而，十九世紀中葉以來的每一次醜聞，在在長期影響人們對這類運輸業務的觀感。[52]

約翰．森姆爾很久以前便思考起公司該如何從太平洋各地或澳洲的人員載運業務中獲利。他曾在一八七五年問說，這樣的服務會帶來中國乘客嗎，「還是移民力道正在減弱？」公司在一八九一年、一八九四年和一八九八年三次出價競標跨太平洋代理，但要不是競標失敗，就是沒有帶來收益。[53]公司在一八八〇年代初，為了從福州經香港、新加坡、巴達維亞到澳洲的航線建造新郵輪，這是從沿海貿易向外跨出的一大步。只是澳洲投資觸犯了殖民地為阻止中國人前來而實施的種族歧視移民體制，而中國人的人數絕對沒有減少，這個發展也對澳洲華人產生了嚴重後果。一八八四年十月二十四日，太古輪船常州號在布里斯本以北兩百哩處失事的後續發展，最能夠說明這些規定的惡毒之處，並呈現澳洲官員在執行這些規定時有多見獵心喜。服役不到一年、一千一百噸的常州號，載著約七十名中國乘客前往香港，因距離弗雷澤島（Fraser Island）岸邊過近，擱淺沉沒。船上六人溺斃。救生船在黑暗中被海浪和浪湧傾覆，掙扎上岸的倖存者被困了將近三天，幾乎沒有東西可以維繫生存，二副連同一些人沿著荒涼的海岸跋涉到一座燈塔，再到瑪麗伯勒（Maryborough）的港口，找人接回島上倖存者。根據說詞委婉的報導，這些乘客和中國船員抵達港口後被當成囚犯一樣對待，並「由警察押送到有上鎖大門的移民營房安置」。每個人都被強行搜身——「像小偷一樣」，船上唯一的女性說——檢查他們攜帶了多少現金和貴重物品。如果他們希望暫時擺脫禁閉，必須支付十英鎊的巨額費用：這是移民人頭稅，就連對這些身心俱疲的海難倖存者也不放過，這些人早就想要離開越來越不友善的澳洲。[54]

敵意持續升溫，在一八八八年的五月更是瀕臨危急關頭，導致太古的南部航線計畫泡湯。長沙號是投入一八八六年新航線的四艘郵輪之一，五月二十八日載著一百四十四名中國乘客，從香港抵達雪梨，其中包括返澳的居民。她無意間駛進一場激烈爭論，另有其他四艘船被隔離，防止船上的中國乘客登陸，包括她的姊妹船「濟南號」（Tsinan）。船上並沒有會傳播的疾病，但澳洲當局卻極度焦躁。墨爾本和雪梨都舉行了反華人移民的集會：「中國人滾出去」，示威者在雪梨高呼道。示威者和澳洲政治人物的憤怒也是針對倫敦當局，因為在他們看來，倫敦沒有解決殖民地定居者的焦慮。新的限制性法規迅速推出。長沙號不得不載著五十二名被拒絕入境的乘客返回香港，他們在船上被強行限制行動，而且由一群武警陪同北上長沙號的最後一個停靠港紐卡斯爾。威廉斯船長（Captain Williams）隨後對船上的少數歐洲乘客發放左輪手槍，「只要看到一絲絲起義的跡象，就可以自由使用。」這絕對不是一趟愉快的旅程，而且情況在抵達香港後幾乎沒有改善。七月三日抵達後的隔天，三十名乘客成群結隊地到太古洋行辦事處，要求退還旅費。麥金托什對抗議的處理頗不恰當，他說他們應該向澳洲求償才對。警察被請來，將他們從辦事處驅離，十八人在騷亂中被捕。「他們當中有些人會說洋涇浜英語，」船運職員蒙塔古・波爾特說，而且「他們說，他們根本不在乎警察，也不在乎他們是否被送進監獄」。「我們必須把中國的殖民地客運生意當作過去式，」約翰・森姆爾總結道，「我真希望我們當初沒踏進這一行，也沒有為此造船。」[55]

不過，他承受得起一個錯誤，甚至是四個：一八八八年到一九〇〇年的年平均毛利十四萬一千三百九十六英鎊。一八八九年聯營協定失效後，毛利下跌，而且約翰．森姆爾出乎眾人意料，再次和輪船招商局與怡和競爭各自可分得的比例，毛利再跌。他想要分得更多，他如實以告，而且堅持立場。新的協議幾乎花了三年才再次達成，太古輪船方面只做了很小的妥協。儘管在交涉的過程中付出了代價，約翰．森姆爾對結果依舊極為滿意，他告訴麥金托什和博伊斯「你們現在占了上風——保持下去」。[56]上海辦事處重要且穩定的力量是船運職員晏爾吉。儘管約翰．森姆爾譴責他對托運人的帳管得不夠嚴，晏爾吉仍繼續在外灘自作主張，按照他認為對的方式經營。他直接和約翰．森姆爾通信，提出政策建議，他辦事很可靠，總是讓客戶與其他人感到滿意。「我認為毫無疑問，」他在一八九三年寫信給吉姆．史考特說，「給官員們九千兩的酒錢，我們就能在南京和安慶放置躉船。」他辯稱，這是「搞定他們的唯一方法」。而他的前輩們反對。朗對辦公室日常事務的不過問，顯然是導致晏爾吉自由發揮的一個因素，但這個船運職員的工作成果斐然，難怪他成為公司薪酬最高的員工，儘管有時他的決定讓公司在和怡和的價格協議方面「陷入窘境」。[57]接替者的規畫很棘手，因為他們「無法指望，他對他不認同或不建議成為繼任者的外人，傳授他掌握的任何資訊」。上海的經理們很怕這個被他們形容為「古裡古怪」的人。[58]晏爾吉的健康——一部分被他的體重拖累，而且使用太過激烈的節食法——一直備受關照，但恰恰是晏爾吉得到「暗示」，為寧波托運人舉辦一場中國新年宴會可能有助於解決某個問題。一八九五年晏爾吉猝逝，享年五十一歲，這下子情況全亂了套。[59]香港船運職員湯姆林（Tomlin）被派往北方接任。不過，太古輪船還是繼續成長，一九〇〇年的收益超過三十萬英鎊。

對太古輪船的員工而言，政治也是私人的事。晏爾吉在去世前和他七個孩子的歐亞混血母親結婚。雖然是英國人的女兒，她完全不會說英語。晏爾吉自己的歐亞血統被他的美國遺囑執行者刻意封鎖，他們以他的美國公民身分和「正直與勤奮」為基礎，努力不懈地試圖把他的孩子送到美國。[60]根據一八八二年《排華法案》的條款和隨後的判決，晏爾吉本人被美國禁止入境，他的妻小們更不用說了。不過，他的妻子在一九〇六年成功進入美國，比她的孩子晚了幾年。晏爾吉有朋友，包括美國領事館的船運職員，他們持續從旁協助這個家庭。多數人得不到這類協助。澳洲對中國移民的封鎖在北美也發生效應，像晏爾吉這樣的公司員工也得面對這情況，美國不留情面的程度，不亞於澳洲對常州號的不幸倖存者，或一八八八年遭拒絕入境被長沙號運回香港的人。他們被社會偏見和職業偏見籠罩，就像汕頭的路易斯．格魯瑙爾。晏爾吉的上級管理人似乎不知道他是歐亞混血，所以他沒有受到這種侮辱。

太古的業務仍然和霍特兄弟的海洋輪船公司業務交纏，儘管旗下公司實際上沒有從兩者的關係中獲得太多。事實上，藍煙囪代理權沒有為太古帶來豐厚的佣金收入，反而不斷地造成懊惱和失望，耗費太多心神，不光是約翰．森姆爾，還有弗雷德里克．甘威爾。特別是有關協商會政治的通訊聯繫，持續填滿公司的書信集，淹沒其他主題，而且認真說起來，兩家公司在一八八〇年代和九〇年代走得更近，即使藍煙囪透過當地代理網絡，特別是曼斯菲爾德公司，已經更充分地發展了東南亞業務。

香港的太古洋行在一八九〇年代初期，甚至為藍煙囪提供華人船員。海耶斯船長不認同這個改變。最近成立的「水手和消防員聯盟」（Sailors' and Firemen's Union）——英國國家海員聯盟（National Union of Seamen）的前身——原則上不贊成，因為「拉斯卡（Lascars，按：對歐洲船隻上僱用的任何亞洲船員的稱呼，源自葡萄牙文）和華人海員的身體構造，承受不了船隻在歐洲水域必須面對的惡劣天氣」（這是他們常用的說法）——雖然這麼做可以降低霍特公司的成本，但英國航運公司改用亞洲勞工的作為，遲早會引發全國性的政治爭議。[61]僱用亞洲人員是一系列削減成本和其他計畫的一部分，這些舉措將促成期待已久的藍煙囪船隊重新換血。藍煙囪在一八九一年委託製造了二十三艘將在一八九二至一九〇〇年間服役的頭一艘船，航線的總噸位因而變成三倍大。這些船本身就比過去的船更大。一八九五年，新一代管理人員進入公司，其中包括阿爾弗雷德·霍特的兒子小喬治（George Jr），以及他的姪子理查·德恩寧·霍特（Richard Durning Holt）。整個一八七〇年代，約翰·森姆爾反覆敦促霍特兄弟重建船隊，到了一八八〇年代後，更是聲聲催促，越發積極。一八八二年，他甚至把自己十二年來的建議摘要寄給他們，全是當初他們明確要求的，約翰·森姆爾如此表示。[62]藍煙囪的船在設計和建造方面都有最高的水準——公司自一八七六年起，自行為船隻投保——負責的船副在英國商船中也是首屈一指——但格倫、夏爾和卡斯托航運，以及半島東方輪船這些聲勢浩大的競爭對手使用的新船，比藍煙囪的船更大、更快。直到一八九二年，藍煙囪才購入第一艘超過三千噸的船隻；彼時，半島東方已經有八艘了。基於這個原因，霍特的船班被迫提供較低運費，要不是約翰·森姆爾付出心力經營協商會系統，藍煙囪可能無法倖存。而藍煙囪確實存活下來了，而且經過這十年的汰舊換新，逐漸成為國際航運的一股強大勢力。

德恩寧・霍特在一八九二／九三年歷時五十七週的環球航行過程中，親身感受到藍煙囪的影響力，以及它和太古物業的相聯性。德恩寧・霍特展開這趟航行時已在伯父的公司工作了三年，一「小群」霍特家族的親朋好友目送他搭「帕拉梅德號」（Palamed）出航。對藍煙囪或太古這些公司裡的後起之秀而言，這樣的旅程基本上是一種成年禮。他為家人所寫的日記，顯示一個年輕經理親自到世界上歷練的重要性。這些公司當時正在形塑世界的樣貌。德恩寧・霍特穿過蘇伊士運河到新加坡，由此沿著藍煙囪的支航線北上香港，然後到汕頭、福州和上海，接著再搭太古輪船愛好音樂的菲爾普斯船長（Captain Phelps，下西洋棋的那位）的鄱陽號，沿長江航行至武漢，然後又回到日本和北美。這個年輕人看著藍煙囪到港、離港、裝卸貨物——工人集結成「蟻丘」般，他這麼形容——他目睹帕拉梅德號滿載朝聖者，忙著查看代理辦公室的運作，前往菸草、糖和其他作物的種植園，參觀鯽魚涌的糖廠，記下苦力貿易的運作細節——目的地就塗寫在這些苦力的臉頰上，擦也擦不掉，每月拿四美元工資，合約在他們償還二十五美元的預付款之前都有效，有時必須被「強行阻止下船」：「太像奴隸貿易了，不是一門愉快的生意，但對藍煙囪而言是門好生意。」[63]在北京，由於旅程仍「渾身僵硬」的他見到了羅伯・赫德爵士——剛晉升為准男爵（Baronet），大半心思都放在尋找合適的徽章設計上。德恩寧・霍特說，跑馬地的墓園「最美麗，對任何想土葬的人都非常方便」。他練槍法，用炸藥「捕魚」，然後騎馬，接著又多練了些槍法。中國食物「讓人不敢領教」，日本食物稍微好一點。他發現公司有個代理商的員工全都是德國人，和「好幾種不同的混血兒和不同種族的人」一起旅行，然後被人介紹給總督、買辦和種植園主認識。這是一個環環相扣的世界，以英國、荷蘭和德國利益為主，由中國與東南亞的不同網絡與經紀人支撐。

在中國和日本期間，德恩寧・霍特完全被太古洋行掌控行動。太古家族第一個展開這種盛大巡迴的是小約翰（也就是傑克）。他在一八八五年航行到澳洲，然後繞行印度、新加坡、中國沿海、日本和舊金山，最後返國。傑克剛從牛津大學畢業——這本身就是曾由利物浦稱霸的舊商業世界正在發生變化的標誌。許多人可能會想問——包括吉姆・史考特在內——大學教育對一個商人有什麼用處？「開始旅行前的兩三個月沒有去倫敦辦公室見習，我覺得很可惜，」傑克在日本寫道，「不然我就會懂得什麼是從商業角度來看重要的事了。」他寫給父親的信中，可見他對公司事務顯得沒自信，但就像德恩寧・霍特，他仔細觀察，勇於發問，至少在施懷雅這個姓氏不會妨礙他得到答案的情況下（當他搭乘怡和的船前往香港時，就不能這樣發問了）。糖的事業令他印象深刻。傑克在日本某個小鎮做了點市場調查，他從一家商店購買七種不同等級的糖，詢問店主哪種賣得最好，結果答案令他覺得科恩博士「犧牲」「甜味，換取賣相」的作法，是不必要的。和德恩寧・霍特一樣，傑克也檢視並為他所搭乘的船隻做評比。「霍特的輪船似乎最受這裡的人喜愛，」他總結道。[64]和德恩寧・霍特相比，傑克這趟旅行比較注重享樂，只是回國後，傑克・施懷雅越來越常出現在倫敦的辦公室，並於一八八七年初起正式上班。他在晚年回想說，這趟旅行不僅帶他認識了公司的商業活動和員工，也讓這些員工對他有所了解。他一開始工作，

「東方的公司成員便已經認識我，而我父親已準備好根據我在同齡人之間的影響力，評價我的表現」。[65]如同某種試用期。

信中一句漫不經心的話，指出另一個變化迫在眉睫，而且大勢已定。新一代正試探性地接手。傑克・施懷雅將於一八八八年一月成為公司合夥人。一八八三年五月，瑪麗・沃倫產下一子——喬治・沃倫・施懷雅（George Warren Swire）。喬治・沃倫還要好一段時間才會進入公司。老一輩還是挺活躍的，而且一如既往地頑強。阿爾弗雷德・霍特和約翰・森姆爾之間仍會書信往返，開誠布公地談論海洋輪船公司，談論協商會事務，以及談論霍特一八九六／九七年競標澳洲郵件合約失敗的事。不過，一八八六年時，傑克已經開始敦促父親休息。甘威爾和其他人「有能力也願意做他們應該做的工作」，所以「就讓他們去做吧」！即使「老董」在一八九〇年代起定期做溫泉水療，還是很難說放就放。「我一直在這兒忙著寫辦公室公文，」一八九四年，他在巴斯的大水泵房飯店（Grand Pump Room Hotel）寫道，「太古輪船今年的收益非常好。」他口中的「豪奢生活」，已經對他造成傷害，他同時受到年紀造成的健康問題困擾。在水療中心，他遇到過去認識的人：詹姆斯・哈迪船長，他年輕時在柴郡一起騎馬的羅伊茲兄弟，一八五九年曾和他一起在民兵團服役。約翰・森姆爾著手起草回憶錄：「我回顧過去——從我學ＡＢＣ開始」，這份手稿沒有留下來。不久後，他又寫道，回憶錄一事「完全擱下，因為年輕的醫生朋友口中有太多的趣聞軼事。」「已經回想到公元一八四三年——開始變得刺激，」他指出，可惜我們這個故事中來自波洛克（Porlock）的本人，似乎親手永遠地刪掉這些故事。[66]

六十五歲的約翰・森姆爾還沒有放手，他在一八九一年的夏天，最後一次航向東方，瑪麗・沃倫不久也帶著兩名女傭，以及幾個家庭成員到來。《北華捷報》指出，他來訪的「次數儘管不多，而且間隔時間很長，但總是能消弭和公司大肆擴張的商業活動相關的不必要摩擦」。這段評論是摘自《香港電聞報》一篇主要在攻擊麥金托什的諷刺文章，不過他這次視察的確很快促成了新的聯營協定，結束和輪船招商局和怡和長達三年、代價高昂的競爭。[67]吉姆・史考特在一八八八／八九年前來挑選朗的續任者時（史考特還沒上岸，他就離開上海了），全面巡迴公司的物業，開創了合夥人和董事定期來訪的慣例。[68]兩年後，約翰・森姆爾乘坐新穎的白星航運九千六百噸「條頓號」（Teutonic）——「大西洋的灰狗巴士」，在當時，是那年最快的船——從利物浦駛往紐約。她的速度、豪華的裝潢設備及其規模，都給他留下深刻印象。[69]他搭火車到芝加哥，經加拿大太平洋鐵路到英屬哥倫比亞的維多利亞，然後再搭乘加拿大太平洋鐵路旗下長五百呎、白色船身、煙囪會發出聲響的美麗新船「印度皇后號」（Empress of India）前往橫濱——她剛完成（創紀錄的）溫哥華橫濱處女返航——然後在十三天內疾駛橫越太平洋（無紀錄），比約翰・森姆爾在一八七四年那次跨海快了四天；隨後由佛羅西火輪船公司的一艘船帶他到上海。

約翰・森姆爾在上海和怡和及輪船招商局的管理者會面。可能於此讀到刊載在《北華捷報》上關於上海號火災的一首翻譯詩作：「全家人在哭泣／我們以為你會再回家探望我們，如今只有你的靈魂會回來。」「老董」搭臺灣號北上天津，然後和約翰・惠特爾一起搭通州號回上海——三七八班次，在煙臺停留三個小時後，遭遇並直直穿越「海相非常令人難以掌握」的颱風中心。

約翰・森姆爾乘坐太古輪船的新豆餅船桂林號——瓦爾丁船長（Captain Vardin）「提供的餐飲非常糟糕」——然後搭另一艘藍煙囪的船「達達諾斯號」（Dardanus）南下香港——到福州之前天氣晴朗，然後在東澎島（Lamock island）遭遇八小時的颱風——視察糖廠，得知擴廠工程的進度落後（原訂是要在他訪問時完工的）——約翰・森姆爾當著香港工程主管約翰・米契爾（John Mitchell）的面表示不滿，而米契爾曾宣稱，他的施工效率絕對會不枉公司用高薪聘請他，此舉大大激勵了他旗下的員工，誠如他一貫的作風。（麥金托什回信為米契爾說話，儘管《香港電聞報》用差勁的詩句公開批評他是個醉漢，結果醜聞讓他在打贏自己帶來的誹謗官司後，離開太古。）約翰・森姆爾一行人搭乘半島東方的船回國，先到印度來場遊樂之旅。這是一趟颱風肆虐的旅行。他在賀伯・巴格利位於神戶附近的海濱別墅過夜的第二天，一場颱風摧毀了別墅：「它消失了！」回國後，約翰・森姆爾寫信給一八八二年加入霍特兄弟公司擔任經理的艾伯特・克朗普頓（Albert Crompton）：「AH和你應該去東方看看，在麻六甲海峽待一年，到中國和日本再待一年——然後你的生意一定會蒸蒸日上，因為這些地方都和海洋輪船公司的利益有關。」[70] 菲利普・霍特在一八七八年和約翰・森姆爾的那趟旅程，是他畢生唯一的一次東方之旅。阿爾弗雷德・霍特從未到過比蘇伊士更東邊的地方。

先不論暴風雨，在一八九〇年代旅行已經相對順遂。船隻失事往往是因為有疏忽大意的船長、錯誤的海圖或違規的乘客。當然，就算沒有這些問題，暴風雨也能沉船。但新技術帶來的幫助很明顯，像是對颱風系統和天氣預報更深入的科學認識。一個有錢人可能在某個月的月中離開利物浦，六天內就在紐約上岸，乘坐兩班火車到西岸，然後搭乘（任用華人廚子、乘務員和侍者）類似「大型高級飯店」的船橫渡太平洋，前往橫濱。據稱，加拿大太平洋的新航線如今把航程時間「幾乎減半」了，船上滿載著「環球旅行者」（以及越來越多返鄉的華人移民，北美報紙鬱悶地指出）。[71]如同約翰．森姆爾，這個有錢人可能會指示何時將他的下一期《潘趣》、《經濟學人》寄到香港，而他的員工將透過電報得知他的近況：即使天氣不好，他們也知道他什麼時候會抵達。他可以根據船舶、火車和郵件的排程，確保他在地球的彼端也能每週收到足夠的閱讀素材，無論是娛樂或商務的讀物。在地球的另一端，他可能從寄來的那期《潘趣》中，讀到一句關於「摩登旅行者」很有代表性的冷笑話：「多數旅行者現在都帶著他們的『庫克』（Cooks，按：有廚師的意思）」——即他們的《湯瑪斯庫克指南》（*Thomas Cook*）。[72]

這個世界是由白星航運、英國大東公司（Eastern Extension Australasia and China Telegraph Company）、大北方電報公司（Great Northern Telegraph Company）、加拿大太平洋鐵路公司、佛羅西火輪船公司、藍煙囪、太古輪船和半島東方輪船組成：鐵路、輪船和電纜把世界編織在一起。這些環環相扣的交通網絡，方便許多人在世上移動，像是朝聖者、勞工、遊客（無論是否隨身攜帶指南）、娛樂表演者、商人、尋找（岸上或船上）棲身處的海員，形形色色、不分老幼的生者，以及來自各式各樣背景的往生者，如「博學斑馬」和以「馴服斑馬聞名」的海耶斯夫人。太古輪船公司形成這一重要且有利可圖的全球基礎設施，和藍煙囪的營運密不可分，並以其買辦與經紀人的網絡為基礎，透過協商會的協議規範航運生意——若放任競爭可能會自取毀滅（並危及大英帝國的安全），有些人如此主張（尤其是英國政府）。[73]儘管看起來理性且有效率，還是有人員管理的問題，以及移動人力或是阻止人力移動的政治，和僱用或對待員工方面的政治。這個基礎設施透過商人與工程師彼此結合的積極進取作為，以及成千上萬領他們薪水的員工而發展起來，卻也仰賴帝國的存在與力量，以及殖民權力的行使，即便這是十九世紀生活中再明顯不過的事，文獻紀錄往往鮮少承認這一點。帝國並非沒有受到挑戰，澳洲就移民政策挑戰倫敦方面的期望，而且在中國，絕對是遭遇到諸多挑戰。

第八章　新時代

一八九八年十二月一日下午，約翰．森姆爾在位於倫敦諾丁罕（Notting Hill）安靜的彭布里奇廣場（Pembridge Square）的家中休息。「老董」十一月的大部分時間都因健康狀況堪憂而無法進辦公室，他一直待在家中，但再三個星期就要七十三歲的約翰．森姆爾心情愉快，又有生氣，他即將再次踏出家門，儘管天氣陰陰的。那天下午約莫三點鐘，一名職員從比利特街前往彭布里奇廣場，帶來一些需要「老董」批示的公務：建議藍煙囪應該接受從日本載貨到倫敦，然後再發送到歐陸的作業。約翰．森姆爾的意見向來絕對又明確：不，那是不明智的，漢堡美洲航運公司（Hamburg America Line）會不高興：協商會內部必須維持平衡。公司書信集顯示，整個一八九八年秋天，約翰．森姆爾持續就協商會事宜頻繁地發信，最常寫信給阿爾弗雷德．霍特，而且參與了太古集團的所有日常業務：公司引進一種新機制，有助於減輕白銀貶值及英鎊匯率貶值對中國員工工資的影響；他斥責兩名香港職員太過招搖放蕩的生活，威脅要開除他們，除非他們停止這樣的生活（他還親自要求其中一人的繼父約翰．惠特爾出面干預）；他拒絕一個兒子請他安排一個職位的請求——他僅回覆，年輕人應該留在香港上海匯豐銀行——他指示太古洋行為查爾斯．

貝雷斯福德勳爵（Lord Charles Beresford）調查英國貿易的代表團提供免費中國船票，還拐彎抹角地責備博伊斯在最近一封信裡的語氣。[1]「老董」得心應手地處理公事，他仍是集團內所有公司的核心動力，可是在那天的五點一刻，他就離世了：他的心臟在傍晚入夜之際停止跳動。

迄今為止，約翰．森姆爾一直主導著這段歷史，而且將繼續影響這段歷史後續的進程。歸天後不久，他的肖像就掛在中國和日本公司辦公室的牆上，他的生意經塑造了坐在這幅肖像下的員工的工作方式，而他們之所以坐上這個位子，是因為他的創業精神。他說服霍特投資的史考特造船公司的新船（一八九八年春夏完工），將於一八九九年正式啟航；這是「我負責的最後一份合約」，他告訴女兒瑪麗．施懷雅（Mary Swire），四艘七千噸的輪船，而霍特會「後悔沒有訂購八艘」：未來幾十年，他留下的資產將在藍煙囪的航運路線來回穿梭。[2]公司平安度過了他逝世的衝擊，他的合夥人總算可以自由啟動過去遭他阻止的計畫，部分因素是出於他有其論點，但更多是性格使然，不過對合夥人而言，這是一種完全非預期且沒有必要的自由，他的離世帶走了某種獨一無二的特色。朋友們都很驚訝。麥金托什直接捎信給格里諾克的阿爾弗雷德．霍特、湯瑪斯．伊斯梅、湯瑪斯．伊姆里（Thomas Imrie）、H．I．巴特菲爾德和約翰．史考特，這些人曾和他一起透過他們的創業精神或資本，塑造了他在一八九一年沿途停靠的世界級基礎設施。吉姆．史考特正前往東方，展開另一次公司視察之旅，他在輪船停靠新加坡時收到這個噩耗，於是直接掉頭返國。眾人都知道，「老董」近幾年每隔一陣子身體就不太舒服，會定期到艾克斯普羅旺斯（Aix）、巴斯和巴克斯頓（Buxton）做水療，儘管如此，他看起來完全沒有要停下腳步的意思。

弔唁信為後來人們對約翰．森姆爾性格和成就的看法奠定了基調，他這個人一旦相信自己的想法是正確的，絕不會忍住不說，而他通常都認為自己是對的。我們可以看出，弔唁者對他的正直、慷慨和「仗義執言」的讚美，不是千篇一律的客套話而已。「用最嚴格的標準去做他認為在他職責範圍內的事情，」湯瑪斯．伊斯梅寫道。「我想我在商場從來沒有遇過比他更有正義感的人——他從不向別人索討連他自己都不可能答應給別人的一切，」菲利普．霍特寫道，他的哥哥阿爾弗雷德則是悲慟到語無倫次。[3]這些人彼此信任。信任讓約翰．森姆爾得以取得對太古糖業的投資承諾，彼此的信任讓他覺得，他在自己的網絡裡有足夠的道德聲望，可以去接觸他們，而他們也因為彼此信任，而能夠在壓根什麼都還不知道的時候，就願意投資他的計畫。信任使約翰．森姆爾和史考特造船廠訂定新輪船的合約，委託造船的信件全文如下：

史考特造船公司的各位先生們

一八九四年九月二十七日

親愛的各位，

我們接受你們的提議，比照現在正在建造的船隻型號，以相同價格，再造兩艘沿岸貨輪——請立刻著手進行。

誠摯的，

太古集團

這是以一種毫不保留的方式所呈現出的信任，標誌著施懷雅家族以及太古集團在這個網絡中的地位，尤其是約翰．森姆爾這個人的名譽和紀錄。

約翰．森姆爾也會犯錯——與R．S．巴特菲爾德的合作便是一個錯誤——但巴特菲爾德的名字在他離開後仍繼續留著，而且留了長達一個世紀。在離開之前的幾年，威廉．朗沒有好好為公司效力，且令人捉摸不定，可是約翰．森姆爾支持他在中國的第一個門生（應該說是第一個撐過好幾週的門生）。情感因素和家族忠誠讓J．波特．歐布萊恩這樣的人得以留在公司的勢力範圍內，儘管他們早該被裁員了。「老董」任用了一些骨子裡不是好東西的人（只是聘雇人員本來就有風險）；迅速地在日本開業，對公司的擴展來說太快了；嚴重誤算了糖廠持續需要投入的營運資金水準，於是這成了一股源源不絕的深層焦慮。約翰．森姆爾對他的朋友和合作伙伴忠貞不渝，即使他們令他火冒三丈。但也有一些豪賭成功了——不過，之所以成功，正是因為根本**不算賭博**：太古輪船公司、太古糖廠，當然還有與阿爾弗雷德．霍特的結盟，以及一個通常目光短淺之人提出的開創性中國計畫。約翰．森姆爾不僅愛賺錢，而且喜歡公平地賺錢。他從不吝惜提供資金、時間和建議——無論別人有沒有向他請教，都喜歡給建議——也慷慨地提供機會——同樣的，也是不管別人是否拜託他給機會。他成就了吉姆．史考特和愛德溫．麥金托什的事業和財富。他拯救了弗雷德里克．甘威爾：一八九四年，甘威爾曾描述自己和這名倫敦合夥人兼靠山的一次交流，甘威爾說，他遇到以前在中國從事生絲貿易時期的一名舊識，「過去是個百萬富翁，而且風頭很健」，但現在「一遇到人就借錢」：「若不是因為你的能力和善良，我非常可能會像他一樣。我總有這種感覺。」約翰．森姆爾回覆說，「我們是互相扶持」。[4]舊時代的中國貿易通常靠的是機運；過去的甘威爾是有商業天賦的人，經營著一門高風險的生意，而他的好運用完了。互助是一條線，貫穿構成太古企業核心的糾結關係。還記得嗎，當他向威廉．朗和吉姆．史考特宣布正在籌備要和旗昌輪船在長江打對臺的航運公司時，他選用的詞就是協助。

值得一提的是，約翰．森姆爾對中國真的不感興趣，甚至對中國不甚知悉。這個結論無損於他（而且根本不足為奇），他對他曾住過和工作過的其他國家，真的沒有太多認識。那不是他的專長。認識中國，以及如何在中國工作，應該是其他人（他的代表和代理人）利用他提供的工具要做的事。從文化的角度來看，他寫給唐景星的信就像音痴唱的歌。中國是一個發揮創業精神的地方，串聯起他的朋友的利益、企業和資本——大多以利物浦為樞紐，再加上格里諾克附屬部門。他是個來自英格蘭西北部的商人，來自一個握有最多帝國痕跡和英國全球影響力的城市，所以太古是一家自然而然就把目光投向海外的企業，投向紐約，投向紐奧良，投向墨爾本，然後投向中國和日本。約翰．森姆爾的天賦是不屈不撓、掌握時機、友誼、說服力，以及對人和時代的耐心。在投入精力和資本方面也很有膽量，而且會仔細規畫新事業。「老董」另一個強烈的特色是：他支配著整間公司，而且他不管怎樣都會——以當下最合適的方式——主導他參加的任何會議和討論。

檔案紀錄在他過世後失去了一些活力。約翰．森姆爾的文字風格強烈，而且顯然經常很接近他的口語用詞。想法和觀點，警告和澄清，全都層層堆疊在頁面上。句子爬滿紙張邊緣的空白處，字寫得越來越小——總是有可能需要再多一行——然後郵件必須寄出了，文字就跟著停止。他可以玩笑開不停，也可以言簡意賅。他的信鮮少令人感到無趣。他在一八八一年婚前、婚後與瑪麗・沃倫的通信，揭露了他的另一面：俏皮、情感豐沛，絕對的寵妻。他和長子傑克的關係並不融洽——「我希望每個人都從我的觀點看事情，」他在一八八一年寫道，而傑克「偶爾不聽意見，而我很喜歡給意見」。[5]也就是說，約翰・森姆爾在父親的角色上也和身為資深合夥人一樣嚴苛，而傑克在他老人家去世之前，和這樣的父親、繼母以及後來的同父異母兄弟的關係中長期掙扎。傑克天生無意於經商，也沒有興趣，這個事實對他和家人的關係完全沒有幫助。他的本性質樸，如同鄉下人。在約翰・森姆爾的觀念裡，幾乎未見宗教的痕跡。阿爾弗雷德・霍特的商業哲學是由他在利物浦緊密團結的一神論社區所塑造的。宗教信仰和實踐鞏固了其他重要的維多利亞商界人士的成果。至於約翰・森姆爾，他是最沒有宗教氣息的公眾人物。（他的弟弟威廉在晚年變得比較虔誠，不過年輕的時候曾是個愛打扮的花花公子。）除了萊頓巴澤德（Leighton Buzzard）的一些當地慈善事業，我們在留存下來的檔案中看不到絲毫的宗教氣息，但這對他這種社會地位的人來說是合宜的。不會讓人有過多聯想。

公開的訃聞稱他「卓越超群、精力充沛、剛正不阿」，是「航運協商會之父」。墨爾本港口的太古輪船降半旗，當然還有香港，以及香港的太古行樓和怡和洋行。[6]他的離世在上海新聞界沒有引起太多關注，畢竟他不過是個稀客，儘管如此，上海的太古輪船船隻也降半旗，並加上藍色的哀悼條紋。不意外的，《田野》的訃聞寫說「艾爾斯伯里谷地」哀悼「一位多年來造訪此地牧場的……優秀運動員」之死，《萊頓巴澤德觀察家》（*Leighton Buzzard Observer*）也提到這一點，儘管他這兩年一直無法打獵，還說小鎮及其居民失去了一位地方恩人。[7] 約翰・森姆爾接管萊頓大院（Leighton House）時，在介紹中，他不過是「體育圈名人，也是羅斯柴爾德狩獵隊的一員」。大批哀悼者在一八九八年十二月六日的「滂沱大雨」中，目睹約翰・森姆爾・施懷雅在萊頓巴澤德入土。[8]

約翰・森姆爾去世之際，中國正承受著她自身的危機風暴，這些風暴動搖了公司的商業活動。一八九五年，清朝在與日本爭奪朝鮮控制權的戰爭中承認失敗。戰後，日本人割據臺灣做為殖民地，更獲得其他新的權利。法國、德國和俄羅斯的「三國聯盟」向勝利者施壓，讓日本放棄了部分戰利品。這些事件彷彿預告新一輪對中國提出要求的開放狩獵季，英國首相索爾茲伯里勳爵（Lord Salisbury）稱之為「垂死的國家」，其命運有可能會破壞歐洲的權力平衡，他把西班牙和鄂圖曼的帝國都包含在這個平衡之內。一八九七年，德國找到一個藉口，進而占領一小塊中國領土，把山東膠州（青島）發展成海軍殖民地。俄國人立即要求在遼東半島上分得一塊租借地，取名旅順港。英國人在山東租借威海衛，制衡德、俄兩國的擴張。法國人租借廣東的廣州灣，擴大在中國西南的「勢力範圍」，英國於是租借九龍以北的「新界」。列強在鞏固這些領土的過程中，會和拒絕將領土主權移交給外國霸權的清朝地方人民發生血腥衝突，這種小型衝突很容易被忽視，但對受影響的人卻是災難。清朝改革者對人人都在談論的「民族滅絕」感到憂心，便說服光緒皇帝從慈禧太后手中奪取政權，正式頒布開啟「百日維新」的詔令，在一八九八年六月至九月期間，改革從首都向外擴散。慈禧還擊，軟禁皇帝，並肅清改革者，其中一些改革者在英國的幫助下逃往海外。太古輪船的重慶號載著名聲最顯赫的康有為前往上海，並在海上遭英國人攔截，然後康有為被移交到一艘英國軍艦上，等待一艘南下香港的半島東方輪船。[9] 許多人覺得某個終結似乎是必要的，特別是在中國的人：終結清朝統治，或終結在華外國勢力。

和所有英國公司一樣，太古集團受到戰爭後果、外國勢力在中國的新地理格局，以及相關新興機遇的影響：結束甲午戰爭的《馬關條約》允許外國企業在通商口岸設立工廠，開放對外貿易和居住的城市也增加了。當德國人（或日本人）占據他們分得的戰利品時，他們會偏袒並優先考慮本國國民的商業利益。例如要求這些港口的海關專員應該優先任用他們自己在海關服務的國民，或僱用更多他們的同胞；於是破壞了英國人眼中平衡的開放門戶貿易環境，英國人在中國的整體優勢被這一切擾亂。自一八四二年起逐漸形成的平衡貿易環境，對所有人都有益，據說中國受惠尤甚，不過最主要的受惠者還是英國人。然而，最引人注目的是發生在一八九九／一九〇〇年的事件。一場反對外國宗教影響的大規模群眾起義被絕望的清朝政府收編，並於一九〇〇年六月十五日，對世界宣戰。

一八九九年十月，天津代理人沃特．費雪（Walter Fisher）在一封信中間接提到接這些麻煩事，當時他指出，這一年是「大旱」年。[10] 乾旱持續，去年山東黃河決堤則造成了可怕的洪災。天津以南華北平原的山東河北邊境有數十萬農民受災，他們的土地不能耕作，日子充滿無盡絕望。他們的世界迷失方向，越來越多人在一套試圖恢復秩序的新想法和實踐中獲得慰藉和力量。

他們認為，世界的混亂是因為受到外國思想、信仰以及外國人的汙染。這裡的外國人指的是基督教傳教士，以及這些農村人民眼中洋化的中國人：基督教皈依者。如果土地能被淨化，世界就會恢復正常。神靈附身學說提供了一個撥亂反正的途徑，透過一種拳擊的形式，倘若練習得當，足以抵擋外國槍砲。一八九九年，義和「拳民」的人數不斷增加，遍布鄉村，他們的技能很容易傳授。隨著他們遭遇清軍——清軍的步槍迅速推翻刀槍不入的說法，可是卻沒有削弱義和團的信心——基督教社區，然後是新鋪設鐵路的傳教站和堡壘，衝突如今不斷爆發。這場千禧年的義和團起義於一九〇〇年的春天從農村腹地爆發，然後拳民一路向北推進。

布里斯托爾繩索製造商之子沃特・費雪是在太古工作十二年的資深員工，他在替布里斯托一家酒商和會計事務所工作後，最早是在香港的太古待了兩年。他曾在上海法屬外灘的船務櫃檯工作，到武漢管事一年，然後在一八九三年成為天津分行的管理者。費雪與上海飛行員之女莫德・威廉斯（Maud Williams）結婚，藉此慶祝自己來到天津。菲利普・霍特路過天津時曾說，費雪熱愛運動，板球打得最出色，他強勁的投球使他成為天津英國社區的知名人物。他以截然不同的方式參與英租界的工部局、娛樂信託（Recreation Trust）和商會。自一八九六年往北京的鐵路開通後，天津的運動生活顯著改善。乘船、騎小馬或搭馬車的艱難旅程，如今已走入歷史，不過有成千上萬的船夫因為這項建設而失業。兩座城市之間曾經宛如在「格陵蘭島和祕魯」的八十哩旅程，如今大可在三小時四十分鐘內完成，這代表「北京人」和「天津人」可以舉辦「港際」板球賽（費雪在第一場比賽中繳出「出色」的四十三分）。然而，沒有任何人生經歷能幫助他面對被中國最訓練有素、裝備精良的軍隊圍攻。一九〇〇年七月三日，在經歷了一天的砲擊之後，他寫道，我「是個沒用的士兵」。這和他在布里斯托的生活截然不同，也和他英格蘭老東家在溫暖的七月舉辦的年度遠足天差地遠。[11]

六月十五日起，天津租界圍城，從清朝的角度來看，則是保衛華北免受以天津為總部的、前所未見的無端外國入侵，在暑氣難耐下持續了二十七天。最可怕的一段時期是六月十七日之後的幾週，殖民地開始遭到克虜伯（Krupp）公司製造的火砲轟炸。[12]直到七月十六日，英軍才俘獲了最後一批敵軍，不過後來戰爭持續。與此同時，士兵和義和團拳民一再襲擊殖民地，又被擊退。「整個北洋軍把我們團團包圍，」費雪在六月二十四日的筆記上以潦草字跡寫道，「我希望能安然度過，但眼前的命運實在難以預料。」八月五日，一支有一萬六千人、倉促成軍的外國軍隊（日本、英國、法國、德國、俄國和美國）對城牆內的中國軍隊發動攻擊，並成功擊敗了他們，然後繼續往北京開拔。北京城裡的外國居民和中國皈依者正遭圍困在外國使館和羅馬天主教堂裡。義和團最早在三月便抵達天津，五月下旬時，已經基本上控制了天津城。但當他們在那年春天向北移動時，費雪在信中則只專注於報告一八九九年天津分行創紀錄的業績、華北新政治經濟及地理的影響——德國新租界的布局，和對鐵路的國際競逐。鐵路支線的建設需要購買新土地：海關稅務司的德國人（按：但為英國籍）古斯塔夫·德璀琳（Gustav Detring），透過和大清重臣李鴻章的關係，在天津握有重權，據信，他想要把貿易導向新的德國租界，太古洋行得努力阻止這個「狂熱的親德派」（費雪對他的描述）得逞。[13]

「人在租界，我們一點也不害怕，」費雪在六月五日仍自信滿滿，這是他第一次直接提到「當地的痲煩」，因為「我們可以集結六百到七百人」，不過業務「處於停滯狀態」。在接下來的一個月裡，費雪對他的家人、他的南方中國員工及其家人的安全，感到無比焦慮，也擔心公司的財產和帳簿。著，他得到了最近剛上任的萊爾諾．豪爾（Lionel Howell）的協助。豪爾是蕪湖太古輪船躉船管理員的兒子，此際來到天津擔任公司代理人，不過豪爾在護送難民到海河口的塘沽後，因天津圍城開始，只好留在塘沽，並回到天津城內加入救援部隊。費雪讓英國海軍陸戰隊占用一間空倉庫（這給他的工作人員「信心」，而且費雪認為，此舉確保了建築物的安全。事實證明，他想得太天真了），他同意英軍把總部設在太古位於維多利亞路的辦公室（人們認為，這肯定是它受到砲火攻擊的原因）。在圍城開始的頭六天，只有一千七百名碰巧出現的俄國士兵，抵擋著大約兩萬名的中國正規軍和大批義和團拳民。「中國最優秀的本地士兵正在砲擊我們，而且距離不遠，」海關稅務司通報。[14]

倉庫裡的存貨被拖了出去權充路障。砲彈如雨點般落在整個租界區，「多次」擊中太古的行樓和倉庫。一切都陷入「混亂」。據說，情勢危急到天津俱樂部的酒吧在六月二十三日被勒令關閉：就算襲擊者會獲勝，也必須清醒地奮力一搏。如果被圍困是可怕的——「我受夠壓力和提心吊膽了，」費雪說——被解救甚至更糟。外國士兵把能搶的都搶了，拿不走的就放火燒，還會為了隱匿行蹤無故殺害遇到的中國人，恐嚇留下的外國居民。俄國人是最可恥的，可是英國人「和其他人一樣卑鄙，是一群小偷和惡棍」，費雪總結道。七月中旬，英國海軍陸戰隊突襲行樓，聲稱他們遭人從內部開火。他們把公司裡留下的中國員工綁起來，抓他們的「辮子，準備拖走，可能要帶去槍斃，因主事者『已喪心病狂』。」費雪設法說服他們的指揮官釋放這些飽受驚嚇的人。第二天，他讓他們全部搭上船，前往沿岸，平安抵達南方。隔夜，辦公室遭人洗劫。同時，暫時搭營在糖倉庫的印度軍隊把倉庫燒了，藉以毀滅他們劫掠的證據。[15]外國文明就這樣恢復了天津的秩序。

七月五日，太古輪船的輪機員護送費雪一家順海河前往塘沽。隨後，公司深圳號載走他們和其他一百六十名英國難民，「像綿羊般擠在一起」，乘務員盡可能地挪出空間。深圳號穿過大沽壩（Dagu Bar，按：常用來指整個塘沽河港，儘管嚴格來說並不準確），讓一艘美國海軍補給船把他們帶到長崎。回家吧，費雪在他發出去的訊息中告訴他們。同時，由於危機總會帶來轉機，費雪力圖確保為占領天津的盟軍政府提供補給不致成為一場「怡和秀」，便投標爭取載運稻米到北方餵食這座飢餓的城市。他懇求上海把買辦鄭翼之（Zheng Yizhi）送回天津，最主要是要追討太古糖經紀人的欠款，儘管超乎想像，他們卻都毫髮無傷，而且還很活躍，費雪保證會親自和他碰面，然後護送他北上。只是，仍然沒有人相信俄國人。這需要「大量的對話和保證」，但鄭翼之在八月下旬帶著首席帳房和一名船務員回來了，上海通報說，「我們還送去了六十名碼頭裝卸工（以及費雪的鞋油）。」靴子（大概）擦拭得晶亮的費雪忙著為提出正式索賠準備資料——其中有一筆不小的數目，是要賠償現在很可能正藏在英國海軍陸戰隊背包裡的鄭翼之財產。他把行樓租給美國後勤將軍的團隊（「我們用自己的走廊當辦公室，我們很滿意」——這比讓英國人進駐更安全，他敦促英國當局與俄國爭奪海河東岸的地，那裡有他新購入太古洋行土地，然後他在十一月因為壓力過大而病倒。這也難怪。[16]

費雪的經歷，以及和他一起撐下來的豪爾的經歷，都可說是獨一無二的，儘管牛莊也有暴力事件——和鼠疫大流行——而煙臺的狀況也令人焦慮。鎮江的魏瑟斯頓說，「北方的亂事」正「癱瘓貿易」，而且資金稀缺。八月武漢發生了一場大「恐慌」，當時人們擔心「改革派」就要發動一場起義，但情勢在約二十個人遭斬首後平靜了下來。福州的貝克通報說，儘管人們有些擔心，福州此刻很平靜。婦女和兒童被命令從河港沿長江而下，武漢編號第一號的中國職員也帶著家人順江而下。[17]義和團之亂是往後數十年內造成嚴重創傷的民族主義起義，而中國的新世紀民族主義崛起，公司的代理人也將承受民族主義引發的陣痛。有時，公司的財產、索賠或員工行為，本身就會引發抗議、抵制和暴力反應。我們已經在廣州，還有回應上海號災難時，目睹了這些情況。費雪本人不會再處理任何民族主義情緒。受到部分比他資淺的員工迅速升遷高級管理職的刺激，感覺受傷的他跳槽到開灤煤礦公司（Kailan Mining Company），然後徹底離開中國，為倫敦的「怡和秀」服務（不久後，成為怡和旗下印度支那蒸汽航行有限公司的主席）。但費雪對天津事件的處理，尤其是阻止了中國員工在七月被皇家水兵綁架後可能發生的大災難，在在令相關人士沒齒難忘，雖然距離事件發生已經十多年，他的姪子在一九一一年訪問天津的太古洋行時描述道：他記得自己「差點被著名粵商們的餐宴撐死」，因為他們發現在那個炙熱、充滿恐懼和死亡的夏天保護他們的人，竟然是他的表親。[18]

天津義勇軍以及一群未經訓練的男子臨時拼湊出的「地方軍」，在天津保衛戰發揮了次要但顯著的作用。天津義勇軍主要是由夏季穿卡其色或冬季穿藍色制服的英國居民，在一八九八年「爭搶租界」的高峰之際組成——「事情總是出人意料」，義勇軍的一名擁護者這麼認為，而事實也的確如此。武漢的英國義勇軍在八月恐懼高漲時集結了起來。加入義勇軍始終是英國人在中國生活的重要特色，就像在英國國內一樣。人們鼓勵年輕的英國男性參軍，有時是公司命令，可是多數人都是主動參加的，不太需要慫恿。這些單位為保衛租界、殖民地或僑居地提供儲備力量，不過義勇軍也被視為一種健康的、性格養成的活動，舉例來說，參加香港義勇軍年度露營，在昂船洲（Stonecutters Island）搭帆布露宿野地的人，絕對不會沾染島上的惡習。但義勇軍也是社交組織，提供男人結識同儕的機會。天津義勇軍是在「現有促進社會和諧和提供消遣的許多社團之外，頗受歡迎的生力軍」，義勇軍在一八九九年舉辦的第二次「吸菸音樂會」（Smoking concert，按：英國維多利亞時代的活動，參與的男性邊聽現場音樂表演，邊抽菸談論政治）的報導這麼寫道；它提供「絕佳的娛樂和精實的鍛鍊」，但也是一種自我防衛的技能。英國在鞏固新界的勢力時遭到當地居民反抗，因此需要武力來確保控制權。瀰漫在香港的恐懼，刺激先前有些缺乏活力的義勇軍迅速擴張。一九〇一年的義勇軍軍團有三百人，和一八九八年的人數相比，成長了不只兩倍。[19]

一九〇〇年，至少有八名在香港太古洋行的員工是殖民地義勇軍成員。隔年，八名成員之一的威廉．阿姆斯壯——他在一九〇一年為他從軍的太古同僚拍攝了一張引人入勝的照片——成為有四十二人的「加冕特遣隊」（Coronation Contingent）副指揮官。加冕特遣隊乘坐「日本皇后號」（Empress of Japan）橫渡太平洋，之後穿越加拿大，前往倫敦參加愛德華七世登基的相關慶祝活動。（另一名太古糖廠的員工在倫敦和分隊集合。）他們沿途受到人們的幫助，旅途順暢，雖然偶有暴風雨，也並未受到斯皮特黑德海峽（Spithead）的海軍閱兵式所感動——他們覺得，香港港口的海事表演慣壞他們了——他們在大英帝國各地的部隊輪流執行儀仗隊和護航表演，由恩圖曼戰役（Omdurman）的英雄基奇納勳爵（Lord Kitchener）、國王和王后檢閱，然後在返抵香港時獲得正式的歡迎。「太古分隊」後來出現在義勇軍每週訓練的命令中，士兵在太古位於海旁上的辦公室頂樓接受檢閱，並於一九〇六年起使用殖民地遊樂場旁「小而美」的太古微型靶場（Taikoo Miniature Rifle Range）。為了方便起見，義勇軍在一九〇四年使用的其中一門十五磅大砲就存放在太古糖廠。一九〇五年，當藍色大帝（Emperor of Blue）在一次大規模演習中「入侵」香港殖民地時，太古是三個義勇軍團營地之一。[20]在某種意義上，加冕分隊中有些人還會再見到基奇納。一九一四年，加冕分隊的人和其他義勇軍成員利用他們的紀錄，自願加入基奇納在一戰爆發之際組建的「新軍」。與此同時，太古的員工和其他義勇軍也為中國動盪新時代可能發生的一切做好準備。

目前為止，這大抵是一個很陽剛的故事。劇中人物大多是公司裡的男人，他們以思想、資本、鋼筆或步槍為武器。誠如我們所看到的，他們的關係和家庭當然是他們生活的一部分，而且在一定程度上是公司業務的特點（舉例來說，太古船塢的湯瑪斯·霍斯金斯〔Thomas Hoskins〕

的女兒瑪吉・霍斯金斯（Maggie Hoskins），在一九〇八年於太古靶場舉辦的女士射擊比賽中拔得頭籌）。「我們收到你通知……打算結婚的信，」太古集團在一八九九年一月發出的一封短信上寫道，「已經寫信給你的父親，表示同意。」收件人沃特・費斯特（Walter Feast）說服倫敦方面相信他在財務上能負擔結婚的計畫。於是不久後的四月，沃特便和會計師之女伊迪絲・史密瑟斯（Edith Smithers）在神戶結為連理。[21]誠如我們所見，伊迪絲將在通商口岸社會的社交王國扮演好她的角色，不過男性才是公司職場世界的主角。也就是說，直到一八九二年十一月十二日，凱蒂・J・里斯（Katie J. Reece）才開始在倫敦辦公室擔任「打字員」和速記員。里斯小姐來自貝福德街的伯尼威爾斯祕書仲介公司（Burney & Wells）。她來的時候正值女性從事文職工作的「白襯衫革命」（white blouse revolution）加快步伐之際。這點從第一份針對女性打字員的雜誌在一八九一年問世可見一斑。[22]里斯在一九〇七年辭職前工作了十五年，但除了她顯然讓一九〇〇年主掌香港事務的赫伯特・史密斯印象深刻之外，其他我們一無所知。同年一月，史密斯寫信給如今已是資深合夥人的吉姆・史考特，要求聘請一名速記員，而且是女性速記員，「類似你（倫敦）辦公室裡的那個女孩」。他的要求是一段錯綜複雜人事需求陳述，我們可以在其中看到沙文主義者，甚至是厭女主義，可以看到他的尷尬和猶豫：「我們不想要年輕可愛的，而是要優秀、通情達理、受過良好教育、聰明的女人，年齡大概介於三十到三十五」，可是「不要醜到會扼殺我們的想法，或讓我們感覺上班時間很漫長」。她每個月會需要一百五十美元左右，而且要能負擔得起住在山頂酒店（Peak Hotel，否則一個單身女性還能住在哪裡）。史密斯報告說，上海有些公司已經開始以女性擔任這類職務，美國還有很多公司會和她們簽三年期的合約。史考特不同意：「這行不通。」他沒有給出任何理由。他回覆說，「盡可能多用本地打字員」，也不要浪費時間寫「已故老董不鼓勵」我們寫的長信。[23]（史考特相當迅速地搬出「已故老董」在天之靈這張王牌。）這個回覆或許就是里斯小姐打字的。

女性進入文職勞動力市場的步伐將繼續加快，儘管吉姆·史考特認為這有難度，而且在太古集團的進展緩慢。十九世紀後期的「新女性」受過良好教育、獨立自主、自食其力，這種現象形成於維多利亞時代中期，吉姆·史考特這樣的男性世界因此感到不安。倫敦在一九〇二年又僱用了兩名女性，一九〇五年僱用了第四名女性。這在很大程度上和國內的規模一致，特別是在倫敦。里斯小姐是一八九一年倫敦約七千名女性商務職員的其中之一：到一九一一年時，人數已增加為三萬二千名。[24]但直到一九一二年，中國的辦事處才僱用一名女性。先不談史密斯的請求，通商口岸可能基於道德或實務原因而存在更大的阻力：畢竟通商口岸這種地方對單身女性不是很理想（而且對某些單身女性，她的工作可能會損害她的同儕團體的「聲望」。）事實上，上海的第一名女性受僱者是已婚人士。她是碧翠絲·瑪麗·布蘭德（Beatrice Mary Bland），婚前姓庫爾森（Coulson），擁有七年速記員和打字員的經驗，四年在倫敦，三年在上海，她在一九〇九年搬到上海（之後嫁給上海公共租界工部局的衛生檢查員）。她在這個崗位上待了整整三個月。一年後，有個馬歇爾夫人（Mrs Marshall）加入，但很快被「解僱」，兩人都不知道各自被解僱的原因（而且我們不知道馬歇爾夫人的教名）。直到第一次世界大戰，中國的辦事處才開始任用並留任女性員工，不光是打字員而已。到一九一六年年底，上海已經聘請了四名女性在售票辦公室擔任助理。雇主普遍認為，女性比男性員工更準時、更有效率，而且更不會出錯。僱用受過良好教育的女性的薪酬，比僱用被她們取代的男性更低。最初受到女性進入文職勞動市場威脅的男性，後來發現多數女性擔任的是逐漸被視為女性化的特定角色，而且沒有進一步升遷的可能性，便從中得到一來絲安慰。[25]長期存在的婚姻障礙也是女性無法升遷的原因：單身女性一旦結婚，通常會被要求離開公司。男性職員還是可以夢想有朝一日會成為合夥人，無論升遷的路上會遇到多少困難，至少他有機會去嘗試。

香港似乎得等到一九一六年四月，當時的紀錄顯示，有個希登夫人（Mrs Hidden）以速記員的身分加入公司。二十一歲的艾格尼絲（Agnes）．希登，婚前姓氏強森—李（Johnson-Lee），出生在委內瑞拉，父親在千里達經商。她在香港受教育，並嫁給當地一家百貨公司的助理。一九一〇年，她參加技術學院的聽寫課程。這是香港殖民地皇后學院（Queen's College）的進修教育計畫，一九〇八年在政府資助下成立，提供工程、商業和科學方面的課程。女性「向院長提出申請，被錄取進修某些課」，但錄取名單不久便開始出現不少的女性姓名：顯然，需求正在增長，而且隨著男性投筆從戎，想取代這些女性變得越來越不容易，需求的增長步調更是飛快。[26]這種戰時招募的模式和英國整體社會的趨勢完全一致，雖然戰爭結束後，女性在勞動市場的地位會出現更廣泛的急劇逆轉，不過直到一九一八年前，太古集團這類公司僱用女性已經成為常態。

在十九世紀後期的英國，男性職員也對僱傭外國人感到非常焦慮，尤其是德國人。逐漸形成的德國恐懼症又因為以下看法而變得更強烈：德國人願意拿比較低的薪水、學習英國商業祕辛和慣例，然後就帶著這些成果離開，為德國公司效力。在中國，費雪針對古斯塔夫・德璀琳所表達的那種緊張，將與英國和德國在許多方面的商業利益，以及社會、乃至個人關係的糾纏共存，而英國的許多公司，尤其是曼徹斯特的棉花利益集團，也將開始仰賴德國代理分銷他們的商品。像太古這樣的公司，除了化學家之外，並沒有僱用德國人，但他們會慢慢地僱傭更多「本地打字員」和中國助理。長期以來，他們一直聘用土生葡人的職員和簿記（技術學院名單上的多數女性都是土生葡人），在上海和香港，他們當中發展出一個講英語的社群，進一步阻擋了僱用德國人的發展。在太古糖廠的各部門僱用中國主管，幾乎從一開始就是討論的議題，因為他們肯定比從格里諾克引進的人便宜，而且可能會少惹一些麻煩（勢必也會少喝點酒）。[27]但公司往往擔心時機不對，或者還沒有合適的人選，或者在某些企業和組織裡，歐洲員工會想方設法有效地阻止中國人和他們一起工作。

僱用里斯小姐不僅僅是為了取代男性職員留下的空缺。整個辦公室工作的文化也正逐步改變。文書工作量迅速增加。對於太古這種擁有複雜商業活動網絡和大量遍布整個網絡的客戶的公司而言，處理和組織資訊然後加以分析，還有迅速準備多份正確文件的副本之類的後勤挑戰，代表公司需要更多的文書工作人員。在聘請里斯小姐之前，倫敦的書信集顯示，公司文件已經開始改用打字的，不過還只是剛開始而已。自一八九二年十一月起，檔案夾裡的絕大多數文件都是打字的。打字機等新技術和文件複製的新方法，也將改變辦公室的組織和布局。這些新的勞動新分類有些被「女性化」了——在這方面，電話加入了打字機的行列。員工紀錄便是我們得以目睹紀錄保存演變的一種方式。約翰．森姆爾曾有一本袖珍筆記本用來記載合約細節，還有一個合約副本的檔案夾，之後從一八八〇年代起，開發出一份詳盡的員工資料簿，用以記錄員工的教育程度、休假、職位和薪水、整體評估——「很好」、「非常好」——而且和一批「員工書信」交叉引用。一八九九年，倫敦甚至要求所有員工附上照片（「我自己的相片相當失敗，」費雪從天津寄出他和豪爾的照片時這麼寫道，「所以我給你們兩張，讓你們選一張比較不糟的。」）[28] 隨著公司在一九〇〇年引進員工獎金制度，這套系統變得更加重要。公司也無疑增添了更多的工作量，譬如開始接新的保險代理，導致有越來越多的文件資料，而工作的性質顯然也正在發生顯著變化。員工的職責往往變得越來越專業化，雖然男性員工經常輪調不同崗位，藉以熟悉各項事務，但其中有些工作幾乎完全屬於專家的專業領域。

在「老董」去世之前，太古從未發展過值得注意的潛力活動領域，儘管這絕對是公司利益的合理延伸領域，而且公司應當可以利用其網絡、專業知識和管理能力發展——此即造船廠，也是約翰．森姆爾生前堅決反對的。儘管如此，當六千噸的藍煙囪輪船「奧托里庫斯號」（Autolycus）於一九一七年三月二十七日在鰂魚涌的太古船塢（Taikoo Dockyard and Engineering Company）舉行下水儀式時，他在天之靈肯定正露出笑容。[29] 九年前的一九〇八年十月三日，太古輪船松江號停靠於此，那是停船的第一艘船，但奧托里庫斯號則是太古船塢的成年標誌——隨後便建造一艘姊妹船的龍骨，並準備造船。這確實是一個重要的時刻。這不是太古船塢建造的第一艘船——第一艘建造的，是一九〇九年的太古輪船長江輪「沙市號」（Shasi）——不過，太古的合夥人和合作伙伴，如今可以在鰂魚涌的船臺紀念這個重大成就。

早在一八八一年，合夥人就已經認真討論過開設船塢公司，在某種程度上甚至可以追溯至更早的一八七二年。似乎是在鰂魚涌購地使這個問題被搬上檯面，吉姆．史考特和愛德溫．麥金托什很感興趣。約翰．森姆爾則認為，雖然肯定有可行性，但香港殖民地已經容不下第二家公司了。[30]結果證明，只有他一個人沒有耐心：他的合夥人都願意等待時機出現。約翰．森姆爾去世後不久，香港方面再次熱絡地討論發展船塢的前景，於是吉姆．史考特著手新事業的準備過程。太古總共在港口填海造出了二十英畝的地，並請承包商以爆破作業整平土地，其場面壯觀，有時還會邀請觀眾前來欣賞，最終總共移除了一百五十萬立方碼的花崗岩。一個足以容納當時現役最大船隻的乾船塢，將近七百九十呎長，一百二十呎寬，在移除了花崗岩之後，於一九〇七年夏天首次注滿海水。三個維修滑道、一個造船滑道，以及相關的商店、發電廠和其他設施共占地五十二英畝。史考特造船公司是技術顧問，連同霍特和另外兩個合夥人，在一九〇八年正式註冊這家新公司。同年，一次強烈颱風嚴重破壞船塢設施——「我看到時差點哭了，」大班寫道——整個殖民地也傳出不少災情，導致營運開張的時間延遲了。[31]

一九〇〇年年初謠言開始流傳之際，船塢競爭的可能性讓香港商界頗為震驚。有一間造船公司早已在香港生根：黃埔船塢（the Hongkong and Whampoa Dock Company）在九龍擁有占地廣闊的設施，不但歷史悠久，而且也不樂見其他同行與之競爭。[32]鰂魚涌最初的開發很外行。年邁的香港建築師威廉・丹比（William Danby）受委託準備進行探勘測量和平面規畫，殊不知此人既不可靠，讓人捉摸不透，而且（後來發現）根本無法勝任；此外，他一個人唱著獨角戲。公司為了接替他而僱用唐納・麥克唐納（Donald Macdonald）——曾擔任駐地工程師，負責建造布萊斯（Blyth）的乾船塢，也是負責多佛海軍船塢（Admiralty dock）部分工程的代理人，還有其他經驗豐富的工程師像艾伯特・葛里芬（Albert Griffin）和威廉・克拉克（William Clarke）等也加入麥克唐納。[33]興建過程持續飽受各種問題困擾，尤其是麥克唐納的自負，結果證明他自我膨脹得很誇張——請不要把他送回來，一九〇七年七月香港方面寫道，反正，「建設背後的策畫者是葛里芬先生」——成本超支，關於施工團隊內部腐敗的謠言似乎言之鑿鑿，有一塊地滑落，被證明是有缺陷的海堤，以及大量中國居民因為擔心鼠疫而離開殖民地，導致勞動力供應不穩。當地媒體在一九〇〇年曾竊笑說「太古洋行需要……很長時間才能獲得船塢——甚至永遠不可得」，事實是，過程的確比預期的漫長。[34]一九〇八年十二月三十一日，九龍的造船商在此舉辦新年舞會，以大型汽艇載著三百名賓客橫渡海港，他們對自己的未來充滿信心。隔天，在海港對面的山頂酒店，最後一次訪問亞洲的吉姆・史考特對來自三個太古事業部門的員工介紹太古集團的歷史。同日，太古船塢正式開張。[35]

誠如約翰・森姆爾在一八八一年的自信發言，太古可以為想發展的任何事業籌集資金。船塢也再次證明，太古還可以取得所需的技術專業，並運用其管理專業運作一個大規模的計畫——很大程度上仰賴諸多小承包商（中國公司）——使用從英國引進的設備和從珠江三角洲對岸運來的原物料。船塢的建造需要在鰂魚涌大舉擴建：為歐洲的——蘇格蘭人，其實是蘇格蘭克萊德河濱區的——工程師、工頭和管理提供更多住房：除了三名資深工程師，一九〇五年船塢現場的工作人員名單記錄了三十六個人的姓名，一九一〇年有七十九名，另外還有二十四名臨時員工（還有四十三名在糖廠）。有份格里諾克報紙為可能到殖民地任職的人提供建議：帶上你的冬衣，盡可能多帶幾雙靴子——在香港很貴——然後買一頂太陽帽（solar topi），即木髓帽（pith helmet）。儘管生活費很高，但只要房子裝修好，你就能存下一半的工資，建議者充滿自信地如此預測。[36]殖民地為中國員工建造房子，以及一間醫院，私人投機者建造更多房子和店舖，政府的衛生委員會也批准了公共市場的建設。人口普查紀錄顯示，人口穩定增長：一八八一年，鰂魚涌所在的整個筲箕灣區（Shau Kei Wan district）有兩千五百一十七名中國成年人，一八九一年為五千四百四十七人。一九一〇年，鰂魚涌首次記錄為一獨立「村莊」，有一千八百七十五名華人居民，到一九〇五年增加到三千二百一十九人。[37]太古船塢僱用了其中多數，還有更多人間接從太古船塢得到滋養。鰂魚涌曾經是馬車駛離城市進入鄉村的盡頭，即使在過去二十年也是相對難以到達——多數人乘坐汽艇進行三十分鐘往返「城市」之旅——如今，鰂魚涌是一處繁華的郊區。[38]一九〇四年，一條輕軌電車通向工廠，早上和下午有工廠工人的專車。

觀察者對工程展開後的興建速度留下深刻印象；一九〇〇年九月，也就是開工的四個月後，便開鑿出要鋪設軌道的路面。[39]可是，一九〇六年的一篇新聞報導評論說，「苦力接受工程指揮運作的」勝利故事，如同糖廠的興建，爭議時有所聞。一九〇二年十二月，對工程現場四、五十名印度保全和理貨員的反感在一次騷亂中爆發，導致他們其中一人死亡。幾天後，工廠發現一名手腳遭綑綁的中國工人的屍體，可能是出於報復殺人。一名印度警衛襲擊了一名他認為涉嫌偷木材的中國婦女。不一會兒，約上千人群集和警衛對峙。六名中國工人最終因暴動入獄。防止了一場差點爆發的罷工。一九〇四年和一九〇六年，兩名監工——其中一人是紐西蘭人湯瑪斯・海恩斯（Thomas Hynes），年二十三、才剛到職沒幾天；另一人是印度人哈爾巴吉・羅伊（Harbaj Roi）——被控過失殺人，他們因為「過度使喚」（其實就是用腳踢）一名中國員工致死。判決分別為：無罪和有罪（三個月的苦役）。[40]在中國勞工受僱和受監督的環境裡，輕度暴力是司空見慣的事：這是一個殖民世界，這就是那些承擔任務的人對待勞工的方式。有差別的人際政治、帶有「種族」和尊嚴看法的人際政治是造成這種情況的原因之一。英國殖民政府和私人公司（不只是英國的私人公司）繼續在東亞和東南亞招募印度人。[41]錫克教徒「尚武民族」的觀念，支撐起他們擔任保全和警務角色的基礎，儘管我們看到中國人反對公司任用他們——這本身即有部分的種族歧視色彩——而且在鎮江、上海或鰂魚涌一再發生摩擦和衝突。純粹的無知也是一個因素——因為有鑑於年輕海恩斯先前在紐西蘭的經歷，以及最近在南非服役三年，加上務農和執行警務的背景，除了赤裸裸的肢體暴力語言，他還能用哪一種語言和廣東人交談？

這些事件都過去了，如今業已被埋在舊報紙裡，但事件發生之際，確實引起騷動。造船廠為太古集團帶來的兩項挑戰延續的比較久。起初，黃埔船塢強烈反對港口對面的新貴。就像早期的糖廠營運，太古有很多關於經營船塢的事物要學習，而且如同太古糖廠，太古船塢總是學得不夠快。找到合適的人管理新工廠，同時保持與鰂魚涌太古洋行代理的和諧關係，是很困難的事。傷寒稍早帶走一名經驗豐富且能幹的工程經理，而事實證明，他難以取代。[42]太古洋行認為自己遭到持續不斷的惡意謠言攻擊，卻也默不吭聲地坦承缺失。價格下跌，破壞性的業務競爭延續了三年。一九一〇年二月，他們以為即將達成某項協議時，卻被新上任的黃埔船塢執行董事暗中破壞。此外，黃埔船塢的許多股東把他們的股份視為「金邊債券」（gilt edged securities，按：十七世紀英國發行的國債券帶有金黃色邊，被稱為金邊債券），但如今公司股價大跌，因此他們的立場是拒絕太古業務，也確實付諸行動。然而，雙方在一九一三年達成一項聯營協定，終於結束了新公司連年承受巨額虧損的時期。事實證明，業務量其實足以容納第二間船塢。[43]

第二個挑戰是勞動力。起初，在招聘、培訓和留住足夠的中國工人方面，太古船塢遇到困難——尤其是瘟疫爆發期間。船塢管理者認為，一九一二年之前，訓練有素的工人在香港殖民地「始終不足」。但在太古洋行發展一間僱用約四千名當地工人的工廠時，也讓自己成為政治和勞工激進主義的未來關鍵基地。在民族主義和革命的時代於中國展開之際，政治和勞工激進主義很快就會造訪殖民地。就像在太古糖廠，主要受到原鄉身分認同影響的勞動力，也會發生內部的衝突。[44]公司開始為全體員工提供便利設施，一如歐洲員工，享有福利，包括一家醫院，不過不是在工廠上方的柏架山（Mount Parker），因為柏架山仍專屬於歐洲員工。然而在不斷變化的政治環境中，像這樣大規模僱用勞動力的一間公司，遲早將目睹勞工從事組織活動，並與政治運動結盟。到了一九〇九年，遍布中國各地的太古洋行事業，估計共僱用了約一萬名中國員工。[45]

然而，太古集團更快面臨的下一個政治挑戰，似乎是個古老的挑戰，卻也讓公司付出極高代價——相當於太古船塢投資的五分之一——所幸長期影響是正面的。一九〇八年十一月二十九日，在吉姆．史考特前往亞洲的途中，四十歲的中國人何玉庭（He Yuting）乘坐「佛山號」（Fatshan）從香港前往廣州。這艘明輪船（side-wheeler）載有六百六十多名乘客，船長是在中國沿海地區航行多年的老手、出生於韋克斯福德（Wexford）的查爾斯．洛伊德（Charles Lloyd），上了年紀的他早在「上次戰爭還沒開打前」就造訪過廣州了，他在一九〇二年如此說道。洛伊德出生於一八三八年，此際，他指的是第二次鴉片戰爭。一九〇二年，他累積的知識已經足以出版一本指南《沿珠江從香港到廣州》（*From Hongkong to Canton by the Pearl River*），並在指南上推薦十月或十一月是一年中最適合的旅行時間：佛山號離開碼頭，經過「停泊在碼頭外的成排中式帆船」，然後展開他「所認為的……最完美的海洋之旅」。[46]但何玉庭在航行途中去世了。其他乘客立即指控船上的土生葡人警衛坎迪多．喬金．諾羅尼亞（Candido Joaquim Noronha）攻擊他，置他於死。他們的口供鉅細靡遺又信誓旦旦，而且作證的都是有身分地位的商人。那個人無疑已經死了，諾羅尼亞承認的確試圖叫醒他，向他收取船費。然而，在英國駐廣州領事的調查中，這個與洛伊德共事二十三年的警衛（「個性非常好，」洛伊德船長作證說）完全免除了責任。[47]洛伊德和其他人都主張，何玉庭顯然在登船時就已經快死了。「眾所周知，香港的中國人染上重病時傾向前往廣州，」他在報紙投書中聲稱。洛伊德肯定覺得自己「了解」「中國人」。[48]他這個人從不缺乏自信，對於在他寫的指南裡將自己的詩歌公諸於世更是有恃無恐。在獻給

〈G. T.〉（globe trotter，環球旅人）的詩文中，他說：

在你以鋼鐵武裝的巨大海洋宮殿裡
用驅動的龍骨剪斷翻滾的浪湧
一切都是為了滿足你的舒適
為了你的任何心血來潮不遺餘力

廣州當地的吟遊詩人在領事調查後，以不同的韻腳寫下嘲諷的詩句：

我認為中國人不如螞蟻
他們被一腳踢到下一個世界
……
振作起來，兄弟們！否則我們將像一把沙子般微不足道。[49]

這首詩歌和類似曲子在集會和會議上，「在所有三角洲的客船上」被吟唱時，廣東商人和激進主義者紛紛表態，發起全面抵制，先是抵制佛山號，隨後擴及太古洋行。[50]這似乎就像細節略有不同的、二十五年前的迪亞茲事件翻版，（當時的洛伊德在漢口號上擔任船副），但受到新因素的影響，包括廣州喧鬧的政治環境、抵制成為越來越常見而且有效的政治武器、通訊變得更快速、更便捷以及蓬勃發展的中國報業。

儘管根據一九〇一年的《辛丑條約》（*Boxer Protocol*），清朝必須支付列強看似嚴重的賠款（費雪的多數賠償要求，包括鄭翼之大部分的損失，都獲得補償），但清廷已經從一九〇〇年的災難中恢復了不少。一九〇二年起，一系列被統稱為「新政」的改革開始實施，新政徹底重塑國家的制度和慣例，暫時使國家免於分崩離析，落入國內外敵人的手裡。新的政府部門成立，廢除科舉，並研議君主立憲制的模板。然而，與此同時，內部反對者的人數和力道都在增加，曾經是改革派的男人（如今還多了女人）成為革命人士，或得到了革命人士的響應。譬如出生香山、曾到夏威夷求學，後來在香港受教育的醫生孫逸仙領導的團體，策畫以暴力結束王朝的延續。庚子新政提高人們的期望，引發激烈辯論和亢奮的情緒，而公共集會、社團以及新報紙就成了抒發的論壇。[51]

一九〇五年，美國重新對中國人實施移民限制，引發對美國商品的強烈抵制。在廣東省，群眾發起大規模抗議，反對英國在太古輪船「西南號」（Sainam，音譯）遭海盜攻擊後，單方面決定在珠江支流西江進行反海盜巡邏（這是一條新開通的航道），並反對外務部在澳門附近扣押一艘開砲的日本輪船「二辰丸」（Tatsu Maru）的糾紛中向日本投降。日本私人業者出現在東沙群島一事，再次點燃了廣東省的反日運動。[52]這種民族主義以無害的方式間接引領輿論，這些輿論也能被用來針對清政府，不然還有誰應該對所謂的「國恥」再次發生負責呢。而「國恥」一詞儼然成為中國新民族主義的核心。何玉庭在佛山號甲板下的死，再次點燃了粵商自治會的行動，他們在洛伊德駕駛這艘船返回廣州時，組織了一次充滿敵意的示威行動。

抵制行動歷時漫長且有效。在中國通商口岸和太古輪船國際航線存在的廣東省同鄉網絡——例如費雪幫助逃離天津的人——使針對太古的組織抗議，從廣州碼頭輕而易舉地蔓延到很遠的地方。廣州問題變成太古的國家和國際問題，太古問題變成更廣泛的英國問題，同樣的，英國問題也可能變成太古問題。例如，在一九〇九年的九江，又有一名顯然已經身患絕症的中國男子死於一名英國官員的拳腳或毆打之下，肇事者是九江英租界警察約翰．米爾斯（John Mears），由此引發了針對所有英國商業團體的強力抵制。英國官員和商人咸認為，回應遭受抵制的壓力的唯一方法，就是堅持到底，並對清政府施壓，由他們去鎮壓這些激進分子，辯稱這麼做是對他們自己好。香港大班D．R．羅（D. R. Law）認為，如果不加以約束，可能會引發革命。羅這個人嘮嘮叨叨、生性就愛擔心——面對抵制和船塢、航運景氣低迷，和新一波來自日本的糖業激烈競爭——而他也的確有很多事情需要擔心。他最終為了挽救健康而辭職。作為一名有二十四年資歷的公司老將，羅對中國新一代的態度充滿敵意、極端保守，這顯示外國對中國的態度出現了新的轉變，尤其是那些居住在中國的人，即使稱不上好戰，也絕對不友善。但在一九〇九年六月，太古終於受夠了，於是命令買辦莫冠鎏（Mok Koon Yuk）務必讓事情告一段落，不然就自己彌補損失。[53]

最終，在一九〇九年八月，公司的首席航運職員前往廣州，在與受害者兄弟的公開會議上簽署了一項協議，從而結束抵制。和一八八三／八四年如出一轍，公司繞過英國官員，直接與對方談判。太古同意向死者家屬支付賠償金，調走洛伊德，解僱諾羅尼亞，並在太古的輪船上張貼啟事，承諾會照顧中國乘客。一週後，洛伊德船長乘坐日本皇后號離開殖民地，駛向退休生活。英國外交官、香港總督盧吉爵士（Sir Frederick Lugard）大發雷霆。他們控訴太古自取其辱。的確如此，羅回答說，但你們並未替我們撐腰。《泰晤士報》的中國記者G．E．莫里遜（G. E. Morrison）抱怨說，這是「屈服於敲詐」（而且他不是唯一一個這麼說的人），這麼說當然也沒錯，可是莫里遜並沒有經營輪船而托運人卻拒絕把貨物交給他們載運的壓力。[54]事後有些觀察者認為，這似乎是一個比表面上看起來更昂貴的妥協，因為太古集團才剛捐了四萬英鎊給擬建香港大學的捐贈基金（其中包括太古糖業和藍煙囪各捐五千英鎊）。這份禮物是香港其他大公司承諾捐贈的八倍，對整個興建大學的計畫至關重要，卻在解決佛山號僵局的公共事件中才被看見。[55]這個捐款事宜在吉姆．史考特於公司內部，還有他擔任主席的倫敦中國協會（China Association）的推動下，已經在進行之中，然後同年的五月四日，他才在倫敦中國協會首次公開宣布。羅從香港殖民地表達反對：「它和歐洲思維背道而馳，」他宣布，歐洲思維就是在香港的思維，其他人則是認為，大學只會成為培養革命人士的溫床。[56]兩廣總督在發布的公告中特別提起這個友好的慷慨善舉，他告訴民眾，現在應該把這個問題看作已經了結，至少對英國人的抵制應該停止，把壓力轉向葡萄牙人，以謀殺罪審判諾羅尼亞。然而，這名如今失業的警衛不久後因癆病而死，自己解決了這個問題。[57]一間未來需要穩定招募受過訓練的年輕工程師的公司，當然有充分的理由資助新大學的興辦，不過若要理解太古集團與香港大學關係密切的起源，就得探索這個起源和何玉庭與諾羅尼亞兩人交織的命運之間糾纏在一起的千絲萬縷。

與廣東當局的協議，或許有助於修補一九〇四年一個對雙方關係造成損害的爭議。一九〇三年，太古洋行持續經營的中國勞工移民業務，似乎得以進一步擴張，以滿足一項迫切的新需求，並從中獲利：南非金礦礦場的復工。根據一九〇五年版的《中國行名紀事錄》（*Directory and Chronicle of China*），太古洋行在香港、福州、廈門、汕頭和廣州的分行被列為「南非勞工協會」（South African Labour Association）的代理。一八九九至一九〇一年的的南非戰爭（South African War，第二次波爾戰爭〔Second Boer War〕）重創川斯瓦（Transvaal）的採礦作業，導致勞動力分散外流，毀壞了南非的交通基礎設施。恢復經濟的行動，以及投機資本和大大小小的投機者的湧入——包括像湯瑪斯・海恩斯這樣的小蝦米——導致礦場主很難以低廉的價格取得勞動力。在英語國家的想像中，中國總是被視為取之不盡的勞動力來源，眼下既是威脅，也是資產。南非有需求；而中國有人。

南非礦業商會（South African Chamber of Mines）成立一組織從中國招募勞動力，而香港的太古雖然起初持懷疑態度，卻在一九〇三年取得在中國南部招募的代理權。計畫最初承諾每月招募四千名員工，每年最多招募五萬名員工，但其實這項計畫對公司是代價高昂的失誤。十九世紀中葉非法貿易及其暴行的瑕疵，仍肆虐著中國官方對勞動移民的看法。位在廣州的領事館堅決反對香港在這樣的商業計畫中扮演任何角色，可惜太古已經開發出一項基礎設施，在該基礎設施中，殖民地對整個計畫不可或缺。除了作為新招募成員的登船口岸，公司還在九龍半島的荔枝角建立移民營地，並於一九〇四年二月在廣東發布招募人員通知，等到五月中旬，已經有一千六百名男子在營地的十間大草棚裡等待體檢。發表於當地報刊的一篇文章吹捧這是「一個快樂之家」，充斥著太古旗下經紀人招募的「魁梧壯丁，完美無瑕」。但一九〇四年五月二十五日卻只有一千名壯丁搭上包船出發，而且整個計畫遭到已經在南非的中國人的一致反對，遭到為東南亞招聘勞工的公司反對（因為太古占用了他們的供應源），遭到英國和南非的政治和輿論反對（他們認為「中國奴隸制」損害了「白人勞工」的權利和工資，或者純粹覺得那在道德上令人反感），還遭到廣東當局的反對。廣東當局的反對便是讓太古觸礁的那顆石頭。正當政府命令要一切運作暫停，而下一艘包船即將面臨巨額罰款之際，又因D・R・羅遭揭露安排了一次祕密招募這「近乎無法無天的作為」（這是英國駐廣州領事的用詞），導致情況更是雪上加霜。[58]

佛山號和移民事件的關鍵，在於儘管清朝在一九〇〇年八國聯軍慘敗，而且幾乎就要被外國利益集團瓜分殆盡之際，外國公司卻發現，自己身處一個陌生境地。他們和多數外國觀察家及學者紛紛要求中國實現現代化，辯稱在中國發展出現代制度和慣例之前——現代的意思是指和他們一樣——中國人不能期待被視為國際社會的一部分。可是，當中國人真的這麼做的時候，他們卻是既不解又充滿防備。他們對條約和協議的精確細節的依賴，完全任由他們自己詮釋，其中的權利和特權，對許多人、乃至此時的太古洋行而言，都已經成為慣例，但這一切卻也逐漸造成諸多問題。清朝官員和一群有見識的清朝人民——尤其是商人和學生——開始挑戰對這些外國人的傲慢自大。或者可以說，這不過是外國人占中國主權便宜的盡頭，而且，這只是剛開始，情況顯然已發生變化。太古洋行完全退出代理招募勞工的計畫，華南因而不再是該協會的招募地：在抵達南非的六萬三千六百九十五名男性中，只有一千六百八十九人來自香港。更廣泛的中國勞工爭議越演越烈，並對一九〇六年的英國大選產生嚴重影響。太古當然持續從事加速勞工移民的事業，毫無疑問，也為藍煙囪的船供應中國海員，而且羅在一九〇五年初前往川斯瓦，試圖爭取中國勞動力的訂單，但公司當初設想的南非事業已經沒戲唱了。[59]

儘管約翰・森姆爾過世，阿爾弗雷德・霍特也在一九一一年十一月離開人間，太古和藍煙囪的關係仍然緊密。船塢的共同投資，以及一九〇四年對另一家新公司「天津駁船公司」（Tientsin Lighter Company）的共同投資，使雙方的關係更加鞏固。投資天津駁船公司是為了矯正目前港口一家獨占公司的問題，並改善其表現，費雪在有真正值得抱怨的事情之前，便對該公司多所怨言。一九〇八年十二月，第一艘船停靠在九龍半島東南端的兩個新合資企業之一的藍煙囪貨倉碼頭（Holt’s Wharf，按：又名太古倉碼頭），這是倉庫和碼頭的綜合體，位於連接殖民地和廣州的鐵路的一處要址，一旁便是新九龍終點站。該鐵路線將於一九一〇年開始營運。上海也正在建造類似設施。藍煙囪於一九〇二年接管了中國互助輪船公司（China Mutual Company），並隨之接管其跨太平洋航線。在香港，太古竭力遊說升級其輪船住宿，因為太古的員工認為——收入的數據支持他們的論點——中國乘客的需求非常大。[60]與霍特藍煙囪密切合作對太古仍然有多方面的好處。太古公司和個人的海洋輪船公司股份，是僅次於霍特家族的最大持股單位。太古集團為他們在倫敦的工作收取費用，但倫敦方面不時指出，這樣的費用始終不足，還說分行是透過他們的佣金取得利潤。與史考特造船公司的關係也變得更牢固：他們是造船廠的採購代理，把戴木髓帽的員工派到那裡，設計了太古建造的許多太古輪船公司船隻，而且仍然是整體的技術顧問。史考特造船公司也繼續為太古輪船造新船，在一九〇一至〇五年間就接下二十艘的訂單。

太古集團繼續成長。光是一九〇一至一四年的七月期間，就有一百四十四人搭船到東方加入太古，是過去十四年的兩倍。[61]其中有個人在一九一三年十一月加入倫敦團隊，並於一九一四年三月啟程前往香港任職，他代表公司迎來了更新一代的施懷雅家族：傑克的長子約翰・奇斯頓（**John Kidston**，喬克〔**Jock**〕）。喬克是傑克與格拉斯哥船東之女艾蜜莉・奇斯頓（**Emily Kidston**）在一八八九年婚後生下的四個孩子之一。他的小兒子格倫（**Glen**）——即將在一九一四年十月進入牛津求學——畢業後，也準備加入公司。從員工紀錄可以看到，整體來說，新人比他們的前輩受過更好的培訓。許多人擁有倫敦商會和藝術學會的證書或文憑，而且他們總的來看，在到任前，有更多的經驗，也有更多的專業經驗。當很多業務變得越來越專業且複雜時，合適的員工也許會在工作中學會訣竅的想法不再。當然，在未來一段時間內，很多關於在中國生活和工作的事情，將被證明是不可能傳授或進一步驗證的。

在中國長居仍然被認為是危險的。男人「長居此地會折壽」，波黑特這麼認為，到了一九〇二年，波黑特已經在香港生活了二十八年，期間只回家過三次。同年稍晚，他以健康為由提出辭呈。羅後來也為了避免精神崩潰而辭職。波黑特認為，他們還需要更優渥的退休津貼。薪水是合理的，但存不了什麼錢，尤其資深員工覺得他們必須符合人們對大班生活的期待（而且被誤認為是合夥人）——不過公司本身有不參與官方公共生活的政策——所以商務娛樂就等於「香檳及其他」，某個大班的家中配有一名歐洲護士、一號家丁、二號家丁、廚子、兩名家庭苦力和六名抬轎子的苦力、市場和浴室苦力、洗衣女工、園丁、照顧嬰兒和縫紉的阿嬤。[62]而這些，便是大班生活費的問題所在。

出現在員工筆記中、值得一提的一個趨勢是，少數人在航行前曾在倫敦學習過一些中文。成立於一八八九年的倫敦遊說團體中國協會於一九〇〇年成立「實用漢語學校」（太古集團貢獻了微薄的五十英鎊）。對英國商業地位受到威脅的焦慮——在世紀之交的公共論述中形成強而有力的立場——引發人們擔心英國公司的貿易競爭對手受到國家政府補貼，或得到國家其他方式的幫助，或以不光彩的方式運作，或採用極為創新的商業作為，並訓練員工學習客戶的語言。貝雷斯福德勳爵代表聯合商會的訪問，在太古提供免費旅行的協助下順利成行，這趟訪問的成果集結為一八九九年發表的報告〈中國分裂〉（The Break-Up of China），文章最後呼籲，「對在該國尋找工作的英國青年教授漢語」。[63]少數太古新聘人員在國王學院下班後學習中文，不致對公司文化造成太大影響，尤其是買辦制度的結構仍然完好無損，而且買辦的兒子英語說得很好，可能是他們學習中文永遠達不到的程度（此外，買辦之子的教育程度越來越高，比他們的英國同事更是高上許多）。

吉姆・史考特於一九一二年十月去世，他的兒子柯林（Colin）於一九一〇年加入合夥企業：因此太古和史考特造船之間，仍屬於家族關係。吉姆．史考特是影響公司發展至深的一號人物。畢竟，他在太古洋行成立之際便加入上海的太古，而太古船塢顯然是他的重大成就。他缺乏「老董」的個人魅力，對人為失敗或該說是人性的容忍度比較低。在所有資深職員中，他在亞洲生活得最久，對亞洲的態度和偏見有最深的體悟，但同時，他幾乎未養成其他人所展現出的那種恣意妄為。正是在他擔任資深合夥人期間，公司指示分行不得僱用歐亞混血兒，一旦僱用任何混血兒，他們就會被開除。[64]史考特當然沉浸在公司的歷史中，事實上，他是太古的第一個史學家，在從亞洲回國的途中時，他把一九〇九年元旦對香港員工的談話筆記，變成一份簡短的歷史草稿，成品在他去世後自費出版。只是從檔案很難辨識出他的個人氣質。此時的他是公司最後一名老戰將。甘威爾於一八九六年去世，麥金托什於一九〇四年去世。甘威爾早已離開合夥企業，但麥金托什股份的複雜性引發公司及其遺囑執行人之間的法律糾紛。朗是最後一個離世的，他的遺囑引來一些媒體評論，因為他的遺囑讓他三十二歲的護士得到了一筆可觀的「意外之財」。直到死前，他依然讓人捉摸不透。[65]到了一九一二年年底，這間合夥企業已經掌握在下一代手中：傑克．施懷雅、他的弟弟喬治．沃倫．施懷雅（於一九〇五年加入）和柯林．C．史考特。柯林的弟弟約翰．施懷雅．史考特（John Swire Scott）一九二四年從劍橋大學畢業後加入公司，並於一九三一年成為董事。這個團隊和他們在中國的經理們即將面對中國革命和內戰帶來的挑戰，以及隨之而來的巨變，他們也面對一九一四至一八年的歐洲衝突，這場衝突改變了歐洲，也徹底改變了中國。

第九章　新中國

在鰂魚涌舉辦的兩場公司聚會，呈現出截然不同的一九一四年面貌。一月，香港大班喬治・愛德金斯（George Edkins）望著妻子薇尼芙（Winifred）手拿香檳，趕上一艘新太古輪船的船頭。這艘輪船在船塢的船臺快速滑下，伴隨著「熱烈的歡呼聲和許多爆竹聲」。[1]這就是上海和長江航線的生力軍武昌號，是同名的第二艘，也是新級別中的第一艘。這是太古船塢建造的第十一艘船，也是迄今為止最大的一艘，有三千兩百噸。曾從事布商學徒並擔任香港經理兩年的愛德金斯發表了樂觀的演講。過去十二個月是香港造船業創紀錄的一年，而他聲稱，一九一四年將再創新紀錄，因為又有三艘太古輪船已經入庫。太古船塢和香港經濟的前景都十分光明。這似乎是這些聚會可想而知的腳本，反覆上演，只差細節（船名），但那是因為全球航運如今已擺脫嚴重的衰退，衰退在一九〇六至一九一一年間給太古輪船帶來了痛苦的後果：三年沒有股息，連續四年虧損。一九一一年召開的股東大會氣氛低迷，甚至引出一名巴特菲爾德家族的成員：弗雷德里克・威廉・路易斯・德希利爾斯・羅斯福・西奧多・巴特菲爾德（Frederick William Louis d'Hilliers Roosevelt Theodore Butterfield）。他是已故美國總統的遠親理察・夏克頓・巴特菲爾德的姪子，繼承了他父親在公司的主要股權。巴特菲爾德指控經理人——太古集團——濫用職權，因為他們顯然未有損失，而且他聲稱，他們僱用「一支員工大軍……拿豐厚薪水，犧牲我們的利益」。[2]這個針對公司管理太古輪船的攻擊被擋下了，主要是因為理查・霍特（Richard Holt）在股東大會上出面干預，之後公司也在那年再次獲利，並發送股利。約翰・森姆爾的朋友網絡曾經不遺餘力地提供資本，但現在他們的繼承人不遺餘力地讓他的繼任者們感到頭痛。

香港接到很多訂單，聯營協定奏效，太古船塢剛創立初期的問題似乎已成過去式。但在一九一四年七月三日，鰂魚涌員工俱樂部舉辦了一場別開生面的聚會：大約半數的造船廠和煉糖廠的外國員工聚在一起，聆聽香港總督梅含理爵士（Sir Henry May）發表「雄辯滔滔且激動人心的演講」「談論每個人都有成為義勇軍的個人責任」。[3]一八八三年還是年輕儲備行政官的梅含理在廣州學習粵語，經歷過漢口號事件引發的沙面騷動和破壞。他聲稱，一支志願軍或許就能阻止那種情況發生。在「這個文明的時代，戰爭發生之前不會有太多預報」，因此「做好準備」，保衛「大英帝國的重要前哨站」非常重要。這番話聽起來並不陌生。他的前任盧吉曾試圖在一九一〇年於香港殖民地實施義務兵役制度，吉姆・史考特曾大力支持，不過最終並未實現。香港總司令凱利少將（Major General Kelly）在梅含理爵士之後上任。他告訴太古旗下的員工，「成為保護如此偉大資產的一分子」，是「他們的責任」。

正當梅含理和凱利在鰂魚涌演講之際，五天前斐迪南大公在塞拉耶佛遇刺的衝擊，正在整個歐洲蔓延。一個月後，英國宣戰。中國不可能置身於這個衝突之外。在政治上，過去十年充滿動盪。許多人早就預言並努力促成的中國革命——太古旗下公司對這些革命嘗試並不陌生，像是陰謀策畫者利用太古的輪船走私槍枝，或商人煽動反對外國利益集團作為對清政府的變相攻擊——在一九一一年十月意外爆發了。製造炸彈的革命分子在武漢的俄租界炸死自己——這無疑展現了抽菸的一個極端危險性，因為點燃中國革命導火線的，正是一根丟棄的香菸或火柴。事態發展得如此之快，以至於老練的革命領袖孫逸仙從美國籌款回來時，對清軍的攻擊幾乎就要結束了。在某些方面看來，這是一場突如其來的革命，而中國各方都擔心，長期的混亂局勢可能導致外國勢力對中國發動最後攻擊，於是他們紛紛採取了相應的行動：清帝遜位，中國宣布成立共和國；曾經效忠清朝的將軍和總理大臣袁世凱轉而反對滿清，和孫逸仙達成和平協議，由他取代孫讓出的總統大位。袁世凱絕非共和政體的擁護者。一九一三年三月，在中國第一次民主選舉之後，孫逸仙領導的新政黨「國民黨」的議會領袖，在上海火車站被總統的特工暗殺。四個月後，國民黨在北京發動一場反抗新強人的起義，但支持者被打敗了，最重要的原因之一，莫過於英國金援袁世凱在上海的盟友，說服他們的軍隊保持忠誠。

革命在某些地方是血腥的，不過大抵還在控制之內，而且調解者的意圖——阻止任何外國干預——多數時候都能如願。義勇軍被召集到有外國租界或新拓居地的城市，或是政權以暴力方式及武力威脅易主的城市，外國的海陸大軍登陸，砲艇停泊在外灘和港口，他們展示機槍和大砲，卻又按兵不動。銀行關門，商業活動暫停，外國居民可能會重演熟悉的歷史場景，躲到為他們敞開的鎮江或蕪湖的太古躉船上。與此同時，革命分子剪去代表他們屈從於滿清的長辮，甚至強行剪掉遲遲不跟上勢潮的人的髮辮。新成立的共和國似乎是西方式的共和國，其所採用的各種作法和程序在在鞏固了清朝的新政改革。[4]從本質來看，這是一個政治權力的轉移，在很多情況下，只是轉移給那些參與廣州抵制活動或長期和太古合作的商人和政治活動家：「我們都是反清的，」一九一一年十一月，一名輪船招商局董事向傑克．施懷雅保證；「我們不接受讓十個滿人來統治一千個中國人。」[5]帝國不覺間失去了當年打下的一些具象徵性的江山——如今永遠失去後來成為蒙古國的外蒙古地區，並失去對西藏的統治長達幾十年——外國主導的海關擅自奪取徵收關稅的權力（並將關稅繳給政府或用來償還外國貸款），外國租界行政單位接管會審公廨，由此削弱上海的法定主權。整體而言，外國利益集團面對中國主權時的條件，變得對外國勢力更加有利。中國人現在也許實現了自治，但仍然綁手綁腳。

袁世凱正掙扎著鞏固一個新國家——甚至在一九一五年尾聲自行稱帝——外國評論的口氣和外國態度變得越來越不滿，而且大多表現得輕蔑。曾經，外國觀察家為外國人的法律優勢和通商口岸網絡辯解，辯稱那是臨時的保障，只會持續直到中國「現代化」，而且他們當然很期待那個時代的到來，至少他們不堪其擾地開口閉口這麼說。然而，隨著中國開始改革，那個必要的「現代化」條件被修改了，實現現代化目標的障礙越來越大，外國人放棄優勢的希望越來越渺茫。對多數外國利益集團而言，一個墮落的中國對他們最有利，不過在他們眼中，這是正當地保護自身利益和中國人民真正的利益，免受軍閥、盜匪和「巴布斯」（Babus，「洋化的」，「名不符實的」、「沒有代表性的」中國人，他們如今認為這些人住在這片土地上，榨取養分）的侵害。

往後許多年，清朝統治結束的影響將繼續在政治、社會和文化方面顯現。短期內，對太古的利益而言，大戰是相當關鍵的。一九一四年一月瀰漫太古船塢的樂觀態度，將被七月更嚴峻的國家召喚，以及八月四日英國正式宣戰而蒙上陰影。當然，各方無不堅信，衝突會很快結束，而且在戰爭頭一年絕大多數時候，這樣的想法始終是影響因子，尤其是在成為經濟戰線的中國。英國政府迅速實施一套法規來管理和限制「與敵人進行貿易」，其總體戰略目標是要削弱德國經濟，同時採取行動保護本國經濟。政府旋即引進國家保險——承擔八成的損失——讓船隻得以繼續航行，從而為英國提供食物和補給品。收貨人唯有使用有戰爭保險的船隻才能得到保護，所以像太古這樣的公司便有了配合該計畫的雙重動機。截至八月十三日，太古輪船已經為五十七艘船投保。在最初的動盪和混亂之後，英國船隻再次啟航，儘管損失、被徵用、被迫改道、塞港和運輸瓶頸，這樣的臨時安排持續到一九一六年。[6]不過，一場漫長的全面戰爭的壓力漸漸浮現，國家將進一步控制經濟，將私營企業的專家引進新的機構和部會。創立新機構展現了某個分析師眼中的一些「組織技巧」，船東和公務員之間素來棘手的關係，在白廳（White Hall，按：英國中央機關所在，代指英國政府）變成了有效率的伙伴關係，不過，我們還是能在太古書信集中看到商人對官員思想局限的蔑視。[7]

在東亞，盟軍封鎖德國的主要手段顯然是控制與敵人的貿易，無奈這些手段未經檢驗，而且常常不切實際，也完全不符合中國商業世界的現實。在中國，不同國家的外國利益集團往往相互交織，許多英國公司依賴德國的合作伙伴、資本、代理或技術人員。這為太古帶來了「不少擔憂和麻煩」，可是對這間已經有二十一處分行的公司而言，他們受到的影響不若其他公司嚴重。舉例來說，公司在海參崴（Vladivostok）的代理機構是德國大公司孔士洋行（Kunst and Albers），雖然太古想遵守新規定撤換掉孔士洋行，然事實證明，要找到一個通俄語又有航運經驗的英國人非常困難。孔士洋行的幾名德國主管是歸化俄國人（卻曾想方設法避免滯留俄國）聲稱，他們對十月份終止合作的決定感到「非常驚訝」，但孔士洋行終舊是遭到撤換了。[8]藍煙囪代理業務因與德國公司分道揚鑣而受挑戰，失去歐洲的運輸代理後，「徹底揭露了英國在中國出口貿易的表現不彰，」香港方面如實說道。[9]戰爭期間，官員也努力想新的辦法來加強英國在中國的貿易。英國商會在外交的保護傘下成立，政府將商務參贊派駐到各個領事館。隨著緊急情況持續下去，英國政府和企業在中國的關係也越來越緊密。

面對這場戰爭的公司，在法律上是一個相當新的實體。最後一份合夥協議於一九一三年十二月三十一日屆滿，太古集團在一九一四年的新年成為有限公司。三名合夥人——同父異母的兄弟傑克·施懷雅和沃倫·施懷雅（共同持有公司股份的控制股權）以及柯林·史考特成為董事，並迅速增加第四名董事亨利·威廉·羅伯遜（Henry William Robertson，他自一八九一年起就在太古服務）。在吉姆·史考特去世後成為資深合夥人的傑克·施懷雅如今成了董事長。這樣的改制遲了好幾年。傑克·施懷雅曾在一九〇五年解釋說，公司的合夥結構明顯已不敷使用，太古集團的規模在短時間內變得極為龐大，以至於合夥人的潛在風險，以及他們個人得職責範圍都太大了。[10]

不過還有其他原因。一八九三年的合夥協議允許合夥人的兒子在年滿二十一歲後加入企業，前提是他們的天賦和經驗被「認可」。但吉姆．史考特和傑克．施懷雅有充分理由不相信沃倫．施懷雅的商業能力，或是他在那個階段的性格。以「教人難以苟同」的態度對待職員，並將公司經理視為他的「雇員」，這樣的人可說是潛在的累贅。保有紳士風度，他的哥哥在抒發怨氣的其中一篇筆記上如此寫道。[11]沃倫不按牌理出牌，社交又不夠圓融。雖然他在一八九八年父親去世後開始對公司經營產生興趣，不過直到一九〇五年才獲准積極參與，而且此後幾年仍受其他合夥人的約束。[12]此外，愛德溫．麥金托什（一九〇四年去世）的家人起初打算為他的兒子愛德溫（Edwin，小名傑克）保留進入公司的權利。傑克．麥金托什即將在一九〇九年滿二十一歲。不過，他在當年四月正式確認不會行使加入合夥企業的權利。「麥金托什的股權」曾阻礙公司在一九〇五／〇六年第一次的改制嘗試，傑克．麥金托什到一九〇九年都還可以分得公司的獲利。在吉姆．史考特的眼裡，他個人大概是因為去念大學，少了在商場累積實務經驗的幾年歷練，因此失去積極參與合夥企業的資格。他的兒子柯林便是遵循這條實務養成路線，先在倫敦的另一家船舶經紀公司工作三年，然後到香港和上海的太古洋行工作四年，在不同部門之間輪調，直到一九〇九年返回倫敦。[13]

「麥金托什問題」在一九〇九年出現棘手的轉折，公司遭到「非常不友善的控訴」，合夥人被控為了讓最終結算不利於傑克．麥金托什而「做假帳」。因為對造船廠挹注了鉅額投資（其中大部分最初來自合夥人的資金），而且航運業正處於蕭條時期，公司此時的財務狀況很複雜。帳務稽核還給了公司清白，但法律顧問意識到，他們眼前解讀的是「令人極度困惑的合夥條款」和盤根錯節的財務狀況。糾紛為期兩年，耗費了大量的時間和法律費用，所幸雙方在一九一一年八月達成協議，麥金托什家族撤銷指控，其合夥人地位在一九〇九年四月被公司買斷。[14] 一九〇七年環遊世界並訪問公司在亞洲的資產和合夥人，似乎對沃倫．施懷雅逐漸產生影響，但還要再過幾年他才會被完全的信任，不過他的詞鋒犀利、意見尖銳從未改變，經常口無遮攔、滔滔不絕。然而，沃倫．施懷雅對航運業務的理解益發成熟（並從一九一二年起，著手管理太古輪船公司），只是他難以預測的行徑對其他合夥人想要改制的渴望起了推波助瀾的作用。一九一一年，傑克．施懷雅向吉姆．史考特坦承，他擔心「未來他會惹上大麻煩」。公司對經理和其他人宣布，公司的改制是出於「家庭因素」，也確實是如此。[15]

而在社交和文化層面，公司的性質也發生了變化。除了傑克．施懷雅的出身，以及和藍煙囪牢固的合作關係之外，公司再也沒有任何明顯的利物浦關聯。就連經營多年的澳洲黑啤酒業務也一去不復返。[16] 傑克．施懷雅在艾塞克斯（Essex）定居。那是他心之所嚮，他熱中狩獵——他先後在一九〇六至一〇年、一九二二至二四年成為艾塞克斯狩獵主辦人——也熱愛馬術。他出版了兩本關於馬術的法語手冊英譯本，並於一九〇八年出版自己的英法馬術指南。這絲毫不減損他在這個艱難時期對公司的健全領導，可是他在爭辯沃倫．施懷雅是否適合在公司任職時，曾經提醒繼母，他的父親可從未問過他是否真的想加入太古集團。儘管如此，傑克仍遵循一種哲學，他也敦促沃倫去體會：管理事業時，應對太古集團如今廣大的利益版圖，以及旗下數千名員工所代表的照顧重擔，採取無私的態度。[17]他將太古視為一份遺產和責任，並樂於宣布這輩子從未親手掙過一分錢：這是他父親的成果，他不會葬送父親的成果。[18]儘管史考特、麥金托什和施懷雅家的兒子們會一起上學，有些還一起進牛津大學深造——吉姆．史考特對大學教育危害的嚴厲批評，被它可能為施懷雅家族男丁帶來的社會利益打敗了——曾經是公司特色的家族與社交關係紐帶逐漸越發鬆散。

倫敦總部如今管理的業務，其複雜性意味著我們將在傑克．施懷雅、弟弟沃倫和沃倫的母親瑪麗之間的私人通信中，見證到家庭情緒——瑪麗似乎一直戰戰兢兢地守護著兒子在公司內的職位和機會——無論如何，都不可能出現在任何業務決策中，且不致對公司造成危害。航運、造船、保險和煉糖四種不同業務的營運規模，無論其間相互關聯和相互依賴的程度多高，用來維持這些業務運作所需的資金，支撐起它們的中國和香港的政治工作，流入比利特廣場（Billiter Square，公司於一九〇一年搬到這裡）的大量數據，在在意味著太古需要的是專家，而不是親朋好友。家族座右銘「求真務實」（Esse Quam Videri），真是再貼切不過了。

從這個時期的太古歷史，我們最能夠審視戰爭帶來的營運挑戰，最重要的是關於航運、關於戰爭創造的機會，以及太古承擔的戰爭工作，並審視太古輪船公司文化的變化，以及太古洋行新商業活動領域的開發，亦即「內陸地區」（upcountry）糖配銷網絡——最初在公司內部稱為「滿洲系統」（Manchurian system），因為最早是在一九〇〇年代中期從中國的滿洲地區開始實施的。

太古輪船航運路線的擴張，促使太古集團的利益廣布長江流域各省、西江流域經過的華南和西南省份，以及沿海地區。太古輪船在長江支流試辦新的路線，戰前的檔案充斥著關於諸多港口成為服務據點的潛力勘察報告。矛盾的是，當新的糖配銷網絡在遠離外灘和外國飛地的「內地」扎根時，恰恰是鰂魚涌的糖廠促使公司在中國進一步擴張；而在太古洋行辦事處工作的約一百四十名英國人，則在他們的外國飛地裡過著某種模擬的「家鄉」生活。

對太古輪船公司而言，政府徵用船舶或載運噸位的主要挑戰是維持現有服務——還有聯營的分配額——以及防止日本或美國公司蠶食既有的沿海或內河航行路線。確保「以目前的規模充分供給……基本的常規路線，若有必要可以犧牲所有其他路線」，倫敦方面在一九一七年這麼寫道。倘若達不到，那麼最重要的就是避免路線被瓜分，導致不同公司壟斷不同的區塊。太古輪船必須維持在中國和遠洋航線的整體影響力。[19] 有些人馬上開始為國效力。宣戰的第二天，大副法蘭克．戴維斯開玩笑地為一封家書取了「陛下的柯利爾四川艦」（H. M. Collier Szechuen）這個標題，因為「我們正忙著為英國艦隊補充煤炭，在軍隊的祕密指示下，載著一船的威爾斯煤炭航行」。兩個月來，四川號受海軍部的徵召，在杰拉姆上將（Admiral Jerram）指揮皇家海軍中國基地軍艦搜尋德國船隻時，支援他們，然後支援日本奪取德國青島殖民地的戰役。[20]

幾年壞日子過去，戰爭帶來一段為期不短的豐收時期。運費創紀錄，需求不斷。儘管公司在一九一四至一八年間又添購了九艘新船，仍未達到公司所需的噸位擴增，而且也缺工。倫敦政府對太古營收課徵的稅跟著創紀錄——寄往東方的信件提供了詳細數字——一九一五年為兩萬兩千七百二十英鎊，一九一七年預計為五十一萬一千八百二十英鎊——但太古輪船公司從未如此賺錢：在戰爭那幾年，平均年利潤為八萬七千英鎊。這在公共及政治領域有潛在的負面影響：「爸爸，你在大戰中做了什麼？」一九一五年著名的英國徵兵海報標題寫道。一名激進的議員認為，船東只能回答他的孩子：「我削了每個人一筆。」許多人把食品價格的通貨膨脹歸咎於船東。[21] 太古的愛國情懷和其他在中國的公司一樣受到質疑，儘管事實並非如此。誠如我們所見，在大抵維持例行業務運作，以及大舉拓展其糖業業務之餘，太古輪船和藍煙囪在九龍和浦東的藍煙囪貨倉碼頭設施投入鉅資，進行新的房地產開發與擴建。照常營業明明是英國整體戰略的一部分，卻是飽受批評。

一九一七年，英國政府新成立的航運部（Ministry of Shipping）正式徵用所有英國輪船公司的船。太古的藍煙囪業務受到波及，因為分配空間給出口中國的貨物不算非常緊急的事務，由此導致「嚴重的」航班縮減——一九一七年六月，香港致倫敦的信件提到，「這意味著太古的日子要不好過了」。一九一八年二月，沃倫．施懷雅指出：「考慮到航運噸位的狀況，我們認為，我們在沿海還能有輪船已經非常幸運。」藍煙囪本身船隊的八十三艘船，有七十八艘在是年的年底被徵用（敵軍攻擊導致藍煙囪損失十六艘船，不過其利潤卻成長了六倍）。一九一七年五月，倫敦獲悉太古輪船的所有沿海輪船都將被徵用，長江和其他內河航線除外。一九一七年三月，八艘船隻被徵用，派往地中海東部，船員們開始認識新的航線，將穀物和飼料從賽德港運送到蘇卡里耶（Sukarieh），或將木柴、山羊和馬鈴薯從法馬古斯塔（Famagusta）運往南邊的埃及，載著之善可陳的戰爭物資四處航行。此後不久，政府又徵用了另外兩艘船。考慮到目前正在服役的外國人人數，提供全額英國船副和輪機員成了一大挑戰，而且公司必須到處調動船隊人員。有個剛服役六個月的年輕二副被調到北海號負責運送物資，他拒絕履行職責，在香港被起訴而坐牢兩個月，並以此為借鏡。[22]一九一八年，太古輪船仍經營香港到上海和香港到北方港口的船班，以及汕頭到曼谷的路線，只是香港報刊上的船運公告，主要都是日本航運公司刊登的廣告。

戰爭帶來了一項太古很是熟悉的任務：提供中國勞工前往西線和中東服役的部分航程。一九一六年秋，海軍部非常臨時地徵用藍煙囪輪船，指示藍煙囪提供從英租界威海衛出發的三萬人次運輸空間。除了擁有船隻，太古洋行當然也在運送中國勞工方面有豐富經驗。在公司的監督下，幾艘船在橫濱進行改裝，每艘船可容納一千名士兵和他們的英國軍官。太古隨後也為每艘船提供伙食或用其他方式提供補給，未想海軍部裁定太古無權收取任何代理佣金，令太古感到憤怒。這些士兵在航行中身處的環境讓他們的一些長官感到震驚，但這有一部分是因為中國移工和外國乘客的旅行世界依舊完全隔離。勞力運輸的環境或許不太好，不過整體環境可能比海峽殖民地（Straits Settlement）移民業務普遍可接受的情況好一些。公司的員工也以其他方式為這項戰時計畫效勞。太古船塢的愛德華・亨利・埃文斯（Edward Henry Evans）時年四十三歲，本身是陸軍退伍軍人，他以中國勞工旅（Chinese Labour Corps）成員的身分在法國服役，是眾多來自中國的英國志願參軍者之一。[23]

戰爭需要這些人，人們往往也非常渴望戰爭。他們從辦公桌起身，在戰爭爆發的第一時間投筆從戎。七個人在宣戰後的四天內離開倫敦辦公室，有四成的七月員工在四週內相繼離職。率先有所行動的，應該是兩名皇家海軍預備役：太古輪船輪機員羅伯特．布萊基（Robert Blackie）和二副羅納德．蘭頓．瓊斯（Ronald Langton Jones），他們是在香港駕駛前無畏戰艦「凱旋號」（HMS Triumph）的水手之一。一九一四年七月，該戰艦正在殖民地的海軍造船廠進行改裝，轉作倉庫船。不久，凱旋號迅速大幅整修、重新粉刷，於八月五日接獲任務，隔天載著一群東拼西湊的商船海員和志願軍出航。到了八月底，凱旋號已奪取了兩艘德國郵輪，然後——更多的船員於上海登船，包括太古輪船的工程監督弗雷德里克．詹姆斯（Frederick James）——支援日本對德國青島殖民地的包圍和攻擊，之後遭擊中。在香港改裝後，戰艦啟航參加達達尼爾海峽的行動。一九一五年四月二十五日，一艘德國潛艇擊沉了這艘戰艦，太古的三名員工和其他來自上海的人都在船上。所有人都倖存下來。[24]有些人的戰爭歷時較短。倫敦辦事處的航運職員約翰．貝爾（John Bell）兩個月內便回到英國。他效力於倫敦蘇格蘭連（London Scottish），在梅西內斯（Messines）受傷後，被診斷為再也不適合繼續從軍。戰爭爆發之初，員工竊竊私語，抱怨倫敦總部不是很願意放人。但讓十分之四的人離開，似乎和這說法恰恰相反，誠如傑克．施懷雅在八月下旬所寫的，「因為要打商業戰，我們必須保有最低限度的戰鬥力」，而即便恢復和平後，曾在二十世紀初的英國社會引起諸多辯論的商業戰爭仍將繼續。[25]

在香港，殖民地各處的義勇軍都動員了起來，直到十一月下旬，太古辦公室的員工人人穿著卡其裝在殖民地的各個戰略防禦據點站崗並巡邏，以免遭到突襲。當時已經在香港學習公司經營之道的約翰·奇斯頓·施懷雅——也就是「喬克」——加入一支新成立的騎兵義勇軍單位「香港童子軍」（Hongkong Scouts），並協同管理五十名康瓦爾公爵的輕裝步兵，以及港島南岸從赤柱（Stanley）到香港仔（Aberdeen）的防禦。他很慶幸能離開海旁悶熱潮濕的建築（金屬天花板代表濕氣讓員工們無處可躲）——「我樂在其中，真希望我是一名士兵，」他寫給家中的信裡這麼說。情勢發展讓人失望，因為香港沒有遭遇任何攻擊，區域裡僅有的德軍都在日本占領青島，以及澳洲海軍擊沉專門攻擊商船的巡洋艦「埃姆登號」（Emden）時被派遣出去了（但她已經先把藍煙囪的「特洛伊羅斯號」（Troilus）和船上一千噸的馬來西亞錫擊沉），他也開始在傷亡名單上看到許多昔日同窗的名字。當局阻礙了喬克想要「親身體驗其中樂趣」的心情，拒絕在殖民地看似遭遇強烈威脅之際允許他離開。他也對香港不見戰事及「東方的偽善」有所批評，雖然這是陳腔濫調，卻是在中國的英國外交官之間普遍的感受。他們覺得，英國同胞太專注於當地的利益，而罔顧帝國的利益及其「偉大遺產」。[26]很多在中國的英國商人起初在與德國公司進行商業接觸時，無不異常謹慎地遵守與敵方通商的法律。[27]厭惡入侵者的原則堅定不移，然而，這些可是和他們一起擔任公司董事的人、和他們一起管理賽馬俱樂部的人，而且彼此之間可能有姻親關係。多年來，他們共同為英德友好舉杯致敬。除了從如此錯綜複雜的關係中抽離、在情感面和實際面有其難度，中國本身直到一九一七年都維持中立。誠如傑克·施懷雅所言，他們不想要「表現得像在破壞一個中立國的貿易」。他們也害怕日本利益集團會逮住機會，乘虛而入。而他們猜對了。[28]

一九一八年近尾聲，倫敦的工作人員已經有近五十人加入軍隊，太古洋行各辦事處約有三十五人——約莫是一九一四年中國和日本辦事處員工的三分之一——還有更多其他太古公司的員工也加入。[29]有些中國員工也在一九一七年太古輪船的船隻被徵用時參戰，至少有十一人在一九一八年因輪船遭魚雷擊而陣亡，包括二廚、消防員及四川號上另外七人、「安徽號」（Anhui）乘務長和「張家口號」（Kalgan）的一名船員。至少二十三名透過香港太古招募的藍煙囪中國海員喪命。敵軍攻擊也導致四十六名「岳州號」（Yochow）的印度船員及其資深太古輪船船長、輪機長、大管輪身亡，戰後編寫的榮譽榜經常忽略這些人，這就是通商口岸社區海員地位低下的進一步證據，亞洲海員更是不受重視。[30]當然還有很多很多的人，因參戰造成身體上或精神上的殘缺，抑或留下終身創傷。太古覺得，英國公司在亞洲已經分身乏術，無法承受大量員工加入部隊，可是愛國情操和良心以及戰爭的激情，意味著太古不得不讓員工離開。

有些人把曾在香港義勇軍，或是上海、武漢或天津的義勇軍服務，當作用來申請正規軍職的經歷。[31]法蘭克・李察遜（Frank Richardson）便是如此，他在上海義勇軍美心連（Maxim Company）的資歷，為這個「和藹可親」的男子申請到倫敦軍團的職位。一九一〇年，廈門出生的傳教士之子亞瑟・何塞蘭（Arthur Joseland）以郵件專員的身分加入香港的公司，不過他在香港體育世界的知名度肯定讓他沒時間為信封貼郵票。何塞蘭詳述他和奈及利亞軍團（Nigerian Regiment）在德屬東非作戰的情況。在某封信中，他寫到自己偶然發現一個令他想起「廈門娛樂場」的哨站，不過遭砲火攻擊時的他就沒那麼懷舊了：「子彈從你身邊、頭頂掠過的聲音很詭異，像是火燒聲和嘶嘶聲的結合，聽起來既邪惡又充滿怒氣，我真的很不喜歡。」何塞蘭於一九一七年九月在德屬東非遇害。李察遜於當年早些時候在梅西內斯去世。[32]太古洋行至少有七人遇難，太古輪船八人、太古船塢一人，以及至少四名倫敦辦公室的員工。這些肯定是低估的數字。一九二三年紀念碑揭幕時，光是公司在香港的單位就有十七人死亡。[33]傑克·施懷雅的小兒子格倫在伊普爾（Ypres）戰死；喬克·施懷雅兩次受傷；柯林·史考特的兄弟在索姆河（Somme）陣亡。沃倫·施懷雅在未諮詢其他董事的情況下逕行參戰，很符合他的風格。本身就是志願騎兵的沃倫·施懷雅隨著雄鹿輕騎兵團（Bucks Hussars）去到了埃及。這是一支菁英的防衛義勇軍，團裡都是羅斯柴爾德家族之流的人。事實證明，這個兵團不適合他這種難相處的人。他參與了一些戰鬥，但他在報告中表示，他見證了更多（他眼中）軍事無能和效率不彰的例子。他在一九一六年的夏天被軍團釋出，回到倫敦管理公司的航運業務，相關人士大概都鬆了一口氣。[34]近半數參軍並倖存的太古員工沒有選擇回到公司，而那些重新回歸的員工也沒有持續在工作崗位太久，因為他們飽受戰爭經歷的困擾。

隨著戰爭時間拉長，為公司配置人員的挑戰越來越嚴苛。一九一四年送出去的三名男子被視為「不良員工」，其中一人在上海的誘惑下誤入歧途（「有些年輕人就是會這樣，」為減輕罪行，出庭作證對公司不利）。後來，他因偽造買辦的付款單於一九一五年六月被捕，受審後，入監服刑六個月。[35]替補參軍、離職者的空缺，或因其他原因離開的員工（如前面提到的這個人）是很困難的一件事。留在工作崗位的人也被要求在下班後去義勇軍或後備警察單位服務，在香港尤其如此，香港義勇軍每週都有滿滿的任務（而「義勇」現在只是委婉說法）。分行人手不足，便開始從當地聘用更多員工，比利特廣場總部和中國的各個辦事處更是僱用愈來愈多的女性，而且不僅僅是擔任速記員或打字員。一九一五年十月，倫敦授權了一項更激進的試驗：「我們認為，我們應該認真考慮在某些責任較輕的職位上，以高薪聘用有水準的中國人，」公司的決策者們告訴這麼對上海和香港說。這比聘用土生葡人更好：「聘請水準最好的人……給他們很好的報酬。」[36]將中國雇員引進公司內部，而不是把他們留在平行的買辦辦公室，顯然是出於更長遠的戰略原因。香港方面答覆說，在吉姆．史考特的指揮下，「我們已經朝這個方向試驗了一段時間，」他們僱用了十六名中國職員、簿記和助理。然而，「這些職位絕對稱不上『責任較輕的職位』，因為根本沒有承擔任何職責」。[37]

一九一八年夏天在香港實施的徵兵制度，提供我們關於實際人事變化程度的罕見細節。這些細節在七、八月於殖民地舉行的幾次特別法庭會議上公開討論，這種程度的曝光一反公司文化的常態。不同於許多在中國的其他英國公司，太古洋行鮮少公開談論其經營運作。從《二十世紀香港、上海和中國其他通商口岸》（*Twentieth Century Impressions of Hongkong, Shanghai, and Other Treaty Ports of China, 1908*）這類出版研究對怡和洋行和其他企業員工的描繪中，絕對找不到關於太古業務或員工的任何實質描述（書中可見豐富插圖，目的在於宣傳中國沿海公司的歷史和服務，以及支撐這些公司的機構和行政部門）。太古也幾乎沒有出現在後來的《遠東現代印象》（*Present day Impressions of the Far East, 1917*）。但公司在一九一八年七月不得不袒露一切。太古在一九一四年八月作證，它在殖民地共有三十三名歐洲員工和十三名中國員工，到了一九一八年七月，公司共有二十九名歐洲男性、十二名歐洲女性員工和二十二名中國員工。參戰的員工有十二人。太古糖廠一九一四年僱用四十五名英國人，一九一八年僱用四十一名；三人從軍。在太古船塢的八十七名員工裡，有五人離職加入行伍。太古辯稱，旗下所有公司都以最低限度在運作，已經沒有任何餘裕了。舉例來說，太古負責處理超過百分之二十於一九一七年抵達殖民地的貨物，占海軍部徵用船隻的絕大部分——全部的太古沿海船隊——而太古的各項業務又是殖民地經濟不可或缺的部分。

審訊期間，公司在當地的第二把交椅G．M．楊恩（G. M. Young）面對尖銳批評。當太古對特別法庭從洋行徵召三名男子的決定提出上訴，仍在尋求人力的港督梅含理則親自出面主持，楊恩遭受的批評又更嚴厲。梅含理眼下的軍國主義立場更為鮮明，一副無法理解企業運作的樣子，或者該說是對企業如何運作完全不感興趣。他對公司的論點置若罔聞。「不好意思，」太古代理主管羅伯．羅斯．湯姆遜（Robert Ross Thomson）打斷梅含理的某段長篇訓話，懇求道，「我想，我們對『文書工作』這個詞的理解有落差……它不等於單純地複製數字。」他說明，這些人擁有運作複雜系統的實務經驗：他們無法被取代。這段期間先僱用年長的當地居民以為暫代，總督如此反駁，或是僱用更多的女性。前者是行不通的，羅斯．湯姆遜回應道。公司甚至曾試著用一個住在香港的大學畢業生，「牛津或劍橋畢業的……會讀拉丁文和希臘文，法語說得幾乎像母語一樣好，」可是「因為早年缺乏商業訓練，並不適任」，而且我們在僱用女性方面的紀錄已經無人能及。我們甚至從加拿大聘來一名女性員工；我們已經盡力了。[38]特別法庭在一九一八年七月和八月開庭時，近六十萬美國士兵抵達法國。特別法庭、總督和所有人耗費的時間和人力，導致三十七名殖民地非必要就業者被「刷掉」，先前沒有表示原則上願意從軍的立即徵召入伍，已表示願意從軍的人則允許先行返國。徵召入伍者被派往印度，隔年返回香港，期間幾乎什麼也沒做。香港的行動對時間和精力都是極大浪費，但伴隨特別法庭審訊的宣傳被認為有助於「緩解緊張」。梅含理總督「惜字如金，不苟言笑」地完成工作，他請假到加拿大，再也沒回來。[39]

另一個關於配置人員的挑戰則來自公司內部，隨著太古輪船船副和輪機員對薪資和福利的不滿情緒再度抬頭，這個長期存在的問題，在一九一六年演變成一場史無前例的產業行動事件。在商船船員協會和海事輪機員協會成立的早期，太古還能斷然拒絕這些機構以任何方式為太古輪船公司海員利益發聲的嘗試。然而，長期的航運蕭條和匯率變化，導致中國沿海航運的服務條款比英國國內和澳洲水域更令人不滿。澳洲和英國的工會壓力加劇了這之間的差距。戰爭將不滿情緒推向高峰，一九一六年五月，公司承認員工加入工會的權利，提高工資，同意提供休假回家的旅費和有薪假，並引進退休津貼計畫。不過，這些都是靠一場罷工換來的。

一九一六年五月八日，十二艘輪船閒置，船副和輪機員罷工，卻仍有許多人留下來保護船隻，其他人則是在罷工期間到商船船員協會打地鋪。[40]這是為期五年的抗爭高潮。早在一九一一年春天，約三百七十名英國船副和輪機員的不滿情緒已經很明顯，他們普遍對薪資不滿，對休假回家沒有旅費補貼更是難以接受。全球的海事勞資關係在這段時期無不呈現高度緊張狀態。英國境內某次罷工行動成功後，英國國家海員聯盟的前身於一九一一年七月獲得船東的承認。各船副紛紛加入一八九三年成立的皇家商船高級船員同業公會（Imperial Merchant Service Guild，另外還有其他競爭團體，但這是最具影響力的）。一九〇四年，澳大拉西亞海事同業公會（Australasian Maritime Service Guild）成立，一九一一年九月，中國沿海船員同業公會（China Coast Officers' Guild）在上海成立。半島東方輪船船隊的船副們揚言，如果一九一三年薪資未獲調漲就要辭職。太古集團在致上海和香港的一封信裡說道，中國有個著名的激進分子叫「戴維斯」（Davies），全名不詳，人們都稱他為「公爵」。他經常投書當地的水手報紙《引領之光》（*Leading Light*），而且會到太古的船上拉人加入同業公會。而此人其實正是前文介紹過的法蘭克・戴維斯。自從一九一〇年休假回來後，戴維斯持續熱中公會事務。對公司而言，他是煽動者：倫敦寫信表示，盯緊他，然後想辦法把他從中國調走。戴維斯和家人的通信則顯示，促使他和同事採取行動的起心動念是真誠的，而且由來已久。一九〇八年，最便宜的返國旅程是搭乘跨西伯利亞鐵路，但即使這趟旅程來回也要一百英鎊，等同於半年的基本工資，而且戴維斯從加入公司早期就一直抱怨內部升遷速度緩慢。[41]他寫道，他不反對資歷原則，但這表示一旦晉升時程延遲導致他們停留在初級船員的階級，船員往往得領取和他們經驗不成比例的薪水。公司在這一點上的固執己見，以及對待員工的態度，和對香港大學的慷慨形成鮮明對比。不只一名員工主張，我們對殖民地的經濟貢獻更大，為什麼不照顧我們呢。公司在一九一一年極其不情願地滿足員工的加薪訴求，而他們要求的醫療費、半薪休假和休假旅費補貼還是沒有得到回應，「但他們就願意為坐辦公室的人付這些費用，」戴維斯指出。[42]

這些人最有效的策略是宣傳。他們透過總部位於利物浦的皇家商船高級船員同業公會，透過發傳單和私人信件，警告想應徵太古輪船的求職者，勸他們不要加入這間公司。宣傳逐漸發酵，因為就連現任員工也漸漸離開公司。一九一一年，二十八名二副辭職，相較之下，過去五年每年平均只有八個人辭職。我們可以僱用斯堪的納維亞人嗎？上海辦公室在一九一二年夏天詢問道。可以，沒問題，倫敦方面答覆，但不要僱用德國人。「我們有約二十名斯堪的納維亞人、俄國人和美國佬船副，」戴維斯後來寫道，「外國人多到我們都搞不清楚這艘船的國籍了。」薪資從一九一三年新年起調漲，但資方給的福利僅止於此。接著，太古糖廠的員工當然也立即發出不平之聲：那我們呢？[43]

「我們還不滿意，」戴維斯在公司第一次讓步後的一封家書中寫道。和平只是暫時的。中國沿海船員同業公會會員人數再度增加，並於一九一三年二月在香港開設分會。是年年底，太古輪船公司終於提供旅費補貼和帶薪休假，條件是至少在公司服務六年，而不是五年，此舉不僅沒有消除不滿情緒，反而火上加油。[44]到了一九一六年，幾乎所有太古輪船的船長和船副都加入同業公會。一九一六年四月十二日，同業公會的領導層致信太古輪船公司、怡和旗下印度支那輪船公司和輪船招商局的各個經理，並提出同一系列要求：承認工會、加薪、任職五年後有九個月的假期和返鄉旅程補貼，以及六十歲退休的退休金。儘管英國駐上海總領事出面調解，在沒有回應的情況下，罷工於五月一日展開，持續近兩週。員工的所有要求都得到滿足了。法蘭克·戴維斯可沒有等待的耐心。[45]傑克．施懷雅早就意識到員工的要求「並非不合理」，也對公司能聘到的船副的素質感到擔憂，因為人員素質在戰時有顯著的下滑。但他和董事不肯面對在艱難時期提供旅費產生的公司成本，而且他向來留心太古輪船公司難纏的股東們的情緒。戴維斯在一九一六年三月因為看不到短期內升遷的可能性而辭職，轉戰規模較小的中國沿岸航運公司，並擔任船長，其月收入立刻比他即使真能當上太古輪船船長的起薪還要多百分之二十五。[46]

水手們總是把他們的工作條件，和舒適地坐在辦公桌前的航運職員作對照，航運職員可能像費雪一樣，偶爾在中國遭遇一些刺激和危險，但不用長期面對中國海域的颱風或航海生活的社會疏離。航運職員反過來投書媒體說，他們認為，海員過得比他們好（一開始，這的確是公司的立場），不僅有一些法律保障，而且沒什麼好抱怨的（還有健康的戶外生活）；職員在不通風的辦公室工作才是不安全。[47]此外，太古洋行的助理可能在這段期間回應說，讓我們告訴您公司現在要我們做多少的事，讓我們告訴您糖廠視察有多辛苦。在本世紀的第二個十年，一種全新的活動類型成為員工生活和太古業務的顯著特徵。太古到全國四處旅行。

作為背景說明，我們不妨回顧一下一九〇〇年九月的天津，也就是費雪在被圍困天津後重建公司業務的時間點。誠如我們所見，費雪報告說，在說服買辦鄭翼之回來工作之前，他完全無法得到任何資訊，也無力採取行動。我們從他的信件一窺當時太古糖的經銷方式。買辦透過三間糖商運作。他們以天津為基地，擁有各自的「小盤商」網絡，散布在包括京城及其東南方的通州與西南方的保定在內的一「大塊地區」。費雪說，這些糖商都是「體面的山西富商」。他不知道他們的名字或確切據點。[48]這完全是常規作法，也是太古這類公司透過買辦和代理運作的一個例子。我們大可假設太古其他分行處理糖廠銷售的方式也是一樣的。但面對力道漸趨強勁的日本競爭，這麼做還不夠。日本公司自一九〇三年起進入中國市場，日本政府也訂了新的關稅，保護這個正在發展中的產業，試圖把太古和其他外國進口商擠出中國市場。因此，太古不僅需要更專注在中國的市場，而且得適應強大的新競爭對手。他們拿出的回應在公司內部稱為滿洲系統。[49]

「外埠生活是一種資本教育，」D・R・羅在一九〇四年的一封信裡寫道，信中勾勒出他想讓所有資淺員工承擔他所謂的「視察」職責的提議。在規模較小的公司外埠（指香港、上海和天津以外的租界和城市）分行累積經驗，成為外國員工的一種傳承儀式，而此儀式讓他們必須遠離主要港口。採行滿洲系統，即後來的「內陸銷售組織」（Upcountry Sales Organisation），致使費雪盲目摸索基本資訊的方式，被正式委託的太古糖廠代理商構成的嚴密網絡取代，並由太古公司的外國員工定期直接視察。代理商都經過仔細的身家審查，還得提供擔保。太古禁止他們購買日本糖或其他糖。視察員每年至少會登門造訪他們三次，同時確認庫存、代理商的名聲，然後拜訪經銷商。公司責成員工要「努力讓每個代理商感覺來訪的視察員不是密探，而是他們的朋友」。當然是指一起執行任務的商場戰友，不是一般朋友。一九〇〇年，中國買辦在橫濱犯下的一起大規模詐騙遭揭露。他賣掉了大量存貨，但以掏空倉庫裡成堆糖袋的取巧手段成功避人耳目，視察者若沒有仔細檢查，會以為一切都沒問題，這代表他們必須特別注意徹查手邊的供應量。從倉庫門快速瞄一眼糖袋堆成的牆毫無意義可言。庫存還必須保持在合理的低存量，確保商品的價格需求彈性，把主要庫存放在分行，從而更降低風險。分行辦公室供應幾間主要代理商，這些代理商再供應更小的子代理商。這些代理商向地方經銷商供貨。代理商盡可能控制數量和價格，他們收取百分之三的佣金，並提供品牌的招牌、海報等行銷資源。其目標是確保滿洲系統的運作順暢，「盡可能讓糖從糖廠直接流向內陸買家」，消除買辦和中間人的經手，譬如直接與那些「體面的山西富商」合作。[50]

公司首先需要認識中國領土，而且是第一手的認識。一九〇四年，當時隸屬於太古船塢但曾在香港糖業部門有七年經驗的威廉·尼科遜（William Nicholson），展開了一系列調查中的首要任務，試圖了解公司該如何善用在中國各地修築的新鐵路。例如，一九〇五年一月中旬，尼科遜和公司的漢口分行代理主管詹姆斯·費舍（James Fraser）及一名中國帳房，乘坐一輛「骯髒」的火車離開武漢的法租界火車站，沿比利時京漢鐵路向北行駛，前往黃河。這條鐵路線還在興建，因此有部分路段他們是搭工程卡車，然後轉搭牛車（帳房覺得非常不舒服）。他們在沿線「非常貧窮」的小城，向商人詢問進出口貿易的數量和內容，尼科遜更進一步評估潛在的糖市場。距離這條鐵路線正式開通還有十八個月：這是提前探路。這是一趟不太舒適的探險之旅，尼科遜也因此元氣大傷，但這一趟提供了少見的記載，描述關於遠離歐洲商業中心的中國生活與商業。若沒有這種第一手的認識，太古不會比一九〇〇年更上一層樓。[51]

形勢和機會使滿洲成為最早開始實施這個新制度的區域。一九〇四／〇五年的日俄戰爭，主要是為了滿洲而戰，也在滿洲地區內上演。戰事破壞了現有的網絡。俄國戰敗揭開一段勝利者在東北各省越來越強勢的時期，使英國及其他外國公司在東北越來越難經營。雖然日本的外交詞令裡可見這項政策，但日本人並沒有實踐「門戶開放」政策的慣例，事實也證明，在日本領事法庭尋求商標侵權補償根本是緣木求魚，太古之類的英國公司日後將有所發現。[52]機會以鐵路的形式出現：這也是一個有諸多開創性建設的區域，新的鐵路線對太古新推出的制度很重要。尼科遜後來又在一九〇五年和一九〇七年再次探查潛在的糖市場。試驗很快就展開了。有一份一九二九年的調查列出一九二四年營業中的太古糖代理商及其成立日期：其中三間牛莊的代理商成立於一九〇六年（可能還有其他代理商是在一九二四年以前就終止合作）。這些代理商的貨是從牛莊沿日本控制的南滿洲鐵路運來，它們也分布在鐵路沿線。由於放棄使用運輸機構的服務，成本進一步降低：太古自行租用貨車車廂的空間，一次運送二十噸的糖，由公司指派一名人員陪同運貨。[53]太古在東北省份又建立更多的中心，於是倫敦在一九一〇年指示將該系統擴展到京漢鐵路區，企圖將滿洲系統應用到「帝國的每個角落」。一九一二年，滿洲系統延伸至山東。一九一四年，公司下令要九江、武漢和長江上游口岸及上海等分行「刻不容緩地」建立代理網絡。市場也已徹底轉變，變成傾向精製白糖，不再青睞曾經支配中國市場的紅糖。消費者想要最便宜、最白的糖，他們也將買到這樣的產品。一九一五年，太古糖多了四十七間代理商和十六間分代理商，緊接著在三年內又增加了六十七間代理商和三十四間分代理商。利潤驟升，而且平均利潤一直保持在非常高的水準，直到一九二〇年代中期，中國內戰和革命的政治動盪，迫使公司對系統進行全面修訂。華南地區由國家支持的新糖廠也對系統造成挑戰。[54]

位於這個新結構頂端的是香港辦事處，上海則有一名外國總視察長，底下還有多達十四名的外國視察員和十三名中國翻譯及視察員。這個結構的發展有助於我們理解，為什麼太古員工紀錄簿的新員工過往工作經歷開始變得更多樣化，包羅萬象，有時甚至顯得荒誕不羈。[55]舉例來說，弗雷德里克·亨利·羅賓遜（Frederick Henry Robinson）於一九一四年加入太古，過去是非洲南羅德西亞（Southern Rhodesia）的牧場主，在那裡工作了兩年半，然後搬到英屬哥倫比亞成為測量師。也就是說，羅賓遜可能已經習慣了牛車或其他動物拉車的不舒適。雷克斯·赫伯特（Rex Herbert）曾為暹羅森林公司（Siam Forest Company）在「偏遠之地」工作。愛德蒙·柏頓（Edmund Burton）以前是大型獵物職業獵人，曾在英屬南非當過五年的警察，然後到加拿大務農。在英格蘭銀行工作的一年半肯定對他沒有任何吸引力。約翰·蘭伯恩（John Lamburn）離開曼徹斯特大學，到羅德西亞成為英屬南非警察，前後一共六年。整體而言，這種類型的新員工後來被評定為「不完全及格」。這些人先是累積辦公室工作的經驗，但他們欠缺和中國代理商和官員談判時需要的經驗和骨氣。狩獵經驗對這些工作也沒有什麼幫助。[56]

高登·坎伯（Gordon Campbell）後來加入時，太古已經不再只考慮僱用吃苦耐勞但有可能不適合公司生活的人，而這樣的生活是每個年輕新員工都要經歷的（讓他們遠離大港口的誘惑，至少遠離一段時間）。[57]經過兩年的航運工作和學習中文——因為新系統要求外籍員工必須有一定程度的中文能力，坎伯的中文「相當好」——坎伯在一九二四／二五年當了十個月的天津外派糖銷售代表。這名前印度軍官每次出差都有一名翻譯和一名僕人同行，每次最久三週，他們在旅途中步行、搭火車（「從頭等艙搭到運煤車廂」）、「北京騾車」、獨輪車、騾轎、（有帆）舢板和（結冰河流上的）雪橇。住宿方面，從北京的六國飯店（Wagon Lits Hotel）到「在鄉村客棧與當地粗漢同睡一個炕」，有時則是與當地的野生動物同睡，各種情況都有。後來成為小說家和博物學家的蘭伯恩（也是他姊姊里奇馬爾·克朗普頓〔Richmal Crompton〕漫畫創作「正義威廉」〔Just William〕的靈感來源），在他的自然寫作中留下了一些擔任視察員期間的生活片段。「我曾在熱帶地區和中國乘坐骯髒的輪船旅行，然後……睡在骯髒的中國客棧裡——和老鼠為伍——蟑螂讓夜晚成了煉獄。」這番話可是來自一個不放過機會觀察和記錄野生動物，而且對昆蟲特別感興趣的人。多數人沒有這種興趣。就連在南滿洲鐵路普爾曼豪華車廂（Pullman）時，他也記錄了不停打蒼蠅消磨時間的過程。他提起可怕的水牛（「有一次，我得任由一名全身光溜溜的調皮中國孩子解救我，真是有失體面」），忍受宴會上的音樂（「那噪音就像殺豬和夜晚貓叫的混合體；我認為聽起來主要是像夜晚的貓叫聲」），招待中國代理商和經銷商到公司船上享用晚宴，一邊用留聲機提供伴奏，這讓他的賓客忍不住「尖聲大笑」（顯然〈福哉瑪利亞〉〔Ave Maria〕聽在他們耳裡，也像是來自貓和豬的叫聲），還有早上醒來發現船的天窗鋪著厚厚的地毯，但其實那是掉下來的白蟻翅膀。[58] 他們離外灘和海旁都很遠，更別說比利特廣場了。

坎伯記得工作內容包括檢查帳簿、庫存和當地市場的結構。他簡短回憶錄中提到水、麵包、土匪和公共衛生。他帶著前兩者，躲避第三者，鮮少有所謂公共衛生一事，除了在六國飯店。同一時期，亞瑟·迪恩（Arthur Dean）從南京到外地工作。辦事處有專屬的帆船船屋，可以從安徽的蚌埠（Bengbu）沿淮河航行。至少在迪恩後來的回憶中，這份差事「非常有趣」，而且是提升中文口語能力最好的方式。然這工作也有風險。和太古糖代理商的宴席便是風險之一，因為席間需要敬酒，而且是很烈的烈酒。危險還不止於此。一九二四年五月，加入兩年的新人約翰·阿諾·巴頓（John Arnold Barton）儘管受到警察的保護，卻沒躲過為數兩百人的一群強盜。經過一段令人不安的等待，期間，俘虜他的強盜討論該怎麼利用他和他隨行的翻譯，或是該把他們倆都殺了，巴頓最後得以離開，只遭受一點財產損失。[59]

在此期間，英美煙草公司（British American Tobacco，簡稱BAT）、美國紐約的標準石油公司（Standard Oil Company）和亞細亞火油公司（Asiatic Petroleum Company）都在擴張受嚴密監督的經銷網絡，擴張到離現有的沿海及河川舊網絡很遠的地方。[60]這使得他們的員工更頻繁地與地方當局接觸，尤其是為了貨物和代理的治外法權地位爭議，以及儘管貨物有「過境通行證」，顯示已經付了應繳的關稅，卻仍被徵收地方稅。外國公司往往無能為力。太古會透過當地的英國領事館提出正式抗議，不過在多數情況下，這些抗議都不了了之。代理商於是付清稅款，再將成本轉嫁給消費者。一份一九一八年的報告淡然指出，「省政府總是需要有資金。」[61]這些新網絡也讓員工在一個政治分裂的國家裡，更容易身陷越來越有可能發生的危險。無論在這個國家的首都或地方各省，權力都掌握在擁槍自重的人手裡。武器湧入中國，盜匪擾亂農村生活。惶惶不安是一回事；致命的暴力又是另一回事了。誠如我們所見，最危險的事總由太古輪船公司的船員和乘客承擔，巴頓所經歷的事件，太古糖業的多數員工是不會遭遇到的。

除了關於糖銷售的新細節，這些人巡視時所寫的檢查表，也搜集了有關郵政與電報設施、其他當地產業、任何外國企業的性質、「綜合貿易條件」、信用額度等資訊。從不同的細節尺度直接認識中國變得越來越重要。全盤了解一直都很重要。領事和海關專員、買辦和代理商長期蒐集數據，在報告或報紙上發表，或透過市場報告傳播。但費雪多數時候是在一團迷霧中工作，完全靠買辦給他方向，除了買辦告訴他的資訊，其他一概不知。到了一九二九年，香港的糖廠員工掌握比過去更多的明確細節，包括不同地點和地方市場、代理與銷售的細節。[62]

新的經銷網絡在戰爭期間，以及一九一一年後在中國肆虐的動盪中快速成長。一九一七年三月，中華民國與德國和奧匈帝國斷交，並於八月一日宣戰。英法兩國花了好大的外交力氣才將中國拉進衝突之中，不過中華民國的領導人之所以參戰，是為了實現自身目標，包括修改現有的條約。藉由和同盟國（Central Powers）決裂，中國得以接管他們在武漢和天津的租界，以及各地通商口岸的其他資產。這開創了令中國盟友感到憂心的先例。不過，對中國而言，她鞏固任何優勢也是為了幫助自己在不公平的鬥爭中對抗日本。另一方面，英國克制協約國盟友的能力，因迫切需要日本的軍事和後勤支持而大打折扣。一九一五年，日本外交官向袁世凱政府提出所謂的「二十一條」要求，若全盤接受形同使中國政府從屬於日本。袁世凱對諸多條要求的默許，以及他在一九一五／一六年冬天令人意外的復辟（好巧不巧，他在那之後就過世了），不僅助長群眾的民族主義，也加速新共和國內的政治權力分裂。

日本在《馬關條約》之後大舉進入中國。該條約為一八九四／九五年日本與中國爭奪朝鮮半島控制權的戰爭劃下句點，日本亦透過條約獲得其他列強在中國已經享有的所有權利，並透過增開新的通商口岸、停靠港和河道，進一步擴大航運可及的範圍。條約還要求清朝割讓臺灣。除了這些新進勢力之外，法國和德國的船運公司——和日本的船運公司一樣，得到國家政府的可觀補助——對自一八七〇年代起共同分食中國航運路線的「三大公司」構成強大的新威脅。競爭意味著幾間聯營公司和他們眼中的闖入者打起價格戰，而且太古輪船及其盟友也必須投資新的航線。他們比以往更頻繁地要求英國政府提供協助。日本郵船株式會社（Nippon Yūsen Kaisha，簡稱ＮＹＫ）於一九〇四年收購麥克貝恩公司（McBain）後，獲得使用其船舶的權利，以及武漢、九江和鎮江的外灘資產的使用權。保存至今的上海分行文件裡可見和長江各地辦事處的通信，從中可看出，太古代理商如何和怡和及租界的其他英國土地承租者合作，遊說英國領事和外交官，阻止日本公司取得這些會讓他們稱心如意的資產和停泊處。於是，躉船和碼頭的戰役再度開打，誰在哪裡放置了躉船，誰可以停靠，又一次成為書信和會議、抱怨和抗議的內容。旗幟飄揚：「這個租界是英國租界。我們是英國工部局的成員，負責管理租界的整體英國利益，」鎮江的工部局委員詹姆斯・丹尼森・丹比（太古代理商）在一九〇六年怒斥道。吉姆・史考特對威廉・凱瑟克說，麥克貝恩公司現在「只不過是日本人的掩護」。[63]英國人起碼給他們的對手造成一陣子的不便，但新對手帶來的激烈競爭並沒有因而減弱，雖然法國人全盤退出，德國人被淘汰，日本人的實力卻只增不減。英國公司拖延了戰線，卻未取得勝利。

戰爭造就這一切。資金和航運轉向，還有戰時徵用與短缺，以及各方對其資源的需求迅速增長，導致英國在中國的商業地位發生變化，於是中國商業利益和在中國市場的日本勢力順勢成長。一八九九年，日本利益占中國外貿總額的百分之一一．五，一九一三年為百分之二十一，一九一八年上升到一分之三十八．六（但隨著更多正常的條件恢復後，數字將逐漸下降）。同一時期，日本在中國航運總噸位的占比從一八九九年的百分之七，上升到百分之二十五，再上升到一九一八年的百分之三十一。[64]有政府在背後撐腰和提供高額補助的強大日本利益，已成為不可爭辯的事實，以至於一九一四年之前，像太古這樣的公司不得不開始與之談判（一九一三年，讓現有私人公司合併組成的日本郵船株式會社，以正式成員的身分加入長江聯營協定），可是日本在一九一四至一八年間在經濟和政治方面的收穫，攪亂了外國列強之間的戰前現狀。同時，一股正在發酵的反日民族主義最終將動搖所有的外國利益集團。[65]

一九一九年十一月上旬，藍煙囪旗下的五千噸「特伊西亞斯號」（Teiresias）從利物浦啟程，前往橫濱，駛進了和過去判若天壤的東亞。船長詹姆斯．賴本豪森（James Reipenhausen）除了要肩負一般職責，船上還載有德恩寧．霍特及其眷屬，以及沃倫和喬克．施懷雅、霍特和另一名董事約翰．霍布豪斯（John Hobhouse）以及日本的太古經理們，將在東京與幾家意氣風發的日本輪船公司負責人舉行重要會議，親身感受不同於以往的商業勢力平衡。施懷雅一家前來東方是為了評估他們的公司、房地產和代理商。沃倫．施懷雅的私人信件描述了一連串在當時很常見的視察經歷，行程還有觀光作為調劑。[66]他們在與檳城、瑞天咸港（Port Swettenham）、新加坡和曼谷的代理商會面之餘，間或參觀橡膠種植園、錫礦場和木材公司。從新加坡開始，沃倫和喬克．施懷雅乘坐載著四百名勞工（他們「一旦適應陸地，很快就會開始賭博」）回海南的太古輪船「臨安號」（**Linan**）。沃倫．施懷雅問船上的船副們有什麼不滿（他們「坦白得驚人」），在香港和港口每個有空的太古輪船人員「懇談」，試圖和他們打好關係（同時削弱公會的力量）。倫敦從一九一一年起接受海事主管約翰．惠特爾的領導，但海事主管也是船長，而船長從來就不是平易近人的。他們和其他人保持距離，維護他們的權威。如今董事們直接和員工對話。

和員工之間的新關係是公司歷史戰後篇章的一個特色。他們倆啟航的前兩個星期，倫敦對東方發布公文，說明一套全新的社內員工薪酬和工作條款。新制如下：全薪休假、配偶享有免費船票、醫療費用、已婚者壽險、調職費用由公司負擔。戰爭期間，公司引進了分潤制，如今又引進了慈善基金。女性員工的地位也更加牢固。[67]這主要是喬克．施懷雅的功勞，儘管這是為了改善公司內部明顯欠缺團隊精神的問題，卻也完全本著戰後時代的精神，本著讓英國成為「適合戰爭英雄生活」之地，以及足以消滅布爾什維克威脅的新社會契約的精神。太古員工新待遇必然產生的結果是，公司如今會讓資深職位的員工更即時地在年屆五十的時候退休。人才今後將更快得到表現的機會，萬年經理阻礙後輩升遷，在位子上緩慢衰老的時代即將告終。精神煥發的太古員工隨著令人耳目一新的工作條款誕生：一九一九年有二十一人被派往東方，一九二〇年有三十七人。這一切「無疑是給最優渥的條件了，」沃倫．施懷雅後來談到這段時期時說，而當然，他是有但書的，「一旦他們具備良好的工作條件，他們就必須拿出值得這些條件的表現。」[68]

這次視察，以及後來衍生的每年一名董事「東遊」的慣例，將倫敦總部的大班帶到了中國，和當地員工面對面接觸，那麼沃倫．施懷雅也將太古的亞洲機構帶到了倫敦，起碼將亞洲的太古被看見了。沃倫．施懷雅可說是技術嫻熟的攝影師。他在這趟旅行中拍攝了數百張照片，先前的旅行也是如此。回到倫敦後，這些照片集結成冊，比利特廣場的員工因而實際看到他們談論並通訊的一切。在某些方面，這可能是乏味且沉悶的作品集——不見人物肖像，人們也不太會被當作攝影對象——然其引人注目之處也正是如此。這是相當罕見的關於通商口岸建設環境的系統性紀錄，甚至可能是獨一無二的。照片裡有躉船、碼頭、防波堤和倉庫，以及它們所在的外灘和街道。[69]作品集裡有河流和港口，有冒著蒸汽的船、停泊的船、在碼頭邊的船、正在裝卸貨物的船，記錄著所有太古輪船公司的水上世界，以及它和陸地的熙攘交界；岸上的世界則有辦公室和公司樓房（辦公室牆上掛著約翰．森姆爾的照片）、造船廠和煉糖廠。這些照片有其實際作用，且多是經過精心製作，其中有很多甚至很美，而且會勾起人的回憶。他掃視所到之處——依附在重慶長江岸邊的房屋或福州的「萬古橋」——他不疾不徐地構圖，留下令人難忘的觀點。沃倫．施懷雅擁有貴族式的世界觀，不僅不寬容，而且往往苛薄又令人反感。透過他的鏡頭，我們或許確實從中看到這個男人的另一個視角。我們從這些照片也看到了公司在幾乎每個有商業活動的港口的概況：穩如泰山，扎根頗深，是中國地貌景觀和商業活動的一個自信角色。不過，太古——很快地——也將被證明是脆弱且禁不起打擊的，倘若想安然度過即將到來的幾十年狂暴歲月，太古需要做出更大的改變。

創辦人：利物浦的約翰·施懷雅（1793–1847），
微型肖像畫，十九世紀中葉（約1830）。
John Swire & Sons Ltd.

史傳德街，利物浦河濱（1857），William Herdman水彩畫。*Liverpool Record Office, Herdman Collection.*

伊萬傑林號，「從未有更華麗的船在我們的水域漂浮」（1853–68(?)），匿名藝術家的水彩畫。*National Maritime Museum, Greenwich.*

紐奧良，第一個海外合夥企業的基地（1852），John William Hill石版畫。*The Historic New Orleans Collection, 1947.20*

出發採金礦！黃金獵人，阿拉拉特，維多利亞（1855–1860），Edward Roper繪製。
Dixson Galleries, State Library of New South Wales.

墨爾本碼頭（約1878），Charles Nettleton攝影。*National Gallery of Victoria, Melbourne. Purchased, 1992.*

上海外灘：戎克船（中國帆船）、帆船和蒸汽船的新世界，十九世紀國畫。*John Swire & Sons Ltd.*

蒸汽輪船到中國：霍特的阿加曼儂號（1865）照片。*John Swire & Sons Ltd.*

阿爾弗雷德·霍特（1829–1911）Robert Edward Morrison 肖像畫（約1880–1903）。
National Museums Liverpool

約翰·森姆爾·施懷雅（約1854），微型肖像畫。
John Swire & Sons Ltd.

河濱的外國殖民聚落，漢口的外灘（約1870），John Thomson攝影。*The Wellcome Collection*

太古輪船公司的早期輪船：格倫蓋爾號和宜昌號在上海（1874），John Thomson攝影（約1871）。*The Wellcome Collection*

香港（1880），R. H. Brown攝影。*The Royal Geographical Society. Getty Images*

香港島北岸（1845），從西角到鰂魚涌。*National Library of Scotland*

太古輪船公司的早期輪船：格倫蓋爾號和宜昌號在上海（1874），照片。*John Swire & Sons Ltd.*

太古在一八八〇年代大獲全勝：上海賽艇俱樂部划船比賽四人組，後排左側為J·C·博伊斯橫濱的安逸：詹姆斯·多茲一家（1878），照片。*John Swire & Sons Ltd.*

橫濱的安逸：詹姆斯·多茲一家（1878），照片。*John Swire & Sons Ltd.*

一艘躉船及其外灘：加的斯號（中間）在鎮江（約1880），照片。*Pump Park Vintage Photography/Alamy*

讓投資者的「遲暮之年」能「安享富足」：太古糖廠在鰂魚涌施工興建中（1882年10月24日）照片。*John Swire & Sons Ltd.*

約翰・森姆爾・施懷雅（1886），照片。
John Swire & Sons Ltd.

詹姆斯・亨利・史考特（1845–1912），
照片（約1894）。*John Swire & Sons Ltd.*

19 December 9

My dear Lang

Scott will have informed you
that he has put a rope round his neck & has
got a young woman willing to tie the knot
I presume that Bois & or you will be coming
home for a trip sometime next year
Scott should leave here towards end of Feb
Yuill . . . do . . . . do . . . June
Allowing for a short stay in HK – Scott if he
goes to Shanghai should be there end of April
& by middle of May will have got the run
of Bois' work – when you will probably send
latter to assist Mackintosh & to learn the
HK business, giving him leave to start
for home after Yuill is in harness
Today the depression in the Tea Mkt appears
to be passing away & there will probably

a renewal of speculation – The future is
a lottery – all depends upon export from China
& no man appears to know much about that – or
whether price cannot as heretofore bring forward
supplies – present rates show a small loss on
China purchases during November –
New York very bad & heavy losses on last C & J quality
Australia was bad, but the probability of exports to
London raised values.
I think that our share of profits from all sources,
& including the Comm. charged on Swire & [illegible]
of London Tea should foot up £35m perhaps more,
Good, I fear results – Exports too heavy –
CNCo November earnings just advised by
wire disappointing – but of course we could not
expect a repetition of last year same time

「老董」邊寫信邊思考直到信末，十二月十九日（1879）。*John Swire & Sons Ltd.*

長江發跡新貴：鄭觀應（站立者，左邊算起第三位），晏爾吉（站立者，右邊第一位），前排坐著的分別是羅伯．麥昆和大衛．馬丁（1883），照片。*John Swire & Sons Ltd.*

羅伯．麥昆和晏爾吉在上海（約1883），照片。*Endicott Family Photographs, The Phillips Library, Peabody Essex Museum, Salem (PHA 199).*

錫克教警衛在太古糖廠入口處站崗（1897），照片。*John Swire & Sons Ltd.*

生意網絡：阿爾弗雷德・霍特（左邊算起第三位），約翰 森姆爾・施懷雅（左邊算起第五位）以及約翰・史考特（右邊第一位）在史考特造船廠參加梅涅勞斯號的下水典禮，格里諾克，（1985年6月5日。照片。*John Swire & Sons Ltd.*

開鑿太古船塢，鰂魚涌（1904），照片。*John Swire & Sons Ltd.*

預見未來：約翰・森姆爾・施懷雅的最後一張人像攝影（1896），沃倫・施懷雅攝影。*John Swire & Sons Ltd.*

河上活動：九江的駁船，躉船，貨物，碼頭工人（約1906–07），G. Warren Swire攝影。*John Swire & Sons Ltd.*

運輸人群：大明號甲板上的乘客（1911）。G. Warren Swire拍攝。*John Swire & Sons Ltd and Historical Photographs of China, University of Bristol (www.hpcbristol.net)*

颱風：威廉·尼科遜拍攝的一九〇六年暴風照片之一，從香港海旁的太古洋行辦公室拍攝 William Nicholson 攝影。*John Swire & Sons Ltd.*

天潮丸從太古船塢正式下水，（1911年12月9日）。G. Warren Swire攝影。*John Swire & Sons Ltd and Historical Photographs of China, University of Bristol (www.hpcbristol.net)*

香港的茶歇時間：太古洋行職員在海旁的樓房內放鬆（約1897）。由左至右：休・亞瑟、G・葛林布爾、厄內斯特・薛波德、A・唐納、威廉・阿姆斯壯（這張照片的攝影者）。*John Swire & Sons Ltd.*

喬克・施懷雅在香港深水灣巡邏（1914-15冬），照片。*John Swire & Sons Ltd.*

太古洋行辦公室，上海外灘（1911-12年），G. Warren Swire攝影。*John Swire & Sons Ltd and Historical Photographs of China, University of Bristol (www.hpcbristol.net)*

視察員工：約翰・森姆爾・施懷雅參觀太古洋行上海私人辦公室（1912）。G. Warren Swire攝影。*John Swire & Sons Ltd and Historical Photographs of China, University of Bristol (www.hpcbristol.net)*

糖銷售旅行生活一瞥：高登．坎伯中國回憶錄裡的照片（1929）。*From Gordon Campbell's memoir Recollections of Some Aspects of Earning a Living in China Between the Wars, 1968. © Gordon Campbell*

馬車

運牛卡車

雪橇

整裝待發：高登．坎伯（1929）

大班和負責人：N·S·布朗和沃倫·施懷雅，上海（1934），照片。*John Swire & Sons Ltd.*

家族事業：上海買辦陳雪階和他父親陳可良（約1915），照片。*John Swire & Sons Ltd.*

太古洋行辦公室員工，安東（1934），G. Warren Swire攝影。*John Swire & Sons Ltd and Historical Photographs of China, University of Bristol (www.hpcbristol.net)*

車站混亂的人群：錫克教警衛維持秩序，腳夫和拉人力車的車伕等待乘客，香港（1920年代），照片。*History of the Port of Hong Kong and Marine Department*

長江上的緊張刺激：太古輪船公司廣告（約1935）。*Issued by CNCo, c.1935. John Swire & Sons Ltd.*

長江上的緊張刺激：通過激流（1937），William Palmer攝影。*C.A.L. Palmer FRCS and Historical Photographs of China, University of Bristol (www.hpcbristol.net)*

iv PUNCH, OR THE LONDON CHARIVARI.—October 19, 1932.

蘇伊士東邊的英國糖，《潘趣》雜誌上的太古糖廣告（1932），私人收藏。

中國方糖，太古糖日曆的細節（1910）。*John Swire & Sons Ltd.*

我喜歡這樣喝茶：由一八八四年起在香港煉製，報紙廣告（1960）。*Swire HK Archive Service*

中國樣貌局部：宜昌某條街上的太古糖經銷商招牌（1929），照片。*Peter Covey-Crump and Historical Photographs of China, University of Bristol (www.hpcbristol.net).*

轟炸過後的比利特街，辦事處遺跡，（1941年5月）。照片。*John Swire & Sons Ltd.*

江蘇號俘虜：船塢員工和其他人慶祝天皇誕辰，鼓浪嶼，廈門（1942）。*John Swire & Sons Ltd.*

在旭日旗底下照常營業：日本占領期間在太古船塢進行一艘船的下水儀式（約1943年），照片。*c.1943. John Swire & Sons Ltd.*

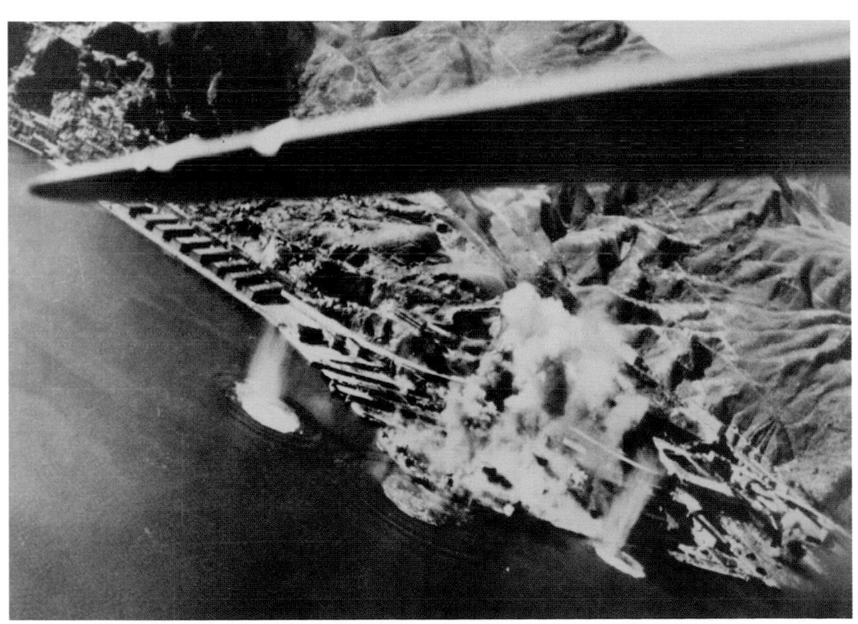

轟炸太古船塢（1945年1月16日）。美國海軍拍攝。*Getty Images*

「比我想像的還要好」：從康山拍的太古船塢（1945年9月）。*John Swire & Sons Ltd.*

China
Burma
Siam
Fr. Indo China
Malaya
Sumatra
Borneo
Java
CALCUTTA
HANOI
HAIPHONG
HONG KONG
RANGOON
BANGKOK
MANILA
SAIGON
JESSELTON
LABUAN
SANDAKAN
KUCHING
SINGAPORE
JAKARTA (BATAVIA)
N E S W

Cathay Pacific Airways

General Agents:

BUTTERFIELD AND SWIRE, Hong Kong, China, Japan and Korea, Telegraphic Address:—"SWIRE"

OFFICES AND AGENCIES AT:

		Telegraphic Address:			Telegraphic Address:
Sydney	Australian National Airways Pty. Ltd.	"AIRWAYS"	Haiphong	Denis Freres d'Indo Chine	"REFERENDIS"
Manila	Cathay Pacific Airways, Ltd.	"AIRCATHAY"	Bangkok	The Borneo Company Limited	"BORNEO"
Rangoon	Cathay Pacific Airways, Ltd.	"AIRCATHAY"	Sandakan	The Borneo Company Limited	"BORNEO"
Singapore	Australian National Airways Ltd.	"AUSNATAIR"	Jesselton	The Borneo Company Limited	"BORNEO"
	Mansfield & Co., Ltd.	"FIELDSMAN"	Kuching	The Borneo Company Limited	"BORNEO"
Saigon	Denis Freres d'Indo Chine	"SARI"	Labuan	The Borneo Company Limited	"BORNEO"

AIR CPA CARGO
RATES
CPA
Cathay Pacific Airways

經營亞洲：國泰航空路線地圖（約1942年4月）照片。*John Swire & Sons Ltd.*

舊與新：國泰航空Convair飛越太古船塢（1968）。*John Swire & Sons Ltd.*

新招牌舊行樓，太古辦公室，香港（約1960）*John Swire & Sons Ltd.*

電影裡的佛山號：《港澳輪渡》（Ferry to Hong Kong, 1959）中的奧森・威爾斯（Orson Welles）*Everett Collection/Rex/Shutterstock*

觀光經濟：香港旅遊協會廣告（1961）。Granger/Rex/Shutterstock

團結：太古船塢華員職工會紀念特刊（1959）。史丹佛大學東亞圖書館提供。

33. 對於這次慘劇的原因，太古資方不敢吭聲。其實是因爲"太古富"號只有五噸拖力，拖曳"好運"號負荷過重，而且鋼纜已殘舊發霉，資方却不加更換，所以造成這次一死六傷的慘劇。

34. 當時水手鄭就，兩腿重傷殘廢，船長梁滿和機房二手何生重傷胸部，其他的人都受傷。梁根慘死後，他的遺孤繼續在太塢受剝削，最近還被開除，這伙英國財狠多麼狠毒啊！

太古船塢工人的血淚故事》（1967）。最早刊登於《文匯報》。

殭屍狂歡節：巴哈馬航空公司為命運多舛的紐約航線做廣告（1970年10月2日）。*John Swire & Sons Ltd.*

巴哈馬風：戴著木髓帽的空中小姐。*John Swire & Sons Ltd.*

粉紅火鶴塗色噴射機停在拿騷機場。*Paul C. Aranha*提供。

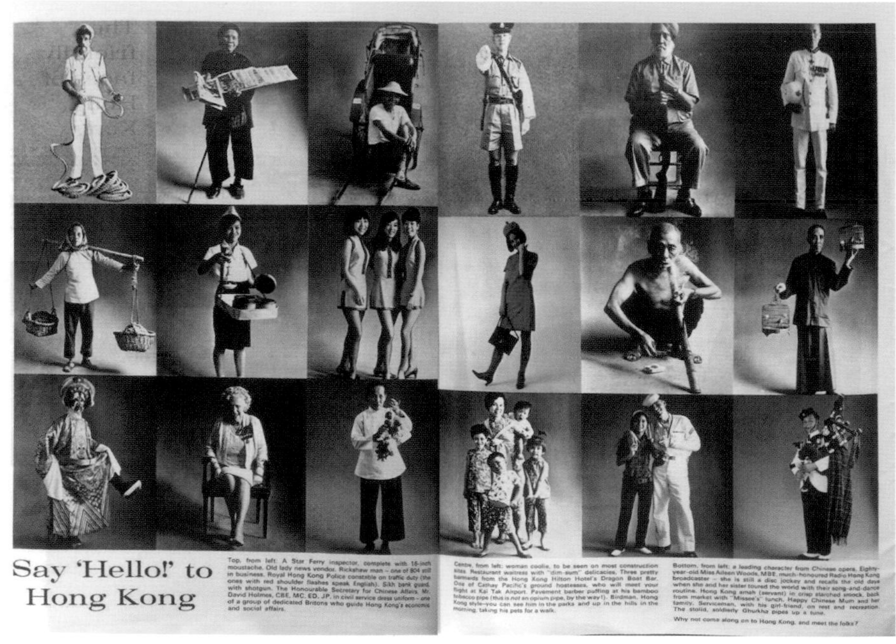

Say 'Hello!' to Hong Kong

Top, from left: A Star Ferry inspector, complete with 16-inch moustache. Old lady news vendor. Rickshaw man – one of 804 still in business. Royal Hong Kong Police constable on traffic duty (the ones with red shoulder flashes speak English). Sikh bank guard, with shotgun. The Honourable Secretary for Chinese Affairs, Mr. David Holmes, CBE, MC, ED, JP, in civil service dress uniform – one of a group of dedicated Britons who guide Hong Kong's economic and social affairs.

Centre, from left: woman coolie, to be seen on most construction sites. Restaurant waitress with "dim-sum" delicacies. Three pretty barmaids from the Hong Kong Hilton Hotel's Dragon Boat Bar. One of Cathay Pacific's ground hostesses, who will meet your flight at Kai Tak Airport. Pavement barber puffing at his bamboo tobacco pipe (this is *not* an opium pipe, by the way!). Birdman, Hong Kong style–you can see him in the parks and up in the hills in the morning, taking his pets for a walk.

Bottom, from left: a leading character from Chinese opera. Eighty-year-old Miss Aileen Woods, MBE, much-honoured Radio Hong Kong broadcaster – she is still a disc jockey and recalls the old days when she and her sister toured the world with their song-and-dance routine. Hong Kong amah (servant) in crisp starched smock, back from market with "Missee's" lunch. Happy Chinese Mum and her family. Serviceman, with his girl-friend, on rest and recreation. The stolid, soldierly Ghurkha pipes up a tune.

Why not come along on to Hong Kong, and meet the folks?

經營香港：國泰航空機內雜誌文章（1969），*Swire HK Archive Service*。

From Hong Kong to London. More the way you want us to be.

Cathay Pacific Rolls-Royce powered 747s fly the fast, one-stop way to London every Wednesday, Friday and Sunday.

CATHAY PACIFIC

Bahrain Bangkok Brunei Dubai Fukuoka Hong Kong Jakarta Kota Kinabalu Kuala Lumpur London Manila Melbourne Nagoya Osaka Penang Perth Port Moresby Seoul Shanghai Singapore Sydney Taipei Tokyo

CATHAY PACIFIC

連通性：歡慶香港倫敦路線啟航（1980年8月），私人收藏。

舊與新：太古城、船塢和浮動碼頭（約1972）。*Swire HK Archive Service*。

在香港慶祝百年：大班約翰．布朗、約翰．A．施懷雅和喬克．施懷雅，大會堂（1967年1月）。*John Swire & Sons Ltd.*

船東，談話中的雅德里安．施懷雅和包玉剛（1968）。*John Swire & Sons Ltd.*

第十章　搭建橋梁

中國的太古在一九三五年有多英國呢？從很多方面看來，他們一點也不像英國公司。他們在二十幾座城市僱用了數千名中國員工——海員、技師、僱傭日工、文職人員、代理商和買辦等。一九二五年四月，當村莊居民向離分代理商有段距離的山東某小鎮經銷商，或廈門西邊由中式帆船運送補給的漳州商店購買一小袋糖時，袋子裡是不是裝「太古」糖輕易便可得知，因為店舖應該會有一面金屬板作為廣告宣傳。太古的品牌很可能吸引特定買家。但情況也可能並非如此，且就算他們知道太古是英國公司，買家會將「太古」糖視為「英國」或是「外國」的糖嗎？這點我們不得而知。多數的糖，無論是精製或其他種類的糖，或許是以糖果或其他加工食品的形式被吞下肚。消費者不知不覺間正吃著太古糖。再者，五月十八日在武漢的碼頭區等候登上鄱陽號順流而下的乘客，或五月二十三日在上海等待搭乘吳淞號前往鎮江的乘客，他們會認為自己搭的是英國船嗎？他們看到船的側身漆著斗大的中文船名，在買票時，上船安頓時，或向茶水小弟買飲料時，可能都只接觸到中國員工。由於輪船招商局仍僱用外國船副和輪機員，對於搭乘沿海或內河船隻的中國旅客而言，外國船上的船副經過眼前是很普遍的景象。托運人在安排業務時，基本上是和買辦手下的工作人員打交道。他們大概不太會在上海見到出生於納茨福德（Knutsford）、求學於布里斯托的太古輪船航運經理T．J．費雪（T. J. Fisher，經歷天津圍城危機的是他叔叔）。精製白糖和輪船曾經是非常顯而易見的「洋」玩意，但到了一九二〇年代，已經不再稀奇或與眾不同：兩者徹底融入中國人的生活和商業。

這種融入當地的情況不會持續下去。重新聚焦太古和其他公司及其產品與服務的外國本質，藉此強調此為問題所在，已然成為一九二〇年代活躍的政治活動。這有一部分是出於自發，因為學生、商人和其他人在身處危機的國家裡，熱情地參與政治，但有部分也是中國新革命分子的精心策畫，尤其是重新恢復活力的國民黨（以孫逸仙為首，直到他於一九二五年三月去世）。蘇聯和共產國際特工協助重組國民黨，為他們奠定基礎，提供訓練和部分資助。外國人被視為「帝國主義者」，而帝國主義被視為中國的關鍵問題，因為它支撐了中國復興之路上的另一個阻礙：「軍閥主義」。當然，太古洋行始終是英國公司：就其實際的法律地位而言——譬如公司登記。它旗下管理的公司——太古糖廠、太古船塢、天津駁船公司和太古輪船公司——都是在倫敦註冊成立的。實際上，每當遇到問題時，也持續借助英國的外交支持：經理拜訪領事，船長和皇家海軍的砲艦指揮官打招呼，董事寫信給外交部。公司檔案給人的感覺是，一九〇〇年後，公司越來越頻繁求助於母國，很大程度上是因為公司活動的實際範圍大幅拓展，不過也是因為一度沉寂下來的紛爭在新民族主義時代再度燃起。此外，太古洋行持有在英國領事館登記的物業產權證書，而且公司的英國員工越發積極地參與租界、殖民地的經營。他們私生活的重大事件由英國領事館和在華最高法院管理：結婚和生子的正式註冊，離婚的申請和核准，死亡和遺囑認證的登記及流程。公司在香港以外的中國地區，最終仰賴其正式英國地位和治外法權，而且在各方面皆然。過去這是一項優勢，而如今則成為明顯的弱點。過去它保護公司，這會兒，也開始為公司帶來麻煩。

如此看來，那個消費者或乘客看似有張中國臉孔，其實只是一種中國式偽裝。一九二五年五月後，人們撕掉這層偽裝。太古洋行連同所有在中國的英國企業，成為一場持續且具破壞力的反帝國主義民族主義運動的目標。這在當時嚴重削弱英國的貿易，迫使英國企業做出一些重大的商業常規改變，英國公司和其他在華機構與組織的文化也有了重大轉變。以英國為首的上海公共租界警察在一九二五年五月三十日射殺十幾名示威者所引發的民族情緒高漲時代，逼使中國民眾針對性地大規模抵制外國公司及其中國合作伙伴、同事、員工和客戶。社會運動者的目標是讓乘客、船員和太古糖經銷商相信，他們和一家英國公司之間的牽連無論多麼微不足道，本身便是一種政治行為——即使只是買點糖來製作甜食——即使稱不上叛國，也可說是一種極度不愛國的行為。他們同時展開支持「國貨」的宣傳運動，亦即不是中國製，就是來自中國。這個經濟民族主義完全符合第一任太古輪船買辦鄭觀應老早就提出的行動號召精神，而且對此號召的附和聲仍迴盪在政治論述中。同時，經濟民族主義和政治民族主義齊頭並進，後者似乎呼應舊時代發生在廣州的抵制（尤其是對通商口岸的老居民而言），甚至似乎重新點燃「義和團主義」，但其實這宣告了中國社會和政治將發生更深刻的轉變。[1]

革命化作諸多其他形式。一九二〇年代和三〇年代，中國的城市文化發生了深刻的變化，而且在這個仍以農業為主的國家各地產生共鳴。一個充滿活力的新消費文化正在形成，一九一〇年代在中國大城市開張的標誌性百貨公司——先施百貨公司（Sincere）、永安百貨公司（Wing On）、新新百貨公司（Sun Sun）——彷彿以明亮霓虹燈裝飾的消費殿堂，大力推動了新消費文化的發展，而這個文化亦延伸至輪船路線、鐵路線和公車路線和郵政網絡沿線的城鎮鄉村，以及這些路線所運送的人員、物資和傳播觀念。[2]就連村莊現在也被外國商品照亮：英美的煤油點亮了專為燃煤油設計的新燈具，並由在規模和作法上都與太古糖經銷系統類似的廣大新興網絡提供補給。[3]這點從熱鬧又多樣的印刷文化可看出，市面上充斥著針對女性、青年、影迷和其他客群的新雜誌。本地電影業、廣播電臺和新的娛樂形式和場所紛紛出現——譬如舞廳、飯店酒吧和咖啡店。中國的城市景觀早已被商店招牌覆蓋，不過如今大型廣告看板也加入戰局，看板宣傳著美麗、健康、衛生和成功的形象，而實現這些形象的商品（香菸、牙膏、補藥）徹底占據城市大道沿路的景觀。新的大學和學院紛紛成立，舊的大學和學院持續成長，將學生——是消費者，也是創造者——帶往主要的城市中心。越來越多人在國內各地旅行，而且次數益發頻繁，還有越來越多人到海外求學或工作。國內掀起對外國事物的流行風潮（中文稱之為「熱」）：時尚的城市人說話喜歡夾雜外來語，外國風格的服裝（是最時髦的），外國音樂（尤其是鋼琴演奏），外國小說和詩詞的翻譯。一九三三年的一部經典小說（按：茅盾的《子夜》），以一艘輪船在夜間抵達上海作為故事開場，據說當時上海城被英文Light Heat Power的霓虹燈照亮（這是美國發電廠的廣告）。而那個時代歷久不衰的浪漫主義詩歌（按：徐志摩〈再別康橋〉），以詩人離開他求學的劍橋為靈感。[4]這是混融而非模仿的文化：全新且屬於中國的文化。太古公司在這個瞬息萬變的環境運作。他們有助於促進這個過程——他們負責人員的移動，並為人們的閒暇時間平添甜味——但他們也必須適應顧客、中國員工和合作伙伴求新求變的期望。這是關乎公司政策、行銷、船舶設計和政治參與的問題，也是關乎英國及其他外國籍僱員的問題，他們發現自己生活在全新的世界，必須拋棄過去在通商口岸生活的一些確定及必然。香港也經歷了同樣的市容改變旋風，不過作為英國皇家殖民地，香港有其獨特的殖民差異與支配政治，這在中國變得越來越不可能，即使在租界和外國控制的移民社區也是如此。

對太古洋行而言，這個時代的政治而可說是始於廈門，始於沃倫·施懷雅在一九〇六／〇七年首訪中國時拍攝的其中一個設施。這個設施正是一座木橋，連接起公司在廈門的躉船上海號和太古洋行的辦公室。廈門的太古辦公室門口一打開，便是建在填海地上、面向港口英國租界的外灘。上海號在一八九〇年的長江大火後經過翻修，如今成為裝卸貨物的保稅倉庫（bonded warehouse，按：根據國際通行的保稅制度，入境存放保稅倉庫的貨物可暫時免納進口稅，免領進口許可）；碼頭裝卸工沿著木橋來回搬運貨物，裝載到行駛於沿海的太古輪船上。這艘船在一九一七年還被一次兇猛的颱風吹到陸地上（颱風也把公司倉庫的屋頂掀走），所幸並未造成損壞。一九二一年尾聲，上海號成為一場為期四個月的重大抵制活動的焦點，隨著時間越拖越長，衝突雙方的對立也益發深刻。經過一九一〇年夏季的惡劣天氣摧殘後，連通上海號和陸地的舊橋變得不安全，就此拆除。此後，貨物和人員的搬運都靠舢板。這個搬運方式絕非理想，於是公司在一九一九年取得重建橋梁的許可。在某個時代沒有招來反對意見的建設（最初是在一九〇〇年），在另一個時代不一定能夠輕易展開，雖說支撐舊橋的殘餘橋墩仍清晰可見，即便太古在一九一〇年已保留重修橋梁的權利。此舉在新中國卻被視為一種侵占行為，以及對主權的侵犯：民族主義者詰問，英國公司憑什麼在中國領土上宣示主權，背後的依據是什麼？

土地本身也存在爭議，因為過去這座橋連結了躉船和一八七八年成立英租界後填海港而造的一小塊土地。其地位和使用受到爭議。一九一八年九月，租界工部局——一個很小的組織，因為這是中國境內最小的英租界，甚至比無足輕重的鎮江迷你租界還要小——在福建發生軍事衝突之際，為防止民亂，修築起圍牆和城門，還豎起招牌，禁止任何不是來出差的非英國人進入。城牆一旦築起，往往就不會再被推倒，招牌也是如此。官員們把這段故事拋到腦後，工部局的成員也是，於是人們忘記為什麼租界當初要築牆，就像在其他的英國租界一樣，這道牆反而被當成租界行之有年的慣例。[5]中國新一代的官員、商人和社會運動者，連對這種行之有年的慣例都要提出質疑、抗議和抵制。

為使太古輪船能應付激增的廈門牛莊線和上海香港線運載量，公司認為有必要搭建新橋，而這個決定隨後和廈門英國領事伯托德・圖爾斯（Berthold Tours，擔任領事已有二十八年資歷），以及甫上任的英國駐華公使貝爾比・艾斯敦爵士（Sir Beilby Alston）一致認定的「原則」問題糾纏在一塊。一九二一年五月，儘管中國地方當局以十一年前、上一次革命前的協議為基礎，對計畫提出異議，興建新橋的準備工作仍如期展開。這立即引發進一步的抗議行動，諸多地方團體召集一次公共會議，投票決定發起抵制，直到橋梁的興建停止。太古聘請一家上海承包商負責這項工程，出於實際考量，工程不得不暫停。圖爾斯領事——於清朝時代便接受外交培訓，而且在中日戰爭還沒爆發前就來到中國——主張，為了「尊嚴」，工程必須繼續。柯林．史考特前來東方，拜訪人在北京的艾斯敦爵士，公使要求他復工。接著，一艘英國海軍艦艇被派往廈門。若稍加沉思，史考特應該會懂得拒絕這樣的要求，因為根據原則和尊嚴問題堅持立場鮮少得到好的結果。事實證明，這次事件也不例外。橋梁興建工程在十一月復工，公司立即遭到抵制。這座橋和這間公司徹底捲入對城牆、城門、招牌、填海地法律地位的質疑，甚至一根將英國國旗高掛在租界上方的旗桿。

一場堪稱教科書等級的抵制行動隨之展開。自一九〇五年抗議美國又一次禁止中國移民的運動以來，抵制在中國已然成為一種熟悉且能迅速見效的政治行動。[6]在廈門，太古輪船的船被禁止裝卸貨，乘客被禁止下船（載送乘客上岸的舢板遭抵制者阻止上工）。學生社會運動者四處勸誘、威嚇、慷慨陳詞、訴求國人同胞的愛國心和自尊心。就算乘客有辦法上岸，酒店也被禁止為他們提供住宿，托運人也被指示使用其他輪船公司（日本公司樂於提供替代航班）。抵制者對承包商僱用的四十八名上海人進行遊說，希望他們停止工作。廈門電報局發出多封電報，尋求汕頭、上海和北京等地貿易及區域協會的支持。支持聲明傳回廈門，這些都在地方新聞上留有正式紀錄，因為這就是中國政治的模式，新聞報刊是愛國主義表演和宣揚的舞臺。皇家海軍派來一批海軍陸戰隊員，可惜這沒能幫到工廠的工頭，他在街上遭人襲擊，右耳被割掉。他的兩個員工被廈門警方以憑空捏造的吸食鴉片罪名逮捕。而今已被收買的其他人則設計了兩艘駁船的沉船意外，興建橋梁所需的打樁機就在船上，隨之也沉入港口。中國各地的托運人——無論在沿海或長江各港口——開始拒絕用太古輪船的船隻運貨到廈門。馬尼拉也出現抵制活動，汕頭的海員則是發動罷工。這遠遠超出公司當初的預期或期待。「我們的生計……取決於和中國人維持友好關係，」倫敦方面在十一月中旬致信上海時表示。外交官堅持的原則問題是「非常可疑的」。太古被英國公使館「當作武器利用」。[7]

駐華公使、領事和公司之間，掀起一番爭論：外交官認為，太古洋行一定不能讓步，務必完成橋梁工程，只是太古輪船在二月份「損失慘重」。中國當地和倫敦方面的管理者無不希望妥協，在其他爭議得到解決之前停止興建橋梁，而且無論如何都願意為此支付某種租金。另一方面，外交官則是呼籲「英國商界團結一致」，而且打算永不退縮。圖爾斯領事認為，問題的根源是狹隘的私利：他聲稱，推動抵制的很可能是舢板船夫，因為一旦橋梁建成，他們就會失業，又或者是急於將英國人趕出中國的臺灣日商的錯。無論如何，發起抵制的社會運動者都還只是孩子。圖爾斯的職業生涯讓他看不清民族主義的真面目，在接下來的五年裡，他也不是唯一看不清的人。英國人最終打退堂鼓，尤其是新任領事更進一步仔細的檢索檔案後，他得出結論：圖爾斯的立場確實沒有任何法律依據。招牌於一九二三年三月二日「悄悄」拆除，城牆也在兩週後夷平。

這是一場代價高昂且毫無結果的漫長戰役。廈門地方政府要求外界承認其權威，並尊重正當程序。社會運動者就地方條約和協議的具體項目提出主張，但他們也使用一種情感豐富的新語言，訴諸民族榮譽、動員，以及對群眾運動的信念，自從協約國在巴黎和會中，對戰時日本從德國手中奪走山東領土的處置引發一九一九年全國抗議以來，這種語言便在中國蔓延開來。建橋的決定「完全無視主權」，「當外國人嘲笑我們，把我們比作死人，難道我們真的都沒感覺嗎？」某張傳單問道：「廈門人！站出來抵抗吧！這事對我們就像被剝皮一樣痛苦！」「站出來，廈門人，站出來！」而這也是關乎戰鬥：

> 如果每個中國人都敢於死，敢於冒生命危險，以赤手空拳、血肉之軀攻擊英國人，大砲和強大的戰艦對英國也毫無用處。[8]

沒想到，真正遭受攻擊的竟是那個工頭：因為這種樂觀的新民族主義旨在教育同胞，並與帝國主義交戰，並用生硬的暴力語法教訓他們。

太古洋行爭辯說，公司只是偶然被捲進這個外交原則問題——英國租界當局管理填海地、建城牆和城門的權利——但這其實完全是該租界的一部分。太古是唯一一家設在該租界的英國公司（不過，代理商住在港口對面、環境更宜人的鼓浪嶼）。其中一堵備受爭議的牆緊靠著太古的行樓；其中一個備受爭議的標誌就釘在太古行樓的牆上；是太古的橋，把它的躉船連到岸上。經理E・F・馬凱（E. F. Mackay）從上海發文反駁沃倫・施懷雅對他處理抵制運動的批評，並指出公司需要謹慎行事，與外交官保持良好關係，「我們經常為了在中國的各種利益向他們求助。」[9]倘若廈門抵制運動是有代表性的事件，有助於認識中國新興群眾民族主義的語言和活動，它也讓我們見識到，在中國的英國官員的某種傲慢自大。而這個地方性的問題，這個微不足道的橋梁問題，在中國各地掀起爭議是因為年輕的社會運動者——通常是非常年輕的在校學生，而且不一定是大學生——面對面地交流，拍發公共電報，並透過郵件廣布傳單和報紙。社會上也存在令人擔憂的暴力可能性。遊說可能變成肢體衝突；「敢死」也許不只是誇張的說法罷了。隨著海軍艦艇出現和海軍陸戰隊登陸，英國人變得更可能激怒而不是安撫廈門乃至武漢、汕頭、上海、香港的憤怒青年。

這都是序幕。在廈門亂局後，香港面臨更強大的挑戰。儘管起初沒有政治考量，中國海員在殖民地的一九二二年罷工不久便染上政治色彩，特別是殖民政府嚴禁工會，並賦予自身緊急權力關閉對中國邊界和審查郵件後。經濟問題是逼使約兩萬三千名在英國港口工作的海員發起抗議的根源。[10]自戰爭結束以來，香港的生活成本急劇上升，工資卻仍停滯不漲。中國海員在一九二一年年初成立工會，並於六月決定致信殖民地所有航運公司，要求大幅提高工資，一旦資方不能滿足要求，他們就罷工。這些要求最初甚至不被回應。而在新中國，勞工正在找尋自己的聲音，他們需要被傾聽。

一九二二年一月十二日，罷工開始。海員也曾罷工過——太古輪船的消防員在一九一三年曾非常短暫地罷工——而如今，他們有了組織，並計畫長期抗爭，而且將獲得外界的廣泛支持。[11]中國海員很清楚，他們的薪水遠低於外國海員——他們也很清楚，太古輪船的船副和輪機員在一九二一年因為生活成本升高而得到加薪——而且他們很清楚，海外的海員工會在一波戰後紛爭中取得成功。越來越多的人開始為中國沿海以外的外國輪船公司工作。工會把罷工的基地遷至廣州，罷工中的海員在罷工高峰期紛紛來到廣州，向一百六十多艘船組成的「閒置大船隊」領取罷工工資和救濟。[12]孫逸仙的國民黨在廣州成立政府，其地方軍事保護者於是為罷工者提供資金。

船東不願妥協，轉而僱用馬尼拉船員（被認為效率不彰）和上海船員（差強人意，只是比不上廣東船員），以維持某些航運班次。而殖民政府並未妥善處理。二月二日，殖民政府宣布工會為非法組織，隨著聲援罷工爆發，殖民政府呼籲外國居民自發維持必要服務的運作，關閉邊境以防罷工者離開，並採取其他笨拙的措施。糾紛還涉及對罷工破壞者以及和外國企業合作或為外國企業做事的人的恫嚇。二月二十四日，乘坐人力車沿著海旁被載到太古辦事處開會時，太古主要碼頭裝卸承包商的經理梁玉堂（Leung Yuk-tong）遭人從背後開槍。身材圓滾又和藹可親的梁玉堂曾在本月初說服太古糖廠員工不要罷工，並為他們提供食物。中槍後，他在送達醫院前就斷氣了。這更是徹徹底底的太古事務，因為在罷工開始之前，這個因殺人罪被處以絞刑的人一直都是太古輪船新船「廣州號」（Kwangchow）的廚師。因此，當威脅信於三月四日寄達香港後，所有中國員工紛紛離開洋行也就不足為奇。[13]

情勢越演越烈。三月三日，一大群正值罷工的辦公室文職人員、勞工、家僕和商店助理來到香港沙田邊境，警察朝他們開槍，導致三人死亡。截至此刻，參加罷工的人大概有十二萬，輪機員和技工、碼頭工人、駁船船夫、運煤工、茶館和餐館僱員、家庭傭人、文書職員、電車公司員工、裁縫、木匠、市場攤位及餐廳的員工紛紛加入海員的行列：這是一次全面罷工。[14]儘管發生暴力事件，英國居民仍假裝過得很開心，宛如在八方受敵的狀態下，他們過著沒有傭人的生活，自己鋪床，自己做飯，自己打掃整潔：淺水灣飯店（Repulse Bay Hotel）有個針對入住賓客的提示牌寫著「請配合遊戲」，賓客得回答自己最擅長哪些家務。[15]但沙田射殺事件後的情勢惡化，和全面罷工的來臨，促使航運公司和香港殖民政府迅速認錯。公司讓步，保證提高工資，並同意讓罷工者復職。太古洋行是討論的重點，同時也是工會怒氣的標靶。對太古輪船而言，接收罷工者回歸是極盡屈辱的讓步，但罷工者就是凱旋歸來了。在學校軍號樂隊的小號吹奏聲中，一大群人見證遭沒收的工會招牌重新安裝在德輔道（Des Voeux Road）的辦公室。中華民國（臨時政府）的五色旗、英國商船的紅船旗和英國國旗在某個光怪陸離的象徵性時刻，同時在建築物的屋頂上升起。[16]協議令沃倫．施懷雅大為光火。這是屈從於武力的作法，而且香港政府竟然蠢到威脅採取嚴厲措施，卻未實際執行，甚至收回成命，一副讓工會合法化的樣子。不過，公司已經認清員工面臨的困境。一九二一年，公司為太古的中國辦公室工作人員提供類似員工公積金的計畫，因為資方很清楚，大環境對員工並不容易。儘管如此，香港的愛德金斯和倫敦的董事仍堅稱，罷工純粹是政治事件，至少在開始時是這樣。他們的判斷在很大程度上是錯的。不過，罷工最終的確變得高度政治化，這次事件的遺緒是在中國各地創造出具有政治意識的勞動環境。[17]

太古輪船公司也為駐上海的船員提供百分之三十的薪資漲幅，比照在香港的讓步，此外，其他航運公司大多相繼跟進。這是明智的決定：海員工會上海分會在一九二二年的七月成立後，當即要求比照香港標準加薪。那些在還沒調整薪資的輪船公司工作的船員於是發起了一次罷工。在香港和上海的官方圈子，以及在太古的內部通信，可見諸多關於提升警力的討論，尤其是情報能力，以便應付和這一切顯然糾纏難解的新興政治威脅——共產主義。上海的馬凱寄了一份報告到倫敦，而整理這份報告的是公共租界警察局副局長。報告內容強化了上述分析，不過也中肯地主張說，香港罷工事件最重要的教訓是，雇主應該在第一時間「以認真、同情和務實的方式，處理勞工提出的任何需求，無論乍看之下顯得多麼不合理」。在經濟紛爭中，他們必須講道理，不能只是要員工閉嘴。[18]

這無疑是明智、有先見之明的建議，卻被置之不理，即使寫作這篇報告的人自己管理的警隊也當作耳邊風。一九二五年五月三十日，警察在上海向示威者開火。抗議活動源於一家日資棉紡廠的勞動糾紛。上海市警開槍的那幾秒鐘，已把這次抗議升級成一場針對英國人的全國性運動，先是上海發動全面罷工，然後在中國各地掀起大規模的抗議與抵制潮。在隨後衍生的動盪中，武漢的英租界爆發更多衝突，還有最血腥的廣州衝突。一九二六年六月二十三日的「沙基慘案」，至少五十二名中國男女遭英法海軍陸戰隊射殺，沙面的志願防衛隊也從沙面租界開火。沙基慘案導致長達十六個月的罷工和抵制，嚴重影響英國在廣州和香港的貿易。公眾的憤慨最初在印刷品中、在集會上傳達，還促成將中國社會各界人士聚集在一起的社團與協會的蓬勃發展。與此同時，共產黨和國民黨的社會運動者深入參與這些運動——共產黨黨員人數在一九二五年增加了十倍——試圖利用民眾的憤怒來推動他們的革命進程。於是，我們看到國民黨受蘇聯訓練的新軍於一九二六年七月離開廣州地區，展開「北伐」，試圖掌握國家政權。

反帝國主義和民族主義交織的群眾運動，為國民革命軍打通邁向勝利的道路。北伐成功促使國民黨於一九二七年遷都南京，建立國民政府，並由在內部派系鬥爭中出線的國民革命軍總司令蔣介石掌權。新國民政府勢必無法掌控全中國，在東南、西南、東北和新疆西半部無不受到地方軍閥的挑戰，不過自一九二七年起，作為中國合法政府的威信和地位則逐年提升。若說國民黨只算獲得局部勝利，起碼民族主義絕對是大獲全勝。直到一九二七年年初，國民黨才正式與新近成立的中國共產黨結盟，而後在一波黨內清洗的過程中殘酷攻擊共產黨，同時馴服黨內的左翼勢力。但許多在中國的外國居民未將民族主義視為推動新政權的潛在力量，在一九二五年後的幾年裡，視其為共產主義或共產國際陰謀的產物。因此，他們頑固地抗拒改變。訪問中國的《曼徹斯特衛報》（*Manchester Guardian*）記者亞瑟．蘭瑟姆（Arthur Ransome）報導，上海是「東方的阿爾斯特」（Ulster of the East，按：位於愛爾蘭島北邊的歷史省分）：這些人是無法容忍投降的。[19]但國民黨想要廢除如今通常被貼上「不平等」標籤的條約，這些條約支持了在中國的外國勢力，長遠來看，它不允許任何反對。處理這些挑戰將成為太古董事與經理在一九二〇年代後期和一九三〇年代的要務。太古過去向來嫌惡參與殖民地或通商口岸的公共事務，如今不得不積極發揮作用，以正式或非正式的方式，試圖改變這些機構的運作，以及英國人在中國的整體文化。太古必須改變的，還有自身的工作方式、他們對自我的認同，以及他們如何處理與員工、中國合作者及競爭者，還有與中國官員的關係。

單單公司在中國的事實及其業務規模，就經常使太古利益捲入正在上演的國民黨革命事件。在多數情況下，這不是什麼例外，換句話說，只不過是火線上的眾多英國公司之一。可是有兩場災難特別不幸。一九二五年六月十日星期三，五月三十日的餘波未退，據報漢口有一名錫克教的公司警衛在試圖解決武昌號卸貨過程的爭端時，打傷了一名碼頭苦力。隔天，抗議示威爆發，以遊行到英、日租界的工部局大樓為終點。據報導，有個「暴徒」試圖「衝進英國義勇軍軍械庫」（漢口當然有專屬的志願軍）。在皇家海軍當局的指示下，義勇軍將機關槍對準群眾，造成八人死亡。更換公司的印度保全並尊重工人成為抵制行動領導人的主訴求。這次事件決定了英租界的命運，十八個月後，公憤仍顯而易見，英租界再次遭抗議者入侵，然後屈服於中國的控制。事件因為一名底層警衛的行為而爆發，這是太古在中國反覆發生的故事，又一次，太古洋行被一名員工的拳腳或棍棒所累。[20]

一九二六年九月，一場更嚴重的災難降臨到長江上游的萬縣。八月二十九日，太古輪船「萬流號」（Wanliu）在前往港口的途中遭地方部隊拘押，因為她造成的水流導致載有他們數十名同袍的船沉沒。據說，萬流號在躲避該部隊登船時，又造成更多死亡。四川當權者透過徵收各種外國公司認為絕對非法（至少從嚴格的法律角度來看）的費用，由此為他們的政府提供資金，餵養他們的軍隊。軍事單位認定，他們得以無償徵用船上的空間，更何況，岸邊人家安穩的生活因闖入的外國輪船而變得動盪。萬流號的船長就是在這樣的背景下，試圖將船駛到萬縣，並啟動了隨後發生的一連串事件。其中一隊士兵成功登船，護送這艘船向西，只是當他們到達目的地時，竟被一支武裝的皇家海軍分隊驅逐。作為回應，省長楊森將軍下令在港口扣押太古輪船公司的另外兩艘輪船「萬通號」（Wantung）和「萬縣號」（Wanhsien），再分別從兩艘船扣下三名船副作為抵押，直到雙方完成賠償協商。約八百名士兵進駐這兩艘船，岸上砲臺射程涵蓋停泊在港口的英國砲艇。當地的英國海軍指揮官怒不可抑。九月五日，海軍指揮官在未諮詢外交部、甚至海軍部的情況下，自行展開搶救船隻與太古輪船船副的行動。等到這一天太陽落下時，整座城市燃起「熊熊烈火」，照亮了天空，從下游五哩處都能看見。數百名、甚至數千名居民因為大火或瞄準河岸大砲的皇家海軍砲轟而喪命。行動指揮官在第一波防禦砲擊中陣亡後，英軍的「砲火更是猛烈」，而且「難以控制」。楊森麾下數百名士兵慘死，據報導，他們的屍體在太古輪船甲板上堆積成山，萬縣號的甲板「被血水、腦漿和穢物深埋」。七名皇家海軍水手和一名英國海員遇難。[21]英國的攻擊是意料之中的事，而中國的回應也很致命，導致情勢毀滅性地急遽惡化。

通商口岸的強硬派在下游的俱樂部安然無恙，為「精采的萬縣史詩」（《北華捷報》所下的標題）鼓掌，因為英國終於做出了強而有力的回應，當英國國旗在萬縣受辱時，皇家海軍恢復了英國的威望。英國外交官這下子驚恐萬分，因為他們發現自己竟然為好戰的海軍指揮官所擺布，只因海軍對兩艘船遭扣押所帶來的「恥辱」感到氣憤。而事實證明，這段時期對英國官員而言，是非常危險的時期，他們發現，在國民黨人接近長江時，被派往中國的大批英國增援部隊的低階軍官總是不假思索地開槍，挑起衝突。在中國發行的英文報刊受到沃倫·施懷雅和其他人的指責，他痛批英文媒體竟然評論這些駭人聽聞的事件很「精采」，不過他使用的語言和媒體一樣極端：

> 如果有人願意謀殺格林〔北華捷報的編輯〕，也許再加上弗雷澤〔《泰晤士報》通訊員〕，我很樂意為他支付辯護律師的費用，並為他身後留下的孤兒的教育買單。他們是我們在中國最危險的兩大敵人。

不出意外，太古公司的經理和董事著手嘗試平息時代的怒氣——以及《泰晤士報》的怒氣——他們遊說報業經營者控制旗下記者。十月三日，大批會眾參加在上海聖三一大教堂舉行的英國死難者追悼會，其中包括萬通號五十六歲的輪機長威廉·約翰斯頓（William Johnston）。他是太古輪船資深員工，當時已婚。為了逃生，他從甲板一躍而下，溺水身亡。[22]太古洋行引發的抵制持續到一九二九年，而四川的怒火直到一九三〇年代仍在悶燒。

在這個不穩定的時代，公司的英國身分變得更加醒目。首先，社會運動者會找出英國商品，以及為英國工作的人，並在抵制活動中讓他們成為眾矢之的。在一九二五年的危機期間，很多太古糖的內陸代理商都被迫關閉。[23]在某些事件中，太古洋行本身就是實際目標——譬如漢口和萬縣。不過，多數情況下，太古只是遭反帝國主義浪潮攻擊的其中一間英國公司。有張一九二七年的傳單，標題以斗大英文寫著〈英格蘭製造〉，上面畫有四具蹲伏著的骷髏及一些頭骨，每個骷髏都標上和英國發生暴力衝突的地點。其中之一是萬縣，而四具骷髏上方寫著中文「大英帝國主義的外貿公司」。[24]同時，英國公司也覺得，他們必須清楚地為自己貼上標籤。在這個革命和內戰的時期，社會秩序普遍崩潰，許多農村人口加入武裝自衛隊或是成為土匪，這種時刻，治外法權便提供了一層必要的安全保障。船的兩側塗上英國國旗；國旗在辦公室和相關設施上方升起。整體來說，這便足以干擾那些可能受到驅使的人，至少會讓他們再多想想，因為它代表著報復的可能性。感覺處境艱難的英國人也緊密團結在一起，並在對立最尖銳的時刻，既高聲又突兀地展現出過度的英國特質。他們為一九二六／二七年冬天隨「上海國防軍」抵達的一萬名士兵歡呼——英國在兩次大戰期間規模最大的一次海外干預——還招待部署到中國水域的大批海軍增援部隊。

這種強化並加重凸顯的英國個性更是帶來另一種優勢。就好像外國控制的租界和新拓居地是衝突爆發時中國難民的避風港、政治人物遭解職後的避風港，或讓中國資本在法律穩定的環境安穩地收取報酬，一艘懸掛外國國旗的船隻為中國乘客與貨物提供了更大的安全保障。在一九二〇年代和三〇年代的波濤中，這對公司是一項重要的商業資產。這也絕非萬無一失的保障，因為它也會吸引海盜，這些盜匪對任何旗幟都不放在眼裡。太古輪船的船隻在一九二三至三五年間遭扣押了十次，其中「新寧號」（Sunning）和通州號各有兩次。[25]可是，總的來說，尤其是在對日戰爭期間，外國的治外法權成為中國的一項資產，我們接下來將會看到，就連中國政府也因此受惠。這也顯示，在中國的許多英國企業已從貿易轉向經營服務業，只是這類服務在中國任何政治穩定和中央集權的新時代，也許不會一成不變。

那樣的中國似乎如夢一般虛幻。但長期危機加速公司做出本來就在考慮的實務改變，把基於商業原因提出的開發，或對一個變幻莫測的市場的適應，變成迫切的政治需要。一九二〇年代和三〇年代留下來的公司文件，充斥著關於政治和政策討論的聯繫——這些信件對商業或經營以外議題的聚焦，在太古堪稱史無前例——其中有兩份文件特別引人注意，有助於我們認識中國蛻變中的都市階級的特色。一九二七年三月有關可能整頓公司「買辦制度」（comprador system，原始文件中的用語）的討論，提供了五十一名太古洋行中國辦事處員工的教育背景細節。多數人曾在殖民地的英語學校學習，其中十八人就讀皇后學院，其他人則是在拔萃男書院的聖若瑟學院。有兩人曾到海外念大學，一個在倫敦，另一人在芝加哥。這是中國都市人的新世界極具代表性的呈現。[26]公司不認為他們對太古洋行的未來會有任何實質影響，尤其是在上海和香港的分行（對後者比前者更無足輕重）：他們是中國結構的一部分，而不是太古公司。他們在辦事處的樓房有專屬樓層，不是企業生活的一分子。在約翰・蘭伯恩以香港為背景的一部驚悚小說中，他的英國主角在顯然是以其太古親身經驗為模型的公司遇到的中國職員，他被描繪為沉默、悶悶不樂且冷淡的。[27]然而，這些員工是新興社會階級的成員，他們成就了太古的事業，而且構成經驗豐富的人才庫，足以從中開發出新的營運模式。

他們當中有些人可能會同意一九二五年年底，某個聯絡人在回報和留英中國大學生的對話時，轉達給公司董事們的那種評論。這些學生尤其點名批評太古（以及香港上海匯豐銀行和英美煙草公司），因為它們在各自的市場穩如泰山，它們有條約的保障撐腰，甚至太古輪船還受到聯營協定的保護，利用削價競爭迎接挑戰，禁止新成立的中國企業進占市場。學生們認為，中國的公司有足夠的能力競爭——他們舉南洋兄弟煙草公司為例——可是卻沒有什麼嶄露頭角的機會。此外，英國公司不必在中國納稅，中國政府幾乎沒有從它們身上獲得好處，這些學生、他們的家庭和人際網絡（以及他們的資本）也沒有。[28]對這些（大多出身商業菁英之家的）中國評論者而言，這類外國公司就好像擁有特權的寄生蟲。有一種政治行動以分解並消除這種特權為目標，但對這些批評者而言，關鍵在於他們被排除在外，無法和這些市場合作，以及從這些市場獲利，無論是正式的或間接的。綜前所述，再放在中國都市文化和社會出現變革的背景之中（尤其是新菁英的出現），這些小插曲暗示太古旗下公司著手計畫對中國當地華洋員工做出重大的管理和組織改變。他們不能再忽視這些群體的潛力，也不能忽視他們的利益和想望。他們需要更積極、更慷慨地與中國的新菁英合作。

我們得把員工的其他志向也納入考量。太古船塢技工羅登賢（Luo Dengxian）是協調一九二五／二六年香港反英運動的抵制委員會要角之一。他從一九一五年、十一歲那一年，便開始在太古船塢工作。一九二三年，羅登賢在一九二二年罷工的餘波中加入中國共產黨。身為海員之子，他在一九二六年成為香港總工會（Hong Kong General Union）主席，之後將成為共產黨的高級黨員（更是少數具有真正無產階級背景的幹部之一）。[29]羅登賢日後會在上海的黨政機關扮演領導者，領導勞工活動，直到被派到日本占領的滿洲地區組織共產黨領導的反抗運動。他後來在上海被捕，槍決時年僅二十九歲。這也是一個源於為太古工作而培養出的職涯發展。倘若太古旗下公司不能再忽視中國辦公室的員工和中國菁英，他們當然也不能再像過去那樣管理他們的中國勞工，而且現在這些勞工正在以不同的方式自我組織，將對全國性的政治舞臺產生影響。

羅登賢和他的同事有很多可抱怨的事。太古洋行及其管理的公司仍運行著一個權力下放的系統。我們可以簡單地將之視為「買辦模式」，但它其實被複製到太古的所有公司和各種不同層級的行事作業裡。舉例來說，在太古糖廠，資深歐洲工頭（這是他們在廠裡的稱謂）旗下有二十五名中國領班，而且資深歐洲工頭「完全無從控制」這些領班及受他們管理的雇員之間的關係。領班確實控管著他們雇用的員工。領班招募工人，有人懷疑（因為從未正式調查過），他們把這些職位拿來賣（而且可能對在職人員經常性地抽稅），為工人提供食物，並負責確保每個輪班有人數正確的人力。他們同時控制公司為鰂魚涌員工提供的住房，「負責糖廠的租屋」。除非經過再分割（很多都再分割），住房單位總共可以容納約四千人。他們可能只把職位申請釋放給自己的親屬網絡。外國工頭如果滿意新進員工，批准雇用，就會發給對方員工編號。很多時候，不同班次使用該員工編號的可能是不同人。這對公司是有效率的事，可以在公司需要人手的時候確保不缺工，只是這麼做無疑是把招聘、勞資關係和福利交到少數不太受控的中國員工手中。外國工頭加入公司時大多不年輕了，對粵語基本上一竅不通，因此很仰賴中國領班為他們翻譯。根據一份報告顯示，一九二七年，太古船塢三十一名中國工頭控制了一千兩百三十四個職缺，另有七名承包商控制了一千兩百一十五個職缺。[30]

同樣的，太古輪船的員工，即使是被認為有資格加入擬議中的「本地人公積金計畫」的資深專業員工，大概也只有船長和輪機員比較有機會：沒有紀錄顯示他們的年資或經驗，他們可能在一段很長的時間裡於不同的船上服務。消防員在一九一三年要求提高工資時，都是個別和每艘船的輪機長交涉。每當歐洲員工離開公司，他們也帶走了關於中國員工團隊運作的實務知識。在所有太古公司中，辦公室以外的員工都沒有留下太多資訊。這些勞動管理作法在此時的中國相當普遍。[31]外國觀察家普遍認為，總括來說，他們比中國管理者更關注勞動條件和勞資關係，不過很難看到相關的證據。實際管理的權力下放，在引進改革時，也是一個挑戰。

上海這種雇用模式同時受到另一層控制。表面上，碼頭工人（「碼頭苦力」）是由勞工承包商提供的。不過，還有其他人透過「既定慣例」或「原土地所有權」，在勞動承包方面主張「各種權利」，而且承包商很可能會被他們糾纏。有人提到，這些是「不請自來的人」和「想要從中榨取利益的人」。他們是「所謂的既得利益者」。實際上，他們是所謂的幫派或祕密會社，例如紅幫和青幫。上海的三個太古碼頭位於黃浦江的浦東側，日後將落入上海青幫的陰影之下，一如浦東的其他公司行號。一名碼頭勞工承包商後來被形容是「公司底下溫和的幫派」，其他承包商就沒有那麼溫和了。隨著國家權力分崩離析，這些黑社會演變成複雜的組織犯罪網絡，到了一九二〇年代和三〇年代，上海青幫對勞工及其他領域（包括政治在內）有極大的影響力。一九三〇年代中期，當幫派老大黃金榮（Huang Jinrong）——「黃痲子」——邀請怡和、太古派代表參加他兒子的婚禮時，他們可是捧著禮物（現金）出席，正所謂向權力低頭。[32]

另一個挑戰來自香港以外中國地區的太古外國員工文化。他們來到中國後，迅速適應了一種實質上且心有所屬的殖民生活方式，雖然他們並非生活在殖民地。熟悉感滋養出侮慢，然太古外國員工其實根本沒有太多真正的當地知識。誠如香港辦公室在一九二七年寄來的一封信所示，和多數客戶的絕大多數互動都是由公司的中國人員負責處理。歐洲辦公室人員的態度——無論是大班、部門主管或商業助理——都受到出於本能的保守氣氛塑造，這種氣氛瀰漫香港殖民地和每個通商口岸。袁世凱死後，中國國家權力的四分五裂，助長了對任何改變或改革的頑強抵抗，這對外國勢力和外國自治簡直是黃金時代。中國沒有一個名副其實的正常國家政府，而且外國管理的海關控制了唯一可靠的歲收來源，導致中國政府徹底癱瘓（因為地方掌權者總是把收入留在地方），而外國海關唯有在中國償還外國貸款後，才會把資金釋放出來。中國海關總稅務司法蘭西斯・安格聯爵士（Sir Francis Aglen）竟大放厥詞說道，他管理一個「根本就是獨立的」「帝國中的帝國」——一個國中之國——而且他就像是中國政府的太上財政部長。[33] 通商口岸的外國居民認為，沒理由考慮把特權交給他們蔑視的人，而且在他們看來，那些中國的統治者並沒有真正的合法性。隨著盜匪益發猖獗，大大小小的內戰隨處爆發，儘管外國外交官承諾修改條約，也同意改變，可是唯有中國整頓好內部，否則那個看似美好的前景，只存在文件上，永遠不會有觸手可及的一天。

我們可以從約翰・蘭伯恩對悶悶不樂的職員、溫文爾雅但殘暴的軍閥，以及狡猾、詭計多端的買辦等誇大虛構描述中，見識到外國態度的證據；這當然是驚悚小說市場對中國角色的期待，但他們也可能出現在外國記者自中國採訪的不友善報導中，而正好也是這些外國記者掌控了中國相關新聞在海外的流通。我們也可以從太古輪船船副的態度看出這一點，他們的同業公會在一九二六年十月發出一封短信，內容抱怨「在中國的某些資本家和商人」——其確切身分很明顯——「正在犧牲外國人，以圖利中國人。」他們為了「討好，糟蹋我們的民族」。[34]在現實中，我們看到上海和香港的管理者在把中國員工併入各自的辦公室方面，動作慢到形同消極的阻礙——「我們以為這很久以前就已經完成了」，倫敦在一九二六年寫道——或讓公司的第一個大學畢業的中國實習生（用今天的說法，我們可以稱之為實習生）在上海負責例行性工作，就好像他是新進英國員工一樣：他們安排他從中文報紙挑出和公司有關的文章。[35]他們並未著手培訓他從事辦公室工作。對考慮改革或實施改革的抵抗，既來自企業層面，包括工部局乃至海關等機構在內的多數外國企業，也來自個人層面，諸如生計仰賴外國特權與權力結構的那些人。培訓年輕的小陳或小王，代表年輕的史密斯或瓊斯總有一天會失去工作機會。

不過，公司需要改變，倫敦的觀點比較有彈性。首先，公司有了全新的計畫，將公積金福利延伸到太古輪船公司的中國辦事處，然後是流動人員、太古糖廠和太古船塢辦事處及經驗豐富的技術人員，計畫的大方向基本上是在一九二五年危機爆發前草擬的。公司開始更積極地經營員工「福利」。[36]例如一九二四年，公司在鰂魚涌為太古船塢員工的孩子成立「太古中文學校」。這類計畫遭遇的障礙是，福利在上海和香港管理者的眼中，是一種難以言說的公共態度政治，認定提供這種福利無異於捐款給中國基督教青年會（YMCA）從事慈善，由此進一步展示了他們狹隘的東方眼界。倫敦方面認為，福利和他們的員工有關，而且對員工有益。倫敦的董事們想的，顯然是英國國內當時熱烈討論的公司管理和勞資關係的「時下觀念」，並發送發人深省的小冊子和新聞剪報。[37]倫敦著手進行兩項重要的長期計畫項目：買辦制度的大規模整頓，以及更積極地在中國和香港參與政治。總而言之，公司的目標是在已發生明顯改變的中國找到相對穩固的新基礎。辨識哪位董事在推動這項新政策方面最勇往直前不是容易的事。由於沃倫．施懷雅發表了最強烈的意見，在措詞上毫無節制（標點符號也用得很獨特），同時參與開始舉辦的公開會議和集會，例如京都一九二九年的太平洋關係研究所會議，可見，他的立場絕對是強烈贊成。但我們也幾乎沒看到任何董事提出異議的證據。

在很大程度上，買辦仍屬於家族企業。太古認為，這對公司商譽和實務作業有其價值，卻也是聲譽的陷阱，所以太古對解僱知名買辦及其可能產生的影響始終如履薄冰，整個制度直到一九三三年才被認為「過時、昂貴又沒效率」。在上海，陳家的新生代保有重要角色，香港則是莫家。一九一九年，陳雪階繼承父親陳可良的衣缽。莫幹生在六十一歲的父親莫藻泉於一九一七年過世後，追隨他的腳步。莫藻泉的送葬隊伍長達一哩，大批群眾夾道觀看，得耗上半個小時才能通過那些旁觀的人。莫家社會地位極為顯赫，大富大貴的莫幹生在維多利亞市中心的干諾道（Connaught Road）建了一座奢華的豪宅——採行「英國皇家宮殿風格」，他兒子寫道。他完全有能力興建豪宅，太古洋行在一九二八年六月的一次稽核，發現他利用太古糖廠從事一個利潤豐厚的長期詐欺行為（對使用的袋子收取昂貴費用）。然而，這次稽核未揭露他詐騙的真實程度，因為莫幹生利用一間幌子公司在低價時向太古糖業購入糖，待價格上漲，再拿到廣東市場販售，並和太古的合法產品競爭。而太古在廣東和廣西的經銷網絡都是由他控制。[38]

誠如一九三四年一份綜合性公司報告指出，正是這種情況和其他「實際損耗」迫使太古採取行動。一九二六／二七年冬天，也就是漢口最嚴重的革命動亂期間，買辦韋學周（H. T. Wei）通報說，自己蒙受極大的損失（其中也可能有詐欺行為，但無從證明）。這筆損失大多就此一筆勾消。這也促使陳雪階以令人信服的細節提出他的損失。他在一九二四至二六年慘賠，一九二七年更是損失慘重。他對公司很大一部分的債務就此免除。儘管如此，依舊於事無補，陳雪階終究在一九三二年春天宣告破產。南京買辦也來叫苦。確實，貿易一直很不景氣，而且被革命嚴重擾亂。太古糖業仍持續面臨日本進口糖的競爭。勞工態度激進，碼頭工人要求加薪，然後就得到買辦自掏腰包的加薪，因為拒絕他們所冒的政治風險太高了。太古洋行經理們認為，這些買辦提出的許多說法是合理的，不過他們也指出，和這些人的任何關係決裂都會對聲譽造成損害。他們也擔心了解公司業務卻「心懷憤恨」者的行為，可能會對前雇主造成影響。[39]

但由於太古洋行經理們拿不出任何有效的控制和監督，導致和買辦之間的糾結更是每況愈下。陳雪階「現在不是、也永遠不會是個主動的人」，莫家的人「從各方面來看都毫無用處」，卻是「必要之惡」，莫幹生是個「傀儡買辦」。起初，他們認為把楊梅南等「思想進步的」年輕人引進買辦辦公室，可能有助於促進變革，無奈問題是結構性的（這裡說的「年輕」是相對年輕：楊梅南生於一八七三年）。[40]在一九二〇年代中後期採取一些倉促措施，試圖在太古洋行社內培養中國年輕人，為多數買辦制定不同的工作條款和條件，把他們加到薪資名單上，查爾斯·科林伍德·羅伯茲（Charles Collingwood Roberts）——一九二二年年底自牛津大學畢業後，直接加入太古，並於一九三二年被分派到這項任務——在一九三四年完成的一份詳細報告概述了一個經過比較審慎構思的新「中國員工結構」。[41]

羅伯茲為在整體公司組織內的中國員工養成與管理，構建了一個切實可行又務實的框架。太古需要學習的還有很多，而且必須認可一些中國文化規範的面向：如僱用由既有人脈介紹但能夠勝任的員工。羅伯茲承認，太古在潛在求職新人之間的名聲很差。太古目前的薪酬水準很低，對員工職涯的管理相當不足——猶記蘭伯恩對整間辦公室的疏離的職員關係的描繪——除此之外，還有其他缺陷。而且，「菁英」永遠不會加入，因為他們知道，他們永遠無法升遷至外資公司的頂端。但有了耐心又敬業的團隊進駐專業的新部門，人們相信公司可以建立並培養一批高素質的文書人員，和一批中國經理和高級顧問。羅伯茲深信，公司能培養出足以完全取代外國僱員的中國員工。畢竟，在這個新的民族主義時代，這可能是他們必須做到的。太古不是唯一致力於建立這種新結構的公司。在中國的日本公司，自十九世紀末起，便開始在這條路上探索。香港上海匯豐銀行也調整了與買辦合作的方式。這背後都有其商業和政治理由。

公司新成立的中國事務部（Department of Chinese Affairs，簡稱ＤＯＣＡ）自一九三四年元旦啟動，目標是實際執行羅伯茲的報告書。ＤＯＣＡ由一個有趣的人物帶領，他是公司從外部延攬的人才。喬治・芬德雷・安德魯（George Findlay Andrew）從頭到腳無處不散發出一個在中國內地會服務二十六年應有的粗獷特質。[42]他出生在中國，父母都是中國內地會的人，說得一口流利中文，而且徹底適應中國的社會和文化習俗。他很久以前就在曼徹斯特的辦公室當過三年學徒，但公司僱用他不是因為他展現出商業潛力，而是因為他「能用不同於一般太古商人的角度看待事物」，沃倫・施懷雅後來表示。[43]安德魯因為饑荒和災難紓困機構的工作而擁有好名聲，並得到普遍認可。公司內沒有人擁有如此寬廣的專業知識或人脈，平心而論，也沒有其他在中國的外國公司能從自己人當中提拔出這樣的人物。儘管如此，最近加入辦公室職員行列的新進人員湯姆・林賽（Tom Lindsay）被派往北京，接受進階語言培訓，以便為成為副手做好準備。公司確實需要DOCA，而DOCA也確實需要附屬於公司。

DOCA扮演著三重角色。它有一部分是個政治關係辦公室，任務是重塑並支持太古與中國官員和其他領袖人物的直接關係。再者，也是公司的中國招聘部門，並負責員工福利；最後，則負責處理勞動關係。起初英國經理和中國員工對DOCA都抱有疑慮，但慢慢的，DOCA漸漸對太古的中國僱用文化產生影響。它以有系統且全面的方式，著手建立公司有史以來的第一套中國員工詳細紀錄。到目前為止，公司對他們真的認識不多。這套紀錄除了幫助公司管理前途看好和表現不佳的員工，還讓公司得以用數據辨識出從哪裡可獲得優秀的人才，進而從那些人才庫更穩定地徵才。這是一種基本的徵才作法，但過去招聘中國員工時就是沒有使用過。喬克・施懷雅在一九三五年說，DOCA除了「徹底改變我們的中國關係」，更致力於修正公司的公共身分。DOCA建議把公司名稱的中文翻譯「太古洋行」更改為太古公司；並為公司與中國官員的通訊提供格式正確的中文信。這家骨子裡仍是英國企業的公司，被DOCA磨去鮮明的英國特色，從而更能融入中國的政治和公共環境。[44]

中國大學畢業生，包括曾到英國留學的那些人，如今都受到歡迎（但不包括只專注於「商業教育」的人，因為那種教育僅提供「大量理論」），與此同時，英國員工的招聘也出現重大變化。在戰後的第一次中國行期間，喬克．施懷雅頓悟到一件事。「我在大學的很多同儕，」他寫道，

> 無不欣然接受到這裡生活的機會，但中國幾乎沒有一個牛津或劍橋的畢業生。太古必須改變招聘人才的制度，我必須和牛津大學招聘委員會取得聯繫，了解我們怎樣才能招聘到牛津大學的畢業生，然後持續用畢業生取代目前的公校生。我相信，他們會飛上枝頭，但說服目前的部門主管接受他們可能不容易，但我們必須確保這些新人被他們接受。[45]

他發表這些意見之際，時任公司董事，但他主要是以前軍官的身分說出這番話，時值戰後蕭條時期，前軍官的失業問題已然是社會關注的話題。當然，社會上也有許多失業的前「公校生」，可是喬克．施懷雅惦念的是和他在牛津一起學習和遊玩的同儕，以及在法國和他一起打仗的同袍。公司自一九二〇／二一年起從牛津招聘員工，同時也從劍橋、愛丁堡、格拉斯哥和倫敦

引進人才，喬克本人在一九三一年加入牛津招聘委員會（一待就是三十年）。他後來回憶說，他在這些人身上尋找「領導力」的蛛絲馬跡，「根本不在乎他們有什麼技能」。由於健康因素，這些新人當中大多沒去到東方，不然就是有所遲疑。試用期結束後，他們有很高的比例會離開太古。留下來的人從一九三〇年代起管理公司的各個分行，當中有些人晉升為董事。[46]

一九二六年夏天，太古集團開始系統性大量招聘英國大學畢業生。那年有六人加入，一九二七年一人，一九二九年三人，一九三〇年四人。倫敦在這段期間招聘的二十四名試用者中，總共有十四名是大學畢業生。[47] DOCA的林賽就是其一。身為印度公務員的小孩，他傾向在畢業後找海外的工作，但選擇中國只是出於偶然。接受劍橋大學「招聘委員會」安排的一些面試後，他接下了第一份工作機會，發出邀請的正是太古集團。林賽的就職訓練很短，他跟在倫敦藍煙囪服務臺經驗豐富的老職員身邊學習。下班後，他學習簿記，並在東方學院（School of Oriental Studies）學習初級中文。他在東方學院師從雷金納德·莊士敦爵士（Sir Reginald Johnston）。莊士敦曾是威海衛英租界的行政長官，也是清朝末代皇帝的英文老師。然而，莊士敦不是語言老師，而且動不動就緬懷起過去。因此，儘管林賽是外派前正式研究過中國的少數太古員工之一，他透過莊士敦所認識到的中國，在國民黨統治的土地上幾乎已不見蹤影。[48]

太古商業活動的複雜性，是公司需要培養假以時日能領導公司的幹部的原因之一，而不只是在公司服務到合約結束為止。從英國外派職員的時代早已過去，因為時至今日，受過良好教育的中國人比比皆是。可惜女性員工向來是例外：公司仍然從英國派女員工到中國擔任速記員，主要是幫忙經理在決策小組辦公室工作，以便讓商業機密不外流。一九二三年年底，中國至少有十四名女性員工（包括一名大學畢業生）。這個新的中國結構在太古內部的發展是有極限的。倒不是因為中國員工不被信任，儘管英國人普遍的確這麼認為；事實上，這個限制是基於一個假設，亦即他們覺得中國人可能容易受外部壓力（如那些不受控制分子）影響。[49]

中國商業和政治文化的深刻變化，是太古公司開始提高大學畢業生員工數的主要原因——一九三六年占年度徵才人數的六成。[50]新中國是由受過高等教育、見多識廣的儒雅之人管理。雖然還是有例外，不過絕大多數有影響力和握有大權的人，和學識教養與他們相當的人處的最好。過去的太古人在「優秀的」學校受訓，技術嫻熟，卻往往缺乏相對宏觀的眼界、同情心和人脈網絡，而這些都是受高等教育的人可能培養出來的特質。同樣的，英國外交官和領事意識到，他們正在和一群教育成就遠優於他們的人談判協商。這讓一切變得不同。所有策略都無濟於事，尤其是一九二七年年初、萬縣仍是一座廢墟時曾認真討論過的策略：製作一部紀錄片。倫敦向香港和上海轉達它比較喜歡的提案。委託製作一部電影，然後安排在中國的電影院放映，怎麼樣？電影可以凸顯「這些以中國為家的英國公司」的營運情況，展現勞動條件，以及「從各方面來說，英國人其實是相當正派的共事者」。英美煙草公司有自己的製片廠。太古糖業喜歡這個想法；它可以展示工廠運作和「在地人的村莊」。太古船塢同意，因為「有助於消除那些只想製造麻煩的人散布的不實陳述」。上海方面也同意，等「目前的騷動平息」，應該進一步探究這個提議。[51]這一切，都寫在共產黨武裝部隊剛控制上海市部分地區的幾天後，共產黨領導階層要求列強立即交出租界。要是「他們」能多認識「我們」一點就好了，是一套陳腔濫調的辯詞，事實上「他們」的確認識「我們」，而且一直如此，可是他們不喜歡他們看到的外國人。拍電影的想法後來也不了了之了。

太古持續面對一項重大挑戰，卻又不太使得上力，完全不及控制公司組織結構和營運模式的能力：在華英國勢力渾身帶刺的政治。由於長期受外交官忽視，上海的英國居民尤其堅持其政治自主權，而不是任憑公共租界發生的偶然意外擺布，他們表達意見的工具，則是由租界納稅人選舉產生的上海公共租界工部局，所以有人主張，工部局應該只對納稅人負責。直到一九二八年以前，選舉權僅限於和中國簽署條約的列強的國民：中國人被排除在外。工部局的常規和政策中還有其他排外的領域，以及結構性和種族主義的歧視。除此之外，上海公共租界工部局對一九二五年五月三十日災難的反應很不圓融，幾乎不知變通。儘管馬凱早在一九二〇年代初期便加入工部局，太古長期以來一直不願插手工部局政治，但如今公司直接參與，而且還視為急迫性要務。尼爾里基·布朗（Neilage Brown）於一九二九年從香港調任上海大班，旋即加入工部局。他更是不遺餘力地參與和中國官員與上海顯要「培養」關係的相關活動，隨後這也成為上海經理工作內容很重要的一部分。太古之類的公司和其他人合作，如英國公使邁爾斯·藍浦生爵士（Sir Miles Lampson）、怡和在中國的新領導階層、約翰和東尼·凱瑟克兄弟等人，其目標是控制煽動行為，至少要抑制立場較為保守的英國居民的憤怒言論。

太古和其他幾間公司也為弗雷德里克·懷特爵士（Sir Frederick Whyte）的非正式外交企圖

有所貢獻。身為前英國國會議員的懷特爵士，後來活躍於印度，他被派往中國嘗試改善中英兩國圈子之間不太好的關係。一九二九年在上海時，沃倫．施懷雅說，多虧懷特牽線，他不斷「會見中國的部長和政商巨頭」，「為建立私人關係奠定基礎」。個人醜聞致使懷特的任務終告失敗，然這股推動力仍得以維持。對解決「上海問題」（Shanghai problem，上千篇文章以這兩個單字組合做為標題）的細節關注，取代了過去英國外交的疏忽。外交官與大企業合作讓「小通商口岸的民眾」和「上海英僑」恢復秩序，並使他們失去再次造成堪比一九二五年嚴重破壞的能力。在這個新政權時代嶄露頭角的公司，大多是有更廣泛國際商業利益的公司——ICI、亞細亞火油公司（透過其母公司荷蘭皇家殼牌〔Royal Dutch Shell〕公司）和英美煙草公司。怡和和太古，以及香港上海匯豐銀行是立足中國最大的幾間公司，在這個新的伙伴關係中，這些公司努力挽救英國在國民黨統治的中國的前途。諸如懷特人等和一些較俐落的英國外交官的努力，對此至關重要。不久後，雙方顯然都有改善關係的需求。一九三一年十月，柯林．史考特受邀與其他英國商人一起到南京觀看總統閱兵，慶祝中國國慶。觀禮後，他被介紹和蔣介石認識，並與其他人餐敘，和他同桌的有宴席主人宋子文。[52]由於日軍當時正橫掃滿洲，國民黨盡其所能地和自身曾經極其痛恨的英國人培養關係。

各個董事和經理投入大量精力從事這類外交，但太古公司的要務當然還是做生意。除了他們的中國問題，全球經濟環境也帶來嚴峻的挑戰。一九二九年，華爾街崩盤引發經濟大蕭條的影響比較慢才傳到中國，只是太古集團是一間同時跨足其他市場的公司，而且對英國國內的情況也很敏感。集團極力刪減成本，譬如將所有人的薪資減百分之十，同時大砍任何可以精簡的開支。它還投資了一項新事業，一九三三年後在上海成立油漆廠（完全符合冒險進軍近乎一無所知的新事業的太古傳統），不過，經營重點仍然放在船運、造船、保險和糖業。這場革命對糖造成災難性的影響。[53]政治抵制、社會混亂和來自日本競爭對手的強大新挑戰，導致太古糖業在一九二八／二九年全面修訂其政策和運作模式。一座新的煉糖廠於一九二六年年底竣工，卻在一九二七年絕大多數時間裡都處於關閉狀態（在此期間，公司免除員工的住房租金）。一九二八年，經理們決定轉型成只生產高級精糖。於是，公司關閉所有內陸的銷售組織，變賣庫存，解僱代理商。儘管這個網絡的成功毋庸置疑，但在這麼不確定的時機維持其運作的成本太高了。在香港實施的一項成本削減計畫，促使二十一個本來僱用外籍人員的職位，為經過再培訓的中國工人取代。藍煙囪載著許多遭太古糖廠解僱的「老員工」回到蘇格蘭。中國學徒填補了這些熬糖工、助理工程師、倉庫管理員、管家和計時員的工作，他們接受充分訓練，在公司成功的布局裡發揮所長，後來被太古旗下各公司奉為典範。他們的效率和外國員工一樣不分軒輊，甚至可能更高，而且他們的薪資絕對比較低。[54]

這個轉型可謂明智的經濟和政治布局。除了優先處理高級精糖的業務，太古一併收購了競爭對手於一九二八年五月停業的方糖廠「中華火車糖局」，之後再把部分的糖交由太古輪船運到上海後，一九三一年九月開始在上海生產盒裝精糖。事實證明，那是「賺錢的投資」。一九二九年香港開始生產糖後，上海的報紙曾報導陳列包裝盒入庫的的消息，且太古活力充沛的行銷竟做到和中國宛如海角天涯的地方，特別是印度。[55]在印度，太古利用香港／孟買的帕西網絡，聘請了印度殖民地一家知名公司負責人的兒子巴秋爾・塔拉提（Burjor Talati）——畢業於香港大學。「人才」塔拉提最初只是翻譯，而他很快證明了自己的價值。他在孟買工作直到一九三三年，英年早逝，後由另一名帕西人E・D・達姆里（E. D. Damri）接手他的職務。一九三五年，達姆里帶著喬克・施懷雅前往加爾各答集市，讓他親眼看看太古糖的銷售地點：太古利益的新疆土。[56]

一九三〇年代中期，太古糖業在英屬印度和馬來亞、多數其他東南亞市場、東非和南非，甚至加拿大和美國都有販售紀錄，太古過去一直未打進這些市場。如果說太古糖在中國有個中國身分，在印度則有另一個身分。在印度，太古糖是「帝國糖」，「純正英國風味」，在行銷時，太古糖是「由一家英國公司在英國殖民地香港提煉和包裝的糖」，「全程機械化處理」。廣告商的介紹說它純正、衛生、廉價、無雜質，英國人的產品。[57]廣告商強調這些，是因為「太古」兩個字對那些不熟悉它的人而言，無疑暗示了這間公司若不是中國公司，就是日本公司。使用中文字的包裝徒增消費者的疑惑。公司於是開發僅含印地文字母或英文的嶄新設計，不帶一絲中國風（而在中國，太古則使用一款有彌勒佛的新設計，並使用國民黨黨旗和中華民國國旗上的藍色。）一九三〇年代初期的重點是建立品牌知名度。公司的首選工具是英國幽默週刊《潘趣》，儘管廣告價格昂貴。《潘趣》接著刊登一九三二年晚期開始的一波大型宣傳：廣告寫道「蘇伊士以東的糖！新鮮玩意！太古糖」，將太古糖定位為大英帝國的產品，因為「帝國偏好」在當時是備受討論的話題。[58]一九三二年之前，太古從未以英文刊登廣告；如今太古加入了「運動員香菸」

（Player's）和「三城堡香菸」（Three Castles）、「瑞士蓮巧克力」（Lindt Chocolate）、Oxo調味品（Oxo）、「李施德霖」（Listerine）和「白速得牙膏」（Pepsodent，剛好吃糖要刷牙）等家喻戶曉的品牌行列。

國際市場對太古糖銷售的關注，在一九三〇年代相形重要了起來。國民黨的國民政府在確立統治權威後，一九二九年拿回關稅自主權，這是中國在重新談判十九世紀中葉條約方面的第一個重大成果。國民政府現在有累積財政資源的機制，於是著手運用，以提高對糖等產品徵收的關稅。這個挑戰更是不容易：太古的糖廠這下子被擋在中國關稅壁壘的牆外。只是國民政府對其原來的廣東基地的控制，受到強大地方政權的挑戰和拒絕，而且這個地方政權有自己的經濟發展政策。糖更是那些政策的重點。[59]廣東當局引進對白糖進口、經銷和販售的壟斷制度，有鑑於明顯的莫氏家族利益，莫應溎在督導機構裡發揮主導作用也是意料中的事。此舉旨在刺激廣東本身的生產，以及為地方政權創造收入。

實用主義獲勝。太古糖廠成為廣東壟斷（透過經紀人）取得精糖的眾多公司之一，然後把這些糖當成自家產品在省內出售。太古低調准許這個作法。一九三二年的一份報告指出，香港的大部分買賣都流向「莫氏家族或其他走私組織」，然後再進到中國。[60]董事們討論關閉糖廠，然後在上海成立新糖廠，但儘管和廣東省營白糖的謹慎合作讓焦頭爛額的太古糖業得以稍微喘息（滿洲遭入侵後引發的激烈抗日抵制運動也有幫助），隨著國家和私人利益集團走私糖到廣東，沿海地區形成了一個動盪的新環境。同時，一波暴力浪潮席捲華南海域。

這真的是公司定位和性格出現極大變革的十年。公司從來不曾停滯，因為無論是董事們的雄心壯志，或是中國政治、全球事務，都不允許它鬆懈。不過，從一九二五年五月下旬起，公司經營在以血腥與憤怒開啟的十年期間發生了變化——並不總是朝它想要的方向改變——它調整了一種全新的運作方式，以及和中國員工的全新關係，而且對中英關係政治發揮了主導作用。中英關係在一九二五至二七年間跌到其中一個谷底，太古利益被捲進此一時期的衝突和對抗，至少引發了其中兩次的衝突。不過，一九三〇年代訪問東方的董事們，意識到他們能夠和中國官員與政界人士交流討論。一九三五年春，喬克・施懷雅訪問中國時，與宋子文會面了兩次，第二次還是宋子文本人要求的。雙方談論的主題是航運：輪船招商局已為國民政府接管，其長期目標是建立一個有實際貢獻的中國商船公司，禁止沒有對中國犧牲主權作出同等回饋的國家在中國沿海和內河從事航運。喬克・施懷雅想知道，正式的「英中」合作前景是什麼樣子？如果太古輪船開放中國資本入股會怎樣？或者一間新的合資公司可能得到什麼機會？（太古已經為了經營湖泊和長江上游的航運投資合資公司。）這些都是重要的議題，其中最吸睛的，莫過於喬克的總結報告：

我們在中國待了這麼久，我們覺得自己屬於這個國家，無論時間可能帶來什麼變化，我們都打算留在中國。當中國政府開始有所保留的時候，我們或許就必須和像過去一樣，一再地與時俱進，降下英國國旗。[61]

他的意思並不是他們會把國旗打包，然後離開。他們會升起另一面旗：中國的國旗。此一聲明超出了實際外交的要求。其中顯示，喬克·施懷雅接受公司需要徹底放棄長期以來支撐太古在華利益的帝國特權——當然，太古在中國以外的投資是另一回事——並致力於進行有助公司在後殖民中國運作的轉型。這段話清楚表明，公司已經準備隨著中國的轉型進一步自我改造。中國終將轉型，但首先，這個國家得面對迄今為止最嚴峻的挑戰：全面對日抗戰。

第十一章　災難

一九三七年十二月初，數十名碼頭工人在嚴寒冬日裡花了三天的時間，將約五千箱吊掛在竹竿上的貨物搬到連接船舶與岸上的踏板，然後再搬運到太古輪船「黃埔號」（Whangpu）。黃埔號就停泊在南京城高牆外的港口區下關碼頭，高三百二十呎，一九二〇年十一月於鰂魚涌下水。「她體現了，」香港大班斗膽表示（他們這種人在這些場合很容易大放厥詞），「英國企業在海外的精神」：由英國公司在英國殖民地建造，用於長江的英國航運貿易。在南京清晨轉為潮濕寒冷的這個月之前，黃埔號的航行紀錄基本上頗為一般。現在，日本空襲一再打斷工人把貨箱拖上船的進度。日軍猛攻這座毫無防禦能力的城市超過三個月了。隨著警報聲響起，四十二歲、在太古有十七年資歷的蘇格蘭船長威廉・麥肯齊（William McKenzie）下令把船開到河上，靠近停泊在那裡的英國砲艇。飛機離開後，工人繼續裝貨。蔣介石總統辦公室授意租用黃埔號，將這批貨物運往上游的武漢。負責張羅這次運輸任務的英國庚子賠款委員會祕書杭立武懇求海關提供資金，以支付碼頭工人的搬運費用，否則這些貨箱會滯留在碼頭，因為日軍兵臨城下，群眾恐慌逐漸發酵了起來。[1]

杭立武監督貨箱搬運進度，碼頭工人在搬運時得強行穿過絕望的人群。與此同時，黃埔號的姊妹船萬通號被政府的中國旅行社（China Travel Service）包下，負責人員撤離，眼下正載著郵局檢查員及其檔案，武昌號則載著「整個衛生部」。大專院校的人員、設備和檔案紀錄都上了太古輪船公司的船。沙市號載著中央銀行；「湘潭號」（Siangtan）也是負責郵局；而太古公司的武漢辦事處被要求派船將六船的鈔票從長沙往西運到重慶。撤逃的國民黨正在移動相關人員、檔案文件和現金。平民逃之夭夭：從上海離開的船，每趟載運一千五百名乘客；工業生產被遷離，廢棄工廠的機械沿著古代的大運河，從上海一路運到鎮江，等待轉運。每當有船隻停靠港口，難民就一湧而上，拚命想要逃離。黃埔號已經載著一家化工廠的機器，以及南京某所大學的員工和文件檔案。一名船員回憶說，黃埔號離開時，「擠滿了難民，許多人掛在主艙的欄杆外，直到他們慢慢在艙內找到踏腳處」。[2]

一九三七年七月七日，中日軍隊在北京附近的一個村莊交火，結束了自一九三三年初起維繫住的脆弱和平。[3]蔣介石面對越來越多民眾要求抵抗日本持續侵占的壓力，終於決定表態——他甚至在一九三六年十二月的西安事變中，被試圖逼他抗日的國民黨高階將領扣為人質。在最初的小規模衝突之後，日本人要求中國在華北做出更多讓步（繼占領滿洲之後，他們已經在長城以南取得一處非軍事緩衝區），然後相繼占領基本上已被他們包圍的北京和天津。蔣介石決定在上海與敵人正面交鋒。因為在上海作戰，全世界理應都會看到，因而被迫干預。全世界都在看，這點毫無疑問，而且還拍攝照片和影像，記者們也發布大量新聞稿；可是無人干預。歐洲的政治越來越脆弱；美國仍採取孤立主義。中國最優秀的精銳部隊——由德國顧問訓練的軍隊——投入戰爭，然後在上海遭摧毀——三萬名軍官死傷——同時敵軍繼續從日本海彼端護送更多後援部隊到中國。上海租界及新拓居地外的郊區飽受摧殘，不過炸彈也在八月十四日掉進租界內，難民聚集的南京路由此淪為存放屍骨的墓穴。這幅恐怖的圖像四處瘋傳。小說家維姬．鮑姆（Vicki Baum）立即提筆寫作，一場悲劇就此改編成暢銷小說（按：《上海旅館》〔*Shanghai Hotel*〕，在英國也以《南京路》〔*Nanking Road*〕的書名出版）。沒有任何人採取行動。

取得上海後，日軍向西，朝蘇州疾進，並從長江北岸揮軍揚州，好幾縱隊的坦克和部隊迅速橫越長江三角洲肥沃的農田，直向國民政府首都，急於獲得奪城的榮耀。經上海一戰已精疲力竭的國民黨軍隊無法阻止他們，而日本的制空權意味著他們可以任意攻擊中國的編隊。一項粗略估算指出，至少有九百萬中國人最終逃到西邊的四川省，隨著國民黨首都先遷到武漢，等武漢在一九三八年十月下旬淪陷，又遷到重慶。但在戰爭結束前，還會有數以百萬計的人流離失所，每個人都在找某個安身立命之地，任何安身立命之地。逃跑是對的。在十二月十二日南京被攻破之前，關於日軍一邊攻城掠地一邊犯下滔天暴行的謠言，在城內引發恐慌。謠言是真的；勝利的日軍無視為非戰爭人員設立的安全區，屠殺數萬名被俘士兵和還在城內的平民，以卑劣的殘暴行徑摧殘首都，很快被貼上「南京大屠殺」的標籤。許多日軍指揮官准許他們的士兵做盡紀律淪喪的事，部分指揮官最終將因此被判處絞刑。[4]南京大屠殺期間，女性首當其衝；她們有很多人遭到姦淫，還有很多人被殺。

這場戰爭將持續八個寒暑，四年後，因更廣泛的歐洲和亞洲衝突而納入二戰。但在前面四年，戰事完全不受外界影響，也沒有其他列強參與（就連那些德國顧問也在一九三八年撤離）。日本人尊重外國控制的租界和上海公共租界的地位，至少名義上是如此。香港基本上沒有受到衝突的影響，可是該地人口增加，尤其是在一九三八年十月日軍控制廣州後，香港成了中華民國重慶陪都的主要交通樞紐。外國公司繼續在戰火前線的中日雙邊經營業務，這些前線邊界往往非常具有滲透性。[5]船隻繼續航行，至少在戰場之外。太古輪船船班將維持從上海往北到日本控制的天津、往南到國民黨控制的城市。十二月三日凌晨，船身兩側、遮陽篷和日光甲板皆飾有英國國旗的黃埔號（太古輪船多艘船都是如此），向武漢西運了一千噸被某些人認為象徵中國精神的物品：紫禁城的珍寶，包括構成故宮博物院收藏的繪畫、屏風、瓷器和其他古物。在麥肯齊的堅持下，除了杭立武以外，沒有任何護衛護送這船一千噸的中國史貨物。由於船隻即將啟航時，岸邊聚集的難民增加，黃埔號和碼頭保持十五呎的距離。杭立武記得他不得不跳抓繩索，然後再被人拉到船上。[6]

麥肯齊船長在十二月下旬抵達上海後不久，立刻和媒體談論他的任務。[7]這些文物在海外享譽盛名，因為國民政府曾為爭取國際社會對中國困境的同情，破例准許一千多件文物在一九三五年運往倫敦，並在皇家學院展覽而轟動一時。返國後，文物存放在南京，始終無法撤離到西邊的安全地點，直到杭立武爭取到支付碼頭工人的現金，同時，英國大使館也要求太古公司提供協助。整起事件「多少補償了頤和園被燒毀一事，無論多麼微不足道，」《曼徹斯特衛報》自鳴得意地寫道。[8]時任太古輪船執行董事的沃倫・施懷雅在他的年度報告中提到救援行動，還提到他每每造訪中國，總會撥出很多時間參觀故宮。但在很大程度上，這件事的風采在當時被其所引發的結果喧賓奪主了。逆流而上三天，在武漢卸貨後，黃埔號返回南京。在南京，她和包括萬通號在內的其他幾艘英國船隻，接受兩艘海軍軍艦的看守，等待被護送到下游。[9]十二月十日，英國領事下令撤離。黃埔號共接收了約二十五名外國公民，包括英國和德國大使館的工作人員，以及中國海關人員，外加三百五十名中國婦孺和八百名中國男性。太古公司和太古輪船的員工及其家人、辦公事家具和文書檔案，甚至是公務車（連同司機和他的家人）也被送上太古輪船的駁船。船隻朝上游航行了三哩，遠離如今吞噬這座城市的戰爭，未想他們卻在十二月十一日，成為日本猛烈砲火蓄意攻擊的目標，日軍向黃埔號開火超過一個小時。第二天，向西再移動了十哩後，又遭到日本戰鬥機和轟炸機的襲擊。英國砲艇用自己的槍砲抵擋下部分猛攻，可是仍有炸彈落在商船上，造成船隻表面的大面積損傷以及極度的恐懼。

為避免遭到進一步攻擊的傷害，這些船隻當晚停泊在河岸的高處，麥肯齊船長命令乘客和船員在隔天的清晨到黃昏之間，躲進岸邊高長的蘆葦叢裡，或附近的村莊尋求庇護。人們一下船，掠奪者立刻衝上這艘棄船。有些掠奪者被麥肯齊和他的船副圍捕，並「妥善處理」，在這之後，船員中的外國成員只要是沒跳進泥溝躲避日軍空襲，就會拿著左輪手槍站崗。但到這個時候，他們已經和日本人取得聯繫，實際攻擊也停止了。在船體進行過一些維修後，而且多數乘客已在海軍護航下回到船上，這些船隻最終於十二月十七日抵達上海。有些船員已經擅離職守。麥肯齊要求對他們寬容以待：「他們有些人已經暫時精神錯亂了，」他總結道。他在可怕的攻擊發生後立即提筆撰寫報告，語氣自然顯得激動。黃埔號遭砲擊時，澳洲記者雷克斯．沃倫（Rex Warren）人就在船上，事件中的英國人在他筆下勇敢無懼，中國人則是倉皇失措。當時餐廳的乘客還在喝湯品，而船上貓狗的嚎叫聲劃破了空氣。[10]這終究是一次令人魂飛魄散的事件。日本回應說，那裡是戰場，受到霧氣的干擾，加上輪船顯然是為了保命刻意排放的黑煙，他們根本看不到旗幟，而且他們奉命擊沉所有敵艦。英國一一駁斥日本的每一種說法。[11]

攻擊事件不止這起。十二月十二日，就在黃埔號遭日軍空襲的同一天，美國砲艦「帕奈號」（Panay）遭蓄意掃射沉沒，造成四人死亡，事件震驚美國。當炸彈落下，水手還擊時，船上眾多記者中的諾曼．艾利（Norman Alley）將整起攻擊事件拍成影像，美國民眾看了這段熱播新聞短片更是震驚。英國砲艦「瓢蟲號」（Ladybird）和「蜜蜂號」（Bee）同樣遭到砲擊和機槍掃射，一名醫務人員慘死。太古和怡和在蕪湖的航班反覆遭到轟炸，倉庫也躲不過，其中一座倉庫被炸彈「直接命中……直穿（塗在屋頂上的）英國國旗」。中立又如何。一艘躉船被燒毀。三名中國僱員證實身亡，八人受傷，兩人失蹤，「據信被炸成碎片。」[12]駁船和拖船的船員叛變，但多數船隻仍繼續航行。公司表達正式抗議，提交索賠聲請，修理費用持續累加之際，還得發放喪家補助金。林賽在太古行樓的屋頂看著上海的中國郊區陷入火海（還從屋頂拍下照片），隨即下樓準備索賠文件。[13]日軍沿著河道長驅直入華中地區，占領北方的青島，轟炸武漢與其他城市。上海公共租界被日本控制的領土包圍，而這個侵略者身為簽署不平等條約的列強之一，無疑也是公共租界管理當局的一分子，雖說它正在和中國交戰。不過，雙方尚未正式宣戰。當勝利的日方開始在不受國際控制的城市地區建立魁儡政府，國民黨游擊隊則是在租界內展開針對日本人的恐怖行動，日本特務也以同樣的手段還以顏色。

一九三七年冬天的可怕混亂是太古公司需要學著應付的新常態，隨著其他城市被征服，這樣的混亂將在未來幾年反覆上演。但有些評論家認為，這只是動盪狀態的延續，他們相信，動盪是當代中國的特徵。他們會這麼問，自清朝覆滅以來的幾十年裡，中國什麼時候穩定過？我們親眼目睹人民起義、軍閥割劇、大規模內戰，然後是國民黨的革命，緊接著是反抗國民黨的叛亂。政治權力，任何權力，似乎都是源於海外進口的槍管子，儘管列強在一九一九到二九年期間實施武器禁運。軍國主義者霸占著政治舞臺；土匪和海盜肆虐陸地、河流和沿岸。「這只是當地人鬧不合，」香港上海匯豐銀行的執行董事語氣挑釁地告訴詩人W．H．奧登（W. H. Auden）和小說家克里斯多福．伊舍伍（Christopher Isherwood），他們是被派去報導戰爭的眾多旅人之二。[14]不同於對一九三一／三二年戰爭的反應，這一次，在中國的英國人鮮少相信日本有任何理由侵犯中國，於是多出於本能地站在中國這邊——在多數照片和影片中，我們看到日軍行動首當其衝的，顯然是中國平民——而那些直言支持日本的少數外國人，往往是拿了豐厚的報酬才這麼說。[15]還有一件事也變得越來越明顯：日本的目標不僅在於收買中國，他們也想要驅逐其他外國利益團體。

對那些反對放棄治外法權和重新修訂條約的人而言，暴力和動亂只是地方性的看法有其用意。修約一事在一九三一年日本侵華後暫緩執行。這個國家的權力支離破碎，而且國民政府堅定主張的合法性和權威性，和眼下似乎根深柢固的無法無天狀態之間存在相當大的差距，這樣的理解才比較接近實情。除了在國民黨控制核心地區之外和軍國主義對抗，在中國東南地區中部，也得壓制一個自稱蘇維埃共和國的國家，同時，中國最大的高原地區由受重創卻也持續壯大中的中國共產黨組織的分散勢力所控制。當然，其他地方也有共產黨的社會運動者，有個紀錄顯示，一九三三年年初，就連太古輪船的吳淞號上都有一個「汽船」支部。一九三四年，受到政府封鎖的壓制、瀕臨崩潰之際的共產黨人開始撤退，展開了他們日後重新定位的「長征」，倖存者以陝西省延安為中心，建設新基地。撤退到延安的其中一人，正是前太古輪船公司的海員、寧波船員之一的朱寶庭（Zhu Baoting）。朱寶庭約莫在一八九三年開始太古輪船的工作，然後自一九一四年起參與工會活動，一九二三年加入共產黨，並領導共產主義的工人運動。[16] 一定還有其他如今披著共產黨紅旗戰鬥的人曾在太古的旗幟下跑船或工作。延安基地因為日軍侵華而免於遭徹底消滅，從那時起，共產黨人將等待屬於他們的時機，節省力氣，壯大自己，任由國民黨去保衛中國，抵禦入侵者。

從某些重要的方面來看，面對這場危機的公司，和面對一九二〇年代中期挑戰的公司是不一樣的。自從一九二〇年先後擔任資深合夥人和董事長後，傑克·施懷雅在一九二七年七月卸任，交棒給兄弟沃倫。「四十年來，我一直把企業的利益置於一切之上」，是時候「把我對經商的興致交給我的共同董事」。[17]這可能對公司的方向沒有直接影響，傑克或許仍持續克制沃倫的暴躁性情，可是這無疑標誌著和約翰・森姆爾時代的重大歷史分野，因為這些人都不曾和老董共事，雖說沃倫總是戴著他父親的表鍊，但不管他怎麼想，他都不是約翰・森姆爾。我們也不清楚公司董事會內部的分工。除了擔任太古集團的董事長，沃倫顯然還專注於經營太古輪船公司，而他的姪子喬克・施懷雅主要負責人事管理。（傑克・施懷雅的小兒子格倫原本被安排和喬克一起在公司工作，卻在一九一五年不幸陣亡，這遲早會對公司管理層的性格造成重大影響，因為這代表沃倫少了一個必須面對的潛在家庭制衡力量。）然而，決策小組辦公室會議決策的集體性，再加上這些決策未留下太多紀錄，讓我們難以評估每位董事的個人貢獻，包括從中國辦公室找來的亨利・威廉・羅伯遜。後來的評估顯示，到了一九二〇年代，傑克理應已不再像過去那樣事必躬親，而是扮演一個非執行董事的角色。出於經商的壓力，傑克早在一九一〇年便辭去艾塞克斯狩獵主辦人的職務，不過他在一九二二年、年滿六十歲時，重拾這個頭銜，顯示那時的他已經不常出現在比利特廣場的辦公桌前了。一九三三年五月去世時，由《艾塞克斯紀事報》（*Essex Chronicle*）上冗長的訃告可知，傑克最感興趣的事，是成為地方社交圈的顯赫人物，反而對中國幾乎隻字未提。此外，他鮮少視察中國或香港，中國或香港也幾乎未曾介紹過他，不過有長達六個月的時間，太古船隻的船身上，皆掛上藍紗帶以為哀悼。[18]

在研究戰爭年代和戰前的太古故事時，太古輪船公司是一個很好的切入點。當然，它的命運向來和中國的命運密不可分，而且因為它餵養藍煙囪的英國和太平洋航線，還有太古的其他代理商，包括經馬尼拉到昆士蘭、雪梨和墨爾本的澳洲東方航運（Australia Oriental Line）以及太古糖的托運人，無疑是和全球經濟的困境交織在一起。一九二九年開始的經濟大蕭條是關鍵的國際挑戰，而第一次世界大戰和美日等國國政所導致的全球運力嚴重過剩，又使航運業的情況雪上加霜。在一定程度上，中國本身的經濟進程未受影響，經濟衰退造成的衝擊都算溫和。[19]對太古輪船打擊最大的是匯率大幅下跌，意味著在中國的收入為太古集團創造的營業額比以前少得多。公司定期在英國購買的補給品價格飆升。薪資匯率保證的成本增加。太古集團旗下所有業務都試圖大幅節省開支，包括一九三一年全面減薪百分之十。當公司在一九二七年實行同樣的措施時，由於船副和輪機員持續罷工，太古輪船公司的運作基本上陷入停頓。不過，這一次沒有人罷工。

撙節措施全面且持續一段時日，比方說，在華外籍員工享有的工作條件和生活品質，比起留在國內更好——英國海員的失業率很高，有些人特地來到亞洲尋求就業機會——於是，公司重新評估起員工漂泊生活中相對美好的那些面向。舉例來說，保留在法蘭克・戴維斯的報告中的滿桌佳肴和長長的菜單都消失了，儘管他們吃的仍非常豐盛。「開源和節流都能創造利潤，」沃倫・施懷雅在一九三一年十二月寫道，菜單當然也得配合公司的節約政策。過去固定提供的霍克酒、波特酒和利口酒的玻璃杯也不例外。這些都不再配給。雪利酒杯或許還在，只是必須畫上一條測量線。上述這些補給品的供應與否無不重新估量，而沃倫對公司營運細節的關注更是令人震驚：取消書信的雙行間距格式，由此節省紙張。藍煙囪也為了回應危機，發起全面的成本削減計畫，在很大程度上，這是藍煙囪得以從一九二九年營收大幅衰退的狀態復甦的因素之一。身為「購買英國貨」的堅定倡導者，愛國的沃倫不得不在一九三〇年改以中國供應商供應多數生產線，儘管有些英國公司能拿出和中國一樣的價格。沃倫．施懷雅一派貴族氣息地指責「無產階級」對工資的要求，以及政府的高額徵稅。[20]倫敦方面對細節的關注，顯示比利特廣場持續緊抓太古公司的業務。一九三四年，新員工莫里斯．史考特（Maurice Scott）抱怨說，公司受到「一群在倫敦的獨裁者指揮」，然後他補充，精確來說，應該是某個特定的獨裁者。這裡指的當然是沃倫．施懷雅。「船是他的船，代理商的房子是他的房子，」林賽寫道；而後林賽又說，「這是他的公司。」林賽深思道，這對個人主動性和公司文化帶來了抑制效果，因為多數員工都希望不要出錯或引起人們的注意。[21]

節約也意味著更新。太古輪船公司持續汰換船隊中的舊船直到一九三五年，但也大幅縮小了船隊的規模。一九三一年，太古輪船僱用了近四百名外國船副和輪機員，以及約九千五百名中國員工，其中六千九百人在一九三一年年底前，都工作於服役中的六十一艘輪船、兩艘柴油機船、十一艘拖船和三十九艘駁船，兩千六百人則在岸上，屬於碼頭、倉庫和其他設施的員工網絡。[22]一九二九至四〇年間，太古建造了十六艘新船，其中九艘出自太古船塢，並有三十七艘船退役，這次削減反映出減少航運噸位（以及消減薪資成本：自一九二九年至三一年尾聲，外籍海事工作人員只剩下六十人）是世界趨勢。多數公司淘汰的船都賣給了拆船商，但有九艘徹底毀損：康定號被大火燒得只剩骨架；宜昌號某次颱風期間在廈門嚴重受損，無法修復（還有兩艘在香港也是被颱風摧毀）；三艘在長江擱淺救不回來，包括服役五十年的南京號。唯有在一九三三年三月，以船員和男性乘客為主的「安東號」（Antung，下水七年）造成人員驚慌失措，導致重大的人命損失。安東號在從汕頭往新加坡的途中，因海面波濤洶湧和能見度極差，於海南島沿岸觸礁，船上載有四百二十名乘客，大多是移工，外加一百一十一名船員。船長下達棄船令後，兩艘救生艇被浪湧傾覆。在太古服務十九年的船長R．H．G．艾許比（R. H. G. Ashby）雖免除了所有事故責任，但他還是辭職了。多虧一名俄國警衛和唯一的英國乘客潛入海底，這才救回他的妻小，否則他們也會葬身海底。意外造成約七十人死亡。[23]無線電這項新技術即時改善了船舶發求救信號和尋求協助的能力。太古輪船的安徽號很快趕到意外現場，卻沒有任何技術能幫助船長在凶險海域航行永保平安，人為失誤、人性弱點和恐懼必然也侵蝕科技的進步。

太古事業面對的主要中國動盪是沿海海盜，海盜在一九二〇年代後半成為令太古頭痛的問題。此外，勞資關係也很不穩定，儘管太古逐步擴大納入公積金計畫的員工資格。一九三七年日本入侵前的幾年是擾攘亂世，但太古輪船整體上仍相當忙碌，維持獲利狀態。在太古董事們前往東方參與和中國國民政府共治的高階政治時，公司經理們努力維持從聯營協議（依然是太古輪船業務的支柱）分配到的比例。在長江上游，公司低頭認輸，並在一九三〇年試行一種合作形式，將船隻轉移到一家新的太古中國航運公司（Taikoo Chinese Navigation Company），原因是：「我們永遠不會得到公平待遇，」沃倫．施懷雅在公司年度股東大會上報告這個布局時聲稱，「除非我們以某種方式與有影響力的當地華人合併。」[24]在長江的這個河段上，地方勢力劉湘的民族主義政治太過強悍，太古輪船不是對手。英國皇家海軍在萬縣交手的正是劉湘，那個屠殺事件的痛苦回憶持續困擾著太古輪船：抵制直到一九三五年才結束。公司另外還吞下兩場敗仗：一場旨在取得對公司船隻的完全控制，另一場旨在逼迫英國政府支付保護船隻不受海盜攻擊的費用。

一九三〇年代初期，對貨物裝卸作業和乘客住宿的控制，一向掌握在船舶買辦的手裡。而隨著太古其他事業正在改革這個權力下放的模型以及買辦管理的隱蔽組織，太古輪船也想要處理這個問題算是滿合理的。船上的情況變得更為緊迫，因為中國乘客不再願意忍受搭乘外國船時受到的惡劣待遇。從歷史角度來看，外國船隻向來設計成滴水不漏的種族隔離空間，這樣的安排得到香港法院的支持，而且社會長期以來對此多所容忍。[25]即便公司開始正視乘客期待有所改變的重要性，並在設計新船時做出相關回應，為身分地位相對複雜的中國乘客做更好的空間安排，過時客艙住宿（以及衛生和餐飲）留下的老舊觀念仍是個問題。於是，我們看到一封仔細琢磨的信件，我們是否應該將頭等艙改名為「一等艙」（並更改票價），再把交誼廳改成頭等艙？中國乘客會選搭交誼廳的船位、享用外國菜色嗎？我們可以安排在同一艙等同時提供中西式菜色嗎？結論是否定的。如果交誼廳（saloon，一九三一年時，是「外國」的委婉說法）成為頭等艙，舊的「中國頭等艙」會不會變成次等艙？如果每個船舶買辦都全權負責該船的交誼廳家具布置（實際上情況的確如此），要如何維持一致性？這些討論讀起來有點讓人摸不著頭緒，但重點是乘客的期望正在發生變化。雖然富有的中國旅行者從某港口移動到另一個港口時，通常會選搭遠洋航班，而不是太古輪船公司的沿岸貨船（主要因為遠洋航班的客艙向來比較好），即使是分別光顧太古輪船一等、二等和三等艙的「中下階層」、「上級工匠」和「苦力」，期待也比過去高。倫敦方面如今指示太古輪船公司接手主導,「好好經營」。[26]

另一個必須應付的問題是乘客服務人員——英文稱teaboys(茶水小弟),或cabine boys(客艙小弟),這些人在殖民世界被通稱為「小弟」,因為在殖民世界裡,男性僕人向來稱為「小弟」——在船上的工作。這些人的職位其實是向船舶買辦買來的。在他們眼中,這份工作等同他們的資產,因此沒有任何公司有資格奪走這份工作——太古輪船不是唯一得面對這個問題的公司。茶水小弟制度的經濟學比表面上看起來複雜。船舶買辦(有償)任命一名乘務長,而乘務長(有償)任命一些助手,助手們再把茶水小弟一職拿來賣錢,一趟來回船票要價二十美元(一份警察報告中指出)。助手們通常會超賣船上茶水小弟的員額。而茶水小弟靠販售茶點、零食、香菸以及索要小費(如果不算敲詐勒索的話)回本,小費總額占實際票價很高的比例。有些買辦會從中分點利潤。[27]茶水小弟顯然迫切需要回本,然後創造利潤,這往往導致與乘客之間不愉快的互動,而在一九三一/三二年和日本交戰的危機期間,每當船隻載有大量難民,便容易導致「肆無忌憚的搶劫」,尤其是對最窮的人。他們也常從事走私鹽、鴉片等活動,事實上,他們會走私任何可能有利可圖又易於攜帶的人事物,包括額外的乘客。在一九三一年「漢陽號」(Hanyang)遭遇海盜的事件後,船上乘客人數經確認為一百零一名:但官方紀錄上只有十五人。其他人躲在船員室。[28]他們都付了搭船的旅費,太古輪船卻未見他們的船票。

走私行為往往明目張膽。武漢海關在一九三四年的報告裡提到,違禁品(被稱為「洋涇浜」)「大多在船隻離開碼頭前幾分鐘,由一群地痞流氓匆忙搬上船」。進入港口時,多數違禁品則是被人從甲板往外扔到等待的接駁小船上。違禁品也經常遭海關扣押，接著航運公司就會接到罰款通知。當一批鴉片準備以上述方式搬運到太古輪船的黃埔號，卻遭海關查獲時，走私者出手反擊，奪回鴉片，強行帶上船。船舶買辦深知，最好不要去質疑幫派滲透，而且也不一定要和幫派保持距離，因為眾所周知，當違禁品被扣押時，他們會出面為返還違禁品說情。誠如某人在一九三一年所言，如果不這樣做，他會有「大麻煩」。船長和大副是否也收受賄賂？沃倫・施懷雅不止一次在討論這方面問題時追問，因為海關罰款日積月累也是個代價高昂的麻煩事。人們對此意見不一，但他們當然也夠聰明，不致過度追究，給自己招惹「大麻煩」。[29]從事這些走私行動的人絕非善類。太古輪船最終對茶水小弟的「威脅」（經常被貼上這樣的標籤）採取行動，而且他們並不孤單，輪船招商局也展開行動了——其中一艘招商局的船載了五百六十四名茶水小弟，但船上只要一百七十名茶水小弟就足夠了。「他們不是來船上工作的，」一九三一年，印度支那輪船公司「塔克烏號」（Tuckwo）的船長在報告中，對船上二百五十名「超額的」茶水小弟發表評論，「他們上船只是為了運送洋涇浜貨」。他們是「一群強勢而且不受管束的人」，沃倫・施懷雅如此描述。[30]

一九三二年十二月，太古輪船採取了初步行動，決定強行將一百二十六名茶水小弟趕下吳淞號，並在一九三三年一月十日這些人試圖再次登船時，呼叫武警前來阻止；武警「有點不客氣地對付」他們。公司於是僱用名額少得多的有薪乘務人員取代茶水小弟。這不但是個重大決定，而且獲益頗豐，至少就吳淞號的收益而言，但僅止於此。對茶水小弟出手，將迫使公司面臨更大的挑戰。吳淞號遭這些被迫離開的茶水小弟訴請賠償，這些人請到中國航運大亨虞洽卿和杜月笙（他經常被描述為「名聞遐爾的法國城居民」、上海青幫的重要人物）出面干預，太古輪船顯然有場硬仗要打了。不同於太古分行的買辦，茶水小弟的就業世界和碼頭幫派的世界徹底交纏。他們仰賴家族網絡和不容打破的保護人關係。[31]對付青幫同樣很危險，譬如在一九三二年三月，青幫收買的上海法租界官員未能保護其利益不受改革派新任總領事傷害：一個星期內，有三個人突然死亡。[32]許多人注意到這個巧合，而這或許正是為了昭告天下。

歷時最久的敵對狀況來自海員工會廣州分會（Canton Branch of the Seamen's Union），因為茶水小弟也是海員工會附屬客艙小弟工會（Cabin Boys' Union）的成員，該工會於一九三三年五月發起罷工和抵制行動，期間一度靠某著名廣州餐廳的「歌女」募資而得以延續，太古輪船直到十一月才解決這個問題，並為此付出巨大代價。事實上，引發罷工的核心議題是公司動用武力，以及一名茶水小弟失蹤，而且據稱已經身亡。儘管太古輪船不得不放棄將他們從現有船隊免職的計畫，同時也必須將吳淞號的茶水小弟重新發配到其他地方，但至少太古確實採取了一項政策：新船只僱用支薪乘務人員。[33]一九三七年十二月的黃埔號上當然也有茶水小弟。他們在當下火速離去可謂「空襲的唯一禮物」，麥肯齊船長報告說：「他們是最先逃的人，在恐懼中表現得像老鼠一樣，」他寫道，船副們一點也不想念這些不受他們歡迎的工作人員。太古輪船的運作在一九三三年後，仍繼續受到它對自家船隻遭遇力不從心的控制所影響。而他們也受到外部威脅的影響：海盜活動。

萬縣事件後，太古輪船公司九次遭海盜掠奪。有鑑於一九三〇年代多數時間，船隊幾乎達到運輸量上限，航運平均每口海盜事件發生率極低，人命損失也很少（九起事件共造成三人死亡）。但國際社會對中國土匪、綁架和海盜的新聞很感興趣，太古在維護聲譽的成本之外，同時承擔了為船隻加裝海盜防禦系統的成本——用護欄和閘門將船員及艦橋和船上的其他部分隔離開來，這對公司重新拿回船上運作的控制權一點幫助也沒有——以及支付武裝海盜警衛隊的費用。

如下兩起事件尤其突出。一九三三年三月，南昌號在遼河口等待引水人指揮船隻進入牛莊時遭到攻擊。儘管有強大的武裝防禦，五名英國船員仍遭海盜擄走，其中一人在海盜要求贖金時獲釋，其他人先後被關押在一艘環境惡劣的中式帆船和河口三角洲長達五個月，擄人者則在這段期間討價還價他們滿意的贖金。最終，太古公司自掏腰包兩萬美元支付強盜的「開銷」——並補償英國領事館為海盜購買的鴉片款項（海盜要求的太古糖比較不會讓企業良心過不去）——而滿洲國魁儡政府另外提供約三萬美元左右。「最苦的是，」這些人獲釋時告訴記者，「五個月來……我們能喝的只有水」。「匪徒提供我們三蒸酒，可是我們不太喜歡那酒看起來的樣子。」大副克利福・強森（Clifford Johnson）用紙片和菸盒潦草寫下的日記於次年出版，透露更多他們漫長又乏味的囚禁生活中，偶發的恐懼事件，尤其是來了第二組海盜從原本的人馬手中搶走他們的危險時刻。[34]「這樣的生活再多過一陣子，」被囚禁四個月後，他們寫道，「我們就沒救了……我們現在的座右銘是快、快。」[35]獲釋後，強森和二管輪阿奇・布魯（Archie Blue）到英國廣播公司（BBC）講述他們的經歷，而強森的書在書店則和《中國海岸的吸血鬼》（*Vampires of the China*

Coast）、《中國海的海盜》（*Corsairs of the China Seas*）以及「廷科」帕利（'Tinko' Pawley）囚禁回憶錄《我的盜匪東道主》（*My Bandit Hosts*）等書名淺顯易懂的作品陳列在一起。不出所料，傑克・施懷雅的訃告指出，他公司的「船常因為在中國水域遭遇海盜而在公司內部引發關注」。[36]但對公司造成最大傷害的一次，是一九三五年一月，通州號從上海經煙臺駛往天津途中遭挾持。這不僅是這艘船第二次遇上海盜，也是六個月內第二艘被海盜擄獲的船，雪上加霜的是，這艘船上載著七十三名準備返回煙臺寄宿學校的英國學童。又失去一艘船，和失去七十三個孩子，兩者完全不能相提並論。

船上人員全數歷劫歸來，毫髮無傷，除了曾經差點被布爾什維克行刑隊槍斃的俄國警衛伊萬・蒂霍米羅夫（Ivan Tikhomiroff）：他在最初的搶占行動中受傷後，又遭人冷血地補上兩槍。此後，船長詹姆斯・斯馬特（James Smart）和船員決定攜手保護乘客。消息傳到上海時，家中六個孩子有四個在船上的一名母親可能比多數人更加絕望：早先，她的丈夫被共產黨抓走，已經囚禁三個月了。[37]船上有些孩子似乎很享受整個經歷，因為他們獲釋後在香港度過一段美好的時光（比許多傳教團孩子如常的生活更加縱樂），而且雖然他們珍貴的手表和零用錢被搶走了，但綁架者同樣大方地餵他們吃貨倉裡的橘子。「學校裡的點心可沒這麼棒，」一名記者不假思索地說道。但「此刻的太古根本惡名昭彰」，柯林・史考特二月自香港如此描述道：「每個父母親和海軍恨不得我們刀刀見血。」[38]海盜是廣東人（這本身應該是一條線索），他們在船離開上海時占領船隻，把航道轉向南方，往香港東北的大亞灣（湃亞士灣〔Bias Bay〕），重新粉刷煙囪和船名，偽裝成日本船，然後就以這個姿態理所當然地駛過幾艘船，包括一艘正在搜尋她、卻為她的外觀所矇騙的英國軍艦。為掩蓋自身疏失，海軍軍官直言批評太古輪船公司，柯林·史考特禁不住反省道，

從表面上看，我們被批評的確是自找的。當時是中國農曆新年，他們收到警告說，有一夥人的目的地是上海，一群南方人正在北上，通州號載有二十五萬美元的鈔票，和七十五名〔原文如此〕孩童。護欄的門沒有上鎖。[39]

這夥人北上時，甚至是乘坐太古輪船的岳州號。

安全方面的任何疏失想必是常態，但不能說這就是事件的起因：這些幫派規模龐大，組織嚴密，而且果斷。公司曾調查航運辦公室是否有線人洩密協助海盜的可能性，甚至懷疑有沒有可能是青幫在背後協助對付公司的行動（因此，公司曾短暫考慮與杜月笙達成某種協議，以確保船隻不受攻擊：「太危險了，不能認真考慮，」史考特總結道）。但公司承認，安裝安全護欄永遠不會讓船變得安全。封鎖樓梯間只是代表海盜得從船的外頭爬到上層甲板。要求乘客從指定商店或銀行取得擔保的制度也以失敗告終。船上有十八名中國乘客並未攜帶這些證件上船，反而有十二名海盜持有證件。他們看起來都很體面，而且有文件可以佐證。其中一人甚至吹噓說，他之前參加一九二五年占領行動時，就搭過這艘船了。[40]所幸鈔票還沒有簽名，無法使用。孩子們為《字

林西報》撰寫關於他們這次冒險的文章。「我並沒有想像中那麼害怕，」一個男孩寫道，「因為他們讓我失望。我原本以為他們會有刀，一臉邪惡的樣子，但他們只是看起來很兇狠，根本沒有刀。」這種童話喜劇的畫面，以及橘子的香氣和顏色，無法抹滅遭殺害的蒂霍米羅夫躺在甲板上的不幸畫面。[41]

蒂霍米羅夫是船上六名警衛之一（所有警衛的薪水都由太古輪船支付），當時他擔任打擊海盜的警衛已有一年。而公司其實是不堪抗議壓力才支薪給這些警衛的。沃倫．施懷雅似乎是持續要求英國政府出資贊助對抗海盜保護措施的的主要提倡者。在辛亥革命這緊要關頭，曾部署皇家海軍到一些於中國海域航行的商船上，一九二六／二七年的嚴冬，香港總督甚至下令突襲大亞灣的「海盜基地」，英國駐華外交官對此驚恐不已，未想自一九二八年起，太古輪船等公司紛紛收到通知說，他們未來得自掏腰包繼續保護自己，且新政策從一九三〇年三月起生效。[42]自備警衛帶來了額外的問題，無論誰為他們買單——一度有人大膽猜測也許是船舶買辦，因為他們曾在一九三〇年被要求支付警衛每趟來回行程的高額費用。即便讓六個人擠到一個房間，他們也占用了原本可容納付費乘客的空間。應該挑選什麼國籍的人擔任警衛？印度人？不可靠，公司禁不住抱怨道。中國人？但從警隊調來的香港華人覺得，寧波廚師煮的飯菜難以下嚥。英國警佐不願意和下屬同處一室，還指望能在交誼廳的餐桌上用餐。一九二九年，四名來自威海衛英租界的中國警察遭解職：一個收受賭徒的賄賂，一個身體不適，第三個怠忽職守成性，第四個釋放了一名囚犯。一般而言，人們擔心中國人可能會與海盜「聯手」。在其他航運公司，有些中國警衛的確如此。[43]

「身為英國子民，」一九三二年公司律師在上訴法院辯稱，太古輪船公司「有資格接受王室保護……不受海盜行為侵害，而不用付費」。律師追溯英國史上的各種先例，說明王室對忠誠子民應負的責任。未想史古頓大法官（Lord Justice Scrutton）——本身就是船東之子——在上訴法庭駁回此案，「我想，亨利二世若聽到他的房客去到中國，身為國王的他竟得跟隨房客的腳步，並提供保護，他想必會很驚訝。」王室「沒有法律義務……為海外的英國子民提供軍事保護」。[44]沃倫．施懷雅個人的獨特觀點其實是，既然已經繳納所得稅，英國子民不該為得到保護而被扒兩層皮，只不過，這並非律師在法庭提出的論述。訴訟費昂貴，公司敗訴。值得注意的是，該判決與一八四二年後英國在中國發展出的文化完全背道而馳，而這文化如今正在分崩離析。英國居民早已習慣要求（並獲得）英國領事的服務、國家派來砲艦，以及在中國得到法院的支持。他們認為，那是權利；在上海的一些人，談及自身地位總自認為是「與生俱來的權利」，需要加以捍衛。

儘管承擔了僱用警衛的費用，太古輪船在一九三〇年代仍持續獲利。[45]但一九三七年八月後中國衝突擴大，為公司帶來了一系列後勤挑戰。最突發的狀況是長江水域關閉。一九三七年八月十二日，國民黨對鎮江以下流域下禁航令，讓封鎖船沉沒，在江陰製造攔河壩。其中一艘正是太古舊輪船「湖北號」（Hupeh），一九〇一年建造於格里諾克，一九三一年出售。河上障礙導致公司的十二艘船受困上游，而五艘太古內河船隊則在河上障礙之外。當江陰被日本占領，並在距海口三百哩處的蕪湖建立新攔河壩後，僅黃浦號和萬通號成功撤出。安然度過這幾個月需要能隨機應變，因為保持中立在一定程度上是太古輪船航班得以繼續運作的原因。一開始，太古經營從上海到長江北岸海門的高獲利航線，從那裡開始，再以駁船沿著一百哩長的三角洲溪流運送乘客和貨物，再和受困的輪船會合。在封鎖區內，船隻生意「興隆」，載著人和植物西進，越來越深入。日本的推進將終結「溪流貿易」，卻也沒有對中立運輸公司重新開放河道。[46]一九三九年，河輪行駛的時間僅占其可行駛時間的五分之一。廣州陷落後，沿海船隊開始為尚未被占領的中國運送貨物到法屬印度支那的海防（Haiphong），直到這個蓬勃發展的貿易因日本轟炸法屬印度支那通往中國的鐵路而大受打擊，然後又在日本施壓下受到法國的阻撓。即便如此，高運費代表中日戰爭的這些年，整體而言，對太古輪船是獲利非常好的時期。

一九三九年九月的歐戰爆發逐漸對公司在中國的營運造成各方面的影響，尤其是國家對載運噸位和船舶的徵用，再來是英國人事的日益短缺，特別是輪機員。一九三九年十月，公司管理層遷往東方，落腳在香港。這次，辦公室人員和船員沒有像一九一四年那樣一窩蜂地志願從軍，只是太古輪船公司多數海員都是皇家海軍後備人員，而且很快就被徵召了。太古第一艘被徵用的船是內燃機船「安順號」（Anshun）。一九三九年八月下旬，行駛新加坡往香港固定路線的安順號接獲命令。起初，她到獅子山共和國擔任補給船近一年。一百名中國船員拒絕離開新加坡，太古輪船不得不把他們遣返回國。畢竟，這不是他們的戰爭。[47]在新加坡為安順號找海員很容易，但太古輪船在中國配置資深船員的人手時遇到了比較多困難。僱用的「中國輪機員超過我們原先設想的人數」，沃倫．施懷雅在一九四〇年六月報告說（公司在一九三〇年代緩慢地引進職級較低的中國船副和輪機員），然後在一九四一年寫說，「名單上出現我們應該會很高興不用看到的名字。」英國在一九四〇年法國淪陷後岌岌可危的地位，以及對歐洲局勢感同深受的擔憂，也意味著日本在各戰線對英國造成很大壓力。英國反應前後不一，有時又對日本人綏靖——例如在一九四〇年七月將重慶唯一的陸路補給線（滇緬公路）關閉三個月——只是讓日本人變得更膽大妄為，並疏遠國民黨政府。[48]

一九四〇年七月，沃倫．施懷雅遠渡太平洋來面對這一切，這是六年來董事們最後一次「到東方」視察。「我離開英格蘭，」他在一封私人信中寫道，「只是為了保險起見，萬一倫敦被圍困，通訊中斷，而且一切都炸毀了，至少有一名家族董事倖免於難，而在東方的人員也不至於得完全靠自己。」[49]總的來說，他極度厭惡首相溫斯頓．邱吉爾（Winston Churchill，經常諷刺地稱他為「領袖」〔the Duce，按：特指義大利法西斯政黨的領導人，帶有貶義〕）以及英國堅持參戰到底的精神——在很大程度上，這是受到他的反猶主義影響——很可能促使他只想遠離倫敦。他永遠不會改變這些觀點。沃倫．施懷雅明確表態支持蔣介石也非比尋常，他在這次一九四〇年的訪問中，在重慶遇到這個「偉人」，「大概是當今世界上最偉大的人」，他寫道。只有少數人和他持相同觀點，即使是自一九三〇年代初起便積極與國民黨政府接觸的公司，內部也罕見有人持此觀點。沃倫．施懷雅走的是精簡的董事會視察路線——降落上海，南下香港，飛往重慶，返回上海和天津，隨後在十二月返回英國。他在報告上說，在重慶，公司「辦公室裡只有兩個人，在地球的盡頭相互陪伴」，三艘受困船隻遭擱置，她們太大了，只能在高水位時航行，而且只有（昂貴的）菜籽油能用，一艘往返萬縣，另一艘往返敘府（Suifu），可是「往返都沒什麼貨物」。中國各地的太古員工都「硬起來了」，主要是為了對抗英國領事（總之，在他眼中不過是一群「蹩腳的兔子」），試圖逼迫領事強制執行英國人的權利，可惜戰爭幾乎無視他們的這些權利。自中國開戰初期以來，太古正是以「最頑固的誓死抗日者」吸引著英國公眾的注意，並宣揚反擊日本的必要，就算他在旅途中未有所學，至少他在腦中證實了衝突擴大只是遲早的事。

回國後，沃倫．施懷雅目睹了滿目瘡痍的倫敦，因為當時正值倫敦大轟炸（the Blitz）。從八月到十二月底，英國共遭到九十六次重大空襲，甚至曾遭連續轟炸五十七個晚上。前三個月有超過一萬八千名平民喪生。年底的惡劣天氣減緩空襲節奏，但距離軍事行動結束還要好一陣子。[50]儘管藍煙囪的營運受到嚴重限制，太古集團及其公司在一九四〇年十二月仍運作如常。英國在那一週宣布向蔣介石政府提供一千萬英鎊貸款，一半用於穩定貨幣，一半用於購買英國原物料，這對在中國的英國投資者是重大新聞。在中國的上海英僑舉行了本季的最後一次的競賽集會，獵紙競賽的郊遊活動節奏特別快，群眾也踴躍參與英國婦女協會（British Women's Association）的聖誕募資市集。在此同時，敵對的特工部門和幫派——兩者通常很難區分——在被占領城市的街道上謀殺或綁架他們的敵人，高昂物價和迅速上漲的生活成本，讓上海的外國管理當局更加焦慮。香港的氣氛比較和緩，不過食品價格也是問題，於是政府出手管制稻米批發價格。儘管如此，天祥洋行（Dodwells）仍有辦法販售麥克尤恩的紅標啤酒：「英國人買英國貨，」以酗酒的愛國人士為目標的廣告詞如此寫道。一名專欄作家無視輕重緩急，在談論航運事務時稱「根本沒人在乎內河航運條約特權被剝奪的賠償問題」——對英國長江流域船隻的限制——以及「英國航運公司因此承擔的沉重財務負擔」。[51]

十二個月後，一切都變了。簡言之，太古集團失去了大部分資產，多數員工被囚禁，倫敦方面幾乎已經沒有事業可以管理。只剩一家分行在重慶營業（幾乎是中國境內唯一還在營運的英國企業），以及兩艘還掛著公司旗幟的船。因戰爭而被分散的公司董事，通信毫無任何實質內容可言：沒有什麼需要討論或決定的公務。在戰爭最黑暗的時刻，太古集團的資產似乎只剩現金，鉅額盈餘使太古本身感到焦慮，銀行裡的四百萬英鎊幾乎找不到任何投資標的，而且還有更多金流即將匯入帳戶。

第一個重大損失其實是在皎潔月光下被燒毀的比利特廣場辦公室。一九四一年五月十日星期六晚上的空襲，是倫敦截至目前為止最嚴重的空襲之一——五百五十架飛機——引發了兩千多起火災，其中一起火災吞噬了辦公室所在的大樓。當晚有近兩千五百人遇難，許多歷史建築付之一炬或嚴重損壞，包括國會所在的西敏宮、大英博物館和西敏寺。「倫敦深陷火海，」一名記者報導說。翌日，喬克・施懷雅環顧四周寫道，他「自伊普爾戰役之後，就沒見過這樣的殘敗景象」。那天，當春陽溫暖這座城市之際，喬克穿過冒著煙的「廢墟」尋找替代辦公空間——應急計畫因為預定替代空間遭空襲摧毀而取消——怡和洋行主動為太古提供了幾天的臨時空間。太古也在尋找打字機，但有什麼可寫的呢？「我們所有的帳簿和文件都沒了，」他（提筆）寫道，更糟糕的是，「上週六霍特辦公室的大火燒毀了副本，本週一史考特在格里諾克辦公室的備份也燒掉了。」[52]碼頭辦公室十天前就被擊中，所以存放在那裡的航運紀錄也已化成灰。而當他們打開充分冷卻後保險庫，發現為數驚人的文件安然無羔。不過，公司仍向東方下達指令，要求提供過往和當前重要資料的副本。倫敦方面表示，請寄來長江流域圖、一份最新的《中國名人錄》（*Who's Who in China*）、《太古航運公報》（*Taikoo Shipping Gazette*）、中國郵局分布圖、太古輪船公司員工服務條款手冊、洋行名冊、員工照片和輪船航程表。倖存的文書紀錄被運到鄉間；有些文件被認為是多餘的，則賣給紙漿製造廠。在香港和上海，打字員敲打著副本，複製船舶和房屋的平面圖，還展開一項使用微型照相術複製房產紀錄、測量圖和繪圖的專案。[53]隨著中國和日本之間的緊張情勢升溫，起初為填補倫敦空白的任務，變成寄送重要文件副本到中國和香港以外地區以利保存的一場競賽。有些文件運到倫敦，有些運到新加坡的香港上海匯豐銀行，還有一些運到雪梨。

只可惜時間不夠了。檔案重建文件夾的最後一份歸檔文件，是首席簿記員艾伯特．佛瑞爾（**Albert Farrell**）用香港太古洋行辦公紙寫下的短信，日期為一九四一年十二月二十三日。他向倫敦報告，十九箱來自天津、煙臺和上海的文件，「已隨我們出發。」佛瑞爾大概是在搭乘漢陽號前往西澳的弗里曼特爾（**Fremantle**）時寫下這封短信，並於一九四二年一月三日拖著安順號抵達弗里曼特爾，同一時間還有另外四艘太古的船抵港。戰爭已來到太平洋。

十二月七日，日本襲擊珍珠港的前一天，太古旗下十八艘船被命令駛離香港的港口，她們和其他英國船在港口集合，接著駛往新加坡。船上載著一些太古公司的員工及其眷屬，以及其他取得船票的人。一群太古船塢員工和他們的家人登上「江蘇號」（Kiangsu）。香港政府已下令撤離船隻。當日本人襲擊檀香山，以及馬來亞與香港同時遭到攻擊的消息傳到他們耳裡後，這些船隻決定自行尋求安全避風港，有些繼續前往新加坡，其餘則轉往馬尼拉。[54]在這些船航行之際，除了受困的船隻和半失業的重慶代理商，太古在中國的所有企業都落入日本人的手裡。

繼續前往馬尼拉的船隻剛抵達就遭到轟炸，因為日本人正在轟炸這座城市。最早在太平洋戰爭中傷亡的職員是三十九歲的達靈頓人（Darlington）：十二月十日，一枚炸彈在安順號艦橋附近爆炸，導致大副詹姆斯・威廉・貝內特（James William Bennett）喪命。他的兒子也在船上。另一枚炸彈又炸死了一些乘客。「太原號」（Taiyuan）也被擊中，所幸沒有造成人員傷亡，雲南號則是躲過從兩側落下的炸彈，死裡逃生。有六艘船離開馬尼拉轉往弗里曼特爾，其他則是前往泗水（Sourabaya）。最終，被徵用的太原號在荷蘭當局的命令下於泗水刻意自沉。其餘船隻大多成功橫渡印度洋，來到可倫坡（Colombo），只有江蘇號在逃難時遭到攔截，被帶往廈門。戰爭爆發時，有四艘停靠在新加坡船隻早已被國家徵用。一艘最後選擇自沉，另一艘在作戰時被擊沉——一九四二年三月四日，試圖從巴達維亞前往弗里曼特爾的「安慶號」（Anking）上，八名職員喪生，船上兩百五十名乘客僅少數倖存——當新加坡這座島嶼淪陷後，被改造成彈藥倉庫的武昌號接獲逃離指令。儘管遭到轟炸，鍋爐工擅離職守，而且又有一枚衝著她來的魚雷從船底掠過，安慶號劫後餘生，載著大量難民抵達可倫坡。

在上海、宜昌、香港、曼谷的海上，日本總計拘押了十八艘太古船隻。有些自沉的船被敵人修復，並恢復航行。通洲號現在改名為「新北京號」（Hsin Peking），她在從天津逃向安全地點的途中遭到攔截，於是船長詹姆斯．斯馬特試圖讓船隻擱淺，以免遭敵軍利用。不幸的是，他把船開到一處非常柔軟的沙洲。在盛怒之下，俘虜他的人重重地羞辱他一番。而船隻完好無損。[55]這些船裡，只有三艘從戰事中全身而退。其他被徵用的船隊也傳出人員傷亡。十二月二十三日，被徵用不過四個月的「順天號」（Shuntien）在東地中海遭魚雷擊沉。三十一名船員陣亡，不過船上總共有近九百人，大多是軸心國的戰俘，他們只有十分之一的人活下來，其中又有一些在幾個小時後隨著救援船被擊沉而喪命。最年輕的遇難者是船上一名十五歲的傭人「失蹤，推定已溺斃」，是太古輪船二十三名不幸喪命的船員之一。[56]一九四二年的公司報告指出，二十八艘倖存但沒落入敵營的船隻行駛在西非和東非、波斯灣、地中海和印度，報告最後總結道，「除了非常間接的消息，我們和我們的船幾乎是完全失聯」。[57]

香港的第一次空襲就在太古船隊離港隔天。空襲開始後，香港殖民地展開為期三週徒勞無功的艱困防衛。香港沒有防空系統；沒有機會得到增援；根本沒有任何勝算。日本幾乎是第一時間便突破了英國在新界的防線。受到幫派與內賊引發的後方騷亂影響，英國人從九龍撤退，並在十二月十三日棄守九龍半島。日本在兩次試圖取得敵方投降遭拒後，於十二月十八日在靠近太古船塢的地方登島，英國隨後在聖誕節當天投降。接下來幾天，日軍到處滋事作亂。多數在戰役中罹難的公司員工都是香港義勇軍的成員，但也有人擔任空襲的警報員。英國傷亡人數為二十二人，而不幸喪命的中國員工更多。船塢警衛W．H．波納（W.H. Bonner）和其他三十多人在十二月二十二日投降後被殺。店員弗朗西斯．豪爾赫（Francis Jorge）從這場大屠殺現場逃離，可惜當晚仍傷重不治。十八歲職員唐納．布萊克曼（Donald Blackman）在平安夜受傷，他和其他人一起被送去接受治療，卻在途中遇害。港口工程師J．J．雅各伯茲（J. J. Jacobs）在他所搭乘的大型汽艇遭到砲擊後傷重不治。另一名警衛A．J．海丁頓（A. J. Headington）被機關槍擊斃。太古糖廠資深工頭威廉．史尼斯（William Sneath）在鰂魚涌被人以軍刀刺死。太古船塢的倉庫管理員亨利．丘（Henry Kew）是被俘的義勇軍之一。他在一九四二年九月喪命：載著戰俘前往日本的「里斯本丸」（Lisbon Maru）被美國潛艇的魚雷擊中後，日本以機槍掃射倖存者，然後任憑他們在海上溺斃。[58]

戰爭帶來了恐懼和痛苦，但對多數人來說，戰爭只是讓生活變得乏味，有損他們的健康，消磨他們的意志。羅伯茲是香港殖民地陷落時的大班。一九四二年七月，他從赤柱的平民集中營描述道，有一百五十五名員工及其眷屬和他一起被關在營地（眷屬僅占總人數的一半，因為他們早在一九四〇年六月就聽從政府的命令撤離到澳洲）。「一切都還算好。」有十個人被當作戰俘關押。「我們的身體相當健康，」太古船塢的會計弗雷德里克．艾略特（Frederick Elliott）在一九四三年三月寫信給被關在另一個營地的公司代理主管亞瑟．迪恩：「但我們比以前消瘦。」在戰爭結束前，他們的身形沒有變得更圓潤。一九四二年，有些員工在盟軍和日本的六次交換平民行動中重拾自由，但多數人只能靜待戰爭結束。多數，但不是全部。對上海的倉庫管理員傑克．康德

（Jack Conder）而言，拘留為他帶來的是個人的困擾。康德是逃離集中營的唯一一名員工，但根據他給日本集中營指揮官的信件所述，他之所以逃跑，是為了「遠離我的妻子」。他表示，哪怕在逃跑時被擊中，也能幫助他實現這個目的。[59]目前為止，即使香港集中營的條件也遠勝於東南亞，但這都是相對的。營養不良導致健康狀況不佳，再加上幾乎無法獲得醫治，終究是奪走了一些人的性命。唯一死於暴力的是在太古洋行客運部工作的艾琳．古爾林（Aileen Guerin）。一九四五年一月，古爾林因為某架美國飛機誤炸集中營而葬身赤柱。[60]

相比之下，戰爭在上海帶來了一種難以言喻的一往如昔。當日本宣布即將占領公共租界時，幾乎沒有引發任何暴力事件。只有一艘英國砲艇拒絕投降，遭到攻擊並被擊沉，為維護皇家海軍的榮譽犧牲了至少六條性命。工部局的英國董事很快就會辭職，但上海公共租界的工部局繼續管理租界，同盟國的國民繼續為工部局工作，其中多數人在崗位上又多待了一年三個月。除了油漆廠和船隻，太古起初沒有受到太多騷擾，但公司動用現金的管道遭到嚴格限制。在接下來十個月的多數時間裡，社內員工一直努力想辦法支付退休金給所有中國雇員，最終在一月底支付了其中一千一百人的退休金，另外還發放預聘金給數十人，預期公司終究會恢復正常運作，最後在日本航運公司「東洋汽船會社」（亞瑟．迪恩滿懷希望地報告說，東洋汽船會社的經理「是我的舊識」）於一九四二年八月十五日接管辦公室後正式停業。保險業務由東京海上火災保險公司（Tokyo Marine & Fire Insurance Co.）接管，油漆公司則是被「大日本」（Dai Nippon）收購。[61]許多中國籍和中立國籍的員工持續為這些企業服務，基本上，他們在許多不同的城市應付占領或半占領的日常政治已有一段時間了，而且將會持續下去。英國員工編列出一份上海的資產和負債清單，並把其他被占領分行發送的類似數據，添加到清單上。只要能力許可，迪恩都會寄送資金給香港的羅伯茲，據稱他表示，「拜戶外生活、挖掘和騎自行車所賜，全體員工比以往任何時候都更健康……他每天都去辦公室，一副健康快樂的樣子」。「多數人似乎都因為飲食減量和含酒精飲料短缺變得精神奕奕，」天津分行經理愛德華・麥克拉倫（Edward McLaren）在一九四二年九月的報告中表示。天津的英國租界也被和平地占領了。和其他港口一樣，麥克拉倫和天津分行的職員在意識到眼前情況後，立即燒毀決策小組會議的文件，而他們能做的也就這些了。[62] 八月，公司股份被日本的大倉貿易公司（Okura Trading Company）收購，大倉貿易主動表示，願意讓重要英國員工留在薪資單上，不是為了借用他們的才能，而是要為他們提供一點收入。[63]

上海的「海澤伍德」（Hazelwood）大班花園別墅，變成基本上由湯姆・林賽經營的員工及眷屬宿舍。網球場變成菜園。同盟國的平民直到一九四三年二月和三月才被關進上海的集中營，不過，在一九四二年十一月，日軍已圍捕可能造成安全威脅的人，把他們關進海防路前美國海軍陸戰隊軍營改建的集中營。在日本憲兵隊管理的大橋集中營（Bridge House detention centre）關押三個月後，飢腸轆轆、一身汙穢的亞瑟・迪恩在一九四三年二月被轉往海防路的營地（對於他被帶走的原因，更是令人大惑不解）。被帶走一個星期後，他遭到嚴刑拷打——荼毒他的人「對這些過程的熱中無庸置疑」，他在後來曾如此描述。不過，除了這次可怕的事件，他未再受到更多傷害。一九四三年三月，天津的太古員工被關押在山東省濰縣某前傳教士院落。有些在江蘇號上被捕的太古船塢員工後來也成為海防路營地的戰俘。在那裡，他們廣受歡迎，因為他們擁有多數上海英國人欠缺的實用技能。為營地樂隊製作樂器的他們，更是備受愛戴。「太古在那裡的名聲非常響亮，」亞瑟·迪恩後來表示。[64]

誠如亞瑟·迪恩後來所言，雖然說在集中營內要掌握珍珠港事件後長達一年的可怕戰事，以及盟軍在阿拉曼（El Alamein）和史達林格勒（Stalingrad）取得勝利，逐漸扭轉戰況等消息並不是難事，但被關押的員工們「滿腦子想的都是我們自己的日常問題」。這些問題包括：飢餓、擠沙丁魚般的生活——一名評論員報導，「太古船塢的工人」顯然很享受捧著飯碗，和殖民地總檢察長阿索爾·麥克奎格爵士（Sir Atholl MacGregor）一起排隊的今昔反差——個人和家庭的煩惱、沒有外界消息、沒有酒。倫敦收到來自東方的消息，不出戰爭爆發後幾個月的報導、事情結束的來龍去脈和個別人士的經歷——什麼人在哪裡，什麼人過得不太好，什麼人臨危不撓。倫敦開始發行公司即時通訊，轉達東方傳來的最新消息。最近上任的職員道森·夸克（Dawson Kwauk）把上海辦事處的綜合報告藏在行李箱裡，經武漢與長沙偷偷帶到重慶。[65]戰事前線的管理仍然很鬆懈，而且最大的危險不是日本或魁儡政府的軍隊，而是盜匪。國際紅十字會為一些人送信，新聞也以這種方式傳回倫敦。倫敦因而掌握了很多在中國發生的事，但似乎都不是好消息。

比較不為人知的事實是，日本竭力讓香港的太古船塢盡速恢復運作。撤離前拆除的計畫趕不上日軍占領的速度，即便船塢已遭洗劫一空。於是日本人宣布，如果被帶走的資材沒有回到太古船塢，而是在當地被發現，日軍絕不會放過相關人等。這個警告收到了預期的效果。部門負責人被調走後，新任經理們就開始招募員工回到工作崗位。船塢的設備交給三井公司（Mitsui）管理，於是三井派來一批日本管理人員和技術人員。儘管設備並不齊全，我們從情報資料中看到許多關於正在進行中的工作的詳細說明。完成已部分建造完成的船隻；也著手建造許多新船，包括一九四四年七月二十一日在太古船塢正式下水、長三百呎的四千噸「黑海丸」（Heikai Maru）。[66] 我們不清楚當船滑下船臺時，三井任命的經理有沒有宣揚日本戰時企業在東方的優點；但假設他這麼做也是很合理的事。在一九四三年一月太古船塢新船下水典禮的日本新聞短片中，就有一個人在揮舞旗幟的群眾面前大讚日本戰時企業。在戰爭中損壞或被刻意鑿沉的船隻已修復，一九四四年七月，在局勢比較平和的時候專事往返廣州（英籍船長及機輪長等，便是被軟禁於此）的太古輪船佛山號也在船塢等待維修。太古船塢四千五百名中國員工中，有很多人之後會對這艘船非常熟悉。不過，有些人離開香港去到了澳門。喬克．施懷雅後來遇到七名在澳門度過占領時期的員工，而且他們「一直處於飢餓狀態」，也並未得到太古公司的任何資助。[67]

由香港大學理學教授林睿．萊德（Lindsay Ride）創辦、以殖民地北部為基地的情報及救援組織「英軍服務團」（British Army Aid Group，簡稱ＢＡＡＧ）也試圖從殖民地將熟練的船塢工人偷渡離開，不讓敵人利用他們的才能，然後想辦法把他們帶到印度的英國造船廠。截至一九四二年九月，這個「友善方案」（mateys scheme）大概從香港的造船廠帶了一百七十五人離開殖民地，很多人甚至攜帶家眷及被扶養者，為ＢＡＡＧ帶來後勤的挑戰，因為他們需要住宿和食物

——他們的孩子也需要上學（英國軍隊在中國令人意想不到的行動之一）。[68]逃離並不難，但他們無法在這個不安全的危急關頭丟下家人離開，以致BAAG的支援更是難上加難。此外，日本當時禁止這些人從工作崗位辭職，因此若有人離開，都是在倉促的情況下離開。正是這些單純的日常生活現實讓多數人留在香港，多數人持續工作著。另一方面，日方也試圖在一九四四年的春天，從同一群勞動人口招募前往新加坡和馬來亞造船廠的員工（作為反擊，英國人又重啟「友善方案」）。這猶如拐彎抹角地稱讚太古等英國公司自太古船塢和糖廠成立以來，這幾十年來在香港培養出一群專業的勞動人口。這些人簡直炙手可熱。一九四五年一月美國空襲——屬於大舉進攻南海的「感恩行動」（Operation Gratitude）——造成船塢中國員工和工人的「重大」性命損失。船塢是此次攻擊行動的重要目標，碼頭也受到「嚴重破壞」。[69]

不同於在中國按部就班的合法收購，香港的英國公司是戰利品，唯銀行除外。香港的銀行向來管理有序，英國銀行家繼續留在崗位上。香港太古辦事處已被日本海軍占領，改作他們的軍事總部。所有公司文件「在投降後立即」「被掃到街上」。大班羅伯茲在事發後不久嘗試進入辦事處，卻遭到日軍毫不客氣的驅逐。[70]沒有員工拿到薪酬。然而，糖廠重啟運作，持續生產直到一九四四年五月。早些時候，經理羅伊・菲利普斯（Roy Philips）被問及他和資深員工是否願意就地復工，日方並承諾，生產出的糖將只會送往上海或留在本地，但他們拒絕了，並認為這「可能是吸引中國雇員回廠的誘餌」。一九四四年年底，太古糖廠的機械設備全被搬光，包括動力設備，這是回收廢金屬運動的一部分，而這次運動也消溶掉太古辦公室的一戰青銅紀念碑。[71]

未落入日本天羅地網的太古輪船海員繼續航行，如今他們為戰爭運輸部（Ministry of War Transport）賣命。太古僅剩的船裡，三艘被敵軍砲火擊毀（另外還有一艘在一九四四年四月的孟買港爆炸意外中燒毀）。一九四二年四月上旬在孟加拉灣，二十艘船在兩天內相繼被擊沉，「新疆號」（Sinkiang）就是其中之一。這些船接獲命令，在沒有軍艦護航的情況下，自行前往印度西岸。藍煙囪也損失了兩艘船。船隻在「近距離射程」範圍內遭砲擊，無線電操作員史丹利．索爾特（Stanley Salt）回憶道，無能為力的他無奈地關上無線電室的門，坐等死神降臨。負傷的索爾特在海上載浮載沉，大難不死，親眼目睹新疆號「幾乎呈直角」下沉。生還者僅十八人；死者包括太古輪船的三名輪機員、大副和三副、四名消防員、一名水手和一名廚師。剛抵達印度的高登．坎伯在醫院為受傷的中國海員翻譯。一年後，「嘉應號」（Kaying）在利比亞海岸被魚雷擊中。一九四三年七月二日，海口號在留尼旺島（Reunion）北邊遭遇了同樣的命運。她在九十秒內沒入海裡；共造成一百四十七人死亡。[72]

英國商船海員在戰時的傷亡數字很高。約五萬人慘遭殺害，在某種程度上，這比任何軍團的比例都要高。英國船約有四分之一的海員是亞洲人。他們主要是印度人和中國人，約一萬到兩萬名中國人在戰爭期間為英國效力。超過一千多人陣亡。[73]他們不是受害者，他們對盟軍戰爭成果的貢獻也不是被動的。中國海員在系統性歧視和不平等待遇的職場文化中，積極保護自身的利益。一九四二年二月和三月，隸屬遭日本扣押船隻的船員開始返回上海，來到太古的辦事處領取工資。「浙江號」（Chekiang）的船員引發「極大的麻煩」，甚至驚動法租界警察出面。該船在十二月八日從天津往上海途中在海上被攔截。雙方透過安排船員前往塘沽或寧波解決了爭端。一九四二年一月，他們在弗里曼特爾保護自身利益，時值重慶號的船員和船長因工資與戰爭風險福利發生爭執——起初，受僱於英國公司的中國海員並沒有這些福利。他們要求預支工資。奈史密斯船長（Captain Naismith）召集他們，並命令船員回去工作，否則就要砍他們一天的工資。面對奈史密斯眼中的叛亂行為，三百名澳洲士兵登上港口內的六艘太古輪船，把這些造反的船員帶走。發生在重慶號上的這一場爭執，導致士兵殺死兩個人。所有船員都被拘留，其中有些人被拘留了六星期（六十二名桀驁不馴的重慶號船員，以及另外兩百八十八名船員，最終被組成一支勞動連〔Labour Company〕大軍，在澳洲北部「看不見也聽不見海」的地方工作）：只要她還在弗里曼特爾，就沒有任何中國船員在這艘船上工作。[74]

中國海員在英國爭取自身的權利。一九四二年四月，兩百名群眾聚集在利物浦，他們為提高工資和戰爭風險津貼而罷工，因為他們的工資僅英國海員的三分之一。罷工引發船上和船下的諸多騷動，還引來中國大使館的干預，最後英中正式簽訂協議，顯著改善中國海員的薪資條款，可惜並未得到和英國海員相等的待遇。在美國港口擅離英國船的船員因而大幅增加，導致不少衝突。[75]這些人當中有很多曾為太古效力，或是經太古辦公室招募而加入藍煙囪船隊。他們經常遭受譴責為不講道理、暴力和動不動就驚恐失措，至今仍然承受著大眾媒體對他們吸食鴉片和賭博的監督壓力——稍微翻閱戰時利物浦的報刊就會發現——他們連維護作為海員的基本權利都得經過艱苦奮鬥。時任中國駐利物浦副領事的羅孝建（Kenneth Lo）試著在報紙文章中重塑他們的形象，這些文章後來收錄在一本論文集裡，文中描述混亂、描述英雄主義、耐力和精疲力盡，用有血有肉的人性臉孔，遮掩依舊太過強勢的荒謬誇張論述。[76]

與此同時，在戰時倫敦，當部分太古員工受困在殘酷劇場裡時，兩名董事竟即興演出一齣令人匪夷所思的荒謬劇。沃倫和喬克是一對不願彼此交談的叔姪。事實上，他們幾乎避不見面。戰爭期間，沒有太多的業務需要處理，每週只要花一天時間就可以處理完公司的重要公務，基本上都是關於為員工及其家屬提供資助之類的事。但即使坐在同一個辦公室，他們的房間也隔著一堵沉默的厚牆。沃倫明確表示，他對喬克沒有信心，除非後者得到公司其他董事的積極支持——他稱之為「壓艙物」——但這些人都在其他地方忙到不可開交：約翰．施懷雅．史考特在英格蘭西南部的軍隊裡；柯林．史考特在格里諾克的史考特造船廠。喬克本人大部分時間都花在（他擔任主席的）倫敦碼頭勞工委員會（Dock Labour Board）。兩人不約而同地向約翰．馬森（John Masson）傾訴心裡話。馬森早在一九二二年抵達中國後便是可能的董事人選，並於一九三九年七月正式加入董事會。戰爭期間，馬森在孟買為戰爭運輸部效勞，將航運專業技術從太古等公司轉移到戰時的英國政府。（相對來說，這對重慶也方便，而且方便太古監督在孟買的臨時辦公室。）「我們的合夥人之間的關係沒有改善，」約翰．施懷雅．史考特在一九四三年夏末寫信給馬森，「而且他們幾乎無法和彼此做合理或客觀的討論。」[77]

除了令人費神的高層關係，公司還面臨兩個截然不同的緊迫問題。首先，資金過剩，其次，公司的前途充滿不確定性。而後者簡直就是對戰爭進程的毫無把握，因為在一九四二年年底過後，人們無疑便是這麼看待這場戰爭的。一九四三年一月，因為亞洲殖民地被日本擊潰導致地位徹底動搖的英國政府，和中國簽訂了新的「友好條約」（Friendship Treaty，按：正式名稱為《中英關於取消英國在華治外法權及處理有關特權條約》，簡稱《中英平等新約》）。治外法權被廢除，英國放棄對海關的控制權，歸還剩餘的租界。在新約列出的各種措施中，附件條款2g決定廢除內河航行權。內河貿易終止。更重要的是，一九四三年八月一日，英國把占領的上海公共租界一併歸還給中國——也就是移交給傀儡政府。儘管在一九三〇年代中國發生變化時，公司竭力從修辭上和實質上融入中國，太古集團管理的所有公司仍然仰賴十九世紀簽署的諸多條約所支撐的不對稱權力關係。如今英國簽約放棄這些特權，而且僅以空洞言詞和善意取而代之：一份「面面俱到的現代條約」將在和平到來的六個月內簽署。「我不太明白國家能從中得到什麼，」約翰・施懷雅・史考特寫道，差點就稱之為一份不平等條約了。沃倫・施懷雅認為：「情況還可能更糟。」一九四三年八月，他和喬克爭取到和宋子文在倫敦的三十分鐘會面，可惜雙方的討論非常空泛籠統。[78]這一切都使從事規畫成為一種考驗。

先回到現金的問題。[79]現金實在是太多了，單單損失賠償就有五十萬英鎊的現金，卻無處可花用。喬克和沃倫端坐在比利特廣場最初沒有窗戶的新辦公室（牆上還有巨幅鯽魚涌照片裝飾），思忖著該如何處理手中的現金。他們有股權，但獲利不佳。於是太古集團索性收購農場，最初主要集中在柴郡，把注意力回歸到家族的故鄉，並得到仍住在柴郡的威廉・赫德遜・施懷雅後裔的幫助。截至一九四二年十月，太古集團已買下八座莊園。但這只是權宜之計。他們一度考慮在阿比西尼亞（Abyssinia，按：衣索比亞的舊名）展開某種營運計畫（有工廠需要管理，一名記者報導道）；又或者應該搬到印度。但印度已經有太多歷史悠久的公司，太古在那裡會有「施展的空間」嗎？他們可以購買另一間航運公司嗎？但有什麼商品可以買呢？長遠來看，擁有這些船值得嗎？他們對亞洲貿易有沒有好處？沒有。他們有「一堆銀彈——數百萬的銀彈」，沃倫・施懷雅在一九四四年五月潦草寫道，「等到可以拿來花用的時候，在這個國家以外將變得不值一文，在國內也不值多少了。」

他們真心不知道事態會如何發展，其他公司也一樣。怡和洋行的董事約翰・凱瑟克（John Keswick）在一九四二年七月曾向喬克・施懷雅提議，一起承擔那沮喪的未來。約翰・凱瑟克曾在中國領導「特別行動執行處」（SOE）的突擊隊訓練，但後來遭驅逐出境——因為國民黨認為，英國勢力在自由中國的企圖很可疑，而他們也的確是為了收復香港，以及支持英國利益的重建在做準備。[80]他提出將兩家集團的業務相互結合的想法，某種「融合」，一個全新的「中國貿易商聯盟」（China Traders Association），將主要的英國利益集團全都囊括到一間「民族企業」之下；由於規模太過龐大，不致被輕易忽視，而且可能更容易得到英國官方的支持。從歷史的角度來看，太古和怡和的聯盟會是一次相當大膽的嘗試。誠如凱瑟克本人後來所說的，「由於一些愚蠢的傳統，兩家公司的員工幾乎不認識」。這引發了一連串的討論，而後討論逐漸發展成將太古和怡和的員工，以及半島東方和其他公司的員工集結到「遠東航運代理」（Far Eastern Shipping Agencies）這個聯合組織之下的預備措施。該組織將在戰爭後期接手管理上述公司被國家徵用的船隻，直到戰爭運輸部解除徵用。

既然未來讓人摸不著頭緒，那麼，也許回顧過去會有幫助。有些無事可做的好人或許能提供協助。一九四三年年底，法蘭克．D．羅伯茲（Frank D. Roberts，一九四一年十二月七日隨太古船隊離開時，為香港的代理二當家）結束在印度和重慶的工作，返回英國接受治療。「不稍微利用他被迫休息的時間很可惜，」約翰．馬森在給沃倫．施懷雅的信中寫道。何不請他翻閱從前決策小組會議的書信集，為你抄寫重要的信件，「為你曾經承諾自己要在閒暇時間完成的任務」——撰寫公司歷史。[81]不錯的主意，沃倫認為，公司歷史「應該被寫出來」，而且他自己確實一直在翻閱檔案。沃倫．施懷雅渴望避居到他的蘇格蘭莊園，可惜莊園被關閉了，於是他放空自我，沉浸在遐想中：當辦公室的門關上時，那就先打烊，不如，我就走進鄉間或十八世紀，安詳地瀏覽。此時的沃倫．施懷雅正積極計畫他的離場。一九四二年需要處理的事情少之又少，這「絕對是一個人做就可以的工作」，喬克說道，等到一九四三年九月，他的叔叔「肯定曾說過，他在戰後就會立刻離開」。他們對此按部就班進行了詳細討論，有時顯然非常痛苦，最終喬克．施懷雅在一九四六年尾聲接替他成為董事長。沃倫．施懷雅對這個決定有所抗拒，但即使他「厭倦了破壞，或只是恢復被破壞的東西的價值」，即使在一九四四年晚期，因為和平更上一層樓，公司終於得以著手訂購新船和訂定計畫，他擔任公司負責人的任期即將結束。

一九四四年有一部分的討論是關於招聘新董事。喬克．施懷雅和約翰．施懷雅．史考特堅持，新任董事應該來自公司內部。「我認為，我們僅剩的最後一項資產，」約翰．施懷雅．史考特在面對沃倫・施懷雅反對從內部尋找人選時寫道，「是我們的東方員工的素質……我們必須把他們找回來，而且要讓他們自信滿滿。如果我們讓他們進到董事會，將會激勵他們所有人。」除了關心令人意志消沉的日軍占領和囚禁，這也關係到對持續延攬大學畢業生進公司的長期影響。太古在亞洲的多名經理抱怨說，他們需要航運職員，公司卻派給他們大學畢業生——上海辦公室在一九三六年建議，起碼讓這兩種人的人數維持在一比一——倫敦駁斥說，現在只有「念過大學的人」才會考慮到海外（這反映出儘管景氣蕭條，一九三〇年代英國的生活水準整體上有所提高）。[82]這些人也是對倫敦「獨裁者」發火的人，而且如果不給他們發揮才能的空間，他們可能不會留下來。[83]討論暫告一段落，下一位董事將是東方員工出身的查爾斯・科林伍德・羅伯茲。而在一九四四年，他仍被關在赤柱集中營。

但他很快就能離開集中營了。誠如戰爭的爆發，隨著廣島和長崎遭摧毀，亞洲戰場於一九四五年的八月殘酷地驟然劃下句點。八月十五日，日本投降，兩個星期後英軍抵達，在此期間，羅伯茲擬草了一封要寄回倫敦的信，他抓住這個機會，搶著使用打字機。霎時間，赤柱的經理們各個敲打起鍵盤，提交報告給他們在倫敦的主管。他和糖廠與船塢的經理都已離開赤柱的集中營，他們想看看能不能評估鰂魚涌設施的狀況，順便和他們能找得到的每個太古員工談談。他描述道，鰂魚涌所在地區「滿目瘡痍——百分之五十到七十五的房屋都荒廢了，剩下的人口連戰前的十分之一都不到」，而且「大部分的人根本一貧如洗」。到了糖廠和船塢後，被拆除的機器零件在他們眼前散落一地。在赤柱，「中國人蜂擁而至。」逃往中國內地的莫氏家族又和太古重新聯繫上。負責太古糖廠銷售的Ｃ・Ｐ・汪（C. P. Wong）在戰爭結束的頭一天就現身了，他從占領之初便暗中保持聯繫，家人則是早已被他送到澳門。只是戰爭對殖民地的中國員工造成極大傷亡。先不論轟炸，營養不良和飢餓就奪去許多年長男子的性命，這無疑又是被扶養者的另一次打擊。

一封電報從比利特廣場經重慶傳到東方：「**指引所有被釋放的被拘留者／占用所有資產最迫切需要的落角處／祝好運**。」而他們一有機會也就依電報行事了。七月初，亞瑟・迪恩連同多數囚友從上海的海防路集中營，被移送到北京西南方的豐臺。日本投降後不久，在先後抵達日本占領區的美國先遣部隊的堅持下，他們被送回城市。他們還被說服用飛機將「重要人士」從囚禁地送回各個城市。迪恩搭機回到上海，途經天津時遇到愛德華・麥克拉倫，他和另外十八名公司經理從濰縣集中營要飛回上海。早在迪恩回到上海前，會計主任羅伯・查洛納（Robert Chaloner）已經走出龍華集中營——就在日本投降的兩天後——緊接著直奔外灘的辦公室，他「建議」當時住在裡面的房客離開，而且要盡快。三名男子從營地直奔藍煙囪貨倉碼頭，他們的旅程由ＯＳＫ（大阪商船會社辦事處）安排，在船上，日本經理「強調他們迫切希望能盡快妥善移交碼頭設施」。儘管混亂情況一一出現，而且很快就沒有可以足以流通的貨幣，同時國民黨游擊隊就在附近（他們顯然有自己的理由），可是一切至少還井然有序地運作。湯姆・林賽迅速重拾ＤＯＣＡ的工作，和取代通敵者的新任地方官員溝通，也和游擊隊指揮官溝通，請他們提供安全保護。[84]

各地的中國員工如雨後春筍般出現。報告指出，天津「輕而易舉就能立刻召集到一批實力堅強的老員工」。有些人在戰爭期間過得不錯。「小羅」「賺了不少，他經營股票經紀生意，還投資了一間（賺錢的）電影院」，麥克拉倫在報告中寫道。太古在廈門的中國經理邱士丁（Qiu Shiding，音譯）——自一九四三年起擔任經理，在此之前擔任太古的廈門買辦十六年——創立了一間賺錢的公司，「申請許可，經營往返中國自由地區的中式帆船。」有些人過得沒那麼好，而且即便小羅和其他天津員工在公司的日本顧問自殺後，一度和憲兵隊關係緊張。自殺事件引起警方的懷疑，花了點時間才逐漸緩和。八月十七日，資深人員在上海會見查洛納（湯姆．林賽的「男僕」帶著「一瓶相當不錯的威士忌」出現在浦東的集中營）。[85]不久後，不受歡迎的房客一一離開，雖然很多建築物的家具和設備都被搬走了，但員工開始進駐，列出存貨清單，還對辦事處缺少什麼、剩下什麼、需要做什麼，一一做了初步評估。

在香港，一小群員工很快進駐船塢；收回佛山號：她「維護不善」，不過還能航行，幾乎是旋即展開了戰後的第一趟旅程，從澳門載回糧食補給，戰時避走葡萄牙殖民地的數千人中，有一部分人也一併搭船回來。而這艘有十二年歷史的船在戰爭期間一直很活躍，航運這邊的公司商業活動也比其他活動更容易重啟。行樓沒有文件檔案，船塢也沒有。江蘇號上的重要檔案在被沒收後憑空消失。員工「都渴望，」羅伯茲寫道，「在重建偉大『太古』的過程中盡一己之力，我希望重建後的太古能成為對那些逝者最好的紀念碑。」[86]無論是肉體或靈魂，在歷經風霜後說出這番話需要勇氣。在過去三年半的時間裡，他們沒有任何消息，對世界的變化一無所知。他們不知道這家公司是否還有未來，不知道它的未來會在哪裡，不知道他們在公司裡是否有前途可言。他們只能假設他們仍有一席之地，一如遭拘禁的香港殖民地大臣富蘭克林·詹遜（Franklin Gimson）——他在八月二十六日殖民地還沒有英國軍隊進駐時，大膽宣布恢復英國統治，並由他出任代理總督——鼓起勇氣，昂首闊步地重返他們失去的所有領土。

第十二章　飛逃

湯姆．林賽在太古輪船經理楊少南（Yang Xiaonan）上海家中的柔軟床鋪和鬆軟、乾淨的床單之間，度過他重獲自由的第一個晚上。未想，此後似乎只剩下馬毛、粗麻布和灰燼，因為戰後的中國挫敗，又毫無頭緒，而他們的戰時盟友好像視英國人為敵人，幾乎不比對日本人好，同樣以對待敵人的方式對待他們及其利益集團。在日本戰敗後的十年裡，對於太古旗下公司，我們可以聚焦在三個主題上：修復，僅部分順利進行；調適，因為一九四九年中國共產黨奪取政權後，東亞地區天翻地覆的政治重組而提早結束；以及創新，公司的未來取決於此。這主要也是一個重新定位的故事，因為一九五五年的時候，太古集團及其公司被迫撤出中國，他們的資產先是遭扣押，然後在一個「通盤」協議中拱手交出：意思是，拿全部資產抵全部負債。這根本不是公平的交換，但這是他們能協商出的最好的結果。在新政權實施的革命合法性底下，這個精心安排的交換在法律上無懈可擊。一九六〇年代和七〇年代，公司業務和利益重心的重新導向，源於一九四五年中國民族主義的勝利、國民黨作為同盟國成員在一九四五年的慘勝以及他們在中國大陸的政權於一九五〇年徹底毀滅。

第二次世界大戰造就的國家，遠比其所破壞的多更多。隨著衝突接近尾聲，殖民地開始以武裝力量或赤手空拳和道德力量，為自身爭取自由：菲律賓、印度、緬甸，然後是印尼和中南半島，很快都將在形式上擺脫歐美的帝國勢力。[1]日本帝國瓦解了。中國收回了一九三一年被占領的滿洲國東北三省，並首次將臺灣島納入版圖。中國也以其他方式得到自我的肯定。自從一九一九年到凡爾賽參加和談的中國代表蒙受恥辱以來，對尊嚴和認可的追尋一直是中國政治的一大特徵，而這次中國人似乎嚐到了勝利的果實。中國是戰爭期間的同盟國四巨頭之一，最起碼在象徵意義和政治修辭方面獲得重視，它是聯合國的創始會員國，並獲得安理會常任理事國席位；它主導國際法院和聯合國教科文組織的成立。中國絕不會再回到過去幾十年的治外法權時代，或過去一個世紀的局部屈服、主權矮化歲月。而同樣的民族主義情操，加上森嚴紀律和重要卻也曖昧模糊的蘇聯援助，推動了國民政府死對頭（中國共產黨及其武裝力量）在東北快速成長。一九四九年十月，中國共產黨宣布成立中華人民共和國。多數人認為，這些共產黨人會像一九二七年後的國民黨那樣務實和講理，但事實不然，於是太古公司逃離中國，這著實是相當出人意料的發展。

在世界各地，隨著難民返回家園，或尋覓新的家園，或因國界重劃或對少數民族的驅逐而被迫另尋安身之地，再加上軍隊解除動員，二戰衝突的結束，首先導致了一波大規模的人口移動。在亞洲戰區，一九四五年八月，單單日本就有六百五十萬人身處本土之外，其中三百萬是平民。遷移在和平消息傳來後立即展開。日本投降後，第一批啟程的船隻從澳門帶了約一萬名備感不安的難民回到香港（光是一趟就有六十名葡萄牙銀行職員），還有數以萬計逃往殖民地北方的人開始迅速回流。[2]當太古公司的員工重返如常的生活時——約翰·馬森在一九四五年十一月從印度回來——公司本身的難民、僑民漸漸從各個戰地和避難地返回。太古的許多船隻及其人員一樣散落在各地，這些船隻也一一歸還——例如一九四六年二月，在香港有六艘船解除徵用——或查出下落：有一艘拖船位於韓國，擱淺在東部港市三陟市（Samcheok）外頭，是下落比較令人意想不到的一艘。[3]珍珠港事件爆發之際，逃離香港的艦隊上的三百多名中國海員，在一九四五年十二月隨著從澳洲載運被遣返回國者的船隻歸來。戰爭還把一些人永遠地拋向新生活，雖然公司履行了自認對員工應盡的義務，但也過濾掉一些出於各種原因不再希望留住的人。對於在澳洲找到暫時庇護的一小群中國海員而言，他們在那裡展開的新生活受到威脅，因為澳洲再一次實施具有攻擊性的移民制度，並於一九四九年七月通過《戰時難民遣返法案》，戰時的團結氛圍，隨風而逝。該法案鎖定的諸多對象就包括前太古輪船船員。太古輪船的「山西號」（Shansi）和合營的「常德號」（Changte）都保留了空間給被驅逐出境者。[4]

一九四六年二月，喬克·施懷雅搭機抵達香港，而約翰·史考特因中途被轉機往仰光（戰後的運輸有時就是難以掌控），稍晚才和喬克碰頭。喬克預計要花四個月的時間來釐清當前的情況，評估新的政治大環境和挑戰，以及公司財產、設備和員工的狀況。他和前集中營拘留者會面，有些人剛登上郵輪準備返鄉休養病假：湯姆·林賽看起來「變老了，但很硬朗」；這個人「身體還好，但精神顯得很疲憊」；那個人「很累但健康」。大體上，喬克認為，香港「重新出發的速度超乎我們的期望」，「看守階段顯然是結束了」，但船塢比他原先想像的「更糟」。[5]糖廠是個空殼，設備只能拿去當廢金屬報銷。然而，上海才是真正的爛攤子：

> 法律與秩序幾乎蕩然無存，因為沒有煤，所以沒有火，也沒有熱水，市政服務凋蔽，生活費用驚人又荒唐，眼前勞工問題發展為民變和暴動的風險一直揮之不去。[6]

儘管華北有壓倒性的美國軍民勢力，天津和青島也還有一些喘息的空間，「就像回到被遺忘的昔日世界，」他這麼想。[7]儘管喬克寫信要求倫敦寄新的「創辦人照片」來替換，把照片重新掛上主要分行的辦公室，但喬克並不是為了沉緬過去而來的，只是過去的確浮現在他的腦海，他和約翰·史考特也在北上天津的途中聊著公司的過去。[8]然而，公司正試圖收回其資產，卻發現自己槓上了中國充滿自信且不可動搖的新民族主義，而且成為他們的眼中釘。

惱怒的喬克寫道，中國人散發出一種難搞的氣息，「嚴重大頭症，因為身為四巨頭就自以為了不起。」[9]無奈中國已經成為這場戰爭的勝利者之一，在全球秩序制度裡是屬於前段班的亞洲獨立國家。這在現代歷史上是前所未見的，而且千真萬確，不單單是好聽話而已。實際上，這意味著外國人過去習慣的一切都改變了：沒有治外法權；沒有英國在華最高法院；沒有上海公共租界工部局——工部局的工作人員離開集中營後，大多離開了中國，走向不確定的未來，海關單位裡的外國人持續減少。太古輪船公司無法收復其內河航線，也收不回沿海的生意（源自香港的貿易除外）。一九四三年「友好條約」承諾的「全面的現代」商業協議尚未開始談判，事實上，雙方也永遠不會有簽署的一天。首先，討論遭推遲，後續也只是斷斷續續地進行直到一九四八年，而計畫趕不上變化的命運降臨。與此同時，外國公司仍可以在中國的法律約束下繼續經營，或試著繼續下去。除了這些變化之外，還有其他的。新的上海當局沒有興趣恢復外國勢力的實體象徵：只有外灘的協約國戰爭紀念碑基座倖存下來，紀念碑上的金屬加工都被拔除了——上面刻著太古洋行一戰陣亡者的名字——再多的遊說也說不動市政府准許修復紀念碑。上海賽馬會的場地一直舉辦狩獵集會直到戰爭後期，但現在市政府接管了，也代表這一切終將成為過去。

但這並不能改變占有的事實，至少改變不了對財產的所有權，也沒有改變外國勢力持續存在的事實：太古公司就在那裡，據臨河的位置，配備有浮橋、躉船、碼頭和倉庫，它有船隻、拖船和駁船，還有員工和客戶。因此，像太古和怡和這樣的公司會試著用更間接的方式，以恢復他們過去在航運業的角色，是完全可以理解的，更何況，人們也都同意，中國的交通運輸基礎設施急需修復。輪船招商局已接管日本的所有航運資產，卻也發現，移動貨物是一項難以克服的挑戰，等到成功克服這項挑戰時，又發現任何沿長江移動的一切，都會被軍隊徵用。航運的基礎陳舊且體質不佳。那麼，如果中國的公司不能讓這個國家再次動起來，何不讓外國的公司試試看呢？太古輪船和怡和旗下的印度支那輪船，利用行政院善後救濟總署（China National Relief and Rehabilitation Agency，ＣＮＲＲＡ是聯合國善後救濟總署〔ＵＮＲＲＡ〕的中國伙伴，因為在主權完整的中國，ＵＮＲＲＡ不被允許獨立作業）這個媒介來行動。[10] 一九四五年十月，行政院善後救濟總署透過英國戰爭運輸部和遠東船務代理（FESA）——這兩個機構當初是為管理被徵用的英國船隻而設立，後者在很大程度上是由喬克・施懷雅促成的——和太古輪船和印度支那輪船兩間公司簽訂合約，將物資從上海運往北部和內河口岸。絕大部分帳單是在倫敦用英鎊支付的，這可是很重要的額外好處，因為貨幣管制導致把錢移出中國變得非常棘手。公司則把這些航程多餘的運力提供給商業貨物和乘客。因此太古輪船也迅速開始大眾運輸，並對大眾進行宣傳。一九四六年一月，經過確認，這份合約將再多簽六個月，前提是在FESA於當年三月二日停業後，這些公司將自行管理船隻，並發放特許權。三月中旬，CNRRA使用掛有外國國旗船隻的許可又延長了一年，至一九四七年三月為止。[11]

情況看起來比以往更加樂觀，因為這些公司越是以這種方式重新融入中國的航運基礎設施，有關恢復其沿海與內陸交通合法地位的英國論點肯定就越有分量。但這些舉措引發了有組織的公眾持續抗議，尤其是來自中國航運組織工會的抗議，於是特許權在一九四六年七月突然被撤銷。太古與怡和在英文和中文的報紙刊登一則公告，辯稱他們只是在幫助中國在戰後恢復：他們擁有船隻、基礎設施和相關經驗。就在爭論沒完沒了的持續之際，中國評論員則回應，他們所說的一點也不假。但爭論的癥結點不是中國的需要，而是中國的主權，是關於栽培這個國家自身的能力。那比中國需要什麼重要得多。當然，對生活優渥的商人大亨而言，說這些慷慨激昂的話既不費力氣又對他們自己有利，因為當民族主義為他們提供商業機會時，人人都是民族主義者（喬克和其他人都認為，管理CNRRA的中國商業利益集團查覺到CNRRA是很賺錢的生意，而他們也確實猜對了），即便如此，中國努力不懈奮鬥了八年，並付出如此可怕的代價，為的就是主權和獨立。數以百萬計死在日本人手裡，並不是為了有一天能讓英國國旗再次飄揚於長江。太古員工在有必要重新理解中國政治方面的慢半拍一點也不稀奇。有些人無法嚴肅對待；很多人從未多花心思去想；另有其他人只是忙於喧鬧的日常生活和工作，向來和周圍的世界隔絕，根本沒發現事情已發生變化。他們也許失去了上海的賽馬場，在武漢失去了漢口俱樂部，但他們在滙豐銀行的兩個房間裡重啟一間俱樂部，在私人民宅的房間裡重新開張賽馬俱樂部，還設計了一個九洞高爾夫球場。他們在舊世界的廢墟中即興創作，因為武漢在戰時慘遭轟炸，可是他們似乎真的不明白，那個世界如今有多麼破敗不堪。[12]

太古輪船公司的第二條中國戰略，令人回想起它過去在萬縣災難發生後，對長江上游的立場，以及一九三〇年代中期與宋子文的談話，還有戰時關於組建英中合資公司的討論。太古輪船嘗試過英中合資這個主意，但在這一點上，公司也遇到了政治阻力。由公司友人、金融家陳光甫領導的上海商業儲蓄銀行退出關於合資的討論；就連太古洋行多年的中國合作伙伴和員工也明確表示，他們不能參與。公司制訂了一項計畫，包括任命中國人為董事，但先由太古公司出資，直到政治環境讓真正的中國股東感到放心，而願意出資為止。[13]這個務實的詭計太明顯了，對顯然可能成為合資公司的中國合作伙伴而言非常危險。當時太古輪船能做的，只有在獲得官方許可的情況下提供包船服務——舉例來說，一九四八年十二月，官方准許它為經濟合作總署（Economic Cooperation Administration，美國援助陷入困境的國民黨政權的新工具）載運貨物到一些指定的內河及沿海商埠，為期八個月。濟南號和南昌號是從香港向上海緊急運送稻米的其中兩艘船。[14]同時，佛山號繼續穿梭在香港和廣州之間，隨著中國經濟持續衰退和為了阻止強勢貨幣外流而實施進口禁令，海關在船員巧妙製作的藏匿處發現走私貨物而開罰的罰金也越來越高。一九四七年二月，約翰．馬森說，廣州「沒有合法貿易」，而中國海軍砲艇就是最大的走私者。但被罰款的卻是太古輪船公司：到了一九四八年，太古被罰款的金額已經累積到一萬英鎊。[15]面對這種種的限制，加上身處高張的民族主義氛圍之中，太古輪船公司的經理們只能按情勢即興發揮；但這不是長久之計。

公司更進一步發現，自己背負著無法再使用或肯定無法利用自身盈利的河濱房產。沒錯，外交官說，你的所有權不受影響；然而，根據一九四三年簽訂的條約，你們使用這些房產從事河運的權利已經失效。[16]在南京、武漢和九江（「我們自己的苦力」可能在背後煽動收回房產，因為這樣他們才有工作）的房產則未被歸還。在廈門，曾經備受爭議的填海地行樓如今為市政府社會局租用，用來經營茶店。在天津，他們有兩個租戶：支付租金的美國海軍陸戰隊，以及絕對沒付租金的敵方財產管理局（Enemy Property Administration）。在浦東，空地被非法占住者占據，眼下成了一處永久的村莊。為什麼，有關當局問道，你們把船停靠在公司財產範圍之外，你們無權使用這些船隻。但這些是躉船，公司回應說，它們不會移動，是充當浮動倉庫和碼頭使用。而這批重新利用的船竟讓公司輕易便惹上麻煩，因為她們說到底還是船，而且是停泊在河上的船，她們不應該出現在河上。除了包船服務，CNRRA在上海、武漢、鎮江、蕪湖和長沙租用太古的空間也是不錯的收入來源，只是這一切，未來都會隨CNRRA工作的結束而消失。一九四七年四月，為了從公司的房地產網絡獲取一些回報，並保持活躍，期待日後可能重獲部分的戰前航運權，而且，同樣重要的是，為了保護公司未使用或未充分利用的財產遭到徵用，公司賣掉太古輪船的岸上業務，改成立一間新的全資子公司，即太古碼頭及倉庫公司（Taikoo Wharf and Godown Company）。這間公司將在倫敦註冊，同時向中國當局進行登記。一九四八年六月一日正式成立後，太古輪船設施接受「外部」業務的新政策立刻開始執行。[17]時間寶貴，一刻都不能浪費。

同時，中國政府航政局要求公司處理長沙號（一九四五年觸雷）和吳淞號（一九四三年十一月「被轟炸、擱淺，然後燒毀」），或放棄對這些失事船隻的索賠，理由是，這些船危及長江航運。然後是公司在上海黃浦江上游龍華錨地的「荒廢船隻」「墳場」。喬克·施懷雅於一九四八年三月視察龍華錨地，在那裡發現船齡三十九歲的山西號。山西號是如今破爛不堪、成就不了任何盈利事業的太古船塢所建造的第一艘太古輪船公司輪船，如今已經生鏽，不適合任何盈利用途。全部都將成為廢鐵；在長江賣命奮鬥七十年的心血在龍華腐爛，河流網域和不對外貿易口岸的基礎設施停滯不前。一九四六年四月四日，喬克·施懷雅和約翰·史考特與香港上海滙豐銀行的經理和海關總稅務司李度（Lester Little）共進晚餐。「愁雲慘霧；所有人都認為我們在中國正一步步邁向災難，」李度在他的日記中寫道。喬克在餐敘隔天寫道，不知道在加拿大可能有什麼機會。[18]

但倫敦的董事們在一九四六年前往中國是為了尋找新的可能性，不是低頭認輸，然後撤退到北美。在珍珠港事件爆發之前的某個尷尬時期，他們曾經討論的其中一個可能性是：重拾貿易買賣。太古集團早在半個多世紀前就放棄了貿易業務：茶葉、棉花和啤酒是經營最久的三項貿易，但都已經結束了。而眼前，貿易看起來是針對中國新時代調整公司基礎設施的最佳選擇。「什麼東西在這裡都賣得動，」人在香港的喬克寫道。他們知道自身缺乏所需的具體專業知識，儘管他們在一九三〇年代曾經小規模地重拾舊業，代理麥克萊恩沃森（Maclaine Watson）的原糖，但即使在當時，銷售部門就是一個格格不入、「不受重視的」業務，接著在一九四一年，太古曾考慮收購任何一家已經在中國營運的公司，例如天祥洋行。一九四五年和一九四六年，董事們也討論了其他選項，並於一九四六年年初與在巴達維亞長期耕耘的麥克萊恩沃森公司（Maclaine, Watson and Co.）合夥，成立聯合代理公司「太古貿易有限公司」（Swire & Maclaine）。麥克萊恩沃森自太古糖廠成立以來，就與太古糖廠有密切的聯繫，在爪哇擔任藍煙囪的代理，並與太古輪船公司合作。太古輪船於一九四六年將精力轉向荷屬東印度群島，作為對中國航線關閉的部分回應。[19]新公司於一九四六年在香港註冊，以香港、中國和日本貿易為宗旨。這間公司早期的代理清單，在太古專注經營航運、糖業、造船和保險幾十年後，讀起來有種超現實的感覺。太古代理貿易的商品有合成纖維、博姿（Boots）的藥物、英人牌（Beefeater）琴酒、溫莎牛頓（Winsor & Newton）專家級顏料、舒味思甜果汁飲料、Oxo，來自普羅瑟（T. H. Prosser and Sons）的網球拍和其他商品，以及阿根廷的斯威夫特牌（Swift-brand）肉罐頭。公司還成立了工程部門。[20]

這一舉措，以及包羅萬象的商品代理，暴露出沃倫和合作伙伴之間的鴻溝。喬克並不看好，他認為這份名單「簡直難以置信」——他不是用贊同的語氣說這句話的：他認為，這將「嚴重損害我們的聲譽」，而且新公司的名字很「庸俗」又不適合中國。但是「倫敦」——也就是沃倫．施懷雅——已做出承諾，必須實行。其他想法被隨意拋出。或許我們應該在鰂魚涌地區開一家餅乾工廠？或許，喬克思索著，未來很適合生產自行車？自太平洋戰爭爆發以來，兩輪腳踏車一直是中國和香港的主要都市運輸工具。我們可以取得哪家自行車的代理權？或者我們可以賣「太古」牌自行車到市場上？

但太古集團沒有投入自行車這門生意，而是轉向航空，然後起飛。戰爭促使人們把目光望向天空。二戰是一場坦克戰、步兵戰、海戰，一場針對平民的戰爭，也是轟炸戰和火箭戰。但在這場戰爭中，我們也看到廣闊的空中運輸網絡在全球各地臨時建立起來。重慶依靠這些網絡，先後從香港和印度運送物資、郵件和人員。飛越喜馬拉雅山的戰時美國空運是一項驚人的成就，翻越山頭，運送了七十五萬噸的物資，接近二十萬架次。它將改變人們對空軍的戰略理解和航空運輸的可能性。[21]這些數字掩蓋了航空現實和潛力對個人體驗的影響，包括公司董事的個人體驗。舉例來說，一九四二年二月，約翰．馬森前往印度的戰爭運輸部任職。他從英格蘭的普爾（Poole）飛到愛爾蘭，接著飛到里斯本，再飛到甘比亞的班竹（Banjul）、奈及利亞的拉各斯（Lagos）、加彭的自由市（Libreville）——「非常康拉德」——金夏沙（Kinshasa），沿剛果河飛到坎帕拉（Kampala），然後向北飛，降低飛行高度，觀看鱷魚和河馬——「數以千計的野獸，景象壯觀」

——到蘇丹的喀土穆（Khartoum），而後飛越金字塔（「看起來沒有我想像中那麼厲害」）到開羅。下一段航程把馬森帶到巴士拉（Basra）、巴林（Bahrein），然後是沙迦（Sharjah），最終穿越波斯灣抵達喀拉蚩（Karachi），再到加爾各答。總共歷時不到一個月的時間。[22] 戰爭不僅會留下大量的補給飛機和數千名經驗豐富的飛行員——到了一九四四年，單單美國就訓練了四十萬名飛行員——而且還會讓人對空中航行及其可能性更加熟悉。[23] 多數人仍使用海運和鐵路作為交通工具，但許多人已經有空中飛行的經驗，而且大眾意識已發生了深刻的轉變，空運顯然可以和海運、陸運一較高下了。只是空運並不便宜，尚未成為穩固的全球交通基礎設施，儘管如此，它仍然在。

促成航空業在戰後迅速發展的是一種政治脈絡。除了民族獨立運動和新興獨立國家，二戰衝突的結束也促成英國大部分殖民帝國及其他殖民大國的「第二次殖民占領」。[24] 一九三〇年代末已經展開的發展趨勢受到戰爭阻礙，而今，則塑造了殖民政府的經濟發展和殖民福利計畫。這個趨勢承認民族主義的力量，以及殖民國家透過武力遏制它的力量有限，並試圖藉由提高生活水準、鞏固英國在新興開發中國家和經濟體中的利益等，來削弱民族主義——誠如殖民地部在一九四八年所言，他們有「共同的利益……期待彼此都繁榮昌盛」，這也可以作為防止政治去殖民的保障，因為經濟利益將會留下。這種殖民權力的現代體現，有效利用技術人員和科學家、農學家和工程師、最先進的技術，以及現代思想與實踐。航空是新帝國實踐的重要工具。移動人員、郵件和物資都需要航空業。航空也帶來了無線電。它不僅是開發的工具，也向來都是監視、控制和暴力的工具。建造航空基礎設施的花費比建造港口或修築鐵路少得多，而且可以更迅速地完成，運行起來也更經濟。在兩次世界大戰期間，航空業已經成為帝國現代性一個熟悉的特色：空軍維持殖民主體的治安（這是好聽的委婉說法），而國家支持的航空公司，如英國的「帝國航空公司」（Imperial Airways），則可以更快捷地穿越海洋帝國的浩瀚網絡。[25]

投降後出刊的第二期香港《中國郵報》頭版刊載了一則令人振奮的新聞：「香港雪梨每日空中航班！」一九四五年九月十一日，一架皇家海軍「達科塔」（Dakota，按：正式名稱為道格拉斯C-47空中列車）飛抵香港。英國皇家海軍「開闢了幾條太平洋航線」，獲得經營「和平時期空中航線」的寶貴經驗。[26]在解放初期，感覺仍輕飄飄的，但前景並非全新從未想過的。早在一九三三年，太古集團便討論過，若帝國航空公司未來開始提供東亞航班，取得帝國航空公司（英國政府的大英帝國飛航「指定工具」）代理權的可能性。在一九三六年帝國航空於香港設立自己的代理機構之前，太古已經在香港取得其代理，此後也在上海留住這個客戶。一九三六年三月二十四日，帝國航空第一架航班DH-86型（de Havilland Express）郵件運輸機，在九架皇家空飛機的護送下，滑行進入啟德機場，在機場獲得總督閣下的歡迎，報紙社論更是驕傲地宣稱：距離已被殲滅，「離帝國樞紐只有十天，讓人感覺……香港是帝國的一部分，而不是三不管地帶。」[27]戰爭結束了香港參與國際航線的階段，但在那之前，喬克・施懷雅於一九三九年五月結束「到東方」視察的職責後，在啟德機場搭上帝國航空公司的航班返國。他寫說，這是一次「非常美妙的旅程」。[28]帝國航空公司一九四一年關閉香港辦事處之舉，促使當時的香港大班沃特・洛克

（Walter Lock）提出了一個鉅細靡遺又教人難以抗拒的建議，即提議太古購買航空器，涉足航空業。或許是一步「險棋」，他怯生生試探道。[29]

又或許不是。喬克·施懷雅自己在一九三九年年初就考慮過這樣的布局。他認為，造船廠會需要一個「航空側翼」保護它「抵禦未來」。然而，董事間關於戰後公司策略討論的戰時通信，很明顯沒有提過航空業。不過，喬克後來寫道，他們「長期以來，深信太古輪船公司應該藉由某種方式進軍天空，即使只是為了保護自身地位」。在這方面，他與當時許多其他航運公司的董事所見略同。一九四六年，喬克回到香港時，他還在考慮。而喬克不期然和探勘香港潛在新機場預定地的代表團搭上同一班飛往東方的飛機，代表團當中有一名「英國海外航空公司」（BOAC，帝國航空公司如今更名為此）的資深經理。他告訴喬克，香港很可能成為該公司未來的「遠東航空活動中心」。喬克於是寫信給BOAC董事長諾里斯勳爵（Lord Knollys）非正式地提供公司的服務，其特別指出，太古輪船有BOAC可借鏡的「寶貴經驗」，以及分行網絡。此舉並沒有取得太大進展，但喬克離開英格蘭時，他們已經有了一個不同的潛力提案。戰爭初期，太古輪船和位於新幾內亞（New Guinea）的澳洲貿易公司科萊爾·沃森（Colyer Watson）有所接觸。在訪問戰時的英格蘭之後，公司董事長魯珀特·科萊爾（Rupert Colyer）向沃倫·施懷雅送來小道消息、食品包裹，並於一九四五年七月二十五日提議，太古應該和「我兩個非常要好的朋友」談談，他們的想法和組織可能會和公司很契合。他說的，是私人企業澳洲全國航空（Australian National Airways，簡稱ANA）的伊凡·霍利曼（Ivan Holyman）和伊恩·葛保斯基

（Ian Grabowsky）。葛保斯基是開發新幾內亞航空服務的老手。而航運業家庭背景出身（一九三六年成立澳洲全國航空）的霍利曼，自創立以來就一直領導著這間公司，以及肇始於一九三二年的公司前身霍利曼航空公司（Holyman's Airways）。[30]

到香港後，事態進展迅速，喬克・施懷雅展開與澳洲全國航空的討論，為太古在一九四六年六月正式取得澳洲全國航空從澳洲到香港航班的代理。唯一有問題的細節在於，澳洲全國航空經營的航班實際上沒有超過馬尼拉以北。這在當時被認為是一個可以解決的暫時性問題，沒想到，儘管在澳洲、香港和倫敦進行了密集遊說，位於坎培拉的政府仍拒絕提供澳洲全國航空這條航線，將其保留給國營的海外航空公司「澳洲航空」（Qantas）。澳洲全國航空一直以來，都是坎培拉政府持續攻擊的目標——但澳洲全國航空在法庭上打敗政府，確保自己的存在不被國有化消滅——而倫敦方面，則是透過帝國政府對國營ＢＯＡＣ的支持，打壓澳洲全國航空。「航空業這一行有太多政治角力，」沃倫・施懷雅在澳洲全國航空協議的消息首次傳到倫敦後寫道，而且之後還會有更多的政治角力到來。而且很可能是骯髒的政治角力：霍利曼認為，沒有以密碼形式交換的電報會迅速傳到澳洲政府手裡。澳洲全國航空取得中國—澳洲航線的嘗試也不順利。這個僵局隨後把太古、澳洲全國航空和其他公司的注意力轉向更地方性的機會，尤其關注一家以香港為基地的航空公司可能擁有的機會。事實上，眼前便有個機會，即一九四六年九月在香港取得正式登記的小型「不固定航線商船」公司。[31]

國泰航空（Cathay Pacific Airways，簡稱ＣＰＡ）誕生的故事當然存在於這些早期討論之中，以及太古集團持續耕耘的俱樂部社交會員網絡，不過它也始於一批牙刷、梳子、口紅和二手衣貨物。駝峰計畫（Hump enterprise，按：一九四二至四五年間，美軍從印度飛越喜馬拉雅山轉運戰略物資到中國的通道稱為駝峰航線）留下了一間小型貨運公司，由兩名前駝峰航線飛行員成立，使用一架閒置的C-47空中列車運輸機，即民用道格拉斯DC-3客機，英國稱之為「達科塔」。一九四六年一月九日，四十五歲的德州人洛伊．法洛（Roy Farrell）首次駕駛載有上述五花八門雜貨的運輸機來到上海，然後開始往返雪梨，途經香港和馬尼拉。法洛和駝峰運輸計畫時代的一個朋友合作：澳洲飛行員希德尼．德坎佐（Sydney de Kantzow）。德坎佐和法洛一樣，戰前也是商業飛行員。他們是公關高手，關於新公司的報導經常出現在亞洲各地的報刊，公司運往香港的貨物廣告也是一大助力：「空運雪梨礁岩牡蠣空運」、收音機、適合聖誕節的澳洲兒童讀物，以及由洛伊．法洛進出口公司從澳洲陽光海灘趕在夏天之前為您呈現的「時尚澳洲泳裝」。絲綢則反向輸入，據說是澳洲五年來收到的第一批貨物，「手工雕刻和手繪的」「豪華木屐」也在其中，不久就會出現在雪梨的夜總會。「航空貿易商發現中國的大市場」某篇文章的標題高呼。他們聲稱，建立了「世上第一個國際航空買賣服務」。「今天透過國泰航空寄送的成本更低」；「讓國泰航空帶您飛翔，」廣告宣傳道。[32]

國泰航空經過重組，並以英國為多數股權後，在一九四六年九月取得正式登記，並擴大香港以外的航線組合。其中包括其所標榜的「第一個香港和澳洲的直航服務」、主要用來走私黃金到中國的澳門往返飛行艇、香港到馬尼拉的航班，以及香港—曼谷—新加坡航線，還有一家在飽受內戰蹂躪的緬甸經營其境內航班的子公司。國泰航空給人一種半吊子的感覺，有時在露天遊樂場大聲招攬顧客，有時透過報紙流利地介紹自家服務，事後看來，它一直是一些神話和傳奇故事的主角，這些故事使飛行員的形象和飛行的歷史更加飽滿豐富。在這個故事中，有英雄和拓荒者、詩人和哲學家、在劫難逃的年輕人和極少數的佼佼者，而且多數故事總是抹著厚厚的大男人主義。[33]國泰航空作為一家公司，真的是憑感覺做事。即使以當時的標準來看，機上人員根本都嚴重超時工作了（因為他們是領底薪加實際工作的時薪，而且沒有工時上限），而且公司並沒有如實記帳，也幾乎沒有統計數據。不出人意料，國泰航公的第一個公關長是個連環詐欺犯，後來在雪梨港被逮，入獄服刑。有篇報導說，這是「幾個澳洲冒險家小本經營的非法營業公司」。在一些懷疑它的英國人眼中，「澳洲」這標籤大概是最不留情的指控。[34]然後，好立克（Horlicks）駐新加坡海外經理向英國航空部（Ministry of Aviation）抱怨他從仰光到新加坡的「噩夢」之旅，投訴內容傳遍白廳各個部會，國泰航空則透過香港殖民政府將反駁聲明傳回英國。投訴者聲稱，這架飛機「不適合載客服務」，機上條件「是英國航空界的恥辱」，衛生設施「相當於三流廁所」，飛行員的飛行時間太長有安全之虞。[35]香港民航局局長艾伯特．摩斯（Albert Moss）冷冷地回說，申訴人「可能沒有太多在亞洲國家旅行的經驗」。摩斯在各方面對國泰航空的寬容；以及據稱他對國泰航空的偏袒，使ＢＯＡＣ董事長找殖民地部的殖民地常務次官商談，並撰文抱怨其企業在殖民地遭遇的敵意。他指出，ＢＯＡＣ畢竟是「政府的指定交通工具」。這是個「天大」的指控，香港總督回應道，他表達出對摩斯有百分百的信任，ＢＯＡＣ的經營方式「太過」，我不希望他們「控制任何在地公司」。[36]

這家新發跡的航空公司引起了太古香港經理的注意，他們在一九四七年一月提醒澳洲全國航空注意國泰航空的新雪梨航班，及其經營香港─倫敦航線的企圖心。「有個鄰居」——怡和如今在太古的內部通信裡經常被這麼稱呼——出乎他們意料地和ＢＯＡＣ建立了牢固的合作關係。（此時，雖然各家公司的董事們基本上都保持友好關係，但一九四二年黑暗時期滋長的商界友好與團結早已煙消雲散。）整個一九四七年，太古公司的經理和董事無不努力理解亞洲快速發展的航空世界。約翰．馬森和同事們在那年的五月討論了他們在香港遭遇的挫敗。他們問道，我們應該繼續守著澳洲全國航空，儘管它在取得航線方面毫無進展？「又或者，應該向下延伸規模？選國泰航空公司？我們是否應該聽從沃特．洛克在一九四一年提出的建議，自行成立一家本地公司？他們的結論是「守住澳洲全國航空」。他們喜歡葛保斯基和霍利曼——後者是「我們見過最傑出的人」，喬克認為——而且他們經營有成。他們有遠見和活力。接著，「那個鄰居」又給了他們一次驚喜，一九四七年八月消息傳出，怡和早在三月就與ＢＯＡＣ合作，成立了「香港航空公司」（Hongkong Airways），這是他們自己的本地公司，但只是表面上看起來而已（其說法受到質疑，因為直到一九四八年冬天前仍擁有公司多數股權的ＢＯＡＣ，哪裡稱得上「本地」呢？）然而，國泰航空本身在改變公司所有權結構並「盡速」合法化其英國地位的需要，才是眼前最迫切的決議。[37] 國家所有權的政治已經介入，公司約百分之三十五的美國所有權，如今已經妨礙它在香港的存續和正式登記，更何況是公司的未來發展。

洛伊・法洛賣掉他的股權，至此事情有所好轉。一九四七年十二月之後，德坎佐和葛保斯基之間的初步討論（後者在訪問中國試圖取得澳洲—中國航線特許權失敗後來到香港），演變成一系列有關組成「純正本地公司」的談判，參與這間公司的有太古，以及最後一刻加入的Skyways（放眼國際的私有英國航空公司）。[38]最終，在一九四八年六月六日，太古公司發出通知，宣布收購國泰航空，以及將成為國泰航空的經營代理人；中國各地的分行宣布它們是國泰的總代理，並尋求與中國國有航空公司簽訂代理協議，以便為國泰航空、澳洲全國航空提供客流量，最初還包括Skyways。事實上，有兩間新公司誕生了：新的國泰航空，其中太古輪船公司持有百分之三十五的股份，太古集團持有百分之十，澳洲全國航空有百分之三十五，德坎佐和現有股東們則持有其餘的百分之二十。德坎佐擔任經理，香港的太古公司任命一名員工為執行董事。此外，國泰航空在啟德的維修業務，由新成立的「太平洋飛機修理補給公司」（Pacific Air Maintenance & Supply Company，後來稱為PAMAS）吸收，這是國泰航空擁有百分之八十股份的子公司，另外百分之二十由負責管理的太古船塢所有。這似乎是太古船塢專業技能的自然延伸，而且有人注意到，前太古船塢工作人員已經搖身一變成了飛機的技師。這是喬克・施懷雅起初較能接受的發展。[39]公司文件把這項業務命名為「天空」（Air），而其所涉及的政治和自尊都遠遠超乎太古集團過去所習以為常的。首相干預以保護國家利益；國有航空公司依靠國家取得航線和壟斷。德坎佐的「活力和衝勁」需要被「嫁接」到太古公司的經驗之上，而且太古集團在航空業的經驗，當然是一張白紙。沒想到，現在太古集團的新事業很快就會昭告天下，因為德坎佐最早的建議之一，是請公司在海旁的行樓安裝霓虹燈標誌，「大到可以照亮整個港口。」[40]

於是，「CATHAY PACIFIC AIRWAYS」幾個斗大的字在水面上閃耀著，此舉對太古公司是個經過評估的風險。由於這間公司比較隨心所欲的一面可能使它被「惡臭」籠罩，太古對於是否保留國泰航空的名稱有所爭論。最終，他們決定，除了好立克公司的高階主管之外，在旅行者之間，它「只是一家普通的航空公司」罷了。[41]未料，國泰航空的新時代始於一場犯罪悲劇，某部份是法洛／德坎佐事業比較不合法的那一面所造成的，卻也反映了中國經濟崩潰和惡性通膨導致的地方性混亂及絕望。一九四八年七月十六日，國泰航空晚間從澳門返港的卡特琳娜水上飛機（Catalina seaplane），最終沒能抵達香港。一場看似奪去機上二十三人中的二十二條生命的事故，原來是一次搞砸的劫機事件，也是民航史上的一個殘酷里程碑，因為這是發生在商用飛機上的第一起劫機事件。唯一的倖存者是其中一名劫匪。這幫劫匪換上購得的歐式服裝融入乘客後，試圖奪取飛機的控制權，再將飛機開到一處安全的地方，搶劫乘客，勒索富人。由於事件發生在中國領空，以及一架在英國註冊的飛機上，而唯一的潛在被告被拘留在澳門，有效起訴似乎是不可能的。該男子從未為此罪行接受審判。國泰航空登上新聞的消息都是負面的，但至少這不是航空公司的錯。[42]

這場災難是全新的國泰航空最無足輕重的問題了，因為即使它請來了一名會計，也開始試圖掌握數字和統計數據，很明顯的，沒有航線的話，擁有一家航空公司也是徒勞，而國泰航空在兩條路線上受到限制。首先，在一九四七年初從香港—雪梨航線中被擠掉。澳洲政府為支持自家航空的新加坡和倫敦運輸，撤回對該航班的許可（形式上只是暫時的），然後在漫長的推延之後，允許國泰每月有一次不固定航班，但不准載客回香港。戰後時期，航運公司如太古，還有像是冠達白星航運（Cunard White Star）都意識到，有必要正視並回應航空業的成長，但在此同時，戰後的政治潮流也不利於私人企業輕易便進入被認為應由國家壟斷的生意。[43]其次，一九四七年秋天，殖民地政府把香港至澳門、上海和廣州的航線都授予（ＢＯＡＣ的子公司）香港航空公司。國泰航空和香港的其他航空公司，獲准繼續提供飛往其他目的地的航班，包括其澳洲航線，但這個許可不是永久的。[44]這下子，國泰沒了南方航線了。

政治是錯綜複雜的。香港總督遊說殖民地部，理由是飛往雪梨的服務中斷意味著需求將無法被滿足（因為航運的船票仍然有限）：當香港政府想讓自己的警察及其眷屬休假時，根本無法為他們提供載運服務。在訪問倫敦期間，澳洲總理班．奇夫利（Ben Chifley）會見了英國殖民地大臣亞瑟．克里奇—瓊斯（Arthur Creech-Jones），就香港允許國泰航空飛往南方的問題施壓。克里奇—瓊斯則回應，畢竟，「香港的繁榮建立在私人企業之上」，因此他不能對殖民政府說，一間私人公司不能被允許到澳洲做生意。[45]殖民地部官員認為，澳洲的要求很失禮，他們的語氣「特別專橫，令人無可容忍」，而且他們「用槍指著我們的頭，在我看來，」某人這麼寫道，「聯邦自治領對祖國這麼做非常的不得體」。ＢＯＡＣ在英國民航部的會議擁有許多席次，這些會議決定了帝國的飛航「幹線」，而香港航空公司透過ＢＯＡＣ的勢力，能夠「穩當地為自己（取得）相對於國泰航空的優惠待遇」，國泰航空則沒有辦法得到這等待遇。[46]道貌岸然的自私自利大合唱，簡直震耳欲聾。對國泰航空由太古掌控的臆測，顯然提升了殖民政府對這間公司的信心——因為儘管它「絕非完美無瑕」，還是拿到了從香港運送郵件到新加坡的合約——而倫敦方面的信心更是有如打了一劑強心針：「毫無疑問，國泰航空公司的名聲因為近日的重組而徹底扭轉了，國泰逐漸成為一間信譽良好的公司，由老牌香港商號負責管理、指揮。」而即使它想繼續從事澳門的黃金貿易——澳門顯然支撐了中國的黃金走私——哪怕官員們不喜歡，這也並不違法，應該說，它可以從事任何令官員反感但不違法的貿易，政府再也沒有理由阻止了。[47]

太古接手後，國泰航空每週有兩班飛往馬尼拉的班機，每月飛往澳洲有一班飛機，每週兩次經曼谷飛往新加坡，每週飛往加爾各答，而且仍繼續經營澳門和緬甸業務。一九四八年六月二十八日，公司正式提出申請，希望成為香港政府對一系列新航線的官方認證指定航空，並提出草案，意欲申請飛往中國的航班許可。此事一直延宕，直到英國皇家空軍元帥兼BOAC董事道格拉斯勳爵（Lord Douglas）一九四九年一月抵達香港後，道格拉斯勳爵方才告訴媒體，此行有一部分是為了和總督討論「分割航線」的問題。[48]他的指引非常明確：香港航空和國泰航空應該自行達成協議，一旦協議達成，他一定支持。於是，兩家公司立即在香港怡和的董事會議室討論了起來，隨後在倫敦上演正式談判，並於五月十一日達成共識。BOAC、怡和與太古集團同意所謂的南北航線分配。由於怡和／BOAC在北方已經占有優勢，他們索性專注於保持對北方運輸的控制；對太古而言，南方航線「絕對關鍵」，因為若沒有南方航線，太古輪船的海峽殖民地生意將會被超越。民航部和香港總督亞歷山大．格蘭瑟姆（Alexander Grantham）旋即點頭同意。

地圖被畫上很多條線，唯一的重疊是雙方保有相同權力的香港—馬尼拉航線，以及ＢＯＡＣ的「幹線」。事後看來，也唯有事後才看得出來，這是怡和和ＢＯＡＣ一記天大的烏龍球：五月十六日，在協議獲得航空部批准的三天後，一架香港航空的飛機成為公司最後一架降落在上海的飛機。在此之後，所有航班都暫停起降。而隨著共產黨軍隊向上海推進，每天有多達五架飛機前往北方營救難民。[49]航班暫停變成永久停飛。航空公司繼續廣州和昆明的航線，但在共產黨占領中國其他地區後也走向終點。中國航空服務的「當前混亂」從長期的中斷變成了永久的停止。沒有任何航班能從香港飛往中國。就是這樣，沒得商量。香港航空仍保留獨家權利的，只剩下香港／東京航線。

成功無法建立在運氣之上。國泰航空需要一段時間才會開始產生利潤。很快的，德坎佐的「鋌而走險」風格和太古管理文化之間的衝突成了問題。太古對他的讚賞化為焦慮，甚至更糟：「這讓我感到害怕，」約翰・馬森報告道。問題不僅止於個性。從香港大班艾瑞克・普萊斯（Eric Price）四平八穩的商業眼光來看，這樣的問題似乎是航空界文化根深柢固的一部分，澳洲全國航空也不例外。這些人在太古的職涯養成，對於他們如何和新同事一起工作沒有幫助。普萊斯於一九二五年加入太古，經驗豐富：太古輪船公司業務助理，為太古糖在華北和滿洲四處奔走，太古輪船在上海的包船服務，在重慶、廈門、神戶擔任代理，在孟買擔任主管，經過二十年的循序漸進，現在獲得了這份令人夢寐以求的職位。「這些航空人相當出人意表，」他驚歎道，這是他看到葛保斯基突然從香港（代表澳洲全國航空在國泰航空董事會有一個席次）被調到錫蘭的反應，而澳洲全國航空正在那裡進一步投資一家區域航空公司。次月，「我一直處於驚恐之中，」他寫道，無法擺脫這個想法的糾結，「因為德坎佐、法洛和葛保斯基這些人做事，總是一副『好啊，何不？我們試試看吧』的樂天態度。」[50]

到了一九五一年夏天，眾人總算可以稍微不那麼焦慮地圍坐在一起了。德坎佐已辭職並售出持有股份，帶著他的創造力、令人瞠目結舌的亂花錢習慣和「荒誕的商業提案」回到澳洲。[51]他的離去留下了如何處理他在太古總部裝有空調的「辦公包廂」的問題，因為德坎佐不是打算在香港行樓工作到滿頭大汗，咬牙硬撐下去的人。國泰航空的損失一部分被緬甸投資繳出的「可觀利潤」抵消，可惜這個財源將在一九五〇年七月橫遭切斷，當時緬甸政府似乎準備將民航國有化，國泰航空於是退出該市場。直到一九五一／五二年才有了一些盈餘。但此後業務緩慢成長，公司投資新飛機，到了一九五四年，乘客量比收購時多了一倍，貨運噸位增加了兩倍。與澳洲全國航空的關係仍然極為重要。澳洲方面提供專業知識、培訓和員工，並指導新公司的運作。但同時間，霍利曼的公司在澳洲市場輸給了國有的國內航空公司。

一九五〇／五一年冬季，從倫敦到香港最快的定期航班單程費用為一百九十三英鎊，耗時不到四十八小時，另一班更為悠閒的航程則有兩處過夜停留點，還有時間參觀幾處觀光景點，前後共計三天半。[52]一些有餘裕做選擇的人傾向旅行時不要那麼匆忙，或者該說他們以為自己喜歡不要那麼匆忙。一九五一／五二年冬天，約翰．史考特為例行董事視察前往東方時，乘坐半島東方的郵輪「廣州號」（Canton），這真是一艘「要命、熱烘烘、骯髒又嘈雜」的船，頭等艙載了不下一百三十名兒童：「以後我一定只搭飛機，」他寫道。[53]只是，多數人別無選擇，所以還是走海路，即便搭頭等艙，費用都便宜許多。除了試圖透過涉足航空業保護自己，太古輪船公司仍需開闢新航線，更新舊航線。太古輪船一開始就認定，重新建立通往海峽殖民地的航線為「第一要務」——先決條件是汕頭和廈門的移民貿易可以重啟——而澳洲貿易為「第二優先」。一九四七年，太古輪船仍試圖在上海和天津到日本的航線占有一席之地。踏足荷屬東印度群島交通運輸正是為達成第一要務所做的舉措，但結果更顯著的卻是二號優先：澳洲。而實現該目標的工具是澳大利亞東方航運（Australian Oriental Line），這是老合作伙伴尤爾家族（Yuills）的運輸公司，該公司有些缺乏活力，不過倒是緊守著他們在一九四六年與喬克．施懷雅達成的協議，而雙方的協議在此後變得更加複雜。太古輪船昔日從中國到澳洲的運輸服務，業已於一九一二年劃下句點。移民限制，以及綠茶市場的迅速衰退等因素，削弱了原有的貿易。倒是有一項重振的運輸服務聚焦在往北方的馬尼拉的冷凍肉品貿易——美國占領菲律賓以及技術的創新，提供了雙重商機——但在一九一二年，太古輪船在這條航線上僅剩的輪船都賣給了尤爾家族。一九三九年春天，由於日本入侵，嚴重破壞太古輪船的商業活動，關於重新來過的話題有了熱烈的討論。有「一個新的世界等著被征服」，其中一個經理這麼認為，而喬克．施懷雅卻舉棋不定，因為中國對公司的經營雖只會貢獻「蠅頭小利」，然中國才是太古輪船的強項。[54]直到歐洲戰爭爆發，有個客戶才和太古恢復合作，公司指派雲南號接收以前屬於德國企業的乾椰肉出口貿易。

對太古輪船而言，現在對南方政策的需求危及存亡。儘管虧損連連，太古輪船仍擁有許多船隻，而且已投資了兩百萬英鎊在擴增載運噸位上，共有五艘新船正在建造中，因此他們需要業務。乾椰肉的新貿易首先使用剛自戰爭運輸部除役的岳州號和雲南號，然後是新造船隻，最終負責運輸的是史考特造船公司交付的大型郵輪太原號和長沙號，這兩艘船除了增添空調，以及專屬的觀光級住宿艙，也比太古輪船公司以往訂製的船體更大、配備更豪華。[55]船需要貨物和乘客，也需要船員。重新找回一批可立刻上線的海事工作人員有其難度，因為好的人手早在一九四一／四二年的危機時期之前就紛紛離開太古輪船了。一九四七年一月，約翰．馬森在報告中提到，「資深員工非常忠誠」，「新員工……則沒有傳統的公司忠誠度。」上海的情況令他們「反感」；香港薪酬太高了；晉升的前景不佳（老調重彈了），而且工作條款和太古管理的其他公司比較起來遜色太多：例如船塢員工就享有免費住宿。員工想要休假，他們想和家人在一起。[56]

曾經把這些船慣稱為他的船的那個人到哪去了呢？當各地分行重新擺上創辦人的肖像照時，最後一個曾為老董拍過照的人，也就是他的兒子沃倫．施懷雅，仍然參與有關公司政策和營運的討論。不過，如今這成了一個問題。一九四六年四月，沃倫．施懷雅在喬克．施懷雅和約翰．史考特缺席的情況下，徹底無視於他們，強行成立太古貿易有限公司。「我們就是不能達成共識，我不知道接下來會怎樣，」喬克收到消息後在私人日記裡寫道。接下來發生的事情是，沃倫在當年十一月被趕下董事長的位子，用他的話來說是「為回應其他董事的緊急抗議」而辭職，由喬克取而代之，此後，沃倫在他嘲諷的「美麗新世界」裡沒有任何決定性作用，不過他字跡工整的評論繼續點綴著檔案裡的書信，而且他還是有可能給公司帶來「很多阻礙」，一九四八年國泰航空交易就是一個例子。一九四六年十月起草的一份董事職責說明，幾乎看不到他的蹤影：太古糖業、保險和太古貿易有限公司主要分配給約翰．施懷雅．史考特，航運和造船給約翰．馬森爵士（戰時貢獻讓他被封爵），然後全體員工、大部分財產、油漆和航空都給喬克．施懷雅。沃倫．施懷雅只在「政治」和中國協會方面保有正式地位。對史考特和喬克而言，復甦建立在一個「有活力的機器」之上，他們無不同意，為此他們有必要逼迫擁有近二十年資歷的董事長下臺。[57]

喬克晚年寫道，沃倫有「瘋狂的傾向」。所有認識他的人都認為，他很難相處，而對他這個人的評論，儘管在很多方面是正面的（各種的正面評論），他也被描述為固執、偏執和無情。他顯然是令下屬感到恐懼、而且會消磨合作伙伴意志的人（柯林．史考特便逃往蘇格蘭），在戰時的私人信件中，他的語氣和內容，以及他對喬克的所作所為，在在顯示出這些是更深層問題的表現，而且問題在一九四〇年代變本加厲。健康狀況亮紅燈肯定無助於問題改善，但健康因素不是原因。沃倫．施懷雅在一九四九年十一月心臟病發過世，太古輪船指示公司船隻表示哀悼，而他甚至在死後也要嘗試報復姪子，他的遺囑是他唯一的武器，其中更多顯而易見的古怪作為莫名吸引著報章媒體。[58]隨著戰爭接近尾聲，太古面臨的挑戰涉及的層面多到令人備感荒唐又混亂，而且難度高得令人沮喪，但我們或許可直言，其中一項挑戰正是董事長沃倫．施懷雅。公司在一九四五年後得以倖存，有一部分是靠著強行削除他的指揮權，以及接受喬克．施懷雅設定的新方向、優先事項和基調，他得到同事們的支持，還獲得香港上海匯豐銀行香港區主席亞瑟．摩斯爵士（Arthur Morse）准予大筆貸款的力挺。[59]這是關於資本、技術創新、國際政治經濟的故事，卻也始終是關於人，以及一個人可能產生深遠影響的故事。

這也是一個關於地方的故事。一九三〇年代和四〇年代，英國在華發展的特徵之一是其重心逐漸轉移到香港，或者說，從更廣泛的歷史角度來看，是重心再度回到香港。隨著國民黨鞏固其權威，開始在各部門起草並執行法律，以及各種形式的註冊登記，英國公司慢慢將正式登記轉移到香港。一九三七年日本入侵，促使英國企業這種戰略再思考的範圍擴大：太古的永光油漆公司（Orient Paint & Varnish Company，簡稱 OPCo）只是其中之一：一九三六年在上海成立公司，其事業登記於一九四七年轉到香港。[60]日本入侵也引起了一波英國居民的出走潮，因為許多人在逃離戰火後並沒有歸來。世界大戰以及走向和平的重重障礙進一步加速了這些趨勢。很多人繼續留在中國，他們的經驗和專業在上海、天津或武漢外灘以外的地方，根本無用武之地，無論這些地方如今看起來有多麼不同，但對越來越多人來說，香港是個不錯的替代選擇，也將成為唯一的選擇。約翰．馬森曾在一九四七年年初評論上海英商的「香港入侵」：會德豐、莫勒航運和埃利斯．海因姆（Ellis Hayim）正在將營運基地轉移到殖民地。[61]還有更多人將跟上他們的腳步，而且不僅僅是英國企業。

一九四七年春，馬森訪問天津時也指出，共產黨游擊隊在城市周圍活躍，有效封鎖了城市與周邊腹地的通訊，同時城市正在實施宵禁。共產黨的地位在一定程度受到美國軍事存在的衝擊，但這不會是永久的。馬森在後來寄回英國的筆記中談論「整體政治局勢」，他態度悲觀。「腐敗」、「效率不彰」和「自負」——民族主義自信的展現——正在蠶食國民黨的統治。但馬森和許多外國觀察家一樣，他們認為，共產黨即使取得勝利，也不可避免會透過延續當前制度來監督國家運作。他們要怎麼管理複雜的大型工商城市？他們沒有經驗，將會需要留住有經驗的公務員和商人。任何勝利都將只是重演「一九二七」，英國對這個上一次的權力移交——先不論日本的過渡期——仍然記憶猶新。認為中國共產黨本質上是一場農業社會主義運動的想法無處不在，這使人們嚴重低估了他們徹底改革社會的野心。[62]

一九四八年年初，戰後第二次視察中國的喬克·施懷雅對於「任何國家都可以像這些人一樣在兩年內迅速走下坡」感到吃驚。天津「疲憊地矗立著」，而即使武漢的倉庫庫存無虞，「苦力放聲歌唱」，長期戰爭對中國政府基礎的掏空，中國人民因持續的經濟危機普遍士氣低落，國民黨國安機構鎮壓群眾抗議的心狠手辣，以及共產黨叛亂的日益強大及升溫衝突，在在把這個國家逼向絕望邊緣。[63] 美國總統杜魯門（Truman）政府曾盡力進行一系列調解，無奈斡旋而來的和平協議很快就破裂。隨著冷戰局勢越演越烈，美國還提供國民黨政府大量的援助和軍事協助。但這似乎只是讓他們食髓知味，胃口越養越大，而且未見實際的成效。約翰·史考特在一九四八年十二月有了和宋子文面談的機會，未想宋子文竟在他面前打了這張牌：「世界務必支持國民黨作為反共的屏障，」宋子文以命令口吻表示，「國際反共戰爭在所難免，而中國就在戰爭的前線。」但這只是漂亮話。一個月後，在上海，外交部長吳鐵城拜訪史考特，詢問他是否可以安排將一百二十包「部長私人行李運往香港」。也就是說，當國民黨嘴上說著要作戰到底；其行動反而越來越像敗逃之兵。[64] 若翻閱當代紀錄和新聞報導，你一定會在一九四八和四九年的混亂之中，發現關於太古和旗下公司的消息，因為儘管大環境艱困，它們仍舊營運不輟。然而，從其中兩個消息中，我們得以看出情勢即將發生戲劇性轉向。一九四八年十一月，在戰火紛飛的天津，國民黨逃兵蜂擁至漢陽號，公然地違抗上級，留在船上，並隨著船隻來到南方。一九四八年十一月二十九日，濟南號運送稻米至挨餓的上海，在返回香港時帶上了三百五十名難民，那時他們就稱這些人是難民了。[65]人們展開逃難之旅：一座座城市落入共產黨人的控制，他們的勢頭益發銳不可擋，而且有些人開始期待他們得勝，純粹因為他們或許能帶來一些穩定與和平：中國自一九三七年以來，多數時候都處於戰爭狀態。

一九四九年十月一日，毛澤東宣布中華人民共和國成立。斷斷續續的衝突在一九四八／四九年迅速轉向有利於共產黨。他們控制了滿洲，並於一九四九年一月占領天津、五月底占領上海。有一份發給太古員工的機密通訊——只能在辦公室閱讀，並未外流——提出了和共產黨控制地區進行建設性接觸的策略。其內容聲稱，與西方貿易是中國「唯一的經濟生存手段」；保持聯絡暢通將有助鼓舞希望參與並受益於外國專業及援助的黨派。[66]情勢越來越緊繃，戰敗轉為潰散，而隨著戰事繼續進前，外國企業意識到自己被遺落在戰線後方。天津淪陷後，太古試圖盡快重啟事業。這種混亂似乎為中立的第三方提供了為一個分裂國家服務的機會，因為沒有人預料即將到來的崩潰會發生。共軍占領三個星期後，來自天津市的一份初期報告展現謹慎的樂觀態度。拋開實務上的困難不談，事情「有一種常態的樣貌」，舊政權的官員獲命留在崗位上，共產黨人行為的紀律也「可圈可點」。一些即將發生的事情的徵兆，可能已經出現在嘗試與新政權外交事務局溝通所產生的「徹底絕望感」之中。但那可能只是微不足道的瑣事，而且是暫時的，對某些人而言，值得他們滿懷希望的事情很多。因為，儘管通貨膨脹，社會不安，眼下的華北卻很平靜，「我們認為，中國商人會找到辦法」讓商業再次正常運轉。[67]然而，共產黨並不會把英國當作中立的第三方看待，國民黨在被趕出北方和東方後，首都淪陷，於是遷都廣州、重慶，最後去到臺北，並於一九四九年七月，下令對共產黨控制的領土實施禁運。八月初，塘沽的外國船隻被國民黨海軍扣押。隨著新政權在中國大陸扎根，禁運將持續到一九五〇年代。

封鎖不僅僅是紙上談兵。藍煙囪的安紀塞斯號在一九四九年六月進入黃浦時被轟炸，造成一人重傷。隔天，安紀塞斯號遭機槍掃射。太古輪船的安徽號於一九五〇年六月進入汕頭港時，誤觸一枚國民黨布下的水雷。國民黨飛機在隨後的搶救行動中，對其進行轟炸並掃射。事件未造成人員傷亡只是運氣好。在一九五四／五五年期間，突破封鎖的外國船隻仍持續遭襲擊，不過，一般來說，它們只是被人用槍威脅，下令返回香港。太古還會以其他方式捲入這場內戰中持續不段的低衝段階段。一九五一年十月，全副武裝的海盜在長江口外強登湖北號，一艘紐西蘭皇家海軍艦艇前來營救，並允許襲擊者安然無恙地下船。他們很可能是國民黨的游擊隊，但兩者間的區別在許多方面相當模糊。[68]同樣不清楚的是船上兩名乘務人員的實際罪行，他們一九五三年十一月在天津被捕，並遭指控為國民黨特工破壞小組成員。英國外交官當下心想，國民黨特工除了透過突破封鎖的商船，還能怎麼進入華北地區。威廉．哈格雷夫（William Hargrave）船長對此有不同的意見。身為有近二十五年資歷的船隊老手，他認為，這些人走私只是為了牟利，而這也是船員們一直都在做的事。船一回到香港，又有六名船員辭職了。哈格雷夫的看法純屬理論。被捕的乘務員一人被處決，另一人入獄，和所謂「蔣匪集團」的其他共犯一起服刑。[69]一九五四年七月二十三日，一架從新加坡返回香港的國泰航空「天空大師」（Skymaster）民航機在海南島附近的國際空域遭共軍噴射機擊落。飛行員藝高人膽大，設法朝海上迫降正起火燃燒的飛機，噴射戰鬥機幾乎是一路尾隨，持續朝它開火。美國空軍火速採取行動，將八名倖存者送往啟德機場，可惜還是造成了十人死亡。北京政府正式為此道歉，解釋說發動攻擊的共機以為那是國民黨派去突襲海南島的飛機，並提供了一百萬英鎊的賠償金。但人死不能復生。[70]

英國政府於一九五〇年一月六日正式承認新政權。[71]只是令人困惑的是，位於新首都的北京當局並沒有對此作出任何回應。反之，北京拒絕承認英國或其他北約集團外交官的地位。一九五〇年年底，中國的「中國人民志願軍」參加韓戰，情況進一步複雜化，隨著衝突持續到一九五三年，衝突似乎隨時可能再擴大，英國官員不禁思忖，一旦衝突發生，該如何處理英國船上的中國海員這類問題。自一九四八年起，他們一直在馬來亞對抗以中國共產黨為主的叛亂。香港的安全與否引發極度焦慮。像太古這樣的公司當然想知道在暴力接收似乎有其可能的情況下，對殖民地進行大量投資是否明智，不過這威脅將會過去，因為新政權似乎願意等到其他時候再逼他們做出決定。[72]但殖民地發生的事件也有可能引發跨境反應，一直是這段歷史的一個特點。接下來也還是如此。一九四八年一月，在抗議香港警方試圖驅逐九龍寨城（Kowloon Walled City）非法占住者所引發的騷亂中，太古廣州辦事處慘遭燒毀。[73]內戰本身給殖民地帶來了大批人潮。在實施邊境管制的一九四五至五一年間，共有一百四十萬難民前來殖民地避難，在接下來的十年又增加了四十萬多人，其中包括許多對香港經濟有重大影響的企業家。他們帶來了技能、資金，有些人還帶來了他們的資產，船隻也不例外。[74]香港如今踏上了成為冷戰飛地和製造業奇蹟之路。

英國和中華人民共和國正式建立外交關係時已經是一九七二年，而英國駐北京特使自一九五四年起才得到某種承認。在此同時，新政府在鞏固對大陸的控制，征服華南和西南地區，將國民黨軍隊趕出海南島，並發動一場血腥的「鎮壓反革命分子運動」，在一九五〇年三月屠殺七十多萬人後（遠遠超過政府要求的人數），並沒有針對在中國的外國商號制訂任何具體政策。[75]新政府對他們提出的唯一規定是：要求他們繼續運作，而這變得越來越不容易。

如同其他外資公司，太古公司在中國的利益實際上被挾持直到最終倒閉。起初，董事和經理們認定，共產黨得勝後商業生活將重新啟動，而且可能會隨著其利益而繼續發展。一九四九年六月，太古甚至認真考慮是否能讓國泰航空經營香港到上海的航班。[76]儘管提升競爭力和效率（以便獲得收入）的經營過程日漸遭遇阻礙，他們仍被要求繼續僱用員工，而且要保持他們的設施處於穩定作業的狀態。政府對他們課徵各式各樣的新稅。最終，甚至出售任何多餘的物品都需要官方許可，在某個請求中，要賣的是十六張書桌和桌子、三個吊扇和八臺舊打字機（因為需要打字的文件越來越少了）。中國在答覆這份瑣碎的清單上延宕多時，太古還為此拜訪英國大使，請他協助以得到回覆，任何答覆都好。[77]公司的現款短缺。於是開啟了「中國消耗」（China drain），太古在一九五四年初時，每個月要拿出一萬英鎊從香港匯入中國。而為了保持資金流動，外國員工被禁止離開中國，有些人在正式申請出境簽證後多年都還不能離開。個人得對他們的公司負責，這也包括對行政或技術錯誤負責。這段被稱為「人質資本主義」的時期，以太古為例，持續了五年，等到太古離開中國時，其他大企業也紛紛設法脫身。到了一九五七年，只剩下殼牌和香港上海匯豐銀行屹立不搖，它們是英國勢力進到上海一百一十四年的最後遺跡。[78]

回顧公司這些年的經歷，談判最終退場的約翰·馬奇（John March）把共產黨上臺後太古處理其業務的過程分為三個階段。[79]首先是一段鞏固期，然後從一九五二年尾聲起，是一段控制期，然後從一九五三年秋天開始，是一段「不耐煩」期。在第一階段，勞工被鼓勵與管理層對抗，而管理層被迫承認並處理勞工的不滿，同時開始出現防止公司以任何方式緊縮開支的障礙。公司需要以某種方式滿足提高的員工成本。戰後的經濟危機使上海的勞資衝突持續不斷，太古的企業自然也經歷了這一切。因國民黨空襲而加強的封鎖，進一步損害了經濟。現在，有組織的勞工站在政治上極有利的位置討價還價。太古公司在一九五〇年告訴上海市勞動局，你沒有權利為「私營企業」設定薪資水準。勞動局回答，有的，我有權利，並命令太古滿足海員工會所提出的加薪要求。[80]在第二階段，共產黨幹部開始在公司內部、同時從公司外部行使更大的權力，控制勞工的工作熱忱，並限制管理者的選擇權。到了第三階段，壓力變得如此之大，以至於太古公司徹底結束在中國的業務。共產黨的諸多策略也是針對中國人開的公司，外國企業在某種程度上還沒遭到共產黨對付私營企業的全力打擊。這並沒有讓他們的企業生存變得更容易。公然徵用的情況不多（可是所有的躉船，在航行時代倖存的那些船，都被接管了，天津一些「未使用」土地被接管，然後太古輪船的倉庫和財產於一九五三年二月在廣州被沒收了）。[81]影響整個過程、也支撐著中國政策的的一個因素是，在某些情況下，最初，沒有替代員工幹部或任何代理商可以接管這些複雜的既定利益。可是有些事一旦準備好，變化的步伐就迅速加快。在此期間，有個被員工形容為騷擾的不變政策。例如，一九五三年年底，有人指控太古說它一九五一／五二年在上海的一些活動是非法的。（交叉融資「一般太古利益」和太古貿易有限公司的收益是很容易被攻擊的要點。）[82]一組調查人員隨後來到辦公室，「翻閱搜查文件數週，搬走好幾捆的信件，並嘀咕著應該懲罰那些破壞國家經濟的人。」

有些分行保持自籌資金，靠租金賺取收入，不過一旦當局決定逐漸提高他們的成本時：租戶會被責令不要付租金，不然就是租賃協議續約的審理結果遲遲沒有下文。一九五二年十二月，上海結束其保險業務後，分行花了十八個月，經歷一輪又一輪令人疲憊不堪和工會的談判，終於資遣了十六名如今閒置的員工。當一名經理拿到他的出境簽證並離開時，公司這才得知，公司被要求雇用在他離開後成為冗員的家僕。當局下令，承包商的員工也必須記在公司本身的帳簿上。太古花了一年半的時間，才遣散四個沒有餐廳可服務的餐廳管家和兩個沒有車可開的司機。一九三九年，日軍攻占武漢後，有三百五十名海員在武漢被遣散，他們提出對一九四九年後退休補助金的索賠。那些還有事可做的員工，嚴格謹遵自身的確切職責，並拒絕承擔任何其他職責。上海的太古倉碼頭在一九四九年五月後的三年內都沒有船舶停靠，但公司仍被要求繼續僱用四百三十九名員工，並支付他們薪水。公司每年要花十萬英鎊在這些人事成本上。一九五一年九月、一九五二年四月和六月提出關閉永光油漆公司的申請直接遭忽略。最後一次的申請還包括關閉太古倉碼頭，以及結束太古貿易有限公司和太古糖廠的上海業務。一九五二年十一月，關閉太古倉碼頭的進一步請求終於得到回應。地方當局這會兒顯然準備好了，而且已經組建了接替其業務的碼頭公司。一九五三年二月二日，公司關閉，資產轉移。同時，對油漆工廠的員工「超乎尋常的思想灌輸」，也被認為是即將在那裡展開談判的前奏。一九五三年七月二十九日，經過艱難的談判，在談判後期階段，中國當局命令公司的銷售代表指示客戶，不要再購買他們公司的產品，也不要償還對該公司的債務，永光油漆公司的廠房和所有資產及人員全數移交給一家中國企業。[83]

如果說太古及其旗下公司的業務受到的影響顯著，這段時期所承受的壓力則是讓員工深感疲憊。糾紛可能導致他們被困在辦公室裡直到深夜。他們的對話者常跟著他們回家，繼續先前的爭論。警方恣意傳喚他們接受訊問。一九五〇年九月，汕頭代理商馬丁・施派爾（Martin Speyer）被警方關在拘留室超過三週，由此可見他們多麼容易淪為小題大作的受害者。這有一部分起因於國民黨攻擊安徽號的餘波。搶救作業期間留在船上的基本必要船員在遭到攻擊時，拋下安徽號，坐上救生艇，救難拖船則是逃回香港。船員的救生艇在登陸的過程中沉船，不過人員皆平安，隨後他們前往汕頭。航海局命令施派爾交出船隻文件，在他看來，這是為難人又毫無意義的事，還要他解釋為什麼文件上的名稱和船名不符。在這件事成為爭議點的同時，救難拖船未經授權便離開，還有漢陽號帶著標準的七名武裝海盜警衛抵達港口，也引發爭議。儘管那七個人在香港警隊的紀錄上，的確被登記為武裝海盜警衛。這些人立即被逮捕，人在船上的他們被視為非法進入中國，他們的武器被視為非法持有，而他們和殖民地警察的關係形同對中國主權的侮辱。九月二日下午，施派爾被捕，關押在汕頭市公安局，針對這些罪名接受數日審訊，並在案件移交省政府商討之際，持續拘留至月底。為了以最簡單的方式解決問題，施派爾迅速又明智地簽署了一份「認罪書」和道歉聲明——一些疑點，像是警衛的身分等，已經得到充分的澄清。[84]

這情況還不是最糟的。一九一四生於上海的施派爾是布匹商之子，關押期間，他閱讀、學習中文，獲准面會下屬經理莫里斯·秦（Maurice Ching），以這種方式處理公司業務，還讓人從他家送餐到公安局。他表示，他「沒有受到太多磨難」。香港大班認為，他的態度「非常和藹寬厚」。施派爾晚年會在澳洲的公司晉升到上位，但他從來不被認為是個有耐心的人：他的態度和藹是因為他知道，他的信很可能被攔截。[85]海盜警衛過得就比較辛苦。他們接受「教育課程」，他們在自己的「認罪信」裡陳述，「我們現在完全意識到，我們錯在被帝國主義者煽動，破壞航運規定。」施派爾被罰款三億元人民幣（當時約為三千英鎊），並在六個月後離開中國。廈門經理R·D·莫瑞爾（R. D. Morrell）於一九五一年三月離開。整個地區仍是內戰前線，國民黨控制的金門島離海岸不到一哩。[86]自從無意間闖入禁區遭逮捕拘留一夜後，過去的十二個月裡，莫瑞爾根本不敢離開辦公室或鼓浪嶼的家。他感覺自己就像被監禁，內心焦躁不安。[87]一九五四年一月在天津，希德尼·史密斯（Sidney Smith）在被辱罵並威脅要占領公司辦公室後，在人民法院外的爭吵中被撞倒，失去意識，當時，前太古輪船海員的家屬正透過法院向公司索賠。[88]

換個角度看，施派爾、莫雷爾和希德尼·史密斯已經算好過了，而他們之後對此也了然於心。中國員工承受的壓力比他們大得多。姚剛（Yao Kang）從後來的北京大學畢業後，於一九四八年四月加入在上海的太古。一九五一年年初，先後在香港和倫敦受訓的姚剛被委任到上海辦事處；在倫敦時，他曾擔任沃倫葬禮上的香港辦公室代表。從抵達中國的那一刻起，他就受到懷疑，被要求向當局提供生平紀錄，而且開始工作後就固定受人監視，他的廢紙簍在每天工作結束時都會被翻遍，他的房子遭到搜查，他的日常活動受到監視。但至少他的房子坪數大，比姚剛這些後輩住的房子要大得多。這是公司策略，將員工分散在當時相當龐大的地產中，以防非法占住者。姚剛身為海歸人士，曾在外國公司工作，又畢業於外國大學，甚至在家庭背景和人際網絡被納入考量之前，就已具備了三重嫌疑。住處也證實了對姚剛不利：房裡很多地方是關閉的，但當調查人員快速搜查時，他們發現有證據顯示，這裡以前安置過一名居高位的戰時通敵者。那汙點不請自來地附在姚剛身上。[89]他的妻子旋即尋求返港許可。

姚剛的工作有一大部分是盡可能轉移稅務機關和警方對公司的指控——譬如在海外接受英鎊付款的權宜之計，如今成了一種負擔——因為它被指控是為了幫助公司逃稅。最黑暗的時期是中共發起運動打擊貪腐、逃稅和其他經濟犯罪，通常被稱為五反運動。[90]這也有助於恐嚇都市的中產階級。公司裡有一名資深經理受到「嚴厲的訊問，然後被迫供認」公司使用戰爭結束時接管的日本原物料，也承認有貨幣「犯罪」的行為。另一個經理「在幾個小時內，接受了兩次嚴厲訊問」，現在「被推到輕生的邊緣」。更殘酷的是，「他的其中一名摯友謀殺了他的四個孩子和妻子，然後自殺了。」上海發生了大規模的自殺事件。一份轉交給外交部的便條，不帶評論地記錄一名男子剛從附近的建築物跳樓，在太古公司的前門附近墜落身亡。[91]儘管危機一波波，鶴唳風聲，事實證明，姚剛、汕頭中國經理莫里斯．秦和上海副經理馬存彝（Ma Zung Yee）等人的機敏、不屈不撓和務實，對公司從中國脫身至關重要。

收掉上海分行一事早在一九五二年三月就討論過：隨著五反運動展開，上海的條件「變得令人完無法容忍」，不過其他分行被認為可能還會堅持下去。一些實際困難阻礙了倫敦總部思考這個問題。其中一個困難是和在中國的員工通訊。香港和上海可以透過電話聯絡，但所有人都知道，電話並不安全，因此任何舉動都必須小心翼翼地提前準備。姓名在書信與電報裡以粗略的代碼取代。第二個困難挑戰更大：真正找到可以談論的人的困難。一九五三年三月，約翰．史考特在報告中提到，前上海經理比爾．雷—史密斯（Bill Rae-Smith）發現，「根本見不到比辦公室小弟層級更高的人」，就算他們見到了高層，也不可能得到一個決定。[92]但在一九五三年秋天，上海經理德瑞克．德索斯馬雷斯．凱里（Deryk de Sausmarez Carey）所寫的一份備忘錄「透過一條安全且迂迴的路線」傳到了香港。凱里評估了到目前為止的情況，建議關閉上海辦公室，借用他直言不諱的說法是「快逃政策」。「我了解，」他寫道，「帝國不是建立在失敗主義上，但在共產主義統治下，沒有冒險的餘地。」隨後，這位在多間分行累積二十年經驗的資深太古人指出，這也是一個民族主義的問題。事實上，凱里認為，

中國民族主義猖獗。而這股熱潮並非前所未見。它代表激盪了整個世紀的運動臻於成

熟，但這一次，它有專心致志的領導層和一份使命感。[93]

所以在一九五四年五月上旬，喬克・施懷雅視察香港期間，在日記裡簡短寫下：「如果可能，決定全面退出中國。」[94] 安排入境簽證雖花了一些時間，但約翰・馬奇在一九五四年七月二十日以新任經理的身分抵達上海，其職權非常明確：他將關閉一切太古事業。在中國經營了近乎九十年之後，太古集團最終認定，繼續堅持下去不會有任何收穫。公司需要找到一種方法清算資產並償還負債。目標是在三月達成全面協議。

九月二日，太古開始和上海市政府外事局安排的何姓談判代表展開討論，此人曾參與一九五二年放棄太古倉碼頭的談判。雙方很快針對關鍵的原則問題達成共識。所有相關公司將作為一個實體，此後的十一次談判（一直持續到簽署協議的十二月十五日，期間包含一次中國片面拒絕任何接觸的嚴重中斷）主要圍繞在估價和一些小額索賠。公司不得不發放最後一筆匯款，所幸隨後便解決了這個財政負擔。約翰・史考特在一九五四年十月給英國外交部的一份說明表示，「由於資產價值在二至三百萬英鎊之間，而負債總額遠低於二十萬英鎊，達成以移交為基礎的協議似乎並不困難。最終，事實證明真是如此。中國船務代理（China Ocean Shipping Agency，簡稱COSA）接收了太古在中國各地的財產，財產分布在十八個有業務經營的城市，「永久持有。」等到約翰・馬奇終於離開時，只剩下七名外籍員工，他們都是在當地僱傭的人手，不是太古的長期僱員。多數分行於一九五五年一月下旬被正式接管，一封封信件抵達香港，確認公司章和用印已被銷毀，上海最後的移交在一九五五年六月一日完成。代理經理交出所有剩餘的文件和辦公室家具。一些前經理、董事和買辦的照片，則是連同昔日的體育賽事獎杯一起運到香港。六月底，太古的電報地址到期。一切化為烏有。[95]

由於公司活動的每個小細節都被挑出來講，幾輪談判留下了詳細的錄音檔文字紀錄。會議氣氛有時顯得緊張。

何同志：我不得不再抱怨一下你的態度。我很不喜歡。

馬奇先生：別想對我強硬。這可是一般的討論，沒有必要激動。

何同志：最近，每次開會，你就發脾氣。如果你可以稍安勿躁，我們可以繼續；沒辦法的話，我會結束所有談判。

馬奇先生：何先生，請不要威脅我；我不喜歡被威脅……

馬奇先生：你要我向你解釋多少次？我已經提供你所有事實，至少兩次了。

何同志：不要發脾氣。你態度真的很差。

這場後期的爭論談的是戰爭期間遭日軍擊沉的兩座位於汕頭的浮橋，以及拆除的責任問題。兩人在這個問題和其他問題上，一路爭論不休，但終究達成共識，只是這過程教人精疲力竭。[96]

對翻譯的馬存彝而言，他有可能被視為親太古、親英、甚至親帝國。這絕不是中共樂見的立場。由於公司已搬進怡和的大樓（其前業主已撤出並結束營業了），約翰·馬奇指出，稍覺慰藉的是，他們在中國竟然待得比洋行之王更久，因為過去怡和的員工總是不厭其煩地提醒太古員工，他們公司的歷史不若怡和洋行悠久。

隨著談判進行，太古持續處理一些棘手的小額索賠，過去十年中日戰爭和世界大戰這段動盪歷史造成人們精神錯亂，太古這下子嚐到了苦果。協議簽署內容涵蓋這些所有索賠，包括貴陽號某工程師的遺孀，工程師於一九四三年八月在孟買自殺：她聲稱，那是謀殺，並要求喪葬補助金。兩名安徽號的戰時船員向太古要求「工資、遣散費和高危險工作津貼」。有個「郴州號」（Chenchow）戰前工程師的「母親」（「身分未經證明」）索討他的退休金。另一個曾在萬縣號服役的前工程師的妻子，也提出了同樣的要求。但由於他現在住在臺灣，公司建議他自行找香港辦公室處理會相對方便。一九五二年被捕的兩名男子要求退休薪水。[97]然而，最尷尬的問題來自戰爭期間在順天號、北海號、海口號和新疆號上陣亡的船員家屬。他們向天津分行索賠，要求其親人身故的賠償金，還要求退休補助和隨身物品損失賠償。主導這波索賠行動（並打倒希德尼·史密斯）的人是一名「心懷報復的太古戰前僱員」——一九四五年後未被太古重新聘用。直到一九五五年七月，此案才被認為已解決，於是希德尼·史密斯獲准離開中國，天津分行也正式關閉。[98]

「忠實可靠的上級員工」的命運一直令人擔心，因為在共產主義者的眼中，他們是「資本的代理人」。應他們的要求，所有人在太古撤離時都拿到了遣散費，他們在接替太古的公司裡沒有前途可言。南京人馬存彝在一九二二年加入太古在上海的保險辦事處，他是談判的關鍵人物，擔任翻譯和顧問。馬存彝從底層一路晉升為高層的背景，讓他在中國談判代表的眼中有一定地位，可是他在日本占領上海期間擔任公共租界稻米配給系統主任，並於一九四八年臨時調任到宋子文的廣州政府從事相同工作，這些終將成為他個人紀錄上的汙點。事實上，約翰·馬奇一接到通知，便被命令交出中國上級管理人員的員工檔案，雖然他冒著風險盡可能刪除檔案內容，公司營運的這些紀錄和其他種種紀錄均已轉交給COSA。[99]而最後一刻的匆促編撰不會有任何幫助。這些人，有的曾在外資公司擔任高級職務，有的曾到國外學習或旅行，有的會說外語，有的和外國人有過接觸，甚至有的純粹只是過著以國際化為特色的上海大都會生活，這些人全數受到威脅。英國外交官認為，太古對其員工如今面對的危險表現得過分擔憂，而且就連這些人自己也做得太過：「我們也必須記住，」上海總領事寫道，「中國人很愛演戲。」接下來的事，將證明外交官的判斷完全錯誤。[100]

一些資深職員無疑設法離開了中國。一九五三年春，姚剛抵達香港。前汕頭買辦之子，H·T·李（H.T. Lee）一九五五年從天津退休，一九六一年再次進入香港的太古。楊少南一九五七年三月來到香港，意識到自己對外頭的世界「不知所措」，離開了公司，前往加拿大生活。[101]一九五五年二月，莫里斯·秦在汕頭拿到遣散費，過著節儉的生活，他指出，由於受到監視，又沒有網球可用，他設法在一九五七年三月離開中國，重新加入香港公司。馬存彝於一九五七年五月重返香港的太古洋行。這些人都是例外，離開中國的人根本沒有其他工作可做。在新秩序下的前公司裡，剩餘職缺則由層級較低的員工——主要是中階管理人員——來填補。前寧波代理只能找到勞力工作。上海工廠的主管被安排挖水溝，由庭院清掃工監督他的工作；部門負責人被重新指派，從事例行工作。

若說油漆工廠的經驗具有參考性，我們也沒有理由懷疑，在交接的那一天，一個幹部「工作小組」會進到公司的每個部門，然後把資深工人和部門負責人召集起來開會。在永光油漆，工作小組強調的目標是穩定、維持生產和團結的必要性，而其經理姚家琅（**Yao Jialing**，自從最後一名英國經理離職後就開始負責工廠運作）被認為對其生產力很重要。「工廠現在是我們的了，」這群人被告知。隔天工作小組為所有員工舉辦「歡迎會」，發表慶祝和告誡的演說。工廠每天下班後都會舉行政治會議，有時會持續到深夜。沒過多久，姚家琅遭批鬥是帝國主義的「走狗」；他「嚴重崇洋媚外，尤其親英」。[102]太古已提供他一份在香港的工作，但中國不讓他離開。公司內部人稱查爾斯·姚（**Charles Yao**）的他，在永光油漆被交出去時已四十歲。身為羅馬天主教徒的他，是一九三五年從美國耶穌會在上海興辦的公薩格公學（**Gonzaga College**）畢業的第一屆學生，隨後加入公司擔任化學家。從各方面來看，這是一份受到政治詛咒的簡歷。[103]許多像他這樣的員工被認為是「受到汙染的」，必須參加政治講座和學習會議，並像姚剛剛到時一樣，加強自我批判和歷史知識。約翰·馬奇指出，太古高層官員的工作日在移交後立即延長，而原本相對較高的工資，可能會降低到與政府官員相同的水準。反之，永光油漆一般員工的工作條件確實有所改善，上海各地工廠工人在一九五〇年代蜜月期期間都得到了更好的工作條件，而一九五七年發生的罷工潮則為這段蜜月期劃下句點。[104] 革命有輸家和受害者，每場革命都是如此，而且人們很容易把焦點放在這些人身上，但革命也有贏家，我們應該承認，有很多人真心支持這個新的政治制度。

但我們現在有必要放下太古在中華人民共和國的利益，永光油漆的工人會慢慢習慣在他們的新食堂吃午飯，由吊扇來冷卻空氣，因為現在在中國發生的事，基本上不在本書故事範圍內，也完全不在太古公司影響所及之處。有報導稱，在COSA將其員工調到太古辦事處，並將這兩群人合併的五個月後，所有前太古人都被命令「加強他們的政治學習並把腦子清一清」；換句話說，就是改造他們的思想。這不是一個立杆見影的過程，而這百分之十的「頑固分子」被認為未有足夠的進展，並在一九五六年年底過得「很慘」。「洗腦」之後，員工們這才知道，自己被調到大連、北京或重慶。太古公司沒有完全斷絕與中國的連結，因為它繼續從香港經營北往上海與天津的運輸服務，並由COSA擔任其代理。離開後，莫里斯·秦會定期視察廣州、上海和北京，與COSA官員會面，討論藍煙囪和太古輪船的事宜。太古輪船公司的中國海員，若家人在中國，太古也必須安排配給給他們的家屬。董事和經理們仍積極參與英國公司與利益集團和中國有限的接觸，加入代表團，進行個人訪問，有時還會見前僱員。一九五七年，一個資深打雜小弟在COSA上海辦事處為雅德里安·施懷雅（Adrian Swire）端茶時，低調謹慎地說：「祝喬克好。」他是曾在太古服務過的五十名COSA員工之一（喬克的小兒子雅德里安在一九五六年加入了公司）。[105]而中國在一九五四年後的二十年陰暗路線，如今基本上不是影響公司營運的直接因素或關鍵因素，卻仍是香港的一個關鍵因素，尤其是在一九六〇年代初期和後期。

先不論情感面，和中國過往的徹底分手，此時可說是對太古最好的事情之一。它讓一切變得簡單多了。二戰結束後，公司重新控制（大部分）在中國的一系列數不清的資產、關係和業務，每個港口都有獨特的利益和常規，多數財產不是折舊、受損，就是尚未完全回到公司控制之下。擺脫這一切，試圖重建在民族主義高漲的新政治時代可行的一套運作方式，而且在大幅重組的全球經濟裡也成立的運作方式，可謂巨大的挑戰。公司在中國各地資產的具體歷史，阻礙了它回應一九四五年後開放的新政治經濟世界的能力。即便國民黨在內戰得勝，也不會使太古能夠得到喘息機會，暫緩自一九四三年新的英中條約簽署以來所面臨的政治挑戰。一張乾乾淨淨的白紙會更容易發揮。一九五四年十二月十五日，這些問題有很大一部分就這樣從公司剷除了。如此的代價高昂，而且造成極度的痛苦，公司還和一些長期服務的員工斷了關係，可是這麼做卻能使太古集團從事新的投資。它現在可以義無反顧地拋棄中國，立足香港向外看，不受通商口岸歷史的阻礙，觸角更廣泛且深入地伸進其他亞太地區，更甚於以往。

第十三章　經營亞洲

二戰、革命、鐵幕降下和帝國的撤退改變了東亞和東南亞的版圖。這不僅僅是冷戰宣傳的比喻。全新的邊界出現；舊的消失。界線需要重繪：製圖師充分就業，印刷商也是。勘測員靠近邊境，用他們的雙腳和儀器標出新邊界的路線。建築工人匆匆修築邊境哨所和柵欄；道路被封鎖；城鎮和村莊被一分為二。隨著解放城市的街道名稱變更，製作招牌的人也忙得不可開交。舊的雕像和紀念碑拆除，取而代之是昂然挺立的新英雄及烈士。帝國似乎永遠地被推翻了，連同舊的邊界消失殆盡，和國王、王后、總督和將軍的半身像一起被帶走，儘管獨立的樂觀態度無所不在，但事實證明，那些取代帝國的，很是脆弱。政治方向有意想不到的改變，政策急劇逆轉，結局令人震驚。短期或長期的局勢不穩定削弱信心，從而鼓勵了謹慎。

到了一九五五年，太古集團的事業版圖也大幅重新繪製。它在中國悠久的歷史，基本上僅能從太古輪船船隊的船隻名稱，抑或是老員工娓娓道來的奇談中才看得出來，但也要看年輕的戰後新員工是否願意聽。過去常以這種方式繼續存在，與現在重疊，隨著時間烏雲的籠罩，變得越來越模糊。政治權力的變化總是會改變地圖，而即使壁壘顯現，有形的聯繫大多仍在。人員或貨物繼續沿著既定路線流動，抑或尋找新的目的地，又或者只是以蜿蜒的路線前往他們一貫的目的地。新的限制也為祕密交易和合法交易提供機會。新技術向來扮演著決定性的角色：霍特的複合引擎或駝峰計畫的飛機就是這故事的兩個例子；誠如我們在故事中也已經看到的，企業家總指望要開發路線，為他們的船隻或飛機尋找工作，有時尋求在不斷成長的商業領域分一杯羹，有時尋求開創一門生意，依賴一個預感、可靠的情報、一份承諾。

兩個重大且相互關聯的因素是戰後東亞和東南亞歷史的特徵：復甦和經濟發展，兩者形塑並重整了我們今天所知的「東南亞」——二戰之前基本上不存在的一個地理區域概念——以及中國斷開與韓國和日本，與臺灣，與前往南方路線的開放邊境。這些新興獨立國家，如印尼的領袖和精英分子，無不致力於創造自身的網絡，以及不受昔日殖民列強和新興全球霸權影響的往來聯繫，像是透過一九四七年在新德里召開的亞洲關係會議（Asian Relations Conference），和一九五五年的萬隆會議（Bandung Conference of Asian and African nations）。西方冷戰列強也同樣堅定地將這個區域熔鑄成一個反共集團，在一九五四年成立東南亞條約組織（Southeast Asia Treaty Organisation），借用他們的話，此舉是企圖「遏制」共產主義在亞洲「擴散」。種族民族主義也不利於萬隆精神的實現，尤其是那些對整個區域內中國僑民社區產生巨大敵意的種族民族主義，以及對自由移動的實際限制。對成千上萬從中國逃難的人，以及想要從生活在東南亞的艱困與危險中得到喘息的人而言，香港便扮演起中國難民的棲身場所，也是中轉的場所。[1] 在這樣的背景下，我們可以在如今危踞在敵國邊緣人滿為患的香港的故事中，探索太古在日本重建與發展中的角色，我們還可以描繪國泰航空的發展歷程，以及它如何整合這個新區域，讓航班所到城市的多語言、多元文化世界彼此接觸。

國泰的宣傳手冊、機上雜誌和員工刊物，讓我們看見亞洲緊密結合在一起的過程及表現，以及對這個過程的鼓勵與報導。路線圖總是預示著機會，攤開的手冊展現出可能性、輕鬆自在和便利，引誘讀者透過指尖翻閱，跟著一條航線成為旅行者：東京、臺北、香港，然後到馬尼拉；或是加爾各答到新加坡，再到曼谷。香港發行的報紙會刊登每日航班時刻表，以及到港和離港乘客的名單。猶如在問，為什麼你的名字沒有出現在這裡呢？如今，行銷也提供速度，這個時期的航空旅行故事講求越來越快的速度和越來越頻繁的班次，還有目的地數量的增加。原始的國泰「達科塔」飛機最多能載二十八名乘客，飛行速度每小時一百六十七哩，從香港經曼谷到新加坡要十四個小時。一九四九年購入的道格拉斯DC-4型能載運四十八名乘客，飛行速度比達科塔稍微快一些。一九五四年引進的道格拉斯DC-6為六十四名旅客提供服務，飛行速度每小時三百一十三哩。儘管時速稍慢一些，同年加入國泰機隊的DC-6B能載運七十二名乘客。一九五九年購買的兩架洛克希德「伊萊克特拉」（Lockheed Electras），可以載七十八名乘客，巡航速度達到每小時四百零六哩。當他們開始使用這些渦輪螺旋槳飛機時，國泰航空的乘客數和貨運量也跟著迅速增加。一九六二年，國泰新增第一架噴射飛機康維爾880-22M（Convair 880-22M），得以每小時五百六十哩的速度載運一百零四名旅客。現在，從香港到曼谷的航班只要兩小時二十五分鐘。速度使新鮮食品成為航空貨物——像是拜澳洲航班重啟所賜，雪梨岩牡蠣於一九五九年年底再次出現在香港酒店和餐廳的菜單上。對乘客而言，速度代表航班更快速，但對國泰航空而言，也意味著能夠安排更頻繁的班次，更有效利用公司的飛機。一架停在地面的飛機，等同於沒有出門養家餬口的資產。一九四九年，國泰航空的DC-4每週飛行三十二小時，但目標是達到四十八小時。一九五一年，達科塔每週交出六十六小時的飛行。到了一九五四年，DC-4每週可以上繳八十小時的成績，這被認為是「世界上任何地方都無法超越的」。[2]這些變化反映了商業飛航更廣泛的發展，它們需要新機場、現有機場的擴建——如一九五八年的啟德機場——新的貨物處理系統，以及處理大批乘客的系統。此外，還有更多工作，因為怡和和太古PAMAS在一九五〇年合併，成為了香港飛機工程公司（Hong Kong Aircraft Engineering Company，簡稱HAECo）。

這些採購需要資本，多過太古集團以前花在此類資產上的費用。[3]一九五四年重組並發行新股，為國泰航空帶來更多來自太古集團、太古輪船，以及新伙伴半島東方輪船的資金，他們占有很大的股份份額，ANA本身的持股則逐漸減少。即便如此，香港上海匯豐銀行（繼續支持公司）為國泰採購兩架「伊萊克特拉」提供貸款融資——每架花費一百萬英鎊——也得為噴射飛機提供資金，一次一架：因為康維爾噴射飛機一架就要兩百萬英鎊。[4]雖然航空公司現在逐漸穩定盈利，一九五〇年代，亞洲的政治動盪仍帶來了反覆發生的問題：目的地可能會因衝突而被撤銷或停飛。叛亂、緊急情況、對抗和內亂散見於紀錄上。一九五四年三月，海防的代理在報告中提到，是的，越盟（Viet Minh，按：越南獨立同盟會）正在部署防空設備，但只是「基礎的」設備。同一個星期，一名飛行員報告說，我們停在法國戰鬥機的旁邊，所以警衛也整夜看守他們的飛機。[5]更常發生的是外匯管制問題，這對從仰光、永珍、西貢、加爾各答，尤其是馬尼拉的營收回流造成重大問題。資金不是被旨在支持國家工業發展的法規凍結，就是因為缺乏外匯而凍結。在馬尼拉，公司不得不購買黃金才能拿出資金，由此，又會因兌換率損失慘重。直接變賣國泰航空，帶著一些利潤離場，會不會是比較明智的選擇，這確實值得考慮，太古也的確不只一次考慮變賣。這似乎是一門很脆弱的生意，前景不明朗，公司付出的努力和回報不成比例，而且非常考驗管理層的耐心和抗壓性。[6]

除了上述種種，原先因失去進出中國的權利並變賣航空器、租用西北航空公司（Northwest Airlines）經營其日本航線，而在一九五一年被束之高閣的香港航空公司，經怡和爭取BOAC的支持後，又於一九五七年死而復生。憑藉兩架渦輪螺旋槳的「維克斯子爵」（Vickers Viscounts），香港航空公司開始自行為北部航線提供航班，未想兩年後就舉白旗投降，並連同這些飛航目的地一併被吸收到國泰航空裡。不顧一九四九年五月的協議持續發生且違反共識的衝突，至此終於劃下句點。BOAC繼續經營新加坡／香港航線，並視之為「幹線」。公司董事長在一九五一年十月指出，這條航線的距離和從倫敦到莫斯科一樣遠。像國泰這樣的區域性航空公司，應該專注於區域性交通。表面上，這似乎是個合理的立場，但BOAC隨後也提供「短程」票價，比同路線上的國泰票價便宜許多。[7]一九五一年十月，雙方經殖民地部和民航部的斡旋後對彼此妥協，但後續把三家公司（包括馬來亞航空公司〔Malayan Airways〕在內）合併為單一家區域性航空公司的利益協商則是受到阻礙。[8]一九五七年，BOAC積極強硬的重返舞臺，再次引發了爭議。但重新復航的香港航空沒有帶來一點好處。一九五八年十月，喬克．施懷雅在與BOAC董事會成員雷內爾．羅德大人（Lord Rennell of Rodd）交談後指出，BOAC「本身已經損失十六萬七千英鎊，還讓我們賠掉了一百萬英鎊的營收」。雷內爾搭乘國泰航空班機從新加坡抵達香港，前來討論解決方案。香港總督柏立基（Robert Black）問雷內爾，所以你是否理解「香港航空公司，和香港認為的香港的航空公司」之間的差異？[9]在這一點上，BOAC終於看到了曙光，雷內爾原則上同意合併，香港航空成為重組後的國泰航空的全資子公司，BOAC和怡和各自在新董事會取得一個席位。一九五九年，香港航空公司在被納入國泰航空之前又損失了十三萬五千英鎊，此後不久，香港航空這個名稱就成為歷史。[10]「維克斯子爵」被賣掉，國泰航空的伊萊克特拉開始投入前往日本的航線。公司的業務將因此有所改善。一切看起來都很好，國泰擁有航權和飛機，而且現在明顯獲得殖民政府的偏袒支持，殖民政府在一九五四年本來已對BOAC「徹底蔑視」政府指令的態度失去了耐心，無奈每條線路都需要乘客。[11]那麼，搭飛機的究竟是哪些人，他們為什麼搭飛機，要去哪裡？

先談談太古董事和經理在尋找路線時所使用的最初假設可能會有幫助。國泰航空和香港航空於一九四九年二月，針對對外航線的劃分進行談判時，概述了每個條航線的特點。香港／上海是「沿海口岸通行和貨運」，香港／日本是「一般跨境貿易和夏季遊客」。香港／馬尼拉「一般跨境旅行和移民」。但誠如艾瑞克．普萊斯在一九四九年八月所指出的，雖然「下層社會的中國人沒有大量搭乘飛機前往南方」，但太古公司確信「我們一定能夠教育他們改搭飛機」。（他指出，走私者不需要任何人教：他們購買單程票到馬尼拉，然後走海路將違禁品運往廈門。）「教育」需要中間人，還需要能教人的員工。[12]中國地勤人員在乘客準備通過航站、登機以及入境通過海關和移民檢查時，從旁協助他們提交文件，這對許多人一開始是很陌生的經歷，而且語言也很陌生。早已熟悉太古輪船服務的旅行常客則直接轉移到太古的航空公司。[13]但即便如此，這也是有限的客流量。人們除非有需要或想要，不然不會旅行，有些人則得等到有能力負擔。這一切都不是自然而然發生的，行銷變得至關重要。貨幣管制和旅行和簽證制度的改變——像是一九六四年四月一日，政府解除對日本出發的個人旅行限制，或香港本身在一九六六年終止對來自美國和十六個歐洲國家的短期遊客的簽證要求——以及美國和澳洲不斷成長的富裕經濟體，為航空公司提供了載客量。

原始數字顯示相當穩定的成長曲線。國泰航空在一九四九年的載客量是九千三百四十五人次——一九四九年是此類統計數據變得可靠的第一年——而十年後，載客量達到六萬八千九百二十九人次。綜觀一九六〇年代，隨著「伊萊克特拉」的到來以及日本航線的收購和拓展，國泰航空持續占進出香港穩定增加的民航客運量的四分之一。一九六七年，一百三十萬名香港乘客中，有三十二萬五千人乘坐國泰航空，比例平均接近百分之三十，而在一九六九年，靠著僅有六架康維爾噴射飛機組成的機隊，總共載運了五十萬四千三百六十九人次。一九七〇年代中期，國泰穩定占據總客流量的百分之四十。[14]

這些數字道出一個事實，而且一份一九六七年的調查亦顯示，國泰航空有四分之一的乘客來自北美，百分之十八來自中國，百分之十六是日本人，百分之九來自海峽殖民地。[15]但實際旅行的人到底是誰呢？公司眼中的顯赫人士如下：陳列室中的名人錄包括祕魯總統、玻利維亞副總統、（當時的）前副總統理尼克森、英國議員安奈林．貝文、田納西．威廉姆斯、作家韓素音、卓別林（一九六一年）、當地電影大亨邵逸夫（與馬來西亞電影明星莎羅瑪）、（馬來西亞、新加坡）現任和（日本）前任總理、一九六一年的中國小姐、一九五九年的香港小姐、（尼泊爾）皇后、（泰國）公主、（錫金）王儲、波士頓交響樂團、維也納兒童合唱團、披頭四（一九六五年）、某洛克菲勒家族成員、巡迴馬戲團（孫氏，但大象、老虎和豹是經海運）、一名「巡迴郵遞員競走冠軍」（香港運動員）和一名「競走冠軍旁遮普警察」、幾名外交部長和如今少有人知的政治人物、幾位香港總督（還有一個千里達的和一個英屬北婆羅洲的總督）、蜜絲佛陀代表美容師、衣索比亞皇帝海爾．塞拉西、越南前皇帝保大、愛娃．嘉德納、珍．羅素、西碧．桑戴克女爵、亨利．魯斯、首席童子軍、女童軍副總領隊、粵劇歌手、香港電影明星、船員、高爾夫球手、美國中西部旅遊團、「數百名扶輪社員和他們的妻子」、國際扶輪社主席本人、（聖公宗）主教，來自亞利桑那州鳳凰城這類城市和日本非政府組織的友好訪問團。[16]串連起亞洲的航空公司異常忙碌。公司透過其商業網絡為代理商提供宣傳刊物和紀錄，發行會訊，鼓勵他們把故事推銷給當地媒體，並隨時注意任何可能搭乘國泰航空旅行的「名人」消息，無論是包機或原有計畫航班。刊登出入境旅客的照片成為香港報紙的一項特色。當然，這在很大程度上是偶然的，純粹出於時刻表和空機位之便的結果，但也有很大一部分是人為設計所致：亞洲人和前往亞洲的遊客越來越多，旅行次數越來越頻繁，連帶而來是越來越多的宣傳，因為政府希望他們這麼做。

為什麼呢？我們可以拿一次奧林匹克事件作為以下說明的開場白，具體來說是一九四八年，一支還不算正式存在的國家代表隊到倫敦的漫長旅途：這個國家就是大韓民國。不久後，韓國就會變成強化冷戰戰線的悲劇衝突發生地，英、美和中國的軍隊彼此對戰，衝突造成的副作用之一是日本經濟的復甦，另一個副作用則是對香港地位的嚴重自信打擊。在太古貨運已有十年資歷的雷—史密斯，一九四七年十一月被調到韓國釜山的戰爭運輸部。他將這份工作和為公司開發業務結合在一起。一九四八年五月，關於包機從韓國到香港再前往倫敦的討論開始進行，有六十七名奧運選手和官員必須前往參加第十四屆奧運。後來計畫改變，團隊發現搭船到日本，再利用日本境內的火車到橫濱搭乘另一艘船比較便宜。一九四八年七月二日，團隊經上海到香港，隨後搭上飛機。出國前已在首爾運動場（Seoul Stadium）舉國旗遊行的代表隊，在七月九日於西倫敦阿克斯橋（Uxbridge）的奧林匹克中心升起了韓國國旗。[17]事實上，韓國國旗是第一面被升起的國旗，也很可能是韓國國旗第一次作為合法國徽在英國升起，甚至可能是自從日本殖民結束後，在朝鮮半島以外的地方第一次正式升起。韓國在國內局勢極為緊張的時刻參加奧運，是這個國家擺脫日本控制後，邁向國家之路的一個重要插曲。代表隊獲得了兩枚銅牌，但更重要的是，他們的長途跋涉是韓國作為獨立建國國家的一個舞臺，國家旗幟在倫敦飄揚，國歌也在此演奏（接近是國歌了，韓國在尋找國歌的音樂方遇到困難，但至少他們嘗試過了）。體育在國族建構、國際政治，以及國際關係象徵領域的重要性不容低估。等到代表隊搭機返國時，他們中的最後一個於八月三十日離開香港，大韓民國——統治先前由美國管轄的國家南部——剛成立兩週。太古從這筆生意中賺取了可觀的佣金。[18]

這本來不是國泰航空的業務。但在一九四八年十二月，從馬尼拉提供額外包機往返雪梨，載運菲律賓童子軍參加墨爾本舉行的第三屆泛太平洋童子軍大會就是他們本來的業務了。除了一個小問題（因為孩子們不是有經驗的旅行者，導致航班因他們而延誤），他們獲得超出其人數應該帶來的合理關注——一萬一千人裡的二十一名童子軍——最主要是因為他們當中包含了青少年的前抗日游擊隊員。太古輪船帶著一支香港童子軍小隊參加了下一屆的泛太平洋童子軍大會，攜帶搭建作為他們營地入口的附帶飛龍的拱門素材。太古輪船在一九五七年帶著香港代表團到英國參加世界童子軍大會，還載了澳洲童子軍和女童軍參加一九五九年的世界童子軍大會以及在東京舉辦的日本童軍大會（和一名穿蘇格蘭短裙的愛爾蘭童軍領袖，從馬尼拉出發，到香港進行單天的購物之旅）。[19]如果說奧林匹克運動正逐漸發展成為日後的全球盛會，成為對主辦國的一種重要國家展示，想像有一個「泛太平洋」群體，無論是童子軍或政治經濟利益，則是更為嶄新的概念。戰爭，以及在此之前，政策和國際事務智庫太平洋關係研究所（Institute of Pacific Relations）和泛太平洋婦女協會（Pan-Pacific Women）等機構在一九二〇年代和一九三〇年代舉行的一系列會議，使「泛太平洋」實體這樣的觀念成為現實。[20]就像「東南亞」，它的現實透過體育、文化交流、童軍大會、錦標賽和競賽而變得具體。

美國的冷戰時期文化外交資助了教育交流計畫和獎學金。表演者的訪問得到「文化展示計畫」（也稱為總統國際文化交流計畫）的支持，該計畫將古典音樂家和藝人明星從北美派遣到東亞。[21]亞洲國家有自己發起的倡議活動，譬如新加坡文化部在一九六三年組織的東南亞文化節。文化節被宣傳是這類活動的首次舉辦，後來也成為唯一一個類似的活動，因為區域內始終脆弱的政治在提倡的同時，也阻礙了許多同性質的倡議。以新加坡為例，和馬來西亞聯邦的解體導致未來計畫橫遭中斷。[22]雖然參與這些活動的人有時仍經由海路前往，但他們有越來越多人開始搭乘飛機，而且一九六三年香港有半數搭飛機的旅客，都是乘坐國泰航空的班機：「魅力的入侵：一班班滿載電影節女演員的飛機」，新加坡某報紙的標題興奮高呼道。[23]表面上也有商業風險，因為由冷戰邊界限制重塑的市場得到了區域事件的鼓舞。一九五四年，在東京首次舉辦巡迴的東南亞電影節（「東南亞」三個字很快就消失了）。電影節的目的是行銷和宣傳，在這方面，可說是非常成功的，特別是對香港的邵氏兄弟而言，但這個冒險之舉在最初幾年也得到了亞洲基金會的暗中贊助，該基金會本身亦由中央情報局祕密資助。[24]

除了「滿載電影節女演員的飛機」之外，冷戰網絡連結在攸關體育賽事時吸引最多的關注，尤其是透過聲譽卓著的國際錦標賽。戰前一系列作為「亞運」的「遠東錦標賽」在一九五一年於新德里恢復，是戰後一個顯著的里程碑。[25]印度主辦單位將這些比賽當作戰後、乃至後殖民時代「亞洲重生」的象徵。而一九五四年五月在馬尼拉舉行的第二屆錦標賽，則被主辦國用來對外展示自身毫無疑問屬於「自由世界」。亞運只邀請其他非共產主義的國家；而馬尼拉是美國新聞署的出版中心，美國新聞署更是確認過有關賽事的電影、小冊子和其他材料的製作和廣泛傳播。透過體育表達的國際友誼言辭，遮蓋住持續的反共議程。體育賽事也能陳述一個截然不同的反帝議程：印尼一九六二年舉辦的亞運會場館，是透過蘇聯的援助和技術建造而成的，在北京和印尼的阿拉伯國家盟友的反對下，未邀請中華民國和以色列隊伍參賽，因而引發爭議。雅加達的新體育場、大型國際酒店和道路，以及電視廣播的開播，在在顯示出這類比賽對新國家的作用。它們是現代主義開發戰略受到尊重的符號。一九五八年，日本舉了第三屆亞運會，作為申辦一九六二年奧運的預演——國際奧委會有史以來，在亞運期間於東京舉辦了第一次在亞洲召開的會議——也作為日本努力重建在亞洲和國際間形象的一部分。報章雜誌報導、電視電臺廣播和錄影記錄這些事件是重要目標：這些盛大的場面、精采的表演，就該透過印刷品、螢幕和心靈之眼從遠處觀看——也旨在改變人們的思想。

一九五四年，香港、緬甸、馬來亞和泰國的隊伍搭乘國泰航空飛往馬尼拉。國泰航空也將印度、緬甸、馬來亞、砂勞越、英屬北婆羅洲、新加坡和香港帶到了一九六二年在雅加達舉行的賽事。一九六一年，喬克・施懷雅滿腦子想著要從伯斯（Perth）舉辦的一九六二年大英帝國運動會（British Empire Games，後來更名為大英國協運動會〔the Commonwealth Games〕）之中獲得一些好處。[26]足協的亞洲盃一九五六年首次在香港舉辦（韓國勝出，香港獲得季軍）；青少年亞洲盃一九五九年首次在吉隆坡舉辦，當地媒體刊登了香港代表隊即將登上國泰航班的照片。[27]代表隊搭機去參加「港際」板球比賽、亞洲桌球錦標賽（一九五二年首次在新加坡舉行）、年度足球錦標賽、城際盃賽或東南亞國家舉辦的友誼賽。「香港的航空公司」越來越常載著香港的隊伍四處征戰。過去在與BOAC的航線糾紛以及與總督的討論中的策略性政治立場，成為國泰航空品牌及其身分的重要成分。其自身作為當地創辦的企業，作為香港的航空公司，是在飽受摧殘的城市臨時拼湊出的新投資，隨著城市的發展而發展，而這段歷史也成為重要資產，在週年紀念、或新飛機加入機隊，皆以副刊的方式宣傳，以及一九六七年標誌公司成年的宣傳手冊中娓娓道來。國泰航空是這個亞洲內部聯繫網絡的中心。

聞人名流當然是很好的廣告文案，選手們手持國泰航空贈送的提袋（標誌對準鏡頭），以停機坪上有斗大公司名稱的飛機為背景拍攝團體照，很容易成為媒體宣傳的素材，但這些乘客絕大多數並未購買機票。穿梭這個區域的商務旅客和官員才是機票大戶，但如果能說服遊客旅行，他們會在越來越多的航班上占據越來越多的座位。旅遊業的成長也不是自然而然發展的。雖然在一九三〇年代曾經出現過一次旅遊高峰——航運公司策略性推出遊輪服務，以便善加利用航運長期蕭條狀態下的噸位（連太古輪船公司也跟進，對觀光客推銷長江航班）——海外休閒旅遊是精英、而不是大眾的活動，無疑是針對到亞洲旅行的遊客。泛美航空公司（Pan American Airways）開闢了經夏威夷的跨太平洋航班，只不過，這是專為上層人士設置的航班。二戰後，中等收入的美國人開始四處旅行，美國遊客的身影迅速成為戰後歐洲大眾文化的主要風景。這完全是人為計畫使然，因為首先，對為戰後復甦而提出的馬歇爾計畫，以及對冷戰戰略而言，都是不可或缺的一部分。[28]戰後的美國決策者將旅遊業視為向海外經濟體輸送美元、輸出美國文化（「美國生活方式」），以及加強冷戰西方集團團結的一種不費力的方式。亞洲也不例外，宣傳香港和臺灣為「真正的中國」，以及真正的中華文化堡壘，也是因為期待能藉此破壞中共政權的合法性。香港這個英國殖民地被某位重量級旅行作家重新形塑為「中國膠囊」。[29]一九五四／五五年和一九五八年的韓戰和臺海危機——當時共產黨軍隊企圖爭奪國民黨對臺灣外海島嶼的控制權——以及一九五四年國泰航空DC-4被共軍擊落的事件，無疑助長了外界對於該區域是不穩定戰區的看法，而且久久揮之不去，因此抑制了一九五〇年代初期和中期的旅遊業。但美國政府對促進旅遊計畫的投資，支撐起一九五〇年代末和六〇年代初跨太平洋遊客數的逐漸增長。

一九四七年，僅二十萬美國公民持有護照；一九五三年，有一百萬人出國旅遊；六年後，出國旅遊的人達到九百萬，不只是到鄰國墨西哥或加拿大的旅客有一百五十萬。一九六一年，僅僅五十萬人前往亞洲。一九六六年，光造訪香港就有十四萬三千人。[30]專業的度假雜誌和新聞週刊強調旅行的便利性，旅遊價格緩慢穩定下降的趨勢，有待發現和體驗、購買或品嚐的「東方」「謎團」。如詹姆斯·米契納（James Michener）等美國作家，先是偶然地提起，後來，則大力促成人們對旅遊的興致及旅遊業。米契納於一九四七年獲普立茲獎的小說《南太平洋的故事》（*Tales of the South Pacific*）是一部戰爭羅曼史，並在一九四九年蘊釀為一部熱門音樂劇，以及一九五八年一部複雜情結被豐富的影像色彩淹沒的電影。具影響力的行業組織「太平洋地區旅行協會」（Pacific Area Travel Association，簡稱PATA，後來更名為亞太旅行協會〔Pacific Asia Travel Association〕）的聯合創辦人論道，百老匯音樂劇明星瑪麗·馬丁（Mary Martin）有助於實現此一轉變：「因為有她，太平洋國家的美麗和浪漫對數百萬美國人而言，變得更加真實且令人憧憬。」米契納交出的旅游文章，更進一步促成太平洋登上旅遊勝地的地位。遊客指出，「大眾讀物」是他們認識香港的關鍵資訊來源，於是亞洲越來越常出現在美國雜誌和美國書店的「大眾讀物」中。[31]自稱「航空之子」的米契納後來在為PATA官方歷史撰寫前言時表示，正是航空旅行，使美國人親身體驗亞洲的可能成真。米契納本人曾和美國最大的四家航空公司合作，澳洲的航空公司也贊助澳洲旅遊作家的旅行。他們受大眾喜愛的作品與更明顯的行銷宣傳相結合，促成歐洲長途旅客中途停留亞洲的想法——通常不會給乘客帶來額外費用——一項調查發現，當這些旅客到香港時，他們不斷地購物和用餐，為香港經濟做出實質的貢獻。[32]

美國的需求首先來自菲律賓的軍事人員，他們北上香港是為了當地的「氣候、風景、購物和娛樂」。香港殖民地後來成為駐越南美軍的主要休閒和娛樂中心，但這個模式其實更早以前就確立了，並受到《江湖客》（*Soldier of Fortune, 1955*）、《生死戀》（*Love Is a Many-Splendored Thing, 1955*，改編自韓素音的小說《愛情多美好》〔*A Many-Splendoured Thing*〕）《港澳輪渡》（*Ferry to Hong Kong, 1958*）等電影的加持，都是以相對便宜的新彩色技術在香港取景，而其中最重要的，莫過於一九六〇年的電影《蘇絲黃的世界》（*The World of Suzie Wong*），及其對香港夜生活的誘人幻想。或許，來自北美、繞著「東方」轉的旅行團裡，會有更單純只是遊客的人，他們當中有百分之四十五從日本飛抵香港。[33]一九五八年三月的一份報告稱，回應「太平洋呼喚」的旅客在短短五年內增加了三倍。事實證明，「香港的誘惑」越來越不可抗拒，越來越容易使人屈服。香港的免稅自由港是「美國購物者的東方廉價地下室」，亞利桑那州鳳凰城的一家報紙在秋天報導：「德國和日本的相機、法國香水、瑞士手表、瑞典玻璃製品。」在四十八小時內製作一套西裝（或雞尾酒禮服）是反覆出現的特色商品，甚至是經典笑話嘲笑的對象（因為幽默作家聲稱，「香港西裝」能穿在身上的時間和製成的時間差不多短）。儘管如此，十個美國遊客之中，還是有六人會訂製西裝或連身洋裝。到了一九五九年，國泰航空在美國任命自己的代表，負責促進遊客搭機出遊等事宜。[34]一九五七年，香港殖民政府成立香港旅遊協會（Hong Kong Tourist Association，簡稱HKTA），鼓勵並促進「對殖民地最為重要」的產業。為了將這座城市變成廣受歡迎的旅遊勝地，協會著手製作手冊、海報、電影和給美國NBC廣播電臺的宣傳資料，其中包括和香港總督、「人力車苦力和酒吧女郎」的訪問，以及關於香港的體驗，一邊也努力改善遊客的旅遊體驗。[35]媒體宣傳計畫也包括贊助一艘香港建造的中式豪華帆船「頂好號」（Ding Hao），展示香港的手工藝和時尚，並參展一九六七年蒙特婁世界博覽會，以及贊助在帕薩迪納（Pasadena）年度玫瑰錦標賽得獎的遊行花車（龍造型的玫瑰花車，由「中國少女為之添加裝飾」）。[36]一九五八到六一年間，來香港的遊客——主要是觀光客——增加了一倍；一九六六年，總人數又增加了一倍，然後一九七五年再增加了兩倍。香港的購物和餐飲體驗——美國遊客有六成的時間全花在從事這些活動上，澳洲人則是七成——多少削弱了培養「真正的中國」這個觀念的目標，但這些活動對區域經濟的影響是深刻的。

在香港成立的工作委員會負責開發殖民地的旅遊推廣潛力，委員會成員包括代表國泰航空的太古大班比爾・諾爾斯（Bill Knowles），後來他成為新協會的第一任主席。諾爾斯出生印度，父親是會計師，他「生性害羞卻是長相粗獷」，也是非常有才華的數學家，戰前他曾在中國的太古工作了十年，主要在上海、長江沿岸和天津做船運的工作，也曾在香港工作。在印度服役後重回公司，他的航運經驗已在一九五〇年轉移到國泰航空，並於一九五七年成為香港大班。[37]諾爾斯或許比任何其他人都更能彰顯太古的利益如今牢牢地扎根在香港。他也曾任香港上海滙豐銀行、香港商會的主席，先後擔任香港大學司庫（和財務相關的職位）及副校長，在殖民地立法局任職，並擔任香港旅遊協會的創會主席。不只一任香港總督曾表示，太古對香港的信心、穩定和繁榮非常重要。[38]香港的發展也對太古的各項業務至關重要。諾爾斯致力於行銷香港，但身為擁有立法局席位的商會主席，他也致力於行銷香港的產業。[39]提倡旅遊觀光與國泰航空行銷的重疊完全在意料之中。「發現新世界！發現東方」公司的廣告如此慫恿；因為「沒有人像國泰航空一樣了解東方」。國泰在日本及舊金山的辦事處為旅行社舉辦HKTA的宣傳講座及電影放映會（在國泰作為HKTA代表的十二個國家中，日本和美國是其中兩個）。一九六一／六二年，諾爾斯擔任PATA的主席，該協會在一九六二年於香港舉行年會，會議晚宴就辦在太古的行樓。[40]

「伊萊克特拉」型號班機於一九五七年七月開始恢復國泰航空的雪梨航班，諾爾斯與香港旅遊協會的主席一同搭乘首航。[41]這個嘗試立即受到澳洲航空的威脅，澳航以每週發出更多航班作為回應，然後在一九六一年十一月引進一架波音七〇七噴射客機，藉此破壞國泰的計畫。國泰航空則藉由定位自身的服務回應最初的威脅，首先把航班包裝為「國泰航空特快線」，然後是「國泰東方噴射機」。在新航班上，「誘人的異國餐點」，由「迷人的空中小姐」端來，為中式餐點提供筷子，還提供日本的法被（Happi）。乘客的體驗由「身著豔麗旗袍（其民族服裝）的苗條中國女孩，和身著傳統和服、嬌小嫻靜的日本女孩」關照。一名身穿旗袍的女子在澳洲出版文宣上向讀者招手。航空公司讓乘客一登機就能感受到「東方魅力和禮數」。[42]而率先出現在報紙廣告上的口號更是與眾不同。他們敦促旅客「指定……搭乘國泰航空」，並提醒他們這是「有英國飛行員的英國航空公司」，還說「整個東方都在你的勢力範圍內」。日本航空公司在一九五四年推出太平洋航線時，也採用類似的策略，以臺灣為基地的民航空運公司（Civil Air Transport，簡稱CAT）也在一九五八年推出「翠華號」（Mandarin Flight，以及一九六一年十月的「超級初代翠華號」〔Mandarin Jet〕）時跟進。[43]班機本身已逐漸成為一種體驗，或者更確切地說，班機的工作人員已經成為一種體驗。

這裡指的正是航空公司的女性職員。整體來說，航空業利用女性客艙人員推銷航班的歷史，是始終如一且毫不掩飾地充滿性別歧視。國泰航空在行銷和宣傳中，利用亞洲女性客艙人員的令人震驚之處在於，它將瀰漫航空業的性別歧視與物化亞洲女性的「東方主義」和「異國情調」合併在一起。一九六二年，公司在一則廣告中宣稱，國泰的機組人員「天生就擁有東方優雅和圓融」，而且「乘客會寫信表達對她們的愛慕」。其中有些，更是和香港融合在一起，被當作觀光體驗而販賣，也在更廣的層面上和廣告趨勢融合，但主要是針對航空業的廣告趨勢。一直到一九七〇年代，這些訓練有素的專業客艙人員可說是太古旗下公司第一批直接與客戶打交道的女性員工，她們是利用魅力、「東方」美、「端莊」、百依百順等觀念的行銷噱頭和廣告文案的焦點。[44]客艙人員受到鼓勵，參加選美比賽和時裝秀。一九六四年，一名「國泰佳麗」乘坐人力車在舊金山轉悠，作為香港的廣告宣傳，一份新聞報導指出，同年十一月在舊金山展出的「東方異國情調展」，兩名國泰航空員工竟也納入展覽。他們被安排在貿易大會擔任女主持——在PATA的一九六二年晚宴上，以「東方佳麗之首」的身分接待客人——後來還穿比基尼為公司拍攝電視廣告。[45]一九六九年，公司宣布「國泰航空最新造型」不僅是對飛機塗裝的改變，而且包括經重新設計的「鞭炮紅」連身膝上裙和夾克制服。[46]

當然，班機目的地也成為商品，這不僅僅是「西方」到「東方」的旅行。亞洲旅行：在櫻花季組織從新加坡到日本的旅行團，並刺激婆羅洲的外籍人士前往香港或日本度假。一九五八年，新加坡報紙的一篇付費文章表示，「搭飛機比較有樂趣」，「國泰航空更快、更便宜，而且無所不包——從酒店到購物和觀光行程都一手包辦」。[47]連著好幾期的國泰航空會訊一再地向乘客和潛在旅客介紹了在新加坡、曼谷、馬尼拉、東京和仰光應該做什麼、看什麼、買什麼，以及如何討價還價、何時不要討價還價，一旦到當地要住在哪。如果說飛行員和維修工程師正如廣告所強調的，依舊是「英國籍」（假以時日，還有澳洲籍），這個區域網絡必須在機場和空中擁有更多樣化的勞動力，而且是具備多種語言能力的勞動者。在航空業，新的目的地意味著招募可提供支援的新成員。日本航線的開通，以及一九六四年日本政府解除對私人旅遊的限制，使國泰必須迅速增加日本客艙服務人員的人數。一九六三至六七年間，光是到香港的日本遊客人數就增加了近兩倍。一九六四年，他們占入境殖民地香港的海外旅客總數的近四成。[48]日本人平均來港三天半。越來越快捷的航空旅行，重塑了距離的概念、時間的概念，以及航空旅行可能實現的目標。喬克·施懷雅從英國出差到香港的行程，讓我們得以淺嚐航空旅行創造的新常態。一九四〇年，沃倫·施懷雅曾談到一次董事視察訪問持續了「八個月，和平常一樣」。等到一九六〇年，視察可能僅僅持續一個月。電信的快速發展也改變了公司的運作方式，但航班重新安排並重新校准的世界（在這一過程中，國泰航空在亞洲發揮重要作用）也很重要。

隨著遊客進入該地區，隨著亞洲逐漸改變，國泰航空日益壯大了起來。搭飛機的亞洲人越來越多，頻率也越來越高，而且亞洲人在逐漸被當作一連貫整體的區域內（而不僅是一個地理術語）四處遊憩、參觀。這個地方等同於一種（具有多種亞洲特色）「生活方式」，和北方的敵國隔絕開來。國泰的茁壯也是因為亞洲經濟發展，諸如日本和香港的成長。

日本讓太古集團出乎意料。戰前，（一九二八年以Butterfield & Swire (Japan) Ltd的形式成立）於橫濱和神戶的太古洋行辦事處，在很大程度上僅限於藍煙囪和一些保險代理。然而，業務的重新配置，促使一九四五年之後其商業活動大幅增加。藍煙囪恢復航行，太古輪船公司開始從天津和上海發船，並展開自家的遠洋航線嘗試。從一九五六年起，船隻開始從澳洲載運羊毛到日本，然後在一九六〇年代初期，肉類進口的業務起飛。太古貿易有限公司看到商機，成立了分公司，而國泰航線一開通，業務也確實迅速成長（光是一九六三年，國泰航空委託業務的收據就增加了一倍）。國泰航空公司於一九六〇年四月開通飛往大阪機場的首航，得到「熱烈的歡迎」。[49]一名經理後來回憶說，一九六四年的奧運會「幫助東京向前飛躍」。[50]

日本戰後的一切開端，絕非順利可言。經理人和視察的董事不住抱怨，英國企業被自得意滿的美軍占領機構逼走。不只是字面上的，而是真的逼走：橫濱辦事處（經歷一九二三年的地震卻倖存下來）被美國徵用為軍用食堂，而占據「橫濱最好的房子」的陸軍上校因為住在非常舒適，竟特地延長一年的海外派駐。這是太古公司經理的家。一九四八年，約翰・史考特因日本員工的狀況而深受打擊——一些戰前的「老家臣」，以及一些完全沒有經驗但積極進取的年輕人——於是，他授權每天免費發放一個肉罐頭給每個人、免費旅行季票，並從香港寄來新衣物，以非常便宜又大方的價錢賣給他們，還提供低利率的房屋建設貸款。[51]不過，經濟基本上停滯，經濟成長的前景極不明朗。但「上天賜予的禮物」隨之而來，正如當時的吉田首相所言：然後，韓戰爆發了。

朝鮮半島上的苦難，意味著美國將從日本訂購大量的補給品和原物料。美元湧入，刺激所有部門的生產，而支持生產也意味著必須從海外引進新機器和供給。隨著中國地位的衰退，日本已成為太古眼中的機會之地。這是「我們真正對藍煙囪有所貢獻的地方」，史考特在一九四九年年初指出。他們找到新的合作伙伴（日本通運株式會社〔Nippon Express〕），並在大阪開設了新辦事處。喬克・施懷雅在一九五一年宣稱，這個國家「可能是比澳洲更好的未來新基地」。[52]事實上，太平洋戰爭和隨後的占領似乎具有類似的重生效應，一如中國辦事處關門後，太古終究得以重生。喬克在一九五一年表示，情勢迫使公司「離開作繭自縛的牢籠」。在日本和列強重新修約很久之後，故步自封的宜人老橫濱世界——當年威廉・羅賓遜收集古物，並協助整理舊外國墓園的地方——仍散發著通商口岸時代的氣息。而如今，這一切都消失了，昔日伙伴也消失了。韓戰創造的機會幫助一批才華橫溢的新員工展示了他們的價值，包括日後將管理香港的約翰・布朗（John Browne），以及將在一九五六年成為董事的麥可・范恩斯（Michael Fiennes）。到了一九五九年，公司在東京、橫濱、神戶和大阪共雇用了九名英國人和一百七十六名日本員工。日本的大學畢業生開始申請加入這家主要為太古輪船和國泰航空效勞的公司，但它目前的投資組合還有藍煙囪以外的航運代理及其保險業務。一九五一年，公司任命了一名日本經理，負責整個國家的商業活動。雷─史密斯在一九五五至七二年期間擔任該職位，中間穿插他從香港管理國泰航空公司的短暫插曲。雷─史密斯的長期任期，打破自從一九一八年起經理任期相對較短的固定作法。它反映了一種觀點，亦即在日本，取得成功需要不同的方法——不只是關於經理的任用——而且員工也應該學習日語。[53]不過長遠來看，日本的成功證明是日本企業成功，而不是外國企業集團，太古的進展會在一九六〇年代後期日漸停滯，但隨著公司一九五〇年後重新配置業務，尤其是在航運方面，日本確實是一處重要的戰場和訓練場。

香港仍然是公司的航運中心，其港口比以往任何時期都更加忙碌。除了觀光行銷、物美價廉和美食，香港過得如何？太古集團在香港又過得如何？簡言之，香港殖民地自一九四五年起經歷大起大落，一波波難民潮從中國湧進，有時令現有的基礎設施應付不過來，最主要是因為官方堅信，一旦中國的情勢穩定下來，他們就會回去。這些人是旅居者，不是移民，理所當然不是（官方認定的）「難民」（因為官方語彙裡沒有這個詞）；事實上，他們被認為是靠著家族或其他類似的聯繫（英國人口中的親朋好友〔kith and kin〕）越過邊界，而其挑戰在於，他們如何融入擁擠的飛地：他們構成了「人的問題」。[54]可惜毛澤東的中國並沒有平靜下來，逗留成了移居：這些入境移民需要安頓。最戲劇化的，莫過於一九五八年為使中國迅速工業化而展開的「大躍進」，導致一場末日饑荒，迫使更多的難民越過邊境。在接下來四年裡，至少有十四萬兩千人抵港；單單一九六二年就有八萬五千人。到了一九六一年，難民估計占總人口的三分之一。政府的安置部門「每天接觸超過一百二十萬人」，一九六三年，安置部門報告：五十五萬非法占住者，「安置」住房也收容了五十五萬人，十萬人正處於兩者之間的過渡期。[55]由於擔心非法占住者的聚落可能帶來的政治後果，香港在一九五二年展開了一項住房計畫。香港人滿為患，但人們仍持續到來，雖然他們來回移動，而且政府在一九六二年開始實施限制，流入殖民地的人潮依舊不斷。

他們靠什麼謀生？一九四九年，共產黨的勝利削弱了原有的貿易聯繫，但隨後韓戰期間以美國為首的聯合國對中國實施禁運，威脅了殖民地轉口經濟的基礎。然而，人是一種資源，也是一個問題。限制鼓勵了創新和適應；從上海湧入的難民商人，帶著他們的技能和資金加入了這群人。（還有設備：一九四九年，太古糖廠倉庫收到了來自上海的「大量難民貨物」。）上海因素的貢獻可能被誇大了，但肯定是重要的。[56]一九四七年，香港沒有紡紗廠；到了一九五三年，有了十三家，一九六四年增加到四十家。一九五五至六五年間，登記在冊的製造業機構，勞動力增加了兩倍。香港工業化，遠遠超出太古公司在其中占主導地位的、歷史悠久的製造業基礎。紡織品和塑料引領潮流。這轉變並非易事，殖民地將面臨來自海外競爭者及政府的反對，但香港的經濟體質已發生根本性轉變。一九六五年，殖民地的大部分出口產品都是本地製造。[57]香港以意想不到的方式穩步、迅速地成長。

太古集團繼續在製造業發揮，而我們將看到，太古貿易有限公司也在其中發揮作用，而戰後重振其製糖和造船業務的貢獻最重要。然而，最終，製糖和造船業務的核心焦點逐漸演變，隨著新產業、新實業家和中國商業精英的地位和信心提高，兩者在殖民地的重要性也減弱了。在一九二〇年代後期和三〇年代殖民地被日本人控制的低潮後，糖廠終於開始恢復盈利能力：要是沒有意外的話，很有可能在一九四一年賺進可觀利潤。一九四五年八月，雖然建築物基本上完好無損，可是設備已被拆除，並洗劫一空。太古糖廠被認為已「不可挽回」。一些外國員工為船塢接收，近半數則辭退，只留下一名工頭和一個小型的中國維護團隊直到一九四八年。公司藉販售糖廠蓄水池的水、出售廢金屬和出租空倉庫來支付花費，賺點利潤。太古糖廠名下可能最有價值的資產，逐步得到新的關注，這個資產就是太古糖廠所在的土地。但在一九四八年，公司下單訂購了新設備：其計畫是重建一個規模較小的工廠，專門生產高級精糖。原始公司的章程和所有權結構都是約翰・森姆爾・施懷雅在一八八一年為試圖超越怡和洋行的遺緒，它在一九四九年自願清算，資產轉移到一家新公司，由香港的董事會管理，董事會中有兩名來自太古外部的成員。到那時，鰂魚涌的設施已經修復，銷售部門重新成立，生產自一九五〇年六月又動了起來，在此之前，方糖製造機器已經再次啟動。[58]

「現在又重返商店了，」新加坡報紙的廣告彷彿低語般說著，「要來一兩塊方糖嗎？」「重返商店，」他們在香港宣布，「也重返我的廚房。」「食品寄送的好選擇」另一份廣告文案催促道，另一份則說，「每個人都會很高興你寄來太古糖」，因為新加坡的英國人會寄禮物到仍實施配給制的英國。有些人隨身攜帶太古糖。一九五二年一月，泰國第一支國際橄欖球隊隊長搭機抵達英國，有人拍到他手提一大袋太古糖入境。這張照片在香港的《中國郵報》轉載，太古企業積極參與的幾項商業開發在照片中巧妙的交會。太古糖通常不會移動到那麼遠的地方，而它確實會移動，太古輪船公司載著一包包的太古糖沿著其網絡抵達海峽殖民地、汶萊、婆羅洲和柬埔寨，然後再繼續前進，到亞丁、肯亞、伊拉克、印度和斯里蘭卡。「記住」，一九五九年為新加坡零售商編寫的手冊敦促，「十月是太古月，以純正、高品質、實惠做為太古糖的賣點，你也在推銷太古糖嗎？」[59]

儘管銷售「非常好」，董事們仍認為，太古糖廠若要在一個大幅縮水的海外市場恢復到戰前生產水準，將再次面臨嚴峻挑戰。確保原糖供應便是挑戰之一。臺灣是顯而易見的供應源。但當約翰．史考特在一九五二年二月前往臺灣討論「追糖」一事時，國民黨政府的中央信託局主任尹仲容反問，我們為什麼要賣我們的糖賺「一文不值的英鎊」。好吧，史考特若有所思地說，尹仲容這樣的人「不喜歡英國」是因為英國承認共產黨政權，但若談起臺灣島上的製糖作物，和太古作對的不是政治情緒，而是政治經濟。[60]臺灣反而把糖送到日本。但最具破壞性的威脅發生在一九六四年，當時馬來亞製糖公司（Malayan Sugar Manufacturing company）在北賴（Perai）開設馬來西亞的第一家煉糖工廠。除了衝擊太古糖廠從香港出口約三分之二產量的市場之外，而且是對其整體營運模式至關重要的市場，馬來亞製糖公司的成立也打擊了太古輪船公司，太古輪船當時已經有固定從紐西蘭運送原糖到北方的重要業務。盡頭早就浮現在眼前了。一九五六年，公司討論過要放棄香港煉糖廠，並主動提供「全套交易」給馬來西亞政府，「為他們創建一整個製糖工業」。除了為太古取得前進馬來西亞經商的資格，還會得到鯛魚涌土地的豐厚溢價。人們普遍認為，英國利益不僅可以承受得住殖民地到獨立地位的過渡，甚至可以在新的獨立發展策略中，強化它們作為合作伙伴的地位，可惜帝國晚期和後帝國時期的樂觀情緒並不長久，而且這些計畫也反覆遭到挫敗。

在這種情況下，其他人採取了主動：北賴的糖廠是馬來西亞出生的華裔企業家郭鶴年（**Robert Kuok**）創辦的新公司，也是和馬來西亞聯邦土地局及幾間日本企業構成的合資企業，而且在正式營運前，馬來西亞政府特別設立進口配額，以保護本國的新興產業。郭鶴年曾在新山（**Johor Bahru**）代理太古糖，每月從新加坡的牙直利公司（Guthrie's）進貨八十噸，賺進「非常、非常多的錢」，直到有一天戛然而止。他本來就不太喜歡和英國人打交道，而且他有的是朋友和人脈、決心和怒火，以及和他站在一起的後殖民歷史。國際政治、新興獨立國家的保護主義發展策略，以及郭鶴年等新面孔的關係和交易，逼使太古集團重塑其業務。這種關稅優惠策略在英國勢力所及的世界裡相當普遍，而且在可能的情況下，像太古這樣的英國企業會充分利用它們，藉此取得優惠地位。舉例來說，隨著努力重啟生產，他們在一九四八年仔細考慮競爭馬來亞食糖配給的唯一供應商地位。「在我們得面對一切競爭障礙之前」，[61]喬克・施懷雅在報告中提到，他們因為從食品部獲得馬來西亞市場和香港市場的保證訂單，在捲土重來時獲得了一點保障。但眼下，隨著英國官方權力衰退，他們發現配額和壟斷反而被用來對付他們。衝擊立竿見影：在馬來西亞新糖廠營運的頭一年，香港的精糖出口短少了三分之二。[62]郭鶴年的生意破壞了太古糖廠。市場飽和就是飽和了：一九七三年，太古糖廠完全停止煉糖，不過仍繼續製作方糖和包裝精糖，因此太古糖仍是商店的常備產品。公司在鰂魚涌的倉庫繼續出租，提供穩定的收入，而當公司在一九六〇年改造其原糖倉庫時，新大樓的設計便是一樓樓上有四層商業儲藏空間供公司使用。現場處理的業務已經進入轉型。於是，某項長期投資的一個階段就此結束。由於口味和消費模式已出現巨大變化，太古最初誘使東亞人（尤其是中國人）放棄他們未精煉過的糖，轉而使用太古的精製白糖的原初策略目標已經達成。而其他糖廠如今把太古糖廠趕走了。儘管如此，就好像喬克・施懷雅在他日記所言，雖然重建後的工廠現在完全供過於求，但「它們正坐在（鰂魚涌）的金礦上」。[63]

一九五八年，香港的美國驗船師朱利厄斯・M・波梅蘭茲（Julius M. Pomerantz）向太古提議了一個類似的「全套交易」。「一個怪人，」約翰・史考特寫道，「名聲並不好」。波梅蘭茲的目光投向太古船塢，想要結合巴西的維多利亞（Vitória）。他有一份供應「並推動全面造船工業」的合約，包括所有的勞動力和設備。太古船塢擁有經驗豐富的員工，而太古公司擁有更廣泛的資源，當然應該考慮這樣一個誘人機會，遠離動盪的亞洲和「香港未來的不確定性」。[64]儘管多少算是荒唐的投機事業，但這也是深植於將中國專業技術和勞動力運送到海外的悠久歷史中的一個想法，而太古的利益一直以來都與此相關。只是提議遭到拒絕：因為太古船塢在一九四五年後有更令人滿意的重生，一九五三年，正式啟用太古船塢，為公司家族外的一間公司建造第一艘戰後遠洋船，然後在一九五八年達到訂單全滿的狀態。

太古船塢本身顯然屬於固定資產。雖然其內部專業知識或技術可能被借用或轉移——有個一九五一年的請求是，能不能在馬尼拉幫助我們；董事們在一九五二年思考，我們能不能在澳洲做點什麼——畢竟，船塢本身是牢牢固定在地上不能移動的。[65]但前進巴西並不是徹頭徹尾的新穎想法。波梅蘭茲不太可能聽到太古集團內部高層討論的風聲，不過，對眼前這處脆弱易受影響的地點採取措施，一直是近十年來公司持續討論的話題。最初在英國註冊的公司已於一九四〇年清算，然後在比較有利的稅收環境下在香港重新成立，沃倫．施懷雅曾宣稱，因為戰時英國的徵稅是「沒收性」徵稅。[66]但在共產黨席捲中國及韓戰來臨之後，這個務實的決定逐漸顯得像個錯誤。香港如今是一個脆弱的前線領土，實際上也並沒有防禦能力——一九四一年十二月日軍占領就是明證——而且可能藏有一支受到北方湧入者支持的強大「第五縱隊」（fifth column，按：指潛伏在某個國家內從事顛覆活動，與該國敵人裡應外合的間諜）。「透過船塢，我們在政治上不安全的香港賭上太大風險，」約翰．馬森在一九四九年年底寫道，「我們想要避開一些風險」。[67]太古船塢的盈利能力也讓事情變得複雜，因為船塢的獲利有助累積厚實的儲備金。

亞洲各地的「民族主義傾向」令人擔憂，但「共產中國控制的危險」才是最大的威脅。倫敦總部後來估計，太古旗下公司在一九三九年的中國擁有四百萬英鎊的資產。他們不但失去了全部的資產，而且截至一九五四年八月，還匯了八十六萬一千英鎊給被當作抵押品的公司。除了對香港的直接威脅，對於「一九九八年」（這是當時的說法）和新界租約的結束，也存在著一種長期的焦慮。太古船塢作為擁有本地董事會的本地公司，很容易在任何新制度實施後失去控制權，而拿不到賠償。一九五四年首次詳細擬定的計畫，是透過在香港發行股票來解鎖並取回儲備金。這筆資金將再投資到一家英國公司——史考特造船公司（Scotts Shipbuilding）——並為太古集團在澳洲的商業開發提供資金。約翰．史考特也是史考特造船公司的董事，綿延好幾代的家族和公司盤根錯結依舊清晰可見，而太古船塢也已在一九五三年以「閉鎖投資」（lock-up investment）的形式，收購了史考特造船三分之一的股份，他們當時認為，這個投資不會受到亞洲政治的影響。一九五八年，太古集團最終決定，將太古船塢百分之三十的股份在香港證券交易所上市。一九五四年及更緊張的一九五八年臺海危機又進一步驚動公司，香港的安全再次受到質疑。[68]

喬克．施懷雅在一九五八年十月抵達香港，和香港上海匯豐銀行總經理麥克．特納（Michael Turner）及香港總督格蘭瑟姆爵士（按此順序）商議如何順利發行股票。據喬克所言，特納奉勸「任何偽裝的嘗試都不會有太大作用」，「無論〔你〕說什麼，大眾都會認為，你的目的是為了把錢從殖民地拿走」，喬克私下寫說，而這「事實上是真的」。格蘭瑟姆「不太高興」，因為這可能會損害「香港的穩定和信心結構」。「我認為他一點也不樂見，」喬克在日記中寫道。但這些最初的擔憂，以及特納對香港還在起步階段的股市能否消化此次發售的擔憂，都被重新考慮了。事實上，邀請本地權益入股太古船塢有一個實際的附加目的，畢竟此舉當然也可以被理解為公司對香港的未來充滿信心，儘管這實際上稀釋了太古集團的整體財務承諾。股票發售獲得了百分之一百的超額認購。[69]就在此時，公司還出售了在香港的辦公室，於一九六〇年六月中旬搬進新大樓「於仁大廈」（Union House）的租賃處。諾爾斯於六月十一日從屋頂的旗桿上降下公司旗，新業主將拆除這座一八九七年落成的建築，如今距離海港有一段距離了。老行樓已經變得擁擠又破敗。雖然日本人在行樓部分空間裝修的妓院迅速遭到拆除，即使在一九五四年重新鋪過地板並安裝空調，整體業已不敷使用。行樓出售自一九五二年起就是一個可能性，他們就某個方案進行討論，該方案需要從一家願意買下行樓，甚至是有意願購買所有太古洋行物業的公開上市的土地投資公司進行售後回租，然後把資金轉投到比較安全的雪梨房地產。對香港「災難」和資本損失的恐懼，也是這個考量的主要因素，就像他們在一九五一年十月聘用J・A・布萊克伍德（J. A. Blackwood）出任大班，也是因為他被認為是萬一中國接管發生，公司可以託付的人。畢竟，他在擔任上海經理時，已經有過被中國接管的經驗了。一九六三年八月，全資新辦公大樓「太古大廈」（Swire House）在雪梨落成。[70]

船塢的重建成為一指標敘事，是一九四五年後香港經濟重生的關鍵。作為商會主席的諾爾斯強調，在海外市場行銷香港產業的必要性，但他也以大班的身分，連同在他之前與之後的大班們，協助監督了一部分香港產業的推銷。「我凝視著……近乎絕望，看著眼前的荒涼和廢墟，」（查爾斯・科林伍德・）羅伯茲在一九五〇年回憶他走出赤柱拘留營後，看到太古船塢的第一眼，「我很訝異聽到我的同伴自言自語地說，『比我想像的還要好』！」那個人是經理約翰・芬尼（John Finnie），事實上，他說的沒有錯。兩人有所不知的是，就在他們一人垂頭喪氣、另一人心中充滿希望地望著瓦礫散落的景象時，一道新的水門（caisson）——一種船塢閘門——已經抵達可倫坡，正在前往香港的路上。造價十萬英鎊的大型機器、工具和鋼材在運輸途中。美國空軍拍攝的空襲後照片已傳到比利特廣場，因此炸彈摧毀的程度清晰可見，而一九四三年展開的重建計畫總算可以進行下去。倫敦要求外交部想辦法將被拘留在上海的船塢員工送回香港，因為香港「即刻」起便需要他們。在赤柱，被拘留的船塢建築師和製圖員一直在制定計畫（沒有其他事情可做）。第一個船臺於一九四六年的一月清理完畢，海軍做了點「棘手」處理，清除掉一些大型未爆彈，不久後，乾船塢準備就緒，並於二月八日接收第一艘船。一九五〇年九月，第一艘下水的船是新的安順號，其前身一九四二年在新幾內亞沉沒。摩斯夫人（Lady Morse）開了一瓶香檳，將這艘七千噸大船送下船臺。摩斯夫人的丈夫是香港上海匯豐銀行的經理亞瑟爵士，他曾為太古船塢審查一筆非常大的透支額度。一九五二年，船塢「在未來一段時間內工作滿檔」，當然還是受到時代政治不穩定的影響。[71]

重建的船塢也讓倫敦有其他擔憂。芬尼是在鰂魚涌工作的一代代格里諾克人之一，他基本上把船塢當作自己的地盤管理（並在腦中進行組織安排），他不是董事和大班眼中具有商業頭腦的角色，也不是想法與時俱進的經理，可是他卻讓船塢重新運作了起來。起初，船塢的員工在重建時即興發揮，用他們可以回收利用的任何物件進行重建，漸漸的，他們修建出的新建築顯得「氣派」。芬尼合理的目標是把這個有四十年歷史的設施現代化，同時進行修復。即使在一百五十萬英鎊的重建經費被大幅削減之後，芬尼似乎還是做到了。新辦公室「無疑帶來效率，但〔它〕流露出一種狂妄的氣氛」，喬克．施懷雅在一九五一年暗忖道。確保鋼材數量充足一直是令人頭疼的問題。到處巡視的董事在日本和澳洲遊說，希望能確保供給無虞。一九五四年，太古船塢發行了一本內有豐富插圖的書，紀念船塢再生及五十週年慶——不包括被日本人接手經營的中斷期間所從事的業務——並為太古輪船公司打造的新的重慶號舉辦下水儀式，這是第四艘「重慶號」，也是交付給太古輪船公司的第三十五艘船。[72]船塢每年平均維修七百艘船。「太古號」（Taikoo）是一艘效率極高的新型蒸汽拖船，一九五〇年正式下水，負責打撈作業的業務，源自赤柱集中營的落伍產品，畢竟時間對那些被拘留的人而言確實是靜止的。颱風是業務的推手，對船塢設施造成些許損壞的妖風，帶來許多港口損傷船隻的業務。[73]維修和煤炭柴油轉換逐漸成為船塢的核心業務。

船塢意味著勞動，而勞動意味著工人。鰂魚涌勞動力在殖民地是數一數二的多。數字隨著業務變化而變化，但一九五四年的一份紀錄顯示，鰂魚涌平均有四千五百名工人，包括三百五十名文書人員和九十三名英國人；這數字最高可能波動到五千七百名男性、女性和青少年學徒。勞動就業結構依然複雜。除了由船塢按月支付的核心員工，也包括學徒在內，或按日計酬的核心員工，還有由各承包商提供的計件工人，這些人一般雇用員額總數的五分之一。喬克在一九四六年評論說，戰爭使許多人到其他地方工作，這些人回到太古後有了「更高的標準」，他指的是更高的期望。我們看到，啟德機場航空維修站正為訓練有素的中國機械工人提供新的出路。唯有大幅提高工資才能留住中國辦公室職員，中國女性也首次被聘用從事白領工作（就像過去在香港行樓辦公室的白領工作）。[74]對公司更高的期望，以及殖民地脆弱的經濟，引發了一九四六年五月兩千名契約工人參與的第一次戰後罷工，然後一九四六年十一月又爆發一次；一九四七年八月，歷時一個月遍及全殖民地的機械工人罷工，為工人爭取到百分之五十的加薪——太古船塢的契約工人又多罷工了一週；一九五六年勞工成功爭取到加薪，一九五九年則發生了關於公司住宿的嚴重紛爭。一九四七年，公司任命了一名福利和勞工官員，負責監督一項擴大的福利計畫。這不是前所未見的事。除了容納約三分之一勞工的「鰂魚涌村」住房福利之外，太古早在一九二三年就成立了一所免費學校（自一九二四年起，為其學徒開設課程），並為員工及其眷屬開辦一家診所。現在，船塢裡又開了一間食堂，還有一家診所，在鰂魚涌村開了兩家商店，以「合理的價格」販售生活必需品，並與當地福利協會合作，為社區舉辦一家扶輪社的公共診所。住在東方的董事和他們的妻子經常上報，為福利中心（一九五一年）、游泳池（一九五四年）（幫助萬秀明代表香港參加一九五六年的墨爾本奧運）和運動場（一九六一年）等新設施揭幕，參觀學校，並舉辦活動，在活動上表揚長期服務的員工。公司成立了太古船塢華人福利會（Taikoo Dockyard Chinese Welfare Society），每年提供經費給他們。[75]這在當時好過殖民地多數工業部門的福利條件，即便如此，在艱困時代，以及許多人在人滿為患的香港辛苦掙扎的情況下，福利永遠都不夠用，而隨著條件確實有所改善，期待當然也會越來越高。

勞動力在很多方面分裂，一如這整個香港，尤其是在政治這方面，左派和右翼工會之間存在巨大分歧。在代表員工的團體中最勇於發聲的，當屬一九四六年成立的左派太古船塢華員職工會（Taikoo Dockyard Chinese Workers' Union）。香港政府勞動部和香港警察政治部的報告，有助解釋一個結合共產主義政治和勞權運動的組織的活動。一九五九年，其成員有一千七百名左右——約略占半數正規勞動力——雖說僅其中一半的成員有能力繳交會費。工會經營自身的福利中心，為會員的孩子開設識字班，為會員開設政治班，並制訂身故撫卹金方案。它在市中心設有一家中華民族產品的商店——屬於中國大陸經營的企業——並擁有粵劇團（後者可能是煽動宣傳的藝術團體，就像中華人民共和國境內的數千個劇團）。倖存的工會出版物為宣傳新中國成就所保留的篇幅，多過本身在鰂魚涌的工作成果。一九五六年十月一日，中華人民共和國國慶，工會在辦公室一側展示一巨幅壁畫，慶祝新中國的成就。[76]十天後，殖民地的「右派」（親國民黨）團體慶祝中華民國國慶，血腥暴動隨之而來，導致近六十人死亡。這不只是用海報較勁的政治角力而已。

隸屬共產黨殖民地全區總工會的太古船塢工會，積極支持共產黨在香港的政治宣傳，例如對抗驅逐非法占住者，並參與招募專業技工移居中國的運動，特別是一九五八年七月，四百人離開殖民地投入大躍進運動。他們當中很多人後來明智地回到香港，自此幻想破滅，而且有種被欺騙的感覺。政府的勞動部主持了一項訪問各個工會的計畫，將他們的擔憂轉達給上級管理者。「我們已聽過你們的訪談」，一九五九年八月，經理R．D．貝爾（R. D. Bell）淡然地回應一份備忘錄，「工會已經知道我們對這些問題的意見。」工會本身對船塢員工生活及工作情況的呈現，和公司管理階層呈現的樣貌，自然經常相互矛盾，工會當然是有共產黨的背景，但兩者可以彼此互補，共譜船塢工人生活的整體樣貌。雖然勞動部的工作人員和其他人經常對工會提出的員工情況和工安疏失聲明持懷疑態度，然而，我們也可以合理懷疑管理階層的一些回應。不過，就像某官員在一九五九年記錄的要點，「雖然他們不是慈善家」，但他們「知道如何經營一間好的造船廠」。「我們把他們列在『具良好慣例』名單上的前幾名。」[77]至於船塢持續雇用人力轎轎夫載經理們上下班直到一九五〇年代一事，我們並不清楚任何人對此有何看法。[78]

數千名船塢僱員及其家屬住在鰂魚涌的公司住宅。太古除了是船塢，也是太古在船塢東邊沿筲箕灣岸建造的公司村，一整排的三層樓廉價公寓（tenement），以及料理用具店食物和小吃攤，餵養著公司村的勞工——還有那裡的放款人與當鋪——及其家庭，還有續住在員工住房的前員工，或過世員工的家屬。一個船塢工人可能會扶養三到四個人，通常還更多。香港的「人的問題」也和高出生率有關。工會在一九五七年聲稱，船塢工人平均每年生下四百四十個小孩，他們得用自一九四七年起就停滯不漲的薪水養家餬口，而如今食品價格又比十年前高出百分之二十五以上。[79]學校一開始收了一百七十名兒童，一九四六年重新開辦後，增加為兩百名，一九五一年達到近六百名，然後到一九五六年超過七百名。[80]工會認為，船塢的老闆「已賺得數百萬利潤」，而且特別點名批評先前提過的倫敦總部認為頗張揚的「新辦公大樓」和員工面對的「不爭的」艱辛，形成鮮明對比。到了一九六〇年，有些家庭已經連續三代在太古工作。其中一位居民是車庫裡的臨時工，他的祖父在某木匠承包商手下工作了二十年，於日本占領期間過世；他的父親在一九五〇年前後去世之前，也為另一個承包商工作了二十多年。另一位學徒的父親，十六歲加入太古船塢，也是學徒，在日本占領期間去世。有位細木工，一九二一年加入公司，年僅十三，服務五十年後於一九七一年退休，兩個兒子也都替船塢工作。一位計件工在一九六九年做滿六十年時退休，約略是在十六歲時加入船塢。[81]中國的政治和香港的政治，殖民地的經濟和範圍更廣的區域經濟，在在影響了船塢的生活和工作。

隨著新公寓落成和舊公寓拆除，矛盾更顯突出。這些廉價公寓在一九四〇年代的屋況就已經不好了。我們知道，早期工人們有轉租和分割出租的習慣——一個人可能僅僅租了雙層床的其中一個床位，甚至連一個小隔間都沒有，而且每層樓可能住上三十個人——住房的出入只有非正式的管理，太古船塢沒辦法加以控制。拆除將一勞永逸地解決一堆問題，因為唯有明顯有資格入住的人才可以搬回來，而且新蓋的公寓品質將大幅改善（連帶鼓舞員工士氣）。但在逐步趕走非法占住者的同時，此舉也使得住在街區裡的退休或病殘員工，以及過世員工的家屬，流落街頭無家可歸，這些人都認為，公司基於道義應該關心他們。我們也知道，轉租廉價公寓是許多家庭很重要的收入。[82]公司取得對實施租金管制的《一九四七年業主與租客條例》（*1947 Landlord and Tenants Ordinance*）的豁免權，於是重建街區的月租金從每月五美元，調漲為二十五美元。工會組織抗議活動，反對調漲和驅逐令，但在公司裡，他們又讚揚新的住房代表的進步，據稱就連抗議工人的妻子也跟著美言幾句。[83]公司和工會彼此爭奪勞工的效忠。在這件事上，太古贏了，多數員工都接受公司重新安排住處，而那些資格不符者則是得到補償，或是由安置辦公室協助另行安置。這個事件讓我們看見被太古船塢陰影籠罩的貧窮香港，沒有魅力，沒有旗袍，沒有女演員。舊村子裡有個太古輪船公司海員的遺孀，和她有「精神疾病」的兒子住在一起；裝配工老郭的遺孀和幼子；退休承包木匠老賴；臨時油漆工老張，育有四子，在船塢服務了七年；臨時女工王氏，她的丈夫曾是臨時油漆工；刮漆工老吳在一次工傷意外後，因治療不善傷勢惡化致殘，無法工作；寡婦陳氏是承包的臨時工，過世的丈夫為臨時油漆工，有三個受她撫養的人；已故油漆工老梁的妻子，「如今靠乞討維生」：老梁二十二年前就過世了。其實，多數和公司有關係的人，無論多麼微不足道，都住在私人出租的房屋，有些是水上的出租船屋。一九六七年聖誕節，災難三度威脅一名船塢臨時工：三胞胎的到來，讓這個住在某避風塘內舢板上、已有五個孩子的家庭即將陷入極度赤貧。[84] 這是香港的另一面，多數時候香港大部分地方的樣貌。即使工作有保障，米桶至多也只有一兩碗米的存量。

香港當然仍是英國的殖民地，我們要記住這個事實。香港看起來、聽起來和感覺起來都像英國的殖民地。它比較不像觀光行銷標榜的中國膠囊，而經過幾十年的光景，隨著英國逐一放棄殖民地，又經歷旋風式的諸多變化，香港看起來反而像一個可以從中找到過時的英國殖民歷史的時空膠囊。舉例來說，香港總督可能是從所羅門群島卸任而來，而後又會離開前往新加坡繼任，身穿以駝鳥羽毛裝飾的殖民地部正式禮服。新來的人留下了名片，在汗涔涔的氣候帶，許多早已被英國拋棄的愛德華時代社會習俗仍徘徊不去。這裡「是種族劃分和社交小圈子當道的地方」，一名遊客在一九五二年殖民地部的出版刊物上評論道，並指出「香港山頂」（按：即太平山）現在雖然不再被法律專門保留給歐洲人，但就連一般英國人也覺得，那裡是社會地位高不可攀之人的地盤。「與中國人幾乎沒有真正的社交關係，」後來的董事長雅德里安．施懷雅回憶說。他於一九五六年來到香港，學習經營公司之道。「所有戰前的殖民習慣都還在。」外國人基本上和中國同儕沒有私底下的互動。因為不太有鼓勵員工學習中文的風氣，而且太古這種公司內部的社會禮儀禁止男性英國員工和中國女性有（正式往來）關係，和中國人之間的距離始終存在。[85]這確實是個「自製的牢籠」。政治的距離又強化了社會的隔離。戰時，在倫敦和集中營的官員與居民，和英軍服務團或澳門難民一起工作，並對一九四一年的災難以及導致崩潰的原因，進行批判性的反思。政治改革的大計被提出，可惜全數遭到中止。香港仍是官員獨裁的政體，缺乏任何民眾支持的合法性，它和從英國企業中挑選出來的少數指定「非官方」代表（代表正常來說應該是官方的才對）合作。如今，太古通常是其中的一員。諾爾斯、布萊克伍德或其他大班不是被人用選票送進立法局的（然後他們成為「尊貴的」議員）。英國的大洋行與殖民政府之間的關係密切，有些觀察者認為是太密切了，但對另一些人而言，他們所代表的利益對經濟太重要了，無法保持一定距離。（英國人心裡）有一個很實用的迷思，他們堅信香港的中國居民其實對政治沒興趣，寧願把政治交給其他人去處理，只要他們辦事有效率就好。英國方面則自我安慰，他們辦事的確很有效率。我們很快就會發現情況並非如此，特別是貪汙腐敗深植這個殖民政府的所有層面，而且全面滲透公共生活和私人生活的領域。[86]

公司的新員工或從其他分行來報到的新員工，不住回想起他們深陷在籠罩著官方生活和英國社交生活的戰前氛圍裡。姚剛從上海分行來到香港，他認為當時的規範，不僅扭曲了英國人的行為，也扭曲了在香港長大的中國人的態度，他覺得，這些人時常毫無必要地遵從英國人。這和地位、階級的問題是交疊的，而且即使身為管理實習生，他有權使用為高級職員保留的廁所，而他意識到，和他地位相當的英國人竟會反對，因為殖民時代的香港是這麼教導他們的。這類境遇令英國員工感到不愉快，因為姚剛這樣的人和他們平起平坐依然是很不尋常的事。公司的階級制度在很大程度上，仍然是以種族為基礎的階級制度。殖民社會是由正式和非正式的差異管理形塑而成的。「去日本的感覺真好，」雅德里安．施懷雅回憶道，「因為日本是一個『真正的』國家，你不會看到那種分裂。」[87]公司的辦公室氣氛汲取自戰前，一路瀰漫到一九六〇年代。有個一九六四年到決策辦公室報到的新祕書在晚年回憶說，「這是一個滿難以適應的衝擊，」像是僵固的正式辦公桌格局，還有完全不適合當地氣候的辦公室衣著規範，更別說都什麼時代了。[88]在這方面，公司正處於明確轉變的交界點。就在前一年，公司剛任命加州大學畢業生、香港出生的莉迪亞．鄧恩（Lydia Dunn）擔任太古貿易有限公司的管理實習生。太古慢慢地雇用越來越多長期以來避不加入該公司的香港畢業生。「頂尖」的中國大學畢業生認為，他們在外資公司晉升為高級主管的道路會受到阻礙，所以選擇為中國公司工作，或是從事專業，如律師、醫生等。「我們可能錯過了真正積極進取的人才，」湯姆．林賽在一九六六年退休後反思道，他一直以來都是參與太古人事的核心人物。[89]撤出中國後，公司位於職涯中期的員工過剩，於是試圖在太古貿易有限公司等新部門為他們安插職位，或將他們送進公司在澳洲投資的企業。即使這個殖民地不斷為公司製造焦慮，隨著其亞洲重心越來越確定在香港，公司確實需要真正的香港人來經營一間香港公司。

姚剛後來把一些員工問題，歸咎給公司慣例中「不平等待遇（文化）的歷史遺毒」。在此值得一提的，是中國管理人員（無論實際角色為何）藉以代表全體員工，或用來領導全體員工的作法。一九四九年，一群員工成立太古華人職員會（Taikoo Chinese Staff Association），並得到公司提供的職員會會所，希望辦公室員工可以在會所裡打麻將、享用便宜餐點、享受各種嗜好。起初人們對此抱持懷疑態度，因為會所裡散發出一種「政治和工會的味道」，有一份報告這麼說（而在成立動機中借用美國《獨立宣言》的語言，只是更加啟人疑竇），而且有一些參與者被認為是「激進分子」，可是公司決定和新成立的職員會合作，「並指導」職員會。[90]這不是一個代表機構，而政府對社團和組織的嚴格規定，意味著它在官方登記上屬「慈善社團」。協會被禁止代表員工就薪酬或工作條件和公司進行任何討論。但作為唯一正式組織起來的員工機構，而且擁有經選舉產生的代表委員會，它曾在一九五〇年代中後期試圖代表員工和公司協商。其中一名華人員工領袖查斯特．甄（Chester Yen）因為制伏了職員會而為人所信賴。然而，這是殖民地廣泛存在的矛盾所顯現的表徵。一九六〇年代以後，公司的這些華人主管都是戰前就進到公司的人，有些是以買辦的身分加入，有些以買辦親戚的身分加入，還有一些是透過昔日華人社內員工招聘計畫進到公司的資深員工。他們多數人先前已在一九五四／五五年從中國退休，因為作為「資本代理人」——這是中共給他們的稱呼——他們在接管太古公司的機構中沒有未來。多數人當時就離開了。「他帶領一部分的員工」，湯姆．林賓在一九六六年四月如此描述其中一人；「他帶領人數不少的員工」，是他對另一人的描述；他說，第三個人「代表了汕頭生活的兩個主要族群中的一個」，所有人都認為他實際上是共產黨員，至少關係非常親近，使他成為共產黨和香港左派機關的溝通渠道。[91]這些都是公司內專業又資深的人，但他們並不總是能代表公司在其中運作的新世界。擁有深厚當地社會基礎的廣東人主管人數很少。

一個沒有與時俱進的殖民政府的僵化限制，在一九六七年五月香港社會爆發衝突時展現得淋漓盡致。自塑膠花工廠勞資糾紛衍生出來的騷亂，並非殖民地的第一次嚴重社會動亂——前一年，天星小輪（Star Ferry）擬提高票價一事就曾引發騷亂，而這本身就是民眾個人生計脆弱的跡象——卻成為最暴力且持續時間最長的一次，並迫使香港政府在鎮壓叛亂（最終只能用鎮壓的方式處理）之後，採取一系列新的政策，這些政策謹慎地重新繪製政府和香港社會的關係，並未著手制定任何政治改革。[92]這場暴動無疑得到當地共產黨幹部和左派積極分子的支援，他們成立「戰鬥小組」和「反迫害鬥爭委員會」，將福利中心和工會辦公室變成堡壘，用以抵擋暴力並臨時提供致命武器，指揮一場由和平抗議演變成炸彈攻擊的運動，這次的殖民地危機最終導致五十一人死亡。其來龍去脈當然是受到一九六六年春末，毛澤東為鞏固自身在中國政壇主導地位而發起的文化大革命的影響。長久以來，即便是在生前，毛澤東就很在意他的歷史評價，唯恐自己步上死後跌落神壇的史達林的後塵——一九五六年，尼基塔．赫魯雪夫在一場分裂共產主義世界的演講中公開譴責史達林——於是，中國共產黨主席領導中國青年對自己的黨，以及對中國生活、社會和文化的各個層面進行猛烈攻擊。隨著文革展開，香港共產黨圈裡有許多人愈是覺得，因為遠在中國邊境之外所以心情上就置身事外，看來是錯誤的對策。因此，當本身正處於文革左派接管陣痛期的北京外交部於五月十五日，對九天前在香港發生的涉及警察和罷工者的騷亂發出譴責，香港的左派分子於是採取了行動。即便如此，如果潛在的社會問題和治理問題並不存在，衝突事件發生後也不至於越演越烈。所幸，絕大多數香港人支持政府恢復秩序，最終也確實恢復社會秩序，而香港的腐敗亦得到應有的報應。

對太古集團而言，這一年的開端其實是愉快的，因為以一系列活動慶祝公司在中國成立一百週年。在香港上海滙豐銀行於一九六五年慶祝成立百週年後，關於即將到來的約翰・森姆爾・施懷雅首次訪華紀念日討論於焉展開。公司決定以一八六七年一月一日為太古洋行的成立日期，並在香港、臺北，以及當年稍晚在日本舉辦活動。公司頒發獎章給資深員工（多數為銅製獎章，少數為銀製，並頒給東京的王室貴客秩父公主一枚金獎章），宣布提供新的獎學金，並捐款給香港大學和最近成立的香港中文大學。來自太古和太古管理的公司的一千四百名員工，在香港大會堂（Hong Kong's City Hall）觀賞歌劇和歌舞表演（一名「身上裝飾鴕鳥羽毛的澳洲香豔舞者」表演了一支端莊且未裸露的脫衣舞，為慶祝活動增添超現實的氣氛）。較高階的職員和英國人出席在香港會所舉行的招待會。殖民地香港的脆弱狀態束縛著自身順利運作的方式，很多都可以從微小的差異和區別，以及枝微末節的未明之處看出：雖然給香港中文大學的捐款是用來資助編寫一部新的漢英詞典，卻沒有人意識到，獎章上的中英文日期是不同的。喬克只能舉杯向未來致敬。而他個人視察這座城市近五十三年的輝煌紀錄，被約翰・史考特在日本記錄下喬克的父親在一八六七年曾到訪香港一事給喧賓奪主了。顯然，公司發展過程中這連續發生的一切，不只關乎企業，令人出乎意料的，也關乎個人。

一九六七年元旦，幾名董事齊聚香港，太古集團正由新一代負責經營。喬克的長子約翰・A・施懷雅（John A. Swire）於一九五〇年十月首次來香港出差。在接下來的四年裡，他任職香港多個部門，也去了日本和澳洲，並於一九五五年回到倫敦加入董事會。他的弟弟雅德里安於一九五六年九月抵達香港，和許多新進員工一樣，從「跳船」（ship jumping）做起：親自迎接船隻入港，然後上船和船長及船員談話。一九六一年，他前往倫敦加入董事會，在約翰・馬森的指導下學習管理航運公司，直到一九六三年馬森退休。一九六六年六月，喬克・施懷雅卸任董事長，身為副手的約翰・史考特也在任職董事會四十二年後退了下來，分別由約翰・A・施懷雅和雅德里安繼任。約翰・史考特的姪子詹姆斯・辛頓・史考特（James Hinton Scott）和愛德華・藍金・史考特（Edward Rankin Scott）也加入了公司，詹姆斯於一九六七年一月一日加入董事會。公司內部還有其他代代相傳的連續性，特別是在高階華人主管的網絡裡。太古輪船的中國經理黃寶熙（Wong Pao Hsie）於一九三一年加入，他的祖父在草創時期就擔任航運代理，和太古輪船有密切的聯繫。李華材（Hua Tshai Lee）的父親是汕頭前買辦。莫里斯・秦是牛莊前買辦的兒子。兩人都在太古輪船工作。一九五八年，太古貿易有限公司經理C・P・王（私下是華人員工的領袖）去世三年後，他的兒子班傑明也加入公司，而且有朝一日將加入香港的董事會。

如果說一九六七年對太古旗下公司是好的開始，有慶祝活動、演講和精采表演，那麼，等到同年春季進入尾聲時，香港本身就野火燎原了。社會經濟不滿、政治激進主義、文革的氣焰和遲鈍的殖民統治產生了一連串連鎖反應。英國公開稱其為「暴動」；在私下和官方的文件上，則稱為一場「衝突」。他們稍微有警覺政治大體上正趨向更不穩定，因為他們已經在一九六六年十二月，從發生在澳門大街小巷及港口的事件，對接下來即將發生有所預知。在那次事件中，澳門的殖民政府屈服於中國人的要求。香港政府密切關注此事，其必要服務委員會（Essential Services Committee）——緊急應變單位——發布了一份關於這起事件的報告，該報告也傳到了倫敦的太古大廈。一九六四年接替諾爾斯大班位子的約翰．布朗於是思索起遇到嚴重內亂時，公司可以怎麼應變。[93] 布朗也是殖民政府的「影子交通部代表」，而香港太古有許多員工都為空軍、警隊或香港皇家國防軍（Royal Hong Kong Defence Force，這是義勇軍在當時的名稱）的附屬單位效力——這是韓戰危機，以及一九五一至六一年間的法律規定遺留的持續影響。隨著殖民地危機在一九六七年的春夏期間迅速展開，許多人在辦公時間之外更是忙得不可開交。

詹姆斯．卡塞爾斯（James Cassels）於一九四六年加入太古船塢。雖然他在香港的頭二十年裡見過不少大風大浪，可是他以前大概不曾淪為眾矢之的。未想在一九六七年六月六日下午，時任公司總經理的卡塞爾斯和他的造船廠經理湯姆．鄧肯（Tom Duncan）被一群憤怒的工人包圍，其中許多人拿著用金屬桿臨時做成的長矛。一名焊接工人就用長矛把經理逼到牆角。前一天，警方展開行動，全面清除全殖民地左派激進分子張貼的海報。政府已於六月一日發布緊急命令，禁止發布「煽動性」海報。六月六日上午，五百名工人聚集起來，「開始高呼口號，高唱共產主義歌曲，高舉寫有以下文字的橫布條，『我們嚴正抗議公司與英國香港當局勾結，無端解僱工人。』」船塢方面著手從汽艇撤下海報，而隨著緊張局勢升溫，一名華人工頭不得不游到港口，搭上一艘經過的中式帆船避開群眾。午後，一小群人包圍了卡塞爾斯和其他員工。左派太古船塢華員職工會主席要求他們簽署一份同意工會要求的文件，另一名激進分子則指揮「群眾高唱政治歌曲，高呼政治口號」。[94]

船塢即將出事的第一個跡象是發生在五月二十三日的一次一小時象徵性罷工，員工響應號召，抗議發生在塑膠花工廠的「英國暴行」。共有三千名工人參與。三天後，一百五十名太古糖廠員工也發起類似的抗議活動。但助長抗議風暴的，卻是對公共設施的海報禁令，其中包括造船廠和天星小輪公司。總督大衛．特倫奇（David Trench）針對六月八日的情況報告，引起外界對「部分工人，尤其是太古船塢工人變得好戰」的擔憂。六月七日晚上，在召開緊急董事會會議後，公司將大門上鎖，並告知員工除非公司有要求，否則不要回來。公司進行了一次「重組」，六月十四日船塢重新運作時，共有一百六十八名員工未被召回；他們後來也被趕出公司宿舍。六月二十四日，另有一百四十名員工參加總罷工，這些人重返公司受阻。一個月後，隨著政府的回應愈發強硬，軍警開始針對各個左派組織自成防禦要塞的辦公室發起聯合打擊行動。筲箕灣路上的太古船塢工會福利部就是其中一個打擊目標，太古糖廠工人工會福利中心則是另一個。軍警大隊在筲箕灣路發現了燃燒彈、簡易炸彈、長矛和刀具。在那次突襲中被捕的工會主管中，至少有兩人後來被拘留，在未經審判的情況下關押了六個月。同樣在那一天被扣押的太古船塢華員職工會主席，也是統籌叛亂的全殖民地「港九各界同胞反對港英迫害鬥爭委員會」常務委員會成員，因參與該事件於六月六日被判處六年徒刑，指揮群眾唱歌的那個人也因此鋃鐺入獄。[95]這次事件總共有四十三人被捕，其中多數被關押到隔年年底。

五月十九日在太古糖廠發起第一次小型象徵性罷工後，整個廠房和送貨車都被貼滿了「煽動性海報」。糖廠停止送貨。一個星期後，在多數員工都參與其中的第二次短暫停工期間，「每天都有新的海報出現」，總工程師和工程經理的辦公室也不例外。談判的嘗試徒勞無功。共有超過三分之一的勞工參加了總罷工。所有參與者立即被解僱，然後多數人皆獲得申請復職請求，並向公司解釋為什麼他們應該得到復職。「核心激進分子」沒有得到申請復職的選擇權。那些人被公司遣散，而後接獲搬離公司住宿的通知。[96]

在動盪的幾個月裡，左派的政治宣傳包括連環漫畫《太古船塢工人的血淚故事》（*The bloody and tearful story of the Taikoo Dockyard Workers*），除了每週在共產黨報紙《文匯報》連載刊登，也以手冊的形式出版。漫畫中描繪殘忍的英國工頭用腳踢學徒作為管教；呈現出不安全的工作條件下的受害者，窒息、受困火場燒死、墜落致死，或者餓死和生病、自盡。未顯憔悴消瘦的工人，被描繪成英勇無產階級力量和憤怒的楷模。一些連環漫畫講述真實事件和個人災難，至少在其中一次災難中，有驗屍官要求起訴太古船塢。那個時代的經典政治煽動內容如下：「現在是我們和大英帝國主義者算總帳的時候了！」故事總結道。「我們必須和他們戰鬥，直到他們徹底被打倒！」[97]船塢則是以強調公司福利和培訓活動的公關宣傳作為回應。而左派攻擊太古船塢的力道，雖然暗示香港陷入動亂是因為更大的社會和經濟問題，以及沒有與時俱進的殖民政權的合法性危機，不過也利用了真正令人擔憂的勞動問題。

公司和外部顧問在罷工後的分析可說是毫不留情。[98]公司過度依賴外籍督導人員，缺乏足夠的員工申訴管道，「薪資結構不公平」，而且公司在實行一九六七年一月同意加薪的原則性承諾方面，沒有任何進展，當初公司可是答應「為全部工人提供合理的生活工資，讓他們無需靠加班來實現這個目標」。該提議還伴隨著一項拔擢更多（擁有正直名聲的）華人員工擔任主管的計畫，但這個計畫也未被嚴正以對。更昭然若揭的是，公司的〈中國高級員工服務條款〉手冊採全英文印刷。到了十月，公司同意每月增加四十美元的工資，這意味著最低工資增加百分之二十二，並且大刀闊斧加速用中國人替代外籍員工，將計件工人轉為時薪員工的計畫加速進行，學徒的培訓也將徹底修訂。一九六七年秋天，太古開始成立許多職工代表組成的內部聯絡工廠委員會（**Inter-Liaison Shop Commitees**）。如同卡塞爾斯指出的，這些委員會迅速「傳達了很多我們不會很快注意到的問題」。[99]這些都是太古船塢的問題，卻也是香港殖民狀態的徵兆。

英國的鎮壓，加上此時多數香港公眾對動亂的敵意，以及支持活動人士的廣泛基礎逐漸耗盡（因為罷工資金很快用光了）等因素，到了秋天，叛亂終於平息了。一九六八年一月，這一切都結束了，除了那些在監獄或未經審判而被拘留的人，而那段痛苦經歷在香港社會殘留的痕跡過了很久才消退。一九六七年，太古船塢華員職工會的警察登記被吊銷。船塢和糖廠被解僱的工人在一九六八年七月請求復職。「我們必須指出，」太古糖廠工會寫道，「罷工完全是香港英國當局逼我們的。我們罷工不是針對工廠。」[100]一九七二年，勞工運動將在船塢捲土重來，一個左派政治組織將再現。政府發起一系列行政改革，展開重要的基礎設專案，並發動旨在消除殖民國家與香港社會之間差距的運動。香港社會此後不會再重返引發一九六七年暴動的大規模不滿。

我們還需要回想一下範圍更廣的社會背景。這是披頭四發行《花椒軍曹和寂寞芳心俱樂部》和「愛之夏」（Summer of Love）發生的那一年，在西方工業世界是社會、法律和文化限制逐漸鬆綁的時刻，這一年在英國和重要的改革立法密切相關，彰顯了英國所謂英國政治的「自由時代」，譬如在廢除死刑、具有里程碑意義的《種族關係法》（*Race Relations act*）之上，還推動成年男同性戀除罪化和墮胎合法化。這一年也是充滿政治危機的一年：中東的六日戰爭、美國各大城市的暴動，以及美國對越南的干預在一九六八年達到頂點。面對葉門亞丁（Aden）持續的叛亂，英國殖民占領長達一百三十年後顏面盡失地撤退了。大英帝國解體的標誌是兩個更具有里程碑意義的決定：一九六七年六月的「國防白皮書」（Defence White Paper）說明英國軍隊將從「蘇伊士以東」的基地撤離，然後在同年的十一月，經過多年代價高昂但徒勞無功的抗拒之後，英鎊終於貶值。後面一項決定對香港影響深遠，因為香港在一九六七年的十月還是海外第二大英鎊持有者，而且並沒有得到充分警告，也幾乎沒想過自己會受到什麼樣的影響。對此，包括殖民政府在內的殖民地權勢集團，感覺自己被帝國中心斷絕關係，此後很長一段時間，他們和倫敦決策者和官員的關係依舊脆弱。

百週年對太古集團是複雜的一年。歷史既和公司站在一起，也對公司不利。香港的商業協會和香港旅遊協會也在如常的活動中，業績谷底反彈，只是其經歷令人深感不安。太古糖廠董事會的會議記錄上提到，董事會在十一月將百分之八十的資本返還給股東的決定，「並不是受到香港的情勢所致」，但其實當然就是香港的情勢所致。[101]一九六六年，太古集團總共有超過百分之四十的投資在香港，並有超過百分之七十的獲利來自香港。然而，在風起雲湧的盛怒之夏期間，儘管公司已經重申承諾，儘管喬克在香港會所堅定宣告祖父的核心原則，亦即公司（永遠）不該「屈從於脅迫」，他將在一九六七年八月下旬指出，這些數字意味著「太依賴香港」，同時表示，這是「我們非常嚴重的弱點」。[102]對此，太古能做些什麼呢？

第十四章　經營香港

香港的危機和倫敦的世代變遷，促使太古集團內部展開深切反省，反省工作方式、營運地點以及商業活動應該包含哪些內容。這也砥礪了喬克・施懷雅說明他心目中最重要的公司核心原則。比起其他人，喬克絕對是一九四五年後率領公司重返市場，並在動盪的戰後幾十年把公司拉拔起來的頭號人物，但對於接下來即將發生的變化，其速度與規模，即使是喬克，也難以當下釐清。公司在接下來的十年間經歷重塑，其核心部分於是重新命名——老巴特菲爾德的名字終於退下——經營許久的商業活動規模縮減，其中部分甚至結束營運，而且有一個全新的業務即將登臺亮相。這在很大程度上源於董事和經理的自我反省，但公司也主動向管理顧問尋求建議，並進一步實踐。這個變化過程也受到香港本身蛻變的影響，並形塑香港自身的演變，包括其都市環境和不斷變化的政治文化與經濟，尤其是它橫跨整個一九七〇年代的驚人成長。很久以前，約翰・森姆爾經常警告，不要將資本無利可圖地押在土地和建築物上。他要他的錢動起來。如今，公司卻將把現金投注到房地產，過去曾經僱用數千人的地方將搖身變成數萬人的家。公司有一些人會對這些變化的規模和細節感到遺憾，但這是合理的商業布局。過程中遇到一些問題，不過在這十年間，當香港幾家歷史悠久的英國公司發現自己性命垂危，就連怡和洋行也瀕臨倒閉邊緣，太古集團反而證明了自身可不是尋常的倖存者。

一切始於自省。從一九六〇年代初期起，公司一直委託英國管理顧問公司的先驅「尤威克·奧爾顧問公司」（Urwick Orr and Partners）負責檢視其商業活動。國泰航空、太古貿易有限公司、太古船塢以及太古洋行的日本和香港公司，都是委託分析的業務。一九六七年六月中旬，尤威克·奧爾顧問被要求盡速盤查倫敦的商業活動結構，以便協助「確定整個太古集團的政策和長程計畫（包括多角化）」。[1]這份報告讓我們看到太古集團在一九六七年夏天非常鉅細靡遺的概況。這家倫敦公司的市值約為一千兩百五十萬英鎊（二〇一九年約為兩億兩千萬英鎊），其中有百分之五十以上的資產不在它管理的公司（並有百分之二十的資產放在最早最早的舊網絡裡：史考特家族與霍特家族的事業）。[2]局外人簡直一目了然，其業務自然而然、甚至是毫無章法地成長，其選擇受到相關人士「能力和天賦」的影響，但不屬於任何有系統或出於商討的策略。這麼說不完全公平，至少長遠來看並不公平，因為舉例來說，成立太古糖廠的前提是太古輪船公司必須事業穩固，而建造太古船塢的條件早在約翰·森姆爾過世之前就有了，而許多航運企業都是一旦能力許可便立刻進軍航空業。但對不熟悉公司歷史的局外人而言，一九六七年的情況看起來尤其獨特。太古集團旗下有三十二家公司，至於太古貿易有限公司、國光油漆廠（Duro Paints）或更近期的開發則是難以歸類，像是一九六五年收購的香港汽水廠（Hong Kong Bottlers，擁有可口可樂特許經營權）或快捷飯店（Hotel Express）或一間澳洲的冷藏卡車公司。然而，顧問公司檢視的重要發現是，太古公司不僅缺乏前後連貫的一致策略，甚至公司的董事慣例傳統，以及在外人眼中顯得難以負荷的「東方」資訊流通方式，在在阻礙了公司開發一致策略的能力。例如來自亞洲的郵件在星期一送達後，送給所有董事過目，然後在「郵件日」（星期五）集中回覆，而這個明確的辦公室節奏和一名員工記憶中香港的「每週倫敦郵件儀式」（所有郵件必須在下午一點五十五分前準備好）相互對應。[3]反之，查找其他領域的重要資訊則障礙重重。舉例來說，太古沒有財務總監，也沒有為集團內任何一家公司制訂年度計畫和預算。決策現場人員承接了主管交付的重大責任和自主權，而基於種種管轄權限的原因，這也是有必要的，但很多事物——太多事物——取決於個人關係和信任。對「子公司和附屬公司的指揮，沒有正式的明確程序」。

「這個安排之所以實際可行，在於相互信任和尊重，這也是我們一直以來最大的優勢，」喬克・施懷雅在回應最後一點時說道，眼前的他，拿著筆頭削得尖尖的鉛筆，顯然正在閱讀報告，他越看越是惱怒。然而，要應付公司面臨的重大挑戰，是否只需要「相互信任和尊重」就夠了？顧問報告認為，公司需要多角化，為此則需要策略，而要協調發展和實際執行策略，就需要任命某人擔任策略開發者，而且需要制定開發預算。此外，任命一名集團財務總監，引進一些經過改善的系統，使董事們得以更有效的管理，而不是像過去，太過專注管理現有的業務及問題。此外，雖然說公司對海外的經理們無比信任，並下放權力給他們（儘管這模式正在慢慢改變），倫敦仍然完全掌控大局，而倫敦的稅務狀況是一個重要因了，受到公司對哈羅德・威爾遜（Harold

Wilson）工黨政府政策的擔憂所影響。太古集團以業主身分採取行動：業主的決定為最終決定。喬克認為，尤威克・奧爾顧問公司的報告內容，有一部分根本「胡說八道」（「這是什麼意思，」他在「目標」和「政策」的定義旁潦草寫道），部分是明智而且早該採取的。但他回應：

> 我們的管理層一直令世界歆羨。盡可能……與時俱進，但不要輕易偏離堪稱公司成功祕訣的基本原則。例如，A.董事長和整個董事會對集團員工和其他階層管理人員的深入了解和掌握。B.家族董事對集團財務的最終控制權。C.保持公司現金保守的流動性，以幫助陷入困境的子公司。D.不要大量投資自己不負責管理的任何標的，除非有特殊原因，例如海洋輪船公司。

可惜喬克現在已不是董事長，而且將在一年後完全從董事會退下來。然而，他擁有超過四十年的實務經驗。這名管理顧問今年二十八歲，大學畢業沒幾年。他在報告中指導喬克、C・C・羅伯茲（曾是香港大班，待過赤柱集中營的資深員工，早在尤威克・奧爾出生之前就到中國工作了）還有麥可・范恩斯（一九三五年到中國，在亞洲有二十年資歷，外加替戰爭運輸部效勞）應該如何經營一家公司。但他是對的；事實上，他和喬克都是對的。將這些經營方法和哲學交織在一起，對太古集團在戰後經歷的第二次重生非常重要。

顧問公司也重申了每個人早就知道，而且已經討論了近二十年的事。公司太依賴香港了，而香港看起來又那麼脆弱。從秋天到一九六八年年初的幾個月裡，董事們研擬了一項多角化計畫，且急於四處尋找關於商業機會的資訊。一九六八年一月，雅德里安・施懷雅前往日本參加新的散貨船「艾瑞丁號」(Eredine）的下水典禮，接著，他前往香港和吉隆坡參與策略討論。回國後，倫敦陳述了對公司發展政策的看法。除了現有商業活動的合理發展，否則不再對香港做新的投資。日本是航運和航空活動成長的重中之重，在房地產方面或許也是。獲利不善的澳洲將加入日本的行列，擔任開發的新「基地」。公司打算將多家公司的少數股權出售給可信任的英國企業集團，再拿這些資金進行新投資。一半投入兩個新的商業基地，一半投入其他領域（但此計畫將更進一步，公司指示澳洲和日本用自身盈收或當地貸款資助其發展）。香港在一月收到公司來信提到，請寄來韓國、臺灣、菲律賓、婆羅洲和汶萊、馬來西亞、泰國與印尼目前的企業名錄，我們在新加坡的企業名錄也已經八年沒更新了。在此有一份柬埔寨的報告（不，我們不會投資，不要碰）。我們需要更深入了解新加坡，還有臺灣。英屬哥倫比亞有什麼機會？在塞席爾(Seychelles）或加勒比地區可以做什麼？無論到哪裡，我們千萬不能做「臨時性」的新投資。我們從來就不擅長「三角貿易」，但我們應該再考慮看看嗎？無論我們做什麼，我們要優先考慮可以運用我們自己的管理人員和管理技能的商業機會，而且要思考「遇到政治動盪時（例如香港突然淪陷），對我們目前員工的未來部署」。[4]

「香港巴不得馬上開始，」一九六八年，雅德里安・施懷雅談到香港的經理時表示，還雙手捧著錢。每個人都對日本印象深刻。喬克・施懷雅也出席了「艾瑞丁號」的下水儀式，並在他的日記裡提到：

> 這個國家的活力和精神簡直令人無話可說。每個人都卯足了勁在工作，而且為了力求國家登上世界之巔顯然都全力以赴。他們在公路和鐵路方面遙遙領先我們，很快就會在各個方面超越我們。他們似乎相當擅長正確地決定事情的優先順序，而且一旦決定了路線，就直直往前，不顧一切地完成工作。我打從心底敬佩他們，我們務必加強並拓展在這裡的基地，作為香港最終的替代據點。[5]

艾瑞丁號是集團新布局的一部分。這艘船是太古集團在日本建造的，透過包玉剛的環球航運集團（World Wide Shipping）租給日本托運公司新和海運，並由太古輪船公司負責操作和管理。它代表了一項新事業的兩個面向，首先是和包玉剛以及中國在香港的航運企業的合作，其次是長期租船業務。在澳洲和亞洲港口之間往返的諸多船隻中，艾瑞丁號是第一艘以這種方式訂製（太古進入此業務的一個條件），而且對於一九六〇年代後期航運衰退帶來的額外挑戰，以及太古輪船公司因文革的混亂被迫暫停中國每月渡輪的額外問題，這項新事業是能夠以創造營收做為回應。[6]中國仍是令這種種商業布局不安的背景。中國的混亂使身為藍煙囪代理的香港太古試圖理解，本來載著常規貨物離開港口的藍煙囪「德莫多克斯號」（Demodocus），為什麼一九六八年二月和三月會在上海被拘留五週。莫里斯・秦被派往廣州，試著解決問題，但無論是他的造訪，或是和中國政府半官方代表處香港新華通訊社的聯繫，都沒有帶來好消息，或任何確定的消息。後來他們才知道，二副彼得・克勞奇（Peter Crouch）在上海寫下有關海軍運輸的筆記，此舉違反港口規定，於是在數千人面前接受公開審判後，被判入獄三年。審判時，所有在港口內的外籍船長都被要求出席。[7]藍煙囪於一九六九年永久結束了每月兩班次的中國船班，雖然他們注意到「中國對外國人的態度有所緩和」：譬如在青島為包括船長夫人在內的「船舶」人員安排「參觀工廠」。[8]其他的英國人被拘留在中國，還有好幾名水手——僅存的定期外國訪客——與時代近身衝撞。一九六七年八月，受到英國壓制香港的刺激，北京紅衛兵衝進英國駐北京使團（British Mission，不具大使館的地位）的辦公室放火，對其工作人員動粗並虐待他們。這一切都提高了尋找其他據點的必要性。

香港迫不及待前去的第一個地方是加勒比地區，尤其是巴哈馬群島。一切似乎再熟悉不過了。畢竟，巴哈馬是英國的殖民地，首都拿騷（Nassau）的海濱自然矗立著維多利亞女王的雕像（一九〇五年的帝國日當天揭幕），而每個星期六衛兵都會在政府大樓外，伴著樂隊演奏的〈伊頓划船歌〉（Eton Boating Song）和〈雛菊，雛菊〉（Daisy, Daisy）舉行換崗儀式。[9]雖然這在當時像是個好主意，事後卻證明不過是一場華麗的慘敗。和英國海外航空公司的討論在一九六八年三月下旬便已展開，BOAC更是急於擺脫過去曾是其策略重心的區域航空公司（並在香港引起如此多的爭議）。巴哈馬航空有限公司（Bahamas Airways Limited，簡稱BAL）長期消耗BOAC的資金，於是，BOAC以象徵性的價格賣給了太古集團。就其本身而言，巴哈馬政府渴望看到巴哈馬航空更專注於支持群島的社會和經濟發展。巴哈馬總理林登・屏德林（Lynden Pindling）認為，BOAC只對其長途航線感興趣。[10]有鑑於過去十年的成長，以及倫敦董事的多角化發展計畫，這次機會讓國泰航空的管理層充滿信心。「一旦香港出事」，或國泰航空有任何狀況，它可以成為員工和資本的庇護，因此也「對士氣很重要」。他們盤點過斐濟航空公司（Fiji Airways，「管理者抓得太緊，沒有我們的空間」），考察過「開放報價」的牙買加航空公司（Air Jamaica），但該航空公未通過進一步的檢驗，接著，BOAC在國泰航空董事會的代表請他們慎重考慮巴哈馬航空。十月一日起，藍煙囪和半島東方輪船公司加入太古集團，共同持有該航空公司百分之八十五的股份，而BOAC則保留少數股權。[11]國泰航空的商務總監鄧肯・布拉克（Duncan Bluck）移居拿騷，接任董事長，其他資深國泰航空員工也加入他的行列，出任營運、工程和行政等部門的經理。他們計畫為這間航空公司重新配備BAC 1-11噴射飛機，並將其航班行程擴大到飛往邁阿密的主要班次之外。這是大企業的規模，旗下有八十名飛行員和八百名工作人員，雖說在倫敦的航空部官員眼中，看起來「相當不牢靠」。[12]但它是巴哈馬群島最大的私營企業雇主，而且採購新飛機時，一瞬間就成了巴哈馬最大的進口商。「除了名稱，巴哈馬航空的一切都是**嶄新的**，」佛羅里達報紙上的廣告如此宣稱，活力充沛地提供飛往島嶼的「有趣體驗」，引人注目的紅鶴新塗裝（粉紅色尾翼的噴射飛機），免費的機上雞尾酒「火鶴司令」（Flamingo Slings），由造型煥然一新的「亮麗巴哈馬女孩」奉上——女孩們身著迷你裙、頭戴木髓帽的不協調搭配——這個風格沒有成為流行——機上的火鶴冰果遊戲讓「每班班機上搭載的，都是贏家」。[13]

「我相信這個案子會一切順利，」某個外交官寫道，「可是我沒有傻到認為不會有任何困難。」官員們私下指出，還有另一家航空公司的籌辦人已被「告知」，如果他希望提案「成功」，他必須聘用一間特定的當地公司。[14]可以想見，這一切需要的，可能不僅僅是禮數和現金（另一家當地業者將百分之一的收入，直接提供給政府）。但國泰航空一九六八／六九年的營運只迎來了史上最賺錢的四個月份，無論以什麼標準來看，BOAC都對巴哈馬航空以及其所帶來的機會管理不善。[15]巴哈馬群島正經歷繁榮的劇烈震盪。從一九六四到六七年，觀光業成長了百分之五十，多數人都是搭乘飛機出境、入境，很多人搭乘飛機四處旅行，或搭機到邁阿密進行一日遊，藉此展開他們的假期。鄧肯．布拉克是上海一家百貨公司經理的兒子，出生在蔣介石軍隊在辛亥革命期間占領上海的那週。戰時投效海軍的他於一九四八年加入公司——「英國相當單調無聊，實行配給制等，所以遠東似乎是個明智的去處」，他後來回憶道——並在為太古的日本分行工作後，開始長期主掌國泰航空。年長的同事對此表示懷疑，因為航空業仍是極為脆弱的行業，而且他們對澳洲的回憶還歷歷在目——「我們必須密切關注鄧肯」，喬克在一九六八年十一月被告知，「否則他可能會像所有航空經營者一樣，變得狂妄自大」；諾爾斯認為，有必要「在另一個領域挫挫他的銳氣」——然布拉克在接下來兩年裡取得的成就，從很多方面來看都相當的可觀。接著，國泰航空經歷全面檢修，然後頗為氣派地重塑未來，並迎來了四架噴射飛機。

在巴哈馬群島展開的全面公關宣傳強調BAL的在地身分——標題寫道「我搭乘我們自己

的航空公司」——公司也履行了對屏德林政府的承諾，招募包括飛行員在內的新進員工，並派遣他們到海外接受培訓。這些都是公司「在巴哈馬投資三千萬美元」的一部分。[16]雖未能獲得「國營航空」的認可，但當它以「國營航空」（這個稱號在文件中反覆出現）的姿態運作時，卻表現一副已經得到這個地位的樣子，而且自以為已有足夠的保證可以做為巴哈馬的國營航空，包括所有路線的優先選擇權。賭場的吸引力始終不減，促使往返邁阿密的夜間航班客源充足。同時，巴哈馬群島也被大力推銷到海外市場。這個國家「令加勒比地區稱羨」，一九六八年十二月，《泰晤士報》上一篇長達八頁的副刊文章（附有關於航空公司的文章及其新廣告），以及強調島嶼繁榮穩定及「觀光財湧入」的文案上如此說明。「天堂！」一則廣告聲稱：「你去巴哈馬的時候到了嗎？」是觀光局的宣傳標語。[17]未想隨後在一九七〇年十月十日，噴氣客機永遠地離開了。最新一系列廣告前一天在紐約發布，預告十一月十二日將推出從紐約市到拿騷的全新每日航班。「誰說搭飛機純粹只是搭飛機？」文案寫道，你可以在機上體驗「熱情如火的卡利普索民歌（calypso）」——「您一搭上我們的航班最先聽到的就是『背靠背，肚貼肚』」，「最狂野的合唱曲——當然還有「人人一杯香檳」、「龍蝦或牛排」、「奢華的服務」和「驚喜小禮物」」。[18]而令人意想不到的結果，竟是布拉克在前一天晚上六點宣布，BAL將展開停業清算。幾架BAC 1-11型號飛機——全是租賃——飛往蒙特婁（Montreal，不過傳言說是飛往香港），遠離憤怒的巴哈馬政府的勢力範圍。當他們滑行到跑道盡頭時，總理親自致電，想看看能否阻止他們離開，在得到一個「接近真實」的答覆後，飛機就起飛了。這些航班做了些臨機應變，雅德里安・

施懷雅和布拉克口頭承諾太古將支付燃料費用，因為巴哈馬航空公司目前連一分錢都沒有。[19]

十月十一日，屏德林透過無線電對國家發表談話。他宣布，這是「我國歷史上一個重要的週末」——就在這個週末，百分之一．五的勞動力頓時失業——而更大的問題，其實是持續存在的殖民主義。「它是巴哈馬群島的一部分，」他談及巴哈馬航空時說，「但我們最終發現，我們不是它的一部分。」[20]那些「我們自己的航空公司」的廣告到此為止。這是該國選出的第一個多數統治政府的領導人的巧妙言辭，目的是把公眾的沮喪和憤怒從比倫敦更敏感的問題上轉移。換句話說，「這是在紐約公墓上演的殭屍狂歡節（Zombie Jamboree，按：加勒比地區幾個國家的狂歡節，節慶表演的主角是穿彩色服裝、戴面具的踩高蹺舞者moko-jumbi，moko意為治療者，jumbi指鬼魂幽靈，推測jumbi一詞源自剛果語zumbi）」。或許這名紐約廣告文案編輯知道的遠比主事者對他透露的要多，因為「背靠背，肚貼肚」的廣告口號取自哈利．貝勒方堤（Harry Belafonte）一九六九年的卡利普索金曲（按：《殭屍狂歡節》）副歌的第一句。副歌接著唱道「我不在乎，我已經死了」。「多年來累積的損失相當可觀，」隨後發布的一份航空業報告指出——據估計，在收購前的四年裡，該航空公司的損失大概在八十二萬九千英鎊。[21]新業主面臨的問題包括公司仰賴相當不穩定的美國旅遊貿易（在一九七〇年急劇衰退），來自美國泛美航空公司和包機的不平等競爭，以及巴哈馬政府設法把飛往紐約的新「皇家火鶴」夢幻路線的航權發給巴哈馬世界運輸公司（Bahamas World Transport，後來改名為巴哈馬世界航空公司）——該航空公司當時根本沒有任何飛機，甚至沒太多其他資產，只知道有這麼一間公司（不過，很快就在炸雞餐廳上方有了辦公空間）。老闆是巴哈馬出生的紐約商人，曾經當過牙醫學徒、管家、門房，他是總理「一輩子的朋友」兼政治盟友，一個「非常有說服力的人」，成為黑手黨集團以及詐欺犯羅伯・韋斯科（Robert Vesco）的重要「顧問」，後來他的兒子在美國參議院小組委員會的聽證會上揭露，他其實是某暴力毒品貿易腐敗網絡的核心成員。[22]

屏德林本人曾暗中指示，在六月把航權發給巴哈馬世界運輸，這很合理，因為這間公司已併入當地律師事務所屏德林與那塔吉（Pindling & Nottage）的辦公室：也就是他自己的律師事務所。已經死了，真的死透了，一間殭屍航空公司的條件具足：未想倫敦派來一名國泰航空公司的財務總監，挹注了更多現金（喬克認為，國泰在一九六八／六九年的獲利將能彌補損失），因應一些飛行員的不滿（也收到報告，內容提及一些員工做出的輕微破壞），並在機場興建新辦公室，不久前還在紐約簽下營業場所的租約，而且從七月起就和殖民地政府就解決方案徒勞無功地持續談判。雖然不屬於「國營航空公司」，但巴哈馬航空控股公司百分之二十五的股份被保留給巴哈馬民眾購買，而且公司提議要把這些股份交給政府託管，結果屏德林的政府卻不願接受這個提議。巴哈馬的總督拉爾夫・格雷（Ralph Grey）認為，太古在收購該航空公司時充其量只獲得「相當曖昧的誠意」。到了一九七〇年夏天的危急關頭時，屏德林的政府過了六週才回應由政府取得航空公司多數股份的太古提議，然後又多要求了九十天的時間來考慮——因為根本沒有人費心閱讀已經拿到的文件——最後，政府官方拒絕接受任何可能涉及進一步重大損失的股份，並聲稱損失可能超過三千一百萬美元。布拉克公開駁斥政府對數據和故事來龍去脈的說明，過程迅速又有效率，於是巴哈馬世界運輸的交易細節——以及屏德林自己在公司的角色——頓時成為公共爭議的主題。[23]

倫敦受不了那個夏天牛步般的商議節奏，但事情的背後總有個更複雜的故事，即使倫敦的航空部官員對自己的機密文件保密到家，貪腐醜聞曝光卻一點也不令人意外。[24]一九六七年二月在《生活》雜誌（*Life*）和《星期六晚郵報》雜誌（*the Saturday Evening Post*）廣為流傳的踢爆文章——附有美麗海灘的照片——詳細描述了紐約黑手黨在巴哈馬貪汙醜聞中的角色。負責調查的皇家委員會迅速成立，並在年底交出一份詳盡的報告。後來人們才知道，一九六七年一月將屏德林推上總理大位的選舉，對一名貪腐的精英人士造成不便，被迫離鄉背井，不過它肯定沒有結束貪腐。這些新聞都傳到拿騷之外了。[25]喬克．施懷雅造訪巴哈馬群島兩次。對他來說，這是一場（企業）「生死豪賭」。「最初的目標是想找到一個新的世界，在那裡建立新的太古，為此，豪賭一場是合理的」，但隨著資金逐漸消失（而且經驗豐富的員工從亞洲被調走，試圖阻止失血），危險在於「一旦失敗，很可能會摧毀太古」。一九七〇年秋天，倫敦的董事們似乎全分身乏術地試著解決眼前的情況（有人提到，香港在五個月內只收到了三封信）。他們也應該如此。雅德里安．施懷雅後來描述那是「威脅公司基本結構」的唯一戰後商業計畫。[26]

我們由此看出，屏德林和他的政府試圖編造的故事：隨著巴哈馬群島邁向獨立，殖民勢力試圖保有其經濟優勢，他的政府不但努力確保巴哈馬航空公司對巴哈馬人投資——這已展現在太古新公司的公關宣傳中——而且還促成巴哈馬世界運輸這間在地的航空公司。擁有一家國營航空公司，也已經成為公認的國家象徵之一，以及國家獨立地位、身分認同和尊嚴的公認指標。巴哈馬國（Commonwealth of the Bahamas）在一九六五年獲得自治後，開始努力爭取她將在一九七三年七月獲得的獨立。指標還包括當月稍晚，一名巴哈馬航空前僱員在執政黨年度大會發表的煽動性演講——此後不久，他自己成為一間航空公司的籌辦人——他痛批，「非常強大且富有的英國機構」，該機構「想要讓政府難堪……因為這是一個黑人的政府……任何花言巧語、靠勒索大發横財的人我們都不會輕易上當」。[27]這是乏味的民族主義說詞，而屏德林對情況的描述，完全是普通又常見的民族主義經濟發展手段。綜觀整個二十世紀，無論是國民黨時代的中國，還是獨立後的馬來西亞，這對太古集團都構成越來越嚴峻的挑戰。而我們可以很有把握地將巴哈馬事件視為民族主義裙帶資本主義和貪汙腐敗擊垮企業的事件。許多巴哈馬人也這麼認為。隨著態勢在一九七〇年年初變得明朗，麥可・范恩斯致信航空部，其內容提到，董事們拿到另一家航空公司的報價，也在那個區域內（後來得知是多明尼加共和國〔Dominican Republic〕），只是范恩斯對於新出路絲毫未感興趣，他也明確說道：「我已拒絕了。」[28]

「我們不擅長對不賺錢的生意冷酷，」倫敦方面在一九六八年年初的一次策略討論會中曾這麼說。[29]在接手巴哈馬航空時，它違反了當時制訂的一項指導方針，即公司不做「治療他人頭痛」或接手不成功公司的生意，而今董事們證明他們有能力接手不成功的公司。公司倒閉意味著損失慘重，但雅德里安・施懷雅後來聲稱，這是他為太古集團做過最好的決定。布拉克回到香港，成為國泰航空的執行董事。「太古所做的最佳投資之一」，後來的董事長愛德華・史考特（Edward

Scott）會這麼開巴哈馬航空事件的玩笑，因為它「克制了當時國泰航空高層管理人員受成功驅使的傲慢自大，使公司不致過度擴張，不致以為我們天賦異稟，掌握了經營一家賺錢的區域航空的訣竅」。[30]更廣義來看，巴哈馬航空事件顯然對倫敦持續尋找新的方向有所幫助，其中最引人注目的是，該事件協同其他發展，基本上重新強力聚焦到太古最了解的區域——亞太地區。

太古輪船仍發揮將太古集團亞太業務緊密融合的作用，除了在中國遭遇一場革命，它和整個全球航運業也共同面臨一場起源於美國的、截然不同的革命：貨櫃化。「單位」（Unit）運輸系統並不是什麼新鮮事，長久以來，人們便一直在嘗試各種系統，試圖讓貨物單位能輕鬆地從一種運輸方式轉移到另一種運輸方式（複合式聯運）。「對早前決策的問題，」一九五八年太古集團董事會報告指出，包括「如何有效開發所謂的『背載運輸』系統。」[31]冷戰孕育出貨櫃。美國軍事力量的影響力及其龐大的供應契約，推動了後續成為全球航運貨櫃普及形式的發展，而且比以往任何航運作業的創新更迅速，也更全面地獲得認同。軍隊在西歐以及越南的勢力部署，再加上美國航運公司「海陸」（Sea-Land）取得供應合約，導致港口設施、道路網、新船設計與迅速建造，以及全球產業性質的重新調整。隨著成熟的航運巨頭聯合起來應對威脅，新公司紛紛成立，有時以協調會的關係為基礎，集中資源，挹注可觀的投資金額到所需的新船上。動力也來自戰後立即重建的艦隊工作期限即將結束，有必要更換。隨著戰後全球貿易的增長，擁塞港口和勞力密集型業務的高昂勞動力成本令人感到灰心。這些在太古集團的報告中反覆出現，被當作導致成本急劇增加和服務受損的問題。這些因素的結合促成新系統迅速普及：一九六六年春天，有三條航線提供貨櫃服務；到一九六七年六月，具備貨櫃服務的航線已增加到六十條。這是「來自美國的颶風」，《經濟學人》如此宣稱，所有關於它的形容無不充滿戲劇張力。[32]除了戲劇張力，貨櫃還引發恐慌：例如藍煙囪在一九六六年年初對此事感到「害怕」，香港太古認為，他們害怕是有道理的。「這教人難以應付，」雅德里安．施懷雅回憶道，「有賴非常徹底的重新思考。」[33]

一九六五年八月，霍特和海外貨櫃有限公司（Overseas Containers Ltd，簡稱OCL）的三個合夥人成立了一間新公司，據說他們將公司藍圖勾勒在一張倫敦俱樂部「浸濕的餐巾紙」上（或菜單背面），這對太古集團產生直接的影響。新公司訂購了六艘新船，第一艘將於一九六九年正式啟航。[34]一九七三年年底，OCL聯合企業亞太業務完成貨櫃化。「世上最大且最快」、總噸位達五萬八千噸的「東京灣號」（Tokyo Bay）是從南安普敦抵達香港的第一艘OCL船隻，她在一九七二年九月五日停靠在全新但多處尚未完工的碼頭，從另一處碼頭繞過半沉沒在香港港口的「伊麗莎白女王號郵輪」（RMS Queen Elizabeth）殘骸。在港口迎接她的有OCL的董事長，剛剛鋪設還未全乾的瀝青路面，和裝滿六百個貨櫃的「保護周全」的貨物，等待前往歐洲。[35]該船席是新貨櫃港口的四個船席之一，由太古負責管理的一間新聯合企業現代貨箱碼頭有限公司（Modern Terminals Limited）建造，並由包括OCL和香港上海匯豐銀行在內的多名合夥人共同擁有。貨櫃化大大節省了作業時間、勞動力成本和保險費率，以及載運同樣貨物所需的班次和船隻都比較少（需要的船員也較少），船舶在港口停留的時間較少，產生的費用也較低。運輸鏈將有所改善以適應貨櫃，然後慢慢的，新的全球生產鏈也會發展起來。這個新系統的複雜物流也加速了電腦在航運管理方面的運用，同時也完成如下需求：硬體設施完工後，現代貨箱碼頭的貨櫃運輸量每年成長百分之二十。[36]這場革命以巨大的社會和經濟成本，推翻了曾經占主導地位的全球航運中心，像是倫敦港。而貨櫃對貨物「保護周全」之際，卻也造成了都市荒地的誕生。貨櫃化革命衝擊利物浦。利物浦曾是英國的心臟和這個故事的起源，如今這座英國港市因為貨櫃化變得孤立無援，技術變革加劇了這座城市持續依賴帝國貿易往來客戶所造成的自我傷害，這使得它無法應付後殖民世界動盪的新經濟。[37]

藍煙囪和太古集團以平等的共同所有權人身分接管太古輪船公司（這一過程於一九六七年五月完成），太古輪船因而在「貨櫃革命」（這是太古董事會紀錄中的用語）中發揮了作用。這是一個務實的、防禦性的措施，是每家公司為改善其績效和買賣權所做的一套開發的一部分。[38]除此之外，市場還有其他事態進展，例如亞洲航運聯合企業的驚人成長，例如包玉剛的環球航運集團。「我上週飛往東京時坐在包玉剛旁邊，」雅德里安．施懷雅在一九七一年三月提到，「他目前正在日本建造五十五艘船，不久後將營運管理八百萬噸的運輸量。」[39]包玉剛的崛起，資金來自和香港上海匯豐銀行前所未見的結盟——此番合作可謂前所未聞，因為這打破了銀行古老（也許還有種族歧視）的慣例，它過去不曾為中資的企業提供這類資金，事實上，不曾為這種規模的企業融資。事實證明，這種作法對所有參與者都非常有利可圖。[40]這迫使公司考慮改變。管理顧問也前來試探，尤威克．奧爾在一九六九／七〇年接受委託，從事一項工作效率研究，該研究導致船員人數減少（「但得到作為彌補的更高工資」），並發展出更有彈性的船員工作實務。船員鑑定將開始從英國轉移到香港。運輸貨櫃有其競爭對手，其他「單位化」（unitisation）系統也仍在開發階段。一九六七年六月上旬，當太古船塢的騷亂隨著臨時製作的長矛和毛主義口號展開時，有一艘前挪威船「巴伊亞號」（Bahia）正在船塢進行改裝，為「棧板裝運」增加新的側向裝載能力。受到奧爾森航運（Olsen Line）實行的創新啟發，「巴布亞酋長號」（Papuan Chief）將改變太古輪船公司的新幾內亞澳洲航線的營運。

這也是推動多角化和發展澳洲業務的一部分，在澳洲，太古輪船對公司的聲譽和形象至關重要。就像貨櫃化，側裝作業需要建造新的碼頭設施並對員工進行再教育，但至少比貨櫃化便宜得多，因為現有船隻就可以改裝，於是公司在鰂魚涌購買並改造幾艘船，升級為「酋長號」等級。若考量到現有的貿易和設施，側裝也更合適。等到一九六九年，這條航線已經完全轉為舷側艙口作業，最後兩艘特製的中國沿岸貨輪山西號和東吳號——都是一九四七年份的古董——也賣掉了。在這一點上，棧板化對太古輪船是成功的一步棋，但改變世界的是貨櫃箱，不是棧板。[41] 一九六八年八月，太古輪船公司藉著澳大利亞日本貨櫃航運公司（Australia Japan Container Line，簡稱AJCL，最初是OCL〔而非藍煙囪〕和太古集團的合資公司）的成立，更直接地進入貨櫃世界，這是管道之一，另一個管道則是澳大利亞西太平洋航運公司（Australia West Pacific Line）。這對太古輪船是一個「歇腳處」（借用藍煙囪董事長約翰·尼科爾森爵士〔Sir John Nicholson〕的話），且最終會變成有利可圖的歇腳處。AJCL於一九六九年年初開始營運，從日本造船廠訂購了兩艘船「有明號」（Ariake）和「阿拉芙拉號」（Arafura），也租用船隻，包括太古輪船最新出廠的南昌號。[42]不同於OCL的澳洲業務，AJCL和歐亞的航線幾乎是立刻就有收益。OCL聘請了太古公司作為在香港（這個決定完全不被認為是理所當然）和日本的代理商，他們已經從另一家代理商習得了貨櫃經驗。太古曾遊說香港政府研究設立貨櫃碼頭的可能性，並詢問外交部如何讓中國跟上新發展，以及如何讓英國成為中國心中專業知識和設備的潛在供應者。公司從AJCL的營運獲得了豐厚的收益，而且來自OCL和AJCL的代理收入相當可觀，尤其是日本分行的代理收入，日本在很大程度上是集團內被忽視的經營領域（即使在公司內部，也經常像個局外人）。[43]

除此之外，還有其他發展支線。一九六一年，太古輪船公司併購怡和印度支那輪船公司的可能性有了進一步的討論，但很明顯的，兩者合併的問題將遠遠超過可能創造的優勢，於是計畫中止。[44]一九五三年，公司展開了一個時賺時賠的冒險投資，公司內部稱之為「朝聖者業務」。藍煙囪長期以來是馬來朝聖者的交通工具——而在朝聖管理和組織方面，英國的參與向來很全面——而太古輪船決定也要提供服務，利用當初用來從事（如今已關閉的）中國—海峽殖民地移民貿易的載運能力。[45]隨著獨立成為現實，這個官方特許促成了和部長級——亦參加了正式下水和啟航的典禮儀式——的高層討論，為進入馬來西亞提供了一個實用的入口，和新興掌權者提升友好關係（如果處理得當的話）。兩艘船每年有兩趟航班，為約五千名朝聖者提供服務，通常是中等收入的男女，而且往西的朝聖者向來多於往東的，因為每一年的朝覲對長者而言，無疑是嚴苛的考驗，其中包括一九六七年回鄉不久後邁向一百零三歲的老人——但同一年，在安順號出生的嬰兒穆罕默德・阿里（Mohamed Ali），則獲贈終身的免費船票。[46]額外的業務包括一九五五／五六年從約旦亞喀巴港（port of Aqaba）載運敘利亞朝聖者，接著在一九五七年從地中海的拉塔基亞（Latakia）出發，還有一九五八年的朝聖季節，載運來自巴基斯坦的朝聖者。安慶號和安順號在一九五九至六三年期間，有時載著不同的信仰團體，接受包船服務運送離開或被逐出滿洲的俄羅斯「舊禮儀派」（Old Believers，按：十七世紀東正教改革後，從俄羅斯正教會分裂出去的教派，被定位為異端）從香港前往澳洲。[47]

安慶號在一九五七年於倫敦發表的一篇攝影文章中，看起來很乾淨、平靜、不顯擁擠，只是麥可・范恩斯描述說，船上的條件「極為惡劣」（通風是個問題），儘管這些船隻是為從事海峽殖民地移民生意而建造的，而且比藍煙囪的輪船更合用（速度更快，十二天內就抵達吉達〔Jeddah〕）。「吉隆坡號」（Kuala Lumpur）在鯛魚涌（這是船塢「有史以來規模最大的承包案」之一）經改裝後於一九六一年開始投入載客，為兩百名頭等艙和一千八百名觀光艙朝聖者提供「涼爽舒適」的環境，配備有空調設備的住宿和船上清真寺，還有游泳池。這艘改裝輪船曾是部隊運輸船，引進這種船有助於應付外界對船班的批評。[48]這項業務的運作複雜，國家朝聖者辦公室（Pilgrim Office）會安排醫務人員上船，船上有七種不同類型的飲食需求，還有必須和官員談判的微妙政治。一九五九年，首相東姑・阿布都・拉曼（Tunku Abdul Rahman）未按照承諾執行對安慶號的匿名視察，范恩斯可是鬆了好大一口氣。一九六七年，喬克・施懷雅親眼目睹吉隆坡號從瑞天咸港（Port Swettenham，巴生港）出發，現場頗為混亂，很多人前來祝福船班一帆風順，擴音器刺耳地響起，一名蘇丹未特別通知就抵達現場，只是為他的妻子及其侍從送行。[49]這門生意有時頗有收益，但對政治資本的累積幾乎沒有幫助，於是朝聖業務在一九七〇年後索性中止。航空行程更便宜、更快速，不過馬來西亞人還創造了一個新的朝聖組織，即朝聖基金局（Tabung Haji），而包船需求由新成立的大馬來西亞航運公司（Great Malaysia Line）接手。在這裡，太古也被其他有人脈關係的人擊潰：雖然取名大馬來西亞，這間公司是由和執政黨巫人統一組織（United Malays National Organisation，簡稱巫統）關係密切的某個香港企業家成立並持有，公司的兩名董事持有多數股份，可惜經營不善。太古輪船後來曾考慮重操此業，最後不了了之。[50]

隨著旅客開始搭乘飛機，客輪運輸量在整個一九六〇年代急劇下滑：提高到集團的結構來看，太古輪船的損失其實是國泰航空的穫利。有些客輪公司重新自我定位為度假供應商，於是一個郵輪新時代揭開序幕。太古輪船公司也涉足這一領域，亞洲—澳洲和香港—臺灣航班自此包裝為休閒旅遊行程，並在朝聖季節以外的時間（請菲律賓樂隊為舞池演奏）使用吉隆坡號提供澳洲遊輪服務。一九七一年，太古船塢改裝了一艘船齡九年、破舊的西班牙製船隻，重新命名為珊瑚公主號（Coral Princess），聘請一名英國室內設計師監督改造，要將她變成瞄準日本市場的「豪奢頭等船」。船上甚至配備「適得其所」的閱讀燈：太古輪船的船隻直到一九三〇年代都沒有安裝床頭閱讀燈，因為沃倫．施懷雅不在床上閱讀，所以他的乘客也不會。這個郵輪企業將持續二十年，接待遊學團，包括一九七三年到上海和天津的遊學團，珊瑚公主號於是成為自一九四九年以來，第一艘訪問中國港口的外國遊輪。「她是我見過最棒的遊輪，」喬克．施懷雅描述道，「但她不可能幫我們賺錢」，收益並不穩定。[51]

經營上述各式各樣的業務，太古集團的航運生意將在一九七三年創造約百分之四十七的集團營業額，約百分之四十二的集團獲利，大約占百分之三十五至四十的資產。到那時，太古航運量的四分之一貨櫃船，半數是散貨船（bulk carrier），以及包括棧板裝載船在內的雜貨船（general cargo carrier），約占百分之十五。嚴格來說，長期高度投入航運可謂幾乎沒有商業頭腦的作法，因為收益非但不穩，而且往往很低。不過，為集團帶來的額外好處卻意外的多——例如，為太古洋行公司帶來工作——在其他企業成長的同時，它幫助太古在合作伙伴之間維持了信譽。它還在倫敦帶來了顯著的稅收優惠，對太古集團的營運至關重要。[52]隨著集團經營多角化，對太古集團整體利益的擔憂逐漸出現。雅德里安自一九七二年起，開始「甩掉」直接管理太古輪船公司」的角色，以副董事長的身分專注於範圍更廣的投資組合，並擔心重要合夥人現在可能認為公司「如今太過投入房地產、公司組織、航空公司、可口可樂等，我們不可能還有心經營航運」，儘管它對集團整體商業活動有根本的重要性。他還會對這個組成龐雜的集團內部的協調提出擔憂。不同公司會不會越來越陷進自身發展的邏輯，以致有時對集團內其他公司的利益不利？「這對我們是一個新問題……而且非常重要……〔而且〕必將改變我們事業的本質。」[53]如果在同一集團內採取不同政策是有道理的，那麼，實際界定共同事業的，又是什麼？

首先，太古集團（Swire Group）現在不僅僅是個敘詞，而是正式的名稱。一九七四年一月一日起，隨著太古集團的正式誕生，報紙廣告以整版篇幅宣告剛生效的「意義重大的更名」。巴特菲爾德這個名稱永遠地離開了，那是來自約克郡羊毛出口和哈沃斯工廠時代的尷尬遺跡，同時，John Swire & Sons（Hong Kong）Ltd、John Swire & Sons（Japan）Ltd，以及另外二十一家以施懷雅家族姓氏命名的公司相繼加入。Taikoo Dockyard（太古船塢）先前已變成 Taikoo Swire，如今則是更名為 Swire Pacific。唯有太古輪船公司、國泰航空和太古糖廠保留了下來。新身分刊登在當地報紙的各個版面，在倫敦也是如此，雙雙攜手努力提升太古業務在香港以外的知名度。新的集團雜誌《太古新聞》（*Swire News*）也誕生了，在構成新集團的各個公司與事業之間，培養出一個集團的性格。若要成功培養集團性格，需要的不單是國泰航空在十二個月內載客超過百萬人次，或資深老員工團聚，或船塢合併的相關新聞片段。儘管如此，來自集團不同業務部門的男性和女性的員工服務、任用和離職、婚姻等紀錄，首次大量出現在公司出版物上，指名頒發長期服務獎，也標誌著公司表現自己的方式同樣有了深刻的變化。有一則標題提到「滿滿徽章」，搭配長期服務徽章的照片（三十年是金徽章，二十五年是銀徽章，十年和二十年是琺瑯徽章），頒發給油漆公司的員工、收銀員、糖包裝工和裝瓶廠員工。有些人對此嗤之以鼻，但這和一九六七年時，慶祝在中國成立一百週年時相對局限在公司內部的慶祝方式相較，則形成鮮明對比。[54]

公司的重塑同時仰仗「社內員工」（House Staff）。自從喬克在一九二〇年回國後，意識到公司可為大學畢業生提供良好的就業前景（和樂趣），而且雇用他們會讓公司有所收穫，太古便發展出一套招募、培訓（主要是在職培訓，但不局限於此）評估和開發的系統，成為公司對其商業本質自我理解的核心。當然，它是一家航運公司，也加工糖、造船、賣保險、做瓶裝汽水、批發商品，還經營一家航空公司，可是把上述各個事業結合起來的，主要是太古的管理業務。[55]除了一些特定專業領域的人，太古也從牛津和劍橋尋找管理人員，內部人才庫在一九六〇年代之後慢慢地擴大。一九六四年加入的彼得・羅伯茲（Peter Roberts）回憶說，入選的人不是伊頓公學畢業，就是類似的背景，不過主要還是伊頓公學，或牛津或劍橋，要有「東方關係」，或者是前軍人（最好是皇家衛兵），大多是兩者兼具。彼得・羅伯茲有東方關係——他的父親是C・C・羅伯茲，而且畢業於牛津大學。直到一九七〇年之前，新招募的社員都是男性。彼得・羅伯茲也曾考慮為殼牌、英國石油或金屬盒（Metal Box）工作，但太古的薪資最優渥。葛雷罕・麥卡倫（Graham McCallum，牛津大學，英國皇家空軍）在董事會希望他加入太古時，本來在考慮一個在南美的職缺。麥克・邁爾斯（Michael Miles，軍隊）決定加入公司，「因為這份工作在國外」。另一人（軍隊）本來以殖民地部為目標，接受了殼牌的工作，然後被招聘委員會（「優質的上流社會就業交流站」）轉介給太古。關於太古，他回憶說，「我不知道他們是誰，也不知道他們在做什麼」，但他們很重視他，於是他就被派了過去，順道提著接著要去東方視察的董事的一箱衣服（確切的說，是那名董事的太太的衣服）。

於是，他們展開了在亞洲的職業生涯。從招聘委員會的角度來看，公司雇用人才的方式是更科學的，至少是經過精雕細琢的一門技藝。在約翰・施懷雅成為主席之前和之後，他親自面試所有的應徵者，尋找有「活力和幽默感」的人，旨在融合各路人馬一同前往東方：高學術成就者、

「外交官之類的人」、出身英格蘭北部或蘇格蘭的人、不太可靠甚至「滑稽可笑」的人（他打包票說，這種人有三分之一會成功）。從一九六〇年代中期起，新招募社員在前往亞洲之前，陸續被送去參加短期課程：尤威克．奧爾的管理課程，或在薩里郡（Surrey）法納姆城堡（Farnham Castle）舉辦的海外服務課程，這座城堡八百年來一直是主教的住所，也是跨文化知識課程令人意想不到的場地。成立於一九五三年，主要推手是傳教團體，到了一九七一年，此地每年大約培訓一千三百人，主要為海外開發署（Overseas Development Agency）工作，但其中有三百五十人會踏入商業領域。住宿課程會針對特定地區設計，香港商會替「遠東」課程打廣告，前港督柏立基為理事會的一員。記者、官員和歷史學家發表演講，討論像是健康、健身和金融等實用話題、商店容易找到的物品、花錢買不到的東西、電影和當地音樂與文化入門介紹。「妻子和未婚妻」也被鼓勵參加。[56]一九一四年以前，牛津大學的招聘委員會被認為是引導年輕人成為男教師的機制，但經過戰間期的經濟穩定成長後，為企業職缺媒合人選逐漸成為其特色，因此也成為畢業生的目標，於是牛津招聘委員會變成二戰後企業招聘的重要管道。一九六七年，進入商業界的男性畢業生人數是一九四五年的兩倍。劍橋的代表性數據顯示，在一九五一至五五年間，剛剛好有超過百分之二十的畢業生進入商業界，而這個比例還會繼續成長。[57]拜太古引領的潮流所賜，一九二一年之後，畢業生投入商業界越來越成為常態。

公司對員工在頭一個三年試用期（在此期間，不允許他們結婚），乃至試用期滿之後的持續評估紀錄，內容相當豐富。一名後來的董事回憶說，「失敗率很高」，紀錄證實了他的印象：

「不是管理人才」、「天大的假貨」、「沒有野心抱負」、「不太可能進入高段班」、「徹頭徹尾的二等生」、一名員工被告知，「你的能力已經達到極限了」，另一個人「可能比較適合當『外埠』人員，而不是『總部』的員工，」但他不是被召募來當外埠人員的。反之，一九六九／七〇年招聘進公司的高學術成就者「沒有安頓下來」，因為他們發現「他們優秀的大腦沒有得到充分利用」。[58]這些有點半開玩笑的評論，指出了一個真正的問題。一九四〇年代和五〇年代招募的員工，最一開始必須「輪調各個單位磨練」——還有一個人的起步是在雪梨的碼頭，那可是很辛苦的環境——日後總是熱切地談論他們當初「無憂無慮又有趣的生活」。他們往往也才剛結束國民兵役，從某些方面來看，在太古世界當新人的生活和當兵的差別不大，起碼剛開始差別不大。反觀一九六〇年代和七〇年代的大學畢業生，成長時經濟較為富裕，世代文化不那麼恭順，這些孩子有較高的期望、較少的耐心，他們若有能力，也確實會去尋求以才華換取更好報酬的其他機會，而且一旦發現他們最一開始投入的工作太過乏味且一成不變，也會希望能有另一種截然不同的管理風格。

相關報告可能有點不著邊際：「有個人想知道，他真正的興趣是否不是舞臺，而是商業」，這是公司新某人提出的報告（但後來沒有證據顯示事實如此）。「我相信，如果他能改善目前做事極端的輕浮傾向，他在公司能有長遠的發展，」另一名經理這樣評價某個員工，「尤其是穿著打扮」（在這方面，「滑稽可笑」可是不行的）；另一個人「一副總經理般的浮誇外表，像是單片眼鏡、表鍊、漿挺的衣領，不是太受歡迎」。無論是年輕老頑固，或是七〇年代的時髦人士——

幾乎是同一時期任用的——都和同事與經理不太合得來。試用期滿後，有些人被公司要求離開，其人數和自行選擇離開的新進人員差不多，有時甚至是提前離開：這個人想結婚，可是公司不允許；這個人「想在英國生活和工作」，「不希望在遠東發展職業生涯」、「希望在南非工作」、「感覺不適合從商，也不適合東方的生活」。至少有一個人離開去攻讀博士學位，另一人加入教會（兩人都在各自的領域有所成就）。這個人後來去馬戲團工作。在巴哈馬航空倒閉後決定留下來的一名國泰航空經理，覺得拿騷很適合他。有些人野心過大——「仍然自認是未來的董事長」——但對多數被送回國的人而言，情況恰恰相反。有些報告顯示，跨文化培訓並沒有對他們理解中國人或日本人的往來有所幫助。但和中國人相處融洽是反覆出現的評論。對其他人來說，文化問題等於僑民生活：「討厭香港……無聊、膚淺、崇尚物質」；另一個人覺得僑民生活「和他預期的差不多」，他提到，「崇尚物質和幽閉恐懼症——但中國人很有趣。」運動繼續扮演重要角色——「打橄欖球，而且正在學習粵語。我們認為他會有不錯發展」（但他在三年後離開了），「對多數運動都不擅長」；甚至拒絕駕駛公司的帆船——不過，這項運動主要是被當作和同儕打成一片的能力標誌，而打成一片是很重要的。個性害羞的，書卷氣太重的，紛紛打包回國。

總之，社內員工就是從這個人才庫誕生的，公司由此「培訓前途無量的年輕明日之星」。[59]新社員學習口說粵語——通過第二次考試會獲得可觀獎金（相當於一個月的新水）——輪值不同的部門，然後被派到不同的分行（通常是在很短的時間內）。直到一九六七年，休假模式仍為舊制——每三年六個月，公司為初階員工提供大量機會嘗試不同的職位，累積經驗，同時也測試他們的能力。此後引進的年假制度，使上述一切執行起來相對困難。一名未來的董事長就是從香港的航運代理銷售做起，然後被調到集團內的其他公司，派往臺灣和日本，擔任國泰航空在日本的區域經理，然後轉到John Swire & Sons（Japan），接著又回到香港擔任航運主任，之後成為這間澳洲公司的總經理，又回到香港擔任航運和保險主任，然後是太古輪船公司的董事長和執行董事。休假中的員工可能會被派去參加尤威克・奧爾的課程，或是一九五三年成立、由商業／學術委員會和招聘委員會共同監督的牛津商業暑期學校（Oxford Business Summer School）。一九七〇年代，公司更重視管理的培訓，新進員工也可能被送到歐洲工商管理學院（INSEAD）商學院。一九七五年六月，雅德里安說，有個新進社員告訴他，「對我們來說，出色的職涯規畫是不夠的」，「還需要讓個人有更多的參與，進而被外界看到」：根深柢固的家長式作風與時代格格不入，與員工格格不入。[60]等到二十世紀末，約翰・布雷姆里奇（John Bremridge）辭去香港大班的職務時，他主張公司制度有待重新評估，以免看起來像「偏愛彬彬有禮的業餘人士而不是專業人士的英式錯誤」，此外選擇「引人注目的二十一歲王儲」如今已「令人反感」。[61]事實上，公司以更實質的專業化作為回應。

我們可以從麥可・范恩斯在巴哈馬航空災難之後，為倫敦董事會準備的一份一九七〇年備忘錄中，看到公司注重通才訓練和技能的理由陳述。此時，董事會有些人正在思考，公司是否應該減少國泰航空為公司帶來的財務風險，因為拿騷事件顯示，和其他運輸形式相比，航空「對災難的警告比較不明顯，而且失血的速度比較快」。在反對任何改變的情況下，范恩斯還提出讓太古公司繼續管理國泰航空的論點。然而，有一種邏輯認為，航空公司最好由航空業專業人士負責管理，這樣的安排也比較不耗費成本。從歷史的角度來看，范恩斯主張應由集團管理的理由是：

a.有更高水準的管理人才……

b.在緊急情況下，或有人休假時，可以快速從其他部門調派人員……

c.共享B&S後勤、會計帳目等支援，可以節省成本……

d.一個集團腳踏實地，而不是生活在空氣稀薄的空中世界，對員工有好處……

e.擁有其他職責，對B&S高層的想法交流，和執行董事或其他高層有正向的好處……

f.隸屬B&S組織，會在國外獲得更高的接受度和代理權，例如在日本、澳洲和英國

范恩斯認為，a「仍然非常正確」，d、e和f也是。這些理由很多是關於擁有一套共同價值觀的優點，以及整個集團的多元經驗，還有對管理發展始終如一的關注。這幾個理由不斷重申的集團「理念」是，其商業活動主要專注於「管理和做事」，而不是變成一個投資企業。[62]為此，集團需要管理者。這就是太古社員所能提供的，隨著集團擴張，而且業務變得更加複雜，其拔擢和培訓變得更有條理又專業。

集團雇用男人，而且只雇用男人。直到一九七〇年九月，聘用牛津大學畢業生凱瑟琳・希克斯（Catherine Hicks）為「實驗人員」之前，從來沒有女性成為社內員工。公司在英國仍依慣

例，繼續雇用女性擔任祕書，且偏好為決策辦公室機密職位雇用與僑民香港小世界無關的女性。對他們而言，和他人往來可能會帶來問題，曾有速記員被懷疑在工作時間外與商業競爭對手過於友好，因此被調到另一個崗位。除了護理和教學之外，顯少有研究專門針對英國女性在海外工作的歷史，雖然在雪梨，她們的聲音被糖視察員的嘈雜聲及輪調人員和碼頭工人之間的調侃對話所淹沒，仍有一群思想獨立的女性為公司前往亞洲任職。喬安．威爾德（Joan Weld）於一九四九年簽下為期三年的定型化契約，在船塢擔任決策辦公室的速記員。威爾德的父親是銀行家，她十四年前就取得了英國皇家航空俱樂部（Royal Aero Club）的飛行員證書，在殖民地騎乘一九四七年款的凱旋三五〇CC摩托車，在殖民地引起不小的轟動，警察告訴她，因為她是香港唯一一名騎摩托車的女性。[63] 如果說威爾德出於其他原因被認為不太在乎工作本身，那麼另一個新人則是太過投入。雖說她可能並「不符合一般對私人祕書的要求」，她的經理寫道，他「更視她為助理，而非祕書」。不爭的事實是，香港太古把女性員工的才能和經驗主要局限在這類角色，而這個作法到一九六〇年代晚期已經過時了，而且站不住腳。一九六〇到六七年期間，牛津大學有超過百分之十四的理科女畢業生和百分之四的文科女畢業生進入（廣義的）職場。[64] 而太古集團未招募她們當中的任何一人。

一年後，喬克在香港見過凱瑟琳．希克斯後表示，雇用她是「一次很好的實驗」，可是太古也沒有立即再招聘女性員工。一方面，公司難以決定要如何讓她適應傳統的員工培訓慣例，因為對二十二歲的女大學畢業生而言，太古輪船和航運界的環境被認為太過男性化，為她提供住處也實屬不易：更遑論她的男性同事居住的初階人員食堂宿舍。這間公司的慣例和想法是由男人形塑的。希克斯在國泰航空任職，而且公司另外為她找了住處。她不是第一個在香港為太古工作的女畢業生——這個頭銜要歸給一九二二年的速記員瑪麗．溫姆斯特（Mary Whimster）——而第一個明確被招募來作為明日管理人員培訓的女性是莉迪亞．鄧恩（Lydia Dunn）——儘管日本方面也招募了具備大學學歷的女性，但希克斯是第一個在延攬時，公司便認定她為公司員工的女性新人。鄧恩的背景——父親曾經是宋氏家族的商業伙伴——和她之所以加入太古的關聯有限，就像現在的家族或商業關係通常對英國新進員工幫助不大（「沒有必然入選這回事，」一名董事的兒子回憶道）。希克斯沒有任何人脈，而且對這家公司一無所知，不過來自海軍家庭的她，擁有在英國社會絕大多數地方都能找到的常見歷史性關聯：和多數人一樣，她父親的職涯包括派駐中國基地，期間造訪過威海衛幾次。這種關聯一直存在，有些慢慢淡化，在家庭相簿和故事中留下蛛絲馬跡，有些則更具體的出現在博物館的中國展覽室、以中國戰役命名的軍營城鎮街道，還有中國風的設計以及文學和藝術之中。

但像鄧恩這類型的新人將塑造公司的未來，並在最一開始，便在太古貿易有限公司以外的地方取得成功。這個成功以不起眼的方式緩慢發生，直到英國員工不尋常地大規模辭職（一九五五／五六年，辭職的人數「氾濫成災」，兩年後，又走了三個人），而「歐亞混血、中國和日本部門負責人的強大支援陣容」穩定了軍心，事情才變得廣為人知。英國人員薪資水平仍然很高，公司在一九六五年原則上決定，「提拔一些展現大好潛力的年輕當地人」。[65]鄧恩於一九六七年年初成為香港出口部的主管，接替一名離職創業的英國業務員。鄧恩帶給公司的，是她在美國的經驗（她被分配到一家美國連鎖百貨的大客戶）——她記得自己曾寫說，「我的天哪，他們為什麼這樣寫信」給美國人——以及她和負責供貨的上海製造商打成一片的能力。她說服後者調整他們的產品設計及種類，盡可能適應美國市場，而且她說服太古把客戶關係調整為比較非正式的美國風格。[66]

香港在海外國際間的能見度愈高，可能會成為太古貿易這類出口商的不利條件，因為香港以血汗工廠和劣質商品聞名，這個形象是面對來自殖民地激烈競爭的外國工會和製造協會所助長而來的，不過也是受到勞權社運分子和立場更公正的觀察者的影響。雖然堅定的社會與產業改革政策可能是港府的原則性回應，可是這樣的改革只是斷斷續續地推出，因此，對抗這樣的形象，同時作為殖民地對競爭者重創其貿易的部分回應，成為了一九六七年秋季在「香港週」期間舉辦的時裝節的目標之一。[67]這是在國際間把香港打造成旅遊勝地和製造業樞紐的整體計畫的一部分，後來時裝節變成了一年一度的成衣節，鄧恩在其中發揮了重要的組織作用，成衣節在公眾之間打開了知名度，再加上她在公司內的職涯發展——一九七三年擔任太古貿易有限公司董事，一九七六年升任執行董事，一九七八年成為太古集團（香港）董事——這使她在一九七六年進到立法局。有些離開員工崗位的英國人被迫離開香港，因為他們「阻礙」了中國人的前途，公司如此告知一名員工，而「我們正在培養一批中國畢業生」則可以解釋另一個人的離開，因為他們確實日漸茁壯。以至於中國員工和外派員工「完全不同的薪資結構」再也不能被合理化，約翰．布雷姆里奇在一九八〇年這麼認為。[68]除了鄧恩，擔任高級職位直到一九七〇年代和七〇年代之後的中國員工，主要都是出自湯姆·林賽隨性的聘雇，或是有家族關係的員工。姚剛接受了大衛·歐（David Au）的推薦加入太古，一九七七年在香港成為董事，負責保險業務，他是老華人員工的最後一人。班傑明·王（Benjamin Wong）的父親查爾斯·王（Charles Wong）在一九五五年去世時，是這家香港公司的資深華人員工。兒子班傑明在一九五八年加入，以為他會跟隨父親的腳步進到太古糖廠，主要工作卻是在航運部門，包括一次到澳洲的長期外派，並於一九七八年成為太古船務代理（Swire Shipping Agencies）的執行董事。派翠克·蔡（Patrick Tsai）在一九六二年被查斯特·甄從民航空運公司帶進公司，之後成為國泰航空的要角。

公司呈現全新自我形象的一個顯著特色是積極利用太古的歷史。退休員工草擬了簡短易懂的太古及太古輪船故事的來龍去脈，刊登在香港報刊或合作公司的雜誌上。百週年紀念的標誌是委託一名利物浦大學的史學家（非常適當的人選）編寫公司歷史——其內容聚焦在約翰·森姆爾和倫敦公司的管理階層，對許多人來說相當枯燥。「這是個大災難，」喬克讀到初稿時駁斥說，而且只寫到老董過世，因為老董是這部作品的主角。而大部分的根本分析是由前太古輪船經理亞瑟·迪恩提供。在這本書之後出版的，是比較仰賴傳聞軼事的紀錄，大量利用倖存的中國通信，由一名前海軍軍官暨軍情六處特工撰寫。故事基本上沒有超越他個人在海軍服役時的中國見聞，而且只寫到一九二八年。[69]《太古新聞》則刊登被海盜劫持、糖銷售出差和生活的短文，還有公司退休員工及其家人在舊中國的生活。范恩斯負責管理在德國轟炸和辦公室搬遷後還保存下來的公司紀錄，然後在一九七五年，二戰前的檔案便存放在亞非學院（School of Oriental & African Studies）。受委託的口述歷史計畫，在一九七八至八二年間取得太古洋行和太古輪船前員工的訪談，去蕪存菁後以書的形式出版。這個計畫有一部分是一九七二至七四年英國廣播節目《英國統治印度時期的故事》（*Plain Tales from the Raj*）促成的，該節目以針對在英屬印度生活與工作的英國男女的訪問為基礎，日後將在英國發展成一波「英屬印度懷舊」浪潮。撰寫太古歷史的焦點，幾乎總是擺在漸去漸遠的中國通商口岸時代，那個失落的世界，飽受戰爭、海盜和抵制的困擾，儘管如此，從問題叢生又動盪不安的一九七〇年代視角看來，那個時代似乎有其兼容並蓄的魅力。[70]

對學者而言，這段歷史最突出的特色，還有這間公司的業務持續展現出的特色，是太古—藍煙囪—史考特網絡長達一個世紀的歷史。而此特色已然發生變化——一九七一年後，霍特家族不再參與藍煙囪的高層管理（阿爾弗雷德．霍特公司〔Alfred Holt & Co.〕這名稱自一九六七年起，正式退下）——而且史考特造船的地位也愈見弱勢，但英國造船業整體上也是如此。[71]家族、資本和業務緊密交纏的聯姻，已經演變成大企業利益集團的關係聯盟，有彈性地連結在一起，關係有時較疏遠，有時緊密得多——就像在OCL策略操作中的關係。此外，還可以加上和香港上海匯豐銀行比較晚形成的「特殊關係」——到一九七〇年代中期仍被如此描述。倫敦的太古集團也仰賴以倫敦市為中心的各種人際關係堆疊，尤其是航運方面——雅德里安先後在一九七九年和一九八〇年成為英國海運總會（General Council of British Shipping）的副主席和主席。

他們也和政府首長及公務員建立關係。由於他們和同僚大多在同一所學校或大學就讀，在商場上的關係也就更加順暢。[72]重要的新企業和關係從這個網絡提供的商業聯繫發展出來。在規模較小的香港世界裡，自企業檔案和私人信件中我們得以看到，關係建立的場合可能是香港賽馬會這類非正式場所，還有每週一次在香港會所舉辦的商界領袖、政府官員和來訪貴賓「牛肚獵犬」（Tripe Hounds）午餐會。在關於週四午餐會所認識的人和所談的事情的筆記中，「我旁邊坐」和「我看到」的字句反覆出現，還有在餐會上聽到的八卦。進出殖民地的頭等艙也是談事情可遇不可求的機會。隨著太古集團越來越像大型企業集團，業務似乎更加依賴這種私人往來和不期而遇。

自相矛盾的是，儘管太古集團在一九六八年放棄香港，嘗試投資其他地方，最後還是回頭，且進一步在殖民地生根。喬克在一九七四年的報告中說，香港是「大洪水世界裡的一塊陸地」——大洪水世界是指受石油輸出國家組織（OPEC）衝擊的世界，於是太古集團在這塊陸地上發展。[73]香港營運的局部重大改變和一九七四年的形象重塑結伴而來；最引人注意的，是鰂魚涌太古船塢開始進入關廠倒數。造船業已經十五年沒有盈利，一份報告指出，雖然太古每年處理約一千艘船（九龍船塢約六百艘），但殖民地的海事主管在一九七二年沉思，即便是如此大規模的船舶維修產業，長期來看也會有消失的一天。太古船塢的造船業務於一九七〇年劃下句點。[74]同時，由於還有大量的維修工作有待完成，太古決定將它和九龍船塢（Kowloon Docks）行之有年的聯營協議帶進下一階段。一九七二年七月三日，兩家公司宣布，雙方有意合併業務——各自保留物業的所有權——於是全新的香港聯合船塢（Hongkong United Dockyards，簡稱HUD）自一九七三年新年開始營運，同時租下兩邊的廠區，人數可觀的鰂魚涌管理人員小隊被調到港口對岸。儘管當時的太古船塢管理層被認為擅長處理勞資關係，但這個變動在全體三千二百名員工之間點燃了極為積極的工會行動。員工在九月發動為期八天的罷工，取得了公司的重大讓步。[75]該廠一直營運到一九七八年，不過廠區部分歷史建築連同仍在運作的船塢正同時改建中。[76]舊公司本身變得多餘：太古船塢於一九七三年四月二十七日舉行了最後一次會議，將所有剩餘權益出售給集團的新部門「太古工業」（Swire Industries），並更名為Taikoo Swire，而後大幅增資，準備著手重建鰂魚涌。

錯綜複雜的一系列重組舉措，一部分是受到恐懼驅使。「香港瘋了，」雅德里安在一九七二年指出，「當利欲熏心的辦公室小職員逍遙法外，可能會發生意想不到的事。」問題在於，唯有合作伙伴可以信任，而且實力穩健，過去的所有權和管理協議才能發揮功效。如果他們其實很脆弱，怎麼辦？像是OCL，至少有一個算弱的伙伴？而如今，殖民地又出現野心勃勃的新企業。「這樣說吧，」其中一家新企業在一九七二年三月的一場香港記者會上宣布，「這是我心中的那種商業城市。」說這話的人是資產剝離（asset-stripping，按：指低價買入經營不善的公司，然後透過拆分，出售其資產而獲利）投資銀行斯萊特沃克（Slater Walker）的執行長吉姆．斯萊特（Jim Slater）。該公司於一九七〇年尾聲在香港創立，但吉姆．斯萊特本人的到來，預告斯萊特沃克在香港當地的營運將進入一個新階段。「多數人都喜歡賺錢，也許我們可以把賺錢變得更容易，」

他宣布。「斯萊特沃克在香港的存在，有助於吸引英國股票經紀人的注意力，並引起金融機構投資者的興趣。」從一九七二到七三年，香港股市（共有四個）的股價和業務強度雙雙飆升。恆生月平均指數從一九七〇到七三年年底上漲了將近八倍。[77]

太古的擔憂，是有人會透過公開上市的太古船塢或巴特菲爾德與施懷雅工業有限公司（Butterfield & Swire Industries，簡稱BASIL，併入太古糖業、太古貿易和香港汽水廠，並於一九六九年十二月上市）覬覦它的地產儲備（landbank）。上市不僅意味著公司帳目如今公諸於大眾，同時透露出「B&S對兩間公司都沒有控制權」（它只持有百分之三十六的太古船塢，和百分之四十六的BASIL，如果把香港上海匯豐銀行算進去的話）。「有一些不可預測的瘋子存在，」香港上海匯豐銀行的董事長沙雅（Guy Sayer）也這麼認為。雖然一九七三年年底，斯萊特沃克把注意力大致轉向新加坡，且在新加坡的公司陷入一樁影響擴及香港的詐騙醜聞，不過香港市場的整體威脅依然存在。[78]

此外，市場監管不足，加上香港的低稅制，是斯萊特沃克這類經營者深受吸引的很大一部分原因。不過，儘管此後的金融環境不確定性導致一系列問題，另一個遲來的、一九六七年後的改革，也帶來了新的變化。殖民地的貪腐問題雖不僅限於警隊，可是警察的腐敗最為驚人，這也是助長一九六七年和一九六六年「天星小輪」暴動的其中一個遠因。還有一些證據顯示，貪腐在一九六七年後其實規模更大了。自從一九七三年警界高層爆發醜聞，殖民地於是成立廉政公署（Independent Commission Against Corruption）打擊貪腐，不僅積極作為，而且相當全面。[79]警方隨後發起罷工以示抗議。廉政公署出乎商界的意料，竟著手追查案件，這些案件的問題無不出在「回扣、折扣或佣金，」或是賄賂的其他合法用語——但直到那時之前，這些都是從事商業交易時，給予和接受個人佣金的例行文化。[80]一九七六年三月，貿易公司太平洋行（Gilman & Co.）承認違反殖民地〈防止賄賂條例〉（Prevention of Bribery Ordinance）。此外，一名華人推銷員和公司的英國經理也面臨指控。受到推銷員照顧的其中一個人，是國泰航空職員，他同意公司採購一臺影印機，藉此得到一千五百元港幣。個人或公司無一倖免。被指控者在回應時辯稱，引起爭議的是整個商業界的例行文化。「整個香港都是在佣金的基礎上運作的」，官方賄賂調查組在一九七三年被告知，「這說法很接近真相，」報告的寫者評論道，「我有充分理由相信，香港絕大多數公司寧願維持現狀，不覺得需要改變。」[81]雖然這不是新制定的法條，但很少人會在實務中區分檯面上和檯面下的佣金，更少人預料到，廉政公署的調查活動會擴及商業領域。反對這個事態發展的遊說紛紛展開，太古在香港的當地經理也參與其中，不過很快就能看出這個發展「大局已定」，誠如大班約翰·布雷姆里奇所言：「香港和世界的氛圍無疑正在改變，我們必須從善如流。」布雷姆里奇下令一切這類行為都該停止：「我們的政策大方向必須是做合乎法律的生意。現在大家都很清楚，怎麼做才是合法。」[82]

就在這一切發生的同時，洛克希德公司的賄賂醜聞也被披露：這家美國航太公司被揭發，為了銷售企業前途仰賴的廣體客機「三星」（TriStar），在國際政治界和航空管理界四處分送紅包和祕密佣金。該公司毫不猶豫地賄賂了時任日本首相的田中角榮，以及財務、防衛和航空各部門的大臣，除此之外，還賄賂了一名荷蘭王子。洛克希德的執行長後來寫道，他相信，全日本空輸（All Nippon Airways）的總裁若狹得治對洛克希德效勞的背書，「幫助促成了國泰航空」後來購買三星客機的決定。若狹得治心滿意足地收下無數袋從香港外匯銀行快遞過來的日元鈔票以作為交換，他「大力宣傳」洛克希德的三星客機。因此，洛克希德在一九七四年十一月毫不猶豫地付給如今已是國泰航空董事會成員和營運長的前飛行員伯納德．史密斯（Bernard Smith）八萬美元（至少等於二〇一九年的四十萬美元），交換他的「宣傳行銷」，在國泰選擇這架飛機為第一架廣體噴射客機之後，協助推銷廣體「三星」客機給馬來西亞的國航。[83]史密斯於一九五二年加入國泰，在拿騷擔任高階經理而闖出名號，他是公司新客機以及新客機預告的「亞洲飛航新紀元」的代言人。一九七五年九月二日，他駕駛第一架即將交付的「超級三星」（Super TriStar）降落啟德機場，總督麥理浩（Murray MacLehose）甚至前來迎接。六個月後，史密斯辭職，並在消息傳出後迅速逃離殖民地，並躲藏了起來，他的公積金一毛也未動用，但應他的要求扣除了相當於佣金的數目——從而使之成為一筆洛克希德公司給國泰的正當款項，讓他擺脫了被起訴的威脅（一名廉政公署的官員在電話上如此確認的——只是航空公司試圖把這筆錢退還給洛克希德。「$uperTri$tar」《遠東經濟評論》（*Far Eastern Economic Review*）嘲弄地下標，反咬一口購買該雜誌利潤豐厚的彩色廣告的企業，而最近的一則彩色廣告正是史密斯大力吹捧這架「我駕駛過最聰明的飛機」的優點。[84]史密斯隨後從海外寫信給他的高級飛行員和機組人員，辯稱他是依據國泰航空的「最佳利益」行事，而這篇報導就和太平洋行的傳票資訊擺在同一頁。[85]

只是，洛克希德的故事中還有其他甜頭是後來才又浮出檯面的。在國泰做出這決定時，有些觀察家對國泰的選擇感到困惑，因為競爭對手麥道DC-10（MacDonnell Douglas DC-10）似乎更符合他們提出的要求，雖然購買麥道DC-10的花費最終是比較高的。國泰把決定歸結為政府施壓，卻遭到「強烈否認」。可是約翰・施懷雅確實得到英國高層公務員和政府首長麥克・夏舜霆（Michael Heseltine）提供的各種不同獎勵，前提是公司選擇採購三星——RB211引擎由一九七〇年已國有化的勞斯萊斯製造。這個決定攸關外交政策——特別是英美關係，雙方關係因為一九七〇／七一年的問題而相形緊繃——也攸關國家政治。致香港總督的一封電報中寫道：「部長向他說明了，如果一家英國航空公司在這麼激烈競爭的情況下決定對三星不利，外界可能會得出什麼樣的結論。」夏舜霆評論說，「女王陛下政府（HMG）對國泰航空有極大興趣，而最感興趣的是透過與其他政府談判發展其飛航路線。夏舜霆在其他公務員不在場時，私下談到國泰購買麥道DC-10「負收益」的與否，是由國泰董事會在那年的一月二十九「一致」決定的。[86]

除了復航香港—雪梨航線，國泰航空此時顯然希望獲得飛往倫敦的航權：根據雙邊條約，航權仍掌握在政府手中。國泰最重要的考量是麥道DC-10可以改裝成更適合長途航線的飛機，而且洛克希德的財務狀況看起來岌岌可危。夏舜霆和他的官員說服太古公司推遲決定一個月，以死纏爛打的方式不斷騷擾倫敦和香港的太古，同時，敦促勞斯萊斯和洛克希德再次和太古洽談。到那時，國家對RB211引擎的支持已達一億四千萬英鎊，夏舜霆在工黨政府的繼任者於二月當選後，重申了他對洛克希德決定的偏好。最終，當董事會推翻先前的決定，從洛克希德公司訂購飛機，各方皆大歡喜。洛克希德後來提供了更好的採購條件。現在的確可以說，這個決定完全是以商業理由為依據，因為如今條件已經改變，而這個決定恰巧符合政治期待。「這些美國人鍥而不捨，」布拉克這麼形容洛克希德的執行長，不過勞斯萊斯的銷售宣傳「太粗糙」。營運長不需要被說服，因為他一直都偏好採購三星。「我們面對的，」工商部次長喬治・羅傑斯（George Rogers）指出，「是兩家非常依賴國家的英國公司（國泰航空和勞斯萊斯）。」一想到這麼形容私人公司（「革命性，」他如此寫道）似乎有點怪，羅傑斯於是澄清：

> 國泰的成功取決於——而且往後還會繼續取決於——英國政府代表用來增進國泰利益的能力和精力，不亞於國泰自身在商業方面的精明。大阪、伯斯和雪梨只是目前的三個例子！[87]

對英國官員而言，國泰航空日後的三星採購——一九七五年又購入了兩架——及其航線談判，顯然仍是緊密相連且相互關聯的議題。

正如他們所說，在這一事件中，英國公務員和政界人物試圖不和香港政府發生衝突。自一九六七年十一月接到英鎊貶值的公告以來，英屬香港的利益和倫敦的利益日漸疏遠，因為香港越來越能看清他們雙方的利益不是一致的，而倫敦永遠都會把自身利益置於殖民地之前。香港在必要之處自行改革於是變得相形重要。反貪腐運動當然是為了法治，也為了殖民政府的合法性，但同時也是為了殖民地持續發展的國際形象。警方為了反貪腐打擊行動而罷工，令人觀感不佳。

此外，血汗工廠的指控依舊存在，關於童工的報導——一九七五／七六年，英國報紙和廣播揭露報導的主題——更是助長這樣的形象。這是「一塊自鳴得意、富有的英國巨岩，」約翰．勒卡雷（John le Carré）一九七七年出版的小說《榮譽學生》（*The Honourable Schoolboy*）裡的一個角色說，「由一群富貴利達的高級名流商人主掌」。他對香港不討人喜歡的描繪，讓我們目睹到香港當時在海外的形象。我們看到很多關於可以做什麼來挽救殖民地聲譽的討論。然而，在一九七七年秋季的桑當馬賽（Sandown Races）中舉辦「香港日」則被認為不是太妥貼的作法。「一個可悲至極的時刻，將茶餘飯飽、抽雪茄的香港馬賽觀眾和童工的情況連結在一起，」布雷姆里奇心想。「即使羅曼諾夫王朝也不會如此無能。」[88]

反之，英國在香港的聲譽也是每況愈下。舉凡英國製汽車到發電站渦輪機的品質，人們覺得英國的製造標準正在下滑；越來越多中國學生去美國念大學，美國市場對香港商品非常重要，而英國的目光似乎日漸投向歐洲，除了它想保護就業機會，如在勞斯萊斯的工作，並透過保護就業機會獲得選票。香港於是反擊，選擇了日本財團來開發港鐵（Mass Transit Railway），引起倫敦官員的不滿和憤怒。[89]哪怕布爾什維克行刑隊還沒有做好準備，殖民地的長遠未來——自一九七〇年代中期起，香港政府通常稱殖民地為「領地」（territory）——越來越常成為某些討論的主題。這些討論包含更新「毛澤東接管」時的「緊急」計畫，萬一事態嚴重失控（而且「所有大班都被關進皇后像廣場的老虎籠」）該怎麼辦的陳年主題。雅德里安在一九七五年寫道，怡和洋行「有一個建立多年的機制，讓他們可以在彈指間，把所有非香港資產轉移到一間百慕達公司」。

兩家公司利益分布的迅速變化意味著，一旦香港公司被徵收，可能面臨沒收威脅的外部資產規模，已經比純粹擔心香港資產本身更為重要。[90]

形象是一九七〇年代中期安排和重新整頓太古在香港業務的另一個因素。一九七六年年底，Swire Pacific吸收了太古工業，因此也吸收了它最近成立的子公司太古地產（Swire Properties），並取得國泰航空（買斷了太古輪船的股份）和香港飛機工程公司的控股權。集團歷來較為鬆散的聯盟，轉變為更加緊密的企業結構，而且這個結構變得相對重要。公司古老的座右銘「求真務實」，如今反而變得更合乎實際，並提供一種理解新興理念和策略的方式：Swire Pacific有了實體。其著力的重點在於「打造」公開掛牌上市的Swire Pacific的聲譽和地位，而不是由倫敦全資擁有的John Swire & Sons（Hong Kong）。部分出於達到這個目標，公司於是打破過往的慣例，香港大班和其他資深職員開始定期接受訪問，第一場記者會便是為了形象重塑而召開。一名分析師在一九七四年評論道，有一項「為改組後的太古集團注入爆發力的政策」。公司也探究過其他提議，尤其是一九七四年被冠上「跑馬地行動」代號的措施，與和記企業有限公司（Hutchison International）或是和記企業重要部門合併的想法。此提議來自和記，人們普遍視之為英國四大洋行之一，在中國的歷史比太古還要悠久，而這個提案似乎可見一些優點。香港上海滙豐銀行表達「百分之百的支持」，不過那是在了解和記企業財務狀況的全貌之前。沒有人信任其董事長道祈德尊爵士（Sir Douglas Clague），而且和記的企業文化和慣例頗令人擔心。事實證明，擔心是對的，雖然內線交易在當時不構成犯罪，但這樣的行為絕對令人反感，因而強化了對任何集團利益合併的反對，特別是來自香港經理方面的不滿。和記黃埔還有過度擴張的問題，而且因為政府認為它大到不能倒，次年便由香港上海匯豐銀行實際接管。[91]一九七六年，四大洋行另一巨頭會德豐的麻煩似乎又是一次機會。但真正改變集團能耐的，是來自太古地產的「巨額」現金流入（集團的「錢袋」）。但它是什麼樣的一個集團？「『投機』（Go-go）派」與保守派之間，應該取得怎樣的平衡，雅德里安在一九七二的筆記中沉思道。他認為，房地產開發「應該會讓我們在香港大眾眼中展現出相對正面的『投機』特質」。歷史是一種資產，也可能是公司肩上的沉重負擔。《經濟學人》在一九七七年報導說，太古公司是「香港主要英國公司裡，家長作風最強勢和最為因循守舊的公司」，而它在宣布太古地產上市和集團結構改組的背景中，也確實展現出其家長作風和因循守舊。[92]

也許打造Swire Pacific有機會創造出讓J S & S「逐步退出」香港的未來，雅德里安在一九七五年一月如此大膽直言。這可能導致倫敦在公司裡的持股逐漸減少，然後輕易便遭到併購。[93]但與此同時，J S & S繼續探索其他領域——一九七三年，也就是英國加入歐洲經濟共同體的那一年，決定獲取某種重要的歐陸商業機會，權衡馬尼拉的風險和機會，以及他們的「太平洋盆地『風險分散』論點的必要性」，透過布萊斯・葛林（Blyth Green）在馬來西亞和模里西斯收購企業，並透過茶葉貿易商詹姆斯・芬來（James Finlay）收購印度和東非的企業，在一九七六年收購了兩家公司各百分之三十的股份，並於次年年初全面控制史考特造船公司，J S & S得以深入香港。[94]約翰・森姆爾塞總是告誡子孫，不要買土地，對他而言，這基本上是沒賺頭的投資，他要的，是資金快速流動，帶來即時的回報。時至一九四一年，公司業務立於遍布中國和香港的地產。太古地產的發展，有助於改造這些城市的局部市容。改變最大的要屬鰂魚涌，那裡的太古糖廠和船塢有公司村的建設，並吸引了一個熙熙攘攘的新郊區圍繞在周邊——私人住宅和商店零星出現在電車沿線，後來則是零星地在巴士路線沿線形成——而且隨著二十世紀持續進步，此處也被歸入香港市區的範圍。J S & S 一九五四年失去了在中國的地產，卻仍在香港保留著這塊重要的土地。

一九七〇年，船塢已經與怡和控股的香港置地（Hong Kong Land）合作，改建太古會所舊址，以及太古男女老少曾經遊玩、訓練的運動場。取而代之的，將是瞄準中產階級市場的六棟二十六層高公寓大廈。港府工務局局長和其他官員第一時間聽聞提案時簡直是瞠目結舌，因為提案還包含在鰂魚涌和舊太古糖廠員工宿舍基地進行更大規模開發的模糊聲明，而直到一九七二年，這才看到一九六七年擬定的設計藍圖。香港需要住房，但這種零散的開發方式，意味著這個人口密度極高、約有三到四萬人的新郊區所需的基礎設施並未得到充分規畫，沒有學校、商店、足夠的公共交通、供水及汙水處理能力。稍早出售的小塊土地意味著其他私人的新建住宅區，更顯這個提案的不適。附近兩條私有街道已經「無可救藥地擠滿了小販〔和〕違規停放的汽車」。香港的經理們「感覺這些問題已經超出了他們的能力範圍」，雅德里安在一九七一年十月寫道。即使在一九七二年七月，太古糖廠和船塢成立了一家新公司「太古地產」，並延攬房地產顧問博克利・罕布羅（Berkeley Hambro）負責管理業務，仍未能安撫官員。到了一九七二年，計畫藍圖顯示，開發案將把十二萬居民帶入鰂魚涌，以及太古糖廠蓄水池的舊址：「這樣的人口數代表香港會有一條連續被建築物覆蓋、從銅鑼灣延伸到筲箕灣的人口稠密帶。」這將使現有的都市發展計畫「顯得愚蠢」。民政事務局的祕書建議，何不來一次換地計畫，提供他們當時計畫的新城鎮用地之一。「我知道，這不會帶來一樣快速和豐厚的回報，但我相信，這將符合香港的最佳利益。」甚至可能需要以「更激烈的行動」向公司「收購土地」。[95]

「這個計畫令我恐懼，」運輸署長官在會議紀錄中寫道。政府部門沒有人喜歡他們在開發計畫藍圖中看到的內容。但是新開發案持續進行，反對也得到適當的答覆。該計畫於一九七四年年初獲得批准，而後慢慢的，此地建設出一處工商特區、一處擁有一萬五千多間公寓的六十一棟樓大型住宅「太古城」（Taikoo Shing），以及輕工業開發案，是香港有史以來最大的私人開發項目。即便如此，喬克並不喜歡他在一九七三年看到的香港，乃至那個地區。

我們從鰂魚涌出去。舊船塢西區到處都是巨大的公寓和辦公室大樓，辦公室與福利中心和游泳池一起出租。沒有俱樂部可使用的草地滾球球場或太古輪船公司的招待所。多數船塢的工作和辦公室都搬到位於九龍的香港聯合船塢……錢，錢，錢，一路都是錢，我一點也不喜歡受美國影響的新氛圍。[96]……我們參觀了……太古地產在鰂魚涌的開發項目。我們參加了一場播放影片的講座，也看到了擬興建的混凝土建築的完整模型，可容納六萬人。如今，每個基地都變成可能更賺錢的房子，人們要上哪去工作，我實在不知道。[97]

太古的地產儲備帶來了「錢，錢，錢」，當太古城公寓拔地而起，建物的影子落在仍發出隆隆聲響的船塢上，為太古集團創造史無前例的收入、「巨額」現金流入，但這種有些東西遺失在過去的感覺，不僅僅是一個八十歲老人的反應，他的職業生涯多數時候都在鰂魚涌指揮雇用了數千名勞工的商業活動，這個人還記得建造鰂魚涌的消息破壞了七十五年前家族度假的氣氛，而且這個人曾經監督一九四五年後的重建。[98]這段話的語言和擔憂呼應了麥克．霍普（Michael Hope）的想法，霍普的公司便是被斯萊特沃克收購，並掏空到只剩空殼的其中一家。金融業的勝利——「我們要生產的產品就是**金錢**」，斯萊特在公司的第一次收購董事會會議宣布——許多人聽了無不驚恐不已，因為對他們而言，製造業和發明，以及位於產業關係核心的人際關係，可以說是英國企業的基石。[99]約翰．施懷雅在三十年後思忖道：

> 我不確定，我是否真的贊成關閉船塢和糖廠，把這塊地變成房地產，儘管它確實提供了大量資金注入。我不會那樣做。那對經營而言是正確的作法，但也代表和很多人失去聯繫。[100]

但長遠來看，這也可能是對人們有益的興建案。麥克．霍普不住深思，充分就業和慷慨的解僱條件使他的員工免受實際衝擊的傷害。他的擔憂有一部分是對商業倫理的道德關注。約翰．布雷姆里奇在一九七五年宣布：「我們已經從一塊土地賺了很多錢，應該將部分獲利回饋到確保船塢工人都有工作才對。」[101]這在實務上意味著為HUD在青衣的一個新廠址提供資金。從早期的太古城銷售手冊中可以看到船塢就在旁邊，仍在運作中，但在一九八〇年七月後，業務全數遷往新址，九龍船塢的土地也移交給房地產。第一艘進青衣維修的船隻來自中國，這象徵一個重大的變化。橫越整個一九七〇年代，中國從文化大革命的極端——國家部分地區幾乎陷入內戰，和蘇聯發生暴力且無端的軍事對抗，政治停滯，經濟停滯，紅軍當權和有志之士被關進臨時監獄——走向試探性地恢復接觸和重新開放貿易。一九七一年，中國恢復與美國接觸且美國貿易的禁運結束，以及一九七二年的尼克森訪問北京，均標誌著地緣政治轉變的起點。一九七六年毛澤東過世，政變導致他的主要盟友「四人幫」下臺，再加上華國鋒和鄧小平在共產黨政府內的掌權，為本世紀末開始啟動的經濟改革奠定了基礎。「看到那裡的那個小個子了嗎？」尼基塔・赫魯雪夫（Nikita Khrushchev）想起毛澤東指著鄧小平時，曾對他說的話。「他非常聰明，前途無量。」鄧小平將帶領中國重返世界。

Swire Pacific一九七七年就開始考慮是否需要雇用一名政治顧問，協助處理北方正在形成的新環境，接著在一九七八年四月，公司著手討論在中國設立辦事處的想法。一九七三年和一九七五年，HAECo獲得一九七二年中國與英國關係正常化後最早簽訂的其中兩份合約，於是飛機開始南下啟德機場，進行引擎的維修保養。[102]一九七八年，怡和洋行已經有代表派駐在北京，他們將在一九七九年設立北京的辦事處，不久後又在廣州設立另一辦事處。太古集團在「貿易、保險、航運、造船、油漆和飛機工程」方面的企業集團，彼時已有和中國人打交道的經驗，可是「很難從中國獲利」。香港眼下先敦促謹慎行事，後來在其他人身上目睹了對中國貿易前景「如脫韁的野馬般的趨之若鶩」。[103]慢慢的，我們看出這個「改革開放」政策意味著，香港在一九七八年後改革時代的中國轉型過程中，發揮了重要作用，而且香港自身的製造業將逐步衰退。由於香港企業利用中國較低的製造成本優勢，未來由香港管理的製造業，將派人跨越邊界「去工作」。二〇〇〇年，約有五百萬勞工在廣東省為香港的企業集團工作，是香港領地自身規模的五倍。香港人民的工作大致取決於它所提供的服務，它作為進出口貿易中心的角色，以及它持續朝國際金融中心的蛻變。

這個香港歷史的新階段，以及香港在中國經濟的重要角色，讓許多人更加深信，或許他們可以在一九九七年新界租約結束之前，和中國達成一些協議，為英國保留一席之地，甚至讓英國人繼續管理香港，因為他們打從心底認為，而且能大聲地說：難道他們不是把事情管理得很好嗎？但英國人低估或根本無法理解的中國反帝國主義民族情懷，將導致這樣的願景不可能發生。儘管真相顯而易見，也就是通商口岸屬於一個名為「歷史」如今即將被塵封的封閉盒子，在中國土地上經營殖民地的英國人卻相信他們腳下的殖民基礎。他們終究無法從中國人的角度看待自己，也無法採用任何理性觀察者的視角。總督麥理浩爵士是第一個正式打消這之間還有任何協議空間的想法的人，因為他在一九七九年試圖向鄧小平提出租約問題時遭到「斷然拒絕」（他本人的說法）。路線已定，但在接下來五年的多數時間裡，英國外交官和政治人物還沒意識到殖民地的未來將由中國主導，即使這可能會使中國失去部分或全部的香港優勢。

等到一九八〇年，香港的服務業和製造業在整個經濟體的規模占比大致相等，這個經濟體在十年間規模翻倍，服務業以每年約百分之十七的速度成長，比一九六〇年代快得多，而製造業如今成長逐漸趨緩——不過仍在增長。[104]這個過程絕非一帆風順，尤其是在一九七四和七五年經濟衰退影響嚴重時，但人均GDP在一九七〇至八〇年間成長一倍。單單製造業的工資就在本世紀下半葉成長一倍。「勞動力持續短缺，」布雷姆里奇在一九七八年七月寫道，「整體經濟繁榮顯而易見。」[105]在麥理浩總督的治理下——他是外交官，而非一直都是殖民地部的行政長官，這對他採行的基調和風格，以及他本身肩負的責任有很大的影響——政府推出免費中小學義務教育，大幅擴增社會援助計畫、公共住宅計畫和新市鎮計畫，並且更明確定地賦予粵語官方語言的地位。麥理浩的治理因經濟成長帶來的歲入增加獲得鞏固；但也受到一九六六／六七年的危機，以及來自香港製造業的持續汙染的威脅。種種改革的節奏、規模和影響有可能被誇大了，但在一九六〇年代中期，殖民政府既有運作風格的背景下，這些改革可謂相當激進。香港的社會也在整個一九七〇年代發生了變化。香港的民眾教育程度較好，較多人擁有專業技能，而且他們有更多的可支配收入。太古城公寓的目標客戶是已婚年輕夫妻，他們決定自立門戶，而不是像傳統上那樣與父母同住。太古地產還服務一個不同的市場：投資美國的開發案，以「滿足（華人股東和董事）應該會有的渴望」。[106]在電影業、電視和粵語流行音樂的推波助瀾下，我們看到越來越多人對香港身分有更強烈的認同和更明確的表達。到中國觀光的遊客人數增加也凸顯了這項特色，香港人在中國更能敏銳地感受到香港和中國的差別。香港民眾也越來越常到更遠的地方旅行，而且他們大多搭乘國泰航空。

一九六〇年代和七〇年代還發生了另一場金屬貨櫃運輸革命：波音七四七（巨型噴射機）和廉價航空旅行的到來。與標準化貨櫃一樣，波音七四七也是美國軍事需求的副產品，確切的說是噴射運輸機專案的副產品。在先前的競爭輸給洛克希德後，波音公司繼續前進，讓泛美航空公司在一九六八年十二月簽約成為波音七四七的啟始客戶（launch customer，按：航空界對最先訂購並接收某新型機款的客戶的特定稱呼），一九七〇年一月二十一日，泛美航空第一架波音七四七飛離紐約，前往倫敦。[107]波音七四七比其廣體客機競爭對手更大、更吵，但也更具成本效益，帶來更高獲利，很快的，一如航運貨櫃革命，波音七四七逐漸改變全球航空旅行的基礎設施、旅行習慣和貨物運輸。國泰對波音七四七龐大的客運量態度謹慎，花了一點時間才投入其中。香港旅客先是乘坐波音七〇七，該機型於一九七一年加入服務機隊。在同一個地景中，存在著過去、現在和未來。當第一架波音七〇七於一九七一年八月二十四日起飛，前往臺北和大阪途中，早已出售（並更名）的舊太古輪船公司渡輪佛山號正停在港口，船身部分傾覆，剛剛成為數十名水手葬身的墳墓，一個星期前，強颱露絲襲擊船隻導致他們溺斃身亡。

波音七〇七能運載一百五十四名乘客；三星廣體客機可容納兩百八十六人；一九七九年起，抵達香港的波音七四七能搭載四百零四人——波音七四七由勞斯萊斯引擎提供動力，國泰航空在英國的廣告中無所不用其極地指出，根據一九七九年的一項估計，英國製造業在五年內獲得了七千萬英鎊的投資。第一架波音七四七飛機於一九七九年七月三十日飛抵香港，麥理浩總督照慣例前來迎接，當警察銅管樂隊在飛機棚廠前演奏時，他很可能正沉思著他代表女王陛下管理香港殖民政府期間的種種脫軌演出，就像眼前這件事。[108]不過，他當初抵達殖民地準備正式就任時搭乘的，便是國泰波音七〇七，一九七一年十一月十九日自東京起飛、降落香港，接著他把西裝換成總督服，鴕鳥羽毛如今象徵著噴射機時代的到來，飛越過香港總督傳統的下船地點「皇后碼頭」（Queen's Pier）。[109]麥理浩是一九七一年國泰航空六十五萬三千名乘客中的其中一人。一九七二年，有八十二萬七千人搭乘國泰的航班，這個數字到了一九七六年成長一倍，然後在一九八〇年達到兩百八十八萬。進出殖民地的航班有四分之一是國泰航班，而且國泰載運了約三成的香港遊客；這一成長率遠遠超過同期國際客運量約百分之八十五的增長。[110]新的波音七四七先是安排南向飛往雪梨和墨爾本，還有獲利頗豐的北上東京航線。不過，國泰還將目光投向另一個值得競爭的目標：倫敦。一九七六年，三星客機開始負責巴林航線，隨後，公司在一九七九年十二月於香港正式提出倫敦航權的申請，並成功取得，於是在一九八〇年一月向倫敦的民用航空管理局（Civil Aviation Authority）申請互惠權利，可惜未獲准。這根本是「無恥濫用帝國特權」，《南華早報》大肆抨擊——未有一絲嘲諷意味——因為英國金獅航空（British Caledonian）得到了加入英國航空（British Airways）飛行這條航線的獨家權利，而這看起來像是動機不單純的保護主義，「倫敦」藉此拒絕給香港和其他獨立國家一樣的對等權利。行業組織加入中國報刊的怒吼（雖然布雷姆里奇認為，他們成功的機會只有一半）。香港政府支持國泰爭取該航線，而且約翰．布當初曾說，政府早在一九七四年就敦促過這家「承受壓力」的航空公司考慮開通該航線。和麥理浩的私下討論聚焦在香港政府該如何部署以表達支持的立場，以及在什麼時間點才能發揮最佳效用。[111]一九七五年一月，鄧肯・布拉克對駐香港的英國民航代表說，「航線規畫實屬商業活動。」對方以「一派輕鬆」的反駁來回敬，「任何飛往倫敦的國泰航班……都不可避免地涉及許多方面的政府職能。」[112]

六月十七日，商業大臣約翰・諾特（John Nott）推翻了裁決，允許國泰航空每週營運三趟航班，這可能是正「收益」，是對七千萬英鎊投資的回報，英國金獅航空和第三家競爭對手萊克航空公司（Laker Airways）也獲得了特許權。[113]諾特在說明決定的簡報中對首相瑪格麗特・柴契爾（Margaret Thatcher）說，香港社會的「深刻怨恨」主要是因為「國泰航空在很大程度上被視為當地航空」，而民航局的決定「被批評者指控為一種殖民主義作法的展現」。他在倫敦舉行的香港協會（Hong Kong Association）年度晚宴上說，他的決定「應該會讓香港和英國的關係變得更緊密」。[114]一個月後，國泰波音七四七在警察樂隊的小夜曲聲中起飛，抵達倫敦時獲得一隻中國龍、喬克・施懷雅和一架噴火戰鬥機的迎接，包括鄧肯・布拉克在內的四百名乘客下機後，直抵蓋特威克機場（Gatwick Airport）航站。一年之內，國泰航空透過客運成長了約百分之三十五，國泰的股份從百分之二十三上升到百分之四十。[115]在諾特宣布「從香港到倫敦」，「您希望我們成為的航空公司」隔天，國泰在英國媒體廣告主打「我們最懂亞洲」。

八十八歲的喬克・施懷雅是一九八一年搭乘國泰前往東方的數萬名旅客之一，這是他自一九一四年二月下旬成為藍煙囪乘客，從利物浦搭輪船前往東方以來，近二十幾趟旅程的最後一次。當時他在可倫坡轉乘半島東方輪船公司的「阿卡迪亞號」（Arcadia），最後在三月二十五日抵達香港。那天，殖民地的報紙報導有人在太平山看到一隻大老虎。一九八一年十一月，喬克經過六個小時的飛行降落在巴林，再經過七個小時的航程飛抵香港，「在濃霧中」降落當地，他詳述道。距離他的祖父約翰・森姆爾初訪殖民地已經過了一百一十五年。香港如今的改變之大，模糊了喬克對過往的觀點，也遮蓋了過去七十年和他一起成長的地點與場景，那些他祖父起了頭的種種。

辦公室……現在完全是座迷宮，我都認不得了！我在去的路上給總督的書簽名，整個上午都在東方主管的新辦公室裡書寫。我差點認不出皇后像廣場；太古會所和香港上海匯豐銀行已被拆除，會所現在暫時設立在我們辦公室旁邊。辦公室被潢得時髦又現代化。每個人都有自己的辦公室。我茫然自失。

在一趟澳洲旅程之間的兩次短暫停留期間，喬克也去了牛肚獵犬吃午餐，坐車前往位於青衣的新聯合造船廠——「整個廠房都令人難以置信」——並前往三年前啟用的沙田馬場度過一個下午，在香港上海滙豐銀行的包廂裡吃午飯（銀行董事長的馬跑了第三名）。喬克被載到太古企業的各個舊址兜風，經鰂魚涌到筲箕灣，還「參觀了必須眼見為憑的迷人太古城。相當驚人。」麥理浩安排了一趟海港和新界的直升機參觀導覽。

資深員工從海外回來會見喬克，其中一些人最初受聘，是透過牛津招聘委員會，或一九三〇年代的華人社內員工計畫，接著送往「東方」。除了他在一九六五年擺放的太古學校基石（如今沒有太多過往的實體還存在），這些人無疑是當代香港迷惘和深耕中國、日本、澳洲事業幾十年之間，保有歷史連續性的最重要一環。太古輪船和太古洋行的老太古人和前國泰航空飛行員共進午餐和晚餐，眼前是一張又一張令人目不暇給的面孔和一幕又一幕過去的故事。買辦和船舶經紀的後代舉辦了一場華人宴會。一九三三年加入上海辦公室的退休員工查斯特．甄飛越太平洋前來香港。來看喬克的人還有長江航線的船長們、待過赤柱集中營的員工、船塢經理的孩子，以及霍利曼家族，宛如這間英國主導的跨國企業的一部活歷史。一九八一年十二月七日，喬克離開啟德機場「搭乘晚間十點二十分的國泰。凌晨兩點十五分到巴林」然後「在暴風雪中，於七點四十五分降落蓋特威克機場，四處積著厚厚的雪」。兩年後，喬克去世，他的離世，也帶走了太古和他祖父「老董」的最後一個直接連結。近九十年前，老董參加了喬克的洗禮。現在，讓我像開頭時一樣，用一艘船的到港，為這個關於人、貨物和不同城市與海洋之聯繫的太古故事——以及關於企業、嘗試、戰爭、民族主義、帝國的衰落、兩個世紀的變動，以及技術、社會和文化變革的故事——的最後階段作結，這艘船在十二月的大雪中抵達，她載著乘客，帶著來自中國的消息，從亞洲前來，變幻莫測的中國，其故事仍有待展開，同時也載來了一船的歷史和回憶。

第十五章　此地

這是一間公司的故事，也是兩個國家關係的故事，但不僅止於此，這還是一個塑造現代世界的故事。透過JS&S及其歷史，我們得以穿越過去兩個世紀的歷史進程，或許以不同於常見的方式，或至少從不同的視角，呈現其中一部分故事。帳房、董事會議室、行棧的觀點，和領事館、總督府或內閣的觀點不同。這當然是一個關於崛起和失敗、能力和局限的故事，一個關於英國勢力在亞洲的某種形式的故事——稱之為帝國吧，因為它就是帝國，旗幟飄揚在外國領土上（或塗在船身、屋頂、飛機機身），還在這些正式領土之外的地方施加壓力和影響力——以及關於其代理人和臣民、合作者和反對者的故事，也是關於那些利用帝國機會的人的故事，因為那些機會和他們自己的企業和野心有所交會。而這些人包括JS&S的合夥人、董事、代理商和許多員工。這也是關於清朝及其人民和經濟與社會等，對英國的要求和強求而適應環境的故事，這些英國人來到他們的城市，對他們的河流和海岸一見鍾情，但也是關於在往後幾十年，繼任清朝的中華民國和中華人民共和國，完成恢復中國主權大業的故事。這是關於被稱為「太平洋廣東人」的華僑的故事，還有香山的商人，汕頭的移民，船上遠離家鄉的海員（有時則是遠離他們船隻的人）的故事。[1]這是關於香港殖民勢力異常堅持不懈，同時也逐漸凋零的故事，以及關於這塊飛地的發展的故事。亞洲民族主義的興起形塑了這個傳說，去殖民化同樣也發揮作用，還有英國企業為了度過地緣政治變化而採取的策略。

這是關於公司員工的故事。我們可能還記得法國外灘上，那不尋常的雙人組鄭觀應和晏爾吉，兩人共謀主宰長江和沿海地區，已到了不擇手段的地步；科恩博士的科學煉糖技術；自比利特街而來的打字員先鋒凱蒂・里斯，多麼令香港大班不安；沃特・費雪保護他在天津的員工免受英國士兵傷害；吉姆・史考特違反常理地投資一所大學；C・C・羅伯茲被拘留在香港管理公司；太古輪船的船長們將難民船駛出殖民地港口，進入冬季的海上戰爭；約翰・芬尼多麼樂見親眼目睹面目全非的太古船塢；希德尼・德坎佐及早離開國泰航空，焦躁不安的艾瑞克・普萊斯因而鬆了一口氣。這段歷史充斥著滿滿這類故事，還有更多沒被說出來。然而，這些故事其實也都是公司的故事，本書的其他故事也是如此：罷工的太古船塢工人；太古輪船上的寧波廚師；上海號的匿名作曲家；乘客和船長都討厭的茶水小弟（但他們也只是為了謀生而已）；歌女在廣州為抵制募款；加入華人員工行列的上海聖約翰大學（St John's University）傑出學子，他們也都是這個故事的主人翁。這些堆疊的經歷，跨越不同文化與國家的關於男人和女人的糾纏歷史，以十九世紀和二十世紀的英國和中國世界的交織歷史為主要背景，構成了這家公司的故事。

能夠透過有憑有據且同一身分、扎根在一個乃至多個家族網絡的單一公司實體的種種發展，詳細交代跨越一段長時間的故事細節，是很難得的事。[2]我們一般比較習慣從國家、城市、機構或商品的歷史，或觀念、事件、現象或技術的歷史來思考。我們看過家族傳記或家族研究，我們也看過一些多代家族企業的研究。當然，這個公司實體已經不同於過去，JS&S及其一九八〇年的世界，和一八一六年利物浦的約翰．施懷雅的世界相去甚遠，截然不同到令人迷惘。不妨回想一下那些提及約翰．施懷雅的書頁和他不起眼的代理生意，每年只提供兩艘航行到加勒比海的船，書頁再往後翻到他的後人在離利物浦老遠的地方管理的各種商業活動，以及多語言和多文化的許多公司。本書的任務是呈現前者如何在五個世代後成為後者。除了極少數例外，如果我們考慮到其多數同行、同事和競爭對手都已消失在很久以前的某個時間點，就連這個故事中最重要的一些公司都不復存在，豈不令人感到好奇。利物浦的商業世界，一八六〇年代的諸多家族洋行，甚至戰後香港多數最龐大的英國公司都已經離我們遠去。但除了更全面理解一個企業的歷史，以及獲得更多關於人類經驗變幻莫測和多樣性的證據，我們還能從中獲得什麼？這段歷史是豐富的，而且比本書最終呈現的內容還要豐富——檔案資料龐大，未留下紀錄的資料更是龐大——而且總是有更多值得娓娓道來的故事。

在結束這段歷史之前，最後一個顯然值得一問的是，這間公司是如何克服所有歷史僵局，延續了這麼長的時間？答案之一是家，畢竟JS&S在一九八〇年和二〇一〇年，始終都還是一間私人公司，而且多數股權仍歸施懷雅家族持有。先說說從中產生的精神特質。約翰．森姆爾受到許多一時的念頭所驅使，他的家庭責任感肯定是其中之一。傑克．施懷雅花了四十年的時間在他顯然並不熱愛的事業上，是出於一種不可推卸的強烈責任感，部分出於對父親的責任感——也許是為了向父親和他的記憶證明，他是有價值的——部分出於對受僱於公司的人的責任感。而在這個他主掌的公司的故事中，沃倫．施懷雅比任何人更是小心守護公司，記得嗎，太古的船是「他的」船。我認為，喬克．施懷雅的忠誠更多是對被他帶入公司的人、他的「大學同屆同學」和他們的繼任者。兩次世界大戰都對他造成心理創傷，也都給予他動力。在一九四五年後重建太古公司，在中國對外關閉後或一九六七年的香港恐慌後重新定位公司，在很大程度上就是為了履行他對員工合約的義務。在沃倫．施懷雅職業生涯開始和結束之際，這個家族曾兩度面臨生存挑戰。麥金托什問題，曾有一段時間相當棘手，也屬於家族問題。這些人並非單打獨鬥，他們還大量借用史考特家族成員的長才，他們的公司股份在一九一四年達到了三分之一，也一直持續下去。吉姆．史考特的兒子們在公司的多數時間都是舉足輕重，柯林．史考特從一九一〇年加入，直到一九五〇年乘坐火車前往 J S & S 年度股東大會時在車上去世，而約翰．施懷雅．史考特於一九三一年加入，及至一九六六年方才卸任，最值得一提的，是他在一九四〇年代在喬克與沃倫的衝突中支持喬克。在這一點上，他或許也有點像一戰時在伊普爾陣亡的喬克弟弟格倫的替身。[3]

「家」這個答案仍顯不足，而且這個答案並非一定站得住腳。家族企業很可能比公開上市的企業能做出更長遠的投資，但商業史文獻一種常見的模型是，多數家族企業會在第三代倒閉或演變為上市公司。該模型假設，在創始和接班世代之後，企業家的股份減少，然後與家族財富的源頭脫離。艾塞克斯狩獵主辦人、騎手、鄉紳傑克・施懷雅很可能就是符合此模式的人。一項研究類似太古等海外公司的成果顯示，上市的家族企業在更多短期股東對他們提出要求時，很容易就會走向末路。[4]有人批評這種不可避免會失敗的想法，而且JS&S在創立後延續很長時間一事也並非獨一無二，不過這極其少見，需要付出心血。沃倫・施懷雅在嚴密監督和正言厲色的教訓下，才慢慢習慣了公司文化，即使最終結果時好時壞；傑克・施懷雅對公司的最大貢獻，可能是對他弟弟衝動性格的克制。喬克・施懷雅的學徒生涯因第一次世界大戰而中斷，但隨後的家族新成員在加入董事會之前，無不花了幾年時間在亞洲汲取經驗並接受培訓，而且誠如喬克・施懷雅在一九二〇年所言，他想要讓年輕的約翰・史考特知道「太古是什麼，代表的又是什麼」。[5]橫跨五個世代的不同個別人士的才華至關重要，他們分別是：約翰・森姆爾冷酷、幹勁，以及他一絲不苟的公正；沃倫・施懷雅的專注，以及他出乎意料地真心接受中國民族主義；喬克・施懷雅在處理人事上的天賦：每個人都不同，每個人都生在對的時代。但公司管理和公司文化的家長作風特色，仍是句句屬實。一個家族擁有這家公司；它對員工有責任。誠如我們在前文看到的，這並不是說公司未按照合理的邏輯和有效的公司管理方式運行，哪怕經常比較慢半拍，但隨著公司在一九六〇年代，特別是一九七〇年代，開始多角化經營，透過一支值得信賴且越來越專業的員工菁英運作，成為一個更強大堅固的組織和管理機構。與此同時，家族、歷史和傳統的表現，對公司特色而言，顯得更加重要。家族無疑也有一定的魅力和更廣泛的文化共鳴，這也許最具體地反映在作家詹姆斯・克拉維爾（James Clavell）的香港幻想世界，故事中的史楚恩家族（the

Struan）和貢爾特家族（the Gornt），實際上就是怡和和太古，和彼此競逐廝殺）了好幾世代。約翰．森姆爾從未揮舞過一把刀，除了化身為糖廠的刀。他要對怡和施以甜蜜報復，而不是血腥報復。

持久力之謎的第二個關鍵答案是帝國。不是那種侵略的，而是老套的那一種：合理利用殖民力量提供的機會。英國權力的政治地理為公司提供了運作的地形。太古在其中找到了一片天，並與合作伙伴一起全力開墾這片土地。我們或許應該指出，在英國帝國擴張的維多利亞時代，太古基本上仍與國家保持距離。至少在他們心中和浮誇的言詞中，利物浦人在這個不斷擴張的地景中走自己的道路。沐浴在英國全球力量的正午陽光裡，JS&S及其代理人呼籲國家保護他們的權利，如同條約所規定的，並從法院尋求（他們眼中的）正義，但我不能斷定他們在哲學上真的對這種權力基礎設施感到滿意或深信不疑，儘管他們躲在它的保護下。他們不相信領事或殖民地行政官員真的了解他們的世界，他們認為，互惠互利的企業能夠跨越文化、邊界和嫌隙，進而結成組織，（有時）對任何相反的證據不予理會。就他們而言，國家代理人基本上不重視「貿易」。他們維護英國的利益——那是他們的工作——但通常他們明顯不喜歡英國企業。事實上，JS&S與英國國家權力的關係，在帝國受到攻擊並開始退縮（這個過程頗為矛盾地和英國國家本身的大規模擴張同時發生）後，反而更為密切，時值公司試圖在不斷變化和敵意日增的環境中生存，反之，一個干預主義國家正對私人公司施壓，以幫助掌權者實現其政治目的。[6]

JS&S亦考慮與殖民勢力的反對者或繼承者結盟，如果他們願意結盟的話，例如一九四九年後的中國，或一九五七年後的馬來西亞，可惜未竟全功，無論是運送朝聖者，或維持對鎖國後中國的航運服務，太古完全不計較能藉此獲得多少政治資本。太古並不依附帝國，但仍在大英國協內尋求安定，思考加拿大的可能性，在澳洲從事大量且成功的投資，在巴哈馬的投資則淪為一場災難。恰恰是香港這個大英帝國的最後皇家堡壘出乎意料地持續存在——最後一個重要而且越來越不可忽視的堡壘——為公司的存續之謎提供了關鍵解釋。它之所以倖存，是因為香港倖存了。絕大多數英國海外貿易公司，未能在去殖民化後繼續維持在權力轉移時的地位。舉凡徹底的國有化、正式或非正式的「在地化」政策、稅收或限制性法規，迫使多數公司走到了盡頭。[7] 我們在書中看到，香港一再地被認為不是安全的避難所，然事實證明，香港終究是安全的。除了各種多角化發展，JS&S基本上從香港汲取進入和發展航空業等新領域所需的資源，並擺脫了造船、維修和煉糖等日益凋零的領域。一九八〇年，JS&S有百分之四十四的集團利潤來自殖民地，僅占其營業額的百分之九．五，大部分營業額來自房地產：百分之三十八．五。[8] 這間公司與香港緊密相連，一如始終與中國緊密相連一樣。

太古是一個網絡化的企業，這為太古長期的存續提供了第三種解釋。這個故事的顯著特徵之一是定義太古的網絡，資本、專業知識和經驗透過這些網絡流通、部署或重新部署。我們可以從施懷雅和巴特菲爾德家族開始——一八五〇年代的利物浦貿易和約克郡跨大西洋世界出口；再想想施懷雅、巴特菲爾德、赫爾德家族和莫氏家族，以及他們一八六〇年代在香港、上海和橫濱的利益；或一八八〇年代的施懷雅、費爾里、馬汀和製糖；太古和霍特家族和曼斯菲爾德家族，以及太古輪船船隊和亞洲藍煙囪的世界；或一八七三年後，長江和沿海地區的施懷雅和鄭氏（然後是楊氏和陳氏）；或施懷雅、史考特、鄭氏、陳氏、莫氏和楊氏在太古洋行分行網絡中，一連串不斷變化的關係，有些漸行漸遠，有些日益緊密，而後其他人事物也亦相繼進入這個網絡裡。還有汕頭網絡，以及與上海銀行業精英在一九三〇年代和其後的關係。我們不該忘記後來在國泰航空或海外貨櫃有限公司的企業合作伙伴。在一些重要情況下，這種關係是以信任為基礎——尤其是施懷雅、霍特和史考特這三個家族，以及二戰後與香港上海滙豐銀行的關係——只是並非所有關係都是如此。在許多其他情況下，關係的基礎是合約，得以透過法律執行。但即使在這些情況下，檔案中有非常大量的證據顯示，合約雙方的交流早已超越了合約範圍。鄭觀應的確是以債務人的身分入監一年。但這實屬例外。太古曾安置一名倒楣的前買辦並提供他維生所需的收入。他的遺孀得到照顧。其他人的兒子被帶進公司。一九五〇年代中期，公司有一份「恩助名單」，其中列出前員工和合夥人的名字，只要公司能力可及，就要幫助這些人離開革命中國。富有人性的人與人關係和擲地有聲的人脈關係是公司運作的特徵之一，這在任何其他公司可能都是不合理的。

我們或許可單純地視其為太古洋行是在保護自己的聲譽，而維護聲譽的成分絕對是有的，但顯然還有更深層的意義。我們可能會認為，這一連串的關係以圖表的方式呈現更能容易說明，然而，我們最好走出這份令人不知所以的清單，退一步從根本上思考，這些關係其實就是從施懷雅、霍特和史考特家族向外擴張的英國核心網絡，以及太古及其廣東合作伙伴在中國的網絡。事實上，我們也許可以思考，是不是應該把中英關係這個階段重新想像為粵英關係，重新思考（以太古為例的）一八六〇年代和一九三〇年代期間，中英之間所經歷的核心，其主要實質關係其實是這種緊密糾纏的英國利益與廣東利益，更確切來說，主要是廣東省內一處名為香山縣（或今天所知的中山）的小區域及其鄰縣。在武漢或天津，上海更不用說，香山的商人和太古網絡的代理人合作，一如他們和其他外國公司合作。而國家並沒有在這個故事中缺席，了解國家——清朝、中華民國，中華人民共和國、英國及其殖民衛星國——對於充分理解這段歷史至關重要，只是在這段歷史中，國家的影響遠不如定義JS&S的慣例和結構及其成果的跨國聯盟重要。直到一九六〇年代，不同於許多其他英國公司（如怡和），JS&S並未吸引中國資本，至少不是直接吸引中國資本，但整體運作結構卻是建立在資本和利益集團結盟的基礎上，（多數）確實是各自獨立作業，買辦的業務和公司的業務彼此相互扶持、支援（即便位處不同樓層、不同辦公室），構築成彼此，完全相互依賴。

當然，這些網絡透過城市來維繫。城市是公司在歷史進程中，運用得最為透徹的重要資源之一。在眾多城市中最突出的是利物浦、墨爾本、上海和香港，當然還有倫敦，每座城市以其方式或在不同時期，各自發揮其重要性，除了倫敦之外，這些若不是新興城市，就是臨時性地，或迅速地自行改造，就像一九四〇年代後的香港。這些都是港口城市，是貨物、人員、資本和思想運輸的中繼站，在這些城市裡，貿易商、托運人、記者、金融家，以及所有為這間公司提供服務的人發展出多個新社群。[9]這些城市是通訊網絡的節點，也是航運和飛航的樞紐。太古顯然是一間躁動的企業，總是在城市和城市之間、一次又一次的機會之間奔走，即使有些城市或機會的表現令人沮喪，比如威廉・朗的步槍，或廣東的煤炭特許權。拋開字面意義的描繪——儘管這依然舉足輕重，公司在一九七〇年代之前的主要業務是運輸，以不同的速度運送商品、人員、專業知識、技術，並以不同的方式為服務加值——這是一家不斷變化的公司，透過地點、技術、結盟尋求新的優勢，或回應戰爭、革命、民族主義和更宏大的全球經濟進程的劇變。儘管該公司強調連續性和歷史，或許是為了掩飾這種躁動，而公司在這段歷史進程中一次又一次地自我重塑。

而且，也持續自我重塑。一九八〇年代，中國展開再造過程，直到二十一世紀第二個十年也仍在進行中。J S &S於一九七九／八〇年重返中國，在廣州投資製造業和房地產開發，並於一九七九年年底完成了一趟一次性的包機服務飛往廣州，藉由載送參加熱身賽的網球選手和球迷前往廣州，重新開通了兩座城市之間的空中航線，並於一九八〇年三月開啟了國泰航空從香港飛上海的固定班機。一九八三年，J S &S在北京開設辦事處，曾幫助公司離開中國的姚剛，如今在中國逐漸緩慢扭轉局面的三十年後，再度出手為公司的重新回歸付出心力。十年後，又一次在上海開業。毛澤東時代對外封閉的這幾十年日漸被理解成歷史上的例外，而不是孤立的中國常態。老外灘和老行樓，這個歷史的舞臺，在一九八〇年代和九〇年代基本上仍保持原樣，只是外資企業的經營在改革開放的中國卻已如隔世。歷史沒有被遺忘，至少在中國的辯論中總是相當醒目，只是擴張重回中國的公司，也不再一樣。如今的公司，在中華人民共和國建立起航空、房地產、油漆、非酒精飲料和糖業的合夥企業。新中國的商機最初讓受到中國市場古老神話影響的一些人踏上激勵人心的冒險，然而興奮之情如今已經平息下來。一九九七年香港自英國回歸，標誌著香港進入一個新時代，一個現在牢牢建立在中國關係之上的時代。

而這一切，連同整個一九八〇年代及其往後的所有相關發展，構成了另一個故事，或者應該說，同樣的故事還在繼續，如今確實也還在繼續，所以我走筆至此，索性止於這個歷史邁向一個新階段之前。

第十六章　此時

二〇二〇年的太古已是高度多角化經營的全球集團，營業額超過三百億美元，在四大洲擁有超過十三萬名員工。相較於一八一六年進口一百桶用於染色工業的樹皮並首次登記在貿易報告上的利物浦起家、一人貿易公司，太古早已截然不同。公司的利益如今可以大致歸納為航空、房地產、海事服務、餐飲鏈，以及貿易和工業等五個主要領域。其諸多核心業務仍位於亞太地區，並保留了在這段歷史上出現的名稱。二〇二〇年是太古在香港開設辦事處的一百五十週年。在亞洲，太古的業務主要由該集團公開上市的子公司 Swire Pacific 負責。

國泰航空總部設在香港，最早的那架道格拉斯 DC-3 便是在香港科學館展出，今天國泰駕駛一超過兩百架飛機的機隊。如今以新加坡為營運中心的太古輪船公司擁有五十多艘船隻，航行於全球，船上仍懸掛著一八七三年在長江公然挑戰旗昌洋行而升起的那面旗幟。從最初為糖廠員工建造的露臺開始，房地產部門已逐步發展到在中國和美國的住宅、零售、辦公和酒店綜合用途等開發項目，投資額超過四百億美元。太古飲料擁有的可口可樂特許經銷權，在中國涵蓋六億六千八百萬人口，在美國則將近兩千九百萬，兩國合計共有二十四間裝瓶工廠。太古雖然不再從事煉糖，仍以太古糖的品牌在中國、新加坡、中東和加拿大包裝並販售精製糖製品。銷售團隊也不再像一九二〇年代的年輕糖銷售代表那麼辛苦奔波。

在世界其他地方，如澳洲、巴布亞紐幾內亞、東非、斯里蘭卡、荷蘭、美國和英國，多數事業都是由倫敦母公司 J S & S Limited 直接持有。太古發展的關鍵仍舊是長期投資的精神——這個策略帶領集團走過不同時期的經濟波動和政治動盪。太古集團是個異數：一個根植於過去但堅定放眼未來的組織；一家以家族企業為母公司的跨國公司。其歷史訴說的是多樣性的力量，也透過無數艱辛篇章道出了堅韌。

誌謝

這段歷史始於一次邀請。我感謝JS&S的董事們，他們邀請我考慮撰寫這本書，容許我自由地按照我認為最有效的方式寫作，而且毫不猶豫地尊重我對公司歷史進程的詮釋。我要感謝時任主席而如今已身故的何禮泰（James Hughes-Hallett）、他的繼任者施納貝（Barnaby Swire）、Swire Pacific主席施銘倫（Merlin Swire）和施維新（Sam Swire）在我提交寫作大綱時不遺餘力的支持。而何禮泰，以及對於這項寫作計畫總是給予有力支持的Sir John和Sir Adrian Swire卻在手稿完成之前便與世長辭，對此我深感遺憾。每當我們見面討論，Sir Adrian對於我可能在檔案中發現的新資訊，無論是好的、壞的或無足輕重的，總表現出十足熱忱，這著實令人感到振奮。

寫作計畫由John Swire & Sons集團檔案管理員Rob Jennings負責管理，他為人既耐心又大方（而且他過去從未負責過任何作家）。籌備書寫本書期間，我得到最好而且也最親切的支援。我真心感謝他的支持與指導。我還要感謝Bonnie Sze和香港的集團檔案團隊Matthew Edmondson和

Angharad McCarrick；以及倫敦亞非學院的Kathryn Boit和Julie Makinson。我特別感謝Charlotte Bleasdale，她對我過去三十年來，不時地就要窺看其公司的歷史，總給予大力支持。身為前集團檔案管理員，Charlotte對這段歷史略知一二。Dr Sabrina Fairchild和Dr Kaori Abe耐心地為我從檔案資料中擷取大量素材，若不是有他們的幫忙，我不可能在合理的時間內完成這項工作。我還要感謝Wai Li Chu和Joan Chan、Zhou Fen、Shawn Liu、Chris Wemyss、Vivian Kong、Thomas Larkin、Yuqun Gao和Jiayi Tao，一一從他們訪問的檔案館中蒐集到資料。John Carroll和John Wong、Tom Cohen、Vaudine England、Kees Metselaar、Paul C. Aranha、Elizabeth Ride、Vivienne Lo、Jeff Wasserstrom、Stephen Lloyd和Jon Howlett也提供了他們的想法和資料。我要感謝Jonathan和Karen Lovegrove-Fielden同意讓我借用瑪麗．馬丁的日記，我也要感謝Lynn James，我在〈第二章〉借用了她關於太古家族利物浦早期歷史的筆記。Andrew Hillier、Tim Cole、Peter Kwok-Fai Law、Su Lin Lewis、James Thompson、Charlotte Bleasdale和Rob Jennings讀過部分或全部的草稿。我感謝他們願意撥冗，也感謝他們提出的想法和疑問。當然，在你手中的這本書，文責完全屬於我個人。Sir Adrian Swire、Paul C. Aranha、James Hughes-Hallett和Catherine Boylan都抽空親自或透過電郵回答我的問題，我由此感謝他們。已故的David Miller負起責任，監督這個委託案的第一階段討論，而在我的經紀人Bill Hamilton協助之下，本書總算得以進行，我感謝他們的支持。Bloomsbury的Ian Hallsworth非常有耐心，我也感謝Allie Collins和Richard Collins，以及Cecilia Mackay在插圖方面所下的工夫。

一如過去三十年，當我研究此處所討論的一些情節和人物時，我和博士指導教授、研究伙伴兼友人Gary Tiedemann對彼此交換問題和線索，他對梅多斯家族（Meadows）略知一二，還有恩迪科家族，以及許多其他家族。在本書付梓前，Gary Tiedemann意外驟世，認識他的人無不愕然哀傷。誠如我迄今為止的所有作品，Gary針對細節、研究方法和精神方面的謙虛貢獻在本書中隨處可見，在此我要表達對他的感激。

在布里斯托大學，我尤其感謝Mike Basker和Simon Potter，他們支持我抽空寫作本書，也感謝歷史系的所有同事，感謝他們創造出這麼能夠激發靈感又舒適愉快的工作場所。這麼長的時間以來，「太古之書」在我的家庭生活已占有一席之地，Kate、Lily和Arthur展現極度的耐心。而如今，總算完成了。

檔案出處

Bank of England Archives
- Liverpool Branch: Letter Books

Cambridge University Library
- Jardine Matheson Archive

John Swire & Sons Ltd, London
- Archives of John Swire & Sons Ltd

John Swire & Sons (Hong Kong), Archive Services
- Butterfield & Swire (Hong Kong) Ltd
- Cathay Pacific Airways
- Taikoo Dockyard & Engineering Company
- Taikoo Sugar Refining Company

Harvard Business School, Baker Library Special Collections,

Forbes Family Business Records, Francis Backwell Forbes Papers

Heard Family Business Records, Augustine Heard & Company correspondence

George U. Sands Business Records

Hong Kong Public Records Office

Liverpool Record Office,

American Chamber of Commerce minute book, June 1801-December 1841

Holt Family Papers

Alfred Holt papers

Richard Durning Holt papers

Merseyside Maritime Museum, Maritime Archives and Library,

Liverpool Ships'Registers

National Archives of Australia

Department of Defence Co-ordination

Department of External Aff airs [II], Central Office

Department of Immigration

National Archives of the United Kingdom

ADM: Records of the Admiralty

AIR: Records created or inherited by the Air Ministry, the Royal Air Force, and related bodies

BT: Record of the Board of Trade

CO: Records of the Colonial Office, Commonwealth Office and Foreign and Commonwealth Offices

FCO: Records of the Foreign and Commonwealth Office and predecessors

FO: Records created or inherited by the Foreign Office

HS: Records of Special Operations Executive

PREM: Records of the Prime Minister's Office

WO: Records created or inherited by the War Office

National Library of Wales, Aberystwyth

J. Glyn Davies Papers

National Maritime Museum, London

Captain T. T. Laurensen papers

Captain John Whittle papers

Queen's University Belfast, Special Collections and Archives

Papers of Sir Robert Hart

School of Oriental & African Studies, University of London, Archives & Special Collections Library

Archives of John Swire & Sons Ltd

PP MS 2: Papers of Sir Frederick Maze

PP MS 49: Scott Family papers

MS 380906: Correspondence of Charles Collingwood Roberts

中國第二歷史檔案館

Chinese Maritime Customs Services Archives（中國海關總署檔案）檔案679

上海社會科學院經濟研究所

歷史資源中心

太古集團記錄精華

上海檔案館

University of Liverpool, Special Collections and Archives,

Rathbone Papers

上海的英語報紙多數是透過Proquest資料庫China Coast Newspapers的檔案取得。我利用上海圖書館的平台取用《字林西報》（*North China Daily News*），至於《申報》，請搜尋瀚堂的「瀚堂近代報刊」數據庫，《人民日報》的資料則來自許多網站。我用香港公共圖書館系統的「香港舊報紙」多媒體資訊系統考察香港的報紙。《南華早報》（*South China Morning Post*）是透過Proquest

資料庫存取，《衛報》（*the Guardian*）、《印度時報》（*Times of India*）和《紐約時報》（*New York Times*）和其他美國報紙也都取用自Proquest資料庫。新加坡國家圖書館管理局NewspapersSG的網路資料被用來查找新加坡和一些馬來西亞的書名。英國報紙是透過以下資源查找：Times Digital Archives、British Newspaper Archive，以及Nineteenth-Century British Newspapers。澳洲國立圖書館的Trove平台是無價之寶，家族宗譜網站Ancestry、FamilySearch、Findmypast和Scotland's People，還有可以從香港歷史檔案館網站數位取用的Carl Smith Collection。香港記憶（Hong Kong Memory）網站有大量太古糖廠的資料，網址www.hkmemory.hk，香港實業史讀書會（Industrial History of Hong Kong Group）的網站也很實用，網址industrialhistoryhk.or。太古集團經營一個線上資源，網址www.wikiswire.com，上面有大量關於公司海運和航運活動的歷史資訊。

除了前述出處，讀者還可以在我的「中國歷史照片」平台找到大量直接相關和關於背景脈絡的視覺材料，網址hpcbristol.net，另外我也架設了網站China Families，上頭匯集了和中國有關的宗譜紀錄。

註釋

第一章 太古

1 Sheila Marriner and Francis E. Hyde, *The Senior John Samuel Swire 1825–98: Management in Far Eastern Shipping Trades* (Liverpool: Liverpool University Press, 1967); Charles Drage, *Taikoo* (London: Constable, 1970); Zhang Zhongli (chief ed.), *Taigu jituan zai jiu Zhongguo* (The Swire Group in Old China) (Shanghai: Shanghai renmin chubanshe, 1991). 另參見 Gavin Young, *Beyond Lion Rock: The Story of Cathay Pacific Airways* (London: Hutchinson, 1988).

第二章 利物浦的世界

1 Shipping: *Liverpool Mercury*, 31 October, 7 November 1834. Dock: *Liverpool Mercury*, 5 September, 10 October 1834. *Georgiana*: *Tasmanian*, 1 February 1833; *The Colonist and Van Diemen's Land Commercial and Agricultural Advertiser*, 8 March 1833; *Singapore Chronicle and Commercial Register*, 7 November 1833; William Jardine to Thomas Weeding, 20, 23 April 1834, in Alain Le Pichon (ed.), *China Trade and Empire: Jardine, Matheson & Co. and the Origins of British Rule in Hong Kong 1827–1843* (Oxford; New York: Oxford University Press, 2006), pp. 208–10.

2 *Liverpool Mercury*, 7 November 1834; first: 'Liverpool', *Illustrated London News*, 1 October 1842, p. 328.

3 'Petition of the Trustees of the Dock', *Liverpool Courier*, 18 March 1812, p. 3，引用 Yukihisa Kumagai, *Breaking into the Monopoly: Provincial Merchants and Manufacturers' Campaigns for Access to the Asian Market, 1790–1833* (Leiden: Brill, 2012), p. 122. 另參見 'Meeting at the Town Hall on the East India Trade', *Liverpool Mercury*, 20 March 1812.

4 *Morning Post*, 5 January 1835, 6 August 1836; Ruth D'Arcy Thompson, *D'Arcy Wentworth Thompson: The Scholar Naturalist, 1860–1941* (London, 1958), p. 3（知名科學家諾貝爾物理學獎得主約瑟夫・湯普遜是湯普遜的孫子）.

5 John Skelton Thompson, Batavia, to Jardine Matheson & Co., Canton, 13 May 1833: Cambridge University Library, Jardine Matheson Archive [以下簡稱JMA], MS JM/B6/6; Benjamin Mountford, *Britain, China and Colonial Australia* (Oxford: Oxford University Press, 2016), p. 16; *Liverpool Mercury*, 7 November 1834.

6 關於東印度公司，參見最近期的研究Nick Robins, *The Corporation that Changed the World: How the East India Company Shaped the Modern Multinational* (2nd edn, London: Pluto Press, 2012).

7 Kumagai, *Breaking into the Monopoly*, p. 135; Anthony Webster, 'Liverpool and the Asian Trade, 1800–50: Some insights into a provincial British commercial network', in Sheryllynne Haggerty, Anthony Webster and Nicholas J. White (eds), *The Empire in One City? Liverpool's Inconvenient Imperial Past* (Manchester, 2008), pp. 38–41; Anthony Webster, *The Twilight of the East India Company: The Evolution of Anglo-Asian Commerce and Politics 1790–1860* (Woodbridge: Boydell Press, 2009).

8 Kumagai, *Breaking into the Monopoly; Proceedings of the Public Meeting on the India and China Trade, held in the Sessions Room, Liverpool, on the 29th January 1829* (Liverpool: Committee of the Liverpool East India Association, 1829), p. iii.

9 約翰・格萊斯頓之語，當時仍是重要的奴隸主：*Proceedings of the Public Meeting on the India and China Trade*, p. 10.

10 在利物浦，「幼發拉底號」（*Euphrates*）在一八三四年五月二十二日正式下水，而「對稱號」（*Symmetry*）在同一天朝亞洲啟航：Christina Baird, *Liverpool China Traders* (Bern: Peter Lang, 2007), p. 38.

11 *Canton Register*, 29 April 1834, p. 65; William Jardine to Thomas Weeding, 20 April 1834, in Le Pichon, *China Trade and Empire*, p. 209; *Canton Register*, 9 June 1835, p. 90; *Liverpool Mercury*, 7 November 1834, p. 368. 關於廣州報紙，參見Song-Chuan Chen, *Merchants of War and Peace: British Knowledge of China in the Making of the Opium War* (Hong Kong: Hong Kong University Press, 2017).

12 [Robert Southey], *Letters from England by Don Manuel Alvarez Espriella*, Volume 2 (2nd edn: London, 1808), p. 122. 關於這樣一個「過度」的案例研究，參見Martin Lynn, 'Trade and Politics in 19th-Century Liverpool: The Tobin and Horsfall Families and Liverpool's African trade', *Transactions of the Historic Society of Lancashire and Cheshire*, 142 (1993), pp. 99–120.

13 Memorial, The Committee of the London East India and China Association to Viscount Palmerston, 2 November 1839, in *Memorials addressed to her Majesty's Government by British Merchants interested in the trade with China* (London: T. R. Harrison, 1840), p. 12.

14 參見Robert Bickers, *The Scramble for China: Foreign Devils in the Qing Empire, 1832–1914* (London: Allen Lane, 2011), pp. 29–31. 其實本來不總是如此一絲不苟，而且時任總督的黑斯廷斯在一七八一年曾派出兩艘船從事一趟不成功的走私行動：Robins, *The Corporation that Changed the World*, pp. 153–4.

15 As well as Chen, *Merchants of War and Peace*, see Kaori Abe, *Chinese Middlemen in Hong Kong's Colonial Economy* (London: Routledge, 2017), chapter 1; Fa-ti Fan, *British Naturalists in Qing China: Science, Empire, and Cultural Encounter* (Cambridge, MA: Harvard University Press, 2004); Emile de Bruijn, *Chinese Wallpaper in Britain and Ireland* (London: Philip Wilson, 2017).

16 Le Pichon, *China Trade and Empire*, p. 209：全面的研究，參見John M. Carroll, *Canton Days: British Life and Death in China* (Lanham: Rowman & Littlefield, 2020).

17 *Canton Register*, 29 April 1834, p. 65; 5 March 1835, pp. 70–71; Le Pichon, *China Trade and Empire*, p. 208.

18 Bickers, *Scramble for China*, pp. 45–8.

19 Southey, *Letters from England*, p. 115–22, part cited in P. J. Waller, *Democracy and Sectarianism: A Political and Social History of Liverpool 1868–1939* (Liverpool, 1981), p. 1; Merton M. Sealts, Jr (ed.), The Journals and *Miscellaneous Notebooks of Ralph Waldo Emerson*, Volume X, *1847–1848* (Cambridge, MA, 1973), p. 178.

20 *Liverpool Mercury*, 26 April 1816, p. 343.

21 Trevor Hodgson and David Gulliver, *The History of Cononley: An Airedale village* (Cononley: Kiln Hill, 2000), pp. 35–43.

22 *Liverpool Mercury*, 1816–34, *passim*; Sheila Marriner and Francis E. Hyde, *The Senior John Samuel Swire 1825–98: Management in Far Eastern Shipping Trades* (Liverpool: Liverpool University Press, 1967), pp. 11–12.

23 *Gore's Liverpool General Advertiser*, 1822–47 *passim*. 1816–21年、1824–5年和1842年的紀錄空白。關於貝羅與納提吉及其西印度群島貿易，參見：Rob David, and Michael Winstanley with Margaret Bainbridge, *The West Indies and the Arctic in the Age of Sail: The Voyages of Abram (1806–62)* (Lancaster: Centre for North-West Regional Studies, 2013).

24 *Liverpool Mercury*, 11 September 1840 (infirmary); 23 December 1825 (Miramichi fire relief); W. O. Henderson, 'The American Chamber of Commerce for the Port of Liverpool, 1801–1908', *Transactions of the Historic Society of Lancashire & Cheshire* 85 (1935), pp. 1–61：請願書：American Chamber of Commerce minute book, June 1801–December 1841 (March 1834): Liverpool Record Office, 380 AME/1.

25 Merseyside Maritime Museum, Maritime Archives and Library〔以下簡稱ＭＭＭ〕，Liverpool Ship Registers, 157/1840: *Christiana*; *Liverpool Mail*, 6 April 1841, p. 4.

26 Will of John Swire, Merchant of Liverpool, Lancashire: The National Archives〔以下簡稱ＴＮＡ〕，PROB 11/2065/237. 健康惡化：Mary Martin diary, 20 July 1854：公司業務：*Gore's Liverpool General Advertiser*, 24 June 1847.

27 John Samuel Swire to Mary Warren, 24 July 1881, JS&SL.

28 'Old Liverpool Streets: Hope Street [1843]', *Liverpool Citizen*, 11 September 1889, p. 12: Liverpool Record Office, 050 CIT.

29 Tristram Hunt, *The Frock-Coated Communist: The Life and Times of the Original Champagne Socialist* (London: Allen Lane, 2009), pp. 208–10. 一份一八七〇年的拍賣公告顯示，施懷雅在前一個冬天常與柴郡一起騎馬：*Liverpool Mail*, 14 May 1870, p. 14; *The Australasian*, 3 September 1870, p. 17.

30 James Picton, *Memorials of Liverpool*, Volume 1 (1875)，引用Francis E. Hyde, *Liverpool and the Mersey: An Economic History of a Port 1700–1970* (Newton Abbot: David & Charles, 1971), pp. 79–83.

31 Graeme J. Milne, *Trade and Traders in Mid-Victorian Liverpool: Mercantile Business and the Making of a World Port* (Liverpool: Liverpool University Press, 2000), p. 33.

32 *Kilvert's Diary 1870–1879: Selections from the Diary of The Rev. Francis Kilvert* Chosen, edited & introduced by William Plomer (London: Jonathan Cape, 1938), pp. 181–3. 基爾弗特（Kilvert）在一八七二年六月十九日至二十一日造訪利物浦。

33 *Morning Chronicle*, 20 September 1854, p. 4; *Liverpool Mercury*, 22 September, p. 9.

34 For details of Tobin's deep involvement in slavery see his entry on the 'Legacies of British Slave Ownership' platform: https://www.ucl.ac.uk/lbs/person/view/42424 accessed 12 October 2017.

35 William Jardine to Sir John Tobin, 21 January 1837, in Le Pichon, *China Trade and Empire*, p. 295; *Morning Post*, 23 June

1836. 感謝陳松全使我注意到這一事實。托賓在一八一二年是東印度委員會（East India Committee）的成員：*Liverpool Mercury*, 20 March 1812. Petition: Le Pichon, *China Trade and Empire*, pp. 566–7

36 *Liverpool Mercury*, 25 November 1842, 2 December 1842.

37 *The Era*, 26 January 1840, p. 219. On the *Nemesis* see Adrian G. Marshall, *Nemesis: The First Iron Warship and Her World* (Singapore: NUS Press, 2016).

38 Elizabeth Sinn, *Pacific Crossing: California Gold, Chinese Migration, and the Making of Hong Kong* (Hong Kong: Hong Kong University Press, 2013); beer: Thomas N. Layton, The *Voyage of the 'Frolic': New England Merchants and the Opium Trade* (Stanford: Stanford University Press, 1997).

39 Sinn, *Pacific Crossing*, p. 1.

40 J. S. Swire to Mary Warren, 15 November 1879，回想起這是「將近三十年前」發生的：JS&SL.

41 *Gore's Liverpool General Advertiser*, 6 September 1849, p. 2.

42 這個段落參考Scott P. Marler, *The Merchants' Capital: New Orleans and the Political Economy of the Nineteenth-Century South* (Cambridge: Cambridge University Press, 2013).

43 James M. Phillippo, *The United States and Cuba* (London: Pewtress & Co., 1857), pp. 301–17，引文出自p. 305.

44 Mary Martin journal, *passim*.

45 細節出自：*Supreme Court. Richard S. Butterfield* [et al.] *against Alexander Dennistoun* [et al.] (New York: Wm C. Bryant and Co., 1859).

46 *Times-Picayune*, 11 October 1854, p. 2; MMM, Liverpool Ship Registers, 171/1853 *Evangeline*.

47 J. S. Swire to Lang, Scott & Mackintosh, 27 May 1881: JSS I 1/5, Papers of John Swire & Sons, Special Collections and Archives, School of Oriental and African Studies〔以下僅提供文件編號〕.

48 Mary Martin journal, 6 March 1856; Marriner and Hyde, *The Senior*, p. 16.

49 *Liverpool Mercury*, 6, 9, 16, 27 April 1852.

50 Dickens, 'Off to the Diggings!', *Household Words*, 17 July 1852, p. 121，引用Geoffrey Serle, *The Golden Age: A History of*

the Colony of Victoria, 1851–1861 (Melbourne: Melbourne University Press, 1963), p. 38. 賽爾（Serle）這本書詳細記載了事件經過。

51 Mary Martin journal, 1854 *passim*.

52 Mountford, *Britain, China and Colonial Australia* p. 48; George Henry Wathen, *The Golden Colony, or Victoria in 1854* (London: Longman, Brown, Green, and Longmans, 1855), pp. 21, 31, 38; *Punch*, 1 May 1852, p. 185.

53 *Newcastle Journal*, 17 June 1854, pp. 4–5; *The Argus*, 22 December 1854, p. 4; *Sydney Morning Herald*, 11 December 1854, p. 4; *The Argus*, 23 December 1854, pp. 1, 8; Mary Martin journal, 24 July 1854，引用 Charlotte Havilland and Maisie Shun Wah, *Swire: One Hundred and Fifty Years in Australia* (Sydney: John Swire & Sons Pty. Ltd., 2005), p. 13.

54 Havilland and Wah, *Swire*, pp. 11–13; *The Argus*, 8 January 1856；墨爾本商會：12 July 1855, p. 4; Jury: 12 August 1856, p. 6；狩獵：*The Australasian*, 24 August 1918, p. 15; *The Age*, 23 August 1879, p. 4; *The Age*, 28 September 1857, p. 5.

55 約翰・森姆爾在晚年與他們重逢：J. S. Swire to Mary Warren, 21 August 1895: JS&SL.

56 就像文書職員大衛・奧格威・帕爾默（David Ogilvy Palmer），他是一位喪偶鄰居的兒子，他在一八五九年底抵達澳洲，後來成為洛里默洛姆公司（Lorimer, Rome and Co.）阿德雷分公司的負責人：*Evening Journal*, 9 December 1859, p. 3; 1851 Census；關於歐布萊恩的責任，參見 'Learmonth and Others v Swire' in *The Age*, 22 June 1860, p. 6; William: Mary Martin journal, 4 September 1855, 9 October 1855.

57 J. S. Swire to Mary Warren, 24 July 1881: JS&SL.

58 *The Argus*, 8 December 1859, p. 4; 11 January 1859, p. 8.

59 SS *Australasian*: Capt. H. Parker and Frank C. Owen, *Mail and Passenger steamships of the Nineteenth Century* (Philadelphia: J. B. Lippincott, 1928), p. 24; *Morning Chronicle*, 6 August 1858, p. 4; *North Wales Chronicle*, 14 August 1858, p. 8; *Morning Advertiser*, 16 August 1858, p. 8; *Morning Journal*, 23 October 1858, p. 4.

60 *Liverpool Mail*, 4 September 1858, p. 2; Geoffrey Blainey, *The Tyranny of Distance: How Distance Shaped Australia's History* (Melbourne: Macmillan, 1968), pp. 206–11; Johnston & Paul v The Royal Mail Steam Packet Company, 21, 25 November 1867, *Law Journal Reports for the year 1868: Common Law and Equitable Jurisdiction...* (London: Edward Bret Ince , 1868), pp. 37–50.

61 Bank of England Archives, C129/17，利物浦分行：Letter Book, William Fletcher, Memorandum 10590, 29 August 1862; Bleasdale and Shun Wah, *Swire*, p. 15.

62 Dissolution: *The Argus*, 2 July 1861, p. 3；洛里默在一八六一年四月七日的普查期間人在利物浦：TNA, RG 9/2708; folio 73, p. 36; *The Argus*, 11 May 1858, p. 4; Marriner and Hyde, *The Senior*, p. 50; *The Age*, 8 July 1861, p. 3；關於洛里默，參見C. R. Badger, 'Sir James Lorimer (1831–1889)', in *Australian Dictionary of National Biography* online: http://adb.anu.edu.au/biography/lorimer-sir-james-4038;

63 Advertisement in *Liverpool Mail*, 5 May 1860, p. 2; Roy Anderson, *White Star* (Prescot: T. Stephenson & Sons, 1964), pp. 1–39.

64 Details 一八五九至六一年的施懷雅兄弟（Swire Brothers）代理機構的詳細資料，摘錄自搜尋澳洲國家圖書館Trove平台的澳洲報紙：http://trove.nla.gov.au/newspaper/.

65 Davison, *Marvelous Melbourne*, p. 26.

66 Christopher Munn, *Anglo-China: Chinese People and British Rule in Hong Kong, 1841–1880* (Richmond: Curzon Press, 2001); John M. Carroll, *A Concise History of Hong Kong* (Lanham: Rowman & Littlefield, 2007)；有關澳中聯繫的整體說明，參見：Mountford, *Britain, China and Colonial Australia*.

67 S. G. Checkland, 'An English merchant house in China after 1841', *Business History Review*, 27 (153), pp. 158–89，引文出自pp. 161, 189, 165.

68 *Liverpool Mercury*, 11 January 1866, p. 8；另參見 *Liverpool Daily Post*, 6 April 1866, p. 8.

69 通信參見Harvard Business School, Baker Library Special Collections, Heard Family Business Records, Augustine Heard & Company correspondence [以下稱Augustine Heard Archives], Carton LV-1, Folder 411865, Hong Kong from Butterfield Bros, Bradford; also, Augustine Heard Sr, London, to Butterfield Brothers, Bradford, 20 July 1864: JMA, MS JM/ B6/10.

70 Milne, *Trade and Traders in Mid-Victorian Liverpool*, pp. 149–51.

71 Prospectus: Bank of England Archives, C129/17, Liverpool Branch: Letter Book, William Fletcher, Memorandum 10953, 29 October 1863.

72 *Saturday Review*, 11 June 1864, p. 710. On the controversy 另參見 *Liverpool Mercury*, 24 March 1864; *The Economist*, 26 March

1864, pp. 383–4, and also TNA, C 16/193/D34, 'Daunt v Australian and Eastern Navigation Company Ltd', 1864.

73 *The Australian and Eastern Navigation Company Limited, Statement of the Directors* (1864), in Swire MISC 88, ACC 2012/102: JS&S; Baines evidence: London Stock Exchange Commission, *Minutes of Evidence taken before the Commissioners together with appendix, index, and analysis* (London: George Edward Eyre and William Spottiswoode, 1878), pp. 229–34.

74 Market-rigging: David Kynaston, *The City of London*, Volume 1: *A World of its Own, 1815–1890* (London: Chatto & Windus, 1994), pp. 223–24：關於更多這些新的市場制度及參與者的道德和行為，參見Paul Johnson, *Making the Market: Victorian Origins of Corporate Capitalism* (Cambridge: Cambridge University Press, 2010).

75 Alfred Holt, 'Fragmentary Autobiography of Alfred Holt... written mainly in January 1879' (Privately printed, 1911), pp. 46–7.

第三章 定位

1 T. R. Banister, 'A History of External Trade of China, 1834–1881', in China. Maritime Customs, *Decennial reports on the trade... of the Ports Open to foreign commerce, 1922–31* (Shanghai: Statistical Department of the Inspectorate General of Customs, 1933), p. 58; Bickers, *Scramble for China*, p. 175; Thomas Hanbury, 5 February 1865, in *Letters of Sir Thomas Hanbury* (London: West, Newman & Co., 1913), p. 114.

2 William Frederick Mayers and N. B. Dennys, *The Treaty Ports of China and Japan...* (London, Trübner and Co., 1867), p. 372.

3 Consul: *Commercial Reports from H.M. Consuls in China, Japan and Siam 1865* Cmd. 3707 1866 (London: 1866), pp. 54–5; *Shanghai Trade Report for 1866*, p. 848. Z：放蕩生活和員工：Hanbury letters 3 August 1865, 15 December 1869, in *Letters of Sir Thomas Hanbury*, pp. 124, 205：馬廄：Alexander Cock's, *North China Daily News* [*NCDN*], 3 January 1865, p. 94：傢俱：William Hargreaves, part of the wider Liverpool trading network: *North China Herald* [*NCH*], 18 October 1870, pp. 295–9, 29 September 1871, pp. 740–43：怡和：R. W. Little to Father and Mother, 10 January 1867, Little papers.

4 這個段落和後續段落參考*NCDN*, 28 November, 30 November 1866, and *NCH*, 1 December, 8 December 1866.

5 Charles M. Dyce, *Personal Reminiscences of Thirty Years' Residence in the Model Settlement Shanghai, 1870–1900* (London: Chapman & Hall, 1906), pp. 21–2; *The China Sea Directory*, Volume 3 (London: Hydrographic Office, 1874), pp. 340–64.

6 Russell & Co. to P. S. Forbes, 6 June 1866: Baker Library Special Collections, Forbes Family Business Records〔以下簡稱 HBS, Forbes Papers〕，MSS 766, Box 3, folder 15. 最大的建築「石屋」是上海合夥人的家，雖然破舊不堪，但如今已成為外灘現存最古老的建築。

7 Dyce, *The Model Settlement*, pp. 41–9; E. S. Elliston, *Shantung Road Cemetery Shanghai 1846–1868* (Shanghai, 1946). 新劇院：R. W. Little to father and mother, 20 February 1867, Little papers; *NCH*, 8 December 1866, p. 194.

8 *NCH*, 8 December 1866, pp. 195–6; Mayers and Dennys, *The Treaty ports of China and Japan*, p. 374.

9 *Commercial reports from Her Majesty's Consuls in China 1864* (London: Harrison and Sons, 1866); *Commercial Reports from H. M. Consuls in China, Japan and Siam 1865 Cmd. 3707 1866* (London: 1866).

10 W. H. Medhurst, *The Foreigner in Far Cathay* (London: Edward Stanford, 1872), pp. 19–20.

11 A. F. Heard to G. B. Dixwell, 28 December 1866: HBS, Heard papers, HL-28.

12 J. S. Swire, Memorandum, 13 July 1886: JSS I 1/7. 它在十月中旬左右在倫敦打廣告：JSS I 7/1: London Cash Book, 1866–, entry for 15 October 1866: 'Butterfield & Swire Advertising William & Smith 15s'.

13 關於一八六五至六七年巴特菲爾德兄弟和太古橫濱分行的通訊紀錄，參見：Augustine Heard Archives, Carton 30, Folder 211865, 'Copies of letters re: Butterfield Accounts'; and the file 'Correspondence with Butterfield & Swire and others', Correspondence of Augustine Heard & Co.': JM/D8:3; Liverpool Record Office, Holt family papers〔以下簡稱 LRO, Holt papers〕，2/52, Alfred Holt Diary, 1 October 1866.

14 *NCH*, 29 September 1866, p. 154; McLean to Leonard, 4 August 1864, Transcript of David McLean, letter books, Volumes I–III, 1862–1873: SOAS, MS 380401, Box 3 Folder 11.

15 *London Gazette*, 4 April 1865, p. 1910; *Liverpool Commercial List* 1866 p.12; *NCH*, 15 December 1866, p. 199, 22 December 1866, p. 203; *NCDN*, 31 December 1866, p. 3; *Liverpool Daily Post*, 19 January 1867. 關於史密斯，參見 Orchard, *Liverpool's Legion of Honour*, pp. 644–5. 更有趣的是，接收船的船長威廉・朗迪（William Roundy）還從每個箱子裡偷了鴉片球，包括匯豐銀行代理人的箱子。McLean letters 6 May and 12 June, Transcript of David McLean, letter books, Volumes I–III, 1862–1873: SOAS, MS 380401, Box 3 Folder 11.

16 'To M. Daley, Foochow', J. S. Swire to A. M. Daly, Fuzhou, 20 June 1867: HBS, Augustine Heard Archives, Carton LV-22, Folder 13, 1865–1870.

17 Albert F. Heard to G. B. Dixwell, 1 January 1867: Heard to A. M. Daly, 29 January 1867: HBS, Heard papers, 28-3; J. S. Swire to Lang, Scott & Mackintosh, 4 November 1881: JSS I 1/5. 橫濱損失的問題一直持續到一八七六年瓊記破產，結束公司業務：J. S. Swire to R. Holt, 19 December 1874, J. S. Swire to A. Heard, 19 December 1874: JSS I 1/4; Memo on 'Heards Estate', 8 August 1881: JSS I 1/5.

18 R. I. Fearon to Albert F. Heard, 23 January 1873: HBS, Heard papers, HM 43-3.

19 *NCDN*, 3 January 1867, p. 1.

20 Holt, 'Fragmentary Autobiography, p. 48.

21 Thomson letters of 10 July 1866, 21 September 1866，引用 Baird, *Liverpool China Traders*, p. 60; *Hongkong Daily Press*, 30 June 1866, p. 3; *NCDN* 21 September 1866, p. 3; Kidd, quoted Baird, *Liverpool China Traders*, p. 66；新加坡：A. Jackson and C. E. Wurtzburg, *The History of Mansfield & Company*, Part 1, *1868–1924* (Singapore: n.l., 1952), p. 1.

22 *NCDN*, 20, 21, 24, 25 December 1866; LRO, Holt papers, 2/24, Instructions to Captain Middleton, 14 April 1864.

23 例如旗昌輪船公司的詹姆斯・哈迪船長the reference is in Butterfield & Swire Shanghai to John Swire & Sons, 15 February 1872: JSS I 2/15.

24 A. O. Gay, Yokohama, to Butterfield & Swire, Shanghai, 31 December 1866: JMA, D8/3.

25 Butterfield & Swire Shanghai to Augustine Heard & Co, Shanghai, 4 May 1867: JMA, DB/3.

26 J. S. Swire to William Lang, 20 September 1869: JSS I 1/1.

27 這個小節參考標準敘述：Yen-p'ing Hao, *The Comprador in Nineteenth-Century China: Bridge between East and West* (Cambridge, MA: Harvard East Asian series, Center for East Asian Studies, Harvard University, 1970).

28 John Wong, *Global Trade in the Nineteenth Century: The House of Houqua and the Canton System* (Cambridge: Cambridge University Press, 2016).

29 *NCDN*, 31 December 1866, p. 3.

30 關於貿易環境的演變，參見：Eiichi Motono, *Conflict and Cooperation in Sino-British Business, 1860–1911: The Impact of the Pro- British Commercial Network in Shanghai* (London: Palgrave, 2000); on Zheng: Hao, *Comprador in Modern China*, p. 282, n. 78.

31 R. I. Fearon to Albert F. Heard, 20 February, 1868: HBS, Heard papers, HM 43-3. William Pethick, one of these later worked for several decades for Chinese statesman Li Hongzhang.

32 G. B. Dixwell to Augustine Heard (Hong Kong), 30 October 1868: JMA D8/3.

33 *Shenbao*, 9 May 1877; *NCH*, 22 January 1880, pp. 57–60. Hop Kee (or Hop-Kee) 可能是指卓子和本身的公司。

34 「老吠禮喳」：*NCH*, 15 July 1865, p. 109；「太古洋行」：*NCDN*, 3 December 1866, p. 1. J・H・史考特（J.H. Scott）在四十多年後寫說，這個名字的選擇是出於當時的英國駐牛莊領事托馬斯・泰勒・梅多斯（Thomas Taylor Meadows），他是領事部門中唯一一位在上任前學習過中文的人，而且非常博學，雖然不好相處。然而，我們還不清楚這是如何發生的：Scott, *A Short Account of the Firm of John Swire & Sons*, p. 3. 另一個更好的候選人可能是他當時住在天津的商人兄弟約翰・A・T・梅多斯（John A. T. Meadows），他過去肯定曾標榜自己是一名翻譯：John A. T. Meadows, Circular, 24 June 1848: HBS, Augustine Heard & Company, China Records, Series II, A-18, Circulars Canton.

35 Cash Book, 10 October 1866–1867: JSS I 7/1.

36 John Hodgson, *Textile Manufacture, and other industries, in Keighley* (Keighley: A. Hey, 1879), pp. 104–6; Charlotte Brontë to Revd Patrick Brontë, 2 June 1852, in Margaret Smith (ed.), *The Letters of Charlotte Brontë: With a Selection of Letters by Family and Friends*, Volume 3: *1852–1855* (Oxford: Oxford University Press, 2004), pp. 50–51; *Bradford Observer*, 3 June 1852, p. 6; John Lock and Canon W. T. Dixon, *A Man of Sorrow: The Life, Letters and Times of the Rev. Patrick Brontë, 1777–1861* (London: Nelson, 1965), pp. 432–9；貪婪的：J. S. Swire to John Cunfliffe, 26 February 1877: JSS I 1/4.

37 G. B. Dixwell, Shanghai, to Augustine Heard Sr, Hong Kong, 13 March 1869: JMA, D8:3; *Bradford Observer*, 1 July 1869, p. 5; *Bradford Daily Telegraph*, 2 July 1869, p. 2; *Halifax Courier*, 3 July 1869, p. 5. 一八六八年末，巴特菲爾德完全從商業利益退出：*London and China Telegraph*, 4 January 1869, p. 6；另參見 *Leeds Mercury*, 16 January 1878, p. 7.

38 公司現存最早的現金簿始於一八六六年十月十日，從中確實可看出威廉・施懷雅的岳父塞繆爾・馬汀在公司擁有大量資本，因為他和施懷雅兄弟一樣定期向公司提款：Cash Book 1866-7 *passim*: JSS I 7/1.

39 *London and China Telegraph*, 4 January 1869, p. 6. 這個合夥企業於一八七三年解散，然後太古集團在一八七六年霍特破產後，捲入了一場法律糾紛，最後解決雷德曼對根據一八六八年十二月三十一日協議托運的貨物到期票據的持續責任：*The Weekly Reporter*, 2 September 1876, pp. 1069–73.

40 LRO, Holt papers, 2/52, Holt diary, 24 October 1867；對這個世界的精細探索，參見Emma Goldsmith, 'In Trade: Wealthy Business Families in Glasgow and Liverpool, 1870–1930' (Northwestern University: Unpublished PhD dissertation, 2017).

41 J. S. Swire to William Lang, 20 September 1869: JSS I 1/1. 威廉．莫伊爾（William Moir，1825-72）和朗的大姐艾瑪結婚。莫伊爾的侄子與朗的一個兄弟在一間以孟買為基地的貿易合夥企業共事，朗的另外兩個兄弟也在孟買工作。

42 Milne, *Trade and Traders in Mid-Victorian Liverpool*, pp. 151–61.

43 G. B. Dixwell, Shanghai, to Augustine Heard Sr, Hong Kong, 7 July 1869: JMA, D8/3; J. S. Swire to J. H. Scott, W. Lang and E. Mackintosh, 4 July 1881: JSS I 1/5；腐敗：C. W. Warren, Birley & Co. Hong Kong, to Rathbone, 13 July 1874, University of Liverpool, Special Collections and Archives, Rathbone Papers［以下簡稱RP］XXIV.3 (9) 104；紐比的職涯：*NCDN*, 15 January 1906, p. 7.

44 Scott, *Short Account*, p. 10; *Hongkong Daily Press*, 6 April 1868; Michael Clark, 'Alexander Collie: The Ups and Downs of Trading with the Confederacy', *The Northern Mariner/Le marin du nord*, 19:2 (2009), pp. 125–48；安格斯的家人：*Aberdeen Journal*, 13 November 1878, p. 5; *Aberdeen Weekly Journal*, 4 November 1895; *Daily Telegraph* (Sydney), 9 January 1917, p. 6.

45 Marriner and Hyde, *The Senior*, p. 43.

46 J. S. Swire to J. Keith Angus, 21 April 1876: JSS I 1/4.

47 *NCH*, 21 September 1867, p. 263; *NCH*, 13 September 1873, p. 209; *NCH*, 20 April 1872 p. 314; Butterfield & Swire Shanghai to John Swire & Sons, 15 February 1872; JSS I 2/15.

48 Kerrie L. Macpherson, *A Wilderness of Marshes: The Origins of Public Health in Shanghai, 1843–1893* (Hong Kong: Oxford University Press, 1987).

49 J. S. Swire to William Lang, 20 September 1869: JSS I 1/1.

50 R. W. Little to parents, 2 December 1862, Little letters; Sheila Marriner, *Rathbones of Liverpool, 1845–73* (Liverpool: Liverpool

University Press, 1961), pp. 178–86.

51 Edward LeFevour, *Western Enterprise in late Ch'ing China: A Selective Survey of Jardine, Matheson & Company's operations, 1842–1895* (Cambridge, MA: East Asian Research Center, Harvard University, 1968), pp. 25–30；另參見Stephen C. Lockwood, *Augustine Heard and Company, 1858–1862: American Merchants in China* (Cambridge, MA: East Asian Research Center, Harvard University, 1971), pp. 26–30.

52 運送鴉片：Butterfield & Swire Shanghai to John Swire & Sons 21 March 1872: JSS I 2/15 SP; rates: 'Freight Tariff', 27 January 1883: JSS I 4/1/1; *NCDN*, 17 December, 31 December 1866.

53 *China Mail*, 24 June 1879, p. 3；關於鴉片在中國人生活中的地位，參見Yangwen Zheng, *The Social Life of Opium in China* (Cambridge: Cambridge University Press, 2005).

54 Dennys and Mayers, *Treaty Ports of China and Japan*, p. 12. 這一小節更廣泛地取用這本指南對香港的描述。

55 Christopher Cowell, 'The Hong Kong Fever of 1843: Collective Trauma and the Reconfiguring of Colonial Space', *Modern Asian Studies* 47:2 (2013), pp. 329–64; Christopher Munn, *Anglo-China: Chinese People and British Rule in Hong Kong, 1841–1880* (London: Routledge, 2001), pp. 341–58.

56 最早的告示可見於：*Hongkong Daily Press*, 16 May 1870, p. 3；第一艘船「阿賈克斯號」於六月下旬抵達：*Hongkong Daily Press*, 10 June 1870, p. 3.

57 In 1880, to Elizabeth Rose Hampson, daughter of Liverpool's Collector of Pilotage: *Hongkong Daily Press*, 27 December 1880.

58 J. S. Swire to Lang and Scott, 3 August 1877: JSS I 1/4.

第四章　奇特革命

1 這一部分大量參考Kwang-Ching Liu, *Anglo-American Steamship Rivalry in China, 1862–1874* (Cambridge, MA: Harvard University Press, 1962), and Anne Reinhardt, *Navigating Semi-Colonialism: Shipping, Sovereignty, and Nation-Building in China, 1860–1937* (Cambridge, MA: Harvard University Press, 2018).

2 引用Liu, *Anglo-American Steamship Rivalry*, p. 14.

3 Robert B. Forbes, *Personal Reminiscences* (2nd edn, Boston: Little, Brown & Co., 1882), p. 367.

4 *The journey of Augustus Raymond Margary*... (London: Macmillan, 1876), pp. 74, 88; R. W. Little letter, 2 May 1864, Little papers.

5 引用 Liu, *Anglo-American Steamship Rivalry in China*, p. 73.

6 *NCH*, 11 September 1868, p. 442; 19 September 1868, pp. 455–6.

7 J. S. Swire to Scott and Harrison, 29 September 1871; John Swire & Sons to Butterfield & Swire Shanghai, 22 March 1872: JSS I 1/2; HBS Forbes Papers, F. B. Forbes to E. S. Cunningham, 11 November 1872.

8 'What people are saying', *NCDN*, 16 January 1872, p. 47; *London and China Telegraph*, 22 January 1872, p. 62; University of Liverpool, Special Collections and Archives, Rathbone Papers, T. Guy Paget to Samuel Rathbone, 1 February 1872, RPXXIV.3.74; F. B. Forbes letters to: William Forbes, 25 January 1872; King, 14 February 1872; William Forbes, 18 April 1872; Cordier, 17 August 1872: HBS, Forbes Papers, N-5. Heards: G. B. Dixon to Albert F. Heard, 12 December 1871: HBS, Heard papers, GM 1-9.

9 *Daily Alta*, 2 May 1874, p. 1.

10 Arrival: *NCH*, 1 January 1874, p. 1; from Hankou: *NCH*, 22 January 1874, p. 57; to Hong Kong: *Hongkong Daily Press*, 27 January 1874, p. 3.

11 Survey from: 'China Navigation Company Review of Leases', 2 August 1873: JSS III, 8/2, PS.

12 Butterfield & Swire Shanghai to John Swire & Sons, 13 July 1872: JSS I 2/15.

13 Augustine Heard Jr, Hong Kong, to G. B. Dixwell, Shanghai, 5 March 1870: HBS, Heard papers, GL 4-3; Butterfield & Swire to John Swire & Sons, 13 July 1872: JSS I 2/15,SP.

14 U.S.N. Co. Statement of Accounts, *NCH*, 6 September 1873, p. 197; John Swire & Sons to Butterfield & Swire Shanghai, 13 January 1873: JSS I 1/2; dollar premium: Hao, *Commercial Revolution*, pp. 35–40.

15 Liu, *Anglo-American Steamship Rivalry in China*, p. 72.

16 Butterfield & Swire Shanghai to John Swire & Sons, 13 July 1872: JSS I2/15; John Swire & Sons to Butterfield & Swire Shanghai, 13 January 1873: JSS I 1/2.

17 ‘Kiukiang Trade Report for the Year 1873’, in *Reports on the Trade at the Treaty Ports of China for the Year 1873* (Shanghai: Imperial Maritime Customs Statistical Department, 1874), p. 29.

18 衝突的內容參見Liu, *Anglo-American Steamship Rivalry in China*, pp. 119–29，在利物浦和在倫敦的談判進程和要旨，被記錄在抄給朗的信件中JSS I 1/2.

19 Report in *London and China Telegraph*, 21 July 1873, p. 475; *Shenbao*, 16 April 1873, p. 2.

20 Reinhardt, *Navigating Semi-Colonialism*, p. 34; ‘Ningpo Trade Report for the Year 1873’ in *Reports on the Trade at the Treaty Ports of China for the Year 1873*, p. 77.

21 CNCo Shareholders’ Register No. 1: JSS III 17/1.

22 Bryna Goodman, *Native Place, City and Nation: Regional Networks and Identities in Shanghai, 1853–1937* (Berkeley: University of California Press, 1995); Kaori Abe, *Chinese Middlemen in Hong Kong’s Colonial Economy, 1830–1890* (London: Routledge, 2017).

23 此處參考：Yen-Ping Hao, *The Comprador in Nineteenth-Century China: Bridge Between East and West* (Cambridge, MA: Council on East Asian Studies, Harvard University, 1970), pp. 196–7; Guo Wu, *Zheng Guanying: Merchant Reformer of Late Qing China and His Influence on Economics, Politics, and Society* (Amherst: Cambria Press, 2010), pp. 21–2; Goodman, *Native Place, City and Nation*, p. 60.

24 現有的記載將晏爾吉和與他同名的叔叔搞混了，後者於一八三二年在海上去世。他的醫院死亡證明、美國領事館的美國公民登記和報紙公告都顯示他死時五十一歲，而詹姆斯・布里吉斯・恩迪科的遺囑把晏爾吉及其兄弟姐妹，和他與他英國妻子所生的孩子放在兩個不同的分類：NARA, RG59, Consular Letters, Shanghai, Volume 42, Despatch No. 45, 2 February 1895; Will: James B. Endicott, 15 June 1870: Massachusetts, Wills and Probate Records, 1635–1991, via Ancestry.com; NARA RG84, Consulate Files, Shanghai, Volume 0797, ‘Register of American Citizens, 1880–1904.

25 Christopher Munn and Carl T. Smith, ‘Ng Akew’, in May Holdsworth and Christopher Munn (eds), *Hong Kong Dictionary of Biography* (Hong Kong: Hong Kong University Press, 2011), p. 33; Carl T. Smith, ‘Abandoned into prosperity: Women on the Fringe of Expatriate Society’, in Helen F. Siu, *Merchants’ Daughters: Women, Commerce and Regional Culture in South China*

(Hong Kong: Hong Kong University Press, 2010), pp. 136–9.

26 R. I. Fearon to Albert F. Heard, 16 January 1873: HBS, Heard papers, HM 43-3; Albert F. Heard to George B. Dixwell, 22 October 1868: HBS, Heard papers, GL 4-3; Butterfield & Swire Shanghai to John Swire & Sons, 6 February 1873: JSS I, 2/15. 他的中文名字是晏爾吉。

27 Liu, *Anglo-American Steamship Rivalry in China*, p. 131; Zhang Zhongli et al., *The Swire Group in Old China*, Appendix 1, pp. 298–300.

28 F. B. Forbes to W. S. Fitz, 10 April 1873: HBS, Forbes Papers, N-7.

29 *Commercial Reports from Her Majesty's Consuls in China, Japan, and Siam 1865* (London: Harrison, & Sons, 1866), p. 196; *Shenbao*, 8 April 1873. 關於這些改變的更多內容，參見 Yen P'ing Hao, *The Commercial Revolution in Nineteenth-Century China: The Rise of Sino-Western Mercantile Capitalism* (Berkeley: University of California Press, 1986), pp. 199–202.

30 Zhang Zhongli et al. (eds), *The Swire Group in Old China*, pp. 214–16.

31 *China Mail*, 24 June 1879, p. 3, 25 June 1879, p. 3.

32 John Swire & Sons to Butterfield & Swire Shanghai, 15 November 1872; Butterfield & Swire Shanghai to John Swire & Sons, 9 January 1873, 6 November 1873, 18 December 1873: JSS I 2/15. 霍特也發現了。你可能需要為中國乘客另買一個爐灶，如果你有載運他們的話，他在阿加曼儂號處女航時告訴船長，但「據我所知，米和茶是他們的主要食物」，這應該不貴：Alfred Holt to Captain Middleton, SS *Agamemnon*, 14 April 1866: Holt papers, 2/24.

33 H. Kopsch 'Kiukiang Trade Report for the year 1873', in *Reports on Trade at the Treaty Ports in China for the year 1873* (Shanghai: Imperial Maritime Customs Statistical Department, 1874) p. 32; W. M. H., 'Reminiscences of the Opening of Shanghae to Foreign Trade', *Chinese and Japanese Repository*, 2, pp. 85–7.

34 Memorandum, 3 October 1874, JSS I 1/4.

35 Liu, *Anglo-American Steamship Rivalry in China*, pp. 131–5, 146–7; Marriner and Hyde, *The Senior*, pp. 62–4; competition: J. S. Swire letters in: J. S. Swire to Forbes, 24 April 1873, in John Swire & Sons to Butterfield & Swire, 25 April 1873; John Swire & Sons to P. S. Forbes, 19 June 1873, and 7 August 1873: JSS I 1/2.

36 Secrecy: F. B. Forbes to Edward Cunningham, 6 January 1875: HBS, Forbes papers, N-11.

37 J. S. Swire to Lang, 22 April 1884, J. S. Swire to Gamwell, 25 April and 25 May 1884, J. S. Swire to H. B. Endicott and J. L. Brown, 17 May 1884, all in JSS I 3/2.

38 Kwang-ching Liu, 'British-Chinese Steamship Rivalry in China, 1873–85', in C. D. Cowan (ed.), *The Economic Development of China and Japan* (London: Allen & Unwin, 1964), pp. 52–8。關於中國商人，參見：Albert Feuerwerker, *China's Early Industrialization: Sheng Hsuan-huai (1844–1916) and Mandarin Enterprise* (Cambridge, MA: Harvard University Press, 1958), especially pp. 96–188; J. S. Swire to W. Lang, 2 October 1874: JSS I 1/4; R. I. Fearon to Albert F. Heard 13 February 1873, 7 June 1873: HBS, Heard papers, HM 43-3

39 *Shenbao*, 18 July 1874, p. 2; 3 October 1874, pp. 3–4.

40 J. S. Swire to Scott, 27 November 1876, JSS I 1/4; LRO, Holt papers, 2/52, Holt diary, 15 September 1866.

41 Hyde, *Blue Funnel*, pp. 20–39; Falkus, *Blue Funnel Legend*, p. 103.

42 *Hongkong Daily Press*, 22 January 1867; *NCH*, 23 February 1867; *Daily Alta*, 21 March 1867, p. 1; J. S. Swire to Swire Brothers, New York, 23 June 1875; J. S. Swire to Lang, 19 November 1875: JSS I 1/4.

43 通訊內容出自：HBS, Heard Archive, folders SI-16, SI-17.

44 J. S. Swire to James Dodds, 16 September 1875, J. S. Swire to Lang and Scott, 28 January and 15 June 1876: JSS I 1/4; J. S. Swire to Lang 6 February 1879: JSS I 1/5. 多茲身為日本啤酒公司（Japan Brewery Company）創始董事的角色給了他不朽的名聲，該公司後來成為麒麟啤酒。

45 J. S. Swire to James Lorimer. JSS I 1/4.

46 現金簿上顯示「John Swire & Sons London」的項目從一八七〇年七月一日起停止記錄，「John Swire & Sons Liverpool」開始出現，公司在那時已成為以倫敦為總部的公司。比利特街營業場所的租約每年六月二十四日續簽。公司地址最初幾次亮相是出現在一八七〇年八月的藍煙囪廣告：*Manchester Guardian*, 3 August 1870. 從十一月起，航行公告中不再提及利物浦公司：*Lloyds' List*, 2 November 1870, p. 1.

47 J. S. Swire to J. P. O'Brien, 5 June 1875: JSS I 1/4.

48 這個小節取材自任命員工的筆記簿JSS I 7/7/1，生平來自各個家譜平台。員工登記簿記錄姓名、薪水和福利（如果有的話），在多數情況下，會記錄開始任用的日期，還有離開或轉調到中國的情況。有時還會記錄地址或先前的工作。另外一個獨立文件夾裝有前往亞洲的人所簽署的合約副本。沒有人事紀錄留存下來。

49 這個段落參考Benjamin Guinness Orchard, *The Clerks of Liverpool* (Liverpool: J. Collinson, 1871)，詳細內容出自pp. 4, 7.

50 Milne, *Trade and Traders*, p. 58.

51 Pledge: P. Phillips, 18 September 1876: JSS I 1/4; first class clerk: J. S. Swire to Salisbury, 18 September 1877: JSS I 1/5; Loan: J. S. Swire to Richard Pickup, 22 November 1879, 18 September 1880: JSS I 1/5; accountant: J. S. Swire to Thomas Ball, 15 September 1880: JSS I 1/5; separation: John Swire & Sons to Butterfield & Swire Shanghai, 15 March 1878: JSS I 1/5; Poor Young: J. S. Swire to Alfred Holt & Co, 17 September 1881: JSS I 1/5.

52 J. S. Swire to J.P. O'Brien, 20 May 1879: JSS I 1/4.

53 Orchard, *The Clerks of Liverpool*, p. 4.

54 J. S. Swire to Lang, Scott and Mackintosh, 3 August 1876, 21 August 1877, JSS I 1/4.

55 F. B. Forbes to William Howell Forbes, 2 January 1873, quoted in Liu, *Anglo-American Steamship Rivalry in China*, p. 121; Frederick Cornes to Winstanley, 29 August 1873, in Cornes Letter book, 13, in Peter Davies, *The Business, Life and Letters of Frederick Cornes: Aspects of the Evolution of Commerce in Modern Japan, 1861–1910* (London: Global Oriental, 2008); J. S. Swire to John Cunliffe, 26 February 1887, JSS I 1/4. McLean letter, 6 July 1870, Transcript of David McLean, letter books, Volumes I–III, 1862–1873, SOAS, MS 380401, Box 3 Folder 11; John Swire & Sons to Lang, 12 March 1877, JSS I 1/4. 鄭重聲明，巴特菲爾德於一八六九年六月二十六日在哈沃斯死於傷寒，這位村莊衛生改革的強烈反對者得到了命運發配的報應。約翰・森姆爾似乎參加了葬禮，因為在一八六九年六月三十日，也就是巴特菲爾德去世後不久，現金簿有一筆紀錄 'JSS... Exp to Bradford RSB 60s': Cash Book No. 1, JSS I 7/4/1.

56 J. S. Swire to Alfred Holt, 10 April 1875 and draft letter, JSS I 1/4; *The Times*, 13 April 1875, p. 10。另參見G. U. Sands to Sturgis, 18 December 1875: HBS, Sands papers, MSS:766, Volume 11.

57 G. U. Sands to R. Sturgis, 18 [illeg] 1875, in: HBS, Baker Library, MSS:766, George U. Sands Business Records, Vol. 8;

'Business competition', *Straits Times*, 7 August 1875, p. 1.

58 J. S. Swire to Scott, 24 June 1875, JSS I 1/4.

59 Hong: J. S. Swire to Scott, 2 October 1876; Horses: J. S. Swire to Lang, 22 May 1876; Harrison: J. S. Swire to Lang, Scott, Smith and Hall, 6 November 1875: JSS I 1/4; *Hongkong Daily Press*, 24 June 1875.

第五章　香甜香港

1 J. S. Swire to Lang, Scott & Mackintosh, 9 November 1881: JSS I 1/5.

2 *Hongkong Telegraph*, 31 March 1882; J. S. Swire to Alfred Holt, 5 December 1879: JSS I 1/5; J. S. Swire to Mary Warren, 24 July 1881: JS&SL.

3 Phobia: J. S. Swire to Gamwell, 4 March 1884, JSS1 3/2.

4 John Swire & Sons to H. I. Butterfield, 16 November 1874: JSS I 1/4.

5 Kwang-ching Liu, 'British-Chinese steamship rivalry', in Cowan (ed.) *The Economic Development of China and Japan*, pp. 58, 63–4.

6 *Hongkong Daily Press*, 21 July 1875, p. 3; John Swire & Sons to Chairman and Directors, Hongkong & Macao Steam Boat Company, 15 September 1875, in J. S. Swire to J. H. Scott, 15 September 1875: JSS I 1/4.

7 J. S. Swire to Alfred Holt, 9 January 1880: Holt papers; on the Boat Company and the rivalry see: H. W. Dick and S. A. Kentwell, *Beancaker to Boxboat Steamship Companies in Chinese Waters* (Melbourne: Nautical Association of Australia, 1988), pp. 145–62. 在一八七九年十月達成的一項協議中，太古同意接受八分之三的股份，而讓船公司持有八分之五。

8 Kwang-ching Liu, 'British-Chinese steamship rivalry', in Cowan (ed.), *Economic Development of China and Japan*, pp. 59–60.

9 *NCH*, 25 January 1877, p. 77.

10 *The Journey of Augustus Raymond Margary*... (London: Macmillan, 1876), pp. 102–3, 108.

11 S. T. Wang, *The Margary Affair and the Chefoo Agreement* (London: Oxford University Press, 1940); Bickers, *Scramble for China*, pp. 252–5.

12 *NCH*, 18 January 1877, p. 49.

13 *Office Series, No. 4, Parts 1–2, Chinkiang: China Navigation Company's hulk "Cadiz"* (Shanghai: Statistical Dept. of the Inspectorate General, 1876–77). 其中一些資料也發表在 *Correspondence relating to the Hulk "Cadiz" at the port of Chinkiang, China* (Shanghai: *North China Herald*, 1877). 對事件的簡要綜述可見 Stanley Wright, *Hart and the Chinese Customs* (Belfast: Queen's University Press, 1950), pp. 434–4.

14 J. S. Swire to Earl of Derby, 12 July 1877: JSS I 1/4; Robert Hart to James Duncan Campbell, 8 February 1877, in John King Fairbank, Katherine Frost Bruner and Elizabeth MacLeod Matheson (eds), *The I.G. in Peking: Letters of Robert Hart Chinese Maritime Customs 1868–1907*, Volume 1 (Cambridge, MA: Belknap Press of Harvard University Press, 1975), pp. 237–8.

15 關於服務，參見 P. D. Coates, *The China Consuls: British Consular Officers, 1843–1943* (Hong Kong: Oxford University Press, 1988).

16 Butterfield & Swire Shanghai to Secretary of State, 31 January 1877, in Shanghai No. 7, 31 January 1877: TNA, FO 228/592; J. S. Swire to Earl of Derby, 12 July 1877: JSS I 1/4.

17 其他人沒有忘記在這艘輪船上的「安逸生活」，它曾在香港和來自蘇伊士的的公司輪船相遇，把許多不曾來過的外國人帶到上海：*NCH*, 29 November 1889, p. 656.

18 See *NCH*, 17 October 1879, p. 388.

19 Shanghai No. 65, 12 July 1877, Shanghai Intelligence report, 15 January to 30 June 1877, including 'Steam Fleet of China Merchants Steam Navigation Company', Enclosure 3, 12 July 1877: TNA, FO 228/593.

20 Campbell to Hart, 9 March 1877, in Chen Xiafei and Han Rongfang (chief eds), *Archives of China's Imperial Maritime Customs: Confidential Correspondence between Robert Hart and James Duncan Campbell 1874–1907* (Beijing: Foreign Languages Press, 1990), Volume 1, pp. 260–61.

21 Hart to Campbell, 5 August 1877, Fairbank et al. (eds), *The I.G. in Peking*, p. 247. The impressions of Guo and his colleagues bear exploring: J. D. Frodsham (ed.), *The First Chinese Embassy to the West: The Journals of Kuo Sung-t'ao, Liu Hsi-hung and Chang Te-yi* (Oxford: Clarendon Press, 1974); Jenny Huangfu Day, *Qing Travellers to the Far West: Diplomacy and Information: Order in Late Imperial China* (Cambridge: Cambridge University Press, 2018).

22 Derby to John Swire & Sons, 14 February 1878: TNA, FO 17/801. 這個文件夾和 file FO 17/800 有關於該事件的絕大多數文件。

23 J. S. Swire to Lang, 19 July 1877; John Swire & Sons to Butterfield & Swire Shanghai, 17 August 1877: JSS I 1/4.

24 Ciphers: undated document, pp. 212–13 in JSS I 1/4; Shanghai No. 12, 16 March 1878, Enclosure, Shanghai Intelligence Report, 1 November 1877 to 1 March 1878: TNA, FO 228/614.

25 J. S. Swire to Gamwell, 21 December 1877, 27 December 1877, and J. S. Swire to Tong King Sing, 16 May 1878: JSS I 2/2. 弗雷德里克・甘威爾 (1835–1901) 於一八七五年加入公司，自一八五七年五月至一八七四年在上海工作，主要從事絲綢業務。一八七七年，他成為倫敦的合夥人，一直駐紮在倫敦，直到一八九六年退休。

26 J. S. Swire to Gamwell, 23 January 1878: JSS I 2/2.

27 Lang to J. S. Swire, 1 July 1879: JSS I 2/16.

28 Margery Masterson, 'Dueling, conflicting masculinities, and the Victorian Gentleman', *Journal of British Studies*, 56 (2017), pp. 605–28.

29 LeFevour, *Western Enterprise in Late Ch'ing China*, pp. 94–110; Hsien-Chun Wang, 'Merchants, Mandarins, and the Railway: Institutional Failure and the Wusong Railway, 1874–1877', *International Journal of Asian Studies*, 12:1 (2015), pp. 31–53.

30 J. S. Swire to James McGregor, 21 April 1880: JSS I 1/5. 關於怡和船運，參見 Dick and Kentwell, *Beancaker to Boxboat*, pp. 1–60.

31 J. S. Swire to Scott, 14 March 1878, J. S. Swire to H. B. Endicott, 14 March 1878: JSS I 2/2. 不包括運往煙台和天津的穀物。

32 J. S. Swire to James McGregor, 21 April 1880, J. S. Swire to F. B. Johnson, 22 July 1880, and J. S. Swire to Lang, Scott and Mackintosh, 17 September 1880: JSS I 1/5. McGregor had married Endicott's widowed stepmother in 1875, a connection that had no bearing on these talks, but which provides an odd reminder of the relative smallness of this China coast world. 麥格雷戈於一八七五年與晏爾吉守寡的繼母結婚，這是和這些談話無關的關係，但偶爾讓人想起中國沿海世界相對的小規模。

33 J. S. Swire to William Keswick, 19 January 1882: JMA, NS JM/B1/10; 'Old Pool Agreements', Yangzi: 27 May 1882; Tianjin: 20 December 1882: JMA, MA JM/F1/84; J. S. Swire to Lang, Scott & Mackintosh, 17 February 1882，引用 *The Senior*, p. 78; J. S. Swire to Mackintosh, 22 January 1880: JSS I 1/5.

34 Sidney W. Mintz, *Sweetness and Power: The Place of Sugar in Modern History* (New York: Viking Penguin, 1985).

35 Carl T. Smith, *Chinese Christians: Elites, Middlemen, and the Church in Hong Kong* (Hong Kong: Hong Kong University Press, 1985), p. 50; *Hongkong Daily Press*, 17 July 1869, 28 January 1868.

36 'The sugar industry in Hongkong', *China Mail*, 26 November 1886; *Hongkong Telegraph*, 31 March 1882.

37 J. S. Swire to Mackintosh, 23 July 1879: JSS I 1/4; J. S. Swire to Lang, Scott and Mackintosh, 11 February 1881: JSS I 1/5.

38 J. S. Swire to Lang, Scott and Mackintosh, 11 February 1881: JSS I 1/5.

39 Geoffrey Jones, *Merchants to Multinationals: British Trading Companies in the Nineteenth and Twentieth Centuries* (Oxford: Oxford University Press, 2002), pp. 227–56; Gordon H. Boyce, *Co-operative Structures in Global Business: Communicating, Transferring Knowledge and Learning Across the Corporate Frontier* (London: Routledge, 2002), Chapter 3, 'The Holt–Swire–Scott connection, decision-support systems and staff development, 1860–1970', pp. 35–53.

40 J. S. Swire to H. I. Butterfield, 7 May 1875: JSS I 1/4. R. S. Butterfield's estate was still a subject of dispute.

41 The claim that significant amounts of Chinese capital were invested in the refinery has become entrenched in the literature, but is mistaken: Hao, *The Commercial Revolution in China*, p. 255, fn. 66.

42 J. S. Swire to A. J. Fairrie, 17 March 1880; J. S. Swire to Mackintosh, 9 April 1880: JSS I 1/5; *New York Times*, 22 June 1880, p. 8.

43 J. S. Swire to Lang, Scott and Mackintosh, 29 April 1881; John Swire & Sons to Blake, Barclay & Co, 8 July 1881: JSS I 1/5.

44 [Bruce Shepherd], *A Handbook to Hongkong*... (Hong Kong: Kelly & Walsh, 1893), p. 111.

45 J. S. Swire to Gamwell, 4 March 1884: JSS I 3/2; *Hongkong Daily Press*, 19 March 1884.

46 參考許多信件，還包括Mackintosh to JSS, 3 July 1884, 14 August 1884, and 14 October 1884: JSS I 2/4.

47 *China Mail*, 26 January 1886, 28 January 1886, *Hongkong Daily Press*, 27 January 1886; J. S. Swire to Gamwell, 4 March 1884: JSS I 3/2.

48 Frank Dikötter, *Things Modern: Material Culture and Everyday Life in China* (London: Hurst, 2007); Karl Gerth, *China Made: Consumer Culture and the Creation of the Nation* (Cambridge, MA: Harvard University Press, 2003).

49 這個段落參考G. Roger Knight, *Commodities and Colonialism: The Story of Big Sugar in Colonial Indonesia, 1880–1942* (Leiden: Brill, 2013), pp. 19–23.

50 E. Mackintosh to J. S. Swire, 26 January 1886, 31 March 1885: JSS I 2/4.

51 Marriner and Hyde, *The Senior*, pp. 109–12.

52 Tai-Koo Sugar Refining Company, Ltd, Minute Book: JSSV 7/1; J. S. Swire to Gamwell, 4 March 1884: JSS I 3/2; *Hongkong Daily Press*, Supreme Court reports on 14, 20 and 25 July 1883.

53 Jung-fang Tsai, *Hong Kong in Chinese History: Community and Social Unrest in the British Colony, 1842–1913* (New York: Columbia University Press, 1993), pp. 124–46.

54 *Hongkong Daily Press*, 19 and 23 February 1886.

55 Mackintosh to J. S. Swire, 17 June 1885, 17 September 1885: JSS I 2/4.

56 詳細報告與評論請參考：*Serious disturbance at Canton: Houses on Shameen Burnt and Looted* (Hong Kong: *China Mail*, 1883).

57 Hart to Campbell, 6 January 1884, Fairbank et al. (eds), *I.G. in Peking*, Volume 1, p. 513.

58 Canton No. 30, 25 February 1884: TNA, FO 228/744.

59 J. S. Swire to Gamwell, 4 March 1884: JSS I 3/2; Consul Hance to Parkes, 'Separate and Confidential', 13 March 1884; Canton No. 29, 25 February 1884; Canton No. 39, 15 March 1884; Canton No. 40, 17 March 1884: TNA, FO 228/744. 為了保護迪亞茲的人身安全，他被趕出廣州，最終於一八八四年十一月在澳門最高法院受審，被判入獄三個月，事件發生後就一直被拘留，而且法院認定他只是單純嘗試執法，使他得以被從輕量刑：*Hongkong Daily Press*, 18 November 1884; *Boletim Da Provincia De Macau E Timo*, 13 December 1884, extract in Canton No. 138, 24 December 1884: TNA, FO 228/745.

60 Canton No. 74, 14 June 1884, Canton No. 79, 1 July 1884, and enclosure: TNA, FO 228/744.

61 Daniel H. Bays, 'The Nature of Provincial Political Authority in Late Ch'ing Times: Chang Chih-tung in Canton, 1884–1889', *Modern Asian Studies* 4:4 (1970), pp. 325–47; Mackintosh to J. S. Swire, 17 June 1885, 3 September 1885: JSS I 2/4; rifles: Mackintosh to J. S. Swire 4 November 1884, 3 February 1885: JSS I 2/4; Marshall J. Bastable, *Arms and the State: Sir William Armstrong and the Remaking of British Naval Power, 1854–1914* (London: Routledge, 2004), p. 118.

62 LeFevour, *Western Enterprise in Late Ch'ing China*, p. 69.

63 In 1880 he was expelled from his membership of the Hong Kong Club for libelling a fellow member: Vaudine England, *Kindred*

Spirits: A History of the Hong Kong Club (Hong Kong: Hong Kong Club, 2016), p. 47; *China Mail*, 31 March 1880.

64 Mackintosh to J. S. Swire, 4 November 1884, 17 February 1885: JSS I 2/4; Frank H. H. King, *The History of the Hongkong and Shanghai Bank*, Volume 1, p. 309;

65 Tate, *Transpacific Steam*, pp. 44–8; J. S. Swire to T. H. Ismay, 24 June 1881, and J. S. Swire to Lorimer, 26 August 1881: JSS I 1/5; Marriner and Hyde, *The Senior*, pp. 121–4.

66 Holt diary, 12 April 1878: LRO, Holt papers, 920 Hol 2/52; J. S. Swire to Gamwell, 23 January 1878: JSS I 2/2

67 Hyde, *Blue Funnel*, pp. 49–53; Falkus, *Blue Funnel Legend*, p. 40.

68 這個小節參考Hyde, *Blue Funnel*, pp. 56–79; and Marriner and Hyde, *The Senior*, pp. 135–59; Hyde, *Far Eastern Trade*, pp. 26–41. More widely on this see B. M. Deakin and T. Seward, *Shipping Conferences: A Study of Their Origins, Development, and Economic Practices* (Cambridge: Cambridge University Press, 1973), and Daniel Marx Jr, *A Study of Industrial Self-regulation by Shipping Conferences* (Princeton: Princeton University Press, 1953).

69 J. S. Swire to Alfred Holt, 25 September 1879: LRO, Holt papers, HOL 92, Swire letters.

70 D. H. Cole, *Imperial Military Geography*, 6th edn (London: Sifton Praed & Co, 1930), p. 59; Marx, *International Shipping Cartels*, pp. 45–67; Gregg Huff and Gillian Huff, 'The Shipping Conference system, Empire and Local Protest in Singapore, 1910–11', *Journal of Imperial and Commonwealth History* 46:1 (2018), pp. 69–92.

71 John Samuel Swire, 188・引用Marriner and Hyde, *The Senior*, p. 181.

72 Hyde, *Far Eastern Trade*, p. 37.

73 For a survey and witheringly effective critique see Jim Tomlinson, 'Thrice Denied: "Declinism" as a Recurrent Theme in British history in the Long Twentieth Century', *Twentieth Century British History*, 20:2 (2009), pp. 227–51.

74 W. H. Swire to J. S. Swire, 3 August 1881, Letters to Mary Warren, 1873–1898: JS&SL.

75 John Swire & Sons to Novelli & Co., 14 October 1878: JSS I 1/4.

76 J. S. Swire to Mary Warren, 24 July 1881: JS&SL.

77 J. S. Swire to Gamwell, 4 March 1884, 25 April 1884: JSS I 3/2.

78 Holt diaries, 28 March 1873, 24–30 May 1875: LRO, Holt papers, HOL 920 2/52.

79 威廉・赫德遜將大部分資金留在合夥企業。健康問題長期困擾著他，他於一八八四年七月因肝病過世。

80 J. S. Swire to Earl of Derby, 12 July 1877: JSS I 1/4.

第六章　上工

1 約翰・森姆爾在一八八一年十月十八日在利物浦與船東喬治・沃倫的女兒瑪麗・沃倫結婚。沃倫經營一間定期船公司，航行於利物浦和波士頓之間。這個聯繫至少可以追溯到一八四八年瑪麗在波士頓出生：約翰・森姆爾是她的教父。

2 Robert Hart diary, 10, 12, 14 April 1884, Hart papers, Ms 15.1.29, Queen's University Belfast, Special Collections and Archives; menus for dinners hosted by Robert Hart preserved in the scrapbooks of J. O. P. and Daisy Bland, courtesy of Tom Cohen.

3 J. O. P. Bland diary, 'Wednesday to Sunday 13th', 1884: Thomas Fisher Rare Books Library, University of Toronto, Papers of J. O. P. Bland, Box 29, Diary 1883–1885.

4 James Legge, 'The Colony of Hongkong', *The China Review* 1:3 (1874), pp. 163–76; *Shanghai Considered Socially: A Lecture by H. Lang* (Shanghai: American Presbyterian Mission Press, 1875); J. W. MacLellan, *The Story of Shanghai from the opening of the port to foreign trade* (Shanghai: North China Herald Office, 1889); *The Jubilee of Hongkong as a British Crown Colony…* (Hong Kong: Daily Press Office, 1891); *The Jubilee of Shanghai 1843–1893* (Shanghai: *NCDN*, 1893).

5 Shanghai Municipal Council, *Annual Report 1885* (Shanghai: Kelly & Walsh, 1886), pp. 20–21.

6 J. S. Swire to John Scott, 1 September 1880: JSS I 1/5; J. S. Swire to William Lang, 22 May 1876: JSS I 1/4.

7 *The Economist*, 17 January 1891, p. 99. 公司沒在廣告裡揭露公司名稱，但這與香港一封信裡提到的雜誌廣告完全吻合：Edwin Mackintosh to J. S. Swire, 15 April 1891: JSS I 2/6.

8 J. H. Scott to Edwin Mackintosh, 12 June 1891: JSS I 1/10. 這最可能是指與布朗公司（Brown & Co）有關的歐亞混血家族，先後經營肉荳蔻和椰子種植園。

9 H. M. Brown to John Swire & Sons, 2 March 1893, J. W. Cumming to J. H. Scott, 26 December 1895, both in: JSS II 7/1/1; Edwin Mackintosh to J. S. Swire, 15 April 1891: JSS I 2/6. 康明斯表現不好。他最終「接獲解職通知」，從香港搬到加州，在一九一六年於當地的紀錄中被登記為「勞動者」。

10 Charles M. Dyce, *Personal Reminiscences of Thirty Years' Residence in the Model Settlement Shanghai 1870–1900* (London: Chapman & Hall, 1906), pp. 3–5, P. G. Wodehouse, *Psmith in the City* [1910] (Harmondsworth: Penguin Books, 1970), p. 27.

11 John Swire & Sons to Stephen Forsyth, 9 December 1891, and John Swire & Sons to Mr Whitworth, 2 December 1893: JSS I 1/10.

12 事實上，福賽斯沒有留下來直到合約終止。一九〇一年，他成為桑德蘭（Sunderland）一家麥芽製造公司的合夥人，然後在一九〇八年成為神職人員：*Sunderland Daily Echo and Shipping Gazette*, 3 September 1900; *Dundee Courier*, 9 June 1924.

13 Matriculated 1881, aged 20.

14 J. S. Swire to Mackintosh, 20 May 1891: JSS I 1/10. 布朗在公司任職十一年，但一九〇二年在汕頭死於霍亂。

15 J. S. Swire to Land & Scott, 3 August 1876: JSS I 1/4.

16 J. S. Swire to Gamwell, 12 April 1878: JSS I 2/2.

17 Robinson to Mackintosh, 30 March 1891: JSS I 2/6; servants: *China Mail*, 13 March 1876.

18 這在「與遠東有關的主題」的指南中也很明顯Consul Herbert Giles: *A Glossary of Reference* [1878] (2nd edn: Hong Kong: Lane Crawford, 1886). 不同地方有其特殊性，但說到底其實只是一個「地方」。

19 E. Mackintosh to J. S. Swire, 6 August 1890，另參見 E. Mackintosh to J. S. Swire, 18 June 1890: both in JSS I 2/6. 這個段落中的傳記細節取自收藏於香港歷史檔案館的卡爾・史密斯（Carl Smith）筆記。

20 William Armstrong to J. H. Scott, 20 July 1900, JSS I 2/9.

21 J. S. Swire to Lang, 6 February 1879: JSS I 1/4.

22 J. H. Scott to John Swire & Sons, 25 December 1893: JSS I 2/7.

23 Knollys, *English Life in China*, p. 43; Dyce, *Personal Reminiscences*, pp. 199–202.

24 H. Lang, *Shanghai Considered Socially*, p. 55.

25 *Hongkong Telegraph*, 17 November 1891, 23 July 1892. 這場運動似乎是由麥金托什在一八九一年積極將史密斯從香港賽

馬會開除引發的，當時記者史密斯因陰謀罪被定罪入獄。

26 J. S. Swire to William Lang, 6 February 1879: JSS I 1/4.

27 J. Keith Angus, 'A Paper Lighthouse', *The Merchistonian*, 9:4 (1882), pp. 189–93; 'Among the Hills near Shanghai', *The Merchistonian*, 11:4 (1884), pp. 230–34; J. H. Scott to Gamwell, 21 November 1877: JSS I 2/2.

28 *Western Daily Press*, 19 September 1889, p. 7.

29 'Death of an Old Resident', *Japan Weekly Chronicle*, 26 February 1931, p. 221.

30 J. S. Swire to Bois, 17 May 1892: JSS I 1/10.

31 J. S. Swire to Bois, 15 June 1892: JSS I 1/10; Dowler to Scott 30 October 1893, enclosure in Scott to Gamwell, 31 October 1893: JSS I 2/7. 公司沒有尋求起訴。薛波德的妻子於一八九三年九月抵達西雅圖，並定居於當地。她至少從一九〇三年起就在當地名錄中把自己列為寡婦，但薛波德的下落不明。

32 舊金山的地震和火災也產生作用，讓他「丟失」了所有的文件和財產：private information.

33 J. S. Swire to Lang, 20 December 1878, 6 February 1879: JSS I 1/4.

34 Herbert Smith to J. H. Scott, 21 December 1899: JSS I 2/9.

35 J. H. Scott to J. S. Swire, 3 January 1893, and A. J. Franks to Scott, 18 December 1892: JSS I 2/7.

36 Lang, *Shanghai Considered Socially*, pp. 54, 56.

37 參見 correspondence in Probate file for John Shadgett: TNA, FO 917/291; Danby: *South China Morning Post* (*SCMP*), 28 January 1950, p. 6.

38 Lang to John Swire & Sons, 14 December 1878: JSS I 2/16.

39 薛波德於一八九一年在橫濱結婚。

40 Butterfield & Swire Staff book, Volume 153: JS&SL; Butterfield & Swire Hong Kong to John Swire & Sons, 9 September 1905: JSS II 7/4/10. 根據人口普查和其他紀錄，諾克斯似乎也謊報了自己的年齡，在加入公司時把三十四歲的年紀減去了八年。

41 關於這名男子的筆記寫道：'Married Yes. Unhappy', Staff Notebook No. 1, entry No. 74. 當該男子在一九〇三年去世時，他沒有給妻子留下任何東西，一九〇一年的人口普查記錄她和男子「分居」，而且只給他三位「據稱是他的孩子」每週五先令。

42 Frederick Baptiste Aubert: TNA, FO 917/674.

43 J. S. Swire to Edwin Mackintosh, 2 July 1891: JSS I 1/10. 她的第一任丈夫坦普爾・威爾克斯（Temple Wilcox）於一八七七年在橫濱去世，這對夫婦已經在那裡生活了十年。

44 Kevin C. Murphy, *The American Merchant Experience in Nineteenth-Century Japan* (London: Routledge, 2004), p. 34. On Yokohama's social world另參見：J. E. Hoare, *Japan's Treaty Ports and Foreign Settlements: The Uninvited Guests 1858–1899* (Folkestone: Japan Library, 1994), pp. 18–51.

45 Herbert Smith to J. H. Scott, 21 December 1899: JSS I 2/9.

46 J. H. Scott to J. S. Swire 17 May 1872: JSS I 2/16.

47 William Lang to JSS, 9 January 1878, J. S. Swire to J. H. Scott, 11 February 1878: JSS I 2/2; William Lang to JSS, 28 March 1878: JSS I 2/16; C. Hall to E. Satow, 19 February 1898, in Ian Ruxton (ed.), *The Correspondence of Sir Ernest Satow, British Minister in Japan, 1895–1900*, Volume 4, p. 347.

48 'Report on the riots at Chinkiang' in Chinkiang No. 3, 14 February 1889: TNA, FO 228/876; *NCH*, 8 February 1889, pp. 142–4, 5 April 1889, p. 394; 18 May 1889, p. 602; 1 June 1889, p. 673; Hart to Campbell, 10 February 1889, in Fairbank et al. (eds), *The I.G. in Peking*, p. 736. Claim: in Chinkiang No. 11, 16 May 1889: TNA, FO 228/876.

49 *The Anti-Foreign Riots in China in 1891* (Shanghai: *North China Herald*, 1892), pp. 10–21; Bickers, *Scramble for China*, pp. 305–6.

50 Henling Thomas Wade, *With Boat and Gun in the Yangtze Valley* (Shanghai, 1910), pp. 28, 180–82.

51 這段取自通信JSS II 1/3, 1894–97, and JSS II 1/6.

52 *In the Far East: Letters from Geraldine Guinness in China. Edited by her sister* (London: Morgan & Scott, 1889), pp. 33–4.

53 Drawn from letters in JSS II 1/2.

54 Circular in Butterfield & Swire Hong Kong to John Swire & Sons London, 3 March 1899: JSS I 2/9.

55 J. S. Swire to Scott, 7 February 1878: JSS I 2/2; J. S. Swire to Lang, 6 February 1879, 30 January 1880: JSS I 1/5.

56 Knollys, *English Life in China*, pp. 151, 155; J. S. Swire to Butterfield & Swire Shanghai, 26 January 1876: JSS I 1/4. J. S.

Swire to F. B. Johnson, 27 December 1877: JSS I 2/2.

57 Marriner and Hyde, *The Senior*, pp. 44–5.

58 J. S. Swire to Lang, 24 August 1877: JSS I 2/4; Box 1086; J. S. Swire to Gamwell, 6 December 1877, 28 January 1878: JSS I 2/2.

59 J. S. Swire to Lang & Scott, 21 August 1877: JSS I 1/4.

60 *NCH*, 1 November 1875, p. 466.

61 J. S. Swire to F. Gamwell, 4 March 1884: JSS I 2/2.

62 *China Mail*, 2 April 1891.

63 Thomas Grimshaw, reminiscing in 1929 at the end of his 39 years of service: *SCMP*, 18 April 1929, p. 7, and John Blake, after 25 years: *SCMP*, 2 May 1908, p. 2.

64 *Hongkong Daily Press*, 6 February 1886, 4 January 1887; Mackintosh to Swire, 31 March 1885: JSS I 2/4; Mackintosh to Swire, 18 June 1890: JSS I 2/7.

65 從一八八六年七月至十月，從香港麥金托什給倫敦的信中可以看到危機的發展過程：JSS I 2/4; *SCMP*, 18 April 1929, p. 7.

66 Edwin Mackintosh to J. H. Scott, 10 February 1892: JSS I 2/6.

67 George Fitzpatrick to Edwin Mackintosh, 25 October 1891: JSS I 2/6. 這似乎是成功的：克龍比又在糖廠多工作了兩年。

68 Korn: Herbert Smith to J. H. Scott, 2 May 1900, D. R. Law to J. H. Scott, 9 September 1900, Butterfield & Swire Hong Kong to John Swire & Sons, 19 October 1900; Obrembski: 16 September 1899, both in JSS I 2/9. Obrembski 奧布雷姆斯基於一八八八年加入公司，並一直在糖廠工作到一九三一年，一九三三年在殖民地去世：*Hongkong Telegraph*, 26 April 1933, p. 11.

69 Butterfield & Swire property and staff register, 1872–1901: JSS II 2/5/2; Helbling to Scott, 15 March 1889: JSS II 1/1/2/1; Baker to Bois, 14 March 1898: JSS II 1/1/2.

70 Jennifer Field Lang, 'Taikoo Sugar Refinery and company town: Progressive design by a pioneering commercial enterprise' (University of Hong Kong, PhD thesis, 2018), pp. 84–93.

71 *Hongkong Telegraph*, 27 September 1897; *China Mail*, 27 September 1897, *Hongkong Daily Press*, 28 September 1897; Beaconsfield: J. H. Scott to Mackintosh, 8 August 1893: JSS I 2/7; *China Mail*, 5 December 1898. 在一九〇六年九月十八日

的毀滅性颱風期間，它的防颱風效果引人注目，當時有一名職員威廉・尼科遜（William Nicholson）從穩固的牆上拍攝了一系列港口水面翻騰的驚人照片：*SCMP*, 25 September 1906, p. 2, 27 February 1924, p. 10.

72 *Hongkong Telegraph*, 15 October 1889; Mackintosh memorandum, 16 October 1889: JSS I 2/6; will: HKRS-144-4-761, Ng a Heap, alias Ng Yung, deceased; bond: details from Carl Smith research notes, cards relating to Mok Wai (died 1892). On the Moks see the entries on Mok Man Cheung (Anthony Sweeten and Christopher Munn) and Mok Sze-yeung et al (Christine Loh) in May Holdsworth and Christopher Munn (eds), *Dictionary of Hong Kong Biography* (Hong Kong: Hong Kong University Press, 2012), pp. 323–6.

73 Zheng Zhizhang, 'Tianjin Taigu yanghang yu maiban Zheng Zhiyi' (1965) (Butterfield & Swire in Tianjin and Comprador Zheng Zhiyi), *Tianjin wenshi ziliao xuanji*, No. 9 (Tianjin: Tianjin renmin chubanshe, 1980), pp. 107–24.

74 關於陳家和汪家家族，傳記簡介參見 Arnold Wright (ed.), *Twentieth-Century Impressions of Hongkong, Shanghai, and other Treaty Ports of China*... (London: Lloyd's Greater Britain Publishing Company, 1908), pp. 548–55.

75 J. S. Swire to William Lang 22 April 1884, J. S. Swire to Frederick Gamwell, 25 April 1884: JSS I 3/2; *Shenbao*, 25 September 1884, p. 4.

76 Edwin Mackintosh to JSS, 10 February 1885, 16 February 1886: JSS I2/6; Mackintosh to John Swire & Sons and to Butterfield & Swire Shanghai, 24 October 1892: JSS I 1/10.

77 Mackintosh to Swire, 22 March 1892: JSS I 2/6; J. S. Swire to Butterfield & Swire China and Japan, 29 April 1892, and J. H. Scott to Bois, 29 April 1892: JSS I 1/10.

78 和《北華捷報》一樣，該系列連載於一八八八／八九年在《中國郵報》和《香港電聞報》刊登，並於一八九〇年出版成書，並持續再版直到一九三〇年代：Charles W. Hayford, 'Chinese and American Characteristics: Arthur H. Smith and His China Book', in Suzanne Wilson Barnett and John King Fairbank, eds, *Christianity in China: Early Christianity in China: Early Protestant Missionary Writings* (Cambridge, MA: Harvard University Press, 1985), pp. 153–74. 引文出自這一章：'The Absence of Sincerity', in *Chinese Characteristics*, 5th edn, revised (Edinburgh and London: Oliphant Anderson and Ferrier, 1900), p. 281.

79 Bois to J. S. Swire, 25 March 1892: JSS I 2/18.

80 Bois to J. S. Swire, 25 March 1892: JSS I 2/18.

81 引用 Chen Lilian, 'Maiban shengya dui Zheng Guanying de yingxiang' (Zheng Guanying's comprador career and its influence on him) in Chinese University of Hong Kong Art Gallery, and Chinese University of Hong Kong Department of History (eds), *Maiban yu jindai Zhongguo* (Compradors and modern China) (Hong Kong: Sanlian shudian, 2009), pp. 233–54，引文請見p. 237. 感謝Kaori Abe博士指引我使用這個參考資料。

第七章　船運人

1 *SCMP*, 24 January 1910, p. 6; *NCH*, 4 February 1910, p. 274.

2 'Cost of working the Foochow ss and Swatow ss in China', March 1875, JSS IV 1/7.

3 Reinhardt, *Navigating Semi-Colonialism*, pp. 141–4; F. H. Davies to Gwen Davies, 14 December 1905, in J. Glyn Davies Papers, National Library of Wales, Fonds GB 0210 JGLIES [以下簡稱 NLW, Davies letters].

4 *NCH*, 13 April 1876, p. 534. Filomena V. Aguiar Jr, 'Manilamen and seafaring: Engaging the maritime world beyond the Spanish realm', *Journal of Global History*, 7:3 (2012), pp. 364–88.

5 沒有人喪生，這主要要歸功於惠特爾在事故發生後的指揮，但船上所有人都失去了一切。官方調查免除了他的責任：*Times of India*, 27 July 1880, p. 4, 30 July 1880 p. 3; *Shipping & Mercantile Gazette*, 18 November 1880, p. 8.

6 「淡水號」的細節出自JSS IV 2/49. Whittle: *NCH*, 16 May 1884, p. 544, 22 April 1911, p. 207; Logbook, *Changchow*, National Maritime Museum, Captain John Whittle papers [以下簡稱 NMM], WHT/7. Mack: *NCH*, 15 October 1885, p. 430; *SCMP*, 28 April 1920, p. 8. 惠特爾在上海發跡致富。一九一三年去世時，他總共擁有七十棟中式房屋和兩棟外國房屋，再加上他在上海投資的外國公司股份，他在中國的財產總值接近一萬八千英鎊：TNA, FO 917/1622, John Whittle.

7 J. S. Swire to Butterfield & Swire Shanghai, 3 November 1871: JSS I 1/2; John Swire & Sons to Butterfield & Swire Shanghai, 13 January 1873: JSS I 1/2; *NCH*, 28 September 1867, p. 275; J. S. Swire to William Imrie & Co., 9 November 1881: JSS I 1/5.

8 Data compiled from available copies of the *Desk Hong List*, 1883–1900. 一八八三年以後，在上海登記的船舶及其高級船員

的紀錄在此出版。公司沒有系統性地記錄十九世紀的海事人員。

9 Richard Lewis, *Sampans and Saffron Cake: From the Diaries of Fritz Lewis in China and Cornwall 1872–1950* (Leominster: Kenwater Books, 2012); F. H. Davies letter to Glyn, 4 February 1904: NLW, Davies letters.

10 *Hongkong Telegraph*, 30 October 1891; James Tippin, 'Life Record', private collection. 提平當初被稱為瓊斯。他有一個兒子繼續為太古洋行工作。

11 J. S. Swire to Alfred Charlton, 10 October 1892: JSS I 1/10. 藍煙囪的管理階層高度重視船長的能力和自主權，這鼓勵了船長和代理人之間的這種關係：Falkus, *Blue Funnel Legend*, p. 69.

12 相關討論，參見：Eric W. Sager, *Seafaring Labour: The Merchant Marine of Atlantic Canada, 1820–1914* (Montreal: McGill-Queen's University Press, 1989), pp. 81–8，引文出自p. 90.

13 *NCH*, 14 November 183, p. 895；詳細內容摘錄自惠特爾的航海日誌：NMM WHT/7. 這和它的姐妹作是粗略的工作日誌，其中還包括備忘錄，路線標記列表，時間，容量和消耗。一擔（picul）是一百三十三又三分之一磅。

14 Charlotte Havilland, *The China Navigation Company: A Pictorial History 1872–2012* (Hong Kong: Swire, 2012), p. 79; *Auckland Star*, 15 September 1884; *New Zealand Herald*, 18 September 1884. Blue Funnel: Falkus, *Blue Funnel Legend*, pp. 37–9.

15 *NCH*, 24 April 1885, p. 467, 14 August 1885, p. 191; Bleasdale and Shun Wah, Swire, pp. 26–7; *Sydney Morning Herald*, 20 August 1883, p. 6; *Tasmanian*, 1 September 1883, p. 1019; *China Mail*, 21 September 1883; *Report of the Royal Commission on Alleged Chinese Gambling and Immorality and Charges of Bribery Against Members of the Police Force, Appointed August 20, 1891, Presented to Parliament by Command* (Sydney: Charles Potter, 1892), pp. 14, 480; Elizabeth Sinn, *Pacific Crossing: Californian Gold, Chinese Migration, and the Making of Hong Kong* (Hong Kong: Hong Kong University Press, 2013), chapter 5, 'Returning Bones', pp. 265–94; Christian Henriot, *Scythe and the City: A Social history of Death in Shanghai* (Stanford: Stanford University Press, 2016), pp. 76–9; rates: freight tariffs in JSS I 4/1/1.

16 *NCH*, 9 September 1876, pp. 257–9, 27 June 1898, pp. 113–15.這不是艦隊的艦長詹姆斯・哈迪指揮官（Captain James Hardie）.

17 Frank H. Davies to Gwen Davies, 5 April 1905; 12 May 1905, NLW, Davies letters.

18 Sydney S. Kemp, *A Concise History of the Mercantile Marine Officers' Association and Club* (Shanghai: [Mercantile Marine Officers' Association] 1936)，引文出自p. 153.

19 Butterfield & Swire Shanghai to T. Russell, Manager, Marine Engineers' Institute, 6 June 1885: JSS I 2/17.

20 *NCH*, 24 October 1879, p. 410.

21 Graeme J. Milne, *People, Place and Power on the Nineteenth-Century Waterfront: Sailortown* (London: Palgrave Macmillan, 2016), p. 13.

22 See doctor's notes dated 9 July 1875, JSS IV 2/4a; *NCH*, 21 November 1890, p. 641.

23 *NCH*, 24 May 1873, pp. 458–60; Stephen Davies, *Strong to Save: Maritime Mission in Hong Kong from Whampoa Reach to the Mariners' Club* (Hong Kong: City University of Hong Kong Press, 2017).

24 *NCH*, 1 July 1879, pp. 19–20.

25 Frank H. Davies letters: 23 December 1904, 8 August 1907, 4 December 1905: NLW, Davies letters.

26 *NCH*, 21 August 1903, pp. 371–2, 375, and 28 August 1903, p. 452.

27 *NCH*, 24 October 1884, p. 439; *Hongkong Telegraph*, 7 September 1892, p. 3; *NCH*, 1 April 1910, pp. 44–5, 8 April 1910, pp. 98–100; David Martin, probate, TNA: FO917/1265.

28 Davies to Glyn, 3 December 1908: NLW, Davies letters. 他確實於一九一九年在倫敦與一位出生於香港的拍賣師的女兒結婚，但他從未在岸上工作。

29 J. S. Swire to Frederick Gamwell, 11 February 1878: JSS I 2/2; William Lang to JSS, 24 June 1881: JSS I 2/16.

30 Louis Ha, 'The Sunday Rest issue in Nineteenth Century Hong Kong', in Lee Pui-tak (ed.), *Colonial Hong Kong and Modern China* (Hong Kong: Hong Kong University Press, 2005), pp. 57–68; *Report of the Committee of the Hongkong General Chamber of Commerce for the year Ending 31st December 1890* (Hongkong: Noronha, 1891), pp. 27, 49–57; Davies to Gwen, 5 April 1905: NLW, Davies letters.

31 *NCH*, 4 January 1877, p. 12.

32 *NCH*, 23 March 1888, pp. 341–2.

33 *Hongkong Daily Press*, 27 October 1891; *Hongkong Telegraph*, 30 January 1891.

34 Reinhardt, *Navigating Semi-Colonialism*, pp. 152–4.

35 Warrick to Butterfield & Swire, Shanghai, 15 May 1874: JSS I 2/15. 票也可能是偽造的：一八八〇年，一名華人店主因與公司員工串通（據猜測是如此）發行太古輪船的假票，而在上海入獄：*NCH*, 18 September 1880, p. 275.

36 *Shanghai*: *Shenbao*, 14 October 1878, 18 October 1878; *Kweiyang*: *Shenbao*, 19 February 1897; *Hangchow*: *Shenbao*, 16 July 1899, 30 June 1899; W. Fisher to John Bois, 12 September 1894: JSS II 1/3/3/2; Wright, *Twentieth-Century Impressions*, p. 550.

37 William Spencer Percival, *The Land of the Dragon: My Boating and Shooting Excursions to the Gorges of the Upper Yangtze* (London: Hurst & Blackett, 1889), pp. 32–3.

38 *In the Far East: letters from Geraldine Guinness in China, edited by her sister* (London: Morgan & Scott, 1889), pp. 30–35; James Dow, 'Journal of a Voyage to China, etc.', 23 July 1851 (private collection).

39 *China Mail*, 5 July 1888, p. 3; M. Horace Hayes, *Among Men and Horses* (London: T. Fisher Unwin, 1894), pp. 172, 150.

40 *Glengyle*: *NCH*, 25 November 1875, pp. 531–4; *Pakhoi*: J. S. Swire to William Imrie & Co., Box 1087; correspondence in JSS IV 1/6, Box A17; *NCH*, 29 November 1881, pp. 587–8; *Wuhu*: 21 February 1883, pp. 211–15; *Foochow*: *NCH*: 31 August 1883, p. 267; *Tientsin*: *China Mail*, 2 September 1897; *Swatow*: *NCH,* 2 March 1888, p. 255, 9 March 1888, pp. 268, 286.

41 *Shanghai*: *NCH*, 2 January 1891, pp. 14–15, 9 January 1891, pp. 43–45, 11 September 1891, p. 342; *Ichang*: 27 November 1891, pp. 752–3; *Yunnan*: *NCH*, 8 January 1892, pp. 20, 23–4, 15 January 1892, pp. 56–7.

42 *NCH*, 3 August 1889, p. 135; John Swire & Sons to Bois and Mackintosh, 24 September 1889, J. S. Swire to Mackintosh, 3 October 1889, J. S. Swire to Mackintosh, 16 January 1890: JSS I 1/9; Bois to J. S. Swire, 19 August 1889: JSS I 2/18.

43 John Whittle to John Swire & Sons, 22 January 1890: JSS I 2/18.

44 Robert Bickers, 'Infrastructural Globalization: Lighting the China Coast, 1860s–1930s', *The Historical Journal* 56:2 (2013), pp. 431–58; J. S. Swire to Frederick Gamwell, 29 May 1878: JSS I 2/2.

45 J. S. Swire to Edwin Mackintosh, 4 January 1892, J. S. Swire to Edwin Mackintosh and J. C. Bois, 29 January 1892: JSS I 1/10.

46 J. S. Swire to Mackintosh and Bois, 18 December 1891: JSS I 1/10.

47 Bois to J. S. Swire 16 May 1890: JSS I 2/18.

48 *Hongkong Daily Press*, 24 October 1891, *Hongkong Telegraph*, 24–30 October 1891, *passim*

49 *The Chinese Confessions of Charles Welsh Mason* (London: Grant Richards, 1924), pp. 206–22. In fact, it was a Jardines steamer and hulk: *NCH*, 9 October 1891, pp. 503–7. For more on this see Catherine Ladds, 'Charles Mason, the "king of China": British imperial adventuring in the late nineteenth century', *Historical Research*, 90 (2017), pp. 567–90. 另參見 Alan R. Sweeten, 'The Mason gunrunning case and the 1891 Yangtze Valley antimissionary disturbances: a diplomatic link', *Bulletin of the Institute of Modern History, Academia Sinica*, iv (1974), pp. 843–80.

50 Swatow No. 3, 31 January 1884: TNA, FO 228/763; *NCH*, 24 August 1883, p. 220; *Maryborough Chronicle*, 24 September 1883, p. 2: *Sydney Morning Herald*, 19 April 1884, p. 12.

51 Falkus, *Blue Funnel Legend*, pp. 37–9; Mackintosh to J. S. Swire, Lang, Scott & Gamwell, 4 May 1883, and Mackintosh to J. S. Swire, 19 July 1883: JSS I 2/3a.

52 James Francis Warren, *Rickshaw Coolie: A People's History of Singapore* (Singapore: National University of Singapore Press, 2003 [1986]), pp. 14–20; A. V. T. Dean, 'Notes on the history of the China Navigation Co. Ltd.', Section III, 1900–1918': JS&SL; A. D. Blue, 'Chinese emigration and the deck passenger trade', *Journal of the Hong Kong Branch of the Royal Asiatic Society*, 10 (1970), pp. 88–9.

53 John Swire & Sons to Butterfield & Swire Hong Kong, 29 October 1875, and John Swire & Sons to Lorimer, Marwood & Rome, 29 October 1875, both in: JSS I 1/4; Marriner and Hyde, *The Senior*, p. 123.

54 *Morning Bulletin*, 31 October 1884, p. 5, 1 November 1884, p. 3; *North Australian*, 28 November 1884, p. 3; *Sydney Morning Herald*, 15 November 1884, p. 10.

55 關於一八八八年的危機，參見 Benjamin Mountford, *Britain, China, and Colonial Australia* (Oxford: Oxford University Press, 2016), pp. 116–42, Swire is quoted on p. 142. On the *Changsha*: (Sydney) *Daily Telegraph*, 30 May 1888, p. 5, *Sydney Morning Herald*, 12 June 1888, p. 8, and 7 August 1888, p. 4, *China Mail*, 6 July 1888, *Hongkong Telegraph*, 6 July 1888. 警察接到了電報；等到一八九一年時，公司已經有兩部電話。

56 J. S. Swire to Edwin Mackintosh and John Bois, 3 August 1892: JSS I 1/10. Profits: Marriner and Hyde, *The Senior*, pp. 82–97.

57 H. B. Endicott to J. H. Scott, 6 October 1893: JSS I 2/7; Bois to Scott, 11 May 1893, enclosed in J. S. Swire to William Keswick, 27 June 1893: JSS I 1/11.

58 Mackintosh to J. S. Swire, 18 June 1890: JSS I 2/6.

59 J. H. Scott to J. S. Swire, 4 January 1889, and various letters in this volume: JSS I 2/4; death: *Celestial Empire*, 11 January 1895, pp. 29, 45.

60 Shanghai No. 45, 2 February 1895, in Shanghai Consulate Despatches, Volume 42, NARA, RG 59. 晏爾吉在一八九一年獲得了新的美國護照，上面寫著他出生在澳門，住所在波士頓，父親是美國本土公民：Ancestry.com. *U.S. Passport Applications, 1795–1925* [database on-line].

61 Falkus, *Blue Funnel Legend*, pp. 114; *The Times*, 14 November 1892, p. 7.

62 'Sole policy advocated by J.S.S. for the O.S.S.', June 1882: JSS XI 1/1. 關於公司的命運，參見Falkus, *Blue Funnel Legend*, pp. 103–16；另參見Marriner and Hyde, *The Senior*, pp. 116–21.

63 參見'Richard D. Holt: Diary of a voyage to the East'，對苦力生意的評論：23 January 1892, 14 March 1892: LRO, 920 DUR 14/40. 關於這趟旅行的討論，參見Goldsmith, 'In trade', pp. 52–65.

64 Jack Swire letters from Japan, June–September 1886: JS&SL.

65 Jack Swire to Mary Swire, 1 July 1905, Jack Swire Letter Book: JSS I 1/9/1.

66 J. S. Swire letters to Mary Warren, 25, 27 July, 1 August 1890, 24 October 1894: JS&SL.

67 *NCH*, 10 July 1898, p. 34; *Hongkong Telegraph*, 4 July 1898.

68 巡迴詳情可見一八八年九月二十五日至一八八九年五月十日之間的史考特書信：JSS I 2/18.

69 *Dundee Advertiser*, 28 July 1891, p. 4; *Dundee Courier*, 20 August 1891; *Shipping Gazette and Lloyd's List*, 31 July 1889; India: *Japan Weekly Mail*, 7 March 1891, p. 272, 15 August 1891, p. 198; *Japan Weekly Mail*, 23 May 1891, pp. 607–8, and 13 June 1891, p. 689.

70 *Shanghai*: *NCH*, 11 September 1891, p. 342; Vardin: J. S. Swire to Mackintosh and Bois, 29 January 1892; Mitchell: J. S.

Swire to Mackintosh and Bois, 11 December 1891: JSS I 1/10; *Hongkong Telegraph*, 7 July 1892, *Hongkong Daily Press*, 13 September 1892; J. S. Swire to Crompton, 24 February 1892: JSS I 1/10; *Tungchow*: NMM, WHT/07; *Dardanus*: *Hongkong Telegraph*, 25 September 1891; Japan: J. S. Swire to Mary Swire, 17 August 1891: JS&SL.

71 *Japan Weekly Mail*, 18 April 1891, p. 452, 25 April 1891, p. 475; *Boston Post*, 18 August 1891, p. 6.

72 Halved: *Spectator*, 9 May 1891, p. 3 (宣稱的真實性遭到質疑，但現在旅程的確是更快了：*NCH*, 26 June 1891, p. 791–2); *Punch*, 15 August 1891, p. 78. 但他們還沒有把指南帶到中國或日本，儘管庫克公司前一年曾試圖在日本開設辦事處，庫克的兒子約翰・M・庫克（John M. Cook）在從香港到澳洲的太古輪船SS Chingtu號上所寫的一封信中表示—published in *The Times*, 4 January 1894, p. 10.

73 關於作為英國帝國資產的協商會系統，參見：Gregg Huff and Gillian Huff, 'The Shipping Conference system, Empire and Local Protest in Singapore, 1910–11', *Journal of Imperial and Commonwealth History*, 46:1 (2018), pp. 69–92.

第八章　新時代

1 Mackintosh to Alfred Holt, 2 December 1898, John Swire & Sons to Albert Crompton, 5 December 1898, John Swire & Sons to Bois & Poate, 9 December 1898: JSS I 1/13.

2 J. S. Swire to Mary Swire, 9 May 1898, c. 16 July 1898: JS&SL.

3 This section draws on correspondence in 'Letters on the death of John Samuel Swire': JSS I 9/2.

4 J. S. Swire to Mary Swire, 30 May 1894: JS&SL.

5 J. S. Swire to Mary Warren, c. 4/5 April 1881: JS&SL. 甘威爾於一八九六年二月退休，並離開了合夥企業。

6 *Liverpool Journal of Commerce*, 6 December 1898; *China Mail*, 3 December 1898.

7 *The Field*, 10 December 1898, p. 941; *Leighton Buzzard Observer*, 6 December 1898; *NCH*, 5 December 1898, p. 1036.

8 *Leighton Buzzard Observer*, 2 December 1894, 13 December 1898.

9 Kang: Shanghai No. 59, 27 September 1898: TNA, FO 671/240. 這部分取自Bickers, *Scramble for China*, pp. 324–36.

10 Fisher to Wright, 10 October 1899: JSS II 1/3/3. 關於義和團，參見：Joseph W. Esherick, *The Origins of the Boxer Uprising*

(Berkeley: University of California Press, 1987), and Paul A. Cohen, *History in Three Keys: The Boxers as Event, Experience, and Myth* (New York: Columbia University Press, 1997).

11 *NCH*, 9 May 1898, p. 795; Fisher to Wright, 3 July 1900: JSS II 1/3/3; *Western Daily Press*, 25 July 1882, p. 8.

12 義和團起義和八國聯軍的最佳敘述Cohen, *History in Three Keys*, pp. 14–56. 關於天津圍城，參見'[William McLeish], *Tientsin Besieged and After the Siege... A Daily Record of the correspondent of the "North-China Daily News"*' (Shanghai: North China Herald Office, 1900). 費雪寄給上海的信出自JSS II 1/3/3.

13 引文出自Fisher to Wright, 24 June 1900; Detring: Fisher to Wright, 9 March 1895: both in JSS II 1/3/3.

14 Customs Commissioner: Second Historical Archives of China, Nanjing, Customs Service Archive [以下簡稱 SHAC], 679(2), 1938, Tientsin Despatch 2380, 20 August 1900.

15 引文出自Fisher letters to Shanghai: No fear: 5 June 1900; naivety: 15 June 1900; done up: 3 July 1900; pandemonium and villains: 25 June 100; staff: 15 July 1900; Indians: 20 July 1900: all in JSS II 1/3/3. Bar: *Tientsin Besieged*, p. 12.

16 *Shengking*: *NCH*, 18 July 1900, p. 141；詳情出自Fisher letters, 1900，引文出自：rice: 28 August 1900; Americans: 16 September 1900; Yik Kee: 21 August 1900, and Dowler to Fisher, 25 August 1900: JSS II 1/3/3. 鄭翼之是鄭觀應的弟弟之一：Kang Jin-A, 'Cantonese Networks in East Asia and the Chinese firm Tongshuntai in Korea', *Asian Research Trends*, New Series, 12 (2017), pp. 73–4.

17 Weatherston to Wright, 23 June 1900; Garrick to Wright, 23 and 27 August 1900; Baker to Wright, 31 July 1900: JSS II 1/2/1.

18 Fisher to Butterfield & Swire Shanghai, 12 June 1901, and Fisher to Wright, 12 June 1901: JSS II 1/3/3; T. J. Fisher to A. V. T. Dean, 1 September 1953: JSS II 1/3/3.

19 TVC: *Peking & Tientsin Times*, 20, 29 January, 19 February, 5 March 1898, 20 January, 9 February 1899; HVC: *Hongkong Weekly Press*, 15 July 1901, pp. 48–9; 'Report of the Hongkong Volunteer Corps... 1899–1900', *Hongkong Government Gazette*, 9 June 1900, pp. 931–44; Patrick Hase, *The Six-Day War of 1898: Hong Kong in the Age of Imperialism* (Hong Kong: Hong Kong University Press, 2008).

20 Coronation: *Hongkong Telegraph*, 14, 22, 23 May 1902, 30 July, 27 August 1902; *China Mail*, 8 July 1902; *Hongkong Weekly*

Press, 14 July 1902, p. 30, 28 July 1902, p. 72, 6 October 1902, pp. 252–3; orders: *Hongkong Telegraph*, 5 October 1905; invasion: *SCMP*, 10 February 1905, p. 5; Range and gun: *Hongkong Daily Press*, 18 December 1907; *SCMP*, 27 June 1904, p. 2.

21 Hoskins: *SCMP*, 17 November 1908, p. 11: she was also quite handy, it seems, with a revolver; John Swire & Sons to W. G. Feast, 2 January 1899; John Swire & Sons to W. W. Feast, 2 January 1899: JSS I 1/13.

22 Lena Wånggren, *Gender, Technology and the New Woman* (Edinburgh: Edinburgh University Press, 2017), p. 36; Gregory Anderson, *The White- blouse Revolution: Female Office Workers Since 1870* (Manchester: Manchester University Press, 1988).

23 Smith to J. H. Scott, 27 January 1900: JSS I 2/9; J. H. Scott to Smith, 1 March 1900: JSS I 1/13. Reece: Black staff notebook, entry 14: JSS I 7/7/1; London Staff Ledger: JSS I 5/1.

24 Anderson, *Victorian Clerks*, p. 57; Gillian Sutherland, *In Search of the New Woman: Middle-Class Women and Work in Britain 1870–1914* (Cambridge: Cambridge University Press, 2015), p. 99.

25 Anderson, *Victorian Clerks*, pp. 52–60. 女員工的詳細資料出自Butterfield & Swire Staff Record Book 154: JS&SL.

26 *SCMP*, 23 January 1908, p. 2, 20 February 1908, p. 2, 5 October 1910, p. 10.

27 Mackintosh to Swire, 14 October 1884: JSS I 2/4.

28 Fisher to Wright, 30 November 1899: JSS II 1/3/3.

29 *SCMP*, 28 March 1917, p. 10; *Hongkong Telegraph*, 3 October 1908.

30 J. S. Swire to Lang, Scott and Mackintosh, 11 February 1881, and 30 November 1881: JSS I 1/5.

31 Albert Edwin Griffin, 'Taikoo Dockyard, Hong Kong', *Minutes of the Proceedings of the Institution of Chartered Engineers*, Volume 183 (1911), pp. 252–62; D. R. Law to J. H. Scott, 29 July 1908: JSS I 2/10.

32 E. R. Belilios to Mackintosh, 30 May 1899, and to Poate, 3 June 1899: JSS I 2/9. 出生於加爾各答的伊曼紐・拉斐爾・貝利略斯（Emanuel Raphael Belilios）是殖民地有影響力的人物。身為地位顯赫的地主（他擁有英國小鎮比肯斯菲爾德〔Beaconsfield〕）和慈善家，他很想和太古共同開發造船廠（他「一直『主動打擾我們』」），似乎還透過匯豐銀行主席托馬斯・傑克遜爵士（Thomas Jackson）接觸怡和商談他的計畫：Herbert Smith to J. H. Scott, 21 December 1899, J. J. Keswick to Jackson, 1 March 1900: JSS I 2/9.

33 Danby: Law to Scott, 20 October 1900: JSS I 2/9 (Danby's son worked for Butterfield & Swire); Macdonald: John Swire & Sons to Poate, 30 November 1900, 21 February 1901, 12 July 1901: JSS I 1/13. 其中一位高級顧問工程師是亞瑟・保羅・達什伍德（Arthur Paul Dashwood），他後來和作家E・M・德拉菲爾德（E. M. Delafield）結婚；可惜他婚後和太古的關係已經結束。

34 Butterfield & Swire, Hong Kong to John Swire & Sons, 17 July 1907: JSS I 2/10；未註明日期的簡報，可能是一九〇〇年三月attached to J. J. Keswick to Jackson, 1 March 1900: JSS I 2/9. 腐敗的指控——槍法出色的霍斯金斯女士的父親靜靜接受調查——似乎沒有被證實；D. R. Law to J. H. Scott, 11 March 1904, 21 August 1905, and Law to John Swire & Sons, 18 April 1904: JSS I 2/10.

35 *China Mail*, 2 January 1908; James Henry Scott, *A Short Account of the firm of John Swire & Sons* (Letchworth: Privately Printed, 1914).

36 *Directory and Chronicle for China, Japan, Corea... 1905* (Hong Kong: *Hongkong Daily Press*, 1905) p. 420; *Greenock Telegraph and Clyde Side Shipping Gazette*, 16 January 1909, p. 3.

37 *Hongkong Government Gazette*, 22 August 1891, p. 757, 28 September 1901, p. 1694; 10 May 1905, p. 234.

38 *SCMP*, 4 September 1909, p. 3.

39 'Notes from the South' in *NCH*, 15 May 1900, p. 870, and 19 September 1900, p. 600.

40 Riot: *Hongkong Weekly Press*, 29 December 1902, p. 494; 23 February 1903, pp. 142–3, 28 February 1903, p. 160; Hynes: *SCMP*, 19 October 1904, p. 5, 20 October 1904, p. 2; Roi: *SCMP*, 19 April 1906, p. 2. 關於一九〇二年的暴動，另參見Sheilah E. Hamilton, *Watching Over Hong Kong: Private Policing, 1841–1941* (Hong Kong: Hong Kong University Press, 2008), pp. 103–4.

41 綜述參見Thomas R. Metcalf, *Imperial Connections: India in the Indian Ocean Arena, 1860–1920* (Cambridge: Cambridge University Press, 2007).

42 一九〇九至一二年船塢的艱辛可從香港通信得知JSS I 2/11.

43 C. C. Scott to J. H. Scott, 22 December 1910: JSS I 2/10; Austin Coates, *Whampoa: Ships on the Shore* (Hong Kong: Hongkong and Whampoa Dock Company, 1980), pp. 173–81, 187–91; Marriner and Hyde, *The Senior*, p. 202.

44 例如，參見關於客家「氏族」之間和「不同漢人階級」之間發生衝突的報告, *Hongkong Telegraph*, 5 November 1906, 5 February 1909. Equipped: Butterfield & Swire Hong Kong to John Swire & Sons London, 26 April 1912: JSS I 2/11.

45 Butterfield & Swire Hong Kong to Woo Tong Sam, 11 June 1909: JSS I 2/10.

46 Captain C. V. Lloyd, *From Hongkong to Canton by the Pearl River* (Hongkong: Daily Press Office, 1902), pp. v, 2, 5.

47 Transcript of evidence, 'Rex v. C. de Noronha', enclosure No. 3 in Canton No. 71, 9 December 1908: TNA, FO 228/2255.

48 關於這個事件的報告：*SCMP*, 2, 4, 7 December 1908, p. 7, *Hongkong Daily Press*, 3, 4, 7 December 1908; letter: *Hongkong Telegraph*, 3 December 1903. 關於爭議的記載，參見Edward J. M. Rhoads, *China's Republican Revolution: The Case of Kwangtung, 1895–1913* (Cambridge, MA: Harvard University Press, 1975), pp. 141–3, and Bernard Mellor, *Lugard in Hong Kong: Empires, Education and a Governor at Work, 1907–1912* (Hong Kong: Hong Kong University Press, 1992), pp. 79–126.

49 Lloyd, *From Hongkong to Canton*, p. ix; Ants: poem by Loong Chow Ng of Fatshan: Enclosure No. 4, in Canton No. 72, 11 December 1908: TNA, OF 228/2255.

50 Canton No. 72, 11 December 1908: TNA, FO 228/2255.

51 參見Peter Zarrow, 'Felling a dynasty, founding a republic', in Jeffrey N. Wasserstrom (ed.), *The Oxford Illustrated History of Modern China* (Oxford: Oxford University Press, 2016), pp. 90–117.

52 參見Guanhua Wang, *In Search of Justice: The 1905–1906 Chinese anti-American Boycott* (Cambridge, MA: Harvard University Press, 2001); Rhoads, *China's Republican Revolution*, pp. 122–52.

53 D. R. Law to Lugard, 23 June 1909, Box 1170; Butterfield & Swire Hong Kong to H. H. Fox (Acting Consul-General Canton), 12 August 1909, Enclosure in Canton No. 91, 14 August 1909: TNA, FO 228/2255.

54 *Hongkong Weekly Press*, 21 August 1909, p. 163：英國官員的憤怒和羅的回應可見於：TNA, FO 228/2255 and in relevant correspondence in JSS I 2/10; G. E. Morrison to Valentine Chirol, 12 September 1909, Hui- min Lo (ed.), *The Correspondence of G. E. Morrison*, Volume 2, *1912–1920* (Cambridge: Cambridge University Press, 1978), pp. 523–4.

55 *Hongkong Weekly Press*, 16 August 1909, pp. 131–2, 147–8. 捐贈與佛山號問題之間很容易被假設是有關聯的，但我們並不清楚這是否只是一個有利的巧合，特別是這個倡議和抵制運動人士的要求相去甚遠。雖然中國官員的一些公告裡很明顯地提到此事，但在公司內部或和英國官員的通信中，卻不是被當作解決方案的影響因子。關於人們眼中的關聯，參見：Alfred H. Y. Lin, 'The Founding of the University of Hong Kong: British imperial ideas and Chinese practical common sense', in Chan Lau Kit-ching and Peter Cunich (eds), *An Impossible Dream: Hong Kong University from Foundation to Re-establishment, 1910–1950* (Hong Kong: Hong Kong University Press, 2002), pp. 11–13; and Bernard Mellor, *Lugard in Hong Kong: Empires, Education and a Governor at Work, 1907–1912* (Hong Kong: Hong Kong University Press, 1992), *passim*.

56 China Association General Committee Minutes, 4 May 1909: SOAS, China Association papers, CHAS/MCP/4; D. R. Law to J. H. Scott, 18 June 1909: JSS I 2/10.

57 *Hongkong Telegraph*, 2 December 1909.

58 華南地區招聘計畫是以下這本書第二章的主題Peter Richardson, *Chinese Mine Labour in the Transvaal* (London: Macmillan, 1982), pp. 78–103，引文出自p. 93, table: A2, p. 192. Scepticism: Butterfield & Swire, Hong Kong, to Alfred Holt & Co., 3 July 1903: JSS I 2/10.

59 D. R. Law to J. H. Scott, 24 December 1904: JSS I 2/10.

60 D. R. Law to J. H. Scott, 24 April 1900, and enclosure, Butterfield & Swire Hong Kong to Alfred Holt & Co., 23 April 1909: JSS I 2/10; Falkus, *Blue Funnel Legend*, pp. 49–50.

61 這部分取自Butterfield & Swire Staff Books 1153, and 1154: JS&SL.

62 W. Poate to John Swire & Sons, 28 February 1902, and to J. H. Scott, 1 October 1902; H. W. Robertson to John Swire & Sons, 28 August 1905: all JSS I 2/10.

63 Lord Charles Beresford, *The Break-up of China: with an account of its present commerce...* (London: Harper, 1899), p. 457.

64 John Swire & Sons to Butterfield & Swire Hong Kong and Shanghai, 21 April 1904, 5 May 1904: JSS II 7/4/1.

65 *Liverpool Echo*, 28 June 1916, p. 5.

第九章　新中國

1 *Hongkong Daily Press*, 21 January 1914.

2 J. H. Scott to F. W. Butterfield, 29 May 1911: JSS I 1/15; Marriner and Hyde, *The Senior*, pp. 198–201.

3 *China Mail*, 9 July 1914; John Swire & Sons to H. W. Robertson, 3 June 1912; John Swire & Sons to H. W. Robertson, 3 and 17 June 1906: JSS I 1/15.

4 Henrietta Harrison, *The Making of the Republican Citizen: Political Ceremonies and Symbols in China 1911–1929* (Oxford: Oxford University Press, 2000).

5 引用 Jack Swire to E. F. Mackay, 10 November 1911: JSS I 1/15.

6 關於這場衝突精闢又富有洞見的海事歷史請見 Michael Miller, *Europe and the Maritime World: A Twentieth Century History* (Cambridge: Cambridge University Press, 2012), pp. 213–44. 更多英國經驗的詳細綜述可見於以下官方正史：Sir Archibald Hurd, *The Merchant Navy* (3 volumes, London: John Murray, 1921–9); C. Ernest Fayle, *Seaborne Trade* (3 volumes, London: John Murray, 1920–24); as well as J. A. Salter, *Allied Shipping Control: An Experiment in International Administration* (Oxford: Clarendon Press, 1921).

7 Miller, *Europe and the Maritime World*, p. 223; Salter, *Allied Shipping Control*, pp. 73–5. 倫敦通信中大部分的鄙視都出自沃倫・施懷雅。

8 E. F. Mackay to John Swire & Sons, 30 October 1914; John Swire & Sons to Butterfield & Swire Hong Kong, 30 October 1914: JSS I 4/4/1; Lothar Deeg, *Kunst and Albers Vladivostok: The History of a German Trading Company in the Russian Far East 1864–1924* (Vladivostok: Far Eastern Federal University Press, 2012), pp. 283–98. 在海參威擔任助理和翻譯的其中一人是喬治・費澤（George Faitzer），他在一九一八年辭去該職務，轉而成為美國紅十字會在該城市的特約攝影師。費澤後來在美國的攝影作品可以在各大博物館和檔案館中找到，包括國會圖書館。

9 G. K. Nuttall to John Swire & Sons, 1 October 1914: JSS I 4/4/1.

10 Jack Swire to Mary Swire, 27 June 1905: JSS I 1/9/1. 截至一九一四年十二月三十一日，傑克和沃倫・施懷雅各持有一六六六股。吉姆・史考特的兒子柯林・C・史考特持有四一八股，然後傑克、柯林和約翰・萊斯里・杭特（John Leslie Hunter）身為吉姆・史考特的遺產執行人持有一二五〇股：enclosure to John Swire & Sons to Butterfield & Swire, Shanghai, 9 April 1915: JSS I 4/4/2.

11 Jack Swire to Mary Swire, 27 June 1905; Jack Swire to Warren Swire, 11 December 1911: both in JSS I 1/9/1.

12 Jack Swire to Mary Swire, 29 June 1905: JSS I 1/9/1；沃倫成為合夥人的消息直到那年才公開：*SCMP*, 29 July 1905, p. 1.

13 爭議的詳細紀錄似乎沒有留存下來，但在公司律師為一九〇八年十一月至一九〇九年八月準備的收費表中，麥金托什的信被登記為一九〇九年四月十五日收到：JSS I 8/8; Scott: Butterfield & Swire Staff Record Book 154: JS&SL.

14 Jack Swire to William Swire, 4 December 1906; university：引用Charles Drage, *Taikoo* (London: Constable, 1970), p. 114; Jack Swire to J. H. Scott, 5 and 19 February 1909: JSS I 1/9/1；爭議的過程可以從詳細的收費表看到JSS I 8/8; 'manipulation' and audit: report, probably by Dowler, in JSS I 8/8/2; perplexity: J. Ashton Cross 'Opinion', 22 December 1908, enclosed in Jack Swire to J. H. Scott, 8 January 1909, JSS I 3/1. 爭議變得相當緊繃。一九〇九年，傑克・麥金托什在沒有獲得學位的情況下離開了牛津，並在當年稍晚的時候開始了環球之旅的成年儀式。當他和他的妹妹抵達香港時，要求參觀造船廠和煉糖廠，倫敦方面以法律建議並指示香港「不要再禮貌地接待……不要提供任何資訊」：參見D. R. Law to John Swire & Sons, 11 December 1909: JSS I 2/10.

15 Jack Swire to J. H. Scott, 4 September 1911: JSS I 1/9/1.

16 當洛里默破產時，太古集團退出了利物浦波特商店（Liverpool Porter Store）。約翰・森姆爾將他的股份交給了柏希・歐布萊恩（Percy O'Brien），而後公司營運長年不衰：Marriner and Hyde, *The Senior*, p. 56.

17 Jack Swire to Warren Swire, 1 June 1904: JSS I 1/9/1.

18 Jack Swire to W. Rolles Biddle, 15 December 1902: JSS I 1/9/1.

19 John Swire & Sons London to Butterfield & Swire Shanghai and Hong Kong, 14 May 1917: JSS I 4/4/3.

20 F. H. Davies letter, 5 August 1914, NLW.

21 A. V. T. Dean, 'Notes on C. N. Co. History Section III: 1900–1918': JSS/11/2/8, JS&SL; tax: John Swire & Sons to E. F. Mackay and G. T. Edkins, 22 December 1916: JSS I 4/4/2; profiteering: W. C. Anderson引用：Paul Ward, *Red Flag and Union Jack: Englishness, Patriotism, and the British Left, 1881–1924* (Woodbridge: Boydell & Brewer, 1998), p. 135; shipowners: Margaret Morris, 'In search of the profiteer', in Chris Wrigley and John Shepherd (eds), *On the Move: Essays in Labour and Transport History Presented to Philip Bagwell* (London: A. & C. Black, 1991), p. 188. Requisition: Salter, *Allied Shipping*

Control, pp. 70–75; prioritisation: Fayle, *Seaborne Trade*, iii, pp. 120–23. It was in fact the tenant farmer who profited most spectacularly overall, and whose sons were far less likely to fight: Adrian Gregory, *The Last Great War: British Society and the First World War* (Cambridge: Cambridge University Press, 2008), pp. 117–22, 137–42.

22 Blue Funnel: Falkus, *Blue Funnel Legend*, pp. 155–70; John Swire & Sons to Butterfield & Swire, 11 May 1917 (coast requisitions), Butterfield & Swire Hong Kong to John Swire & Sons, 5 June 1917 (lean time), John Swire & Sons to Butterfield & Swire, 1 February 1918 (Warren Swire); jailing: Butterfield & Swire Hong Kong to John Swire & Sons, 14 March 1917, all: JSS I 4/4/3; *SCMP*, 15 March 1917, p. 3.

23 Butterfield & Swire Hong Kong to John Swire & Sons London, 21 November 1916: JSS I 4/4/2; Butterfield & Swire Hong Kong to John Swire & Sons London, 17 October 1918: JSS I 4/4/3; Evans died there: *SCMP*, 8 April 1918, p. 2. 關於藍煙囪的一個記載可見於Daryl Klein, *With the Chinks!* (London: John Lane The Bodley Head, 1919). 關於勞動旅的運輸，參見Xu Guoqi, *Strangers on the Western Front: Chinese Workers and the Great War* (Cambridge, MA: Harvard University Press, 2014), pp. 52–3. 一九二〇年，海參威分行參與組織藍煙囪運送捷克軍團穿越太平洋的任務，這是盟軍撤離內戰期間在俄羅斯各地作戰的約六萬名前戰俘的一部分；參見Butterfield & Swire Hong Kong to John Swire & Sons, 10 July 1920, enclosure R. D. Holt to W. T. Payne, 7 May 1920: JSS I 4/4/4.

24 *SCMP*, 28 May 1915, p. 7; *Shanghai Times*, 6 June 1916, p. 8; 'Arthur B.-W.' [Brooke-Webb], 'With H.M.S. *Triumph* at Tsingtau', *Blackwood's Magazine* (May 1916), pp. 577–94. 布魯克—韋伯（Brooke-Webb）在加入之前曾在黃浦水利委員會工作。詹姆斯在沉船後回到太古輪船船隊，一九三六年服役三十六年後退役。布萊基復員後沒有回來。蘭頓・瓊斯留在皇家海軍，參與了日德蘭的行動，後來成為中國艦隊砲艇指揮官，並於一九二九年成為百慕達燈塔檢查員：*SCMP*, 23 May 1936, p. 9; *The Times*, 2 September 1929, p. 17.

25 Bell: Jack Swire to E. F. Mackay, 13 November 1914: JSS I 4/4/1; Bell, John Alexander: TNA, WO 364/211; Jack Swire to Colin Scott, 23 August 1914, and Jack Swire to E. F. Mackay, 27 November 1914: JSS I 1/9/1.

26 J. K. Swire to Emily Swire, 13 August 1914, 17 November 1914, J. K. Swire to Jack Swire, 7 December 1914: J. K. Swire Letters, 1914: JS&SL.

27 關於這點：Robert Bickers, *Getting Stuck in for Shanghai, or, Putting the Kibosh on the Kaiser from the Bund* (Sydney: Penguin China, 2014), and Sara Shipway, 'The Limits of Informal Empire: Britain's economic war in Shanghai, 1914–1919' (Unpublished PhD thesis, University of Bristol, 2018).

28 Jack Swire to E. F. McKay, 13 November 1914: Jack Swire Letters, 1914: JS&SL; Jack Swire to Colin Scott, 28 August 1914: JSS I 4/4/1.

29 Information collated from Butterfield & Swire Staff Record Books 153, and 154: JS&SL, and London Staff Ledger, 1904–1933: JSS I 5/1.

30 *Szechuen*: see *The Register of the Hongkong Memorial Commemorating the Chinese of the Merchant Navy and others in British Service who died in the Great War and whose graves are not known* (London: Imperial War Graves Commission, 1931), pp. 22–3, and 'Torpedoing of SS "Szechuen". Court of Enquiry', TNA, ADM 137/3583; *Kalgan*: *North China Herald*, 16 March 1918, p. 622, 'Loss of s.s. KALGAN', TNA, ADM 137/3580; *Yochow*: *Shanghai Times*, 23 March 1918, p. 7; *Anhui*: *North China Herald*, 31 August 1918, p. 523, and 'Loss of S.S. Anhui', TNA, ADM 137/3587. 在一九一四至一八年間，至少有九百四十五名中國海員死於英國海軍和商船。在R・H・洛伊德（R. H. Lloyd）上尉與張家口號一起沉沒的四天後，他的妻子在上海一家醫院生下了一個孩子：*NCH*, 30 March 1918, p. 797.

31 *SCMP*, 29 August 1934, p. 9.

32 Joseland: *NCH*, 29 January 1916, pp. 257–8, 5 February 1916, pp. 318–19; *SCMP*, 2 October 1917, p. 3; Richardson: TNA, WO 339/49497.

33 *SCMP*, 25 March 1923, p. 10.

34 He was it seems very lucky not to have been court-martialled. For a taste of his war see his letters from the Middle East to John Swire and Colin Scott in JSS I 3/5.

35 *NCH*, 12 June 1915, pp. 799–802, 26 June 1915, pp. 953–4. 這個人後來的軍隊記錄表明，減輕罪行的請求完全是錯誤的。他是個「討厭的人」，一個「從未在沒有爭議的情況下獲釋的傢伙」，是詳細描述他在一九一七至一八年間身為乏善可陳的機槍軍團中尉的兩則評論：參見file TNA, WO 359/92005. 軍隊不知道他的上海冒險。

36 John Swire & Sons to G. T. Edkins and E. F. Mackay, 1 October 1915: JSS I 4/4/2.

37 Butterfield & Swire Hong Kong to John Swire & Sons, 4 November 1915: JSS II 7/4/22.

38 *SCMP*: 11 July 1918, pp. 6, 10; 20 July 1918, p. 11; 27 July 1918, pp. 10–11; appeal: *SCMP*, 26 July 1918, pp. 10–11. One of the three was excused on a second appeal: *SCMP*, 13 August 1918, p. 10.

39 'Hongkong Letter', *NCH*, 17 August 1918, p. 393; May: G. R. Sayer, *Hong Kong 1862–1919* (Hong Kong: Hong Kong University Press, 1975), p. 123.

40 Kemp, *Concise History*, p. 80.

41 F. H. Davies to Glyn Davies, 3 December 1908, NLW, Davies letters.

42 Davies: John Swire & Sons to Butterfield & Swire Shanghai and Hong Kong, 14 July 1911: JSS I 1/15; Frank H. Davies to mother, 21 February 1913: NLW, Davies Letters; Hong Kong University: 'J.H.F' in *SCMP*, 7 December 1912, p. 7.

43 Resignations: Jack Swire to E. F. Mackay, 29 January 1912; Scandinavians: John Swire & Sons to E. F. Mackay, 2 August 1912: both JSS I 1/9/1; and Frank H. Davies to Glyn Davies, 17 December 1915, NLW; John Swire & Sons to G. T. Edkins, 25 July 1913: JSS I 1/9/1. 一九一一至一三年的爭議內容可看：JSS I 1/15.

44 *SCMP*, 16 December 1913, p. 3.

45 Davies letter, 21 February 1913: NLW, Davies letters；罷工的過程和太古管理階層對要求循序漸進的投降可見John Swire & Sons to Butterfield & Swire Shanghai, 12 May and 19 May 1916: JSS I 1/15; *Shanghai Times*, 24 April 1916, p. 7.

46 Frank H. Davies letters, 3 April and 14 April 1916: NLW，戴維斯一直待在中國，直到一九三七年因健康不佳而撤出。他在那裡的三十五年裡，他曾為三大船公司和一些較小的公司工作。

47 'Manifest', *NCH*, 22 June 1912, p. 858; Book-keeper, 'A Clerks' Protection Society', *NCH*, 30 December 911, p. 879.

48 Walter Fisher to A. Wright, 14 September 1900: JSS II 1/3/3.

49 以及下面提到的其他史料，這個小節特別參考S. Sugiyama, 'Marketing and Competition in China, 1895–1932: The Taikoo Sugar Refinery', in Linda Grover and Sinya Sugiyama (eds), *Commercial Networks in East Asia* (London: Routledge, 2001), pp. 140–58.

50 D. R. Law to John Swire & Sons, 26 January 1904: JSS I 2/10；橫濱的經濟損失巨大，但更讓人有感的是這種幼稚簡單的欺

騙行為可能會對公關形象造成名譽損害：John Swire & Sons to Butterfield & Swire Hong Kong, 18 May, 12 July 1900: JSS I 1/13; Butterfield & Swire Hong Kong to John Swire & Sons, 17 August 1900: JSS I 2/9; John Swire & Sons to Butterfield & Swire Hong Kong, 12 July 1918: JSS I 4/4/3. Instructions from 'Up-country Selling Organisation', 30 June 1929, in JSS V 6/3.

51 J. C. Fraser, 'Hupeh and Hunan per Luhan railway', 23 January 1905, Shanghai Academy of Social Sciences, Institute of Economics, Resource Centre for China Business History: Butterfield & Swire Archive Extracts〔以下簡稱SASS〕、02-008（後來改名為京漢鐵路的幹線原來叫盧漢鐵路）；對這條鐵路發展的當代描述，以及對其潛力的看法，可以看Percy Horace Kent, *Railway Enterprise in China: An Account of its Origin and Development* (London: Edward Arnold, 1907), pp. 96–108.

52 Butterfield & Swire Newchwang to Butterfield & Swire Hong Kong, 4 June 1908: SASS 01-008.

53 'Up-country Selling Organisation', 30 June 1929: JSS V 6/3; Butterfield & Swire Newchwang to Butterfield & Swire Hong Kong, 4 June 1908: SASS 01-008.

54 J. H. Scott to H. W. Robertson, 2 December 1910, John Swire & Sons to Butterfield & Swire Hong Kong, 3 July 1914: JSS I 1/15 SP.

55 細節取自Butterfield & Swire staff books Nos 154, 155 and Butterfield & Swire Staff Register No. 4, 1924: JS&SL.

56 Butterfield & Swire Shanghai to John Swire & Sons 1 February 1918: JSS I 4/4/3. 羅賓遜辭職參戰，公司認為他「不值得以合約留住」。他在一九二五年死於東非：Butterfield & Swire Staff Book No. 155, JS&SL.

57 Gordon Campbell, 'Recollections of some aspects of earning a living in China between the wars', Private collection.

58 引用參見John Crompton's: *The Hunting Wasp* (London: Collins, 1948), p. 80, 109–12; *The Snake* (London: Faber & Faber, 1963), p. 27; *The Spider* (London: Collins, 1950), p. 230; *Ways of the Ant* (London: Collins, 1954), p. 214. 蘭伯恩的全名為約翰・貝特斯比・克朗普頓・蘭伯恩（John Battersby Crompton Lamburn），他也出版了幾本小說。他的大量筆記和日記在一九三〇年代被一場大火燒毀。

59 A. V. T. Dean, 'Around China with the Sugar men', *Swire News* (December 1975), p. 7; *NCH*, 14 June 1924, p. 408. 另參見克里斯多福・庫克（Christopher Cook）對前太古員工的採訪摘錄，訪問內容出版為*The Lion and the Dragon: British Voices from the China Coast* (London: Elm Tree Books, 1985), pp. 35–48. 兩年後，約翰・巴頓離開公司，開始管理起英屬馬來亞的榴蓮種植園。有些人可能喜歡強盜勝過警察。

60 關於英美煙草公司和標準石油公司，參見Sherman Cochran, *Encountering Chinese Networks: Western, Japanese, and Chinese Corporations in China, 1880–1937* (Berkeley: University of California Press, 2000), pp. 12–69.

61 Butterfield & Swire Shanghai to John Swire & Sons 1 February 1918: JSS I 4/4/3.

62 Sample 'Preliminary Report' form, in 'Up-country Selling Organisation', 30 June 1929: JSS V 6/3.

63 一九八〇年代上海社會科學院的史學家從上海太古辦公室的檔案挑選出一些文件的副本，這些資料現在存放在上海社會科學院的經濟研研究所商業史資料中心。它們被用於準備一項中國研究，編者為Zhang Zhongli, Chen Zengnian and Yao Xinrong, *Taigu jituan zai jiu Zhongguo* (The Swire Group in Old China) (Shanghai: Shanghai renmin chubanshe, 1991). 原件當時在上海港務局檔案館，但目前下落不明。Danby: 'Motion at Special Meeting of the Chinkiang Municipal Council held on 1st May 1906', enclosed in Danby and Lewis H. Tamplin to B. G. Tours, 1 May 1906: SASS, 02-003; J. H. Scott to William Keswick, 8 July 1904: SASS, 02-007; Reinhardt, *Navigating Semi-Colonialism*, p. 119.

64 C. F. Remer, *Foreign Investments in China* (New York: Macmillan, 1933), pp. 423, 425, 469.

65 Reinhardt, *Navigating Semi-Colonialism*, pp. 115–25.

66 Warren Swire letters to Edith Warren, 20 December 1919–2 May 1920: JS&SL; Falkus, *Blue Funnel Legend*, pp. 185–6.

67 修訂後的合約條款：John Swire & Sons to Butterfield & Swire, 23 October 1920: JSS I 4/4/4. 對女性的工資有一個警告：「如果比較後可能產生任何關於家庭協議的問題，請聯繫我們」。

68 Warren Swire to Edith Warren, 26 February 1924: JS&SL.

69 近二千張太古照片可在Historical Photographs of China網站找到：https://www.hpcbristol.net.

第十章　搭建橋梁

1 關於本章談論的國產品運動，參考Karl Gerth, *China Made: Consumer Culture and the Creation of the Nation* (Cambridge, MA: Harvard University Asia Center, 2003)；經典的個案研究Sherman Cochran, *Big Business in China: Sino-Foreign Rivalry in the Cigarette Industry, 1890–1930* (Cambridge, MA: Harvard University Press, 1980)；這一章，很多內容大致是取自我的兩本書*Britain in China: Community, Culture, and Colonialism, 1900–49* (Manchester: Manchester University Press, 1999), and *Out of China.*

2 文章參見Sherman Cochran (ed.), *Inventing Nanjing Road: Commercial Culture in Shanghai, 1900–1945* (Ithaca: Cornell East Asia Program, 1999).

3 Dikötter, *Things Modern*, pp. 177–82.相關的有紐約標準石油和亞細亞火油公司：關於美孚石油（SOCONY），參見Sherman Cochran, *Encountering Chinese Networks: Western, Japanese, and Chinese Corporations in China, 1880–1937* (Berkeley: University of California Press, 2000), pp. 12–43; Frans-Paul van der Putten, *Corporate Behaviour and Political Risk: Dutch Companies in China 1903–1941* (Leiden: Research School of Asian, African and Amerindian Studies, Leiden University, 2001), pp. 64–150.

4 S參見Virgil Kit-yiu Ho, *Understanding Canton: Rethinking Popular Culture in Republican Period* (Oxford: Oxford University Press, 2005)，尤其第二章，'The Limits of Hatred: Popular Cantonese Attitudes Towards the West in the 1920s and the Early 1930s', pp. 49–94; novel: Mao Dun, *Midnight* [Ziye] (1933); poem: Xu Zhimo's, 'Leaving Cambridge' [1928].

5 Robert Bickers, 'British Concessions and Chinese Cities, 1910s–1930s', in Billy K. L. So and Madeleine Zelin (eds), *New Narratives of Urban Space in Republican Chinese Cities: Emerging Social, Legal and Governance Orders* (Leiden: Brill, 2013), pp. 157–96. 以下部分參考了北京公使館通信的大量文件，見'Dossier 108E Concessions and Settlements Amoy', Volumes 1 and 2: TNA, FO 228/3181 and FO 228/3182.

6 參見Guanhua Wang, *In Search of Justice: The 1905–1906 Chinese Anti- American Boycott* (Cambridge, MA: Harvard University Asia Center, 2001); C. F. Remer, *A Study of Chinese Boycotts with Special Reference to Their Economic Effectiveness* (Baltimore: Johns Hopkins Press, 1933).

7 Livelihood: John Swire & Sons to Butterfield & Swire Shanghai, 17 November 1921, in Butterfield & Swire Shanghai to Consul Fraser, 27 December 1921, enclosed in Fraser to Alston, 26 February 1922: TNA, FO 228/3182; used: John Swire & Sons to Foreign Office, 2 February 1922, enclosed in Foreign Office to Alston, 16 February 1922: TNA, FO 228/3182.

8 引文出自*Fujian ribao* 10 June 1921, enclosed in Amoy No. 32, 17 June 1921: TNA, FO 228/3181.

9 Mackay to John Swire & Sons, 24 March 1922: JSS I 4/4/5.

10 這小節參考：Ming Chan, 'Labor and Empire: The Chinese Labor Movement in the Canton Delta, 1895–1927 (Stanford University

Unpublished PhD thesis, 1975), pp. 268–307; Chan Lau Kit-ching, *China, Britain and Hong Kong, 1895–1945* (Hong Kong: Chinese University Press, 1990), pp. 169–76; John M. Carroll, *Edge of Empires: Chinese Elites and British Colonials in Hong Kong* (Cambridge, MA: Harvard University Press, 2005), pp. 131–59.

11 *SCMP*, 12 July 1913, p. 10.

12 *SCMP*, 4 March 1922, p. 14.

13 *SCMP*, 25 February 1922, p. 3, 22 March 1922, p. 8; Butterfield & Swire Hong Kong to John Swire & Sons, 10 March 1922: JSS I 4/4/5.

14 有詳細內容的清單，參見*SCMP*, 10 March 1922, p. 7；估計有十二萬名男女參加罷工，相當於殖民地全部華人人口的五分之一。

15 *SCMP*, 4 March 1922, p. 7.

16 *SCMP*, 7 March 1922.

17 罷工的事後分析可見於Butterfield & Swire Hong Kong to John Swire & Sons, 10 March 1922, John Swire & Sons to G. T. Edkins, 27 April 1922 and Butterfield & Swire Hong Kong to John Swire & Sons, 30 May 1922: JSS I 4/4/5.

18 Shanghai strike: see Shanghai Municipal Police, Special Branch, file IO 4652, 'Shanghai Seamen's Union, 1922–24': NARA, RG 263; Alan Hilton-Johnson, 'Confidential Report', 26 March 1922, enclosed in Butterfield & Swire Shanghai to John Swire & Sons, 5 May 1922: JSS I 4/4/5.

19 Arthur Ransome, *The Chinese Puzzle* (London: George Allen & Unwin, 1927), p. 30.

20 *SCMP*, 13 June 1925, p. 11; *Shenbao*, 16 June 1925, p. 5; *China Press*, 2 August 1925, p. 3; H. Owen Chapman, *The Chinese Revolution 1926-27: A Record of the Period under Communist Control as Seen from the Nationalist Capital, Hankow* (London: Constable, 1928), pp. 14–15；另參見 Peking No. 446, 5 July 1925, and enclosures, F3915/134/10: TNA, FO 371/10946.

21 *NCH*, 18 September 1926, pp. 529–37; Peter Gaffney Clark, 'Britain and the Chinese Revolution, 1925–1927' (University of California, Berkeley: Unpublished PhD thesis, 1973), pp. 234–76; John Masson to T. H. R. Shaw, 12 September 1926: JSS III 15/2/2. 這個檔案包含有關該事件的大量材料。

22 'Copy of Captain Bates' Report on S.S. "Wantung"': JSS III 15/2/2. 煽動性的新聞報導說他是在水裡被射殺的 Warren Swire to Sir Miles Lampson, 18 January 1927: JSS I 4/3/4; *NCH*, 9 October 1926, p. 65. 下游的傳教士報告說，他的屍體已被發現並埋葬：A. P. Blunt to Masson, 16 September 1926: JSS III 15/2/2.

23 TSR Minute Book, 45th Ordinary General Meeting, 31 May 1926: JSS V 7/1.

24 Reproduced in Robert Bickers, 'Changing British attitudes to China and the Chinese, 1928–1931 (University of London: Unpublished PhD thesis, 1992), p. 181.

25 *China Navigation Company: A History*, p. 141.

26 G. M. Young to John Swire & Sons, 25 March 1927: JSS I 4/4/7.

27 Lamburn's book, *Squeeze: A Tale of China* (London: John Murray, 1935)，在他離開公司後（並以藍波恩〔Lambourne〕這個和真名稍有不同的姓氏）出版，明確地以一家與太古洋行不同的公司為場景，描述成和主角的雇主John Deepcar (Hong Kong) Ltd不一樣的，規模大得多的公司，但很明顯就是根據他以前的雇主改編的。

28 John Swire & Sons to G. M. Young and T. H. R. Shaw, 23 October 1925: JSS I 4/4/6.

29 Donald W. Klein and Anne B. Clark, *Biographical Dictionary of Chinese Communism, 1921–1965* (Cambridge, MA: Harvard University Press, 1971), Volume 2, pp. 654–5.

30 參見J. W. Robertson, 'Refinery Labour', March 1927, in G. M. Young to John Swire & Sons, 25 March 1927：關於船塢，參見G. M. Young to John Swire & Sons 14 January 1927, both in: JSS I 4/4/7. 關於民國年代的中國勞工組織，參見：Jean Chesneaux, *The Chinese Labor Movement*; Gail Hershatter, *The Workers of Tianjin, 1900–1949* (Stanford: Stanford University Press, 1986); Emily Honig, *Sisters and Strangers: Women in the Shanghai Cotton Mills, 1919–1949* (Stanford: Stanford University Press, 1986).

31 CNCo: John Swire & Sons to Butterfield & Swire Hong Kong and Shanghai, 31 October 1927: JSS I 4/4/6; *SCMP*, 12 July 1913, p. 10.

32 Roberts report, 'Chinese Staff'; wedding：準確地說是，他們向新娘和新郎鞠躬：Tom Lindsay 'No Mountains: Life and Work in Taikoo (Butterfield & Swire) from March 1933 to February 1949' (Unpublished MSS), Chapter 9: JS&SL. 關於幫派

和上海碼頭工人，參見Elizabeth J. Perry, *Shanghai on Strike: The Politics of Chinese Labor* (Stanford: Stanford University Press, 1993), pp. 53–4; S. A. Smith, *Like Cattle and Horses: Nationalism and Labor in Shanghai, 1895–1927* (Durham, NC: Duke University Press, 2002), pp. 175–6. 關於青幫，參見Brian G. Martin, *The Shanghai Green Gang: Politics and Organised Crime, 1919–1937* (Berkeley: University of California Press, 1996).

33 Chihyun Chang, *Government, Imperialism and Nationalism in China: The Maritime Customs Service and its Chinese Staff* (London: Routledge, 2013), pp. 41–61.

34 W. E. Kirby, Secretary, China Coast Officers' Guild, 'C.N.Co', 5 October 1926, enclosed in Butterfield & Swire Shanghai to John Swire & Sons, 11 March 1927: JSS I 4/4/7.

35 John Swire & Sons to Butterfield & Swire Hong Kong, 18 June 1926; T. H. R. Shaw, Shanghai, to John Swire & Sons, 6 January 1927, both in JSS I 4/4/7.

36 特別是往返中國的通信in JSS I 4/4/6 and JSS I 4/4/7.

37 John Swire & Sons to Butterfield & Swire Shanghai, 23 September 1927, refers to a pamphlet on 'Works Committees' and clippings from the *Railway Review* and *The Times* on railway company staff relations innovations: JSS I 4/4/7.

38 System: C. C. Roberts, 'Chinese Staff', April 1934: JSS II 7/1/4/1〔以下稱Roberts' Report〕；the elder Chun died aged 89 in late August 1919: *NCH*, 6 September 1919, p. 615; *Shenbao*, 22 September 1919, p. 11; Mok funeral: *SCMP*, 10 September 1917, p. 2; palace and swindle: Mok Ying Kwai, 'Yingshang Taigu Yanghang zai Huanan de yewu huodong yu Mo shi jiazu'（英商太古洋行在華南的業務活動與莫氏家族）[1965] *Wenshi ziliao xuanji*, No. 114 (1988), pp. 127–75〔引文出自p. 160〕；audit: N. S. Brown to John Swire & Sons, 27 June 1928: JSS V 1/3; Howard Cox, Huang Biao and Stuart Metcalfe, 'Compradors, Firm Architecture and the "Reinvention" of British Trading Companies', *Business History*, 45:2 (2003), pp. 22–3.

39 Butterfield & Swire Shanghai to Butterfield & Swire Hankow, 21 March 1927, Chun Shut Kai to Butterfield & Swire Shanghai 8 and 9 November 1927, 9 December 1927, and Butterfield & Swire Shanghai to Butterfield & Swire Hankow, 30 September 1927, all in: JSS I 4/4/7; bankruptcy: *Shenbao*, 27 May 1932. 獲得第二次機會，魏學州後來逃跑，留下「震撼」和大量負債：N. S. Brown to J. K. Swire, 13 and 24 June 1930, J. K. Swire to H. W. Robertson, 29 May 1930: JSS I 3/6.

40 Butterfield & Swire Shanghai to Butterfield & Swire Hong Kong, 20 December 1927, John Swire & Sons to Butterfield & Swire Hong Kong, 18 June 1926, 17 June 1927: JSS I 4/4/7. 楊梅南的父親是蒙羞的第一任太古輪船買辦楊貴軒（Yang Guixuan，音譯），他在一八八五年初死於肺結核，還來不及出庭受審：T. J. Lindsay, 'Biographies', c. 1966: JS&SL.

41 Roberts' Report; Roberts, staff record, Butterfield & Swire Staff Register (4): JS&SL. 羅伯茲在早期評估中被評為「A 1」，潛力無窮，後來成為倫敦公司的董事（一九五二至五八年）

42 倫敦太古的太古檔案館擁有兩個有關喬治・芬德雷・安德魯的史料：[David Bentley-Taylor], 'George Findlay Andrew', an undated MSS memoir by a nephew, and T. J. Lindsay's unpublished memoir. 和太古員工的接觸最早可能是透過安德魯在甘肅發現一個新石器時代的墓地。上海大班N・S・布朗經由安德魯收集了大量重要的仰韶陶器，於一九四八年在蘇富比拍賣：Freer-Sackler Museum, collector biography, 'George Findlay Andrew 1887–1971 Missionary and Collector', https://www.freersackler.si.edu/wp-content/uploads/2017/09//Andrew-George-Findlay.pdf.

43 Warren Swire to J. S. Scott, 3 January 1935: JSS I 3/9.

44 Tom Lindsay, 'No Mountains: Life in China and work in Taikoo (Butterfield & Swire) from March 1933 to February 1949', unpublished memoir: JS&SL. 這部兩卷本未出版的回憶錄詳細坦率地講述了中國事務部從成立之初的歷史。

45 'Further thoughts', undated, c. January 1920, J. K. Swire diary: JS&SL; 'New Scheme for Ex-Officers', *The Times*, 23 February 1920, p. 14; 'Unemployed Officers', *The Times*, 19 August 1920, p. 12.

46 J. K. Swire interview with Christopher Cook, 5 February 1979: JS&SL; Timothy Weston, *From Appointments to Careers: A History of the Oxford University Careers Service 1892–1992* (Oxford: Oxford University Careers Service, 1994), pp. 89–90.

47 London Staff Ledger: JSS I 5/1.

48 Lindsay, 'No Mountains'. For his career see also Lindsay staff record, Butterfield & Swire Staff Register (4): JS&SL.

49 John Swire & Sons to Butterfield & Swire Shanghai and Hong Kong, 20 December 1923: JSS II 7/4/32。畢業於聖安德魯大學的瑪麗・溫姆斯特就是其中之一，她於一九二二年首次前往上海，當時她二十八歲，她在上海的公司工作，然後到香港服務直到一九三五年離開。她「一直將我的標準維持在二流寄宿公寓的標準，我認為不能訂太高」：Warren Swire to John S. Scott, 3 April 1936: JSS I 3/9.

50 J. S. Scott to John Swire & Sons, 7 May 1936: JSS I 3/9. Whimster's career can be traced through Staff Letter Books 7, 8, 9 and 12, and her resignation in No. 48: all in JSS II 7/4/48.

51 John Swire & Sons to Butterfield & Swire, 20 January 1927; and the replies in letters to John Swire & Sons from Butterfield & Swire Hong Kong, 26 February 1927, and Shanghai, 27 March 1927: JSS II 2/6. 英美煙草成立了一個製作電影的部門，其產品可以透過電影行銷，但公司發現它也可用作外交工具，但事實證明它過於昂貴，於是被就解散了：Harold Cox, *The Global Cigarette: Origins and Evolution of British American Tobacco, 1880–1945* (Oxford: Oxford University Press, 2000), p. 162; Yingjin Zhang, *Chinese National Cinema* (London: Routledge, 204), pp. 72–3.

52 G. W. Swire to Edith Warren, 9 February 1929: JS&SL; C. C. Scott to G. W. Swire, 16 October 1931: JSS I 3/7. 關於懷特爵士，參見拙作 *Britain in China*, p. 38.

53 這個小節取自太古糖業的年度股東大會報告：JSS V 7/1, especially 1929–32（作為工廠原始融資遺產的標誌，一九二九年參加的人之一是安東尼亞．瑪莉安．甘威爾（Antonia Marian Gamwell），她是前合夥人弗雷德里克．甘威爾的女兒之一：staff: 'Refinery Staff', Box 178: JS&SL.

54 這也創造出關於適當安置他們的問題——不是像安置歐洲員工那樣安置，也不和中國工人同一標準——以及教導他們認為自己與廣大糖廠中國員工的地位不同。

55 Plant: H. W. Robertson to C. C. Scott, 16 March 1928: JSS I 3/6; advertisements: *Shenbao*, 15 January 1929, p. 16; *SCMP*, 19 April 1929, p. 7；關於結束中華火車糖局的詳細內容，可見：*SCMP*, 19 May 1928, p. 16, 15 May 1929, p. 16 and 22 May 1933, p. 18.

56 Talati: *SCMP*, 17 May 1933, p. 12, and Wright, ed., *Twentieth-Century Impressions of Hongkong, Shanghai, and Other Treaty Ports of China*, p. 226; Damri: J. K. Swire to John Swire & Sons, 2 February 1935: JSS I 3/9.

57 Advertisements in *Times of India*: 27 October 1932, p. 14; 5 January 1934, p. 14; 27 November 1937, p. 13; brief: Butterfield & Swire Hong Kong to Stronach & Co., Bombay, 9 May 1930: JSS V 1/5/2.

58 Chinese characters: G. E. Mitchell (Bombay) to Butterfield & Swire, Hong Kong, 14 December 1929: JSS V 1/5/1; Laughing Buddha & blue: Butterfield & Swire Hong Kong to John Swire & Sons, 14 January 1930: JSS V 1/5/1; brand: G. E. Mitchell (Bombay) to John Swire and Sons, 31 March 1932, JSS V 1/5a; A. R. H. Philips, TSR, to John Swire & Sons, 3 March 1933:

JSS V 1/8/2; *Punch*, 19 October 1932, p. iv.

59 Böcking, *No Great Wall*, pp. 159–88.

60 Emily M. Hill, *Smokeless Sugar: The Death of a Provincial Bureaucrat and the Construction of China's National Economy* (Vancouver: University of British Columbia Press, 2010), pp. 148–78; Colin C. Scott to J. S. Scott, 16 December 1932; refinery: John Swire & Sons to J. S. Scott, 17 February 1933, both: JSS I 3/9; smuggling: Philip Thai, *China's War on Smuggling: Law, Economic Life, and the Making of the Modern State, 1842–1965* (New York: Columbia University Press, 2018).

61 J. K. Swire to John Swire & Sons, 8 March 1935, and 'Notes on Conversation with Mr. T.V. Soong', and 'Minute of Meeting and chat with T.V. Soong', 9 May 1935: JSS I 3/9.

第十一章　災難

1 *SCMP*, 30 November 1920, p. 1; *China Press*, 26 January 1938, p. 1; *Nanjing Despatch*, No. 4216, 5 March 1938: SHAC, 679(1), 14875; Consul, Nanjing, to Embassy, 25 November 1937, TNA, FO 676/346.

2 Butterfield & Swire offices Hankow and Shanghai, telephone conference, 18 November 1937, Butterfield & Swire Shanghai to John Swire & Sons, 5 and 19 November 1937: JSS III 2/21; Graham Torrible, *Yangtze Reminiscences* (Hong Kong: John Swire & Sons, Ltd, 1990), pp. 60–61; Suping Lu (ed.), *Terror in Minnie Vautrin's Nanjing: Diaries and correspondence, 1937–38* (Urbana: University of Illinois Press, 2006), pp. 56–64.

3 關於衝突最近的歷史著作，參見Rana Mitter, *China's War with Japan: The Struggle for Survival* (London: Allen Lane, 2013).

4 Mitter, *China's War with Japan*, pp. 119–40.

5 Lloyd E. Eastman, 'Facets of an Ambivalent Relationship: Smuggling, Puppets, and Atrocities During the War, 1937–1945,' in Akira Iriye (ed.), *The Chinese and the Japanese: Essays in Political and Cultural Interactions* (Princeton: Princeton University Press, 1980), pp. 275–303.

6 Paul van de Meerrsche, *A Life to Treasure: The Authorised Biography of Han Lih-wu* (London: Sherwood Press, 1987), p. 28.

7 *Daily Telegraph*, 21 December 1937, p. 7; 'Skipper of B. & S. Coaster Whangpu tells of rescue', *China Press*, 26 January 1938, p. 1.

8 該報對英國在中國行動過往的薄弱掌握，完全能夠代表英國對那個故事的理解，而它聲稱此事發生在一九〇〇年義和團起義期間，更顯無知：*Manchester Guardian*, 20 April 1938, p. 8.

9 這個小節取自McKenzie's report, 'Nanking Evacuation December 1937', 17 December 1937: JSS III 2/21.

10 'Australian's story of attack', *The Herald*, 14 December 1937, p. 24.

11 日本人的解釋，參見memorandum enclosed in Sir R. Craigie (Tokyo) to Foreign Office, No. 50, 2 February 1938: TNA, FO 371/22049.

12 Butterfield & Swire offices Hankow and Hong Kong, telephone conference, 6 December 1937: JSS III 2/21.

13 Lindsay, 'No Mountains', pp. 230–31.

14 See Bickers, *Out of China*, p. 199.

15 Antony Best, '"That loyal British subject?": Arthur Edwardes and Anglo-Japanese relations, 1932–41', in J. E. Hoare (ed.), *Britain and Japan: Biographical Portraits*, Volume III (London: Japan Library, 1999), pp. 227–39.

16 NARA, RG263, SMP D4454, 'Translation of documents seized on February 1 1933, From the offices of the Central Headquarters of the Chinese Communist Youth League...', Exhibit 15, 'Minutes of the Presidium Meeting on February 1, 1933'；關於朱寶庭，參見Smith, *Like Cattle, Like Horses*, pp. 100, 139–40, and 'Zhu Baoting xiao zhuan' (Short biography of Zhu Baoting', in *Shanghai haiyuan gongren yundong shi* (History of the Shanghai seamen's labour movement) (Beijing: Zhonggong dangshi chubanshe, 1991), pp. 311–17.

17 J. Swire, 18 July 1927 in: John Swire & Sons Minute Book No 2: JSS I 12/1.

18 *Chelmsford Chronicle*, 28 January 1910, p. 7; *Essex Chronicle*, 26 May 1933, p. 7, 2 June 1933, p. 2; *NCH*, 31 May 1933, p. 335; Adrian Swire, 'John Swire 1851–1933', unpublished note: JS&SL.

19 Ramon H. Myers, 'The World Depression and the Chinese Economy 1930–6', in Ian Brown (ed), *The Economies of Africa and Asia in the Inter-War Depression* (London: Routledge, 1989), pp. 257–78；這個段落和下一個段落取自Ronald Hope, *A New History of British Shipping* (London: John Murray 1990), pp. 357–81; and Miller, *Europe and the Maritime World*, pp. 245–75.

20 Profits: John Swire & Sons to Butterfield & Swire Shanghai, 11 December 1931: JSS III 2/12; glasses: John Swire & Sons to

Butterfield & Swire Shanghai, 21 August 1931: JSS III 1/11; correspondence: John Swire & Sons to Butterfield & Swire Hong Kong, 31 October 1931: JSS III 2/10; Falkus, *Blue Funnel Legend*, pp. 207–10.

21 M. W. Scott letters, 6 May 1934, SOAS Special Collections, Scott papers, PPMS 49, Box 1 Folder 5; Lindsay, 'No mountains', pp. 233–5.

22 數字出自：CNCo to Sedgwick Collins & Co, undated, referring to October 1930 (foreign staff), JSS III 3/1; John Swire & Sons to Butterfield & Swire Shanghai, 27 February 1931, JSS III 2/11, and CNCo Minute Book No. 2: JSS III 17/3.

23 *SCMP*, 17 March 1933, pp. 19, 21.

24 CNCo, Minute Book No. 2: JSS III 17/3. 關於這個主題的概述，參見Anne Reinhardt, '"Decolonisation" on the Periphery: Liu Xiang and Shipping Rights Recovery at Chongqing, 1926–38', *Journal of Imperial and Commonwealth History*, 36:2 (2008), pp. 259–74.

25 一八七九年，購買頭等艙船票的中國乘客上桌用餐遭拒，對宜昌號馬丁船長提起損害賠償訴訟，但敗訴：回應是「華人不得入內」*China Mail*, 12 June 1879. 馬丁提供餐飲服務，法官裁定他有權拒絕。另參見 Reinhardt, *Navigating Semi-Colonialism*, pp. 253–94.

26 Cabin names: John Swire & Sons to Butterfield & Swire Shanghai, 15 May 1931: JSS III 2/8; compradors: Butterfield & Swire Shanghai to John Swire & Sons, 26 December 1930: JSS III 1/9; passengers: Butterfield & Swire Shanghai to John Swire & Sons, 11 January 1929, and enclosure: JSS III 2/8; control: John Swire & Sons to Butterfield & Swire Shanghai and Hong Kong, 17 March 1933: JSS III 2/17.

27 Butterfield & Swire Shanghai to John Swire & Sons, 23 October 1936: JSS XII 1/3.

28 茶水小弟作業概述可見於SMP Special Branch file D5293, report dated 8 August 1933; 'How Tea Boys harm Shipping firms', *NCH*, 21 October 1936, p. 120; robbery: 'Notes on Canton Seamen's Union Agitation', 1 July 1933: JSS XII 1/3; *Hanyang*: Butterfield & Swire Shanghai to John Swire & Sons, 27 November 1931: JSS III 1/11. 這個小節取自關於茶水小弟危機的討論Reinhardt, *Navigating Semi-Colonialism*, pp. 263–78.

29 在對戰後船運工作的誠實描述中，有一名中國雇員記得船買辦會抽取登錄票價以外金額的百分之四十：船長、大副和輪機長根據他們在船上的責任，按比例分剩餘的利潤：Transcript of Interview with Dawson Kwauk, 15 September 1992, pp. 10–13: JS&SL.

30 Hankow Semi-official letter, 20 August 1934: SHAC, 679 (1), 32145; Butterfield & Swire Shanghai to John Swire & Sons, 5 June 1931: JSS III 1/10; *Tuckwo*: G. Clarke to General Manager, Indo-China SNCo, 11 August 1931, in SHAC, 679(1) 27977; Swire: CNCo, Minute Book No. 2: JSS III 17/3; masters and mates：參見John Swire & Sons to Butterfield & Swire Shanghai and Hong Kong, 27 November 1931: JSS III 1/11.

31 *China Press*, 22 January 1933, p. 9; handling: 'Notes on Canton Seamen's Union Agitation', 1 July 1933: JSS XII 1/3：關於茶水小弟另參見Peter Kwok Fai Law's doctoral work in progress: 'Maritime Teaboys and the making of Chinese working class culture in China, 1927–1950'.

32 Martin, *Shanghai Green Gang*, pp. 129–31.

33 *China Press*, 10 August 1933, p. A; *SCMP*, 28 November 1933, p. 19.

34 *Daily Telegraph*, 9 September 1933, p. 9; Clifford Johnson, *Pirate Junk: Five Months Captivity with Manchurian Bandits* (London: Jonathan Cape, 1934); J. V. Davidson-Houston, *The Piracy of the Nanchang* (London: Cassell, 1961), pp. 82–3.

35 Letter from the captives, 12 July 1933, enclosed in Peking No. 1061, 4 August 1933: TNA, FO 371/17132.

36 *Chelmsford Chronicle*, 26 May 1933, p. 7.

37 這人是阿諾利斯・海曼（Arnolis Hayman），最終被囚禁了十四個月。R. A. Bosshardt, seized with him, endured an even longer captivity: Anne-Marie Brady (ed.), *A Foreign Missionary on the Long March: The Unpublished Memoirs of Arnolis Hayman of the China Inland Mission* (Honolulu: University of Hawai'i Press, 2011).

38 C. C. Scott to G. W. Swire, 10 February 1935: JSS I 3/9. Dr W. S. Sinton, *Memoirs of an Ex Sailor* (Bristol, privately published, 2008), pp. 12–17; *NCH*, 6 February 1935, pp. 206, 212, 13 February 1935, pp. 251–4, 273; treat: J. O. P. Bland, 'The Genial Chinese Pirate', *Saturday Review*, 16 March 1935, p. 333.

39 C. C. Scott to John Swire & Sons, 15 February 1935: JSS I 3/9.

40 關於占領船隻的豐富資料可見於以下檔案的聲明和報告Shanghai No. 70, 14 February 1935 and enclosures: TNA, FO

371/19316.

41 *NCH*, 13 February 1935, p. 273.

42 此處的討論取自上訴法院判決：*China Navigation Company, Limited V. Attorney-General* [1930. C. 2497.]

43 Butterfield & Swire Shanghai to John Swire & Sons, 2 May 1930: JSS III, 2/9; Butterfield & Swire Shanghai to John Swire & Sons, 27 February 1931: JSS III, 1/10; Butterfield & Swire Hong Kong to John Swire & Sons, 22 August 1930: JSS III 1/9; Butterfield & Swire Hong Kong to John Swire & Sons, 26 April 1929: JSS III 1/7; Butterfield & Swire Shanghai to John Swire & Sons, 4 January 1929: JSS III, 2/8; 'Guards turn pirates', *Shipping & Engineering*, 24 April 1925, extract in: NMM, T. T. Laurenson Papers: MS 87/085, U1414, folder A4.

44 China Navigation Company, Limited V. Attorney-General [1930. C. 2497.], p. 211.

45 這個綜述大致取自CNCo Minute Book 2: JSS III 17/3.

46 A. V. T. Dean, 'The blockade of the Yangtsze and the last days of C.N.Co. river navigation', Misc Acc 2013/07: JS&SL.

47 *SCMP*, 26 September 1939, p. 15.

48 Antony Best, *Britain, Japan and Pearl Harbor: Avoiding War in East Asia, 1936–41* (London: Routledge, 1995), pp. 111–31.

49 G. W. Swire to Wingfield Digby, 20 July 1940, 'Letters to Edith Warren': JS&SL. This paragraph draws on various of these letters from July to December 1940.

50 Richard Overy, *The Bombing war: Europe 1939–1945* (London: Allen Lane, 2013), pp. 91–4.

51 *The Times*, 12 December 1940; *NCH*, 18 December 1940; *SCMP*, 12 December 1940.關於城市裡的秘密情報戰，參見：Frederic Wakeman Jr, *The Shanghai Badlands: Wartime Terrorism and Urban Crime, 1937–1941* (Cambridge: Cambridge University Press, 1996).

52 Quentin Reynolds, *Only the Stars are Neutral* (New York: Blue Ribbon Books, 1943), pp. 27–41，引文出自p. 35; Terence H. O'Brien, *Civil Defence* (London: HMSO, 1955), pp. 419–20; J. K. Swire letters, 11 and 13 May 1941: JS&SL.

53 John Swire & Sons to Butterfield & Swire Shanghai and Hong Kong, 16 May 1941; 'Records to be replaced', c. May 1941; Butterfield & Swire Hong Kong to John Swire & Sons, 3 October 1941: JSS I 2/29; Lindsay, 'No Mountains', p. 240.

54 Gordon Campbell, 'Recollections of some aspects of earning a living in China', pp. 16–18.

55 Transcript of Interview with Dawson Kwauk, p. 10: JS&S.

56 J. B. Woolley, Royal Naval Offices, Shanghai, to Butterfield & Swire, 6 August 1941: SASS 03-008; *The Royal Navy and the Mediterranean*, Volume II, *November 1940–December 1941* (London: Routledge, 2002) [London: Historical Section, Admiralty, 1957], p. 214; Liu: casualty card in 'Lists of Merchant Seamen Deaths. National Maritime Museum, Greenwich', via Ancestry.co.uk.

57 CNCo Minute Book 2, p. 363: JSS III 17/3.

58 詳細內容出自：Refinery Staff Book, Box 178; Dockyard Staff book, Box 175: JS&SL. 這些紀錄包括被殺害的雇員的生平細節。關於香港陷落和被佔領的描述參見：Chi Man Kwong and Yiu Lun Tsoi, *Eastern Fortress: A Military History of Hong Kong, 1840–1970* (Hong Kong: Hong Kong University Press, 2014), pp. 161–224; Philip Snow, *The Fall of Hong Kong: Britain, China and the Japanese Occupation* (New Haven: Yale University Press, 2003).

59 信件存在日本檔案館，複本在：Brian Coak, 'The Boys in Blue: Escape from Shanghai 43', https://gwulo.com/sites/gwulo.com/files/misc/Brian-Coak-on-Jack-Conder-Part2.pdf (accessed 2 February 2019). 康德安全逃離，一九四四年九月，他再次在孟買的太古洋行工作。

60 C. C. Roberts to A. V. T. Dean, 6 July 1942: C. C. Roberts papers: SOAS MS 380906.

61 A. V. T. Dean to G. W. Swire, 27 June 1942; A. V. T. Dean to John Swire & Sons, 27 March 1942; Butterfield & Swire India, to John Swire & Sons, 19 January 1945, all in: JSS I 5/1a.

62 E. McLaren to C. C. Roberts, 25 September 1942: SOAS MS 380906; J. K. Swire to John Masson, 14 July 1942: JS&SL.

63 E. McLaren to A. V. T. Dean, 3 August 1942: JSS I 5/1a.

64 Lindsay, 'No Mountains', pp. 245–51; A. V. T. Dean, 'Recollections of Two World Wars', and A. V. T. Dean, 'Report of Arrest and Imprisonment in Gendarmerie Prison in Shanghai (Bridge House)', 28 August 1945: JS&SL; A. V. T. Dean to John Swire & Sons, 29 September 1945: JSS I 5/1a.

65 郭氏家族是上海汕頭商人社群的領袖，也是太古輪船的贊助人。一九四九年後，道森．郭成為太古在台灣的業務負責人。

66 這些詳細內容出自許多英軍服務團的報告，courtesy of Elizabeth Ride: Kukong Intelligence Report No. 2, 8 June 1942: Australian War Memorial, PR 82/068 11/10; J. D. Clague, 'Report on conditions in Occupied Hongkong', 1 March 1945: TNA, WO 208/7147. 另參見以下這篇文章的文件和摘錄內容'Taikoo Dockyard during the Occupation 1942-1945'，請見Industrial History of Hong Kong Group的網站：https://industrialhistoryhk.org/taikoo-dockyard-occupation-1942-1945/ (accessed 16 January 2019).

67 'Japan News No. 136', NHK 'War Testimonials Archives', URL: https://www2.nhk.or.jp/archives/shogenarchives/jpne ws/movie.cgi?das_ id=D0001300521_00000&seg_number=004, accessed January 2019; J. K. Swire and J. S. Scott to John Swire & Sons, 16 May 1946: JSS I 3/15.

68 Edwin Ride, *BAAG: Hong Kong Resistance 1942–1945* (Hong Kong: Oxford University Press, 1981), pp. 205–7.

69 'Employment available in Southern Regions', *Hongkong News*, 20 April 1944, p. 2; Charles Cruikshank, *SOE in the Far East* (Oxford: Oxford University Press, 1983), pp. 154–6; Loss of life: 'Dockyard', 28 August 1945, enclosed in Butterfield & Swire Hong Kong to John Swire & Sons, 31 August 1945: JSS I 5/1a; Kweilin Intelligence Summary No. 66, 15 September 1944; Kweilin Intelligence Report No. 80, 5 January 1945, courtesy of Elizabeth Ride; Steven K. Bailey, *Bold Venture: The American Bombing of Japanese- Occupied Hong Kong, 1942–1945* (Lincoln NE: Potomac Books, 2019).

70 Jack Robinson to John Masson, 20 October 1943: JSS I 5/1a.

71 N. P. Fox, 'Report on Conditions in Hong Kong during and after the Outbreak of Hostilities on 8th December 1941'; 'Refinery', 31 August 1945, enclosed in Butterfield & Swire Hong Kong to John Swire & Sons, 31 August 1945: both in JSS I 5/1a.

72 Stanley Salt, 'Sinking of the *S.S. Sinkiang*', in Joyce Hibbert (ed.), *Fragments of War: Stories from Survivors of World War II* (Toronto: Dundurn Press, 1985), pp. 32–43; *Hoihow* and *Kaying*：參見這兩艘船的wikiswire條目：https:// wikiswire.com/wiki/Category:Ships.

73 Hope, *New History of British Shipping*, p. 383; Benton and Gomez, *Chinese in Britain*, pp. 76–80.

74 A. V. T. Dean to John Swire & Sons, 27 March 1942, and 5 February 1942: JSS I 5/1a（有關船隻被俘虜，請見'The reminiscences of Andrew Watson', on 'Chekiang 1', WikiSwire, URL: https://wikiswire.com/wiki/Chekiang_I (accessed 1 February 2019)）：Tony Fletcher, 'Fremantle 1939 to 1945: Extraordinary Events at the Port', *Fremantle Studies* 1 (1999), pp. 25–9; 'Chinese seamen

help army, *Canberra Times*, 6 September 1943, p. 3. 參見National Archives of Australia file, NAA: A433, 1949/2/9033, 'Chinese Labour Battalion in WA, 1942–1947'; Drew Cottle, 'Forgotten foreign militants: The Chinese Seamen's Union in Australia, 1942–1946', paper presented at the 2001 Australian Society for Labour History conference: https://labourhistorycanberra.org/2014/10/2001-conference-forgotten-foreign-militants-the-chinese-seamens-union-in-australia-1942-46/.

75 *Liverpool Echo*, 11 April 1942, p. 3; Tony Lane, *The Merchant Seamen's War* (Manchester: Manchester University Press, 1990), pp. 78; Meredith Oyen, 'Fighting for Equality: Chinese Seamen in the Battle of the Atlantic, 1939–1945', *Diplomatic History*, 38:3 (2014), pp. 526–48.

76 Kenneth H. C. Lo, *Forgotten Wave: Stories and Sketches from the Chinese Seamen during the Second World War* (Padiham: Padiham Advertiser Ltd, 1947)；也可以參見他的另一部作品*The Feast of My Life* (London: Doubleday, 1993), pp. 127–41. 羅孝建晚年因為廚師和作家的身分而出名。

77 J. S. Scott to J. R. Masson, undated, c. August 1943: JS&SL. 關於英國航運專家在戰爭中的作用，參見Miller, *Europe and the Maritime World*, pp. 283–6.

78 J. S. Scott to G. W. Swire, 19 January 1943; G. W. Swire to John Masson, 21 April 1943, G. W. Swire to Colin Scott and John Scott, 13 August 1943: JSS I 3/13.

79 這個段落取自transcripts of various letters to John Masson from Jock and Warren Swire, and John Swire Scott, 1942–5: Masson Letters: JS&SL.

80 J. K. Swire to J. S. Scott, 30 July 1942, and *passim* thereafter; John Keswick to John Masson 8 July 1943, in Masson to G. W. Swire, 14 July 1943: JSSI 3/13. 關於凱瑟克的戰爭，參見Richard J. Aldrich, *Intelligence and the War Against Japan: Britain, America and the Politics of Secret Service* (Cambridge: Cambridge University Press, 2000), pp. 281–3.

81 J. R. Masson to G. W. Swire, 29 March 1944: JSS I 3/13; G. W. Swire to J. R. Masson, 21 April 1944, Masson Letters: JS&SL.

82 J. S. Scott to G. W. Swire, 11 March 1944 and related correspondence: JS&SL; John Swire & Sons to Butterfield & Swire Shanghai and Hong Kong, 27 October 1936, and Butterfield & Swire Shanghai, 3 October 1936: JSS I 2/30/5.

83 「聰明」，一九三四年對一名男子的「員工第一印象報告」寫道，但「給人一種學習事物很慢的印象」(Staff Letters No.

38: JSS II 7/4/46）。「獨裁者」是愛德蒙・利奇爵士（Sir Edmund Leach）後來成為劍橋大學社會人類學教授和國王學院的院長，但從一九三三到一九三六，在中國的三年期間，至少讓他首次接觸到了自己不熟悉的文化。

84 C. C. Roberts to John Swire & Sons, 30 August 1945, JSS I 5/1c; see also Butterfield & Hong Kong to John Swire & Sons, 31 August 1945, and enclosure 'Report on Taikoo Sugar Refinery, and Report on Taikoo Dockyard': JSS I 5/1a.

85 R. M. Chaloner to John Swire & Sons, 8 September 1945: A. V. T. Dean to John Swire & Sons, 29 September 1945; 'Record of Post-war recovery of Holt's wharf property from the Japanese', 10 September 1945, in R. M. Chaloner to John Swire & Sons, 15 September 1945: JSS I 5/1c.

86 A. V. T. Dean (Beijing) to John Swire & Sons, c. 12 September 1945; R. J. Tippin to A. V. T. Dean, Memorandum, 30 May 1942: JSS I 5/1c; Lindsay, 'No Mountains', p. 277. 87 *SCMP*, 5 September 1945, p. 2, 26 September 1945, p. 2; C. C. Roberts to John Swire & Sons, 30 August 1945: JSS I 5/1c.

第十二章　飛逃

1 Chris Bayly and Tim Harper, *Forgotten Wars: Freedom and Revolution in Southeast Asia* (London: Allen Lane, 2007).

2 *SCMP*, 12 September 1945, p. 2.

3 'Tug 5', 19 December 1947: SASS 04-001.

4 Lists of CNCo returnees to Hong Kong on the *Cheshire* are in National Archives of Australia〔以下簡稱 ＮＡＡ〕：A433, 1949/2/9033; 'Chinese seamen', *SCMP*, 22 December 1945, p. 9; Minute dated 28 July 1949, in file on 'Repatriation of Chinese: Special Arrangements re departure': NAA, A445 236/2/43.

5 J. K. Swire to John Swire & Sons, 8 February 1946, 18 February 1946: JSS I 3/15. 他後來會遇到負責的美國空軍情報官員，此人對自己的所作所為「非常自豪」：Jock arranged for him to have a look around: J. K. Swire to John Swire & Sons, 9 February 1948: JSS I 3/19.

6 J. S. Scott and J. K. Swire to John Swire & Sons, 22 March 1946: JSS I 3/15.

7 J. S. Scott and J. K. Swire to John Masson and G. W. Swire, 31 March 1946: JSS I 3/15.

8 J. K. Swire diary, 15 March 1946: JS&SL.

9 J. K. Swire to Sir Ronald Garrett [date], enclosed in DNOE to John Swire & Sons, 19 April 1946: JSS I 3/15.

10 Rana Mitter, 'Imperialism, Transnationalism, and the Reconstruction of Post-war China: UNRRA in China, 1944–71', *Past & Present*, 218 (2013), pp. 51–69; *UNRRA in China, 1945–1947* (Washington DC: UNRRA, 1948).

11 R. Frost, Ministry of War Transport, Shanghai, to O. S. Lieu, CNRRA, 27 November 1945, enclosed in J. A. Blackwood, FESA, to L. K. Little, Inspector-General, Chinese Maritime Customs, 19 January 1946, in: SHAC, 679(1), 31727; Zhang Zhongli et al. (eds), *Swire Group in Old China*, pp. 253–62.

12 參見以下關於航運和主權的討論Zhang, *Swire Group in Old China*, and Butterfield & Swire Shanghai to John Swire & Sons, 17 July 1946, and letter: *NCDN*, 21 July 1946; Shenbao, 21 October 1947, all in: SASS 04-002; CNRRA: Sherman Cochran and Andrew Hsieh, *The Lius of Shanghai* (Cambridge, MA: Harvard University Press, 2013), pp. 264–6; Wuhan: John Masson to John Swire & Sons, 21 March 1945: JSS I 3/15.

13 'CNCo Future Policy: Notes of Discussions with J. A. Blackwood on 11.4.46': SASS 04-002; John Masson to John Swire & Sons, 14 February, 18 April 1947: JSS I 3/15.

14 Acting Commissioner of Customs, Shanghai, to Butterfield & Swire Shanghai, 9 January 1949: SASS, 04-006; *American Aid-Food for China: A Photographic Report* (Shanghai: Economic Cooperation Administration Mission to China, 1949), p. 25; *SCMP*, 14, 18 November 1945, both p. 16.

15 Agenda, Hong Kong, March 1948: JSS I 3/19. 太古本來以為這些罰款永遠都不需要被繳清。中國海關紀錄包括一九四七年七月在佛山號上發現的獸皮示意圖，當時在該船找到了大量違禁品：Commissioner, Canton Customs, 'Smuggling report for July 1947', 1 August 1947: SHAC, 679(1), 28210.

16 John Masson to John Swire & Sons, 14 February 1947: JSS I 3/15; J. C. Hutchinson to Butterfield & Swire Shanghai, 18 September 1946: SASS 04-003.

17 Butterfield & Swire Shanghai to J. C. L. Hutchinson, British Consulate-General, Shanghai, 24 December 1947: SASS 04-005. 該文件記錄了有關政策和新公司成立的討論。

18 J. K. Swire and J. S. Scott to G. W. Swire and John Masson, 31 July 1946, and John Masson to John Swire & Sons, 14 February 1947, 21 March 1947: JSS I 3/15; Butterfield & Swire Hankow to Butterfield & Swire Shanghai, 4 February 1947: SASS 04-003; J. K. Swire to John Swire & Sons, 30 March 1948: JSS I 3/19; Chihyun Chang (ed.), *The Chinese Journals of L. K. Little, 1943–54: An Eyewitness Account of War and Revolution*, Volume II (London: 2017), p. 19; J. K. Swire to John Swire & Sons, 5 April 1946: JSS I 3/15.

19 Cinderella: J. K. Swire diary, 7 April 1939; J. K. Swire to John Swire & Sons, 1 March 1946: JSS I 3/15; Alexander Claver and G. Roger Knight, 'A European role in intra-Asian commercial development: The Maclaine Watson network and the Java sugar trade c. 1840–1942', *Business History*, 60:2 (2008), pp. 202–30; Miller, *Europe and the Maritime World*, pp. 190–93.

20 'Swire & Maclaine', undated, c. 1946–7: SASS, 4-004; J. K. Swire diary, 13 April 1946: JS&SL.

21 John D. Plating, *The Hump: America's Strateg y for Keeping China in World War II* (College Station, TX: Texas A&M University Press, 2011).

22 'Notes on a journey from England to Calcutta – February 1942', J. R. Masson: JSS I 3/13.

23 Familiarity with its dangers, too: 一九四三年七月四日，波蘭軍隊總司令瓦迪斯瓦夫．西科爾斯基（W adys aw Sikorski）的飛機在直布羅陀起飛後不久墜毀，公司新星沃特．洛克也在飛機上，不幸遇難。Pilots: Alan P. Dobson, *A History of International Civil Aviation: From its Origins Through Transformative Evolution* (London: Routledge, 2017), p. 38.

24 John Darwin, *The Empire Project: The Rise and Fall of the British World-System, 1830–1970* (Cambridge: Cambridge University Press, 2009), pp. 558–60.

25 Colonial Office, *The Colonial Territories (1948–1949)* Cmd. 7715 (London: HMSO, 1949), p. 2; Gordon Pirie, *Air Empire: British Imperial Civil Aviation 1919–39* (Manchester: Manchester University Press, 2009); David E. Omissi, *Air Power and Colonial Control: The Royal Air Force 1919–1939* (Manchester: Manchester University Press, 1990).

26 *China Mail*, 12 January 1945, p. 1.

27 *China Mail*, 24 March 1936, p. 1; *SCMP*, 25 March 1936, p. 12.

28 J. K. Swire diary, 22 May 1939: JS&SL.

29 *SCMP*, 19 March 1941, p. 15; Young, *Beyond Lion Rock*, pp. 100–101.

30 J. K. Swire diary, 23 February 1939: JS&SL; J. K. Swire to Butterfield & Swire Hong Kong, 9 January 1948: JSS I 3/19; R. A. Colyer to G. W. Swire, 25 July 1945, 13 August 1945: JSS XIII 1/1; Peter Yule, *The Forgotten Giant of Australian Aviation: Australian National Airways* (Flemington: Hyland House, 2001), pp. 10–25.

31 J. K. Swire to John Swire & Sons, 8 February 1946, J. K. Swire to Lord Knollys, 7 March 1946, F. Kowarziak to Butterfield & Swire Hong Kong, 12 June 1946, all in: JSS I 3/15; John Swire & Sons [G. W. Swire] to R. A. Colyer, 14 June 1946: JSS XIII 1/1：有關國泰航空的歷史，本節和以下部分的內容，參見Gavin Young, *Beyond Lion Rock: The Story of Cathay Pacific Airways* (London: Hutchinson, 1988).

32 Cuttings, 1946–47, from the Australian press in Chic Eather Scrapbook No 1: CPA Archives, JS&SHK, and advertisements in the *SCMP*, 1946–47, *passim*.

33 關於這個主題，參見Gordon Pirie, *Cultures and Caricatures of British Imperial Aviation: Passengers, Pilots, Publicity* (Manchester: Manchester University Press, 2012), and Peter Fritzsche, *A Nation of Fliers: German Aviation and the Popular Imagination* (Cambridge, MA: Harvard University Press, 1992). 我們可以想到的人有Lindberg, Amy Johnson, Antoine de Saint-Exupéry, Richard Bach, Richard Hillary, Baron von Richthofen...

34 'Pilots' pay', enclosure in Butterfield & Swire Hong Kong to John Swire & Sons, 28 January 1949: JSS XIII 1/5/1; Charles (Chic) Eather, *Syd's Pirates* (Sydney: Durnmount, 1986), pp. 56–7; 'Extraordinary career of William T. Dobson', *Daily Mercury* (Melbourne), 25 August 1949, p. 1; Note on J. S. Scott meeting with McLellan, Mansfields, Singapore, 30 March 1949, in Butterfield & Swire Hong Kong to John Swire & Sons, 8 April 1949: JSS XIII 1/5/1.

35 E. Dudley Bateman to Ministry of Aviation, 30 April 1948, and A. J. R. Moss minute to Colonial Secretary, 14 July 1948: HKPRO, HKRS-163-1-147.

36 Harold Hartley to Sir Thomas Lloyd, 2 June 1948, and Sir Alexander Grantham to Lloyd, 26 June 1948, in: TNA, CO 937/69/4. 關於英國海外航空公司，參見官方歷史：Robin Higham, *Speedbird: The Complete History of B.O.A.C.* (London: I. B. Tauris, 2013).

37 Holyman: J. K. Swire diary, 9 June 1948: JS&SL; surprise: Butterfield & Swire Hong Kong to John Swire & Sons, 29 August 1947; local: Butterfield & Swire Hong Kong to John Swire & Sons, 30 October 1947: JSS XIII 1/2; CPA ownership: Sydney de Kantzow to W. J. Brigg, Colonial Office, 19 August 1947: HKPRO, HKRS-163-1-147.

38 Butterfield & Swire Hong Kong to John Swire & Sons, 19 December 1947, enclosing M. H. Curtis, 'Plans to Form Genuine Local Company': JSS XIII 1/2. 這個說明包含討論過程的詳細來龍去脈。

39 Agencies: see correspondence in: SASS, 04-103; 'Preliminary notes on Air Services Operating from Hong Kong', 8 August 1947, in Butterfield & Swire, Hong Kong, to John Swire & Sons, 15 August 1947: JSS XIII 1/2; J. K. Swire diary, 29 May 1948: JS&SL.

40 CPA Board Minutes, 23 September 1948: CPA 1/1/1, JS&SHK. 這可以在一九五〇年代建築物的照片中看到，橫跨二樓上方的鄰街道面。最上方寫著 Butterfield & Swire。

41 Butterfield & Swire Hong Kong to John Swire & Sons, 12 March 1948: JSS XIII 1/2.

42 Eather, *Syd's Pirates*, pp. 91–113.

43 Gordon Boyce, 'Transferring capabilities across sectoral frontiers: Shipowners entering the airline business, 1920–1970', *International Journal of Maritime History*, 13:1 (2001), pp. 1–8.

44 Butterfield & Swire Hong Kong to John Swire & Sons, 19 December 1947, enclosing M. H. Curtis, 'Plans to Form Genuine Local Company': JSS XIII 1/2.

45 Mark Young, Governor, to A. Creech Jones, 18 April 1947: HKPRO, HKRS-163-1-147; W. J. Bigg, Minute on discussion, 14 March 1948: TNA, CO 937/69/4.

46 Pistol: J. B. Johnston, minute, 19 July 1948: TNA, CO 937/69/5; J. B. Johnston, minute, 13 March 1948: TNA, CO 937/69/4; BOAC: J. B. Johnston, minute, 16 December 1948: TNA, CO 937/69/5.

47 J. B. Johnston, minute, 13 March 1948: TNA, CO 937/69/4; W. J. Bigg, CO, to L. J. Dunnett, Ministry of Civil Aviation, 27 September 1948, and 19 June 1948: TNA, CO 937/69/5.

48 C. C. Roberts and S. H. de Kantzow to Director of Civil Aviation, Hong Kong, 28 June 1948, both JSS XIII 1/2; *SCMP*, 12 January 1949, p. 6; Butterfield & Swire Hong Kong to John Swire & Sons, 14 January 1949: JSS XIII 1/2.

49 一九四九年一月和二月初香港討論的紀錄可見於：JSS XIII 1/2；在倫敦的談判過程、協議和批准記錄在the Colonial Office file 'Civil Aviation Hong Kong: Local Air Services': TNA, CO 937/69/6; vital: 'J.S.S.'s notes on Scott/Price/Landale conversation of 3.2.49', enclosed in Butterfield & Swire Hong Kong to John Swire & Sons, 11 February 1949: JSS XIII 1/5/1; Suspension: M. Wylie to G. M. Chivers, 19 May 1949: TNA, CO 937/69/6.

50 J. R. Masson to John Swire & Sons, 14 February 1949: JSS I 3/20; E. G. Price to J. S. Scott, 4 January 1949: JSS XIII 1/5/1; E. G. Price to J. K. Swire, 25 February 1949: JSS XIII 1/2.

51 C. C. Roberts to J. K. Swire, 23 December 1949: JSS XIII 1/6/2.

52 *SCMP*, 30 October 1950, p. 10.

53 J. S. Scott to J. K. Swire, 1 January 1952, and J. S. Scott to J. R. Masson, 4 January 1952: JSS I 3/21.

54 J. K. Swire diary, 20 February, 3 April 1939: JS&SL.

55 Martin Speyer, *In Coral Seas: The History of the New Guinea Australia Line* (Nautical Association of Australia in association with John Swire & Sons: Caulfield South, 2004), pp. 2–4; Bleasdale & Shun Wah, *Swire*, pp. 30–34; 'New motor vessel Changsha', *Daily Commercial News and Shipping List*, 20 July 1949, p. 1.

56 John Masson to John Swire & Sons, 31 January 1947: JSS I 3/15.

57 J. K. Swire diary, 13 April 1946: JS&SL; Assignment of directorial responsibilities, 18 October 1946, and note by G. W. Swire on these, 22 October 1946; J. K. Swire diary, 25 May 1948. This paragraph also draws on notes on G. W. Swire by J. K. Swire, 1950, and a file of letters compiled by M. Y. Fiennes in 1983, 'G. W. Swire 1883–1949'. All documents are in the Swire Archives, John Swire & Sons, London. Resignation: G. W. Swire to John Swire & Sons, 29 December 1946: John Swire & Sons Minute Book No. 2: JSS I 12/2.

58 'Gift to Eton from Merchant: State Aid Banned', *Daily Telegraph*, 8 February 1950, p. 1; '"Nonsensical fuss": Father about will', *Chelmsford Chronicle*, 10 February 1950, p. 1; *SCMP*, 22 February 1950, p. 10.

59 See, for example, 'Conversation with Sir Arthur Morse on 27.2.50', enclosed in J. R. Masson to John Swire & Sons, 28 February 1950: JSS I 3/20.

60 Catherine R. Schenk, *Hong Kong as an International Finance Centre: Emergence and development, 1945–65* (London: Routledge, 2001), pp. 19–20。關於更廣泛的模式，參見Robert Bickers, 'The Colony's shifting position in the British Informal Empire in China', in Judith M. Brown and Rosemary Foot, *Hong Kong's Transitions, 1842–1997* (London: Macmillan, 1997), pp. 33–61.

61 John Masson to John Swire & Sons, 14 February 1947: JSS I 3/15; Siu-lun Wong, *Emigrant Entrepreneurs, Shanghai Industrialists in Hongkong* (Hong Kong: Oxford University Press, 1988).

62 Kenneth E. Shewmaker, 'The "Agrarian Reformer" Myth', *China Quarterly*, No. 34 (1968), pp. 66–81.

63 J. K. Swire to John Swire & Sons, 9 January and 30 March 1948: JSS I 3/19.

64 J. S. Scott to John Swire & Sons, 13 December 1948, and J. S. Scott to Sir Ralph Stevenson, 19 January 1949: JSS I 3/18.

65 Butterfield & Swire Hong Kong to Butterfield & Swire Tianjin, 12 November 1948: SASS 04-013; *SCMP*, 30 November 1948. p. 2.

66 John Masson to John Swire & Sons, 18 November 1947: JSS I 3/15; Memo: Butterfield & Swire Shanghai, 29 July 1948: SASS 04-006.

67 'Notes on the present situation in Tientsin', W. B. Rae-Smith, February 1949: SASS 04-013.

68 Bruce A. Elleman, 'The Nationalists' Blockade of the PRC, 1949–58', in Bruce A. Elleman and S. C. M. Paine, *Naval Blockades and Seapower: Strategies and Counter-Strategies, 1805–2005* (London: Routledge, 2007), pp. 133–44; *SCMP*, 22 and 23 June 1949, p. 1; *SCMP*, 29 October 1951, p. 1.

69 See documents in file on 'Subversive activities of Kuo Min Tang organisation': TNA, FO 371/110196, and *Renmin ribao*, 3 January 1954, p. 3, and 1 July 1955, p. 3.

70 Young, *Beyond Lion Rock*, pp. 133–42.

71 David C. Wolf, '"To Secure a Convenience": Britain Recognizes China –1950', *Journal of Contemporary History*, 18:2 (1983), pp. 299–326.

72 J. R. Masson to J. K. Swire, 2 December 1949: JSS I 3/20.

73 Bickers, *Out of China*, pp. 245–7; Butterfield & Swire Hong Kong to Alfred Holt & Co., 22 January 1948: SASS 04-013.

74 Wong, *Emigrant Entrepreneurs*.

75 Yang Kuisong, 'Reconsidering the Campaign to Suppress Counterrevo-lutionaries', *China Quarterly*, No. 193 (2008), pp. 102–21；參見David Clayton, *Imperialism Revisited: Political and Economic Relations Between Britain and China, 1950–54* (Basingstoke: Macmillan, 1997).

76 Butterfield & Swire Hong Kong to John Swire & Sons, 10 June 1949: JSS XIII 1/5/1.

77 Deryk de Sausmarez Carey, Butterfield & Swire Shanghai, to Alan Veitch, HBM Consulate-General, Shanghai, 10 June 1949: JSS XIII 1/5/1.

78 關於這個過程，參見Thomas N. Thompson, 'China's Nationalization of Foreign Firms: The Politics of Hostage Capitalism, 1949–57' (Baltimore, MD: School of Law, University of Maryland Occasional Papers, no. 6, 1979); and Jonathan J. Howlett, 'Accelerated Transition: British Enterprises in Shanghai and the Transition to Socialism', *European Journal of East Asian Studies*, 13:2 (2014), pp. 163–87; Frank H. H. King, *The Hongkong Bank in the Period of Development and Nationalism, 1941–1984: From Regional Bank to Multinational Group* (Cambridge: Cambridge University Press, 1991), pp. 404–11, 612–13.

79 除非另外說明，這個小節取自John March's memorandum, enclosed in Butterfield & Swire Hong Kong to John Swire & Sons, 30 December 1955: China Closure CL-6, JS&SL.

80 *NCDN*, 14 January 1951, p. 2.

81 *Renmin ribao*, 27 February 1953；更多關於廣州的詳細內容，參見'China Withdrawal – 1953', in CL-3, JS&SL.

82 See: Butterfield & Swire Hong Kong to John Swire & Sons, 7 March 1952, enclosing untitled memorandum, 29 February 1952: TNA, FO 371/99283.

83 Paint company: Jonathan J. Howlett, '"The British boss is gone and will never return": Communist takeovers of British companies in Shanghai (1949–1954)', *Modern Asian Studies*, 47:6 (2013), pp. 1941–76.

84 'Report by M. N. Speyer...', enclosed in Butterfield & Swire Hong Kong to John Swire & Sons, 30 October 1950: TNA, FO 371/83512. 該文件包含關於此案的幾份報告，包括供詞，所有報告的日期均為一九五〇年十月六日。當局不願意放過的救生艇名稱之謎，答案是漢陽號將乘客從受攻擊的安徽號帶走，並為船上的基本必要人員留下一艘自己的替換救生艇。

85 'Very hot tempered,' reported Jock Swire in 1952: J. K. Swire diary, 27 December 1952: JS&SL.

86 Michael Szonyi, *Cold War Island: Quemoy on the Front Line* (Cambridge: Cambridge University Press, 2008).

87 'Report on Amoy by Mr. R. D. Morrell 17.4.51', in Staff Officer (Intelligence, Hong Kong) to Director of Naval Intelligence: TNA, FO 371/92197.

88 Butterfield & Swire Tianjin to People's Court, 29 January 1954: in TNA, FO 676/497.

89 這個小節取材自回憶錄 'Yao Kang and the Swire Group': JS&SL; housing: Butterfield & Swire Shanghai to Sir John Masson, 22 January 1950: JSS I 3/20.

90 See John Gardner, 'The Wu-Fan Campaign in Shanghai: A Study in the Consolidation of Urban Control', in A. Doak Barnett (ed.), *Chinese Communist Politics in Action* (Seattle: University of Washington Press, 1969), pp. 477–539.

91 這兩個人都會活下來，事實上，他們都會安全地離開中國：Butterfield & Swire Hong Kong to John Swire & Sons, 7 March 1952, enclosing untitled memorandum, 29 February 1952: TNA, FO 371/99283. 關於更廣泛的上海「資本家」經歷，參見：Christopher Russell Leighton, 'Capitalists, Cadres and Culture in 1950s China', unpublished PhD thesis, Harvard University, 2010'.

92 J. S. Scott to Butterfield & Swire Hong Kong, 7 March 1953: JSS I 3/21.

93 Memorandum dated 23 September 1953, enclosed in Butterfield & Swire Hong Kong to John Swire & Sons, 20 November 1953: JSS I 3/21.

94 J. K. Swire diary, 3 May 1954: JS&SL.

95 J. S. Scott to C. T. Crowe, 15 October 1954: TNA, FO 676/497：這個協議作為附件見於Shanghai Consulate-General to British embassy, Beijing, 17 February 1955: TNA, FO 676/524. 此次轉讓移交包括所有「地契、文件、圖表」等。會議紀錄可見 'China Withdrawal – 1954': CL-3, JS&SL; files: Gould to Butterfield & Swire Hong Kong, 3 June 1955, in 'China Closure Shanghai 1952–1955': JS&SHK.

96 'Closure of Taikoo Interests in China', Record of Tenth Meeting...', 10 December 1954, 'China Withdrawal-1954': CL-3, JS&SL.

97 'List of liabilities in Shanghai', 21 October 1954: CL-3, JS&SL.

98 Sidney Smith to Humphrey Trevelyan, 29 January 1954: TNA, FO 676/497.

99 這些紀錄的後續使用可以從以下事實來衡量：今天在中國檔案館保存的太古上海分行紀錄中提到的中國人姓名旁可以看到一個印有「卡已製作」的印章。

100 F. F. Garner to W. I. Combs, 5 May 1955, enclosure in Humphrey Trevelyan, Beijing, to C. T. Crowe, Foreign Office, 18 May 1955: TNA, FO 676/525.

101 Butterfield & Swire Hong Kong to John Swire & Sons, 8 March 1957, in 'China 1957–1960', and file: 'Staff: Maurice Ching, 1947–Dec. 1961': JS&SHK.

102 John March, 'Closure of Taikoo Interests in China', 12 May 1955: CL-3, JS&SL; OPCo takeover: Howlett, '"The British boss is gone and will never return" pp. 1941–76，引文出自p. 1974.

103 Butterfield & Swire, Chinese Staff Book, Box 180: JS&SL; *NCH*, 26 June 1935, p. 526.

104 Elizabeth J. Perry, 'Shanghai's Strike Wave of 1957', *China Quarterly*, No. 137 (1994), pp. 1–27.

105 Yang Bew Tuan to T. J. Lindsay, 23 July 1956, Butterfield & Swire Hong Kong to John Swire & Sons, 10 August, 2 and 23 November 1956, all in 'China General 1955–1956': JS&SHK; A. C. Swire letters from Hong Kong and Japan, JS&SL.

第十三章　經營亞洲

1 冷戰期間中國移民、流動和逃亡的複雜故事是以下專書研究的主題Laura Maduro, *Elusive Refuge: Chinese Migrants in the Cold War* (Cambridge, MA: Harvard University Press, 2016).

2 M. S. Cumming, 'Notes for Sir John Masson...', 15 December 1949, and W. G. C. Knowles, 'Flying Staff', 20 March 1952, 'CPA Correspondence 1947–55': CPA CPA/CE/6/1, JS&SHK; 'Cathay Pacific', *Flight*, 22 January 1954, pp. 88–9; CPA Minutes of the Fifth Ordinary General Meeting', 1954: CPA/1/1/2, JS&SHK.

3 這個段落取自Minutes of CPA's Annual Meetings, 1954–62: CPA 1/1/2, JS&SHK.

4 J. K. Swire diary, 5 September 1961: JS&SL.

5 Denis-Freres d'Indochine, Haiphong, to Cathay Pacific Airways, 11 March 1954; Capt. Charles E. Eather to Operations

Manager, Cathay Pacific Airways, 18 March 1954: 'CPA Correspondence 1947–55': CPA CPA/ CE/6/1, JS&SHK. 在這些通報之間，越盟對奠邊府發動進攻，這次戰役失敗將導致法國人撤出中南半島。

6 W. G. C. Knowles to J. K. Swire, 5 June 1953, 'CPA Correspondence 1947–55': CPA CPA/CE/6/1, JS&SHK; J. K. Swire to John Swire & Sons, 10 May 1954: JSS I 3/22.

7 'Notes of a meeting held on 8th October 1951 in the Colonial Office to consider Hong Kong Civil Aviation Problems', enclosure in J. K. Swire to C. C. Roberts 9 October 1951, 'CPA Correspondence 1947–55': CPA CPA/ CE/6/1, JS&SHK.

8 See correspondence on BOAC's withdrawal from further discussions with John Swire & Sons in late April 1954: JSS I 3/22g KongHon.

9 J. K. Swire diary, 29 October 1958: JS&SL.

10 *SCMP*, 11 August 1960, p. 22.

11 J. K. Swire to John Swire & Sons, 28 April 1954，指時任香港總督亞歷山大・格蘭瑟姆的評論：JSS I 3/22.

12 'Cathay Pacific Airways/Hong Kong Airways: Notes of a Meeting held at Hong Kong... 7th February 1949': TNA, CO93/69/6; Butterfield & Swire Hong Kong to J. K. Swire, 8 July 1949: JSS XIII 1/5/1.

13 Young, *Beyond Lion Rock*, pp. 144–5.

14 *Hong Kong Statistics 1947–1967* (Hong Kong: Census & Statistics Department, 1969), p. 122; *Hong Kong Annual Digest of Statistics 1978* (Hong Kong: Census and Statistics Department, 1978), p. 113; *Hong Kong Annual Digest of Statistics 1980* (Hong Kong: Census and Statistics Department, 1980), p. 135; Young, *Beyond Lion Rock*, Appendix III, pp. 234–36. 這些數字並不完全可相互比較，因為國泰航空的總數包括不是從香港出境的乘客，或不是要入境香港的乘客，但到目前為止，大部分確實都是出入境香港的乘客。

15 *SCMP*, 24 September 1967, p. XII (this is an eight-page anniversary advertisement).

16 *SCMP*, 9 April 1962, p. III; 24 September 1967, pp. IV–V; *Cathay Pacific Airways Newsletter*, 1958–61, *passim*: CPA/7/4/1/1, JS&SHK; circus: *RIL Post*, 6:14 (December 1959), p. 163. *SCMP* 的頁面滿是名人入出境的照片和說明。

17 Butterfield & Swire Hong Kong to John Swire & Sons, 16 January 1948, 5 March 1948, 13 May 1948, 27 August 1948, and

passim, May–August 1948: JSS XIII 1/2; *SCMP*, 3 and 7 July 1948; *Uxbridge Advertiser & Gazette*, 16 July 1948, p. 8; Brian Bridges, *The Two Koreas and the Politics of Global Sport* (Leiden: Global Oriental, 2012), pp. 48–9.

18 Brian Bridges, 'London Revisited: South Korea at the Olympics of 1948 and 2012', *International Journal of the History of Sport* 30:15 (2013), pp. 1823–33; *Pacific Stars and Stripes*, 3 August 1948, p. 2; 'XIV Olympiad: The Glory of Sport' (London: Dir Castleton Knight, 1948); *Daily Mail*, 2 September 1948, p. 3.

19 'General manager's report on activities of CPA, Limited, for the month of January 1949', enclosed in W. D. Doyle, Manager, to J. K. Swire, 4 March 1949: JSS XIII 1/2; *Hobart Mercury*, 5 January 1949, p. 1; *The Herald* (Melbourne) 29 December 1948, p. 5; *SCMP*, 29 January 1953, p. 5; *SCMP*, 4 September 1957, p. 8, 24 July 1959, p. 9, 20 August 1959, p. 7.

20 Tomoko Akami, *Internationalizing the Pacific: The United States, Japan and the Institute of Pacific Relations in War and Peace, 1919–1945* (London: Routledge, 2002); Fiona Paisley, *Glamour in the Pacific: Cultural Internationalism and Race Politics in the Women's Pan-Pacific* (Honolulu: University of Hawai'I Press, 2009).

21 Daniel Aaron Rubin, 'Suitcase Diplomacy: The Role of Travel in Sino-American Relations, 1949–1968' (Unpublished PhD thesis, University of Maryland, 2010), pp. 85–114. 這種國家促進出國旅行的必然結果是美國政府對左派分子和其他人施加的限制。

22 Jennifer Lindsay, 'Festival Politics: Singapore's 1963 South-East Asia Cultural Festival', in Tony Day, Maya H. T. Liem (eds), *Cultures at War: The Cold War and Cultural Expression in Southeast Asia* (Ithaca: Cornell University Press, 2010), pp. 227–45.

23 *SCMP*, 6 August 1963, p. 7; *Straits Times*, 7 August 1963, p. 10.

24 Sangjoon Lee, 'The Asia Foundation's Motion-Picture Project and the Cultural Cold War in Asia', *Film History*, 29:2 (2017), pp. 108–37; Poshek Fu, 'The Shaw Brothers Diasporic Cinema', in Poshek Fu (ed.), *China Forever: The Shaw Brothers and Diasporic Cinema* (Urbana: University of Illinois Press, 2008), pp. 10–12.

25 這個段落取自 Stefan Huebner, *Pan-Asian Sports and the Emergence of Modern Asia, 1913–1974* (Singapore: National University of Singapore Press, 2016).

26 J. K. Swire diary, 1 November 1961: JS&SL.

27 *SCMP*, 17 April 1959, p. 4. The victors, South Korea, knocked Hong Kong out in the quarter final.

28 See Rubin, 'Suitcase Diplomacy', and Christina Klein, *Cold War Orientalism: Asia in the Middlebrow Imagination, 1945–1961* (Berkeley: University of California Press, 2003), pp. 41–60.

29 引用Klein, *Cold War Orientalism*, p. 105. Real China: Rubin, 'Suitcase Diplomacy', p. 90; this was also a strategy used by the Nationalists: see Tehyun Ma, 'Total mobilization: Party, state and citizen on Taiwan under Chinese Nationalist rule, 1944–55' (Unpublished PhD thesis, University of Bristol, 2010).

30 Klein, *Cold War Orientalism*, p. 104; Robert C. Hazell, *The Tourist Industry in Hong Kong, 1966* (Hong Kong: Hong Kong Tourist Association, 1966), p. 5.

31 Mary Martin: Chuck Y. Gee and Matt Lurie, *The Story of the Pacific Asia Travel Association* (San Francisco: Pacific Asia Travel Association, 1993), p. 2. Michener: Klein, *Cold War Orientalism*, pp. 100–142.

32 Gee and Lurie, *The Story of the Pacific Asia Travel Association*, pp. X–XI; Agnieszka Sobocinska, 'Visiting the Neighbours: The Political Meanings of Australian Travel to Cold War Asia', *Australian Historical Studies*, 44:3 (2013), pp. 382–404.

33 *SCMP*, 24 September 1967, p. XII; 'Cathay Pacific', *Flight*, 22 January 1954, pp. 88–9; Chi-Kwan Mark, 'Hong Kong as an International Tourism Space: The Politics of American Tourists in the 1960s', in Priscilla Roberts and John M. Carroll (eds), *Hong Kong in the Cold War* (Hong Kong: Hong Kong University Press, 2017), pp. 160–82; Hazell, *Tourist Industry in Hong Kong*, *passim*. 太古輪船的「佛山號」在一九五一年賣出，在新東家的公司負責香港到澳門的路線，它出現在電影《生死戀》，後來在《港澳渡輪》有更重要的畫面，同樣重要的還有由莫氏買辦用糖袋詐欺賺的錢蓋的別墅：一九五〇年代的時候，這間別墅是外籍記者聯誼會的會址，在電影裡被當作醫院。

34 *Independent Press Telegram*, 18 May 1958, p. 8; *Arizona Republic*, 21 September 1958, p. 7; *Honolulu Advertiser*, 24 July 1958, p. 14; Hazell, *Tourist Industry in Hong Kong*, p. 60; CPA Minutes of the Tenth Ordinary General Meeting', 1959: CPA/1/1/2, JS&SHK.

35 *Hong Kong Annual Report 1957* (Hong Kong: At the Government Press, 1958), pp. 222–3; *SCMP*, 11 March 1973, p. 15.

36 *New York Times*, 15 January 1967, p. B13; *SCMP*, 30 October 1967, p. 39; *Star News* (Pasadena), 2 January 1967, p. 1. 這艘中

式帆船後來被英國演員奧利佛・李德（Oliver Reed）買下。但這艘船沒有因此獲得長遠的未來。

37 Knowles: information from Staff Book No. 4, and A. C. Swire interview (2007), p. 6: JS&SL.

38 參見 Governor Robert Black's comments reported in J. K. Swire to John Swire & Sons, 31 October 1958: JSS I 3/25.

39 *SCMP*, 20 March 1962, pp. 10, 15.

40 Adverts: *Sydney Morning Herald*, 29 November 1960, p. 7; *The Age*, 14 December 1960, p. 7; *The Age*, 16 May 1961, p. 12; *SCMP*, 7 May 1965, p. 12; *Cathay Newsletter*, 19 October 1970, p. 4; PATA: *SCMP*, 23 January 1962, p. 7.

41 *SCMP*, 24 July 1957, p. 7.

42 *Cathay Pacific Airways Newsletter*, December 1959; *The Age*, 9 September 1960, p. 7, 30 October 1960, p. 19.

43 Yoshiko Nakano, '"Wings of the New Japan": Kamikaze, Kimonos and airline Branding in Post-war Japan', *Verge: Studies in Global Asia* 4:1 (2018), pp. 160–86; *SCMP*, 16 October 1958, p. 12, 25 October 1961, p. 14.

44 有關培訓的宣傳，參見：*SCMP*, 23 July 1959, p. 13. 員工流動率很高，因為隨著區域客流量增加，其他航空公司非常需要經驗豐富的客艙員工：Lindsay, 'Like a Phoenix', p. 38. 太古糖日曆也繼續用年輕女性照片當插圖，這些照片已經開始模仿電影明星的肖像。選集請見 'Hong Kong Memory' platform, url: www.hkmemory.hk/ collections/swire/Swire_promotion/Swire_PP_Advertisements/.

45 *SCMP*, 9 April 1962, p. I; *San Francisco Chronicle*, 4 October 1964, p. 30, and 17 November 1964, p. 10; *SCMP*, 23 January 1962, p. 7; 'Oh those scenic beauties', *Cathay Newsletter*, November 1977, pp. 4–5. 一九九三年為期十七天的國泰客艙員工罷工，將其中的大部分內容帶進了公開辯論：Stephen Linstead, 'Averting the Gaze: Gender and Power on the Perfumed Picket Line', *Gender Work and Organization* 2:4 (2007), pp. 192–206. 關於客艙人員的歷史，參見：Kathleen M. Barry, *Femininity in Flight: A History of Flight Attendants* (Durham, NC: Duke University Press, 2007).

46 *Cathay Newsletter*, 24 March 1969, pp. 1–4. 有些證據顯示持續不斷地以這種方式呈現女性客艙人員，會被某些旅行者很直義的信以為真：Lindsay, 'Like a Phoenix', p. 38.

47 *Singapore Free Press*, 28 February 1958, p. 13.

48 *Hong Kong Statistics 1947–1967*, p. 199.

49 *Japan Times*, 2, 3 April, p. 6; *SCMP*, 8 April 1960, p. 12.

50 Michael Miles interview, 23 September 2008: JS&SL.

51 J. S. Scott to John Swire & Sons, 3 December 1948: JSS I 3/19.

52「在那裡，」他繼續說，「沒有人工作。」對澳洲的勞工組織權利感到不安，是公司通信裡反覆出現的一個主題：J. K. Swire to John Swire & Sons, 19 April 1951: JSS I 3/20. J. S. Scott to John Swire & Sons, 1 January 1949: JSS I 3/19. 關於佔領，參見John Dower, *Embracing Defeat: Japan in the Aftermath of World War II* (London: Allen Lane, 1999)，關於經濟和繁榮，參見pp. 525–46 (Yoshida is quoted on p. 541).

53 J. S. Scott to John Swire & Sons, 28 February 1952: JSS I 3/21; J. S. Scott to John Swire & Sons, 20 November 1959: JSS I 3/26; P. F. McCabe to W. B. Rae-Smith, 21 March 1964: JSS II 9/2/1.

54 Agnes Ku, 'Immigration Policies, Discourses, and the Politics of Local Belonging in Hong Kong (1950–1980)', *Modern China* 30:3 (2004), pp. 336–8; Chi-kwan Mark, 'The "Problem of People": British Colonials, Cold War Powers, and the Chinese Refugees in Hong Kong, 1949–62', *Modern Asian Studies*, 41:6 (2007), pp. 1145–81.

55 Maduro, *Elusive refuge*, p. 1; Alan Smart, *The Shek Kip Mei Myth: Squatters, Fires and Colonial Rule in Hong Kong, 1950–1963* (Hong Kong: Hong Kong University Press, 2006), pp. 169 (quotation), p.174. 關於這個時期的殖民地歷史，我參考John M. Carroll, *A Concise History of Hong Kong* (Lanham: Rowman & Littlefield, 2007), pp. 140–79.

56 Wong, *Emigrant Entrepreneurs*; Minute of Ordinary General Meeting, 20 May 1949, Taikoo Sugar Refining Company Minute Book: JSS V 7/1.

57 Catherine R. Schenk, *Hong Kong as an International Finance Centre: Emergence and Development 1945–1965* (London: Routledge, 2001), pp. 3–8.

58 這個段落參考meeting reports from 1941 to 1951 in the Taikoo Sugar Refining Company Minute Book: JSS V 7/1; *China Mail*, 13 January 1950.

59 *Singapore Free Press*, 6 February 1952, p. 5; *SCMP*, 14 March 1950, p. 6; *Straits Times*, 18 October 1952, p. 3; *China Mail*, 19 September 1952, p. 4 (reproduced from the *Daily Express*). 泰國人也拿了一千顆雞蛋。'History of Taikoo Sugar Refinery', a

rich online gallery of TSR advertisements, posters and packaging, as well as photographs of the plant, can be found on the 'Hong Kong Memory' platform. URL: https://www.hkmemory.hk/collections/swire/about/index.html.

60 J. S. Scott to John Swire & Sons, 7 February 1952: JSS I 3/21.

61 Nicholas J. White, *British Business in Post-Colonial Malaysia, 1957–70: Neo-colonialism or Disengagement?* (London: Routledge, 2004), p. 78; on Kuok (sometimes 'Kwok'), see Robert Kuok, with Andrew Tanzer,*Robert Kuok A Memoir* (Singapore: Landmark Books, 2017); Annabelle R. Gambe, *Overseas Chinese Entrepreneurship and Capitalist Development in Southeast Asia* (Münster: LIT Verlag, 2000), pp. 93–5; Joe Studwell, *Asian Godfathers: Money and Power in Hong Kong and South-East Asia* (London: Profile Books, 2007), *passim*; J. S. Scott to A. F. Taylor, 28 December 1948: JSS I 3/19; Minute of meeting on 27 October 1950, Taikoo Sugar Refining Company, Minute Book No. 2: JSS V 7/2.

62 *Hong Kong Statistics 1947–1967*, p. 95.

63 *Kuok Memoir*, pp. 119–37; J. S. Scott to John Swire & Sons, 23 November 1956 and enclosure, J. S. Scott to C. C. Roberts, 23 November 1956: JSS I 3/25. 'Sugar refinery' supplement, *Straits Times*, 12 December 1964; model: C. C. Roberts to J. S. Scott, 16 June 1955: JSS I 3/22; *SCMP*, 12 June 1964, p. 20; *SCMP*, 8 February 1973, p. 4; J. K. Swire diary, 29 September 1960, 13 November 1973: JS&S.

64 J. S. Scott to John Swire & Sons, 16 November 1956, and enclosures: JSS I 3/25.

65 Manila: J. K. Swire diary, 15 May 1951; Australia: J. R. Masson to J. S. Scott, 5 October 1952: JSS I 3/21.

66 Taikoo Dockyard & Engineering Company Minutes, 21 October 1942: JSS VI 7/1.

67 J. R. Masson to J. K. Swire, 2 December 1949: JSS I 3/20. 這份說明附有一份和聯營夥伴黃埔船塢主席進行討論的官方紀錄。

68 C. C. Roberts to J. R. Masson, 11 January 1955 and enclosure, Price Waterhouse & Co. to Secretary, H.M. Treasury, 14 August 1954. 這份文件過於煽動性，無法留在香港，羅伯茲將其寄回。另參見 Roberts to Masson, 3 December 1954, both in JSS I 3/22. 事後回顧，太古船塢對國泰航空的投資也是為了這個策略。關於對史考特造船的投資，參見：Lewis Johnman and Hugh Murphy, *Scott Lithgow: Dejá Vu All Over Again! The Rise and Fall of a Shipbuilding Company* (St John's: International Maritime Economic History Association 2005), pp. 89–92. 一九五司年八月提出的計畫是由太古集團買下太古

船塢對史考特造船的投資 Dockyard 在 Scotts 的投資。

69 關於這棟樓的狀況與命運，可見J. S. Scott to John Swire & Sons, 15, 18, 26 February, and 7 and 14 March 1952: JSS I 3/21, and M. Fiennes to J. S. Scott, 19 December 1958, and to John Swire & Sons, 20 March 1959: JSS I 3/25. Lindsay, 'Like a Phoenix', pp. 4–5; J. K. Swire to John Swire & Sons, 24 and 31 October 1958: JSS I 3/25; *SCMP*, 10 January 1959, p. 1; 1 April 1959, pp. 14–15; 11 May 1959, p. 14.

70 *SCMP*, 8 January 1960, p. 9, and 12 June 1960, p. 3; Adrian Swire, 'Senior Staff 1945–1950', 1 March 2016, Swire House; *SCMP*, 24 August 1963, p. 12.

71 *SCMP*, 13 September 1950, p. 13（風景本身可在一張照片中可以看到，攝於30 August 1945, in *Fifty Years of Shipbuilding*, p. 18）；J. K. Swire, note, 1982, on his 1946 diaries; G. E. Mitchell to Sir Allan Mossop, 30 August 1945: TNA, FO 371/46242; J. S. Scott to J. K. Swire and J. R. Masson, 21 January 1952: JSS I 3/21.

72 J. R. Masson to John Swire & Sons, 9 May 1947, and enclosed 'Dockyard notes': JSS I 3/15; J. K. Swire diary, 18, 21 February, 1946, 25 January 1951; J. S. Scott to John Swire & Sons, 3 December 1948, J. S. Scott to J. K. Swire, 28 December 1948: JSS I 3/19; *Fifty Years of Shipbuilding and Repairing in the Far East* (Hong Kong: Taikoo Dockyard & Engineering Company of Hong Kong Ltd, 1954); *SCMP*, 8 December 1954, p. 13.

73 Captain William Worrall with Kevin Sinclair, *No Cure No Pay* (Hong Kong: *SCMP*, 1981), pp. 136–40; *SCMP*, 26 May 1965, p. 19. 前藍煙囪和太古輪船海員沃爾羅（Worrall）擔任太古號船長長達二十年，他說自己是在赤柱獲得這個職位的任命。

74 'Memorandum of information regarding the working for the year 1946...', 24 February 1948, Taikoo Dockyard & Engineering Company, Minute Book: JSS VI 7/1. 事實上，這則記事概述了直到一九四七年末的種種發展。

75 Strikes: *SCMP*, 1 November 1946, p. 3, 21 August 1947, p. 1, 12 September 1947, p. 1; welfare: 'Memorandum of information regarding the working for the year 1946...', 24 February 1948, Taikoo Dockyard & Engineering Company, Minute Book: JSS VI 7/1; *SCMP*, 16 January 1948, p. 3, 17 November 1952, p. 8.

76 *Taiwu gongren* (Taikoo Dockyard Workers) (1957), p. 9.

77 這個段落和前一個段落參考的史料出自Labour Office file on 'Taikoo Dockyard Chinese Workers Union 2.7.1959–10.6.1975'

including Minute of C.L.I., 5 November 1959, and 'Taikoo Dockyard Chinese Workers' Union', 8 December 1959 (possibly a Special Branch report): HKPRO, HKRS1161-1-10; copies of its yearbook, *Taiwu gongren* (Taikoo Dockyard Workers) survive for 1949, 1954 and 1957.

78 J. R. Masson, 'Dockyard Notes', 9 May 1947: JSS I 3/15; A. C. Swire interview, 20 July 2002: JS&SL.

79 'Taikoo Dockyard Workers' Committee for Improvement in Living Conditions and Treatment' to R. D. Bell, Manager, Taikoo Dockyard, 1 June 1956, in file 'Industrial Relations – Taikoo Dockyard – General Correspondence': HKPRO, HKRS940-1-2; *Hong Kong Statistics 1947–1967*, p. 144.

80 *The Taikoo Chinese School* (Hong Kong, 1966).

81 Details in report attached to Li Ki, Chairman, Taikoo Dockyard Chinese Workers' Union, to Commissioner of Labour, 19 November 1960, in file 'Industrial Relations –Taikoo Dockyard– General Correspondence': HKRS940-1-2; *SCMP*, 6 October 1971, p. 25, 3 January 1970, p. 6.

82 參見一九三九年政府關於香港勞工和勞工條件報告的簡介，轉載於David Faure, 'The Common People in Hong Kong History: Their Livelihood and aspirations until the 1930s', in Lee Pui-tak (ed.), *Colonial Hong Kong and Modern China: Interaction and Reintegration* (Hong Kong: Hong Kong University Press, 2005), pp. 32–4.

83 *China Mail*, 4 May 1960, p. 1; *SCMP*, 29 October 1960, p. 8; Lindsay, 'Like a phoenix', p. 74。另參見various documents in file 'Industrial Relations –Taikoo Dockyard – General Correspondence': HKPRO, HKRS940-1-2.

84 Details in T. J. Bartlett, Welfare Office, Taikoo Dockyard, to Commissioner of Labour, 15 December 1960, and Li Ki, Chairman, Taikoo Dockyard Chinese Workers Union to Commissioner of Labour, 19 November 1960: HKPRO, HKRS940-1-2; *SCMP*, 27, 28 December 1967, p. 1. 他們被重新安置，馮基被分配到安置部門工作：*SCMP*, 20 January 1068, p. 5.

85 Harold Ingrams, *Hong Kong* (London: HMSO, 1952), p. 114; 'Interview with Sir Adrian Swire, 6 February 2007: JS&SL.

86 參見相關討論Leo Goodstadt, *Uneasy Partners: The Conflict Between Public Interest and Private Profit in Hong Kong* (Hong Kong: Hong Kong University Press, 2009), pp. 31–48, 139–58.

87 'Yao Kang and the Swire Group'; 'Interview with Sir Adrian Swire, 6 February 2007: JS&SL.

88 Interview with Jenny Grant, 13 April 2013: JS&SL.

89 Lindsay, 'Like a Phoenix', pp. 34, 40.

90 Various Chinese Staff members to Manager, Butterfield & Swire, 3 March 1949; note by 'G. C.', July 1949; note on 'B. & S. Chinese Staff Association', 27 May 1950, in file 'B. & S. Chinese Staff Association': JS&SHK.

91 Yao Kang and the Swire Group': JS&SL; Lindsay, 'Like a Phoenix', p. 20; Lindsay notes on senior staff, April 1966: JS&SL.

92 這個小節特別參考以下論文Robert Bickers and Ray Yep (eds), *May Days in Hong Kong: Riot and Emergency in 1967* (Hong Kong: Hong Kong University Press, 2009).

93 John Browne to John Swire & Sons, 6 February 1967, and Browne to Adrian Swire, 6 February 1967, and enclosure, J. L. Hillard, 'Analysis and study of Macao riots with comments on suggested implications and lessons': JSS I 4/4/19.

94 *SCMP*, 12 September 1967, p. 6. 該文件隨後被轉載在親共報紙的頭版：*Ta Kung Pao*, 7 June 1967, p. 1.

95 Hong Kong No. 799 to CO, 8 June 1967: TNA, FCO 21/192; *SCMP*, 7 June 1967, p. 1; John Cooper, *Colony in Conflict* (Hong Kong: Swindon Book Company, 1970), pp. 37–8, 133–4, 144; *SCMP*, 17 July 1967, pp. 1, 6. 'Confrontation Detainees', 20 June 1968, enclosed in Hong Kong Dept, CO, to Mr Boyd, 11 September 1968: TNA, FCO 21/194.兩年後，太古船塢華員職工會主席因肝炎死於獄中：*SCMP*, 30 December 1969, p. 6, 4 January 1970, p. 3；另參見Luk Tak Shing's contribution to '1967: Witnesses remember', in Bickers and Yep, *May Days in Hong Kong*, pp. 170–72. Luk是一名學徒和工會會員，在七月十四日被捕後，入獄兩年。

96 'Memorandum to the Board', 3 July 1967, in TSR Minute Book: TSS/1/15, JS&SHK.

97 一九六九年，《大公報》英文版也再版了這個連環漫畫，公司刊登並翻譯了這些內容：JS&SHK. Inquest: *SCMP*, 14 April 1960, p. 1.

98 這個段落參考的資料出自：'Taikoo Dockyard Minute Book, June–October 1967, May 1967–January 1968', TKDY/1/1/1; and 'Memoranda to the Board, July 1967', TKDY/1/2/24: JS&SHK.

99 J. Cassels to M. S. Cumming, 2 January 1968, 'Master File, Chairman to Director': TKDY/1/3/9, JS&SHK.

100 'Report on visit by Tallymen Delegation, 7th June 1968'; TSR Chinese Workers' Union to David Edgar, 4 July 1968: 'News

translations (2/2) 1968–1970’, JS&SHK.

101 Minutes, 3 November 1967, TSR Minute Book: TSS/1/15, JS&SHK.

102 Urwick, Orr and Partners, ‘John Swire & Sons Headquarters Survey’, 14 August 1967, p. 4: JSS I 10/14.

第十四章　經營香港

1 這個小節參考J. K. Swire’s copy of Urwick, Orr & Partners Ltd, ‘John Swire & Sons Headquarters Survey’, 14 August 1967: JSS I 10/14. 公司歷史參見*The Urwick Orr Partnership, 1934–1984* (Maidenhead: The Lyndal Urwick Society, 2007).

2 藍煙囪有一百五十萬英鎊：七十五萬英鎊在史考特造船「庫房」；二百萬英鎊在（香港外部）房地產和二百五十萬英鎊在「一般投資」。

3 Interview with Jenny Grant, 13 April 2013: JS&SL.

4 John Swire & Sons to Butterfield & Swire Hong Kong, 9 February and 21 March 1968，另參見A. C. Swire ‘J.S.&S. Ltd. Diversification’, 5 February 1968: JSS II 2/35. 澳洲的故事參見Bleasdale and Shun Wah, *Swire: One Hundred and Fifty Years*.

5 J. K. Swire diary, 19 January 1968: JS&SL.

6 *CNCo: A Pictorial History*, pp. 127–9.

7 F. Muller, Captain, *SS Peter Rickmers*, to Mr Rickmers, 16 April 1968, in: TNA, FCO 21/159. 克勞奇遭指控是應英國海軍情報部門的要求而做，同年夏天晚些時候，有另一名英國軍官遭受同樣指控。這可能是真的，儘管克勞奇後來承認，那次是他主動這樣做的：*SCMP*, 26 October 1970, p. 1. 關於這時期中英關係和文化大革命的更廣泛討論，參見Bickers, *Out of China*, pp. 343–7.

8 R. B. Thomas to James Murray (FCO), 2 April 1969: TNA, FCO 21/512.

9 *The Times*, 16 October 1970, p. 6.

10 ‘Note of a Meeting between Mr J. P. W. Mallalieu, Minister of State, Board of Trade and Mr L. O. Pindling, Premier and Minister for Tourism and Development of the Bahamas’, 31 May 1968: TNA, BT 45/1351.

11 Higham, *Speedbird*, pp. 186–7; BOAC保留了巴哈馬航空控股（Bahamas Airways Holdings）百分之十五的股份，其餘股

份由新的太古航空控股（其中太古集團佔百分之五十一，半島東方百分之三十三，藍煙囪則是百分之十六）買下。董事會的觀點——以及這裡引用的評論——可見於‘John Swire & Sons Record of Events’, JSS I 14/1. 關於巴哈馬航空有限公司的歷史，參見Paul C. Aranha, *Bahamas Airways: The Rise and Demise of a British International Air Carrier* (Corydon: Heartland, 2018), and his *The Island Airman and his Bahama Islands home* (Nassau: Media Enterprises, 2006).

12 R. K. Saker, memorandum, 18 July 1968: TNA, FCO 14/417.

13 *SCMP*, 14 September 1968, p. 1; *Palm Beach Post*, 20 November 1968, p. 11. The episode is not mentioned in Gavin Young's history of Cathay Pacific, *Beyond Lion Rock*.

14 R. K. Saker minute, 25 September 1968; ‘Recent Cases of Difficulty with Bahamas’, undated memorandum (c. May 1968): TNA, FCO 14/417.

15 R. J. Martin, ‘Caribbean Withdrawal’, *Flight International*, 16 January 1969, pp. 846–7.

16 Examples reproduced in Aranha, *Bahamas Airways*, pp. 245–9.

17 ‘The Bahamas: A Special Report’, *The Times*, 7 December 1964, pp. i–viii.

18 *Newsday*, 9 October 1970, p. 20.

19 ‘John Swire & Sons Record of Events’, JSS I 14/1. Aranha, *Bahamas Airways*, p. 259. Aranha駕駛過其中一架飛機，我感謝他與我分享他收集的剪報。

20 Pindling: *The Times*, 16 October 1970, p. 6.

21 *Flight International*, 16 May 1968, p. 541, 9 July 1970, p. 40, 15 October 1970, p. 583, 22 October 1970, pp. 617–18.

22 Michael Craton and Gail Saunders, *A History of the Bahamian People: From the Ending of Slavery to the Twenty-First Century* (Atlanta: University of Georgia Press, 2000), pp. 356–7; *Washington Post*, 19 March 1973, pp. A1, A18; *Wall Street Journal*, 6 August 1984, p. 21; *Courier-Post*, 10 February 1985, pp. 1a, 7a; United States Senate Committee on Foreign Relations Subcommittee on Terrorism, Narcotics and International Operations, *Drugs, Law Enforcement and Foreign Policy: Volume 1 The Bahamas* (Washington DC, United States Senate, 1989), pp. 21–42.

23 *The Tribune* (Nassau), 10 October 1970, pp. 1, 3, and: issues of 13, 15, 16, October 1970, all p. 1.

24 There is extensive documentation on the financial situation and contacts with government, in 'Bahamas Airways Limited Government Correspondence': JSS I 4/2/5.

25 'Las Vegas East', *Wall Street Journal*, 5 October 1966, p. 1; 'Bahamas: Trouble in Paradise', *The Economist*, 15 October 1966, pp. 98–9; Richard Oulahan and William Lambert, 'The Scandal in the Bahamas', *Life*, 3 February 1967, pp. 58–74; William Davidson, 'The Mafia: Shadow of Evil on the Island in the Sun', *Saturday Evening Post*, 26 February 1967, pp. 28–38; *Bahama Islands: report of the Commission of Inquiry into the Operation of the Business of Casinos in Freeport and in Nassau* (London: HMSO, 1967); Avril Mollison, 'The "Coney Island" of the Caribbean', *The Listener*, 1 June 1967, p. 716.

26 J. K. Swire diaries, 27 February, 11 March 1970, 29 October 1970: JS&SL; A. C. Swire, 'Mistakes & Regrets', July 2002: JS&SL.

27 Dierikx, *Clipping the Clouds*, pp. 47, 64–5; *The Tribune*, 21 October 1970.

28 M. Y. Fiennes to Gerry Lanchin, 8 January 1970, enclosing Wallace G. Rouse to John Swire & Sons, 30 December 1969: TNA, BT 245/1351.

29 John Swire & Sons to Butterfield & Swire Hong Kong, 21 March 1968: JSS II 2/35.

30 A. C. Swire, notes on 'London Role post-1945', and 'Swire Group: Mistakes and Missed Opportunities, 1950–2000': JS&SL.

31 'John Swire & Sons Record of Events': JSS I 14/1, f.45. 這是關於整合收購被稱為FrigMobile的冷藏運輸公司的討論。

32 Marc Levinson, *The Box: How the Shipping Container Made the World Smaller and the World Economy Bigger* (paperback edn, Princeton: Princeton University Press, 2008), p. 166; *The Economist*, 15 January 1966, pp. 219–20. 這是對此革命的全面記載；另參見： Frank Broeze, *The Globalization of the Oceans: Containerisation from the 1950s to the Present* (St John's: International Maritime Economic History Society, 2002), and Miller, *Europe and the Maritime World*.

33 'Swire/OCL – A Memoir by Sir Adrian Swire', in Alan Bott (ed.), *British Box Business: A History of OCL (Overseas Containers Limited)* (London: SCARA, 2009), p. 96.

34 *SCMP*, 21 August 1978, p. 44; Bott (ed.), *British Box Business*, pp. 16, 203；另參見Miller, *Europe and the Maritime World*, pp. 340–41. 關於海外貨櫃有限公司翰藍煙囪，參見Falkus, *Blue Funnel Legend*, pp. 356–70.

35 *SCMP*, 15 August 1972, p. 48, 5 September 1972, p. 29, 6 September 1972, p. 29; Kevin Sinclair, *The Quay Factor: Modern Terminals Limited and the port of Hong Kong* (Hong Kong: Modern Terminals Limited, 1992), pp. 4–10.

36 Sinclair, *Quay Factor*, p. 77.

37 Nicholas J. White, 'Liverpool Shipping and the End of Empire: the Ocean Group in East and Southeast Asia, c. 1945–73, in Sheryllyne Haggerty, Anthony Webster, Nicholas J. White (eds), *The Empire in One City? Liverpool's Inconvenient Imperial Past* (Manchester, Manchester University Press, 2008), pp. 165–84.

38 Blue Funnel had gone public in 1965: Falkus, *Blue Funnel Legend*, pp. 333–44.

39 A. C. Swire to H. J. C. Browne, 1 March 1971: JSS I 3/28.

40 King, *The Hongkong Bank in the Period of Development and Nationalism, 1941–1984*, pp. 720–22; Studwell, *Asian Godfathers*, pp. 98–9；另參見Robin Hutcheon, *First Sea Lord: the Life and Work of Sir Y. K. Pao* (Hong Kong: Chinese University Press, 1994).

41 Speyer, *In Coral Seas*, pp. 34–50.

42 Nicholson: 'Swire/OCL – A Memoir by Sir Adrian Swire', in Bott (ed.), *British Box Business*, p. 96 (and pp. 92–4 on AJCL); *China Navigation Company: A Pictorial History*, pp. 94–5; Chih-lung Lin, 'Containerization in Australia: The formation of the Australia-Japan Line', *International Journal of Maritime History*, 27:1 (2015), pp. 118–29; Broeze, *Globalization of the Oceans*, p. 50.

43 Agency: H. J. C. Browne to John Swire & Sons, 5 April 1966: JSS I 4/4/19; Terminal: John Browne to John Swire & Sons, 5 April 1966: JSS I 4/4/19; A. C. Swire to A. G. S. McCallum, 5 December 1975: JSS I 3/28; China: David Laughton, Peking, to E. J. Sharland, FCO, 30 May 1969: TNA, FCO 21/512 (this records a discussion with Hong Kong Taipan John Browne).

44 John Browne to W. G. C. Knowles, 10 September 1962: JSS I 4/4/19.

45 關於英國的角色，參見：John Slight, *The British Empire and the Hajj, 1865–1956* (Cambridge, MA: Harvard University Press, 2015), and Michael Miller, 'Pilgrims' Progress: The Business of the Hajj', *Past & Present*, No. 191 (2006), pp. 189–226；關於馬來西亞，參見：Mary Byrne McDonnell, 'The conduct of Hajj from Malaysia and its socio-economic impact on Malay society: a descriptive and analytical study, 1860–1981' (Unpublished PhD thesis, Columbia University, 1986), especially pp.

419–29 on the shipboard experience during the years of CNCo charters; and Eric Tagliacozzo, *The Longest Journey: Southeast Asians and the Pilgrimage to Mecca* (New York: Oxford University Press, 2013).

46 *Straits Times*, 15 April 1967, p. 14, 30 April 1967, p. 5.

47 *SCMP*, 19 November 1962, p. 8, 21 January 1963, p. 5；另參見攝影線上陳列室：International Organization for Migration, 'Resettlement of Russian Old Believers', https://www.iom.int/photo-stories/resettlement-russian-old-believers (accessed 1 May 2019). 一九六〇年，太古還安排太古輪船包船和藍煙囪的船，將當年因面對不利的政府政策和暴力攻擊而逃離印尼的十萬中國人當中的一些載回海南、廣州和福建。

48 'Muslims Voyage on a Pilgrim Ship', *The Sphere*, 7 December 1957, p. 374; *SCMP*, 5 February 1961, p. 27; *Straits Times*, 25 July 1960, p. 2; *China Navigation Company: A Pictorial History*, pp. 84–5.

49 M. Y. Fiennes to John Swire & Sons, 10 March 1959, 'Pilgrim Trade' and 'Talk with Ghazali Ben Shafie and Hadji Ali Rouse', both 5 March 1953: JSS I 3/25 (the Hajji was Pilgrim Commissioner); J. S. Scott to John Swire & Sons, 27 February 1960: JSS I 3/26; J. K. Swire diary, 18 January 1967: JS&SL.

50 Tagliacozzo, *The Longest Journey*, pp. 213–15; *Straits Times*, 27 May 1971, p. 5; 'Moslem Captain of a Modern Haj ship', *SCMP*, 31 July 1972, p. 5; 'The World of Eddy Wong', *The Economist*, 16 April 1977, p. 117; A. C. Swire to C. G. N. Ryder, 5 September 1972: JSS I 3/28.

51 *The China Navigation Company*, pp. 79–81; Miller, *Europe and the Maritime World*, pp. 322–32; *SCMP*, 6 June 1971, p. 24, 31 August 1973, p. 1; J. K. Swire diaries, 17 November 1973: JS&SL.

52 A. C. Swire, 'China Navigation Company', 14 April 2002: JS&SL.

53 A. C. Swire, 'Swire Group Shipping', 1 February 1974, Memorandum prepared for Woodstock Conference, enclosed in A. C. Swire to J. A. Swire, 1 February 1974; A. C. Swire to J. A. Swire, 11 February 1972 and 27 June 1972; A. C. Swire to J. A. Swire, 6 December 1974, 'Hong Kong Visit': JSS I 3/28.

54 'The house magazine is certainly replete with photographs of "taipan" John Bremridge handing out silver watches to ancient employees': 'The Iron Rice Bowl', *The Economist*, 2 April 1977, p. 133.

55 J. K. Swire diary, 1919–20, 'Further thoughts': JS&SL.

56 M. L. Cahill, 'Overseas Development Administration. Preparation for service overseas: the British Government's role', in *La formation des coopérants* (The training of aid workers) (Nice: Institut d'études et de recherches interethniques et interculturelles, 1973), pp. 150–53; Hong Kong General Chamber of Commerce Bulletin 66:15 (1966), p. 5; Michael Thornton, 'Preparing for life Overseas', *Overseas Challenge*, No. 8 (1967), pp. 9–11.

57 Daniel I. Greenstein, 'The Junior Members, 1900–1990: A Profile', in Brian Harrison (ed.), *The History of the University of Oxford*, Volume VIII, *The Twentieth Century* (Oxford: The Clarendon Press, 1994), pp. 67–74; Christopher N. L. Brooke, *A History of the University of Cambridge*, Volume 4, *1870–1990* (Cambridge: Cambridge University Press, 1993), pp. 314–15.

58 'Minutes of a meeting of the Directors', John Swire & Sons, 30 June 1970: JSS I 11/1.

59 H. J. C. Browne to John Swire & Sons, 19 September 1972: JSS I 3/28.

60 *The Times*, 17 August 1954, p. 2（牛津課程是牛津大學管理研究中心的前身之一）：從一九八三年開始，培訓擴展到包括INSEAD為公司量身訂做的年度高級管理課程：*Swire News*, 15:3 (1988), 'Staff Events, p. 2. A. C. Swire to J. A. Swire, 5 June 1975: JSS I 3/28.

61 J. H. Bremridge to J. A. Swire, 24 November 1980: JSS I 4/4/20.

62 M. Y. Fiennes, 'C.P.A.: An appreciation based on Adrian [Swire]'s note of 29.10.1970', John Swire & Sons Board Papers, 1970–71: JSS I 11/1; D. G. Thomson, 'Group Investment Philosophy', 25 June 1974: JSS I 11/2.

63 'Great Britain, Royal Aero Club Aviators' Certificates, 1910–1950', via Ancestry.com; Joan Weld, 'Missee Catchee New Part', *The Motor Cycle*, 12 April 1951, pp. 256–7: 'taxi drivers were so dumbfounded... they actually gave way to me'; Weld moved to Texas in 1951, leaving the bike behind: *SCMP*, 2 December 1950, p. 11.

64 Greenstein, 'The Junior Members, 1900–1990: A Profile', in Harrison (ed.), *The History of the University of Oxford Vol. VIII*, pp. 73–7.

65 'John Swire & Sons Record of Events', JSS I 14/1; Swire & Maclaine Ltd, Annual General Meeting, 18 June 1966: JSS X 2/1.

66 *SCMP*, 17 February 1966, p. 4. This paragraph draws on 'Interview with Baroness Dunn, 16 March 2006': JS&S.

67 關於工廠改革政治失敗的詳細討論見David Clayton, 'The riots and labour laws: The struggle for an eight-hour day for women factory workers, 1962–1971', in Bickers and Yep (eds), *May Days in Hong Kong*, pp. 127–44, and a broader response in his 'Constructing Colonial Capitalism: The Public Relations Campaigns of Hong Kong Business Groups, 1959–1966', in David Thackeray, Andrew Thompson and Richard Toye (eds), *Imagining Britain's Economic Future, c. 1800–1975: Trade, Consumerism, and Global Markets* (London: Palgrave Macmillan, 2018), pp. 231–52; 'Women behind the Festival of Fashions', *SCMP*, 7 September 1967, p. 4.

68 J. H. Bremridge to A. C. Swire, 24 November 1980: JSS I 4/4/20.

69 Sheila Marriner and Francis E. Hyde, *The Senior: John Samuel Swire 1825–98: Management in Far Eastern Shipping Trades* (Liverpool: Liverpool University Press, 1967); Charles Drage, *Taikoo* (London: Constable, 1970); Christopher Cook, *The Lion and The Dragon: British Voices from the China Coast* (London: Elm Tree Books, 1985); 'Note by J. K. S. on 1st draft', c. Dec 1965, in JSS/11/2/8: JS&SL. 一九八〇年代，上海史學家根據關閉時交出的紀錄，對太古在中國的營運做出更具批判性的描述：Zhang Zhongli (chief ed.), *Taigu jituan zai jiu Zhongguo* (The Swire Group in Old China) (Shanghai: Shanghai renmin chubanshe, 1991).

70 J. A. Swire to A. V. T. Dean, 24 October 1975, in JSS/11/2/8: JS&SL.

71 'Old China Hands across the Sea', *The Economist*, 17 June 1967, p. 1275.

72 *The Economist*, 13 August 1972, p. 92.

73 J. K. Swire diary, 16 November 1974: JS&SL.

74 Director of Marine, Memorandum, 21 November 1972: HKPRO, HKRS-394-24-19; *SCMP*, 15 October 1970, p. 23.

75 員工可以選擇接受裁員費及其累算權益。大約百分之七十五的人選擇接受，多數接受裁員者立即直接取得新的香港聯合船塢的工作。約八百名年長工人和一千六百名承包商的工作人員仍留在鰂魚涌：報告見：HKPRO, HKRS-90-1-2.

76 Coates, *Whampoa*, pp. 250–54.

77 A. C. Swire to W. Rae-Smith, 10 February 1972: JSS I 3/28; *SCMP*, 17 March 1972, p. 33; Goodstadt, *People, Politics, and Panics*, p. 173.

78 A. C. Swire to J. A. Swire, 9 November 1972: JSS I 4/4/19; *SCMP*, 20 November 1973, p. 25.

79 這個小節取自H. J. Lethbridge, *Hard Graft in Hong Kong: Scandal, Corruption, the ICAC* (Hong Kong: Oxford University Press, 1985); Melanie Manion, *Corruption by Design: Building Clean Government in Mainland China and Hong Kong* (Cambridge, MA: Harvard University Press, 2009), especially pp. 27–83.

80 J. H. Bremridge to A. C. Swire, 9 March 1976: JSS I 4/4/20.

81 *Second Report of the Commission of Inquiry under Sir Alastair Blair-Kerr* (Hong Kong: Government Printers, 1973), p. 23.

82 Lethbridge, *Hard Graft in Hong Kong*, pp. 159–93; J. H. Bremridge to J. A. Swire, 16 March 1976, 8 April 1976, 8 May 1976, and J. H. Bremridge to D. R. Y. Bluck, R. S. Sheldon, D. A. Gledhill, 8 April 1976: JSS I 4/4/20.

83 The phrase recurs in *Lockheed documents: Multinational Corporations and US Foreign Policy, Part 14. United States Congress, Committee on Foreign Relations, Subcommittee on Multinational Corporations* (Washington, DC: U.S. Government Printing Office, 1976). On Smith see pp. 356–8. Carl A. Kotchian, 'Lockheed Sales Mission: 70 days in Tokyo', unpublished typescript, c. 1976, pp. 110–12 (via Hathi Trust Digital Library).

84 *Far Eastern Economic Review*, 16 January 1976, facing p. 13, 20 February 1976, pp. 10–11.

85 The money went to charity. Smith's mistress was also provided for, but not his – estranged – wife: *SCMP*, 13 March 1976, p. 1, 29 April 1977, p. 8, 25 May 1977, p. 8; letter: *SCMP*, 13 March 1976, p. 1, 14 March 1976, p. 10.

86 Jack Spackman, 'TriStar choice: it's a British connection', *China Mail*, 19 March 1974; *SCMP*, 26 March 1974, cuttings in CPA 7/2/10/5; 'Why Cathay Pacific chose to buy Lockheeds', *TTG Asia*, 31 May 1974, cutting in CPA 7/2/10/4, both: JS&SHK; A. J. Lawe to G. T. Rogers, 31 January 1974, A. O. Saunders to Governor, 31 January 1974, Heseltine: G. T. Rogers, 'Note for the record: Cathay Pacific's Choice of wide-bodied aircraft', 29 March 1974: TNA, BT 245/1723. 另參見：Raj Roy, 'The politics of planes and engines: Anglo-American relations during the Rolls-Royce-Lockheed Crisis, 1970–1971', in Matthias Schulz (ed.), *The Strained Alliance: US–European Relations from Nixon to Carter* (Cambridge: Cambridge University Press, 2009), pp. 169–93.

87 Bluck: Aston to DTI, 14 March 1974; Smith: 'Memorandum of Discussion: Cathay Pacific Airways: Choice of Wide-Bodied

Aircraft', 14 March 1974: TNA, BT 245/1723; G. T. Rogers to G. Mc. Wilson, 26 February 1974: TNA, BT 245/1723. 更廣泛的國家參與政治，相關討論見Keith Hayward, *Government and British Civil Aerospace: A Case Study in Post-war Technology Policy* (Manchester: Manchester University Press, 1983).

88 John le Carré, *The Honourable Schoolboy* (London: Hodder & Stoughton, 1977), p. 6; J. H. Bremridge to J. A. Swire, 18 January 1977: JSS I 4/4/20.

89 Chris Wemyss, 'Building "Hong Kong's Underground": Investigating Britain's Management of Empire in the 1970s', unpublished paper, 2018.

90 A. C. Swire to J. A. Swire, 6 June 1975: JSS I 3/28; A. C. Swire 'Emergency Provision', 4 September 1975: JSS I 11/2. The Jardine Matheson plan, which was being updated and rethought in 1975, was reportedly rooted in its own strategic response to the 1967 shock, with a decision to move towards 50 per cent of its assets and earnings coming from outside Hong Kong: *SCMP*, 23 March 1994, p. 40.

91 *SCMP*, 29 December 1973, p. 23, 9 April 1974, p. 21; King, *The Hongkong Bank in the Period of Development and Nationalism, 1941–1984*, pp. 708–11. 一九七九年，該集團，即現在的和記黃埔（已與其資產豐富的子公司黃埔船塢合併）被銀行出售給李嘉誠。「跑馬地行動」的可以透過一九七四年五月至十一月之間的通信來認識，參見：JSS I 4/4/20, and a board paper prepared by Adrian Swire, 29 May 1974: JSS I 11/2.

92 J. H. Bremridge to J. A. Swire, 'Wheelocks on the Brink', 28 October 1976: JSS I 11/2; money bags: J. H. Bremridge to John D. Spink, 11 November 1980: JSS I 4/4/20; image: A. C. Swire to John Swire & Sons, 4 February 1972: JSS I 3/28; 'The Iron Rice Bowl', *The Economist*, 2 April 1977, pp. 133–34.

93 A. C. Swire to J. A. Swire, 10 January 1975: JSS I 11/2.

94 A. C. Swire, 'Europe', 4 September 1975: JSS I 11/2; A. C. Swire, 'Philippines', Note to J. H. Bremridge, 14 March 1975: JSS I 3/29. 格里諾克的史考特成為一家投資於兩間蘇格蘭造船廠和北海石油相關事業的控股公司。一九七七年稍晚的時候，該公司擁有多數股權的造船業務（Scott Lithgow）被國有化，在該公司於一九八四年重新私有化之前，引發了一場為尋求滿意的賠償最終徒勞無功的漫長法律鬥爭。

95 *SCMP*, 18 December 1971, p. 31; J. Robson to H. J. C. Browne, 9 July 1971: HKPRO, HKRS-394-24-19; A. C. Swire, 'Hongkong', 20 October 1971: JSS I 3/28; D. C. C. Luddington to Colonial Secretary, 27 October 1972, HKRS-394-24-19, HKPRO, and more widely in this file.

96 J. K. Swire diary, 11 November 1973: JS&SL.

97 J. K. Swire diary, 21 November 1973: JS&SL.

98 J. H. Scott, Board memorandum, 12 November 1975: JSS I 11/2; *Swire News*, 9:1 (1982), p. 3.

99 Michael Hope, 'On Being taken over by Slater Walker', *Journal of Industrial Economics* 24:1 (1976), pp. 163–79.

100 J. A. S. interview, 4 August 2005: JS&SL.

101 *SCMP*, 7 November 1975, p. 25.

102 *Swire News*, 1:2 (1974), p. 2, 2:1 (1974), p. 2; *SCMP*, 1 January 1974, p. 1; 21 May 1974, p. 4.

103 J. H. Bremridge to J. A. Swire, 13 April 1978, 2 and 9 March 1979: JSS I 4/4/20.

104 This paragraph draws on Goodstadt, *Profits, Politics and Panics*, *passim*, and Carroll, *Concise History of Hong Kong*, pp. 160–72.

105 J. H. Bremridge to J. A. Swire, 14 July 1978: JSS I 4/4/20.

106 J. D. Spink, 'B.H.I., Notes for Meeting 5 p.m. Wednesday 12th November 1975', board papers: JSS I 11/2.

107 Laurence S. Kuter, *The Great Gamble: The Boeing 747* (University: University of Alabama Press, 1973); Dierikx, *Clipping the Clouds*, pp. 76–8.

108 CPA, 'Hong Kong London Route Application' (1979): CPA 2013/11/25, JS&SHK; *SCMP*, 1 August 1979, p. 1.

109 *SCMP*, 20 November 1971, p. 7.

110 Dierikx, *Clipping the Clouds*, p. 146.

111 John Bremridge to A. C. Swire, 10 August 1979: JSS I 4/4/20; J. Sumner, 'Cathay Pacific: Future Plans', 6 December 1974: TNA, BT 245/1723.

112 Graeme Wilton to Guy Rogers, 9 January 1975: TNA, BT 245/1723.

113 香港發放許可的當局拒絕了萊克航空公司的申請。所有航空公司都訴求新特許權的限定細節，國泰航空從一九八一年七月起獲得了營運每日航班的權利。萊克航空公司於一九八二年二月進入清算，沒有建立任何香港航線。

114 John Nott to Margaret Thatcher, 12 June 1980: TNA, PREM 19/1414; *SCMP*, 18 June 1980, p. 1.

115 R. S. T. to John Browne, 15 December 1981, JSS XIII 2/12/2.

第十五章　此地

1 Henry Yu, 'The Intermittent Rhythms of the Cantonese Pacific', in Donna R. Gabaccia and Dirk Hoerder, *Connecting Seas and Connected Ocean Rims: Indian, Atlantic, and Pacific Oceans and China Seas Migrations from the 1830s to the 1930s* (Leiden: Brill, 2011), pp. 393–414.

2 不尋常，但也肯定稱不上獨一無二，例如我的註釋利用了與兩百年太古故事相匹配，甚至更多的歷史。重點是，這些內容在很大程度上比我在本書所關注的範圍更窄。

3 這兩人的侄子都加入了公司：愛德華・史考特在一九六〇年加入後，自一九七六年開始經營澳洲業務，直到一九九八年接受了太古集團董事長的職位，然後一直擔任董事長到二〇〇二年去世；他的堂兄詹姆斯・辛頓・史考特於一九六〇年加入，並於一九六七至一九八七年擔任董事。

4 Jones, *Merchants to Multinationals*, pp. 341–2.

5 「我會讓約翰先展開一趟庫克的東方之旅，」一九二〇年，喬克・施懷雅沉思道，「當他二十一歲時在我們其中一人的陪同下航行，過程中教他太古是什麼，以及意味著什麼」：J. K. Swire diary, 26 March 1920, Swire Archives.

6 David Edgerton, *The Rise and Fall of the British Nation: A Twentieth-Century History* (London: Allen Lane, 2018).

7 Jones, *Merchants to Multinationals*, pp. 126–38.

8 John Swire & Sons Ltd, Annual Report and Accounts 1980.

9 Elizabeth Sinn, 'Hong Kong as an in-Between place in the Chinese diaspora, 1849–1939', in Gabaccia and Hoerder, *Connecting Seas and Connected Ocean Rims*, pp. 225–47.

國家圖書館出版品預行編目（CIP）資料

太古集團與近代中國：十九世紀駛入中國的英國商人，如何參與商業零和遊戲？／畢可思（Robert Bickers）著；葉品岑譯. -- 初版. -- 臺北市：麥田出版, 城邦文化事業股份有限公司出版：英屬蓋曼群島商家庭傳媒股份有限公司城邦分公司發行, 2023.11
面； 公分
譯自：China bound : John Swire & Sons and its world, 1816-1980
ISBN 978-626-310-460-0（平裝）

1.CST: 太古公司(John Swire & Sons, Taikoo)
2.CST: 商業史 3.CST: 亞洲史 4.CST: 英國

490.941 112006432

太古集團與近代中國

十九世紀駛入中國的英國商人，如何參與商業零和遊戲？

China Bound: John Swire & Sons and Its World, 1816-1980

作　　者／畢可思（Robert Bickers）
翻　　譯／葉品岑
特約編輯／劉懷興
主　　編／林怡君

國際版權／吳玲緯　楊靜
行　　銷／闕志勳　吳宇軒　余一霞
業　　務／李再星　陳美燕　李振東
編輯總監／劉麗真
發 行 人／凃玉雲
出　　版／麥田出版
10483臺北市民生東路二段141號5樓
電話：(886)2-2500-7696　傳真：(886)2-2500-1967
發　　行／英屬蓋曼群島商家庭傳媒股份有限公司城邦分公司
10483臺北市民生東路二段141號11樓
客服服務專線：(886) 2-2500-7718、2500-7719
24小時傳真服務：(886) 2-2500-1990、2500-1991
服務時間：週一至週五09:30-12:00・13:30-17:00
郵撥帳號：19863813　戶名：書虫股份有限公司
讀者服務信箱E-mail：service@readingclub.com.tw
麥田網址／https://www.facebook.com/RyeField.Cite/
香港發行所／城邦（香港）出版集團有限公司
香港灣仔駱克道193號東超商業中心1/F
電話：(852)2508-6231　傳真：(852)2578-9337
馬新發行所／城邦（馬新）出版集團 Cite (M) Sdn Bhd
41, Jalan Radin Anum, Bandar Baru Sri Petaling, 57000 Kuala Lumpur, Malaysia.
Tel: (603)90563833　Fax: (603)90576622　Email: services@cite.my

封面設計／倪旻鋒
印　　刷／前進彩藝有限公司

■2023年11月　初版一刷

定價：780元
ISBN 978-626-310-460-0